Alpenblumen

Dieter Heß

Alpenblumen

Erkennen · Verstehen · Schützen

408 Farbfotos

49 Zeichnungen

E.U.
VERLAG
EUGEN
ULMER

Dieter Heß, geb. 1933 in Karlsruhe. Studium der Biologie und Chemie in Freiburg i. Br. und Tübingen. Promotion 1957 im Fach Botanik bei F. Oehlkers in Freiburg. Assistent am Botanischen Institut der Universität Freiburg 1957 bis 1961. Habilitation 1961. 1961 Fortbildung in Biochemie bei F. Lynen in München. 1962 bis 1967 wissenschaftlicher Mitarbeiter am Max-Planck-Institut für Züchtungsforschung, Abt. Genetik in Köln. Mehrere Rufe an in- und ausländische Universitäten. Seit 1967 ordentlicher Professor, Geschäftsführender Direktor des Instituts für Physiologie und Biotechnologie der Pflanzen der Universität Hohenheim. Hauptarbeitsgebiete: Molekularbiologie der Entwicklung höherer Pflanzen, Biotechnologie der Pflanzen, Blütenbiologie.

Foto Seite 2: Kleines Alpenglöckchen (134).
Foto Seite 8: Längsschnitt durch die Blüte des Kleinsten Alpenglöckchens (135, Abb. auch auf Seite 9). Der Streukegel aus den Staubbeuteln um den Griffel herum wurde halbiert.

Die Deutsche Bibliothek - CIP-Einheitsaufnahme

Alpenblumen : erkennen, verstehen, schützen / Dieter Heß. -
Stuttgart (Hohenheim) : Ulmer, 2001
ISBN 3-8001-3243-5

Wollgrasweg 41, 70599 Stuttgart (Hohenheim)
E-Mail: info@ulmer.de
Internet: www.ulmer.de
Lektorat: Sabine Seifert, Dr. Nadja Kneissler
Herstellung: Jürgen Sprenzel
Satz: Günter Heimbach, Stuttgart
Repro: BRK, Stuttgart
Druck und Bindung: Offizin Andersen Nexö, Zwenckau
Printed in Germany

Vorwort

„Die Alpen sind weltweit die Tourismusregion Nr. 1“, stellt eine Broschüre der ARGE ALP, der Arbeitsgemeinschaft Alpen fest, zu der sich seit 1972 eine Reihe von Alpen-Regionen zusammengeschlossen hat. Aus Deutschland beteiligen sich Baden-Württemberg und Bayern. Und weiter kann man in der Broschüre lesen: „Nirgendwohin strömen mehr Menschen (120 Mio. Feriengäste pro Jahr), nirgendwo finden mehr Übernachtungen statt (500 Mio. pro Jahr), nirgendwo genießen mehr Menschen das Erlebnis Natur und suchen Erholung, Entspannung und – die Faszination Sport“. Die Alpen faszinieren übrigens nicht nur unter den Aspekten „Natur“ und „Sport“, sondern sie sind, wie es der Titel einer einschlägigen Buchveröffentlichung (MAIER 1985) zum Ausdruck bringt, auch eine wahre Schatzkammer, was Kultur und Kunst angeht. Schon 1995 waren rund 25 % des Welttourismus auf die Alpenländer konzentriert. Viele dieser Besucher interessieren sich für die Welt der Alpenblumen. Die erste Frage angesichts einer strahlend bunten Blüte lautet meistens: Was ist denn das? In der Regel ist damit gemeint: Wie heißt denn das? Antwort können die zahlreichen Florenwerke und Farbbildführer geben, die im Literaturverzeichnis genannt sind. Besonders die Farbbildführer erfreuen sich zu Recht großer Beliebtheit. Doch sollte sich der Blumenfreund darüber im Klaren sein, dass mit Hilfe von Farbbildern, die nicht durch Bestimmungsschlüssel ergänzt werden, eine exakte Bestimmung zwar oft, aber keineswegs immer möglich ist. Es gibt zu viele Verwechslungsmöglichkeiten! Einen Bestimmungsschlüssel zu benutzen, wird deshalb immer wieder unausweichlich. In einigen besonders empfehlenswerten Werken (z. B. AICHELE und SCHWEGLER 1977, LANDOLT 1992, LAUBER und WAGNER 1993, LAUBER und Wagner 1996, Pietschmann et al. 1965) werden mehr oder weniger detaillierte Bestimmungsschlüssel mit Farbbildern kombiniert.

Doch der bloße Name genügt gerade heute nicht mehr, in einer Zeit, in der mehr und mehr hinterfragt wird. Der aufgeschlossene Alpenwanderer möchte mehr über eine Pflanze erfahren als nur den Artnamen. Von Ausnahmen abgesehen, helfen hier die Farbbildführer nicht weiter. Exkursionsfloren können Zusatzinformationen liefern. Seit ihrem ersten Erscheinen im Jahr 1949 kann OBERDORFERS Pflanzensoziologische Exkursionsflora (letzte Auflage 2001) dafür als Beispiel dienen, denn in ihr finden sich bei den einzelnen Pflanzenarten Stichworte besonders zur Soziologie und Ökologie. Der „Oberdorfer“ deckt auch die deutschen Alpen ab. Das vorliegende Buch versucht, dem Alpenwanderer nicht nur bei der Bestimmung einer Alpenblume zu helfen, sondern ihn mit der gesamten „Persönlichkeit“ der betreffenden Pflanze vertraut zu machen.

Man schätzt, dass es etwa 1 500 bis 2 000 Arten Alpenblumen gibt. Eine Auswahl war damit unerlässlich, jedoch werden immerhin 280 Alpenpflanzen genau beschrieben und rund 180 weitere Arten im jeweils gegebenen Zusammenhang berücksichtigt, insbesondere aus den Gebieten, die der deutschsprachige Tourist bevorzugt. Das sind außer den deutschen Alpen Österreich, Südtirol mit den Dolomiten, das Gardasee-Gebiet und die Schweiz. Diese Arten werden nicht nur entsprechend ihrer systematischen Stellung aufgereiht und besprochen, sondern auch in einem übergeordneten Zusammenhang gesehen. Was bei Alpenpflanzen besonders auffällt und den Betrachter anspricht, sind die Blumen in all ihrer Farbigkeit und Schönheit. Für den nüchternen Naturwissenschaftler handelt es sich bei ihnen um Pflanzenorgane, die im Dienst der sexuellen Fortpflanzung stehen. Das ist die ureigenste Funktion der Blumen, die wir so sehr bewundern. Und an dieser Funktion gibt es kein Vorbei. Herauszuarbeiten, dass die sexuelle Fortpflanzung und damit die Blumen ausschlaggebend wichtig für die Ökologie und Evolution der Pflanzen sind, soll in diesem Buch versucht werden. Die Alpenblumen liefern dazu eine Fülle von Beispielen.

Die ersten Kapitel befassen sich mit Bau und Funktion der Blüten und Blütenstände und mit den Ursachen für die erstaunliche Vielfalt, die sich bei Blumen und gerade auch bei den Blumen der Alpen findet. Was die Blütenbiologie generell angeht, kann der Leser Ergänzungen und weiterführende Angaben in D. Heß, Die Blüte (1990) finden. Im vorliegenden Buch werden in aus sich heraus verständlichen Kapiteln behandelt: Vermeidung der Selbstbestäubung, Coevolution von Blumen und Insekten, Entstehungsgeschichte der Alpen und Bodenverhältnisse, Vegetationsgeschichte einschließlich der Eiszeiten, Höhenstufen der Vegetation.

Anschließend werden die wichtigsten Pflanzengesellschaften der Alpen skizziert. Zahlreiche für die betreffenden Pflanzengesellschaften charakteristische Arten werden überwiegend in Habitusbildern vorgestellt. Die Kenntnis der Pflanzengesellschaften ist zwingend notwendig, wenn man mehr über eine Pflanzenart erfahren möchte. Denn die betreffende Art wächst eben nicht für sich allein, sondern in der Gesellschaft anderer Arten. Darüber hinaus wird die Bestimmung erleichtert, wenn man weiß, in welcher Gesellschaft sich die fragliche Art einstellt.

Das folgende, umfangreichste Kapitel bringt eine nach Pflanzenfamilien gegliederte Beschreibung der einzelnen Pflanzenarten, vielfach unter Beigabe von Makroaufnahmen, die erst die ganze Schönheit unserer Alpenblumen erkennen lassen. Die Artenbeschreibungen müssen knapp und nüchtern gehalten werden, um möglichst viele Informationen geben zu können. Lockerer gehalten sind dagegen eingestreute Essays, in denen ergänzende Daten zu Arten oder Artengruppen gegeben werden. In einigen Fällen wird außerdem auf botanisch interessante Wanderun-

Seiser Alm (s. S. 127)

gen in den oben genannten Regionen verwiesen. Solche Hinweise können im gegebenen Rahmen nur exemplarisch sein und sollen erste Anregungen geben. Die Literaturliste hilft weiter. Nur auf Anchisi et al. (1997) sei auch an dieser Stelle aufmerksam gemacht. Denn das ausgezeichnet bebilderte Werk gibt dem Blumenfreund Wanderempfehlungen für den gesamten Alpenraum.
Im letzten Kapitel wird die Fülle an Formen und Farben, die aufgezeigt worden war, im Zusammenhang mit Darwins Evolutionstheorie und einigen wenigen Daten der modernen Biologie abschließend diskutiert.
Beim Verlag Eugen Ulmer ist die vorbildliche Gestaltung und Ausstattung eines Buchs eine Selbstverständlichkeit. Somit könnte entsprechender Dank eigentlich entfallen. Doch bei aller generellen Selbstverständlichkeit braucht es den engagierten Einsatz im Einzelfall. Dafür möchte ich meinen Verlegern Roland und Matthias Ulmer, Dr. Nadja Kneissler und Antje Springorum im Lektorat sowie Jürgen Sprenzel in der Herstellung danken, dies auch stellvertretend für alle anderen beteiligten Mitarbeiter des Verlags. Meiner Tochter Kerstin danke ich für Veränderungen und Umzeichnungen von SW-Abbildungen aus sehr unterschiedlichen Bildquellen. Allzu starke Differenzen in der Darstellungsweise ließen sich so vermeiden.
Ich hoffe, mit diesem Buch auch denjenigen Bergwanderern eine Freude zu machen, die dem Charme der Alpenblumen schon längst erlegen sind. Noch mehr wünsche ich mir, den Blumenwundern im Hochgebirge möglichst viele neue Freunde gewinnen zu können.

Hohenheim, Frühjahr 2001 Dieter Heß

Inhalt

Einleitung: Alpenblumen – Funktion, Vielfalt und Schönheit

In diesem Buch wird versucht, naturwissenschaftliche Kenntnisse über Alpenblumen in leicht verständlicher Form zu vermitteln. Was sind die Funktionen der Blumen und ihrer Teile und wie sind sie im Lauf der Stammesgeschichte, der Evolution, entstanden? Das sind zentrale Fragen, die wir angehen werden. Doch gerade das Befassen mit Blumen und besonders mit den Blumen unserer Alpen kann mehr bedeuten als das bloße Anhäufen von Sachwissen. Was ist mit diesem *Mehr* gemeint, das über die naturwissenschaftlichen Gegebenheiten hinausgeht?

Blumen sprechen uns vom Ästhetischen her an: Wir finden sie schön – und unterstellen dann allzu leicht ohne weiteres Nachfragen, diese Schönheit sei für uns Menschen bestimmt. Über Orchideen z. B. kann man in einem Buch aus dem vergangenen Jahrhundert lesen, sie seien „eigens dafür geschaffen worden, die auserwählten Menschen dieses Zeitalters zu erfreuen". Eine derart selbstsicher menschbezogene Aussage lässt sich heute nicht mehr ohne weiteres machen. Wir werden auf die Frage nach der Schönheit der Blumen zurückkommen, aber erst ganz am Ende dieses Buchs. Zuvor werden wir uns eingehend mit Blumen, speziell mit Alpenblumen und ihren Funktionen befassen und uns damit auch den Kenntnisstand verschaffen, der die Voraussetzung für ein Eingehen auf die Schönheit der Blumen bildet.

Haben Sie je einen Gedanken darauf verschwendet, warum es Blumen gibt? Und weitergehend: Haben Sie sich gefragt, warum Sie nicht nur einen einzigen Blumentyp auffinden, sondern mühelos schon auf den ersten Blick sehr viele verschiedene Blumengestalten wahrnehmen können?

Kaum jemand macht sich darüber Gedanken. Dabei sind beide Fragen berechtigt, gerade auch die zweite. Denn ein einziger Blumentyp – etwa gelber Löwenzahn, wie er überdüngte Wiesen im Frühsommer dicht an dicht überzieht – könnte jemandem, der stolz auf sein rationelles Denken ist, völlig ausreichend erscheinen. In der Tat, wo der Land- oder Forstwirt entsprechend vorgeht, wird die Flora einheitlicher – und das ist nur ein anderes Wort für ärmer.

Doch dann machen Sie Urlaub in einer Region, in deren Pflanzenwelt der Mensch zwar auch schon eingegriffen hat, aber nicht so radikal. Überall auf unserer Erde können Sie noch Landschaften mit einer überquellend mannigfaltigen Blumenwelt finden. *Noch* – denn diese Refugien werden immer weniger. Besonders in den Alpen wird Ihnen eine Fülle verschiedener Blumen begegnen. Der Eindruck ist dort umso nachhaltiger, weil die Blumen der Alpenpflanzen im Vergleich zu ihrem grünen Blattwerk relativ groß sind – relativ deswegen, weil nicht die Blüten selbst größer werden. Vielmehr wird der Grünanteil reduziert. Das Spross-System mit den Laubblättern ist kleiner, oft gedrungen. Außerdem begünstigt die hohe Lichteinstrahlung die Bildung der Blütenfarbstoffe. Die Blüten sind deshalb besonders intensiv farbig, geradezu strahlend. Damit wird die Frage unausweichlich: Warum diese Fülle ganz unterschiedlicher Blütengestalten in all ihrer beeindruckenden Pracht? Die Alpenflora mit ihren besonders auffallenden Blumen fordert geradezu heraus, sich mit dieser Fragestellung zu befassen. Wir werden das in diesem Buch tun und dabei immer wieder überraschende Entdeckungen machen.

1 Bau und Funktion der Blüten

1.1 Definition der Blüte

Nicht nur der Wissenschaftler, sondern jeder denkende Mensch kann auf Definitionen nicht verzichten, auch wenn er sie vielleicht nicht immer besonders schätzt. Denn er muss klipp und klar wissen, womit er es zu tun hat. Eine gängige Definition der Blüte hat der Freiburger Botaniker OEHLKERS 1956 gegeben. Leicht verändert lautet sie:

Die Blüte ist das gestauchte Ende eines Sprosses, dessen Glieder direkt oder indirekt im Dienst der sexuellen Fortpflanzung stehen.

Wenn wir im Folgenden diese Definition erklären, bedeutet das, dass wir auf Bau und Funktion der Blüte eingehen müssen. Ein entsprechendes Grundwissen ist unabdingbar, wenn man sich mit Blumen genauer befassen möchte. Das gilt selbstverständlich auch für Alpenpflanzen. Doch es wird Ihnen nicht schwer fallen, sich dieses Wissen fast spielerisch anzueignen.

1.2 Die Blüte als gestauchtes Sprossende

Dass die Blüte normalerweise das *Ende von Sprossen* ist, von Haupt- ebenso wie von Seitensprossen, wird jeder bestätigt finden, der eine blühende Pflanze auch nur oberflächlich betrachtet. Denn von wenigen Arten abgesehen, die im System der Pflanzen „weiter unten" stehen, wird das Wachstum von Sprossen nur in Störfällen über eine Blüte hinaus fortgesetzt. Ein bekannter derartiger Störfall ist die durchwachsene Rose, mit der sich GOETHE befasst hatte.

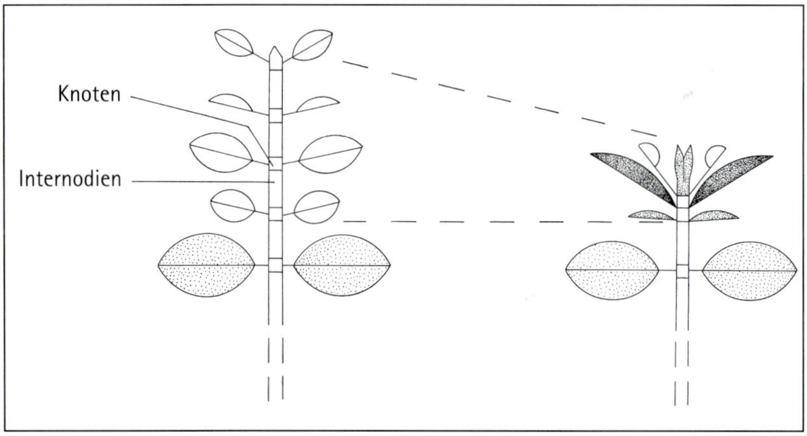

Links: Herleitung der Blüte von einem Sprossende durch Stauchung der Internodien.

Rechte Seite: Goethes durchwachsene Rose (aus KRÄTZ 1998, mit freundlicher Genehmigung der Stiftung Weimarer Klassik/Goethe-Nationalmuseum).

Der nächste Schritt: Wieso handelt es sich um ein *gestauchtes* Sprossende? An einem Spross gibt es Abschnitte, die Blätter tragen und die Knoten genannt werden. Zwischen den Knoten liegen Sprossabschnitte ohne Blätter, die Internodien.
Dass sich Blattorgane im Blütenbereich befinden, lässt schon Goethes Rose erkennen. Denn was aus der Blüte herauswächst, wird eindeutig zu Laubblättern. Aber auch die normale Blüte weist Blattorgane auf. Da gibt es grüne Kelchblätter, da gibt es farbige Kronblätter sowie die Staub- und Fruchtblätter. All diese Blätter sitzen sehr dicht beieinander. Wie kommt es dazu? Wenn man am Ende eines Sprosse die Internodien extrem verkürzt, den Spross also staucht, schließt jeder Knoten mit seinen Blattorganen eng an die benachbarten Knoten an – es resultiert die Blüte als gestauchtes Sprossende.
Wegen der Stauchung lassen sich die Knoten als solche nicht mehr fassen. Man erkennt nur noch „Kreise“ oder Wirtel, auf denen die verschiedenen Blattorgane der Blüte stehen: Von außen nach innen folgen die Kreise der Kelch-, Kron-, Staub- und Fruchtblätter. Bei entsprechender graphischer Darstellung erhält man ein Blütendiagramm.
Soweit die Ableitung der Blüte von einem normalen Sprossende mit grünen Blättern. Aber warum diese Umgestaltung? Welche Triebkraft der stammesgeschichtlichen Entwicklung, der Evolution, ließ Blüten entstehen? Um diese Frage beantworten zu können, müssen wir zunächst auf die Fortpflanzung der Blütenpflanzen eingehen.

1.3 Sexuelle und vegetative Fortpflanzung

Die Glieder des gestauchten Sprosses, also die Blattorgane der Blüte, sollen definitionsgemäß direkt oder indirekt im Dienst der sexuellen Fortpflanzung stehen. Zunächst ist zu klären, was man unter **sexueller Fortpflanzung** versteht. Dabei muss auch auf Unterschiede zur vegetativen Fortpflanzung hingewiesen werden.
Wir können die sexuelle Fortpflanzung hier nicht im Detail abhandeln. Das Wichtigste muss genügen. Zunächst die Definition:

Unter sexueller Fortpflanzung versteht man eine Fortpflanzungsweise, die auf der Verschmelzung von Keimzellen (= Befruchtung der Eizelle) und auf Reifeteilungen basiert.

Beide Vorgänge, das Verschmelzen der Keimzellen ebenso wie die Reifeteilungen, sorgen dafür, dass das Erbgut gehörig durchmischt wird. Im Folgenden gehen wir auf die allzu komplizierten Reifeteilungen nicht weiter ein. Es genügt festzuhalten, dass sie bei den Blütenpflanzen der

Ausbildung der Keimzellen vorausgehen. Anders steht es mit der Befruchtung. Denn dass neue **Genkombinationen** zustandekommen, wenn bei der Befruchtung genetisch verschiedene Keimzellen miteinander verschmelzen, ist leicht einzusehen.

Bei Pflanzen gibt es aber auch eine sehr effektive **vegetative Fortpflanzung**, bei der aus Teilen, ja sogar aus einzelnen Zellen von Pflanzen wieder ganze Pflanzen gebildet werden können. Im Reagenzglas wird sie zur kostengünstigen Massenproduktion von Pflanzen genutzt. Sie findet sich auch in der Natur, auch bei Alpenpflanzen. Bekannt dürfte sein, dass jeder Gärtner, der Pflanzen über Stecklinge vermehrt, vegetative Fortpflanzung praktiziert. Das Erbgut der so erhaltenen Pflanzen ist mit demjenigen der Ausgangspflanze identisch. Und auch untereinander sind die Nachkommen genetisch gleich. Bei vegetativer Fortpflanzung ist also **Erbgleichheit** gewährleistet.

Erbgleiche Nachkommen, ganz gleich ob aus der Natur oder aus dem Reagenzglas, bezeichnet man übrigens als Klone und das Verfahren, über das man sie erhält, als Klonen. Klonen ist also *keine* Genübertragung, auch wenn manche Journalisten und Politiker beides beharrlich in einen Topf werfen, weil sie es nicht besser wissen oder wissen wollen. Denn bei Genübertragungen wird das Erbgut ja verändert.

Wir haben jedenfalls den zentralen Unterschied zwischen sexueller und vegetativer Fortpflanzung herausgearbeitet:

Die sexuelle Fortpflanzung kann zu genetischen Unterschieden in den Nachkommen führen, die vegetative Fortpflanzung garantiert erbgleiche Nachkommen.

1.4 Struktur und Funktion der Blattorgane der Blüte

Nun zu den einzelnen Blattorganen der Blüte. Gehen wir dabei von außen nach innen:

Schema einer Blüte und ihrer Organe

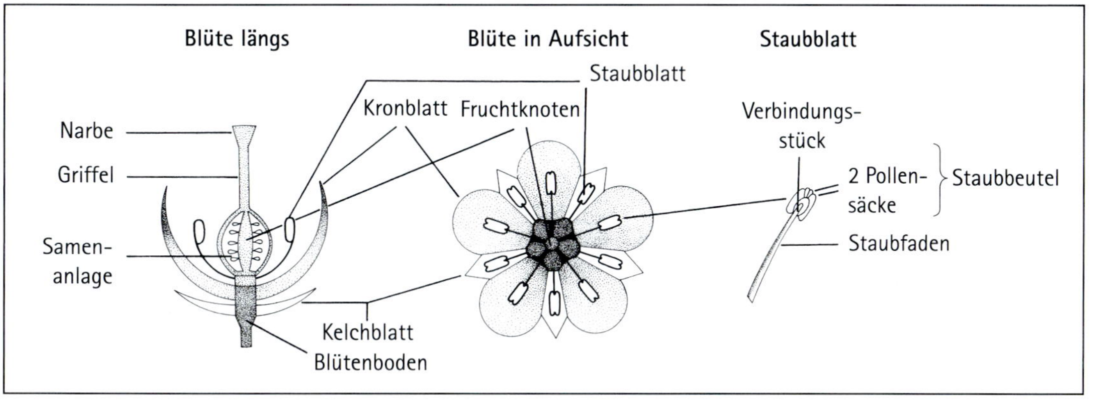

- Die **Kelchblätter** sind meist derb und grün und weisen **Schutzfunktion** auf. Das gilt besonders für die Blütenknospen, die ganz von Kelchblättern umgeben sind, und ebenso für Blüten, die sich nachts oder bei schlechtem Wetter schließen. Kelchblätter können fallweise aber auch Schaufunktion haben und Bestäuber anlocken.
- Die **Kronblätter** sind meistens zart und farbig, wobei Grün seltener ist. Sie besitzen vor allem Schaufunktion, können aber auch Düfte ausscheiden. Über Farben und Düfte locken sie Bestäuber an, weisen also **Lockfunktion** auf. Bei einigen Pflanzenfamilien unterbleibt die Gliederung in Kelch- und Kronblätter. Das gilt vor allem für die Klasse der Einkeimblättrigen, zu denen u.a Lilien, Tulpen und Krokusse gehören. Die Blattorgane der beiden äußersten Kreise sind bei ihnen gleich gestaltet. Wir werden sie dann **Blütenhüllblätter** nennen. Meistens weisen sie wie die Kronblätter Schau- bzw. Lockfunktion auf und sind entsprechend farbig.
- Die **Staubblätter** bestehen aus einem Staubfaden, dem ein Staubbeutel aus Verbindungsstück und 2 x 2 Pollensäcken aufsitzt. Im Inneren der Staubbeutel werden über Reifeteilungen Pollen („Blütenstaub“) gebildet. In jedem reifen Pollenkorn oder dem aus ihm auswachsenden Pollenschlauch finden sich zwei männliche Keimzellen, die Spermazellen, die über Reifeteilungen angeliefert werden.
- Jeweils ein oder mehrere **Fruchtblätter** bilden einen Fruchtknoten, dem ein Griffel mit einer Narbe aufsitzt. Im Fruchtknoten finden sich Samenanlagen, die je eine Eizelle enthalten. Die Eizellen entstehen über Reifeteilungen.

1.5 Zusammenspiel der Blütenorgane bei der sexuellen Fortpflanzung

Die wichtigsten Daten zu den Blattorganen der Blüte wurden genannt. Was noch fehlt, ist ihr Zusammenspiel bei der sexuellen Fortpflanzung. Nehmen wir zwei Blüten einer gegebenen Art an. Sie sollen zwittrig sein, d.h. Staub- und Fruchtblätter führen. Beide Blüten bilden also Pollen mit Spermazellen und Samenanlagen mit Eizellen aus.

Der Pollen muss nun auf eine Narbe gelangen. Die Belegung der Narbe mit Pollen nennt man **Bestäubung.** Bei der überwiegenden Mehrzahl der Pflanzenarten sind es Blüten einer anderen Pflanze der gleichen Art, auf deren Narben der Pollen gelangen muss. Damit wird ein Übertragungsmechanismus erforderlich. Von seltenen Ausnahmen abgesehen, bei denen das Wasser übertragendes Medium ist, erfolgt die Übertragung durch den Wind oder durch Tiere. Die Pflanzen leihen sich also die ihnen fehlende Fähigkeit zur aktiven Bewegung vom Wind oder von Tieren aus. Man spricht dann von **Wind-** oder **Tierblütigkeit.**

In der einheimischen Flora, auch in der Alpenflora, herrscht Tierblütigkeit vor, wenn man sich auf die Zahl der Arten bezieht. Bei den Bestäubern handelt es sich fast ausschließlich um Insekten. Dann spricht man von **Insektenblütigkeit.** Die Insekten leisten die Übertragungsdienste nicht ohne weiteres. Zunächst einmal müssen sie angelockt werden. Als Lockmittel dienen Farben und Düfte, meistens der Kronblätter. Solche Lockmittel wären jedoch auf Dauer wirkungslos, wenn den Bestäubern in den Blüten nicht auch etwas geboten würde. Denn die meisten Bestäuber würden es lernen, wenn hinter der Werbung durch Farben und Düfte kein reelles Angebot stünde und solche Blüten nicht mehr aufsuchen. Die bestäubenden Insekten entpuppen sich als hochgradige Materialisten, das sei festgehalten.

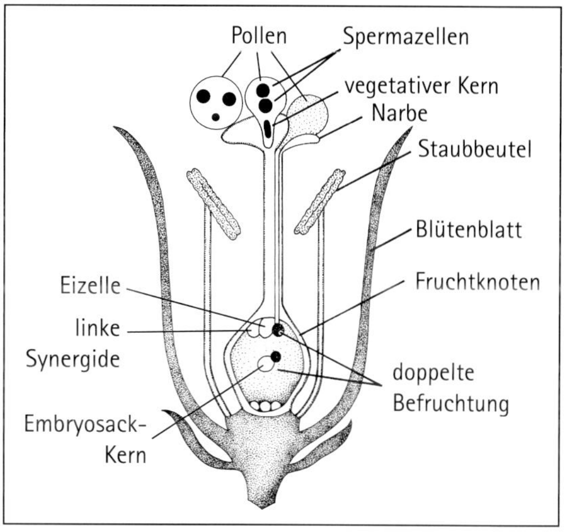

Bestäubung und doppelte Befruchtung. Drei Pollenkörner sind von einer anderen Blüte auf die Narbe gelangt. Das Korn links ist noch nicht gekeimt, das mittlere keimt gerade aus und das rechte hat die beiden Spermazellen (schwarz) bereits zum Embryosack hinunter transportiert. Eine Spermazelle steht unter Mitwirkung der rechten Synergide (Helferzelle) unmittelbar vor der Befruchtung der Eizelle, die andere unmittelbar vor der Verschmelzung mit dem Embryosack-Kern.

Vor allem Nahrung ist es, was die Blüten den Insekten zur Verfügung stellen – und noch einiges mehr, auf das wir fallweise eingehen werden. Als Nahrung kann schon Pollen dienen. In der Evolution der Pflanzen war er das erste materielle Angebot, das die Blüten den Insekten machten. Er wird entweder von den Bestäubern selbst gefressen oder als Nahrung für ihre Brut gesammelt. Bei gefräßigen Besuchern oder eifrigen Sammlern muss die Blüte viel Pollen produzieren, wenn noch etwas davon für die Bestäubung übrig bleiben soll. Bei entsprechend reichlicher Produktion von Blütenstaub spricht man von **Pollen-Blumen.** Rationeller ist es, eine andere Nahrungsquelle zu erschließen und so den Pollen nicht mehr zu gefährden. In den meisten Blüten handelt es sich dabei um **Nektar**, eine wässrige Ausscheidung, die besonders reich an Zuckern, fallweise aber auch an anderen Substanzen wie Aminosäuren oder fettartigen Stoffen ist. Der Nektar wird oft in besonderen Nektarbehältern, den Nektarien gebildet. Sie können u.a. die Gestalt von Bechern, Näpfen, Tüten, gestielten Schnecken oder Schuppen haben. Es kann sich aber auch um Gewebepartien um den Fruchtknoten herum oder um Zellstreifen auf den Blütenblättern handeln, die Nektar absondern.

Nach erfolgter Bestäubung keimt der Pollen auf der Narbe unter Bildung eines Pollenschlauchs aus. Der Pollenschlauch transportiert die Spermazellen durch das Griffelgewebe zu den Samenanlagen. In jeder Samenanlage befindet sich eine Eizelle. Bei der Befruchtung verschmilzt je eine Spermazelle mit einer Eizelle. Aus der befruchteten Eizelle entsteht ein Embryo, der in einen Samen eingeschlossen wird. Später keimt der Samen, und der Embryo entwickelt sich zur neuen Pflanze.

Rekapitulieren wir: Fertiger Pollen bzw. der aus ihm auswachsende Pollenschlauch enthält mit den Spermazellen **männliche** Keimzellen. Die **weiblichen** Keimzellen, die Eizellen, werden in den Samenanlagen des Fruchtknotens gebildet. In den Samenanlagen kommt es dann zur Verschmelzung männlicher mit weiblichen Keimzellen. Wenn wir uns an die entsprechende Definition erinnern, steht damit fest, dass wir es mit einer **sexuellen** Fortpflanzung zu tun haben.
Noch einmal zur Definition der Blüte: Jetzt lässt sich auch verstehen, warum von einer direkten oder indirekten Beteiligung ihrer Glieder, d.h. ihrer Blattorgane, an der sexuellen Fortpflanzung die Rede war. Denn die Verschmelzung der Keimzellen und die Reifeteilungen sind Kennzeichen der sexuellen Fortpflanzung. Kein Zweifel also, dass Staub- und Fruchtblätter direkt im Dienst der sexuellen Fortpflanzung stehen.
Die Kelch- und Kronblätter beteiligen sich über ihre Schutz- bzw. Lockfunktionen. Aber Sexualprozesse laufen an ihnen selbst nicht ab. Sie sind also nur indirekt an der sexuellen Fortpflanzung beteiligt.

1.6 Bedeutung der sexuellen Fortpflanzung in Ökologie und Evolution

Die Blüten sind bei höheren Pflanzen die Organe der sexuellen Fortpflanzung, das steht für uns nun fest. Aber warum kam es im Lauf der Evolution zu einem derart starken Ausbau der sexuellen Fortpflanzung, dass sie buchstäblich unübersehbar wird, dass wir überall auf Blüten treffen?
Der Grund ist darin zu sehen, dass die sexuelle Fortpflanzung zu Veränderungen im Erbgut führen kann, über die der Pflanze eine Anpassung an neue Gegebenheiten in ihrer Umwelt ermöglicht wird. Nehmen wir einmal an, zwei Pflanzen einer gegebenen Art seien in ihrem Erbgut leicht verschieden. Das ist vielfach der Fall und kann letztlich auf Mutationen zurückgehen. Diese genetischen Verschiedenheiten gehen (bei den Reifeteilungen) in die Pollen mit ihren Spermazellen ebenso wie in die Eizellen ein. Wenn jetzt Pollen und damit Spermazellen von der einen auf die andere Pflanze gelangen, werden bei der Befruchtung die beiderseitigen Gene kombiniert. Der Fachausdruck dafür lautet **Rekombination.** Die Pflanze, die sich aus der befruchteten Eizelle entwickelt, weist dann eine **neue Genkombination** auf. Man bezeichnet sie als **Rekombinante.** Hat sich die Umwelt verändert, kann sich die betreffende Pflanze wegen ihres neuen Genbestands daran *möglicherweise* besser anpassen. Sie überlebt.
Stellen wir noch einmal heraus:

Nachkommenschaften mit neuen Genkombinationen können sich gegebenenfalls an eine veränderte Umwelt anpassen.

Damit wird die sexuelle Fortpflanzung zu einem Faktor der **Ökologie**. Solche Anpassungen werden im kleinen Maßstab wie etwa bei der Besiedelung einer Rodungsfläche ebenso notwendig wie im Großmaßstab bei globalen Klimaveränderungen, wie sie auf unserer Erde im Lauf der Jahrmillionen immer wieder stattgefunden haben.
Die Anpassungserscheinungen basieren auf Genen. Die betreffenden Genkombinationen bleiben erhalten, solange die Umwelt sich nicht erneut verändert. Dann werden die andauernd stattfindenden Mutationen und Rekombinationen des Erbguts (vgl. S. 493) erneut zur Anpassung ausgenutzt: entsprechende Rekombinanten setzen sich durch. Das wiederholt sich. Die Folge ist, dass sich die Pflanzen langsam aber stetig verändern. Die sexuelle Fortpflanzung wird damit auch zu einem Faktor der **Evolution**.
Die zentrale Bedeutung der sexuellen Fortpflanzung in Ökologie und, damit gekoppelt, Evolution lässt verstehen, warum die Blüte als Organ eben dieser sexuellen Fortpflanzung im Verlauf der Evolution so sehr in den Vordergrund rückte. Wir können jetzt verstehen, warum es überhaupt Blüten gibt, oder anders formuliert, warum es *die* Blüte gibt. Aber warum gibt es nicht nur einen Blütentyp, sondern so sehr viele verschiedene? Im Folgenden gehen wir an die Beantwortung dieser Frage.

1.7 Hemmung der Selbstbestäubung und Förderung der Fremdbestäubung

Über die Befruchtung kann es zu Neukombinationen des Erbguts kommen. Eine Befruchtung setzt jedoch die Bestäubung voraus. Bei der Bestäubung gibt es drei Möglichkeiten:

- Von **Selbstbestäubung** spricht man, wenn innerhalb ein- und derselben Blüte Pollen auf die Narbe gelangt.
- **Nachbarbestäubung** liegt dann vor, wenn eine Pflanze mehrere Blüten entwickelt, und Pollen von einer Blüte auf eine andere Blüte der gleichen Pflanze übertragen wird.
- Bei **Fremdbestäubung** wird Pollen auf eine Blüte einer anderen Pflanze der gleichen Art transportiert.

Alle Zellen einer gegebenen Pflanze enthalten in der Regel das gleiche Genmaterial. Bei Selbstbestäubungen fügt man dann Gleich zu Gleich. Die angestrebte Neukombination des Genmaterials bei der Befruchtung unterbleibt. Ebenso verhält es sich mit Nachbarbestäubungen.
Nur nach Fremdbestäubungen sind Rekombinationen bei der nachfolgenden Befruchtung möglich. Voraussetzung dafür ist, dass die beiden

Selbstbestäubung, Nachbarbestäubung und Fremdbestäubung am Beispiel eines „stängellosen" Enzians. Die Fremdbestäubung kann zu Neukombinationen von Genmaterial führen und wird über einen entsprechenden Blütenbau gefördert. Die Selbst- und Nachbarbestäubung sind genetisch gleichwertig. Sie führen nicht zu Rekombinationen und werden meistens über eine entsprechende Gestaltung der Blüten erschwert oder verhindert.

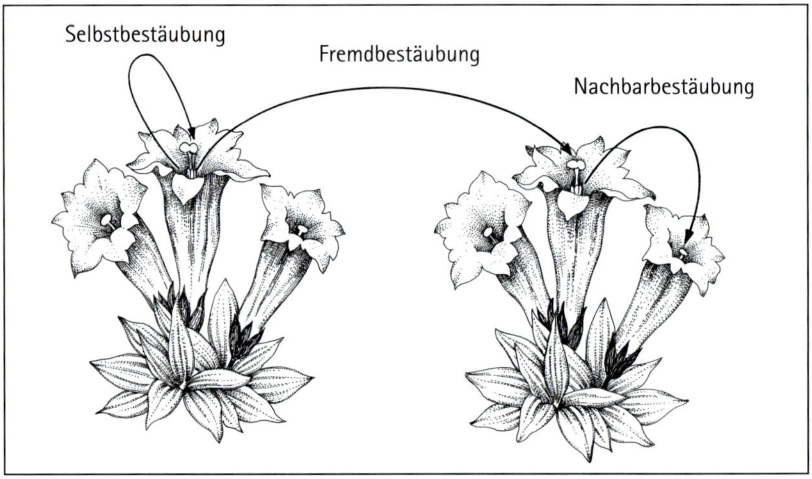

Pflanzen, zwischen denen dabei Pollen übertragen wird, genetische Unterschiede aufweisen. Das ist oft der Fall.

Fremdbestäubung begünstigt also Rekombinationen des Erbguts mit ihren oft positiven Auswirkungen auf Ökologie und Evolution.

Kein Wunder, dass die Pflanzen Mechanismen ausbildeten, die eine Fremdbestäubung fördern und umgekehrt die Selbstbestäubung sowie die unter genetischen Aspekten gleichwertige Nachbarbestäubung erschweren. Dabei handelt es sich um folgende Einrichtungen, für die wir noch zahlreiche Beispiele kennen lernen werden:

Tab. 1.1 Fremdbestäubung und Fremdbefruchtung, eine Chance zur Rekombination

Mechanismus	fördert	erschwert / verhindert
Zweihäusigkeit (Dioecie)	Fremdbestäubung	Selbstbestäubung
Ungleichzeitiges Reifen der Sexualorgane (Dichogamie) Vormännlichkeit (Proterandrie) Vorweiblichkeit (Proterogynie)	Fremdbestäubung	Selbstbestäubung
Räumliche Trennung von Staubbeuteln und Griffeln (mit Narben) (Herkogamie)	Fremdbestäubung	Selbstbestäubung
Verschiedengriffeligkeit (Heterostylie bzw. Heteromorphie)	Fremdbestäubung	Selbstbestäubung
Ergänzung: Selbststerilität	Fremdbefruchtung	Selbstbefruchtung

- **Zweihäusigkeit (Dioecie)**: Die Blüten einer Pflanze sind nicht zwittrig, wie es bei Blütenpflanzen sonst die Regel ist. Vielmehr sind die Geschlechter getrennt: die eine Pflanze einer gegebenen Art trägt nur weibliche, die andere nur männliche Blüten. Eine Selbstbestäubung wird so ausgeschlossen. Trotzdem ist dieser Mechanismus selten.
- **Ungleichzeitiges Reifen der Sexualorgane**, also von Staub- und Fruchtblättern (**Dichogamie**): Die Geschlechtsorgane in zwittrigen Blüten reifen zu unterschiedlichen Zeiten. In der Regel findet sich **Vormännlichkeit (Proterandrie)**. Bei ihr geben die Staubblätter Pollen ab, bevor die Narben bestäubungsreif sind. Seltener ist die **Vorweiblichkeit (Proterogynie)**. Bei ihr sind zuerst die Narben funktionsfähig, Pollen wird erst später freigesetzt.
- **Räumliche Trennung von Staubblättern und Griffeln bzw. Narben (Herkogamie)**: In zwittrigen Blüten ist die Stellung der Staubblätter und die der Griffel mit den aufsitzenden Narben derart, das die Übertragung von Pollen auf Narben in derselben Blüte erschwert wird. Oft sind Dichogamie und Herkogamie miteinander gekoppelt. Dann werden die Staubblätter und die Griffel mit ihren Narben zu unterschiedlichen Zeiten reif und verändern außerdem noch ihre Stellung in der Blüte.
- **Verschiedengriffeligkeit (Heterostylie)**: Bei einer gegebenen Art werden Blüten mit zwei (selten auch drei) unterschiedlichen Längen von Griffeln mit ihren Narben einerseits und von Staubblättern andererseits ausgebildet. In langgriffeligen Blüten sind die Staubfäden und damit die ganzen Staubblätter kurz, in kurzgriffeligen Blüten sind sie umgekehrt lang. Weitere Merkmale, auf die wir später eingehen werden, kommen noch hinzu.

Bei Zweihäusigkeit ist eine Selbstbestäubung ausgeschlossen. Doch bei den drei anderen Mechanismen lässt sich eine Selbstbestäubung in zwittrigen Blüten oft nicht völlig unterbinden, sondern nur erschweren. Das ist nichts weniger als zufriedenstellend. Wenn die Blockierung der Selbstbestäubung und damit umgekehrt die Förderung der Fremdbestäubung wirklich so wichtig sein sollten, wie wir es im vorhergehenden Abschnitt herausgestellt hatten, wäre eine hochgradige Absicherung zu erwarten. In der Tat gibt es noch zusätzliche Mechanismen. So hat man vielfach festgestellt, dass bei Selbstbestäubung die nachfolgende Befruchtung unterbleibt. Man spricht dann von **Selbststerilität.** Meistens wird dabei das Wachstum des Pollenschlauchs in Narbe oder Griffel blockiert und damit die Selbstbefruchtung verhindert. Sollte je eigener Pollen auf die Narbe gelangt sein, kommt er nicht zum Zug.

Damit ist eine mehrfache Absicherung gegen das Einbringen gleichen oder ähnlichen Erbguts gegeben: durch Mechanismen, die eine **Selbstbestäubung erschweren** und solche, die eine **Selbstbefruchtung verhin-**

dern. Oft sind sie in den betreffenden Pflanzenarten hintereinander geschaltet. Bedarf es noch mehr, um sich davon überzeugen zu lassen, wie wichtig die Fremdbestäubung mit nachfolgender Fremdbefruchtung ist?

Ein Leser, der sich bisher zunehmend gelangweilt haben könnte, weil er glaubte, er habe es mit überflüssigen, realitätsfremden theoretischen Abhandlungen zu tun, wird sich im Folgenden eines Besseren belehren lassen. Denn die Einrichtungen zur Förderung der Fremdbestäubung werden im Bau der betreffenden Blüten sichtbar. Ohne sie bliebe der Bau vieler Blüten unverständlich. Bei den Artenbeschreibungen wird jeweils darauf hingewiesen.

Förderung der Fremdbestäubung durch entsprechende Gestaltung der Blüten – damit haben wir *eine* Teilantwort auf die Frage gefunden, warum es nicht nur eine Einheitsblüte, sondern verschiedene Blütentypen gibt. Denn entsprechend den eben erwähnten vier Mechanismen zur Verhinderung der Selbstbestäubung sollte es mindestens vier verschiedene Blütenformen geben, möglicherweise sogar mehr, wenn die Mechanismen in Varianten aufträten oder wie bei Dichogamie und Herkogamie miteinander kombiniert werden. In Wirklichkeit gibt es aber sehr viel mehr verschiedene Blütenformen als unter diesem Aspekt erwartet. Warum?

Coevolution Blüte – Insekt: Vielfalt der Blumen

2

2.1 Coevolution von Blüten und Insekten

Auf die Zahl der Arten bezogen, ist die Insektenblütigkeit in unserer Flora weitaus häufiger ist als die Wind- oder gar Wasserblütigkeit. Das liegt daran, dass sie einen entscheidenden Vorteil mit sich bringt: Tierische Bestäuber übertragen den Blütenstaub gezielt, Wind und Wasser dagegen nicht. Jeder, der an Allergie leidet gegen Pollen unserer im Frühjahr blühenden Bäume und Sträucher (u.a. Hasel, Erle und Birke) oder später im Jahr gegen Pollen der Gräser, ist ein überzeugender Beweis dafür, dass der Wind Pollen nicht gezielt verfrachtet. Denn er gehört nicht in unsere Augen und Atemwege, sondern auf die Narben der windblütigen Pflanzenarten! Die tierischen Bestäuber übertragen den Pollen mehr oder weniger gezielt, d.h. in Blüten von Pflanzen der gleichen Art – ein enormer Vorteil für die Pflanze, weil sie dann mit sehr viel weniger Pollen auskommen kann! Im Folgenden wollen wir uns nur noch mit Insekten als Pollenüberträgern befassen. Denn sie sind auch in der Alpenflora fast die einzigen tierischen Bestäuber.

Die zielgerechte Übertragung des Blütenstaubs fiel nicht vom Himmel. Die hochgradige Abstimmung zwischen Pflanze und bestäubendem Insekt, für die wir noch Belege genug geben werden, stellte sich im Verlauf einer langen Stammesgeschichte ein. Wie kann man sich eine derartige Evolution vorstellen? Gehen wir auf ein klassisches Beispiel ein, die Beziehung zwischen Spornlänge einer Blüte und Rüssellänge des Insektenbesuchers.

Wenn man eine bestimmte Blüte und ein Insekt, das sie ausschließlich oder bevorzugt besucht, genauer betrachtet, findet man immer wieder, dass beide in der genannten Hinsicht aneinander angepasst sind. Eine Blüte mit z. B. einem langen Sporn wird von Schmetterlingen mit einem entsprechend langen Rüssel besucht. Nur solche Falter können den tief im Sporn geborgenen Nektar erreichen; nur für sie lohnt es sich, Blüten der betreffenden Pflanzenart anzufliegen – und dabei Blütenstaub zu übertragen!

Die wechselseitige Anpassung soll nun das Ergebnis einer entsprechenden Evolution sein. Versuchen wir, uns den betreffenden Evolutionsprozess vorzustellen. Dabei muss vereinfacht werden. Nehmen wir an, bei einem Exemplar einer bestimmten Orchideenart sei der Sporn über eine Mutation oder eine bestimmte neue Genkombination etwas länger geworden als normal. Dann hat von verschiedenen Schmetterlingsarten,

die unsere Orchidee bisher besuchten, diejenige die besten Chancen, an den Nektar im Sporn zu kommen, deren Individuen einen entsprechend langen Rüssel aufweisen. Die betreffende Schmetterlingsart besucht die Orchideenblüten häufiger als andere Schmetterlingsarten, setzt sich also ihnen gegenüber durch. Später wird der Sporn der Orchidee über eine erneute Mutation oder Genkombination wieder etwas länger. Nur diejenigen Individuen unserer Schmetterlingsart, die ebenfalls auf der Basis von Mutation und/oder Neukombination einen etwas längeren Rüssel aufweisen, können den Nektar jetzt noch ausbeuten. Wenn wir den Vorgang wiederholen, erhalten wir letztlich eine Orchideenart mit einem besonders langen Sporn, die von einer Schmetterlingsart mit einem entsprechend langen Rüssel besucht und bestäubt wird. Ein **Wettrennen in der Evolution** von Sporn- und Rüssellänge findet statt.
Unser Beispiel war zunächst fiktiv. Doch es entspricht dem Ablauf in der Natur. Dafür ein bekanntes Beispiel: Im Jahr 1862 beschrieb Darwin eine Orchidee aus Madagaskar, *Angraecum sesquipedale*. Der Artname bedeutet „anderthalb Fuß" und bezieht sich auf die erstaunliche Länge des Sporns, die zwar nicht anderthalb Fuß, aber doch rund 30 cm erreicht. Darwin forderte nun einen Nachtfalter mit einer entsprechenden Rüssellänge, denn nur er wäre imstande gewesen, den Nektar im Sporn zu erreichen, nur er hätte dadurch einen Anreiz zum Blütenbesuch erhalten und hätte die Bestäubung durchführen können.
Darwin erntete Hohn und Spott – zu Unrecht: 1903 wurde ein Nachtfalter mit der postulierten Rüssellänge gefunden. Er erhielt den Namen *Xanthopan morgani* f. *praedicta* (lat. f. praedicta = die vorhergesagte Form). Doch fehlte bis vor kurzem der Beweis, dass *Xanthopan* tatsächlich die Blüten von *Angraecum* besucht. Dabei bemühte man sich jetzt so sehr, Darwins Vorstellungen zu bestätigen, dass sogar Fotos gefälscht wurden! Erst im Jahr 1997 veröffentlichte der deutsche Zoologe Wasserthal eine entsprechende Dokumentation.
Dabei wurde die Hypothese von einem evolutionären Wettrennen noch ergänzt. Denn bei *Angraecum* kommt noch ein **Bestäuberwechsel** hinzu. Für Falter ist es vorteilhaft, von Blüten Abstand zu halten, weil auf ihnen Raubspinnen auf Lauer liegen können. Schwirrflug vor der Blüte und eine lange Zunge ermöglichen das. So kann sich eine Falterart mit besonders langer Zunge entwickeln. Unabhängig davon machte die Orchidee einen *großen* Sprung in der Länge ihres Sporns. Die Schmetterlingsart, die sich bislang mit ihr zusammen entwickelt hatte, konnte in ihrer Rüssellänge nicht folgen. Enttäuscht reduzierten die betreffenden Schmetterlinge den Besuch der Orchidee und stellten ihn schließlich ein. Damit wäre das Wettrennen beendet gewesen, der große Sprung in der Spornlänge würde nicht ausgenutzt. Doch die andere Falterart mit der besonders langen Zunge ist zur Stelle. Sie ist vorweg an den langen

Rechte Seite: *Xanthopan* besucht *Angraecum*. Die erste ungefälschte Dokumentation zu Darwins Vorhersage, für den langen Sporn der Orchidee *Angraecum sesquipedale* müsse es einen Falter mit passend langem Rüssel geben. Doch erst im Jahr 1997 glückte die fotografische Dokumentation.

Die Evolution der Spornlänge bei *Angraecum* und der Rüssellänge bei *Xanthopan*: Coevolution und Bestäuberwechsel.
Rechts: In kleinen Schritten, von denen nur der Schritt a–b gezeigt wird, kommt es zu einer Coevolution von Falter und Orchidee, in der die Länge von Sporn und Rüssel jeweils nur wenig länger wird. Doch dann verlängert sich der Sporn stark (b–c). Der bisherige Bestäuber kann nicht mehr mithalten. Da er dem überlangen Sporn keinen Nektar mehr entnehmen kann, stellt er den Blütenbesuch ein.

Links: Ein anderer Falter (mit Stern) hat unabhängig von der Spornlänge der Orchidee, die er gar nicht besucht hatte, einen besonders langen Rüssel entwickelt, in der Entwicklungsreihe zu *Xanthopan* aller Wahrscheinlichkeit nach, um Raubspinnen auf den besuchten Blüten zu entgehen. Dieser Falter besucht jetzt die Orchideenblüte c mit dem extrem langen Sporn. Es kommt also zu einem Bestäuberwechsel. Von dem neuen Paar ausgehend kann dann eine erneute Coevolution in den üblichen kleinen Schritten beginnen (Pfeil).

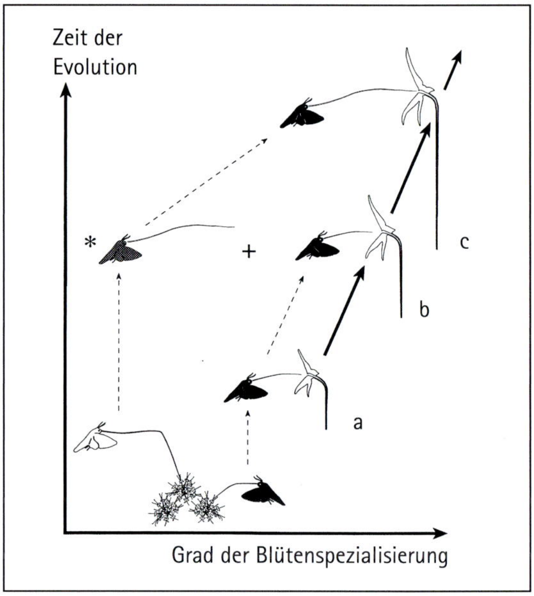

Sporn angepasst, in der Sprache der Wissenschaft **präadaptiert.** Dass nicht die Spornlänge, sondern das Abstandhalten von Blüten mit Raubspinnen dafür maßgebend war, spielt keine Rolle. Denn jetzt kommt die präadaptierte Art wie gerufen und tritt an Stelle des alten Bestäubers. Nach dem Bestäuberwechsel setzt das evolutionäre Wettrennen in der Sporn- und Rüssellänge erneut ein, nur von einer wesentlich größeren Spornlänge aus. Über den geschilderten Bestäuberwechsel lassen sich die besonders große Länge des Sporns bei *Angraceum* und des Rüssels bei *Xanthopan* leichter erklären.
Was wir eben für die Spornlänge exemplifizierten, gilt auch für andere Baumerkmale der Büte. Wenn sich die Blüte in einem Merkmal etwas verändert, passt sich das Insekt über eine entsprechende Umstellung an – und umgekehrt. In einer Vielzahl von kleinen, genetisch fundierten Schritten „schaukeln“ sich so beide, Pflanze und Insekt, in langen Zeiträumen zu einem erstaunlichen Grad wechselseitiger Anpassung hoch. Wird auf einer Seite ein Schritt unerwartet groß, kann es Abhilfe geben wie den Bestäuberwechsel bei *Angraecum/Xanthopan*. Doch dann können wieder kleine Schritte folgen.

Die Evolution von Pflanze und Insekt verläuft aufeinander abgestimmt, gemeinsam. Man spricht deshalb von einer Coevolution von Blüte und Insekt (lat. co = gemeinsam, zusammen; evolutio = Entwicklung, hier im stammesgeschichtlichen Sinn). Eine derartige Coevolution führt zur Coadaptation (lat. adaptio = Anpassung). Die Coevolution ist der Prozess, sein Ergebnis ist die Coadaptation.

Doch halten wir fest: Die erwähnte Anpassung ist weder bewusst noch gezielt. Voraussetzung ist eine veränderte genetische Basis. Auf der jeweiligen genetischen Basis entsteht eine Fülle verschiedener Formen, auf Seite der Pflanzen neben vielen anderen, die hier nicht interessieren, auch eine mit längerem Sporn, auf der Seite der Insekten neben anderen auch eine mit längerem Rüssel. Beide passen dann zueinander, damit ist die wechselseitige Anpassung, die Coadaptation, erfolgt. Die Bezeichnung „Anpassung" darf also nicht im Sinne einer gezielten Aktivität missverstanden werden.

2.2 Blick auf die Evolution der Samenpflanzen: Coevolution und Vielzahl der Arten

Alle in diesem Buch besprochenen Pflanzenarten gehören mit Ausnahme einiger Flechten zur Abteilung der Samenpflanzen. Namengebend ist, dass sie Samen als Verbreitungs- und Überdauerungsorgane ausbilden, eine entscheidend wichtige Neuerung bei der Besiedelung des Festlands. Was die Bestäubung angeht, waren ihre Vorläufer zunächst windbestäubt. Doch bei den beiden großen Unterabteilungen der Samenpflanzen, den Nacktsamern und den Bedecktsamern, verlief die Entwicklung unterschiedlich. Die Nadelhölzer, die heute wichtigste Gruppe der Nacktsamer, behielt die Windblütigkeit bei. Man bezeichnet sie als **primär windblütig.** Ein entscheidender Nachteil der Windblütigkeit ist, wie schon erwähnt, dass enorme Massen an Pollen produziert werden müssen, um die Bestäubung zu sichern. Jeder hat schon die grünlich-gelben „Wolken" von Pollen beobachtet, die der Wind bei der Nadelholzblüte aus den Fichtenwäldern hochjagt.
Bei den Bedecktsamern setzte sich die Tierblütigkeit durch, denn die zielgerechte Übertragung des Blütenstaubs durch Tiere war weitaus ökonomischer als die Windbestäubung. Und auch die für Evolution und Ökologie ausschlaggebend wichtige Fremdbestäubung ließ sich besser sichern. Was den Bedecktsamern dazu „einfiel", geht auch aus diesem Buch hervor. Denn bei den Alpenblumen (der Begriff *Blume* wird später definiert) handelt es sich überwiegend um insektenblütige Bedecktsamer. Einige Bedecktsamer gingen im Verlauf der weiteren Evolution erneut zur Windbestäubung über. Man bezeichnet sie deshalb als **sekundär windblütig.**
Von der Tierblütigkeit interessiert uns hier nur die Insektenblütigkeit. Zunächst entwickelten sich von Käfern bestäubte Blüten. Mit fortschreitender Evolution der Bedecktsamer auf der einen und der Insekten auf der anderen Seite boten sich zunehmend mehr Möglichkeiten für die Coevolution Blüte/Insekt. Pflanzenarten entstanden, deren Blüten auf Fliegen, Wespen, Bienen, Tag- und Nachtfalter abgestimmt

3 Grundformen der Blumen und Ökologische Blumentypen

3.1 Gestalttypen der Blumen

Die verschiedenen Blütenformen entstanden in einer Coevolution von Bestäubern und Blütenpflanzen. Doch bevor wir uns etwas näher mit den Formen der Blumen befassen, muss noch eine Unterlassung bereinigt werden. Denn wir hatten bisher unterschiedslos mal von Blüten, mal von Blumen gesprochen. Gibt es vielleicht doch einen Unterschied zwischen Blüten und Blumen? Und wenn ja, worin besteht er?

3.1.1 Blüten und Blumen

Wenn man sich die deutschen Namen unserer Pflanzen vergegenwärtigt, könnte man zu der Auffassung kommen, Blüten und Blumen seien gleichzusetzen. Denn auch wenn sich so offensichtliche Unterschiede finden wie etwa zwischen der häufigen Zierlichen Glockenblume (204) und der ebenfalls weit verbreiteten Alpen-Wucherblume (247) – von „Blume“ spricht man in beiden Fällen! Dabei lässt sich bei etwas genauerem Betrachten erkennen, dass die Glocken„blume“ nur aus einer einzigen Blüte besteht, während die Wucher„blume“ aus vielen kleinen Blüten aufgebaut ist, die eng nebeneinander auf einer leicht aufgewölbten Scheibe sitzen. Im Mittelfeld der Scheibe sind sie in dem hier gezeigten Foto noch geschlossen, am Rand bereits geöffnet. Dort erkennt man, dass es sich um kleine, gelbe, nach oben offene Glöckchen handelt. Am Rand der Scheibe fallen größere weiße Blütenblätter auf. Sie gehören zu Blüten, die zu Schauapparaten umgebildet wurden. Die Blüten der Zierlichen Glockenblume und der Alpen-Wucherblume sind jeweils in ihrem männlichen Zustand. In beiden Fällen sind die Narben noch geschlossen, Pollen wird über den Griffel präsentiert. Bei der Zierlichen Glockenblume sitzt Blütenstaub rings um die Spitze des Griffels, bei der Alpen-Wucherblume erkennt man in den am Rand stehenden Blüten, dass der Griffel einen Packen Pollen vor sich her schiebt. Dass die kleinen Blüten der Alpen-Wucherblume den großen der Zierlichen Glockenblume entsprechen, lässt sich nun nicht mehr bestreiten. Angemerkt sei, dass die Glockenblumen-Gewächse und die Korbblütler, zu denen die Alpen-Wucherblume gehört, nahe miteinander verwandt sind. Die Ähnlichkeit in den eben angesprochenen Details des Blütenbaus sollte auch Skeptiker überzeugen.

Rechte Seite: Alpen-Leinkraut (159), eine zweiseitig symmetrische Blüte, Grundform Maskenblume.

Links: Zierliche Glockenblume (204), eine strahlig symmetrische Einzelblüte.

Rechts: Alpen-Wucherblume (247), ein strahlig symmetrischer Blütenstand, der wie eine Einzelblüte aussieht.

Bei der Alpen-Wucherblume handelt es sich also nicht wie bei der Zierlichen Glockenblume um eine einzelne Blüte, sondern um einen **Blütenstand** aus vielen Einzelblüten. Er sieht aber wie eine einzige Blüte aus. Man spricht deshalb auch von „Scheinblüte". Eine Einheit stellt er dar – das ist das Entscheidende! Denn nicht nur für uns Menschen, auch für die Bestäuber ist die Wucherblume ebenso wie die Glockenblume eine Einheit, und zwar eine blütenökologische Einheit. Die Definition der Blume lautet dementsprechend:

Die Blume ist die funktionelle Einheit bei der Bestäubung. Sie kann aus einer Einzelblüte oder aus einem Blütenstand bestehen.

Wenn man etwas nachdenkt, beinhaltet diese Definition mehr, als es zunächst scheinen mag. Denn es sei daran erinnert, dass Blüten Einrichtungen aufweisen, um die Selbstbestäubung und die genetisch gleichwertige Nachbarbestäubung zu vermeiden. Wenn nun eine Biene über eine Wucher*blume* krabbelte und dabei Blütenstaub von einer der vielen Blüten im Blütenstand auf andere Blüten in demselben Blütenstand übertrüge, wären das Nachbarbestäubungen, die tunlichst vermieden werden sollten! Wenn es sich bei der Blume wirklich um die Funktionseinheit der Bestäubung handelt, muss das Prinzip „Verhinderung der Bestäubung mit genetisch gleichem Material" für alle Typen von Blumen gelten, für Blumen als Einzelblüten ebenso wie für Blumen, die Blütenstände sind. Damit ist zu fordern: Auch in einem Blütenstand müssen die Selbst- und die Nachbarbestäubung verhindert werden.

Das ist in der Tat der Fall. Beispiele werden bei den Artenbeschreibungen gebracht.

3.1.2 Symmetrieverhältnisse bei Blüten, Blumen und Insekten

Die Gestalt von Blüten und Blumen wird maßgeblich durch deren Symmetrie bestimmt. Wir müssen deshalb auf die Symmetrieverhältnisse eingehen, bevor wir uns mir den Blütenformen befassen. Durch die Blüte der Alpen-Wucherblume lassen sich mehrere **Symmetrieebenen** legen. Bei der dreidimensionalen Blüte handelt es sich dabei um Schnittebenen, durch die eine gegebene Blüte in spiegelbildliche Hälften zerlegt werden kann. Bei den zwei Dimensionen eines Blütendiagramms spricht man von **Symmetrieachsen**, entlang derer spiegelbildlich halbiert wird. Formen, die sich durch mehrere Symmetrieebenen oder -achsen jeweils spiegelbildlich zerlegen lassen, nennt man **polysymmetrisch, radiär** bzw. **strahlig symmetrisch** oder kürzer auch **radiär**. Die Blüten der Alpen-Wucherblume sind also radiär- bzw. strahlig-symmetrisch gebaut.
Durch die Blüte des Alpen-Leinkrauts (159) kann man nur *eine* Schnittebene legen, die zu spiegelbildlich gleichen Hälften führt. Man erhält also jeweils eine rechte und eine linke Blütenhälfte. Formen, die sich durch eine Symmetrieebene bzw. -achse spiegelbildlich halbieren lassen, nennt man **mono-symmetrisch** oder **zweiseitig-symmetrisch.**
Bei zweiseitig-symmetrischen Blüten findet sich in der Regel eine Oberseite, die sich von der Unterseite unterscheidet. Man spricht dann von einem **dorsiventralen** oder **zygomorphen** Bau. Die Blüte des Alpen-Leinkrauts ist zweiseitig-symmetrisch und zugleich dorsiventral gebaut.
Eine weitere Möglichkeit: die **disymmetrischen** Blüten, die **doppelt zweiseitig symmetrisch** sind. Denn bei ihnen lassen sich die Blüten entlang von *zwei* Symmetrieebenen in spiegelbildliche Hälften zerlegen. Die wichtige Pflanzenfamilie der Kreuzblütler weist disymmetrische Blüten auf. Als Beispiel mag das Rundblättrige Täschelkraut (093) dienen. Ursache ist, dass zwei Staubblattkreise vorhanden sind, ein äußerer Kreis

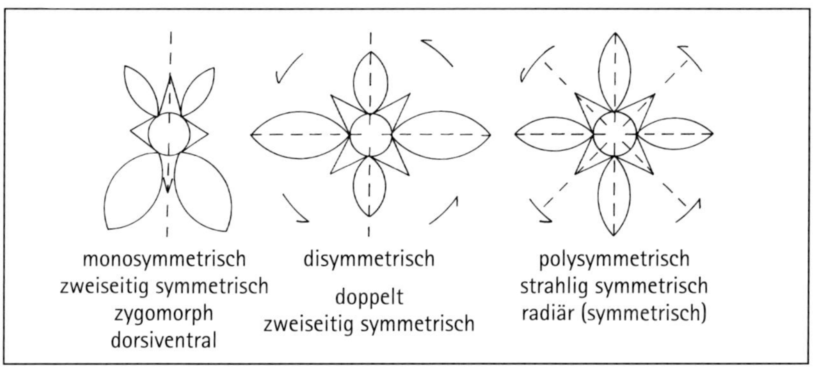

Symmetrieverhältnisse bei Blüten. Die Pfeile geben an, wie sich bei Drehung um eine gedachte mittlere Achse Deckung erreichen lässt. Nach der Zahl der Symmetrieachsen unterscheidet man die angegebenen drei Typen.

Rundblättriges Täschelkraut (093), eine disymmetrische Blüte.

mit zwei kurzgestielten und ein innerer Kreis mit vier langgestielten Staubblättern. Die kürzeren Staubblätter können sich wie beim Täschelkraut verlängern. Dann sieht man im Blüteneingang alle sechs Staubbeutel. In anderen Fällen erkennt man beim Aufblick aber nur die vier langen Staubblätter. Erst beim Zergliedern entdeckt man an deren Basis die zwei kurzen Staubblätter. Von den Kreuzblütlern abgesehen sind disymmetrische Blüten in unserer Flora selten.
Schließlich gibt es auch Blüten ohne jede Symmetrieachse, also **asymmetrische** Blüten. Sie sind sehr selten, aber bei der Gattung Baldrian (185) realisiert.

3.1.3 Übergang von radiärsymmetrischen zu zygomorphen Blüten

Die ältesten Samenpflanzen bildeten radiäre Blüten, die windblütig waren. Bei einer Windbestäubung gab es keinen Anlass, die radiäre Symmetrie aufzugeben. Später im Verlauf der Evolution entwickelten sich Bedecktsamer, die wie schon erwähnt zur Insektenbestäubung übergingen. Damit war eine neue Situation entstanden. Insekten sind dorsiventral und bilateral-symmetrisch gebaut. Das ist funktionell verständlich. Denn es handelt sich um aktiv bewegliche Lebewesen, bei denen ein „Vorne“ mit den entsprechenden Orientierungsorganen von Vorteil ist. Aus dem „Vorne“ ergibt sich zwangsläufig ein „Hinten“. Und Flügel sind zweckmäßigerweise „oben“, Beine „unten“ anzusetzen. Das bedeutet dorsiventralen Bau. Nur „Rechts“ und „Links“ kann man gleich belassen – und damit sind wir bei der zweiseitigen Symmetrie.
Die Insekten, in unserer Flora die wichtigsten Bestäuber, sind also dorsiventral und zweiseitig-symmetrisch. Die Blüten kommen ihnen mit entsprechenden, dorsiventralen und zweiseitig-symmetrischen Formen entgegen.

3.1.4 Grundformen der Blumen

Die Fülle der Blumengestalten lässt sich einigen Grundformen, einigen Typen zuordnen. Im Folgenden werden die Grundformen der Blumen charakterisiert, soweit sie auch bei Alpenpflanzen auftreten. Beispiele werden bei den Artenbeschreibungen gegeben. Denn unter dem Stichwort „Blume“ wird dort zuerst die Grundform der Blume genannt.

Scheiben- und Schalen-Blumen

Von flachen Scheiben kann man durch Anheben der Ränder leicht zu Schalen kommen. In beiden Fällen handelt es sich teils um Einzelblüten, teils um Blütenstände. Die Einzelblüten repräsentieren dabei den einfachsten Gestalttyp. Sie finden sich dementsprechend in Familien, die der Systematiker als „ursprünglich“ qualifiziert. Doch zur gleichen

Grundform gehören auch die aus Einzelblüten zusammengesetzten und damit abgeleiteten Blütenstände in Scheiben- und Schalenform, wie sie vor allem für Dolden-Gewächse und viele Korbblütler typisch sind.
Bei den Dolden-Gewächsen spricht man dementsprechend auch von Scheiben-Blumen, bei den Korbblütlern dagegen meistens von Körbchen oder Köpfchen, auch wenn die Blütenstände die Form einer Scheibe oder Schale aufweisen. Die scheinbare Inkonsequenz hat ihren Grund: Allen Korbblütlern liegt der gleiche Bauplan zugrunde, der eines Körbchens, auch wenn es zu einer Scheibe umgeformt wurde.

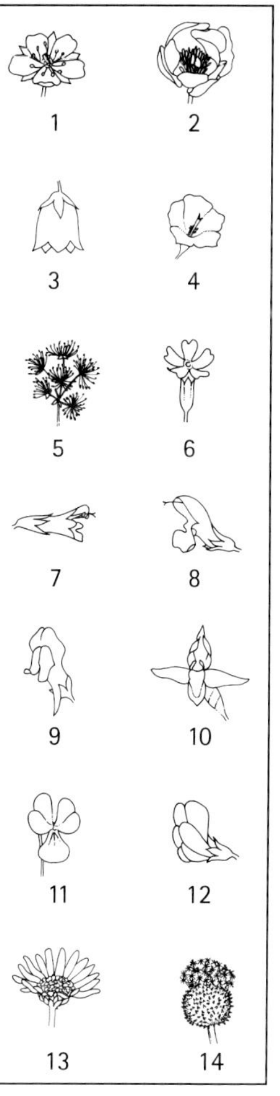

Grundformen der Blumen (im Wesentlichen nach Kugler 1979).
1 Scheiben-Blume, 2 Schalen-Blume, 3 Glocken-Blume, 4 Trichter-Blume, 5 Bürsten-Blume, 6 Stielteller-Blume, 7 Rachen-Blume, 8 Lippen-Blume, 9 Masken-Blume, 10 Orchideen-Blume, 11 Veilchen-Blume, 12 Fahnen-Blume, 13 Körbchen-Blume, 14 Köpfchen-Blume.

Glocken- und Trichter-Blumen

Zieht man die Ränder einer Schale noch weiter nach oben, kommt man zu Glocken, Bechern und Trichtern, die hier unter „Glocken-Blumen“ zusammen gefasst werden. Gegebenenfalls wird darauf hingewiesen, ob es sich von der Form her um eine echte Glocke oder um einen Trichter handelt.

Bürsten- und Pinsel-Blumen

Wenn man die Blütenhüllblätter verkleinert oder ganz verschwinden lässt, erhält man Bürsten- oder Pinsel-Blumen. Falls keine Blütenhülle mehr vorhanden ist, geht die Schauwirkung auf die Staubblätter und/oder auf die Griffel mit den Narben zurück. Bürsten-Blumen sind in der Alpenflora selten.

Röhren-Blumen

Bei einer Röhre handelt es sich um einen langgestreckten Hohlkörper. Der Blütenbiologe macht noch einen Zusatz: der Querschnitt der Röhre muss so eng bemessen sein, dass der Körper der bestäubenden Insekten nicht in sie eindringen kann. Den Nektar, der in die Röhre hinein abgesondert wird, kann das Insekt dann nur mit seinem Rüssel erreichen.

- **Stielteller-Blumen** und andere Kombinationen Röhre mit Blütenteilen. Eine Röhre allein macht in der Regel noch keine Blüte aus. Zumindest gilt das in unseren Breiten. Denn die originäre Röhre bietet keinen Sitzplatz, wie er, von den Schwärmern abgesehen, den einheimischen Insekten geboten werden muss. Zu einer funktionsfähigen Blume kann man kommen, wenn man andere Blütenteile mit einer Röhre oder sogar mit mehreren Röhren kombiniert. Dazu lassen sich fast alle Gestalttypen einsetzen. Man kommt dementsprechend zu Kombinationen von Scheiben, Schalen, Glocken, Rachen und Fahnen mit Röhre. Die wichtige Kombination von Röhre mit Scheibe nennt man Stielteller-Blume.
- **Zusammengesetzte Röhren-Blumen**. Man kann aber auch mehrere bis viele Röhren zu Blütenständen vereinigen. Der Blütenstand bietet

dann die erforderliche Landegelegenheit. Beispiele für solche zusammengesetzten Röhren-Blumen liefern zwei Gruppen der Korbblütler, deren Blütenstände nur aus Röhrenblüten oder aus einer Kombination von Röhren- mit Zungenblüten aufgebaut sind. Sie finden sich hier bei den Körbchen-Blumen.

Rachen-Blumen

Bestimmte Kombinationen von Röhren mit anderen Bauteilen können zweiseitig-symmetrisch sein. Die Rachen-Blumen sind in unserer Abfolge jedoch der erste einheitlich zygomorphe Gestalttyp. Staubbeutel und Narben sind in der oberen Blütenhälfte lokalisiert und kommen dadurch mit der Oberhälfte der ebenfalls zygomorphen Bestäuber in Kontakt, die auf der unteren Blütenhälfte landen.
Die Rachen-Blumen gliedern sich in verschiedene Gruppen:

- **Eigentliche Rachen-Blumen** (bei den Artenbeschreibungen einfach Rachen-Blumen genannt) besitzen nur Andeutungen von Lippen, etwa eine Unterlippe als Landeplatz für die Insekten.
- **Lippen-Blumen** sind durch gut ausgebildete Unter- und/oder Oberlippen gekennzeichnet.
- **Masken-Blumen:** Der Schlund wird durch eine Aufwölbung der Unterlippe, eben die „Maske", fest verschlossen.
- **Orchideen-Blumen (*Orchis*-Typ):** Die Unterlippe wird von dem größten, in der entfalteten Blüte meist unten stehenden Blütenhüllblatt gebildet. Die anderen fünf Blütenhüllblätter oder ein Teil von ihnen stehen fahnen- oder helmartig darüber.
- **Veilchen-Blumen (*Viola*-Typ):** Bei den Veilchen und Stiefmütterchen (Gattung *Viola*) bildet das untere Kronblatt einen Sporn. Bei einigen Arten findet sich die Lippenform. Bei anderen Arten stehen die Flächen aller Kronblätter in einer Ebene, etwa bei unserem Stiefmütterchen. Dann kann man eigentlich nicht mehr von „Lippen" sprechen.

Fahnen-Blumen

Ein- oder mehrere Blattorgane der Blüte stehen hinten an der Blüte nach oben, mit Signalwirkung wie eine Fahne – ein Signal für Insektenbesucher natürlich. „Hinten an der Blüte" meint zur Achse des Blütenstands oder Sprosses zu. Die Sexualorgane sind im ungefähr waagerecht stehenden unteren Teil der Blüte geborgen, bei den Schmetterlingsblütlern im Schiffchen – denn Fahnen-Blumen finden sich vor allem bei den **Schmetterlingsblütlern**. Bei ihnen besteht die Fahne aus einem besonders auffälligen und großen Kronblatt, doch können bei einigen weiteren Familien auch andere Blattorgane die Fahne stellen.

Körbchen-Blumen
Bei ihnen handelt es sich um **Blütenstände** in der Form eines Körbchens oder Köpfchens. Beispiele finden sich bei den deshalb so genannten Körbchenblütlern, zu denen die oben erwähnten Zusammengesetzten Röhren-Blumen zählen. Wie ebenfalls schon erwähnt, spricht man wegen des gemeinsamen Bauplans meistens auch von Körbchen, wenn die Blumen die Form von Scheiben oder Schalen zeigen.

Insektenfallen-Blumen
Pflanzen können Insekten zur Ergänzung ihrer Ernährung mit Hilfe von Blattorganen fangen wie Sonnentau und Fettkraut (176, 177). Manchmal werden aber auch Blumen zu Fallen umgebildet, die Insekten nur vorübergehend gefangensetzen, um sie die Bestäubung durchführen zu lassen und ihnen neuen Pollen aufzuladen. Die Kesselfalle des Frauenschuhs (279), der in den Alpen noch manches Refugium gefunden hat, gehört hierher.

3.2 Ökologische Blumentypen

3.2.1 Ökologie und Blütenökologie

Der Begriff „Ökologie“ war schon verwendet worden, ohne ihn zu definieren. Das muss jetzt nachgeholt werden:

> Die Ökologie ist die Wissenschaft von den Wechselbeziehungen und Wechselwirkungen zwischen den verschiedenen Lebewesen und ihrer Umwelt.

Zur Umwelt, das sei ergänzt, gehören sowohl unbelebte wie belebte Faktoren. Wenn später Höhenstufen der Vegetation besprochen werden, werden in erster Linie Klima und Gesteinsuntergrund wichtig, also unbelebte Faktoren. Im vorliegenden Abschnitt sollen belebte Faktoren, also Lebewesen, in den Vordergrund rücken.
Denn wir befassen uns jetzt mit einem Teilbereich der Ökologie, der **Blütenökologie.** Dabei handelt es sich um diejenigen Wechselbeziehungen zwischen der Pflanze bzw. ihren Blüten und Umweltfaktoren, die mit der Ausbildung und Funktion der Blüten zu tun haben.
Im Vordergrund unserer Betrachtung steht genau genommen nur ein Teilgebiet der Blütenökologie, die **Bestäubungsökologie.** Sie umfasst diejenigen Wechselbeziehungen zwischen Blüte und Umwelt, die zur Bestäubung führen bzw. sie verhindern.
In der Bestäubungsökologie spielen wie bereits erwähnt Wind und Wasser als unbelebte Umweltfaktoren mit. Auf die Zahl der Pflanzenarten bezogen, sind jedoch belebte Umweltfaktoren und von ihnen in unserer Flora wie schon erwähnt die Insekten wichtiger.

3.2.2 Was ist ein Ökologischer Blumentyp?

Wiederholen wir zunächst: Der Form von Blüten bzw. Blumen liegt ein bestimmter Bauplan zugrunde, der ihre systematische Beziehung, also ihre Verwandtschaftsverhältnisse widerspiegelt. Der Bauplan liefert die Basis für Gestaltungsmöglichkeiten. Dabei lässt er Spielraum für unterschiedliche Gestaltungstendenzen. Die Hahnenfuß-Gewächse z. B. haben einen Bauplan, dem die Blüte des Alpen-Hahnenfußes (002) in etwa entspricht. Auf Basis dieses Bauplans wurden bei ihnen aber auch die ganz anders aussehenden Blüten der Akelei (019) oder des Eisenhuts (022) entwickelt.

Nun zu einer wesentlichen Weiterführung und dabei Verfeinerung: Eine gegebene Gestalt, etwa eine Glockenblume, kann auf eine bestimmte Bestäubergruppe abgestimmt werden, z. B. auf die Gruppe der Bienen. Aber mit der Gestalt allein ist es nicht getan. Farbe, Duft und weitere Merkmale müssen ebenfalls so beschaffen sein, dass Bienen auf sie ansprechen. Die Blumen entwickeln, wie es einer unserer bekanntesten Blütenbiologen, S. Vogel (1954), formuliert hat, einen **Stil**, der ganz bestimmte Bestäuber wie Bienen oder Tagfalter anspricht. Hinter all dem steht, wiederholen wir es, der Druck der Evolution. Wechselbeziehungen, das erinnert uns an die Definition der Ökologie. Wenn sich eine Blume im Verlauf der Evolution an eine bestimmte Bestäubergruppe angepasst hat, spricht man deshalb von einem **ökologischen Blumentyp**. Solche ökologischen Blumentpyen sind z. B. Fliegen-, Bienen-, Tag- oder Nachtfalter-Blumen.

3.2.3 Die Gestalt als Komponente des Ökologischen Blumentyps

Der selbstverständlich nach wie vor aufmerksame Leser wird jetzt fragen: Wozu denn überhaupt ökologische Blumentypen? Nur weil der Begriff Ökologie eingebracht werden soll, der leider vielfach zum Modewort geworden ist? Es wurden doch schon Gestalttypen genannt, von Scheiben- über Rachen- bis zu Insektenfallen-Blumen. Sie waren ganz offensichtlich in einer Coevolution Blume/Insekt entstanden. Kann man es nicht bei den Gestalttypen belassen? Ist es nicht so, dass z. B. der Gestalttyp Masken-Blume ein Blumentyp für entsprechende Schwergewichte unter den Insekten, für Bienen und besonders für Hummeln ist? Denn nur sie können die Maske herabdrücken und dann zum Nektar gelangen. Ist dann nicht der Gestaltyp gleichzeitig auch der ökologische Blumentyp?

Die Realität kann eine andere sein. Denn eine gegebene Bestäubergruppe kann ganz verschiedene Blumenformen besuchen. Besonders die einfachen Gestalttypen wie Scheiben- und Schalen-Blumen stehen jedem Bestäuber offen. Warum sollte sich ein Tagfalter, der mit seinem langen Rüssel sonst auf Röhren-Blumen abgestimmt ist, nicht auch auf

einer Scheiben- und Schalen-Blume mit flach gebauten Einzelblüten verköstigen, wenn dort reichlich Nektar geboten wird? Er tut es, wie sich jeder Beobachter selbst überzeugen kann. Und oft sitzt neben dem langrüsseligen Tagfalter auf demselben Blütenstand eine kurzrüsselige Fliege, die keine Chance hätte, an tief in Röhrenblüten geborgenen Nektar zu gelangen!
Anders verhält es sich bei komplizierteren Strukturen. Bei ihnen werden an den Bestäuber über die Gestaltung der Blumen Anforderungen gesellt, denen er über entsprechende Anpassungen entsprechen muss. Im Extrem kommt dann für die Bestäubung einer Art nur ein einziger Pollenüberträger in Frage. Erinnern wir uns wieder an das Paar *Angraceum/Xanthopan*. Ganz allgemein, nicht nur in diesem extremen Beispiel, ist es entscheidend, dass der Bestäuber an die Nahrungsquelle gelangen kann. Bei ihr handelt es sich meistens um Nektar. Auf Seiten der Bestäuber ist die Rüssellänge nicht das einzige, aber ein sehr wichtiges Merkmal, was das Erreichen des Nektars angeht. Sie ist bei den bestäubenden Insekten sehr verschieden.
Die Art der Bestäuber sollte sich also nach der Blumengestalt richten. Wir hatten schon Beispiele dafür gebracht, dass das im Einzelfall zutrifft. Aber wenn das alles so entscheidend wichtig sein soll, muss Allgemeingültigkeit gefordert werden. Entsprechende Untersuchungen an *vielen* Pflanzenarten wurden schon im 19. Jahrhundert mit unendlicher Geduld und Akribie auch an Alpenblumen durchgeführt. Dabei wurden u.a. Blumen mit offen gebotenem Nektar wie Scheiben- und Schalen-Blumen einerseits und Blumen mit tief geborgenem Nektar wie Röhren-Blumen andererseits miteinander verglichen. Das Ergebnis: Bei Blumen mit offen zugänglichem Nektar sind die kurzrüsseligen Fliegen die häufigsten Besucher, bei Blumen mit tief geborgenem Nektar die langrüsseligen Falter. Wo der Nektar produziert wird und wie lang die Rüssel der Insekten sein müssen, um ihn erreichen zu können, hat sich immer wieder als ausschlaggebend wichtig erwiesen. Sind die Rüssel zu kurz, werden die betreffenden Insekten ausgeschlossen. Oder umgekehrt: Blumen mit zu tief, etwa in langen Spornen geborgenem Nektar, sind für solche Insekten uninteressant. Der Gestalttyp der Blumen spielt also in der Tat entscheidend mit, wenn bestimmte Bestäubergruppen zugelassen oder abgewiesen werden.

Dukatenfalter auf Alpen-Wucherblume (247).

3.2.4 Ökologischer Blumentyp und Merkmalsmuster

Die Gestalt, die Form spielt also entscheidend mit. Doch wie schon erwähnt, die Grundform ist nicht das einzige Merkmal, das über Besuch oder Nichtbesuch entscheidet. So hat man herausgefunden, dass die Bestäuber nicht nur auf die Gestalt, sondern auf eine ganze Reihe weiterer Eigenschaften ansprechen, auf ein ganzes **Merkmalsmuster** also. Die Grundform, etwa Scheiben- oder Glocken-Blume ist nur eines dieser Merkmale, allerdings ein besonders wichtiges.

Jeder Ökologische Blumentyp wird durch ein bestimmtes Merkmalsmuster charakterisiert.

Dabei kann schon *eines* der Merkmale ausreichen, ein Insekt aus einer bestimmten Bestäubergruppe, etwa eine Biene, zum Besuch zu veranlassen. Das kann, muss aber nicht die Gestalt sein. Die Bindung einer Bestäubergruppe an eine Blume wird umso enger, je mehr Merkmale aus dem betreffenden Merkmalssyndrom in der jeweiligen Blume gegeben sind. So gibt es Bienen-Blumen unterschiedlicher Wertigkeit je nach der Zahl und Bedeutung der in der Blume realisierten bienenbezogenen Merkmale. Liegt nur eines der Merkmale vor, dann *kann* die Blume *auch* eine Bienen-Blume sein. Sind alle verwirklicht, ist die Blume im Idealfall *ausschließlich* Bienen-Blume.

3.2.5 Farbe und Duft als Komponenten der Merkmalsmuster und ihre Wahrnehmung durch Insekten

Zu einem Merkmalsmuster gehören außer dem Nahrungsangebot für die Insekten, bei dem es sich meistens um Pollen oder Nektar handelt, auch Farbe und Duft, mit denen die Bestäuber angelockt werden. Das gilt auch für den Nahbereich: Bestimmte Blütenzeichnungen, die man Farbmale oder Nektarmale nennt, und duftende Gewebe, die Duftmale, weisen den Insekten den Weg zum Nektar.

Das **Farbensehen** der Insekten ist sehr unterschiedlich. Unsere Kenntnisse sind noch lückenhaft. Gehen wir dennoch darauf ein, und zwar bei Bestäubergruppen, die auch in den Alpen besonders wichtig sind.

Die **Fliegen** bevorzugen meistens Gelb und Weiß. Für einige von ihnen ist experimentell bewiesen, dass sie stark auf Blau ansprechen. Andere Arten sind rotblind. Der gut untersuchte Wollschweber reagiert bestens auf Blau und vernachlässigt Gelb.

Für **Bienen** und die mit ihnen nahe verwandten **Hummeln** sind drei Farbgruppen besonders wichtig: Blau, Gelb und UV. Außerdem sehen sie kein Rot, dafür aber wie erwähnt UV, eine Fähigkeit, die uns Menschen abgeht. Ein bekanntes Beispiel: Wenn eine Biene den für uns roten Klatschmohn besucht, dann wegen ihrer UV-Sichtigkeit – denn die roten Blütenblätter reflektieren UV. Das Rot erkennt die Biene nicht. Wenn Bienen und Hummeln für uns rote Blumen anfliegen, sprechen sie aber außer auf UV oft auch auf einen Blauanteil an, der in der Blütenfarbe enthalten sein kann. Achten Sie einmal darauf, wie viele rote Blüten einen auch für uns Menschen sichtbaren Blaustich aufweisen!

Auch viele **Schmetterlinge** sehen kein Rot, doch sind z.B. der Große Kohlweißling, der Zitronenfalter und der Schwalbenschwanz dazu *spon-*

tan imstande. Viele Tagfalter zeigen sonst eine Vorliebe für Blau, Violett und Purpur. Arten aus der größten Tagfalterfamilie, den Fleckenfaltern, reagieren spontan auf Blau und mehr noch auf Gelb. Hierher gehören der Große und der Kleine Fuchs sowie das Tagpfauenauge.
Spontan bedeutet, dass die betreffenden Signale nicht erst zeitraubend erlernt werden müssen. Wegen ihrer Wichtigkeit ist die Fähigkeit, auf sie sofort anzusprechen, genetisch fixiert. Man darf jedoch nicht außer acht lassen, dass viele Insekten es *lernen* können, auf weitere Farbsignale anzusprechen. Das gilt bei mehreren Tagfaltern nachweislich auch für Rot. Das nutzbare Farbspektrum wird dadurch wesentlich erweitert. Viele Blüten, die sich nachts öffnen, duften und sind weiß gefärbt. Dementsprechend rückt bei **Nachtfaltern** die Wahrnehmung von Düften und Helligkeitsstufen in den Vordergrund. Doch einige Arten der „Nachtfalter“ sind auch am Tag unterwegs. Für sie wird dann auch das Farbensehen wichtig. Zu den tagfliegenden Schwärmern gehört das allbekannte Taubenschwänzchen. Es spricht stark auf Blau und Gelb an, ist aber rotblind.
Insekten nutzen nur Farben, nur Düfte oder beide als Wegweiser. Was **Düfte** anbelangt, lassen sich aus einer Vielzahl von Duftstoffen leicht artspezifische Duftbukette zusammenstellen, an denen ein Bestäuber Blumen der betreffenden Pflanzenart erkennen kann. Natürlich wird der Duft in den Alpen bei häufigem starkem Wind und den dabei auftretenden Turbulenzen besonders auf größere Entfernungen kein zuverlässiger Wegweiser sein. Doch dass er bei Windstille und im Nahbereich bei einer Reihe von Alpenblumen wichtig wird, können sogar wir Menschen wahrnehmen, obwohl unsere Riechorgane denjenigen z. B. der Schmetterlinge hoffnungslos unterlegen sind. Jeder Alpenwanderer riecht gern am Blütenstand des Kohlröschens (274)! Nachtblühende Pflanzenarten verlassen sich oft völlig auf den Duft, mit dem sie **Nachtfalter** anlocken.

3.2.6 Merkmalsmuster der Ökologischen Blumentypen

Soweit zu einigen besonders wichtigen Merkmalen. In der beigefügten Tabelle finden sich Merkmalsmuster für Ökologische Blumentypen, die wir auch in der Alpenflora antreffen können. Dabei werden nur die wichtigsten Merkmale angegeben, solche, die auch der Bergwanderer leicht erkennen kann.
Bei den Artenbeschreibungen werden unter „Blume“ auch die Bestäuber angegeben. Doch Vorsicht: Die Insekten richten sich bedauerlicherweise nicht immer nach den von uns Menschen mit viel Mühe aufgestellten Merkmalsmustern. So wird man immer wieder beobachten, dass Schmetterlinge auch den Nektar typischer Bienen-Blumen ausbeuten können.

Tab. 3.1 Merkmalsmuster der ökologischen Blumentypen. Die Insektenfallen-Blumen, von denen nur der Frauenschuh behandelt wird, wurden nicht einbezogen, ebenso die Aasfliegen-Blumen. Nur für den Bergwanderer leicht fassbare Merkmale wurden berücksichtigt, weitere werden in Heß (1990) angegeben. Bei den „kombinierten Röhren-Blumen" wird die Blüte aus einer Röhre und einem anderen Blütenteil aufgebaut, bei den Stielteller-Blumen z.B. aus Röhre und Scheibe (S. 35).

Käfer-Blumen	Fliegen-Blumen
Scheiben- und Schalen-Blumen	Scheiben- und Schalen-Blumen
Nektar frei zugänglich	Nektar frei zugänglich
Pollen-Blumen	
Farben Weiß, Schmutziggelb, Braun	Farben Weißlich, Grünlich, Gelblich, Braun
Duft fruchtig oder aasartig	Duft schwach fruchtig
Wespen-Blumen	**Bienen-Blumen**
Scheiben-, Schalen-, Glocken-, Rachen-Blumen	Glocken-, Bürsten, Rachen-, Fahnen-, Stielteller-Blumen (mit kurzer Röhre)
Nektar frei zugänglich	Nektar bis 15 mm tief geborgen
Farben Braun, Weißlich	Farben Blau, Gelb, auch Weiß
	Farbmale vorhanden
Duft kaum	Duft mittelstark, oft honigartig
Tagfalter-Blumen	**Nachtfalter-Blumen**
Zusammengesetzte Röhren-Blumen	Zusammengesetzte Röhren-Blumen
Kombinierte Röhren-Blumen, vor allem Stielteller-Blumen mit langer Röhre	Kombinierte Röhren-Blumen, vor allem Stielteller-Blumen mit sehr langer Röhre
Nektar bis zu 40 mm tief geborgen	Nektar bis 200 mm tief geborgen
Farben Rot, Blau, Gelb	Farbe Weiß, wenn andere Farben, dann schwach
Farbmale vorhanden	Farbmale fehlen, Leitung durch Blütenkonturen
Duft mittel bis leicht	Duft stark und süßlich, nachts

Der Tabelle kann man entnehmen, dass zu ein- und demselben ökologischen Blumentyp ganz unterschiedliche Blumenformen gehören können. Unter „Bienen-Blumen" z. B. fallen die Gestalttypen der Glocken-, Bürsten-, Rachen-, Fahnen- und Röhren-Blumen. Umgekehrt kann ein- und derselbe Gestalttyp von den verschiedensten Bestäubern genutzt werden, lässt sich also mehreren ökologischen Blumentypen zuordnen. Besonders Scheiben- und Schalen-Blumen wären hier zu nennen. All das bedeutet, dass man den ökologischen Blumentyp im Gegensatz zum Gestaltyp nicht als Bestimmungshilfe nutzen kann. Denn wenn man sich beim Bestimmen z. B. auf die Angabe „Bienen-

Blume“ verlassen würde, käme man nicht zu einer definierten Gestalt, sondern zu der oben genannten Auswahl verschiedener Formen.
Eine Schlussfolgerung aus dem vorhergehenden Kapitel war, dass es bei einer Einheitsblume nicht bleiben konnte, sondern dass in Coevolution mit den verschiedensten Bestäubern sehr viele verschiedene Blumengestalten entwickelt werden sollten. Was in diesem Kapitel zu Gestalttypen und Ökologischen Blumentypen ausgeführt wurde, untermauert diese Aussage.

Wir verstehen jetzt, warum es außerordentlich viele verschiedene Blumen geben muss, die über ganz bestimmte Merkmalsmuster an die zahlreichen Formen von bestäubenden Insekten angepasst sind.

4 Fortpflanzung der Alpenblumen ohne Bestäuber

In den vorhergehenden Kapiteln hatten wir uns grundsätzlich mit Blumen und Insekten befasst. Doch dieses Buch ist den Blumen der Alpen gewidmet. Trifft das, was für Normalverhältnisse gilt, auch für die oft extremen Lebensbedingungen in den Alpen zu? Spielt die Bestäubung durch Insekten dort die gleiche zentrale Rolle wie im Flachland? Sturm und eisige Temperaturen haben uns alle schon einmal in den Bergen überrascht. Muss das nicht zu viel sein für Insekten, vor allem für die zarten Blumenkinder, die Schmetterlinge? Gibt es überhaupt noch genügend Insektenbestäuber?

Eine erste Frage muss sein, ob die Insekten überhaupt benötigt werden. Wäre es für die Alpenblumen nicht rationeller, auf die fragilen Bestäuber unter den Extrembedingungen der Hochalpen zu verzichten? In der Tat gibt es Möglichkeiten der Fortpflanzung auch ohne Insekten: die vegetative Fortpflanzung, die Wind- und die Selbstbestäubung.

4.1 Vegetative Fortpflanzung über Brutknospen: Weniger verbreitet als erwartet

Die vegetative Fortpflanzung (vgl. S. 15) über ober- und unterirdische Ausläufer, über die eine Ausgangspflanze allmählich zusätzlich Gelände erobern kann, soll uns hier nicht beschäftigen. Denn bei ihr werden größere Areale nur sehr langsam erfasst. Wir wollen uns mit Fortpflanzungskörpern befassen, die Samen insofern ähneln, als sie ebenfalls von der Pflanze abfallen und von Wind und Wasser wenigstens über einige Distanz verfrachtet werden können, allerdings nie so weit wie viele Samen: mit Brutknospen.

Dabei handelt es sich um Knospen, die durch Speicherung von Reservestoffen in ihren Blättchen und in ihrer Achse anschwellen. Sie sind auch als Brutknöllchen, Brutzwiebeln oder Bulbillen bekannt. Sie fallen ab und entwickeln sich zu neuen Pflanzen.

Wiederholt finden sich Brutknospen im Blütenstandsbereich. Bei dem „lebendgebärenden“ Alpen-Rispengras (*Poa alpina* f. *vivipara*) keimen sie meistens schon dort zu kleinen Pflänzchen aus, daher die Bezeichnung *vivipar* (lat. lebendgebärend). Auch bei den Brutknöllchen des Knöllchen-Knöterichs (045) kann man ein Auskeimen beobachten, allerdings weniger häufig. Bei ihm finden sich oben an der Blütenstandsachse normale Blüten, darunter die Brutknöllchen. Eine Unterart der Feuerlilie (255) trägt schwärzliche Brutknöllchen in den Achseln der

Rechte Seite: Lebendgebärendes Alpen-Rispengras. Aus Blüten entwickeln sich kleine grüne Pflänzchen, die abfallen und Wurzeln schlagen.

Laubblätter. Dort sitzen auch bei der Zwiebeltragenden Zahnwurz (089) getreidekorngroße, bläuliche Brutzwiebeln.

Nun zu Deutungsversuchen. Die Zwiebel-Zahnwurz steigt aus der Collinen bis in die Montane Stufe auf. Je nach Höhenlage blüht sie von April bis Juni. Mit der Entfaltung des Buchenlaubs wird es an ihren Standorten zunehmend schattiger. Die Bildung der Brutzwiebeln interpretiert man als Anpassung daran, dass dann auch die Insektenbesucher seltener werden. Nur, ihre Schwestern, die Finger-Zahnwurz (090) und die Neunblatt-Zahnwurz (091), die von der Montanen bis in die Subalpine Stufe vorkommen, blühen zur gleichen Zeit ebenfalls im Montanen Buchenwald – ohne Brutzwiebeln auszubilden. Außerdem blüht die Zwiebel-Zahnwurz oft schon beim Laubausbruch der Buchen im noch lichten Wald. An Bestäubern fehlt es ihr dann nicht.

Die Feuerlilie kommt auf trockenen Wiesen oder in steinigen Hängen von der Collinen bis in die Subalpine Stufe vor. Schwierigkeiten mit der Bestäubung durch Insekten sollte man auf ihren besonnten Standorten eigentlich nicht erwarten. Doch sollen die Pflanzen ohne Brutknöllchen weiter unten in der Collinen bis Subalpinen Stufe vorkommen, die mit Knöllchen weiter oben in der montanen bis subalpinen Region. Weiter oben – das könnte bedeuten, dass die Bestäuber etwas seltener werden. Ob deshalb ein Mehr an vegetativer Vermehrung über Brutknospen? Natürlich liegt bei einer solchen Deutung die Frage nahe, warum dann bei den Zahnwurz-Arten ausgerechnet die höhersteigenden Arten, die Finger-Zahnwurz und die Neunblatt-Zahnwurz, keine Brutknöllchen ausbilden.

Bei der Feuerlilie gibt es auch einen anderen Deutungsversuch. Denn die Form mit Brutknöllchen ist auch selbststeril, insofern ein Risiko, als eine Notfall-Selbstbestäubung (s. unten) erfolglos bleibt. Könnten die Brut-

knöllchen eine Rückversicherung für einen Ausfall der Selbstbestäubung sein?
Doch dürfte es sich bei Brutknospen sowieso nur um einen Nebenschauplatz handeln. Denn bei Berücksichtigung der gesamten Flora unserer Alpen findet man nur wenige Arten mit Brutknospen. Das gilt auch für die höheren Regionen jenseits der Waldgrenze. Eigentlich hätte man erwarten sollen, dass in der Alpinen Stufe sehr viel mehr Pflanzenarten Brutknöllchen ausbilden!
Wird die vegetative Fortpflanzung durch Brutknospen etwa deshalb weniger stark ausgebaut, weil die Bestäubung durch Insekten wider Erwarten bestens funktioniert? Nicht ohne weiteres. Denn der Grund für die Seltenheit von Brutknöllchen könnte auch sein, dass die Alpenpflanzen im Großmaßstab Wind- und Selbstbestäubung betreiben. Auch dazu brauchen sie keine Insekten.

Linke Seite:

Links: Knöllchen-Knöterich (045), im unteren Teil des Blütenstands mit bereits gekeimten Bulbillen.

Rechts: Bulbille der Zwiebeltragenden Zahnwurz (089).

4.2 Windbestäubung: Weniger wichtig als erwartet

Viel wichtiger als die vegetative Vermehrung ist die Windbestäubung. Ganze Pflanzengruppen wie die Nadelhölzer, die Birken- und Buchen-Gewächse, die Binsen, Sauergräser und Gräser verlassen sich auf sie. Trotzdem ist es erstaunlich, wie viele Pflanzenarten der Alpen eben *keine* Windbestäuber sind! Denn in ganz Deutschland finden sich rund 22 % windblütige Arten, in den Alpen nur 16 %. Die Insektenblütigkeit weist also auf die Zahl der Arten bezogen in den Alpen eine höhere Wertigkeit auf. Dabei sollte man allerdings nicht übersehen, dass die windbestäubten Arten in großer Individuenzahl auftreten. Nicht umsonst sind viele Pflanzengesellschaften der Alpen nach Gräsern und Sauergräsern benannt.
In arktischen Gebieten liegt der Prozentsatz windbestäubter Arten höher, weil dort weniger bestäubende Insekten anzutreffen sind, in Grönland z. B. bei 38 %. Im „Umkehrschluss“ gilt, dass in den Alpen relativ mehr bestäubende Insekten vorhanden sein sollten. Die Windbestäubung ist in den Alpen also wichtig, aber weniger wichtig, als man zunächst hätte erwarten können.

4.3 Selbstbestäubung: Ebenfalls weniger wichtig als erwartet

Noch bleibt auszuräumen, dass die Selbstbestäubung eine entscheidende Rolle spielt. Denn der relativ geringe Prozentsatz an windbestäubten Alpenpflanzen-Arten könnte seine Erklärung auch darin finden, dass ihre Selbstbestäubung besonders gut ausgebaut ist. Auch für sie werden ja keine Insekten benötigt.

jeder Federigen Flockenblume (227) ein Alpen-Widderchen. Und in den Blattschalen des Gelben Enzians (143) zwängen sich Hummeln zwischen den Blüten hindurch: Blumenbesuche genug! So scheint es wenigstens.
Doch das bloße Hinschauen genügt nicht. Man muss die Blumenbesuche auch zählen. H. MÜLLER, ein unermüdlich und mit Erfolg tätiger Alpenbotaniker, hat schon in der zweiten Hälfte des vorigen Jahrhunderts quantitative Angaben zum Besuch von Alpenpflanzen durch Insekten gemacht, die nach wie vor vorbildlich sind. Im Blumenparadies Heutal (2200 bis 2400 m Seehöhe) unterhalb des Bernina-Passes beobachtete er an einem wolkenlosen, windstillen Augusttag 327 Blumenbesuche. Sie wurden von 93 verschiedenen Insektenarten an 60 Pflanzenarten durchgeführt, teils in Wiederholung. Dabei brachte er 225 der beobachteten Insekten „... in Gewahrsam – immer mit dem zu gesteigertem Eifer anspornenden Bewußtsein, dass die auf das Einsammeln und Notiren verwendete Zeit für die Beobachtung verloren ging und dass mir, indem ich ein Insekt in seiner Blumenthätigkeit verfolgte, ringsum andere, die meine Neugier nicht minder reizten, entgehen mussten. Im Tiefland habe ich niemals in so kurzer Zeit eine so große Zahl verschiedenartiger Blumenbesuche ausführen sehen."
Solche Pionierarbeiten mussten einmal durchgeführt werden. Selbstverständlich, dass es jeder Bergwanderer, der nicht über wissenschaftliche Zielsetzungen legitimiert ist, beim Beobachten der Insekten belässt und nicht versucht, sie in „Gewahrsam" zu bringen. Doch im gegebenen Zusammenhang: Besonders der letzte Satz lässt vermuten, dass es auch in Hochlagen Blumenbesuche genug geben sollte.
Doch ein solches Augenblicksbild kann täuschen, insbesondere wenn das Wetter gerade besonders schön war. Außerdem fehlt noch der Vergleich mit dem Tiefland. Auch H. MÜLLER hatte das erkannt und umfangreiche Untersuchungen über Jahre hinweg nicht nur in den Alpen, sondern auch im Tiefland durchgeführt. Das Ergebnis: Alles in allem geht die Zahl der Blumenbesuche durch Insekten mit steigender Höhe zurück. Dass sich einzelne Bestäubergruppen dabei anders verhalten können, wird gleich besprochen.
Dem scheint zu widersprechen, dass nach neueren Untersuchungen der Bestäubungserfolg, gemessen am Samenansatz, in höheren Lagen nicht oder nur wenig absinkt. Teilweise, etwa beim Roten Steinbrech (057), kennt man trotz intensiver Untersuchungen den Grund dafür noch nicht. Teilweise konnte man die Ursachen aber auch ermitteln. Einige Beispiele: Wie wir gleich sehen werden, sind Hummeln in größeren Höhen wichtige Bestäuber. Die massigen Gesellen übertragen aber schon bei einem einzigen Blumenbesuch besonders viel Pollen, der zur Befruchtung zahlreicher Samenanlagen ausreicht. Des Weiteren hat man herausgefunden, dass bei einer gegebenen Pflanzenart die Höhenpopu-

Hummeln in einer Blattschale des Gelben Enzians (143).

Linke Seite:
Alpen-Widderchen an Federiger Flockenblume (227).

lationen länger blühen und auch länger belegungsfähige Narben aufweisen können als Populationen des Tieflands. Über die längere Zeitspanne, während der eine Bestäubung erfolgen kann, lässt sich die geringere Zahl der Blumenbesuche pro Zeiteinheit kompensieren.
Eine mit der Höhenlage abnehmende Zahl von Blumenbesuchen kann also auf im Einzelnen verschiedene und vielfach noch unbekannte Weise kompensiert werden. Das Fazit: die Zahl der Blumenbesuche ist auch in höheren Klagen für eine erfolgreiche Bestäubung immer noch ausreichend.

5.2 Anzahl der Blumenbesuche in den Höhenstufen der Vegetation

Von Ausnahmen abgesehen handelt es sich bei den Besuchern der Alpenblumen um die Ordnungen der Käfer, Zweiflügler, Hautflügler und Falter. Dass nicht die Absolutzahl der Insekten, sondern die Häufigkeit ihrer Blumenbesuche ausschlaggebend ist, wurde gerade herausgestellt. Wie verhält es sich damit in den verschiedenen Höhenstufen der Vegetation? Bleibt die Anzahl der Blumenbesuche pro Zeiteinheit für jede Insektengruppe konstant oder gibt es mit steigender Höhe Verschiebungen? Gehen wir die einzelnen Ordnungen daraufhin durch. Zunächst sei das Tiefland mit den Alpen insgesamt verglichen.
Die **Käfer**, die kaum Anpassungen an die Blumen aufweisen, stehen im Tiefland mit den Faltern am unteren Ende, was die Zahl der Blumenbesuche angeht. Mit steigender Höhe verringert sie sich noch.
Die **Zweiflügler** dagegen werden als Blumenbesucher in den Alpen insgesamt wichtiger als im Tiefland. Oberhalb der Baumgrenze sind sie nach den Faltern die zweitwichtigste Gruppe von Blumenbesuchern. Doch verhalten sich die einzelnen Familien verschieden. Familien mit

Tab. 5.1 Häufigkeit der Blumenbesuche durch bestimmte Insektengruppen pro Zeiteinheit in % aller Blumenbesuche. In fünf Sommern wurden in den Alpen und in sechs Sommern im Tiefland jeweils 4–5 Wochen lang die Insektenbesucher gezählt (nach MÜLLER 1881).

Insekten	über der Baumgrenze	Alpen insgesamt	Tiefland
Käfer	4,82	5,90	8,96
Zweiflügler	33,46	32,49	30,55
Hautflügler	18,86	24,20	52,57
Familie Bienen (*Apidae*)	14,46	20,00	41,31
Honigbiene	0,43	0,98	3,63
Hummeln und Schmarotzerhummeln	11,33	12,90	9,73
Falter	42,83	37,15	6,98

langrüsseligen Arten wie die Schwebfliegen werden als Besucher weniger wichtig. Ein starker Anstieg der Blumenbesuche findet sich dagegen bei den Echten Fliegen, deren kurzrüsselige Arten nur Pollen oder offen gebotenen Nektar nutzen können. Entsprechend gebaute Blumen gibt es in der Alpinen Stufe genug.

Bei den **Hautflüglern** nimmt die Zahl der Blumenbesuche stark ab. Das gilt mit Ausnahme nur einer Verwandtschaftsgruppe auch für die Familie der Echten Bienen (Apidae). Zu ihnen gehören u.a. die Sandbienen, die Honigbiene und vor allem die Hummeln. Längere Rüssel ermöglichen es, auch tiefer geborgenen Nektar zu erreichen, bei einer Reihe von entsprechend gebauten Alpenblumen gewiss ein Vorteil. Doch auch fast alle langrüsseligen Echten Bienen werden als Blumenbesucher weniger häufig. Nur die Hummeln nicht. Sie bilden die eben erwähnte Ausnahme. Warum? Sicher, **Hummeln** sind oft besonders groß mit kleiner relativer Oberfläche, robust und dicht behaart. Sie können schon dadurch den Unbilden des Wetters, besonders der Kälte, eher trotzen als die meisten ihrer Verwandten. Ausschlaggebend ist aber etwas anderes: Die Hummeln verfügen über eine eigene Körperheizung. Die Bewegung der Flügelmuskulatur in ihrem Brustkorb lässt sich von der Bewegung der Flügel entkoppeln. Dann kann durch Muskelkontraktionen Wärme erzeugt werden, ohne dass sich die Flügel bewegen. Die Hummel heizt sich im Stand auf, und zwar sehr effektiv. Während Honigbienen erst bei mehr als 14 °C zu fliegen beginnen, können Hummeln schon bei Temperaturen knapp über dem Gefrierpunkt unterwegs sein. Kein Wunder also, dass sie auch bei Kälte in größeren Höhen und in der Arktis besonders leistungsfähig sind. Das kommt auch dem Blumenbesuch zugute.

Den Anstieg bei den Hummeln kann man allerdings fast vergessen, wenn man zu den **Faltern** kommt. Denn in den Alpen insgesamt finden sich bald sechsmal so viel Falter unter den Blumenbesuchern wie im Tiefland. Auch der Anstieg bei den Zweiflüglern kann hier nicht mithalten. Den absoluten Zahlen nach nehmen die Falter ebenfalls die erste Position ein.

Nun noch die Situation oberhalb der Baumgrenze. Die meisten Blumenbesuche entfallen auch hier auf die Falter, dicht gefolgt von den Fliegen und, mit größerem Abstand, von den Hautflüglern einschließlich der Hummeln. Unter den Blumenbesuchern finden sich sechsmal so viele Falter wie im Tiefland. Die Gründe für die Vorrangstellung der Falter sind vielschichtig und noch in der Diskussion. Wir können hier nicht darauf eingehen.

Halten wir fest:

Was die für eine Bestäubung notwendigen Blumenbesuche auch in höheren Lagen anbelangt, sind genügend Insekten vorhanden. Nach fallender Häufigkeit handelt es sich um Falter, Zweiflügler (vor allem Fliegen) und Hummeln.

6 Entstehung der Alpen: Bodenverhältnisse und Artenreichtum der Alpenflora

Was die Vielfalt an Pflanzenarten angeht, hatten wie in den vorhergehenden Kapiteln Gründe angeführt, die mehr oder weniger allgemeingültig sind. Die Alpen sind jedoch besonders artenreich. Mit den Ursachen dafür werden wir uns im Folgenden befassen.

6.1 Hochgebirge: eine Welt für sich, charakterisiert durch kleinräumigen und kurzzeitigen Wechsel

Vorausgeschickt sei, was oft vernachlässigt wird, obwohl es jeder Wanderer in den Alpen selbst erfährt: Sie sind einen schattigen Nordhang aufwärts gestiegen, zuerst durch Grün-Erlen-Gebüsch, dann durch Fels. Feucht war es und kalt, an einigen Stellen hatte sich sogar noch Eis aus der Nacht gehalten. Oberhalb einer Felskante ändert sich die Szenerie abrupt: Sie stehen in strahlendem Sonnenschein, heiß ist es, trocken ist es. Vor Ihnen weitet sich ein Plateau mit alpinen Magerrasen. Polsterbesetzte Felsrippen und Senken mit Schuttfluren durchziehen es. Und mit dem Sonnenstand ändert sich die Verteilung von Licht und Schatten, von Heiß und Kalt. Beim nächsten starken Regen gleitet eine Mure vom Berg herab und legt ihre Schuttspur durch die Rasenfläche. Im Winter bahnen sich Lawinen ihren Weg durch die Grün-Erlenzone bis weit nach unten. Charakteristisch ist also:

Innerhalb eines gegebenen Areals kennzeichnet kleinräumiger und kurzzeitiger Wechsel die Welt im Hochgebirge.

Die Pflanzen begegnen dem mit einer entsprechenden Vielzahl von Lebensformen. Dazu gehören auch die Beziehungen zwischen Blumen und bestäubenden Insekten. Mehr noch, sie liefern sogar die Grundlage für die erforderlichen Anpassungen. Denn wir sollten uns auch an dieser Stelle daran erinnern: Über Rekombination des Genmaterials bei der sexuellen Fortpflanzung werden immer neue Rekombinanten in die wechselnde Umwelt geworfen, die dort reussieren oder versagen. Sie sind es, die letztlich die Anpassung auch an eine ständig wechselnde Umwelt ermöglichen, wie wir sie in den Alpen antreffen. Dabei muss zwischen einer Anpassung an den immer wiederkehrenden täglichen und jahreszeitlichen Wechsel am sonst gleich bleibenden Standort und einer An-

Rechte Seite: „Ur-Afrika" schiebt sich heran: Blick von Norden auf die Plenge (2372 m), den nördlichen Vorposten der Karnischen Dolomiten, Fundort der Gold-Primel (127) in Österreich. Von rechts nach links verläuft das Lesachtal, ein Abschnitt der Periadriatischen Naht.

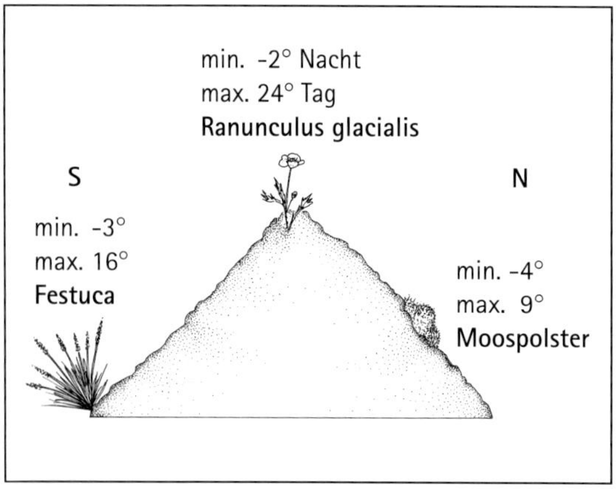

Kleinklima am Hohen Nebelkogel (3 184 m) in den Ötztaler Alpen. Schwingel (*Festuca* spec.) auf der Südseite und die Moospolster auf der Nordseite sind beträchtlichen täglichen Temperaturschwankungen auf jeweils unterschiedlichem Niveau ausgesetzt. Noch stärker sind die Unterschiede zwischen Tag und Nacht, mit denen der Gletscher-Hahnenfuß (001, *Ranunculus glacialis*) zurechtkommen muss.

passung an völlig veränderte Standortbedingungen etwa nach dem Abgang von Lawinen und Muren unterschieden werden.

Der rasche Wechsel erfolgt vor einem Hintergrund: Pflanzen, die sich anpassen können, müssen überhaupt erst einmal vorhanden sein. Je mehr Arten mit entsprechenden Varianten zur Verfügung stehen, desto leichter wird es, auf einen raschen Wechsel zu reagieren und eine Art ins Feld zu schicken, die den neuen Anforderungen entspricht. Je höher die Artenzahl, desto besser.

Die Alpen zeigen nun eine besonders artenreiche, vielfältige Pflanzenwelt. Die kleinräumigen und und kurzzeitigen Veränderungen, die eben herausgestellt wurden, spielen bei ihrer Entstehung mit, allerdings mehr am Rand. Ein vorgegebener, reicher Bestand an sehr verschiedenen Pflanzenarten wird über sie modifiziert. Wenn man erklären will, wie es zu diesem Basisbestand an Alpenpflanzen kam, muss man über den lokalen Bezug hinausgehen. Sehr viel größere, teils globale Dimensionen müssen berücksichtigt werden. Denn zur Mannigfaltigkeit der Alpenflora tragen folgende Faktorenkomplexe bei, die in diesem und den folgenden Kapiteln behandelt werden:

- die **Bodenverhältnisse**, wie sie sich aus der Entstehung der Alpen ergaben,
- die **Vegetationsgeschichte**, in der die Eiszeiten entscheidend wichtig waren, und
- die Veränderung des Klimas mit steigender Höhe, die entscheidend dazu beitrug, dass sich **Höhenstufen** der Vegetation mit entsprechenden Pflanzengesellschaften ausbildeten.

6.2 Geologisch-mineralogische Grobgliederung der Alpen

Was die Gesteine und damit auch die Böden anbelangt, sind die Alpen ungemein kompliziert strukturiert. Nur auf den ersten Blick scheint eine übersichtliche Grobgliederung je nach dem Gesteinstyp vorzuliegen: In den **Nördlichen** und **Südlichen Randalpen** finden sich verbreitet Kalkgesteine und damit Kalkböden, deshalb auch die Bezeichnungen Nördliche und Südliche Kalkalpen. Das Zentrum des Alpenbogens, die **Innenalpen**, besteht aus Silikatgestein, auf dem sich **Silikatböden** ausbilden.

Die Gebirgszüge zwischen Rand- und Innenalpen bezeichnet man als **Zwischenalpen**. Sie nehmen auch klimatisch eine Zwischenstellung ein. Im Westen sind sie schlechter ausgebildet als in den Ostalpen. Dort sind

die Kitzbühler Alpen zwischen den Innenalpen und den Nördlichen Randalpen, und die Dolomiten zwischen den Innenalpen und den Südlichen Randalpen Beispiele für solche Zwischenalpen.
Auf den ersten Blick scheinen die Alpen also symmetrisch aufgebaut zu sein: Kalk im Norden und Süden, Silikate im Zentrum. Doch beim zweiten Blick bemerkt man, dass es sich dabei um eine grobe, ja sogar verfälschende Vereinfachung handelt. Besonders deutlich wird das, wenn man nicht nur den Ist-Zustand berücksichtigt, sondern auch den erdgeschichtlichen Ablauf, also die Entstehung der Alpen.

6.3 Kontinentalverschiebung und Plattentektonik

Für das Folgende wird vorab die Erklärung des Begriffs **Tektonik** notwendig: Es handelt sich um die Lehre vom Bau der Erdkruste und ihren Bewegungen.
Schon zu Beginn des 20. Jahrhunderts hatte Alfred Wegener die Hypothese von der **Kontinentalverschiebung** aufgestellt. Ihr zufolge sollten die Kontinente auf einem mehr oder weniger flüssigen Untergrund schwimmen und sich dabei bald voneinander trennen, bald miteinander zusammenstoßen. Was Wegener fehlte, waren schlüssige Beweise vor allem für die Triebkräfte hinter diesen Bewegungen – er wurde schlicht und einfach verlacht. Doch seit den 60er Jahren steht für die meisten Wissenschaftler fest, dass seine Hypothese zumindest im Prinzip zutrifft. Nur schwimmen nicht die Kontinente selbst, sondern riesige Platten, denen Kontinente aufsitzen können.
Zum Verständnis muss kurz auf den Bau unseres Erdballs eingegangen werden. Sein Kernbereich wird von mehreren Schalen umgeben, die sich in ihrer chemischen Zusammensetzung und in ihren physikalischen Eigenschaften unterscheiden. Im gegebenen Zusammenhang genügt es, auf die äußeren Schalen einzugehen. Die äußerste Schicht des Erdballs, die **Lithosphäre** (griech. lithos = Stein) bildet keine geschlossene Schicht, sondern zerfällt in rund ein Dutzend riesige Platten. Die Schichten darunter sind bei den dort herrschenden Verhältnissen, hohem Druck und hoher Temperatur, plastisch verformbar oder sogar aufgeschmolzen und ermöglichen so eine Bewegung der Platten. Die Platten „schwimmen“ auf ihnen. Auch die treibende Kraft für diese Bewegungen ist bekannt: es handelt sich um **Konvektionsströme** im Erdmantel: Flüssig-heißes und leichtes Material aus dem Erdinneren steigt auf, fließt an der Austrittsstelle seitlich ab, kühlt sich ab, wird dadurch schwerer und sinkt wieder nach unten. Mit diesen Konvektionsströmen werden die aufsitzenden Schollen in Bewegung versetzt.
An Stelle der driftenden Kontinente Alfred Wegeners treten also schwimmende Platten – man spricht deshalb von **Plattentektonik**. Die

Konvektionsströmungen und Plattenverschiebungen. Aus dem unteren Erdmantel steigen glühendheiße, flüssige Massen auf und fließen an der Oberfläche seitlich ab. Dort werden sie abgekühlt und damit schwerer. Folge ist, dass sie wieder absinken. Der Kreislauf schließt sich. Mit den Konvektionsströmen werden aller Wahrscheinlichkeit nach die Platten bewegt. Wo zwei Platten aufeinander stoßen, wird die eine teils von den absinkenden Strömen nach unten gezogen, teils von der anderen Platte überfahren. Man spricht dann von einer Subduktion. Man kann erkennen, dass sie zur Gebirgsbildung führt.

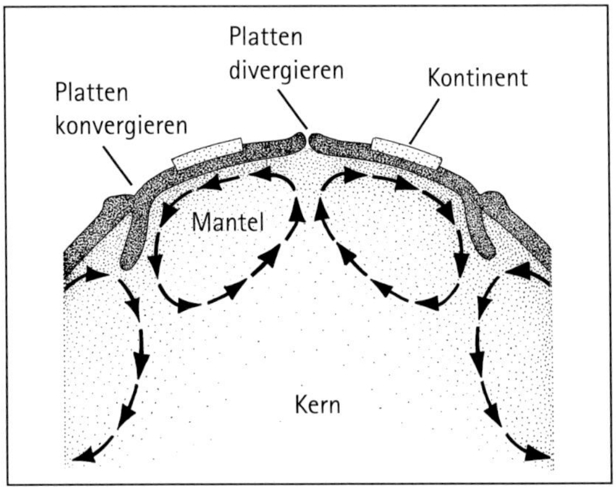

Geschwindigkeit der Plattenbewegung liegt in der Größenordnung von einigen Zentimetern pro Jahr. Anscheinend wenig – doch in Jahrmillionen können die Platten große Strecken zurücklegen.

6.4 Afrika und Europa stoßen zusammen

Sie verbringen Ihren Urlaub im südlichen Kärnten, im Gailtal oder seiner Fortsetzung nach Westen, dem Lesachtal, dem „naturbelassensten" Tal der Alpen. Der Talzug, in dem heute die Gail bzw. Lesach fließen, wird auf beiden Seiten von Gebirgsketten gesäumt. Im Süden liegen die Karnischen, im Norden die Gailtaler Alpen.

In der oberen Steinkohlenzeit (= Karbon; in der Abbildung zur Evolution der Pflanzen auf S. 28 finden sich die wichtigsten Erdzeitalter mit Zeitangaben), einer Epoche des Erdaltertums, aus der auch unsere Steinkohlen stammen, lag in den Karnischen Alpen im Bereich des heutigen Nassfelds eine warme Flachsee, ein Ausläufer des alten Mittelmeeres Tethys. Das Klima war feuchtwarm. An den Rändern des flachen Meeres gedieh vor 295 Millionen Jahren ein üppiger Wald, von dem sich zahlreiche fossile Überreste erhielten. Auch im Flachwasser selbst bildeten sich fossilhaltige Ablagerungen. Am Auernig, einem leicht begehbaren Berg südlich der Watschiger Alm etwa stößt man auf dunkelgraue Kalkschichten mit eingeschlossenen Meeresfossilien. Besonders bemerkenswert sind darunter Fusulinen, kompliziert gekammerte Einzeller in der Größe und Gestalt von Getreidekörnern.

Nur wenig weiter nördlich finden sich in den Gailtaler Alpen rötliche Schichten, die zu Beginn der auf die Steinkohlenzeit folgenden Periode, dem Unterem Perm, in einem wüstenartigen Klima mit nur gelegentlichen Regenfällen abgelagert wurden. Doch wenn es einmal regnete, dann gründlich. Sturzbäche ergossen sich in Seen, die langsam wieder austrockneten. Doch bis dahin hatten sich am Wasser auch baumartige

Gewächse entwickelt. Starben sie ab, konnten sie versteinern. Denn die Trockenheit verhinderte ihre Zersetzung. Minerallösungen imprägnierten das tote Pflanzenmaterial. Beim Auskristallisieren der Mineralien, z. B. der Silikate, wurden die Überreste zu Stein.
Laas, ein kleiner Ort oberhalb von Kötschach, gibt gleich zweimal Zeugnis für dieses wüstenartige Klima. Einmal findet sich im umgebenden Wald ein versteinerter Baum aus dieser Zeit, eines der größten pflanzlichen Fossilien Österreichs. Er ist leicht erreichbar. Doch noch bequemer hat man es beim zweiten Zeugen: In Laas selbst liegt unmittelbar neben der Straße zum Gailbergpaß die Andreaskirche. Auch der eilige Reisende sollte hier Halt machen, denn das spätgotische Netzgewölbe des kleinen Gotteshauses mit seinen farbigen Pflanzenornamenten ist ein Wunder der Baukunst. Doch für den Geologen ist ebenso wichtig, dass zum Bau das rote Gestein der in der Umgebung anstehenden Laaser Schichten verwendet wurde, die sich in der erwähnten Trockenperiode gebildet haben. Ein versteinerter Baumstamm und eine Kirche, beide Zeugnisse für ein Wüstenklima in der geologischen Vergangenheit!
Die Bildung der Fossilien im südlichen Tropenmeer beginnt zwar etwas früher als die der Wüste im Norden. Doch dann blieben die Gegensätze noch lange parallel erhalten. Erst viel später, in der so genannten Triaszeit des Erdmittelalters, begannen sie zu schwinden. Demnach sollte sich im gleichen Zeitraum im Norden eine Wüste und im Süden ein Meer befunden haben, und zwar unter ganz verschiedenen Klimaverhältnissen? Wüstenklima unmittelbar an tropisch-feuchtes Klima grenzend? Das schien unmöglich. Der Gedanke lag nahe, dass Wüste und Meer ursprünglich viel weiter voneinander entfernt waren, aber irgendwie zusammengebracht wurden.
Das „Irgendwie“ waren Vorgänge der Plattentektonik. Schon im Erdaltertum hatte sich im Alpenraum ein Gebirge gebildet, das aber wieder völlig eingeebnet worden war. Ursache war schon damals der Druck, den die afrikanische Platte auf die europäische Platte ausübte. Im späten Erdaltertum und im Erdmittelalter hatte sich dann zwischen der europäischen und der afrikanischen Kontinentalscholle ein weites Meer gebildet, die schon genannte Tethys. Ihre Reste bilden das heutige Mittelmeer. Im Erdmittelalter und zu Beginn der Erdneuzeit waren in trogartigen Vertiefungen der Tethys Sedimente abgelagert worden. Diese Sedimente und der jeweils dazugehörende kristalline Untergrund der Tröge bilden die tektonischen Baueinheiten der heutigen Alpen. Ab Beginn des Erdzeitalters Tertiär – vor ungefähr 60 Millionen Jahren – war es mit ihrer relativen Ruhe vorbei. Denn die afrikanische Platte behielt ihre Drift nach Norden bei. Unter dem Druck, den sie auf die europäische Scholle ausübte, kam es im Kollisionsbereich der Platten langsam aber unaufhaltsam zur Aufwölbung der Alpen. Dabei wurden

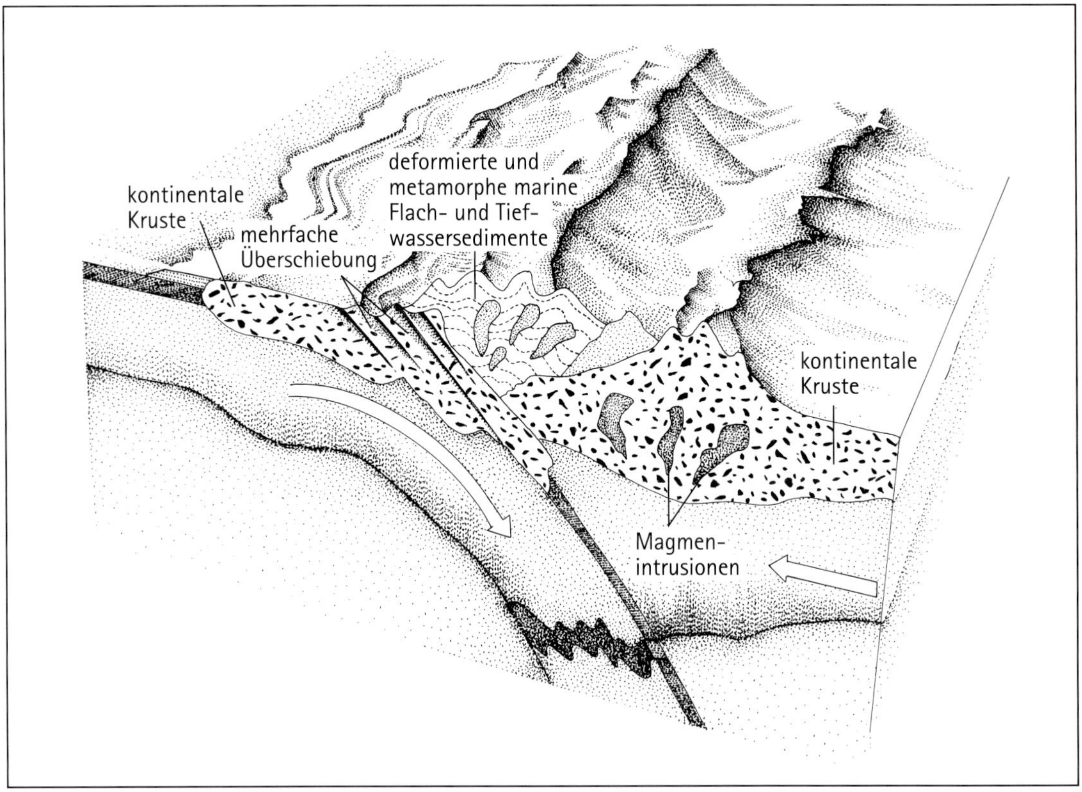

Gebirgsbildung bei der Kollision zweier Kontinentalplatten. Die linke Platte wird subduziert. Besonders ihre oberen, kontinentalen Gesteine werden stark verformt und in die Höhe geschoben.

die tektonischen Baueinheiten großräumig aufgefaltet und übereinander geschoben.

Wenn zwei Kontinentalplatten zusammenstoßen, kann eine der beiden Platten mit ihren unteren Schichten unter die andere Platte geraten. Man spricht dann von einer **Subduktion** (lat. subducere = hinunterführen) der betreffenden Platte. Zu beiden Seiten der Kollisionszone werden die Gesteine der Platten zu Gebirgen hochgepresst. Das gilt besonders für die subduzierte Platte, denn ihre unteren Schichten verschwinden ja im Untergrund, ihre oberen, die den Kontinent ausmachen, sind aber zu leicht, um mit hinabgezogen zu werden. Damit wird es für sie besonders eng. Sie werden entsprechend stark und weiträumig gefaltet. Doch auch sonst kommt es zu Faltungen, deshalb die Bezeichnung Faltengebirge. Die Alpen sind ein solches Faltengebirge. Ungefähr gleichzeitig mit ihnen entstand ein System weiterer Faltengebirge vom Atlas über die Pyrenäen, den Kaukasus und die Gebirge Irans bis zum Himalaya.

Vielfach kippten die Falten und brachen an ihrem Scheitel. Die aus dem Verbund der Falte gelösten Gesteinsdecken wurden übereinander geschoben und über weite Strecken verfrachtet. Dabei kamen immer wieder geologisch ältere Gesteinsdecken über jüngeren zu liegen. Eine Überschiebung von gewaltigen Ausmaßen findet sich in den Ostalpen.

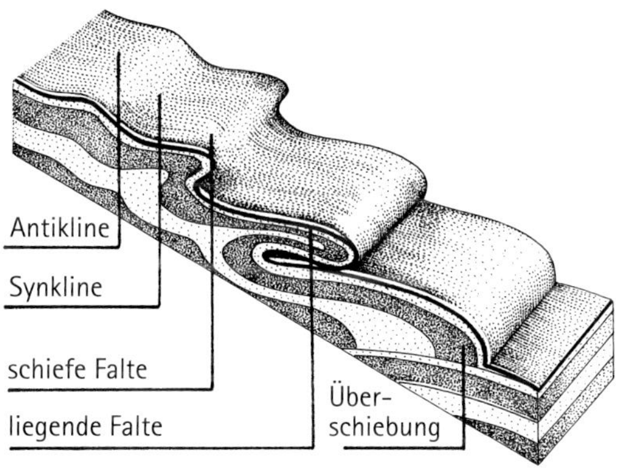

Falten und Deckenüberschiebungen. Bei ständigem Druck (von links oben) wird aus einer normalen eine schiefe und dann liegende Falte. Schließlich kann die Verbindung der Falte zu den unter ihr liegenden Schichten abreißen. Ihre Schichten werden dann überschoben. Im Prinzip auf diese Weise wurden bei der Alpenbildung auch gewaltige Decken über weite Strecken verlagert, z.B. in den Ostalpen das Ostalpin über das Westalpin.

Denn dort hatten sich Gesteinsdecken aus dem Süden weit nach Norden über den europäischen Plattenbereich geschoben: Ostalpin überlagert dort Westalpin (s.u.). Die Gesteine unterliegen bei den Faltungen und Überschiebungen hohem Druck und hoher Temperatur, was zu grundlegenden Veränderungen, so genannten Metamorphosen führte. Die Gesteine können dabei aufgeschmolzen werden und dann zu kristallinen Massen erstarren, auch wenn sie zuvor Schichtgesteine (Sedimentgesteine) gewesen waren.

Details der Alpenbildung können hier nicht gegeben werden. Doch sei wenigstens die heutige Lage der tektonischen Baueinheiten angegeben. Sie werden Süd-, Ost- und Westalpin genannt, weil sie *heute* in den Süd-, Ost- und Westalpen die oberen, zutage tretenden Gesteinsdecken stellen. An der Oberfläche liegt die Grenze zwischen Ost- und Westalpin ungefähr entlang der Linie Bodensee/Comersee. Diese Linie gilt auch als Grenze zwischen den geographischen Ost- und Westalpen. Die tektonischen Baueinheiten entsprechen jedoch keineswegs immer den geographischen West- und Ostalpen. Wir wissen ja bereits, dass in den Ostalpen *unter* dem Ostalpin Gesteine des Westalpins liegen. Im Norden lugen sie gerade noch als Flyschketten unter dem Ostalpin hervor. Südlich der Periadriatischen Naht (s.u.) liegt der massive Block des „afrikanischen" Südalpins. Nach Entstehung und Gesteinsart ist es mit dem Ostalpin verwandt, wurde von den tektonischen Veränderungen jedoch weniger erfasst.

In bestimmten Bereichen wurde das Ostalpin so weit abgetragen, dass das darunter liegende Westalpin zu tage trat. Man bezeichnet Gebiete, in denen nach Abräumung der darüber liegenden Schichten tiefer liegendes Gestein freigelegt wurde, als Fenster. Die beiden größten derartigen Fenster sind das Engadiner Fenster und das Tauernfenster. Beide sind überzeugende Belege dafür, dass das Westalpin tatsächlich vom Ostalpin „überfahren" wurde.

Geologisch-mineralogische Struktur der Alpen. Oben die geographische Einteilung in West-, Ost- und Südalpen und die geologisch-tektonische Großgliederung in West-, Ost- und Südalpin, unten der heutige Deckenbau mit der mineralogischen Grobgliederung. Zonen mit Silikatgesteinen sind grau unterlegt. Im sonstigen Gebiet herrschen weitgehend Karbonate vor. PA = Periadriatische Naht.

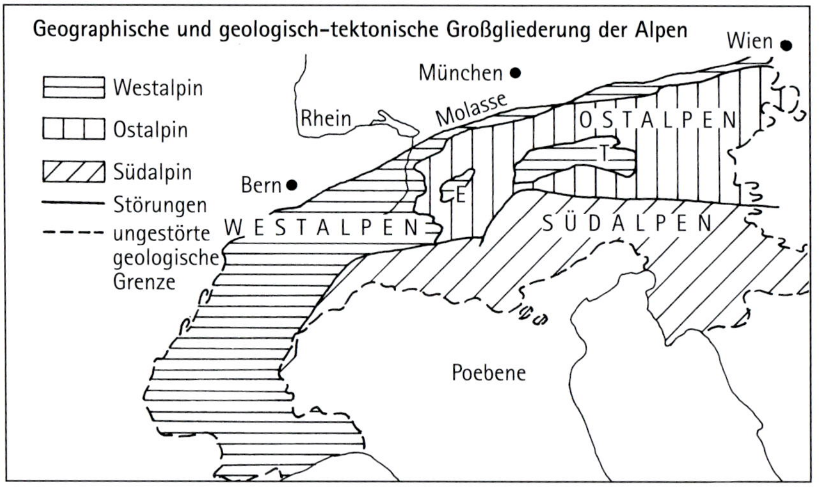

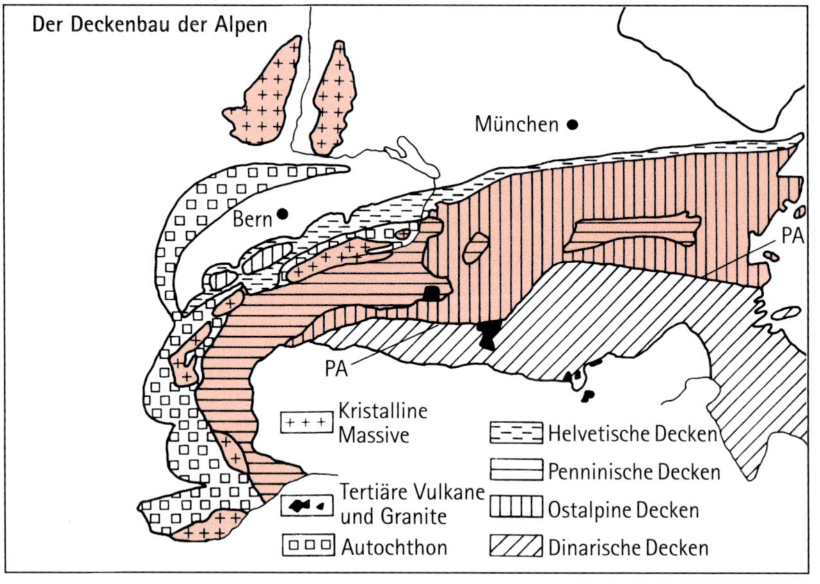

Zurück zum Beginn dieses Kapitels: Über Verschiebungen und Auffaltungen der europäischen und der afrikanischen Platte, zuletzt bei der Alpenbildung, wurden auch das ehemalige Flachmeer und die frühere Wüste einander näher gebracht. Grenzbereich zwischen den beiden Platten ist die Periadriatische Naht, so genannt, weil sie in einem weiten Bogen die nördliche Adria umkreist. In ihrem 600 km langen Verlauf wurde meistens die europäische Platte subduziert. Einen östlichen Abschnitt der Naht bildet das Gailtal/Lesachtal. Die Nahtzone wurde später von Gletschern überformt und von Seitenbächen zugeschottert. Dem heutigen Landschaftsbild kann man deshalb nicht mehr ansehen, wie dramatisch seine Entstehungsgeschichte war. Wenig korrekt, aber plakativ und deswegen einprägsam formuliert, repräsentieren die Karni-

schen Alpen im Süden der Naht Ur-Afrika, das sich gegen Europa anschiebt.
Die Vorgänge bei der Gebirgsbildung führten zu einer komplizierten geologisch-mineralogischen Situation, die hier vereinfacht wiedergegeben wird. Man kann erkennen, wo in den Alpen Kalk- oder Silikatgestein und dann auch die entsprechenden Böden zu finden sind. Für die Besiedelung mit Pflanzen ist diese mineralogische Zusammensetzung der Böden besonders wichtig.
Das vorläufige Ergebnis der gravierenden geologischen Veränderungen: der 1000 km breite Arm des Tethys-Meer mit seinen Trögen wurde bis auf ein Zehntel zusammen- und hochgepresst. Die Alpen in ihren heutigen Dimensionen waren entstanden. Sie steigen nach wie vor in die Höhe. In den letzten 20 Millionen Jahren wuchsen sie pro Jahr durchschnittlich – es gab Pausen und Zeiten unterschiedlicher Steigungsgeschwindigkeit – um bald 1 mm. Schon in einer Million Jahre ergibt das eine Höhe von 1000 m. Die Alpen müssten also eigentlich viel höher sein als sie es tatsächlich sind. Doch die Abtragung durch Wasser und Eis wirkt dem Aufsteigen entgegen
Zusammenfassend lässt sich festhalten:

Die äußere Symmetrie im Aufbau der Alpen täuscht. Sie ist über eine sehr differenzierte Tektonik zustande gekommen, die sich schon im geologisch-mineralogischen Aufbau widerspiegelt. Wenn man noch die Entstehungsgeschichte berücksichtigt, kann von Symmetrie keine Rede sein.

6.5 Kalk- und Silikatböden, Kalk- und Silikatpflanzen

Dem Mosaik an Gesteinen entspricht ein ebenso mannigfaltiges Mosaik an Böden, die sich aus und auf den betreffenden Gesteinen bilden. Dass Wachstum und Gedeihen der Pflanzen vom jeweiligen Bodentyp abhängen, ist jedem Gartenfreund vertraut. So versagen die meisten Heidekrautgewächse auf stark kalkhaltigem Boden. Bekannt ist das bei zahlreichen Gartenformen der Gattung *Rhododendron*. Eine Ausnahme macht die Schneeheide (111), die Kalk gut verträgt.
Entsprechendes gilt für die freie Natur. Man unterscheidet generell zwischen **Kalkpflanzen**, die Kalkböden tolerieren oder sogar an sie gebunden sind, und **Silikatpflanzen**, die Kalk meiden und auf kalkarmen Silikatböden besser wachsen. Vor allem Unterschiede im Säuregrad (pH-Wert) des Bodens und in der Verfügbarkeit von mineralischen Nährstoffen sind für das Pflanzenwachstum auf Kalk- und Silikatböden wichtig. Einige wenige Angaben dazu müssen genügen:

Kalkböden reagieren neutral bis basisch. Sie enthalten Karbonate von Kalzium und Magnesium. Der Gehalt an Kalzium- (Ca^{2+}) und Karbonationen (CO_3^{2-}) ist dementsprechend hoch. Man spricht deshalb auch von **Karbonatböden.** Dort wachsende Pflanzen verfügen über Möglichkeiten, den Überschuss an Kalziumionen unschädlich zu machen. Phosphat und verschiedene Elemente wie Eisen und Mangan sind dagegen nur schwer verfügbar, Ursache für ein Ausbleichen der Pflanzen, das man **Chlorose** nennt. Kalkgesteine sind in der Regel relativ leicht wasserlöslich und damit auch wasserdurchlässig, d.h. trockener und weniger kompakt als Silikatböden.

Silikatböden reagieren sauer. Mineralien wie Eisen oder Aluminium sind in ihnen in einer für die Pflanzen verwertbaren Form reichlich oder sogar so überreichlich vorhanden, dass die betreffenden Konzentrationen schädlich werden können. Andererseits können die genannten und weitere Mineralien auch leichter in tiefere Bodenschichten absickern, in denen sie von den Pflanzenwurzeln nicht mehr erreicht werden können. Silikatböden sind weniger wasserlöslich und damit auch weniger wasserdurchlässig, feuchter und schwerer als Kalkböden.

Die Pflanzen passen sich den jeweiligen Bodenverhältnissen an. Wie sie das im Einzelnen tun, kann hier nicht geschildert werden. Dass sie es tun, kommt kaum überzeugender zum Ausdruck als dann, wenn von nahe verwandten Arten die eine Kalk, die andere Silikat bevorzugt. Man spricht dann von **vikariierenden Arten**. „Vikar“ bedeutet Amtsvertreter, auch Stellvertreter. Es handelt sich also um Arten, die sich auf dem jeweiligen Untergrund gegenseitig vertreten. Das gilt auch für Arten aus der gleichen Gattung, von denen die eine Kalk, die andere Silikat bevorzugt. Man spricht dann von vikariierenden Artenpaaren.

Tab. 6.1 Vikariierende Artenpaare. „Kalk“- bzw. „Silikatpflanze“ bedeutet, dass die betreffende Art Kalk bzw. Silikat bevorzugt oder ausschließlich auf der betreffenden Bodenart vorkommt

Gattung	Kalkpflanze	Silikatpflanze
Alpen-Anemone	Große A. (015)	Gelbe A. (017) Kleine A. (016)
Alpenglöckchen	Großes A. (132) Kleinstes A. (135)	Kleines A. (134)
Alpenrose	Behaarte A. (109)	Rostblättrige A. (108)
Enzian	Gelber E. (143)	Punktierter E. (140)
Gemswurz	Großkopfige G. (244)	Clusius´ G. (245)
Glocken-Enzian	Kalk-G. (138)	Silikat-G. (137)
Hahnenfuß	Alpen-H. (002)	Gletscher-H. (001)
Hornkraut	Breitblättriges H. (040)	Einblütiges H. (041)
Mannsschild	Schweizer M. (129)	Alpen-M. (128) Vandellis’ M. (130)
Margerite	Schwarzrand-M. (248)	Alpen-M. (247)
Primel	Aurikel (122)	Behaarte P. (123)
Schafgarbe	Schwarzrandige S.	Moschus-S.

Doch Vorsicht! Ob eine Pflanze sich in eine gegebene Umwelt eingliedert, hängt nicht nur vom Boden, sondern auch von zahlreichen weiteren Faktoren ab. So findet man die normalerweise kalkmeidende Clusius' Gemswurz (245) in den Südalpen regelwidrig auch auf Kalkschutthalden.
Gelegentlich sind Pflanzenführer auch etwas zu großzügig, was vikariierende Arten anbelangt. Man kann in ihnen beispielsweise lesen, die weißblühende Große Alpen-Anemone (015) sei eine Kalk-, die Gelbe Alpen-Anemone (017) eine Silikat-Pflanze. Das ist richtig. Doch dann wandern Sie in den Alpen Österreichs, dem Alpenland mit den meisten deutschen Touristen. Wenn Sie mit der Alpenflora schon einigermaßen vertraut sind, werden Sie immer wieder weißblühende Alpen-Anemonen inmitten von Silikat-Pflanzen und auf Silikatböden entdecken, dort also, wo eigentlich die Gelbe Alpen-Anemone wachsen sollte. Des Rätsels Lösung: Es gibt noch eine dritte Art, die ebenfalls weißblühende Kleine Alpen-Anemone (016), die in einer ganzen Reihe von Pflanzenführern gar nicht erwähnt wird. Man nennt sie in unserem Nachbarland auch Österreichische Alpen-Anemone oder nach ihrer Vorliebe für Böden auf Silikat (= „Urgestein") Uralpen-Anemone. Ihre Blüten sind meist etwas kleiner als die der Großen Alpen-Anemone, doch können sich die Blütengrößen je nach den Standortbedingungen überlappen. Verlässlicher ist es, sich nach der jeweiligen Pflanzengesellschaft zu richten. Damit ist auch einer der Gründe genannt, warum wir uns in diesem Buch mit Pflanzengesellschaften befassen wollen: Wenn man eine Pflanzenart bestimmen möchte, kann es vorteilhaft sein, auch auf ihre Nachbarn, also auf die betreffende Pflanzengesellschaft zu achten.

6.6 Karbonat oder Silikat als Untergrund?

Die meisten Wanderer dürften wissen, in welcher Region der Alpen sie sich gerade aufhalten, ob im Mont Blanc-Gebiet oder in den Karawanken. Mit Kenntnis der groben geologisch-mineralogischen Situation im betreffenden Gebiet verfügt der Pflanzenfreund aber auch schon über einen ersten Hinweis, ob er mit Kalk- oder Silikatböden zu rechnen hat. Doch die Gesteine sind nicht einheitlich zusammengesetzt. In Silikatgesteinen finden sich immer wieder Einschlüsse aus Karbonaten. Auch der umgekehrte Fall, Silikat in Karbonat, kann realisiert sein. Und außer dem Gestein müssen auch Höhenlage und Klima als wesentliche Faktoren bei der Entwicklung der Vegetation berücksichtigt werden. Andere regionale und lokale Besonderheiten kommen hinzu. Nur ein Beispiel: Über Kalkgestein kann sich eine ausgesprochen saure Humusauflage bilden. Dann gedeihen Silikatpflanzen auch im Kalkgebiet bestens!
Beim Bestimmen von Pflanzen darf man sich also nicht ohne weiteres

Landkarten-Flechte. Wie der Quarz verrät, wächst sie auf Silikatgestein.

auf die Zuordnung seines Wandergebiets zu einer der großen geologisch-mineralogischen Regionen verlassen. Immer wieder führen schon Halbtageswanderungen über ganz unterschiedliche Böden mit jeweils wechselndem Bewuchs. Doch gibt es andere Hilfen, um zwischen Silikat- und Karbonatgestein zu unterscheiden.

Schon aus der Form der Berge lassen sich Hinweise gewinnen. Sie wird bedingt durch die Struktur des Untergrunds, durch die Art der Gesteine und durch die Art der abtragenden Kräfte, vor allem Eis und Wasser. Jeder kennt die aus Karbonatgestein gebildeten, steil emporragenden, weißlichen oder grauweißen Felsmassive der Dolomiten (S. 165) oder der Julischen Alpen. Und jeder erinnert sich, dass im Gegensatz dazu breit gelagerte, dunklere Silikatmassive wie die Nockberge (S. 405) mit ihren abgerundeten Konturen, ohne starke senkrechte Gliederung und waagerechte Schichtung, geradezu „ruhige" Bergformen bilden können. Jeder erinnert sich auch an die meist aus Silikat bestehenden „Kogel" oder „Kofel" der Ostalpen und die ebenfalls aus Silikat aufgebauten „Hörner" im Wallis und im Berner Oberland.

Trotz all dem, für den Bergwanderer können Pflanzen, deren Bodenansprüche er kennt, besonders verlässliche Indikatoren der Bodenart sein. So wächst die unverkennbare Landkartenflechte nur auf Silikatgestein. Wenn man auf ihre Lager trifft, befindet man sich mit ziemlicher Sicherheit oberhalb von rund 900 m in einem Silikatgebiet. Nur sollte man darauf achten, dass es sich bei dem betreffenden Gestein nicht um einen isolierten Felsblock handelt, den ein Gletscher von weither verfrachtet hatte!

Ebenso verlässliche **Bodenzeiger** können aber auch Blütenpflanzen sein. Denken Sie nur an die vikariierenden Artenpaare! Wenn Sie erst einmal einige Arten und ihre Bodenansprüche kennen gelernt haben, genügt ein Blick, um zu entscheiden, welcher Bodentyp ansteht.

Doch Kalk- und Silikatböden unterscheiden sich nicht nur in ihren Pflanzenarten, sondern auch in ihren Pflanzengesellschaften. Das ist leicht verständlich, denn eine Gesellschaft wird ja aus ihren Gliedern, hier den Pflanzenarten, gebildet. Folge ist, dass nicht nur eine einzelne Pflanzenart, sondern eine ganze Pflanzengesellschaft als Bodenzeiger dienen kann. Rückschlüsse auf die Art des Bodens werden damit noch verlässlicher. Pflanzenarten und Pflanzengesellschaften sind für den Biologen die besten Bodenzeiger. Voraussetzung ist nur, dass man eine Mindestanzahl von Pflanzenarten kennen gelernt hat. Das ist nicht allzu schwer.

Doch zurück zur besonderen Mannigfaltigkeit der Alpenflora, von der wir ausgegangen waren. Fassen wir zusammen:

Ein fein gegliedertes Bodenmosaik, in dem auf engem Raum verschiedenartige Kalkböden teils mit, teils ohne Übergänge an Silikatböden ebenfalls unterschiedlichen Typs angrenzen können, bedingt eine entsprechend abwechslungsreiche Flora. Mit den Bodenverhältnissen haben wir so eine erste wesentliche Ursache für den Artenreichtum der Alpenflora kennen gelernt.

7 Vegetationsgeschichte und Artenreichtum der Alpenflora

7.1 Alpenflora vor der Eiszeit: Der tertiäre Grundstock

Im frühen Tertiär lebte im Alpenraum eine wärmeliebende, sog. subtropische Flora, wie sie sich heute noch in den südöstlichen Vereinigten Staaten oder in bestimmten Regionen Ostasiens findet. Lorbeergewächse, Palmen und Magnolien gediehen in den damals noch niedrigen Alpen prächtig. Doch im weiteren Verlauf des Tertiärs stieg das Gebirge mächtig auf. Gleichzeitig verschlechterte sich das Klima. Die subtropische Flora konnte sich auch im Tiefland nicht halten. Ein unwirtliches Hochgebirge war entstanden, das nun die Pflanzenwelt zu besiedeln hatte. Dabei mussten sich die Pflanzen vor allem an den bislang unbekannten Frost anpassen. Oder sie wanderten aus kalten Gegenden ein, in deren Klima sie schon eine Kälteresistenz erworben hatten. Schieben wir ein, dass selbstverständlich nicht die Pflanzen als solche wandern, sondern ihre Samen auf Wanderschaft schicken.

- Im **mitteleuropäisch-alpinen** Raum selbst entwickelten sich nur wenige Gattungen bzw. Arten wie Alpendost (213), Alpenlattich (218), Teufelskralle (208), Soldanelle (132), Weiße Trichterlilie (258) .

Doch zahlreiche Familien, Gattungen und Arten wanderten aus anderen Erdregionen in den Alpenraum. Einige von ihnen sollen genannt werden, wobei wie eben schon bei Gattungen nur die Code-Nummer der in Kapitel 14 zuerst beschriebenen Art angegeben wird.

- Aus **Hochsteppen und Hochgebirgen Zentral- und Ostasiens** stammen u. a.: Akelei (019), Alpen-Anemone (015), Alpenrose (108), Edelraute (216), Eisenhut (022), Enzian (137), Himmelsherold (153), Läusekraut (166), Mannsschild (128), Pippau (232), Spitzkiel (079), Tragant (077), Steinbrech (055), Primeln (120, fast alle).
- Aus der **Arktis Europas und Asiens** u.a.: Alpen-Mohn (026), Binse, Fingerkraut (070), Mehl-Primel (126), Wollgras.
- Aus dem **Mittelmeergebiet** u.a.: Affodill, Glockenblume (200), Krokus (262), Kugelblume (174), Leinkraut (159), Mannstreu (199), Narzisse (265), Pfingstrose (046), Veilchen (101), Wundklee (084), Orchideen (S. 470), viele Korbblütler (S. 434), viele Kreuzblütler (S. 290), viele Nelken-Gewächse (S. 223).
- Aus **Afrika** u. a.: Buchsblättrige Kreuzblume (087), Greiskraut (241), Hauswurz (051), Monte Baldo-Segge (280), Schneeheide (111), Seidelbast (098), Zwerg-Alpenrose (110).

Rechte Seite:
Eiszeit am herbstlichen Aletsch-Gletscher. Ähnlich wie am größten Gletscher der Alpen mag es zur Eiszeit im ganzen Alpenraum ausgesehen haben.

Auf die Verwandten der Buchsblättrigen Kreuzblume stößt man heute in Marokko, also noch im Mittelmeerraum. Das andere Extrem ist die Schneeheide, deren Sippschaft man heute im Kapland findet.
Unsere Aufzählung ist unvollständig. Doch sie lässt erkennen, dass sich bereits am Ende des Erdzeitalters Tertiär im Alpenraum eine reiche Flora aus Arten mit teilweise prächtigen Blüten entwickelt hatte. Man spricht hier vom **tertiären Grundstock der Alpenflora.**

7.2 Alpenflora während der Eiszeit: kleinräumige Nunatakker und ausgedehnte Refugien

Doch dann kam die Katastrophe der **Eiszeit**, ausgelöst durch eine Klimaverschlechterung. In Mitteleuropa datiert man sie von rund 1,8 Millionen bis 10 000 Jahre vor unserer Zeit. Der Begriff „Eiszeit" darf nicht täuschen. Denn es handelte sich nicht um eine einzige Eiszeit, sondern um mehrere Kaltzeiten oder Glazialzeiten, in denen weite Gebiete der Nordhalbkugel von Eis bedeckt waren. Sie wechselten mit milden Zwischeneiszeiten oder Warmzeiten, den Interglazialzeiten ab, in denen sich das Eis zurückzog.
Mindestens vier Haupt- und mehrere Nebenkaltzeiten gab es. Die Hauptkaltzeiten werden nach Flüssen benannt, in Süddeutschland und im Alpengebiet nach anderen als in Norddeutschland. Das vorletzte Hauptglazial, gleichzeitig dasjenige mit der weitesten Vereisung, nennt man im Alpenraum Riß-Kaltzeit. Ihm folgte nach dem Riß-Würm-Interglazial die Würm-Kaltzeit mit einem Höhepunkt vor 25 000 Jahren. Noch vor 18 000 Jahren lagen in den Tälern der Nördlichen Randalpen bis 1 000 m tiefe Gletscher; bereits vor 14 000 Jahren waren sie eisfrei. Vor 10 000 Jahren, dem Beginn der Jetztzeit (Holozän) war die Eiszeit in Mitteleuropa vorbei. Auch aus Norddeutschland war das Eis gewichen. Klima und Pflanzenwelt der Warmzeiten entsprachen der heutigen Situation oder wiesen sogar eine stärkere Tendenz zu subtropischen Verhältnissen auf als derzeit. So war die Temperatur in der letzten Warmzeit 3 °C höher als heute. In den Warmzeiten kehrten die Pflanzen jeweils in die dann eisfreien Gebiete zurück. Doch einer Warmzeit folgte wieder eine Kaltzeit, in der die Pflanzenwelt erneut von Eismassen verdrängt wurde. Niemand kann übrigens mit Sicherheit ausschließen, dass wir gegenwärtig in einer Zwischeneiszeit leben.
In den Kaltzeiten überzogen Eispanzer fast die ganzen Alpen. In breiter Front stießen Gletscher auch bis weit ins Alpenvorland vor. Die Alpenflora wurde, von Ausnahmen abgesehen, in eisfreie Regionen mit mildem atlantischen und mediterranen Klima, aber auch in den Bereich nördlich der Alpen abgedrängt. Doch eine ganze Reihe von Arten konnte sich in eisfreien Höhenlagen der Alpen oberhalb der Vergletscherung

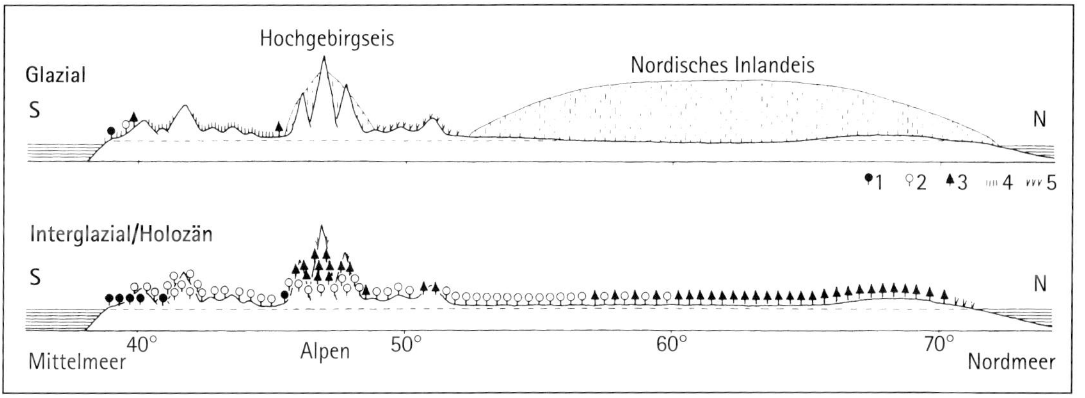

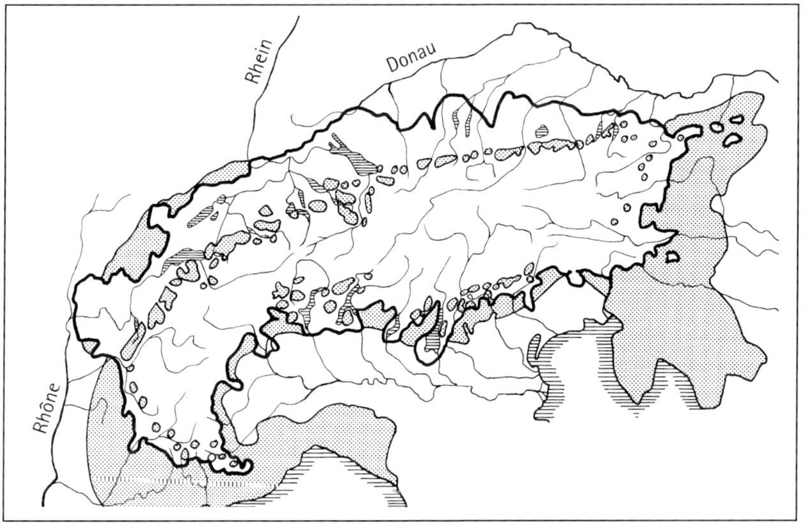

Links: Die Alpen zur Zeit der stärksten Eisausdehnung (dicke schwarze Linie). Gepünktelt die eisfreien Gebiete, kleine Nunatakker und größere Refugien, in denen viele Arten die Kaltzeiten überstehen konnten. Solche eisfreien Gebiete fehlten auch im nördlichen Alpenraum nicht.

Oben: Vegetationsverhältnisse während der Kaltzeiten (Glaziale) und der Warmzeiten (Interglaziale). Ähnlich wie in den Warmzeiten waren bzw. sind die Verhältnisse auch in der Nacheiszeit und in der Jetztzeit (Holozän). Durch Europa wurde ein Nord-Süd-Schnitt vom Mittelmeer bis zum Nordmeer gelegt. 1 Hartlaubwald, 2 Sommergrüner Laubwald, 3 Nadelwald, 4 Steppe, 5 Steppentundra und Tundra. Gestrichelte Linie: heutiges Meeresniveau.

halten, etwa auf eisfreien Berggipfeln. Nach ihrem Vorkommen auf Grönland bezeichnet man solche das Eis überragende Gipfel als **Nunatakker**. Das Stockhorn, Pilatus oder die Churfirsten gehörten zu ihnen. Doch die Nunatakker der südlichen Alpen sind zahlreicher und bekannter. Zu ihnen zählen der Monte Generoso im Tessin ebenso wie Berge um den Gardasee, allen voran der Monte Baldo. Doch waren viele Berge in den Südalpen in Zeiten schwächerer Vereisung offensichtlich nicht immer allseits vom Eis umgeben. Dann waren sie definitionsgemäß keine Nunatakker mehr, sondern weiteten sich zu **Refugien** aus. Bei solchen Refugien handelte es sich um größere Areale mit fehlender oder lückenhafter Eisbedeckung, die mit den eisfreien Gebieten außerhalb der Alpen in Verbindung stehen konnten. Sie reichten oft weit in die vergletscherten Alpen hinein. Sie fanden sich vor allem an der Südgrenze der alpinen Vereisung – weite Bereiche der Tessiner und der Südtiroler Berge oder die Bergamasker Alpen gehörten zu ihnen – fehlten aber auch am

Mohne (026) und die Silberwurz (069) wanderten auch in die Alpen ab, alpine Arten wie der Rote Steinbrech (057), Frühlings-Enzian (144), Schnee-Enzian (146) und Purpur-Enzian (141) auch in die Arktis oder wenigstens bis ins südliche Skandinavien. Auf die Alpen bezogen ist z. B. die Silberwurz ein Neueinwanderer, der Rote Steinbrech ein Rückwanderer.

Aber noch zahlreiche weitere Arten, die vor dem Eis nach Westen, nach Osten und vor allem in den Mittelmeerraum ausgewichen waren, fluteten in die Alpen zurück. Zu diesen Rückwanderern gesellten sich wieder Neueinwanderer. Um nur eine wichtige Gruppe zu erwähnen: Man nimmt an, dass Alpen-Aster (250), Edelraute (216) und Edelweiß (229) nicht schon früher, wie man zunächst geglaubt hatte, sondern erst nach der letzten Eiszeit in die Alpen gelangten. Zusammen mit dem Nacktried stammen sie aus den Hochsteppen Asiens.

Hinzu kamen noch die Pflanzen, die in den Alpen selbst auf Nunatakkern oder in den größeren Refugien überdauert hatten. Der heutige Pflanzenreichtum einer Regionalflora ist umso größer, je mehr Refugien sich dort befunden hatten.

Der Ein- und Rückstrom an Pflanzenarten in die nördlichen Regionen war ungleich spärlicher. Eine Bereicherung ergab sich dort durch die schon erwähnte Einwanderung alpiner Pflanzen. Trotzdem befand sich der Norden in einer ungünstigeren Situation. Vor allem fehlte eine direkte und kurze räumliche Verbindung zwischen dem Hohen Norden und dem von Arten geradezu überquellenden Mittelmeerraum. Schon die Alpen selbst bildeten ein Hindernis. Viele Pflanzenarten konnten vom Mittelmeerraum aus zwar die Südalpen zurückerobern, doch der Sprung auf die Alpennordseite gelang ihnen nicht oder nur ausnahmsweise. Ein Beispiel dafür ist die prächtige, in den Südalpen recht häufige Feuerlilie (255). Ein Teil ihrer wenigen Vorkommen in den Nordalpen dürfte auf Verwilderung zurückgehen, denn sie wurde gerne in Bauerngärten gehalten.

Manche Arten, die sich während der Eiszeit außerhalb der Alpen hatten ansiedeln müssen, konnten sich dort auch noch nach dem Weichen des Eises halten. Nicht nur die steigende Erwärmung mit allen physikalischen Folgeerscheinungen, sondern auch die allmählich zunehmende Bewaldung machten ihnen das Leben schwer. Nur an wenigen Stellen fanden sie noch zusagende Lebensbedingungen, im Norden mehr in Hochmooren, in Süddeutschland außerdem noch auf waldfreien Kuppen der Mittelgebirge, in Karsenken am Nord- und Osthang der höchsten Gipfel oder an Felskanten. Pflanzenarten, die in der Eiszeit außerhalb der Alpen ein viel größeres Areal besiedelt hatten, sich nach der Eiszeit aber nur an solchen Reliktstandorten behaupten konnten, nennt man **Glazialrelikte**. Der Hochschwarzwald etwa ist ziemlich reich

an solchen Zeugen der Eiszeit. Sogar die Alpen-Soldanelle (132) findet sich dort noch an einigen Stellen mit feuchtem und kaltem Kleinklima. Bekannt für ihre Glazialrelikte ist auch die Schwäbische Alb. Sie besiedeln dort vor allem Felsköpfe. Der Trauben-Steinbrech (056) ist ein bekanntes Beispiel.
Fassen wir wieder zusammen:

Die Vegetationsgeschichte mit ihren weiträumigen **Wanderungsbewegungen** ist ein zweiter Grund für den Artenreichtum der Alpenflora. Wichtig ist einmal die Besiedlung des jungen Gebirges im Tertiär, bei der Arten aus allen Himmelsrichtungen den tertiären Grundstock der Alpenflora bildeten. Wichtig ist aber auch die Eiszeit. Manche Arten überdauerten sie auf Nunatakkern und in größeren Refugien. Mit ihrem Ausklingen kam es zu einer erneuten Besiedlung. Sie ging einmal von den Nunatakkern und Refugien aus, aber auch die Arten des tertiären Grundstocks, die vor dem Eis gewichen waren, strömten in den Alpenraum zurück. Neueinwanderer gesellten sich hinzu. Die Artenvielfalt erhöhte sich dementsprechend.

8 Vegetationsstufen und Pflanzengesellschaften: Grundlagen

8.1 Höhenstufen der Vegetation

Ob man in den Alpen bergauf wandert oder mit einem Sessellift aufwärts gleitet – dass sich die Pflanzenwelt mit zunehmender Höhe ändert, kann einem nicht entgehen. Am auffallendsten ist, dass der Wald von Matten und schließlich von der Felsregion abgelöst wird.

8.1.1 Vegetationsstufen mit zunehmender Höhe und zunehmender geographischer Breite

Rechte Seite: Höhenstufen der Vegetation am Wilden Kaiser (Südabfall, nördliche Außenalpen). Von Wirtschaftswiesen in der **Subalpinen Stufe** geht der Blick über subalpine Fichtenwälder aufwärts, in die Weiden eingestreut sind. Besonders links im Bild lässt sich erkennen, wie die Fichtenwälder in eine Krummholzzone aus Legföhren übergehen. Anschließend folgt die **Alpine Stufe:** zunächst alpine Rasen und Weiden, die unter dem Einfluss des Menschen immer wieder nach unten ausgeweitet wurden. Das ist vor allem links im Bild deutlich zu sehen. Weiter oben, am Fuß der Wände in der Bildmitte, lagert Schutt mit Schuttfluren. Darüber steigen die Karbonatmassive teils senkrecht auf. Die Montane Stufe ist nicht mehr im Bild, die Nivale Stufe fehlt hier an der Südseite.

Mit der Höhenlage ändern sich verschiedene Faktoren, die auf das Wachstum der Pflanzen Einfluß nehmen und für den beobachteten Vegetationswechsel verantwortlich sein könnten. So steigen die Stärke der Sonneneinstrahlung und mit ihr die Helligkeit ebenso wie die Wärmeausstrahlung in der Nacht. Was das Licht anbelangt, wird insbesondere auch der steigende UV-Anteil wichtig, der für die Stauchung der Sprosse, also für den gedrungenen Wuchs vieler Alpenpflanzen verantwortlich ist. Auch die Windgeschwindigkeit nimmt mit der Höhe zu. Viele solcher **Klimafaktoren** wirken mit, doch entscheidend ist die **Abnahme der Temperatur.** Von der Temperatur hängen dann noch weitere Außenbedingungen ab. Denken wir nur an die Verdunstung von Wasser oder an die Schneebedeckung. Die mittlere Jahrestemperatur nimmt nun während der sommerlichen Vegetationsperiode alle hundert Höhenmeter um 0,60 bis 0,65 °C ab. Die Wachstumsbedingungen für Pflanzen werden schon dadurch bergaufwärts immer ungünstiger.

Bereits Alexander von Humboldt hatte darauf hingewiesen, dass sich ganz ähnliche Veränderungen im Vegetationsbild finden, wenn man auf unserem Erdball vom Äquator nach Norden reist. Wieder ist es die abnehmende durchschnittliche Temperatur, die den entscheidenden Einfluß ausübt. Rund 1 000 Höhenmeter entsprechen dabei 1 000 km höherer Breite. Bei einer Bergwanderung in den Alpen finden sich also mit zunehmender Höhe ähnliche Vegetationsstufen wie bei einer Reise in den Norden Skandinaviens mit zunehmender geographischer Breite. Besonders auffallend ist wieder, dass auch nordwärts der Wald zurückbleibt. Den subalpinen Nadelwäldern der Alpen entspricht der Fichtenwald des Nordens, die Taiga. Und ebenso wie sich bergaufwärts an den Wald nach Über-

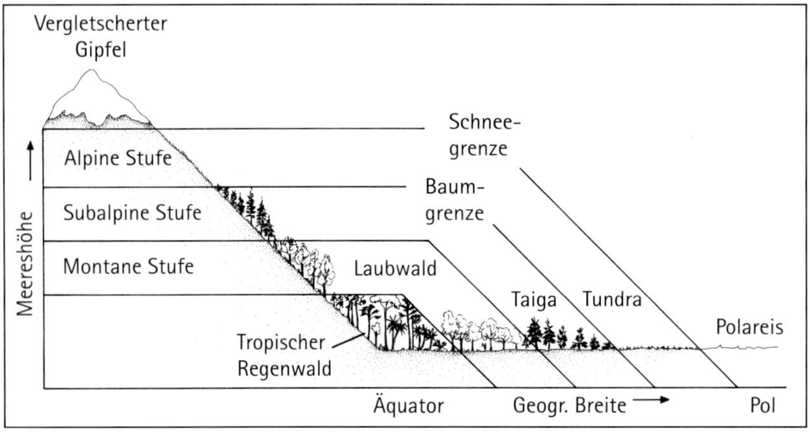

Vereinfachte Parallele in den Vegetationszonen bei steigender Meereshöhe und bei zunehmender geographischer Breite.

gangsstufen die Mattenregion anschließt, folgt nordwärts die Tundra.

Ähnlichkeiten sind also gegeben, aber sie sollten nicht überbewertet werden. Die arktische Tundra ist z. B. großenteils Flachland, die alpine „Tundra" entwickelte sich an Berghängen. Daraus ergeben sich weitere Unterschiede: die Luftfeuchtigkeit ist meistens unterhalb 2000 m am höchsten. In den höheren Lagen der Alpen ist sie also vergleichsweise niedrig. Die Luft ist dort entsprechend klarer und die Sonneneinstrahlung schon deswegen stärker. Außerdem bedingt der in niederen Breiten höhere Sonnenstand eine intensivere Bestrahlung als in der Arktis. Wasserdampf in der Luft verhindert aber auch die nächtliche Wärmeabstrahlung. Folge ist, dass es in der Nacht im Hochgebirge stark abkühlt und die Tag/Nacht-Unterschiede in der Temperatur sehr stark ausgeprägt sein können.

Denken Sie auch an die langen Sommertage und die ebenso langen Winternächte in hohen Breiten und vergleichen Sie sie mit den weitaus geringeren Unterschieden in der Tageslänge in den Alpen! Und um wenigstens noch einen weiteren Unterschied zu berücksichtigen: In der Arktis finden sich keine derart ausgeprägten Föhnzonen wie in den Alpen. Föhn führt zur Erwärmung und diese fördert nicht nur den Tourismus, sondern auch das Pflanzenwachstum.

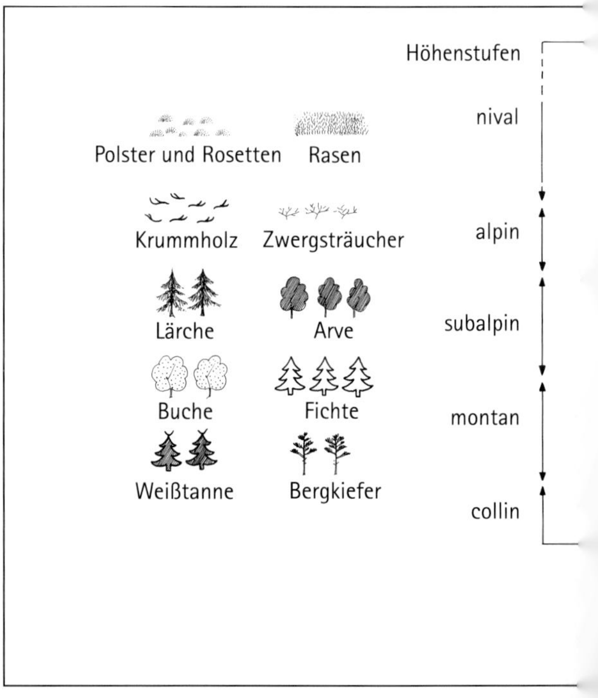

Ohne große Mühe haben Sie damit schon eine Reihe von physikalischen Faktoren erfasst, in denen sich die Lebensbedingungen der arktischen und der alpinen Pflanzen voneinander unterscheiden – bei aller globalen Ähnlichkeit! Die Pflanzen müssen sich an diese unterschiedlichen äußeren Bedingungen anpassen, um überleben zu können. Bei vielen Übereinstimmungen wird man schon deswegen neben Gemeinsamkeiten auch Unterschiede in Bau und Funktion der Pflanzen in Arktis und Alpen erwarten können.

8.1.2 Höhenstufen und Höhenprofile der Vegetation

Welches sind die Höhenstufen der Vegetation in den Alpen? Dass es sie gibt, ist unbestritten. Und ihre **Grobgliederung** auch: Von der Ebenenstufe (Planare Stufe) abgesehen, die im Gebirge entfällt, finden wir eine Hügelstufe (Colline Stufe), Laubwaldstufe (Montane Stufe), Nadelwaldstufe (Subalpine Stufe), Matten- und Felsstufe (Alpine Stufe) und Schneestufe (Nivale Stufe). Sie werden in den folgenden Kapiteln behandelt. Hinsichtlich der Grenzen und der Untergliederung dieser Stufen finden sich unterschiedliche Auffassungen (vgl. Zwergstrauchheiden, S. 109).

Um einen Überblick zu geben, legt man quer durch die Alpen Höhenprofile mit den genannten Vegetationsstufen. Gehen wir bei unserer Besprechung von einem Höhenprofil der Vegetation durch die Ostalpen aus. Man sollte sich dessen bewusst sein, dass es sich bei solchen Profilen

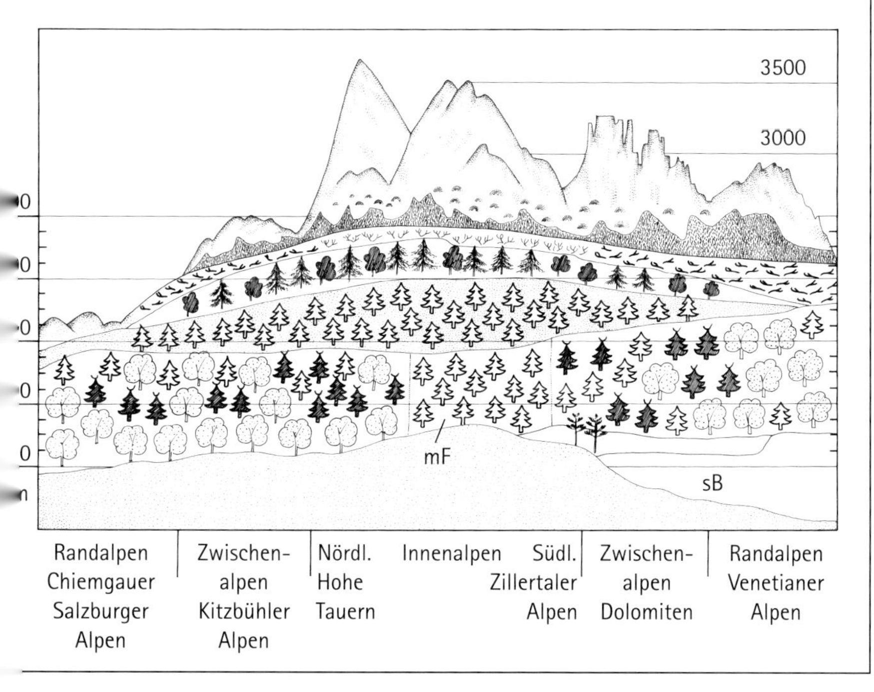

Vegetationsprofil durch die Ostalpen. Links Symbole für die wichtigsten Arten, rechts die Höhenstufen, in denen diese Arten vorkommen. Unter »Krummholz« finden sich Legföhren, aber auch Grünerlen, unter „Zwergsträucher" auch die Rhododendren.
mF = montaner Fichtenwald; sB = submediterraner Buschwald mit Mannaesche, Hopfenbuche, Flaumeiche.

um idealisierte und vereinfachte Darstellungen handelt. Dafür gibt es viele Gründe. Einmal kann die Stufung lokal stark gestört sein, etwa durch Felsmassive, die von weit unten durch verschiedene Stufen aufragen und ihren eigenen Bewuchs zeigen. Eine andere Möglichkeit ist, dass Bachfurchen oder Lawinenbahnen die horizontale Gliederung stören. Solche Details kann ein Übersichtsprofil nicht berücksichtigen. Schon unser einfacher Querschnitt lässt Unterschiede zwischen den Nördlichen Randalpen, Innenalpen und Südlichen Randalpen erkennen. Dabei spielt das Klima mit, das von kontinental bis ozeanisch reichen kann. **Kontinentales Klima** bedeutet: trocken und heiß im Sommer, sehr kalt im Winter; **ozeanisches Klima** (atlantisches Klima): feucht und relativ kühl im Sommer, mild im Winter mit einer Schneedecke, die Pflanzen vor strengen Frösten schützt.

In den Randalpen ist das Klima ozeanischer. Das gilt besonders für die Nördlichen Randalpen, an denen sich die von Nordwesten heranziehenden Wolken abregnen oder abschneien. Die Massenerhebung der Innenalpen dagegen weist ein stärker kontinentales Klima auf. Die höheren Temperaturen im Sommer führen dazu, dass die Obergrenzen aller Vegetationsstufen höher liegen als in den Nördlichen, aber auch in den Südlichen Randalpen. Gebiete einer auch klimatischen Übergangsstellung sind die Zwischenalpen.

Alle diese Faktoren sind in den einzelnen Bereichen des Alpenbogens mehr oder weniger stark voneinander verschieden. Es kann also gar kein Einheitsprofil geben! In der Tat weisen die einzelnen Regionen der Alpen unterschiedliche Vegetationsprofile auf. Doch dabei handelt es sich um – allerdings manchmal weitgehende – Variationen ein- und desselben Themas. Für die Bereiche der Alpen, die in diesem Buch schwerpunktmäßig behandelt werden, können wir deshalb von einem Profil ausgehen. Auf kleinere Abweichungen wird fallweise hingewiesen. Für die Südwestalpen Frankreichs und Italiens dagegen wäre ein eigenes Profil erforderlich, weil dort bei aller Ähnlichkeit im Prinzip die Abweichungen überhand nehmen.

8.2 Pflanzengesellschaften

8.2.1 Begriffsbestimmungen

Die Höhenstufen der Vegetation sind uns in den Grundzügen bekannt. In jeder dieser Vegetationszonen finden sich ganz bestimmte Pflanzengesellschaften. Von ihnen war schon verschiedentlich die Rede, ohne dass präzisiert wurde. Deshalb einige Begriffsbestimmungen, bevor wir auf die einzelnen Pflanzengesellschaften eingehen.

Die Lehre von den Pflanzengesellschaften bezeichnet man als **Pflanzensoziologie.** In ihr wird auch der Begriff „Pflanzengesellschaft“ definiert:

Die Summe der pflanzlichen Individuen und Arten, die einen bestimmten einheitlichen Standort besiedeln, bezeichnet man als Pflanzengesellschaft.

Der Leser, der diese Definition überdenkt, wird einwenden, dass sie ihm nicht scharf genug sei. Denn der Bezug auf einen bestimmten einheitlichen Standort lässt einiges offen: Je nachdem, wie man diesen Standort definiert, je nachdem, ob man ihn weit oder eng fasst, muss man doch zu ganz unterschiedlichen Pflanzengesellschaften kommen!

Das ist richtig – doch diese „Unschärfe" ist beabsichtigt. Denn es gibt nicht nur einen einzigen Typ „Pflanzengesellschaft", sondern eine ganze Hierarchie von verschiedenen Pflanzengesellschaften. Die grundlegenden Einheit dabei ist die **Assoziation**. In der Systematik der Pflanzen entspricht ihr die Art. Und ebenso, wie man eine gegebene Art noch untergliedern kann, ist das auch bei einer Assoziation möglich. Gehen wir von der Assoziation aus umgekehrt in der Rangstufung nach oben, so kommt man zunächst zum **Verband**, der mehrere ähnliche Assoziationen umfasst. Weiter aufwärts in der Hierarchie folgen **Ordnung** und **Klasse**. Alles das sind Pflanzengesellschaften, nur eben von unterschiedlichem Rang. Die Definition oben trifft auf sie alle zu.

In einer gegebenen Pflanzengesellschaft, also z. B. in einer Assoziation, finden sich Arten oder Unterarten, die nur oder fast nur in der betreffenden Pflanzengesellschaft vorkommen. Man bezeichnet diese Arten, die den speziellen Charakter einer Gesellschaft ausmachen und an denen man diese erkennen kann, dementsprechend als deren **Charakterarten**. Zu ihnen gesellen sich weitere typische Arten, die aber auch in anderen Gesellschaften vorkommen können, dort sogar als Charakterarten. Solche Arten nennt man **Begleiter**.

Beide Begriffe, Charakterart und Begleiter, lassen sich schärfer fassen oder untergliedern. Es sei nur darauf hingewiesen, dass es Charakterarten für Assoziationen ebenso wie für Verbände oder Ordnungen etc. gibt. Für unsere Zwecke genügen die eben gemachten Angaben.

Für die einzelnen Pflanzengesellschaften gibt es wissenschaftliche Bezeichnungen, an denen man auch die Rangstufe der jeweiligen Pflanzengesellschaft erkennen kann. Sie sollen uns hier jedoch nicht kümmern. Wir werden deutsche Namen verwenden, weil sie für den Nicht-Fachmann einfacher und aussagekräftiger sind. Dabei muss dann offenbleiben, um welche Rangstufe in der Hierarchie der Pflanzengesellschaften – Klasse, Ordnung, Verband oder Assoziation – es sich jeweils handelt. Den Leser ohne spezielle pflanzensoziologische Ambitionen wird das nicht stören. Im Bedarfsfall hilft die angegebene Literatur weiter.

Dieser Exkurs hatte vor allem zum Ziel, den Begriff **Charakterart** einzuführen. Denn bei der Bestimmung einer Pflanze hilft es, wenn wir uns in deren Nachbarschaft umsehen. In nahezu allen Bestimmungsbüchern wird angegeben, in welcher Umgebung – etwa Wiesen, Wälder, Moore oder Felsen – eine Art wächst, in einigen auch, in welche Pflanzengesellschaft sie gehört. Dann müssen wir in ihrem Umkreis auch Charakterarten dieser Gesellschaft antreffen. Nur sollten die Charakterarten dann auch genannt werden. Wir werden sie bei der anschließenden Besprechung der Pflanzengesellschaften ebenso angeben wie bei den Artenbeschreibungen.

Bei Kenntnis der Charakterarten ist es geradezu eine Freude, eine unbekannte Art in die richtige Gesellschaft einzuordnen und so ihre Bestimmung abzusichern – und zu erleichtern! Am Anfang könnte das allerdings Schwierigkeiten machen. Doch die Erfolgsrate bei den Bestimmungen steigt, je mehr Pflanzenarten generell und Charakterarten speziell man bereits kennen gelernt hat.

Doch es gibt noch einen wichtigen Grund, uns mit den Pflanzengesellschaften zu befassen. Die Schönheit der Alpenblumen erschließt sich uns erst dann voll und ganz, wenn wir sie in ihrem Lebensraum erfassen. Dazu gehört die weitere Umgebung, die grandiose Alpenlandschaft, dazu gehört aber auch die unmittelbare Nachbarschaft: die Arten der jeweiligen Pflanzengesellschaft. Nur ein Beispiel dafür: Zwar ist die Silberwurz (069) schon allein eine kleine Schönheit. Doch um wie viel mehr spricht sie uns an, wenn im Blaugras-Rasen das Weiß und Gelb ihrer Blüten mit dem Blau der Herzblättrigen Kugelblume (175) und manchmal dem Rosa der Zwerg-Alpenrose (110) kombiniert wird!

8.2.2 Pflanzengesellschaften auf Karbonat- bzw. Silikatböden

Die großen Vegetationsstufen, also die Colline, Montane Stufe etc. werden auf Karbonat ebenso wie auf Silikat ausgebildet. Aber die Pflanzengesellschaften innerhalb einer gegebenen Vegetationsstufe ändern sich in Abhängigkeit vom Boden. Besonders deutlich wird das in der Subalpinen und mehr noch in der Alpinen Stufe. Wir werden dort Serien von Pflanzengesellschaften kennen lernen, die sich auf Karbonatböden ausbilden, und andere, die ihnen auf Silikatböden entsprechen. Wie bereits erwähnt, gibt es also nicht nur vikariierende Pflanzenarten, sondern auch vikariierende Pflanzengesellschaften.

8.2.3 Entwicklung von Pflanzengesellschaften

Wenn wir uns mit den einzelnen Pflanzengesellschaften befassen, wird zur Sprache kommen, dass sie sich entwickeln können. Am Anfang einer solchen Abfolge stehen **Pioniergesellschaften**. Dazu gehören Gesellschaften auf Schutt und Fels. Doch oft bereiten sie wortwörtlich den

„Boden“ für die nachfolgenden **Übergangsgesellschaften**. Denn die Entwicklung geht weiter und macht immer neue Anpassungen notwendig, die zur Bildung neuer Gesellschaften führen. So kann der Boden durch Humusauflagerung zunehmend saurer werden, so können in unteren Lagen Sträucher und Bäume Fuß fassen, in deren Schatten viele Arten wegen Lichtmangels nicht mehr gedeihen. Am Ende einer mehr oder weniger langen Entwicklung stehen schließlich Gesellschaften, die den jeweils gegebenen äußeren Bedingungen optimal entsprechen. Solange bei diesen keine Änderung eintritt, bleiben auch die betreffenden Gesellschaften konstant. Man bezeichnet sie als **Schlussgesellschaften**. Zu ihnen gehören in den unteren Lagen der Alpen die Wälder, in höheren Regionen bestimmte Rasen-Gesellschaften.

8.2.4 Hinweise zur Besprechung der Vegetationsstufen mit ihren Pflanzengesellschaften

In den folgenden Kapiteln werden wir eine Wanderung bergauf durch die Vegetationsstufen unternehmen. Zunächst wird jede Vegetationsstufe kurz charakterisiert. Danach werden die für sie wichtigsten Pflanzengesellschaften besprochen.

Für jede Pflanzengesellschaft werden mehrere Charakterarten (**C**) angegeben, oft auch Begleiter (**B**), und in vielen Fällen über Fotos so abgebildet, dass sich ihr Habitus, also das Erscheinungsbild erkennen lässt. So lassen sich die für eine Pflanzengesellschaft charakteristischen Pflanzenarten leicht überblicken. Von vielen genannten Arten finden sich Fotos auch an anderer Stelle, vor allem Makrofotos in Kapitel 14. Um auch sie einzubeziehen, **wird im Register auf alle Abbildungen einer gegebenen Pflanzenart verwiesen.**

Die Zuordnung zu den Gesellschaften basiert im Wesentlichen auf den Angaben von Ellenberg (1996), ergänzt durch Landolt (1992), Oberdorfer (2001), Pott (1995), Reisigl und Keller (1987, 1989), Runge (1980) u.a. Die Angaben der einzelnen Autoren können divergieren. Man sollte auch berücksichtigen, dass die jeweils in der Literatur beschriebene Pflanzengesellschaft oft eine Abstraktion darstellt und sich in der Natur nicht immer in ihrer „klassischen“ Form auffinden lässt.

Die Charakterarten werden unter **C**, die Begleiter unter **B** in der alphabetischen Reihenfolge der deutschen Artnamen angegeben. Hinter jedem Artnamen steht die Code-Nummer. Die gleiche Code-Nummer findet sich auch bei Nennung der Art an anderen Stellen diese Buchs, vor allem bei den Artenbeschreibungen. Bei ihnen wird auch die Pflanzengesellschaft genannt, in der die betreffende Art als **C** oder **B** vorkommt. Der Wechsel von der Schilderung der Pflanzengesellschaften zur Artenbeschreibung und damit die Bestimmung werden dadurch erleichtert.

Zu den **C** können Gräser, Seggen und andere Sauergräser, Moose und Flechten gehören. Sie sind oft schwer zu bestimmen und deshalb nicht besonders beliebt. Einige von ihnen, die leicht zu erkennen sind, werden bei den entsprechenden Pflanzengesellschaften abgebildet. Bei den Artenbeschreibungen finden sie sich nicht. In sie wurden der Zielsetzung dieses Buchs entsprechend nur Pflanzen mit

9 Vegetationsstufen und Pflanzengesellschaften: Die Laubwaldstufe (Montane Stufe)

Die Stufe reicht bis zur oberen Grenze des Laubwalds. Es handelt sich um reinen Buchenwald oder um einen Laubmischwald, in dem die Buche dominiert. Von den unteren Lagen bis zur Waldgrenze kommt die anspruchsvolle Tanne hinzu, an trockeneren, tiefer liegenden Standorten auch die Waldkiefer. Nach oben zu wird die Fichte immer häufiger. An Laubhölzern steigt besonders der Bergahorn aus der Montanen bis in die Subalpine Stufe auf. In den Innenalpen mit ihrem kontinentalen Klima geht die Fichte weit hinab und bildet einen montanen Fichtenwald. Die Montane Stufe findet sich auch in unseren Mittelgebirgen.

Rechte Seite: Montaner Buchenwald im Blattaustrieb.

Unten: Höhenprofil der häufigsten Waldgesellschaften in den Nordalpen. Auf S. 92 wird das entsprechende Profil für die Innenalpen gezeigt.

9.1 Pflanzengesellschaft: Buchen- und Buchenmischwälder

Die Buche, die von Natur aus, d.h. ohne Eingreifen der Menschen, die wichtigste Baumart Mitteleuropas wäre, stellt mittlere Ansprüche. Sie verlangt weder zu trockenen noch zu feuchten Boden. Sie ist frostempfindlicher als die Fichte. Buchen finden sich vor allem auf Kalkböden der

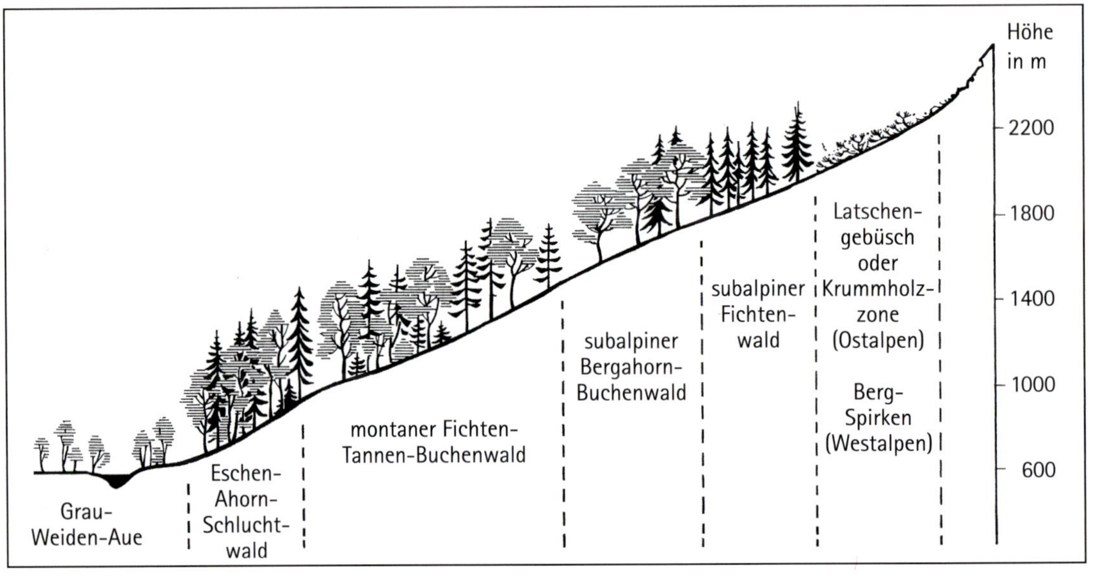

Links: Lungen-Flechte an Berg-Ahorn.

Rechts: Gelber Eisenhut (023).

Nördlichen und Südlichen Randalpen. In unteren und mittleren Lagen der Montanen Stufe können sich dort reine Buchenwälder ausbilden. Nach oben zu gesellen sich Tannen und weiter aufwärts Fichten hinzu. Der Buchenwald geht damit in einen Tannen-Buchenwald und in einen Fichten-Tannen-Buchenwald über, in den Nördlichen Randalpen die wichtigste Form des Buchenwalds. In den östlichen Innenalpen finden sich schon in der Montanen Stufe Fichtenwälder (vgl. S. 92).
Noch weiter bergwärts, nämlich bis in die Subalpine Stufe, steigt der Bergahorn-Buchenwald auf. Typisch sind Lungen-Flechten, die sich auf der Rinde des Bergahorns ansiedeln. Fast kann man den Bergahorn an Hand der Lungen-Flechten identifizieren! In den Südalpen finden sich anstatt des üblichen Krummholzgürtels aus Latsche oder Grün-Erle auch Buchengebüsche.

Rechte Seite:

Oben links: Klebriger Salbei (181).

Oben rechts: Schneerose (010).

Unten links: Türkenbund (254).

Unten rechts: Alpenveilchen (136).

C: Viele der genannten Arten kommen auch in den Mittelgebirgen häufig vor. Deshalb tragen nur wenige Arten, die (auch) in den Alpen vorkommen, eine Code-Nummer und werden entsprechend behandelt:
Ährige Teufelskralle, Alpen-Heckenkirsche (184), Aronstab, Ausdauerndes Bingelkraut, Bärlauch, Breitblättrige Stendelwurz, Efeu, Einbeere, Frühlings-Platterbse, Gelber Eisenhut (023), Gemeines Lungenkraut, Gewöhnliche Akelei, Goldnessel, Haselwurz, Hasenlattich, Klebriger Salbei (181), Knotige Braunwurz, Märzenbecher, Mandel-Wolfsmilch, Nesselblättriger Ehrenpreis, Nestwurz, Sanikel, Scharbockskraut, Schneerose (010), Süße Wolfsmilch, Türkenbund (254),

Links: Dreiblatt-Windröschen (011).

Mitte: Finger-Zahnwurz (090).

Rechts: Nesselkönig (181).

Vielblütige Weißwurz, Waldmeister, Wald-Veilchen, Zwiebel-Zahnwurz (089). Im Ostalpinen Buchenwald, vor allem in den Südlichen Randalpen: Alpenveilchen (136), Dreiblatt-Windröschen (011), Finger-Zahnwurz (090), Krainer Wolfsmilch (106), Nesselkönig (180; nur lokal), Neunblatt-Zahnwurz (091), Pfingstrose (046; nur lokal), Rispen-Eisenhut.

B: Bergflocken-Blume (226), Brauner Storchschnabel (065; Unterart mit dunklen Blüten, östlich), Frauenschuh (279), Gescheckter Eisenhut (in lichten Bergahorn-Buchenmischwäldern), Klebrige Kratzdistel (223), Schwalbenwurz-Enzian (139), Wollköpfige Kratzdistel (224, an Wald- und Wegrändern). Auch C der Hochstauden-Fluren (S. 102) können sich einstellen.

Oben: Neunblatt-Zahnwurz (091).

Unten: Brauner Storchschnabel (065, östliche Unterart).

Oben: Pfingstrose (046).

Unten: Frauenschuh (279).

Oben: Berg-Flockenblume (279).

Unten: Wollköpfige Kratzdistel (224).

10

Vegetationsstufen und Pflanzengesellschaften: Die Nadelholzstufe (Subalpine Stufe)

Die Nadelholzstufe reicht von der Obergrenze des Laubwalds über die Grenze des geschlossenen Walds, die Kampfwaldzone und den Krummholzgürtel bis zum oberen Ende der Zwergstrauchheiden. Wie diese Angaben zeigen, umfasst sie mehrere unterschiedliche Vegetationsbereiche. Sie wird deshalb in drei Teilstufen gegliedert, die **Nadelwaldstufe**, den **Krummholzgürtel** und die **Zwergstrauchheiden.** Unsere höheren Mittelgebirge reichen in die Subalpine Stufe hinein.
Auch vom Mensch angelegte Weiden und Rasen finden sich in der Subalpinen Stufe. Denn der Mensch hat rodend eingegriffen, teils um das Holz für Hausbau, Schiffsbau, Köhlerei und die Eisenerzverhüttung zu nutzen, teils um Weideland zu gewinnen. Manche **subalpine Rasen** finden ihre Fortsetzung in der Alpinen Stufe.
Was Gewässer anbelangt, finden sich in der Nadelholzstufe zahlreiche Seen. Besondere Beachtung verdienen die **Flach**- und vor allem die **Hochmoore**, die vom Flachland bis in die Subalpine Stufe aufsteigen können. In der Subalpinen Stufe liegt auch ein Schwerpunkt für **Quellflur-Gesellschaften.**

10.1 Nadelwaldstufe

Die Nadelwaldstufe (untere Subalpine Stufe) erstreckt sich von der oberen Grenze des Laubwalds bis zur Grenze des geschlossenen Waldes, der **Waldgrenze.** Die häufigsten Nadelbäume sind in den Nordalpen die Fichte, in den Zentralalpen die Arve und die Lärche. Diese wurde dort vom Menschen stark favorisiert. In den Zentralalpen wird stellenweise auch die Bergkiefer wichtig. In den Südalpen kann die Nadelwaldstufe ausfallen, wohl durch Rodung. Dann bilden Buchen die heutige Waldgrenze, oft in Buschform.
In lichten Wäldern finden sich kleinere Sträucher, unter Fichten Heidelbeeren, zwischen Arven und Lärchen Alpenrosen. Vielfach, besonders unter Kiefern, entdeckt man auch das Heidekraut.

Rechte Seite:
Subalpiner Fichtenwald am Karer See (Dolomiten).

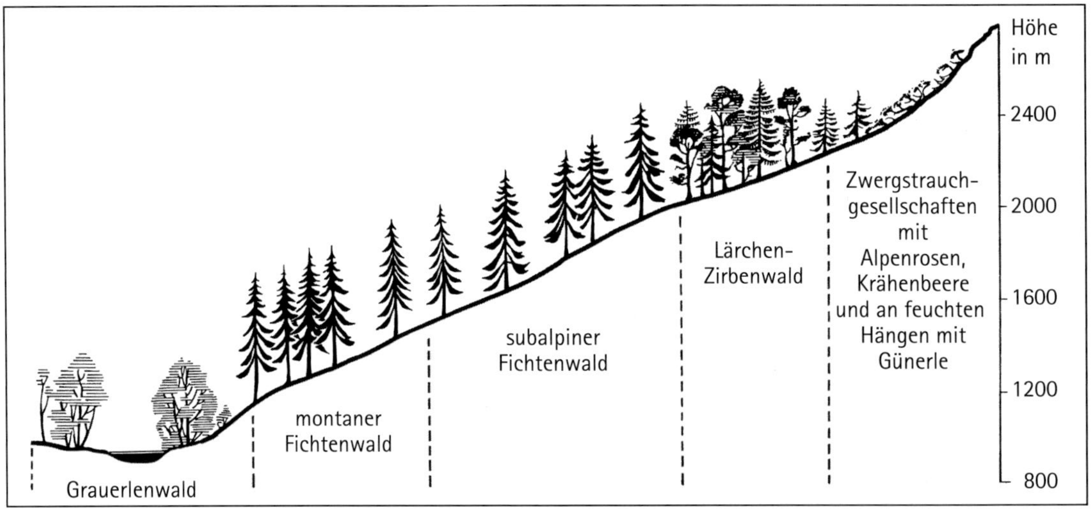

Höhenprofil der häufigsten Waldgesellschaften in den Innenalpen. Fichtenwälder finden sich schon in der Montanen Stufe.

Rechte Seite:

Links oben: Einblütiges Wintergrün (119).

Rechts oben: Einseitswendiges Wintergrün (118).

Links unten: Gewöhnlicher Alpenlattich (218).

Rechts unten: Herz-Zweiblatt (270).

10.1.1 Pflanzengesellschaft: Fichtenwälder

Die Fichte liebt sauren Boden, verträgt aber auch Kalkuntergrund, soweit er nicht zu trocken wird. Zur weiten Verbreitung der Fichte, die von der Montanen Stufe aufsteigt und dann zum häufigsten Nadelbaum der Subalpinen Stufe wird, hat der Mensch entscheidend beigetragen. Weite Fichtenwälder finden sich einmal in den Randalpen, im Norden dabei ausgeprägter als im Süden. In den östlichen Innenalpen gibt es reine Fichtenwälder schon in der Montanen Stufe. Buche und Tanne sind dort wegen des kontinentalen Klimas nicht konkurrenzfähig, so dass die Fichte ihren Platz einnehmen konnte. Der Mensch hat auch dort nachgeholfen, die Fichte noch zusätzlich zu verbreiten.

Die zahlreichen Pflanzengesellschaften, die unter dem Begriff „Fichtenwald“ fallen, sind meist säureliebend. Doch können sich Fichtenwälder auch auf basischem Untergrund entwickeln, denn unter Fichten bildet sich durch die nur langsam verrottende Nadelstreu auch über Kalkgestein ein saurer Boden mit einem entsprechend säureliebenden Unterwuchs aus.

Voraussetzung für einen Unterwuchs ist, dass die Fichtenbestände nicht zu dicht sind, damit noch genügend Licht auf den Boden einfallen kann. Das ist oft nicht der Fall. Dann können sich auf Dauer nur wenige Arten halten, etwa Fichtenspargel und Korallenwurz, die völlig auf eine Symbiose mit Pilzen angewiesen sind. Die Fichtenwald-Gesellschaften sind arm an Arten, aber oft reich an Individuen pro Art.

C: Die meisten hier genannten Arten finden sich auch in den Mittelgebirgen. Mehrere Arten, die (auch) in den Alpen vorkommen, tragen eine Code-Nummer und werden entsprechend behandelt: Berg-Soldanelle (133), Blaue Heckenkirsche (183), Einblütiges Wintergrün (119), Einseitswendiges Wintergrün (118),

Fichtenspargel (S. 325), Gewöhnlicher Alpenlattich (218), Gewöhnliche Rauschbeere (114), Heidelbeere, Herz-Zweiblatt (270), Korallenwurz, Moosglöckchen (182), Preiselbeere, Rundblättriges Wintergrün (117), Siebenstern, Wald-Sauerklee, Wald-Wachtelweizen.

B: an lichten Stellen und Waldsäumen Klebrige Kratzdistel (223).

Klebrige Kratzdistel (223). Einzelnes Köpfchen.

10.1.2 Pflanzengesellschaft: Arven-Lärchenwälder

Diese finden sich vor allem in den Innenalpen mit ihrem kontinentalen Klima, und zwar oberhalb der Fichtenwälder. Die niederen Wintertemperaturen sind dabei der wichtigste Klimafaktor. Beide Baumarten begegnen ihr auf unterschiedliche Weise. Die Lärche wirft ihre zarter gebauten Nadeln einfach ab, die Arve (Zirbelkiefer, Zirbe) trotzt der Kälte mit besonders derben Nadeln, in denen die Frosthärte durch innere Faktoren schon vor dem Einsetzen starker Fröste gesteigert wird.

Die Bodenverhältnisse sind weniger entscheidend. Beide Arten kommen auf saurem wie basischem Untergrund zurecht. Dass sie bevorzugt in den Innenalpen vorkommen, geht nicht darauf zurück, dass sich dort häufig Silikatböden finden, sondern auf das kontinentale Klima. Die Nadelstreu sorgt auch auf Kalkgestein für die Bildung eines sauren Humus. Darauf gedeihen dann vielfach die gleichen Pflanzen wie in Fichtenwäldern.

Der Mensch hat die Lärche bevorzugt, denn ihre weiche Nadelstreu lässt für die Viehweide geeignete Pflanzen besser gedeihen als Arvennadeln. Lichte Lärchenwälder konnten (und können) deshalb als Waldweide dienen. Bei intensiver Nutzung als Weide werden sie im Frühjahr von herabgefallenem Astwerk gesäubert und gedüngt. Mit der natürlichen Flora ist es dann meistens vorbei. Doch in den Südalpen gibt es auch ausgedehnte **natürliche Lärchenwälder**, in denen die Arve fehlt. Das dürfte darauf zurückgehen, dass sie mehr Feuchtigkeit beansprucht als die Lärche, auf den stark besonnten Kalkmassiven des Südens ein gravierender Nachteil. Kalk im Untergrund, die Nadeln zart und leicht zersetzbar: der Untergrund in den Kalk-Lärchenwäldern reagiert mehr oder weniger basisch mit entsprechenden Folgen für den Unterwuchs.

An den Stämmen von Lärchen fallen die unverkennbaren, leuchtend gelben Bärte der **Wolfs-Flechte** auf. Die Lappen sollen mit ihr Köder für Wölfe vergiftet haben. Der gelbe Farbstoff, die Vulpinsäure, soll der Giftstoff sein. Aber vielleicht war ebenfalls zugesetztes gestoßenes Glas wirksamer? Die Wolfs-Flechte gehört übrigens zur voreiszeitlichen Tertiärflora der Alpen.

C: Alpen-Waldrebe (018), Arve, Lärche, Rostblättrige Alpenrose (108). Sonst ähnlich wie in den Fichtenwäldern. Im Schatten dicht stehender Arven kann sich die Rostblättrige Alpenrose im Unterwuchs nicht mehr halten und wird völlig

Oben:
Wolfs-Flechte an Lärche.

Rechts:
Alpen-Waldrebe (018).

durch die Heidelbeere ersetzt. In Kalk-Lärchen-Wäldern vertritt die Behaarte Alpenrose (109) ihre rostblättrige Schwester.

10.1.3 Pflanzengesellschaft: Bergkiefernwälder (Spirkenwälder)

In höheren Lagen wird die Waldkiefer von der Bergkiefer abgelöst. Bei der Waldkiefer sind ältere Stämme rötlich berindet, bei der Bergkiefer schwarzgrau. Sie kommt in mehreren Wuchsformen vor, von denen die niedrigere als Latsche, Legföhre oder „Krummholz" bekannt ist. Die aufrecht wachsende Form wird als Spirke bezeichnet. Das Verwandtschaftsverhältnis der beiden Formen ist ungeklärt. Im Osten der Alpen dominiert die Latsche, in den westlichen Innenalpen bis zur Ostschweiz die Spirke. Sie gedeiht dort nicht nur wie auch bei uns im Randbereich nährstoffarmer Hochmoore, sondern bildet ausgedehnte Wälder auf ausgesprochen trockenen, flachgründigen Standorten, besonders an stark besonnten Südhängen. Sie ist sehr lichtbedürftig, aber sonst äußerst genügsam.

Linke Seite:

Oben links:
Braunrote Stendelwurz (266).

Oben rechts:
Buchsblättrige Kreuzblume (087), *f. grandiflora*.

Unten links:
Dunkle Akelei (019).

Unten rechts:
Gestreifter Seidelbast (098).

Rechte Seite:

Oben links:
Rotes Seifenkraut (033).

Oben rechts:
Scheiden-Kronwicke (086).

Mitte rechts:
Schneeheide (111).

Unten rechts:
Zwerg-Alpenrose (110).

Bekannt sind die ausgedehnten Spirkenwälder im Schweizer Nationalpark, die man auf der Fahrt von Zernez zum Ofenpass quert. Sie sind allerdings nicht ursprünglich. Denn in der Region wurden im Mittelalter Silber, Blei und Eisen abgebaut und auch verhüttet, was einen ersten Aderlass für den Wald bedeutete. Noch stärker wurde abgeholzt, um den Holzbedarf der Salinen in Hall in Tirol zu decken. Die Stämme wurden dorthin geflößt. Was wir heute an Spirkenwäldern sehen, ist nachgewachsen, ein überzeugendes Beispiel dafür, wie gut sich unter Schutz gestellte Natur regenerieren kann – sofern das Erdreich nicht abgeschwemmt wurde!

Die wichtigste Gesellschaft ist der Schneeheide-Bergkiefern-Wald, ein lichter Spirkenwald mit Schneeheide im Unterwuchs. Er findet sich vor allem an trockenen, sonnenexponierten Südhängen der Innenalpen.

C: Behaarte Alpenrose (109), Braunrote Stendelwurz (266), Buchsblättrige Kreuzblume (087), Dunkle Akelei (019), Gestreifter Seidelbast (098), Netzblatt (269), Rosmarin-Seidelbast (099), Rotes Seifenkraut (033), Scheiden-Kronwicke (086), Schneeheide (111), Wohlriechende Händelwurz (273), Zwerg-Alpenrose (110).

B: Berg-Gamander.

10.2 Krummholzgürtel

Der Krummholzgürtel (mittlere Subalpine Stufe) beginnt mit der Waldgrenze, der Obergrenze des geschlossenen Waldes. Oberhalb von ihr löst sich der Wald in die einzelnen Bäume der Kampfwaldzone auf. Knorrige Recken von Arve und Lärche lassen die Bezeichnung verstehen, denn ihre Wuchsform zeugt vom Kampf gegen die unwirtlichen Außenbedingungen. Schließlich wird die **Baumgrenze** erreicht, d.h. die Grenze, bis zu der noch einzelne Bäume aufsteigen. Sie liegt bis zu einigen 100 m über der Waldgrenze.

Das Vorkommen von Bäumen ist besonders deutlich von der Temperatur abhängig. Die Wald- und die Baumgrenze liegen deshalb in den Nordalpen niedriger als in den Südalpen, und am Nordhang eines Berges niedriger als am Südhang.

Zwischen den Bäumen der Kampfwaldzone wachsen Sträucher, die schon in der Nadelwaldstufe vorkamen. Blühende Alpenrosen fallen dabei besonders auf. Doch allmählich werden Krummhölzer immer häufiger: Wir sind im Krummholzgürtel.

Zwei Krummhölzer sind es, die bestandsbildend auftreten, die Latsche und die Grün-Erle. Die Bezeichnung „Krummholz" verdanken beide, besonders aber die Latsche, ihrer Wuchsform. Außer dem Wind wirkt besonders der Schnee formbildend. Die zähen Zweige werden von ihm nieder gepresst und liegen dann dem Boden auf. Der Name „Legföhre"

Rechte Seite: Legföhren-Gebüsch unterhalb der Klagenfurter Hütte (Karawanken).

Behaarte Alpenrose (109).

für die Latsche bezieht sich darauf. Doch bei dem starken Wachstum, das nach der Schneeschmelze einsetzt, richten sich die Zweige mit ihren Spitzen wieder auf.

Die beiden Krummhölzer stellen an Boden und Besonnung ganz unterschiedliche Ansprüche. Die **Legföhre** bevorzugt trockene, stark besonnte Böden vor allem auf Kalkuntergrund, kommt aber auch auf Silikat zurecht, die **Grün-Erle** feuchte, beschattete Lagen vor allem auf Silikat.

10.2.1 Pflanzengesellschaft: Legföhren-Gebüsch und Alpenrosen-Legföhren-Gebüsch

Legföhren-Gebüsch findet sich bevorzugt auf Karbonatgestein, fehlt aber auch auf Silikat nicht. Auf jeden Fall muss der Boden trocken sein. Die Legföhren sind in der Regel mit Alpenrosen vergesellschaftet, auf Karbonat mit der Behaarten Alpenrose (Alpenrosen-Legföhren-Gebüsch), auf Silikat mit der Rostblättrigen Alpenrose. Mit zunehmender Ansäuerung des Untergrunds (Rohhumusauflage!) kann die Behaarte durch die Rostblättrige Alpenrose ersetzt werden.

Das allbekannte, auf Karbonatböden gedeihende Latschen-Gebüsch der Nördlichen Randalpen östlich des Kleinen Walsertals, teils auch der Südöstlichen Randalpen setzt sich überwiegend aus Legföhren zusammen, zu denen sich die Behaarte Alpenrose gesellt, daher auch der Name **(Behaarte) Alpenrosen-Legföhren-Gebüsch** für diese wichtigsten Latschen-Gesellschaften. In ihnen tritt die Legföhre an Stelle der Spirke. Die gleichen Zwergsträucher gesellen sich hinzu, die wir von den Spirkenwäldern her schon kennen: die Schneeheide und in der Osthälfte der Alpen oft die Zwerg-Alpenrose. Auch sonst finden sich die gleichen Charakterarten wie in den Bergkiefernwäldern.

C: Alpenrosen-Legföhren-Gebüsch: Behaarte Alpenrose (109), Braunrote Stendelwurz (266), Buchsblättrige Kreuzblume (087), Gestreifter Seidelbast (098), Schneeheide (111), im Osten Zwerg-Alpenrose (110).

10.2.2 Pflanzengesellschaft: Grün-Erlen-Gebüsch

Die Gesellschaft findet sich an Stellen mit guter Bewässerung, an feuchten Hängen, oft Nordhängen, am Hangfuß oder in Rinnen, oft, aber nicht ausschließlich auf saurem Boden. Die Feuchtigkeitsansprüche bedingen es, dass sich Grün-Erlen-Gebüsch bevorzugt in den niederschlagsreichen Randalpen ausbildete. An den genannten Standorten werden auch reichlich Nährstoffe eingeschwemmt, vor allem Stickstoff- und Phosphat-Verbindungen.

Hinzu kommt, dass die Grün-Erle Wurzelknöllchen ausbildet, in denen sich Luftstickstoff-bindende Bakterien der Gattung *Frankia* befinden. Die Grün-Erle liefert den Bakterien Kohlenhydrate und andere Stoffwechselprodukte, die Bakterien stellen als Gegenleistung Stickstoff-Ver-

Rechte Seite: Grün-Erlen-Gebüsch bei Innergeschlöß (Osttirol).

Rechte Seite:

Oben links:
Alpen-Milchlattich (230).

Oben rechts:
Alpen-Rachen (161).

Unten links:
Alpen-Rose (066).

Unten rechts:
Berg-Bärenklau (194).

bindungen zur Verfügung. Diese Symbiose kommt zwar primär den Grün-Erlen, über Verrottung aber sekundär dem gesamten Untergrund zugute. Dementsprechend stellen sich im Grün-Erlen-Gebüsch gerne Arten der Hochstauden-Fluren ein, die hohe Ansprüche an den Feuchtigkeits- und Nährstoffgehalt des Boden stellen. Für den Pflanzensoziologen zählt das Grün-Erlen-Gebüsch zu den Hochstauden-Fluren, obwohl ausgerechnet die namengebende Grün-Erle keine Staude ist. Weiden, also ebenfalls keine Stauden, können hinzukommen.

C: Grün-Erle, sonst wie in den Hochstauden-Fluren (siehe dort).

10.2.3 Pflanzengesellschaft: Hochstauden-Fluren

Die Standorte der subalpinen Hochstauden-Fluren ähneln denjenigen, die schon für die Grün-Erle genannt wurden. Wichtig sind also feuchte und nährstoffreiche Böden. Dann entwickeln sich wirklich üppige Pflanzengestalten, die übermannshoch werden können. Einige Arten fallen durch prächtige Blütenstände auf, vielfach jedoch treten Blüten und Blütenstände gegenüber dem reichen Blattwerk optisch zurück. Hochstauden-Fluren reichen nach unten in Bergwälder hinein, vor allem in Berg-Ahorn-Mischwälder. Besonders üppig sind sie am oberen Rand von Grün-Erlen-Beständen. Sie verzahnen sich so eng mit den Grün-Erlen, dass der Pflanzensoziologe Grün-Erlen-Gebüsch und Hochstauden-Fluren als **subalpine Hochstauden-Fluren und -Gebüsch** zusammenfasst. Um das Gegenstück zum Legföhren-Gebüsch deutlich herauszustellen, haben wir es bei der Trennung in Grün-Erlen-Gebüsch und Hochstauden-Fluren belassen, behandeln aber die C gemeinsam und tragen damit der aktuellen pflanzensoziologischen Stellung Rechnung.

C: Alpen-Milchlattich (230), Alpen-Rachen (161), Alpen-Rose (066), Berg-Bärenklau (194), Grauer Alpendost (213), Großblättrige Schafgarbe, Hain-Greiskraut, Heilglöckchen, Knotenfuß, Meisterwurz (190), Platanenblättriger Hahnenfuß (004), Rundblättriger Steinbrech (062), Wald-Storchschnabel (064), Zweiblütiges Veilchen (101; keine „Hoch“staude!).
Eine Sondergesellschaft ist durch das Vorkommen der Alpen-Scharte und des Alpen-Mannstreu (199) charakterisiert.
B: Akeleiblättrige Wiesenraute (025), Blauer Eisenhut (022), Brauner Storchschnabel (065; westliche Unterart mit hellvioletten Blüten), Eisenhutblättriger Hahnenfuß (003), Schwalbenwurz-Enzian (139), Türkenbund (254), Verschiedenblättrige Kratzdistel, Weißer Germer (259), Wulfenie (156; lokal). Aus Waldlichtungs-Fluren unterer Lagen steigen auch Berg-Flockenblume (226), Großblütiger Fingerhut (154) und Schmalblättriges Weidenröschen auf.

Linke Seite:

Grauer Alpendost (213).

Rechte Seite:

Links oben:
Meisterwurz (190).

Rechts oben:
Wald-Storchschnabel (064).

Links unten:
Zweiblütiges Veilchen (101).

Rechts unten:
Alpen-Mannstreu (199).

Linke Seite:

Oben links:
Akeleiblättrige Wiesenraute (025).

Oben rechts:
Blauer Eisenhut (022).

Unten links:
Brauner Storchschnabel (065, westliche Unterart).

Unten rechts:
Eisenhutblättriger Hahnenfuß (003).

Rechte Seite:

Oben links:
Schwalbenwurz-Enzian (139).

Oben rechts:
Weißer Germer (259).

Unten rechts:
Wulfenie (156).

Großblütiger Fingerhut (154).

10.2.4 Subalpin-alpine Lägerfluren

Treibt man die Versorgung mit Nährstoffen, insbesondere mit Stickstoffverbindungen, ins Extrem, kommt man zu Lägerfluren. Ihre Existenz verdanken sie den Ausscheidungen des Weideviehs oder – in weitaus bescheidenerem Ausmaß – auch des Wildes. Sie finden sich dort, wo sich das Weidevieh länger aufhält, etwa an den Lagerstellen („Läger"), den Melkplätzen und unterhalb der Viehhütten, wohin die Gülle abfließt. Lägerfluren bilden sich auch in der Alpinen Stufe.
Nur wenige Pflanzenarten vertragen die übermäßige Stickstoffzufuhr. Dominierend in der Lägerflora ist der Alpen-Ampfer.

C: Alpen-Ampfer (043), Alpen-Wachsblume, Alpen-Kratzdistel (225).
B: Blauer Eisenhut (022), Weißer Germer (259).

10.3 Zwergstrauchheiden

Die Zwergstrauchheiden (obere Subalpine Stufe) werden durch Zwergsträucher charakterisiert, die niedriger als die Krummhölzer sind. Die beiden Alpenrosen-Arten, die in dieser Zone Gesellschaften ausbilden können, sind noch relativ hochwüchsig. Extrem flach sind andererseits die Teppiche der Alpen-Azalee (107), die sich an besonders extremen Standorten wie den „Windecken" dem saurem Untergrund anschmiegen.

Bei den Zwergstrauchheiden zeigt sich die früher erwähnte Problematik, Übergangsstufen einzuordnen. Denn die gesamten Zwergstrauchheiden wurden auch schon der Alpinen Stufe zugeschlagen. Doch die Zwergstrauchheiden sind letztlich Überbleibsel lichter Wälder. Früher lag die Waldgrenze höher. Sie wurde teils durch den Menschen, teils aber auch infolge einer Klimaverschlechterung abgesenkt. Soweit der Mensch die Waldgrenze nach unten drückte, spricht man auch von einer **potentiellen** Wald- und ebenso Baumgrenze. Denn ohne die Nutzung durch den Menschen hätten die Bäume höher aufwärts steigen *können*. Die Zwergsträucher blieben unterhalb der potentiellen Waldgrenze als Zeugen der einstigen Waldbedeckung übrig.

Damit erscheint es sinnvoll, die Zwergstrauchheiden als oberste Teilstufe in die vom Nadelwald beherrschte Subalpine Stufe einzuordnen. Die einzelnen Zwergstrauch-Gesellschaften entwickelten sich in Abhängigkeit von dem Waldtyp, aus dem sie hervorgegangen sind, vom Relief des Untergrunds, von der Sonnenexposition (Sonne, Schatten), vom Klima

Oben: Alpen-Ampfer (043).

Unten: Alpen-Kratzdistel (225).

(Niederschlag, Schneebedeckung, Wind, Frost und Hitze) und von den Bodenverhältnissen (sauer, basisch) – um nur die wichtigsten Faktoren zu nennen. Ihrer Entstehung entsprechend haben sie viele Arten mit den Nadelwäldern gemeinsam. Sie werden nach den jeweils vorherrschenden Zwergsträuchern benannt.

Nur die Spalierrasen der Alpen-Azalee lassen sich auch der Alpinen Stufe zuordnen. Denn sie können zwar im Verbund mit anderen Zwergstrauchheiden vorkommen, oft findet man sie jedoch auch in der Alpinen Stufe ohne erkennbaren Bezug zu den subalpinen Zwergstrauchheiden.

Wir beginnen mit einer Gesellschaft, in der die Alpenrosen dominieren, und gewinnen damit den Anschluss an frühere Teilkapitel, in denen ebenfalls schon von Alpenrosen die Rede war. Zuletzt war das beim Legföhren-Gebüsch der Fall.

Oben: Rostrote Alpenrose (108).

Unten: Blaue Heckenkirsche (183).

10.3.1 Pflanzengesellschaft: Rostrote Alpenrosen-Heide

Am weitesten verbreitet ist Gebüsch der Rostroten Alpenrose, die wir bereits als kalkmeidende Art kennen. Sie ist ziemlich frostempfindlich und kommt deshalb an Orten mit einer schützenden winterlichen Schneebedeckung vor. Mit ihr vergesellschaftet ist die Heidelbeere, die im Gegensatz zur Alpenrose ihre Blätter im Winter abwirft und etwas frosthärter ist. Doch auch bei ihr frieren die Zweige bei scharfem Frost zurück, wenn sie nicht unter einer Schneedecke geborgen sind. Gebüsch der Rostroten Alpenrose findet sich in besonnten ebenso wie in absonnigen Lagen.

C: Rostrote Alpenrose (108), Blaue Heckenkirsche (183).

10.3.2 Pflanzengesellschaft: Krähenbeeren-Rauschbeeren-Heide

Bei beiden Arten handelt es sich der Wuchsform nach wie bei den Alpenrosen um Sträucher, doch ist die vorherrschende Krähenbeere viel niedriger als die Alpenrosen. Die Rauschbeere liegt ebenfalls in einer niedrig wachsenden Form vor, die meist als eigene Art, als Alpen-Rauschbeere (114) aufgefasst wird. Die Gesellschaft kommt deshalb mit einer nur dünnen Schneedecke aus. Sie stellt sich bevorzugt auf saurem Boden in absonnigen Lagen ein. Auf Kalk benötigt sie Schatten. Sie nimmt eine überleitende Stellung zwischen dem Buschwerk der Rostblättrigen Alpenrose und den Spalieren der Alpen-Azalee ein.

C: Krähenbeere.

Immergrüne Bärentraube (112).

10.3.3 Pflanzengesellschaft: Zwergwacholder-Bärentrauben-Heide

Die Gesellschaft fußt auf sonnigen, oft trockenen Hängen, meistens auf Silikatgestein. Sie findet sich besonders an den Südhängen der Innenalpen und vertritt dort die vorhergehende Gesellschaft in der Überleitung zu den Alpen-Azaleen-Windteppichen. Zu den namengebenden Arten, dem Zwerg-Wacholder und der Immergrünen Bärentraube, gesellen sich als weitere Kleinsträucher vor allem Heidekraut und Preiselbeere.

C: Zwerg-Wacholder, Immergrüne Bärentraube (112).

10.3.4 Pflanzengesellschaft: Alpen-Azaleen-Windteppiche

Die eng dem Boden anliegenden Spaliere der Alpen-Azalee stellen sich auf Silikat an exponierten Stellen mit starkem Wind und geringer Schneebedeckung ein, den „Windecken“. Ihre Teppiche sind kleinräumiger als die Bestände der anderen Zwergsträucher. Bei der Besprechung der Alpen-Azalee werden auch die wichtigsten Daten zu den „Windteppichen“ mitgeteilt (S. 309).

Auf die pflanzensoziologische Sonderstellung der Alpen-Azaleen-Windteppiche unter den Zwergstrauchheiden war eben hingewiesen worden: Mit ziemlicher Wahrscheinlichkeit handelt es sich bei ihnen um Pioniergesellschaften, nicht um Relikte früherer Wälder.

Oben links:
Alpen-Azalee (107).

Oben rechts:
Alpen-Bärentraube (113).

Unten links:
Alpen-Rauschbeere (114).

Unten rechts:
Totengebein-Flechte (links) Schnee-Flechte (Mitte, weiß-gelblich) und Island-Flechte (dunkelbraun).

In die Gesellschaft mit langsam wachsenden Arten passen Strauchflechten mit noch langsamerem Wachstum. Unter extremen Bedingungen bleiben fast nur noch die Flechten übrig, vor allem die Faden-, Island-, Schnee- und Totengebein-Flechte.

C: Alpen-Azalee (107), Alpen-Bärentraube (113), Alpen-Rauschbeere (114), Faden-Flechte, Island-Flechte („Isländisches Moos"), Schnee-Flechte, Totengebein-Flechte. Die Krähenbeere ist hier und auch in der Krähenbeeren-Rauschbeerenheide C.

B: in den Ostalpen oft Zwerg-Seifenkraut (034).

10.4 Subalpine Wiesen und Weiden

Lange dauerte der Aufstieg durch dichten Fichtenwald. Doch unvermittelt mündet der Weg auf Wiesen und Weiden, die noch mitten im Waldbereich liegen und ihre Entstehung zumindest in ihrer heutigen Ausdehnung ganz offensichtlich dem Menschen verdanken. Der Wechsel von Wald und Wiesen macht vielfach den besonderen Reiz einer Berglandschaft aus, vor allem wenn die subalpinen Wiesen den Bergwanderer mit ihrer Blütenpracht überraschen. Zu den betreffenden Wiesengesellschaften gehören die Goldhafer-Bergwiesen, die subalpinen Milchkraut-Weiden und die Borstgras-Rasen der unteren Gebirgslagen.

10.4.1 Pflanzengesellschaft: Goldhafer-Bergwiesen

Goldhafer-Bergwiesen reichen in verschiedenen Varianten von der oberen Montanen bis in die Subalpine Stufe. Sie werden mehr oder weniger regelmäßig gemäht und gedüngt. Namengebend ist ein Gras, der Goldhafer, der allerdings nicht nur in den nach ihm benannten Wiesen vorkommt. Unmittelbar nach der Schneeschmelze sind die Wiesen von Frühlings-Krokus wie bestickt, etwas später im Jahr können stellenweise Stern-Narzissen ebenso auffällig werden.

C: Bärwurz (192; vor allem in Gesellschaften der Mittelgebirge), Frühlings-Krokus (262), Große Bibernelle (193; rotblühende Unterart), Große Sterndolde (195), Kugelige Teufelskralle (208), Schwarze Teufelskralle, Stern-Narzisse (265).

B: Alpen-Zeitlose, Scheuchzers Glockenblume (203), Wiesen-Knöterich. Als C für viele Grünlandgesellschaften auch der Große Wiesenknopf, solange die Wiesen nicht zu trocken werden.

Oben:
Krokus-Wiesen bei Sexten (Dolomiten).

Rechte Seite:
Oben links:
Frühlings-Krokus (262).

Oben rechts:
Große Bibernelle (193, rotblühende Unterart).

Unten links:
Große Sterndolde (195).

Unten rechts:
Kugelige Teufelskralle (208).

verwendete, um seinen Pflanzenschützlingen ein optimales Gedeihen zu ermöglichen.
Man unterschiedet drei Moorformen: Flachmoore, Übergangsmoore und Hochmoore. Sie alle finden sich auch im Tiefland, „Flach“ und „Hoch“ haben also nichts mit der Meereshöhe zu tun. Alle bilden sich nur bei reichlicher Wasserzufuhr. Flachmoore werden dabei vom Grund- und Oberflächenwasser gespeist, Hochmoore nur aus Niederschlägen, die auch deshalb so genannten Übergangsmoore oder Zwischenmoore aus beidem.

10.5.3 Flachmoore

Flach- oder Niedermoore erheben sich kaum über den Untergrund und erhielten danach ihre Namen. Sie sind über ihre Wasserzufuhr, die aus Zuflüssen, verlandenden Seen oder auch Quellen erfolgen kann, gut mit Mineralstoffen versorgt. Je nach dem Untergrund sind es aber jeweils andere Mineralien, die in wechselnden Mengenverhältnissen in Wasser gelöst in die Flachmoore gelangen. Man unterscheidet dementsprechend zwischen Kalk-Flachmooren und Sauren Flachmooren.

Pflanzengesellschaft: Kalk-Flachmoor-Gesellschaften

Kalk-Flachmoore haben ihren Namen nach dem hohen Kalkgehalt. Ihr Wasser reagiert basisch. Sie kommen vom Alpenvorland bis in die Subalpine Stufe vor. Charakteristisch für die verschiedenen Kalk-Flachmoor-Gesellschaften ist die Davall-Segge. Der nach ihr benannte Davall-Seggen-Sumpf kann Tuffbildung aufweisen.

Links: Alpenhelm (164).

Rechts: Kelch-Simsenlilie (260).

Rechte Seite: Scheuchzers Wollgras an einem Tümpel beim Märjelensee (Aletschgebiet).

C: Alpenhelm (164, schwache C), Breitblättriges Knabenkraut, Breitblättriges Wollgras, Davall-Segge, Dünnsporniges Fettkraut (177), Gewöhnliches Fettkraut, Kelch-Simsenlilie (260), Kleine Simsenlilie (261), Mehl-Primel (126), Moor-Enzian (150), Echte Sumpfwurz.
B: Alpen-Fettkraut (176), Fetthennen-Steinbrech (055).

Pflanzengesellschaft: Braun-Seggen-Sumpf-Gesellschaften
Diese bilden sich bei saurer Reaktion oder wenigstens Kalkfreiheit. Charakteristisch ist die namengebende Braun-Segge. Sie lässt sich leicht an ihren braunen Ähren erkennen. Auch das eingangs genannte Scheuchzers Wollgras-Moor gehört zu den Braun-Seggen-Sumpf-Gesellschaften.

C: Alpenhelm (164), Braun-Segge, Schmalblättriges Wollgras, Scheuchzers Wollgras, Sumpf-Veilchen.
B: gemeinsam für die beiden letztgenannten Gesellschaftsgruppen ist das Sumpf-Herzblatt (063).

10.5.4 Hochmoore

Hochmoore sind äußerst arm an Mineralstoffen, da sie ihren Wasserbedarf zumindest im typischen Fall nicht aus mineralhaltigen Zuflüssen, sondern ausschließlich aus dem Niederschlag decken. Der gesamte Hochmoor-Komplex aus ungenügend zersetzten organischen Stoffen reagiert ausgesprochen sauer.
Die vorherrschenden Torfmoose sterben an ihrer Basis ab und wachsen oben ebenso stetig weiter. Wurzelpilze helfen ihnen beim Wachstum. In der Mitte des Hochmoors gedeihen sie am besten – mit der Folge, dass sich der gesamte Moorbereich uhrglasartig aufwölbt. Das Zentrum liegt dann hoch über dem Untergrund und den Randzonen, daher der Name **Hochmoor**. Oft findet sich im zentralen Bereich ein wassergefülltes „Moorauge". An der Peripherie kann sich ein Randsumpf entwickeln. Abgestorbene Zellen in den Blättchen der Torfmoose können sich mit Wasser vollsaugen. Die Torfmoose erhöhen ihr Volumen dadurch bis auf das 20fache. Das einzelne Torfmoos wirkt dann wie ein kleiner und das überwiegend aus Torfmoosen aufgebaute Hochmoor wie ein großer Schwamm. Es stellt somit einen wichtigen Wasserspeicher dar.
Dass nur wenige Pflanzenarten unter derart extremen Bedingungen existieren können, liegt auf der Hand. Sie finden sich überwiegend dort, wo Torfmoose nicht mehr oder nur noch schwach wachsen, oft auf Bulten, Torfmooshügeln, die mit wassergefüllten Schlenken abwechseln. Vielfach handelt es sich um Heidekrautgewächse, die ebenso wie die Torfmoose eine Symbiose mit Wurzelpilzen eingehen. Sie beziehen von den Pilzen vor allem die im Hochmoor besonders raren Stickstoff-Verbindungen. Sonnentau-Arten decken ihren Stickstoffbedarf teilweise auf andere Weise, nämlich durch den Fang von Insekten.

Linke Seite:

Oben links:
Mehl-Primel (126).

Oben rechts:
Moor-Enzian (150).

Unten links:
Alpen-Fettkraut (176).

Unten rechts:
Sumpf-Herzblatt (063).

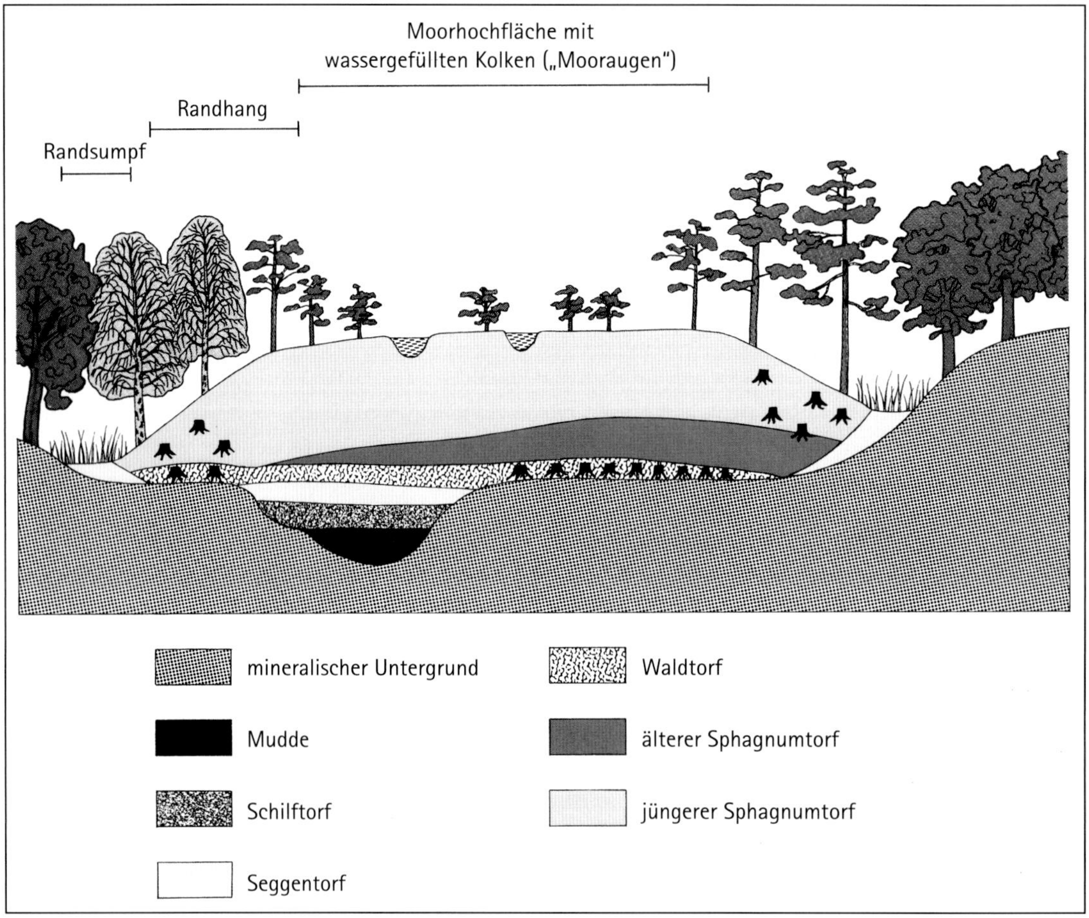

Aufbau eines Hochmoors.

Die Heidekrautgewächse des Hochmoores sind so gebaut, als müssten sie Trockenheit aushalten. Man spricht in solchen Fällen sonst von Xeromorphie, einem derben und festen Bau, der durch Trockenheit (griech. xeros = trocken; morphe = Gestalt) bedingt ist. Da im Hochmoor mehr als genug Wasser gegeben ist – nur auf den Bulten kann es in dieser Hinsicht gelegentlich zu Schwierigkeiten kommen – scheint das völlig widersinnig. Des Rätsels Lösung: Die Baueigentümlichkeiten sind bei Hochmoor-Pflanzen keine Anpassung an Trockenheit. Vielmehr handelt es sich um einen durch Nährstoffmangel bedingten Kümmerwuchs. Man hat dafür den Begriff **Peinomorphie** eingeführt. Damit meint man Formbildungen, die auf Mangelsituationen (griech. peinos = Hunger) zurückgehen. Die eben erwähnten Sonnentau-Arten bestätigen diese Auffassung: Sie, die sich zusätzlich Stickstoff über den Fang von Insekten beschaffen können, sind nicht „peinomorph“ gebaut.
Voraussetzungen für die Bildung von Hochmooren sind genügend Niederschlag und geringe Verdunstung bei einem Mindestmaß an Wärme.

In den Alpen dürfte heute die fehlende Wärme der begrenzende Faktor sein. In Zeiträumen der Nacheiszeit, die bei ausreichender Feuchtigkeit ein wärmeres Klima aufwiesen als heute, war die Chance für die Entstehung von Hochmooren in den Alpen günstiger. Sie entwickelten sich aus vernässten Wäldern oder aus verlandenden Seen. Heute steigen sie kaum über die subalpine Zone der Nördlichen Randalpen und der Innenalpen hinaus. Ungefähr bei 2000 m liegt die Höhengrenze für dann nur noch kleine Hochmoore.

Pflanzengesellschaft: Hochmoorbulten-Gesellschaft

Mit den Hochmooren ist auch diese Pflanzengesellschaft der Hochmoore selten geworden. Oft ist sie durch Entwässerungsmaßnahmen gestört. Ein Anzeichen dafür ist, das dann das Heidekraut überhand nimmt. Auch die Moor-Rauschbeere, die größere Schwester der Alpen-Rauschbeere, stellt sich gerne unter Spirken im Randbereich der Hochmoore ein. Frühblüher in der Gesellschaft ist das Scheidige Wollgras, das später im Jahr durch seine lang behaarten Fruchtschöpfe auffällt.

C außer Torfmoos-Arten: Moosbeere (116), Rosmarinheide (115), Rundblättriger Sonnentau, Scheidiges Wollgras.

Pflanzengesellschaft: Schlenken- und Übergangsmoor-Gesellschaften

Charakteristisch ist vor allem die unverkennbare Blumenbinse. Eine Schönheit ist sie trotz ihres Namens allerdings nicht. Ihre schmalen, gekrümmten Blütenblätter von gelblich-rötlicher Farbe sind nichts weniger als beeindruckend. Treffender ist der Name Blasenbinse, der sich auf die blasig aufgetriebenen Früchte bezieht. Von der Blüte her auffälliger sind einige Begleiter, die aber auch in anderen Gesellschaften vorkommen können.

Oben wurden bereits die Hochmoorbulten-Gesellschaft erwähnt. Hier folgt die Ergänzung, was die Schlenken anbelangt. Denn Gesellschaften aus unserer Ordnung finden sich in den Schlenken der Hochmoore ebenso wie in Übergangsmooren. Ein solches Übergangsmoor kann schon der Randsumpf eines Hochmoors sein. Auch ein Flachmoor oder die Verlandungszone eines Sees, die sich zu einem Hochmoor entwickeln, zählen dazu.

C: außer Torfmoosen Blumenbinse, Langblättriger Sonnentau.
B: Fieberklee (212), Sumpf-Blutauge (073), Sumpf-Mauerpfeffer (050).

Von oben nach unten:

Moosbeere (116).

Rosmarinheide (115).

Fieberklee (212).

Sumpf-Blutauge (073).

10.6 Quellfluren

Eine eigene Flora findet sich an den Quellen selbst und an den von ihnen abfließenden, sauerstoffreichen und kalten Bächen. Bestimmend dafür ist, dass ihr Wasser im Sommer gleichbleibend eine Temperatur von 5 °C aufweist und auch im Winter, wenn überhaupt, nur kurzfristig einfriert. Bis weit in den Winter hinein bleiben die Quellfluren schneefrei und früh im neuen Jahr apern sie wieder aus. Damit sind, was die Temperatur angeht, einigermaßen konstante Verhältnisse gegeben. Das hat seine Auswirkungen auf die Flora. So können Pflanzen, die ihren Verbreitungsschwerpunkt in tieferen Lagen haben, in Quellfluren über die Subalpine bis in die Alpine Stufe aufsteigen. Die Sumpf-Dotterblume und der Fieberklee (212) gehören ebenso dazu wie eine der Charakterarten, das Bittere Schaumkraut.
Die Quellfluren fallen in der Regel durch üppige Moospolster auf. Je nach der Art der Moose hat man eine ganze Reihe verschiedener Gesellschaften aufgestellt. Für die Alpen sind die beiden anschließend genannten Gesellschaftsgruppen am wichtigsten.

10.6.1 Pflanzengesellschaft auf Silikat: Bitter-Schaumkraut-Gesellschaft und andere Silikat-Quellfluren

Die Gesellschaftsgruppe findet sich von der Collinen bis in die Subalpine Stufe unmittelbar um die Quellen herum, von denen sie sich entlang der Quellbäche abwärts zieht. Unübersehbar sind die weißen Blüten des Bitteren Schaumkrauts. Betrachtet man sie aus der Nähe, erkennt man purpurfarbene Staubbeutel, an denen man die Art von allen anderen Schaumkräutern unterscheiden kann.

C: außer verschiedenen Moosen Bitteres Schaumkraut, Gegenblättriges Milzkraut, Mierenblättriges Weidenröschen, Nickendes Weidenröschen, Stern-Steinbrech (061), Sumpf-Mauerpfeffer (050).
B: Sumpf-Dotterblume.

10.6.2 Pflanzengesellschaft auf Kalk: Gänsekresse-Tuffmoosflur

Die Gesellschaft findet sich auf Kalk in der Subalpinen und Alpinen Stufe. Die reichlich vorhandenen Moose entziehen dem Wasser Kohlendioxid mit der Folge, dass bisher gelöstes Kalziumbikarbonat um die Pflänzchen herum als Kalziumkarbonat ausfällt. Damit bildet sich Tuff, der sich über das fließende Wasser herausheben kann, aber immer wieder von ihm überrieselt wird.

Die Gesellschaft steht mit dem Davall-Seggen-Sumpf in enger Verbindung, gerade auch über die Tuffbildung. Die gleichen Moose (Gattung *Cratoneuron*), die an der Tuffbildung in der Gänsekresse-Flur maßgeblich beteiligt sind, können auch im Davall-Seggen-Sumpf vorkommen.

C: außer Moosen Fetthennen-Steinbrech (055), Glänzende Gänsekresse, Vierzähniger Strahlensame.

Links:
Stern-Steinbrech (061).

Rechts:
Fetthennen-Steinbrech (055).

11

Vegetationsstufen und Pflanzengesellschaften: Alpine Stufe – I. Rasen, Matten, Schneeböden

In der Alpinen Stufe sind zwei sehr unterschiedliche Vegetationsbereiche zu besprechen, die Rasen- und Matten-Gesellschaften einerseits und die Fels- und Schutt-Fluren andererseits. Zwischen beiden stehen die Schneeboden-Gesellschaften, die sich an Standorten mit langer Schneebedeckung entwickeln können.
Zuerst werden die Rasen- und Matten-Gesellschaften mit den namengebenden Gräsern und Sauergräsern behandelt. Die Schneeboden-Gesellschaften werden angeschlossen. Im nächsten Kapitel folgen dann die Gesellschaften auf Schutt und Fels. Bei allen Gesellschaften finden sich stark ausgeprägte Unterschiede zwischen Kalk- und Silikat-Fluren. Wir beginnen mit Rasen-Gesellschaften auf Silikatböden.

Unten:
Übersicht über die wichtigsten Pflanzengesellschaften in der Alpinen Stufe.

Rechte Seite:
Blick vom Fuß des Schlern nach Norden über die Seiser Alm (Südtirol). Die größte Almfläche Europas steigt vom subalpinen Bereich in die Alpine Stufe auf.

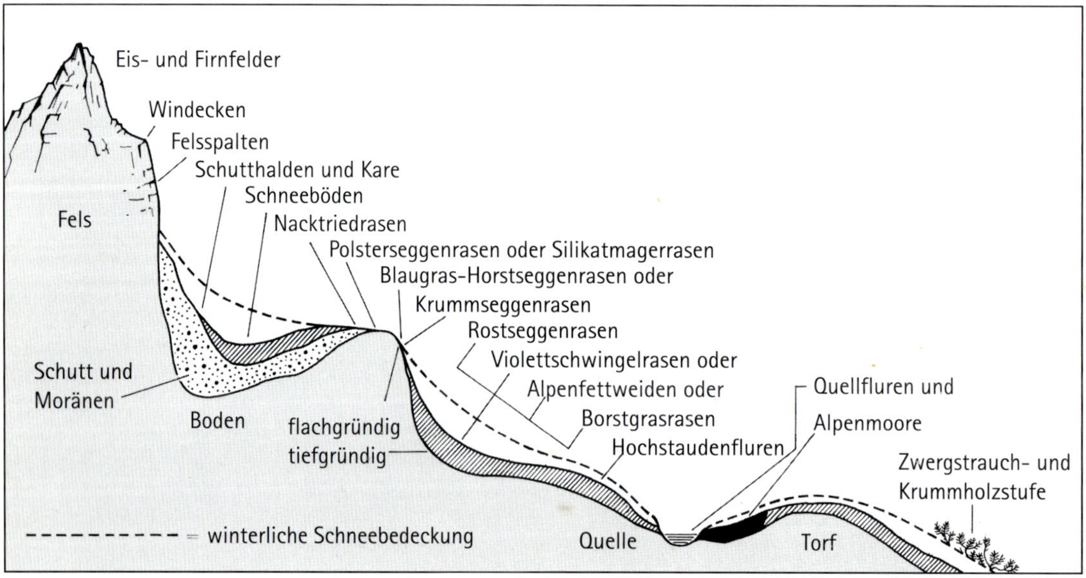

Einige wichtige Gräser und Seggen.

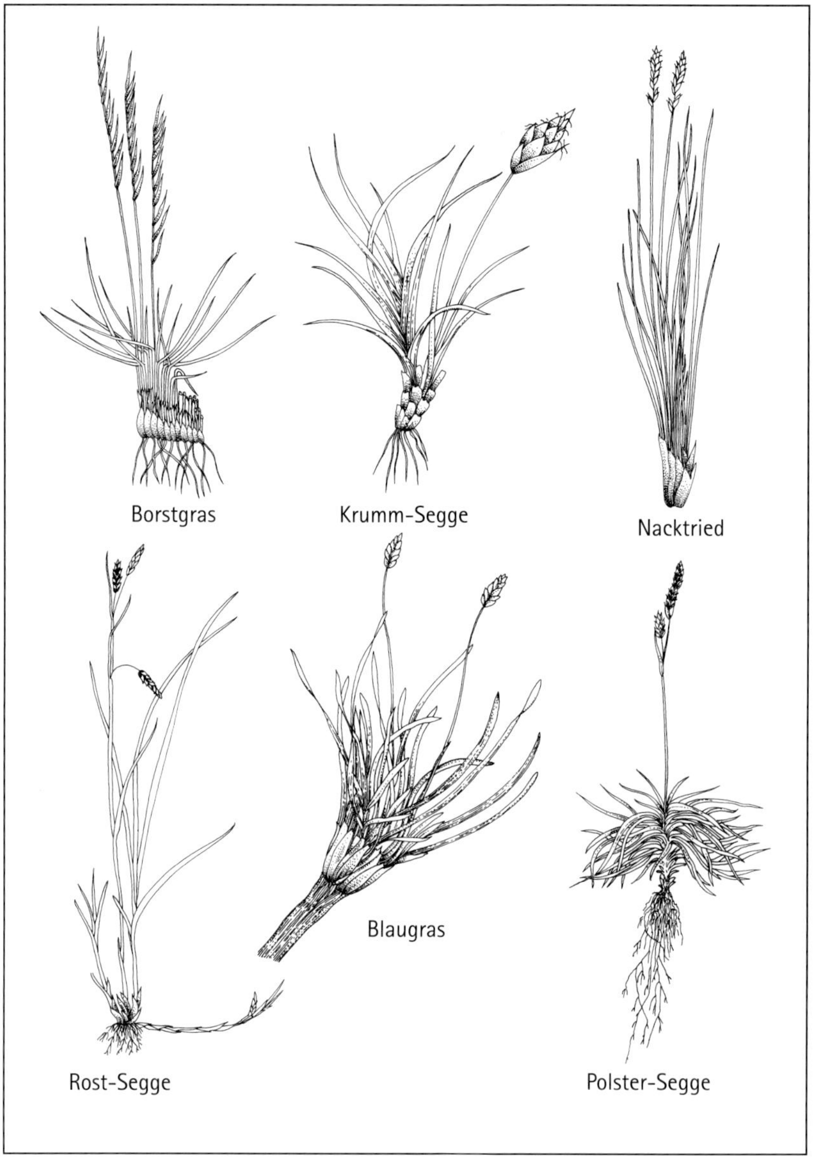

11.1 Rasen und Matten

11.1.1 Pflanzengesellschaft auf Silikat: Borstgras-Rasen

Borstgras-Rasen gibt es auch in der Planaren Stufe. Sie steigen von dort über die Subalpine in die Alpine Stufe auf und gehen oft in Krumm-Seggen-Rasen über. Die zahlreichen Varianten des Borstgras-Rasens in den genannten Stufen können hier nicht gesondert abgehandelt werden.

Borstgras-Rasen sind weit weniger anspruchsvoll als die bisher behandelten Rasen-Gesellschaften, denn man findet sie auf sauren, oft

Links: Alpen-Glockenblume (202).

Mitte: Alpen-Goldrute (240).

Rechts: Alpen-Klee (074).

trockenen und mageren Böden. Das namengebende Borstgras ist sogar ausgesprochen düngerfeindlich. Man kann es leicht erkennen, denn in seinen Blütenständen stehen die einzelnen Ährchen nach einer Seite zu ab. Jedes Ährchen sitzt dabei in der Achsel einer ebenso ausgerichteten Deckspelze. Die einseitswendigen Blütenstände sind unverkennbar. Das trifft auch dann noch zu, wenn sie abgeblüht sind, denn die einseitig ausgerichteten Deckspelzen bleiben nach wie vor an der Blütenstandsachse sitzen. Die Blätter sind borstenförmig, daher der Name. Ältere Blattbüschel werden vom Vieh verschmäht. Deshalb findet man immer wieder abgerissene und dann verworfene Borstgrasbüschel (Borstgrasleichen). Auch an ihnen lässt sich die Borstgras-Weide erkennen.

C: Alpen-Frauenmantel, Alpen-Glockenblume (202), Alpen-Goldrute (240), Alpen-Klee (074), Alpen-Wegerich, Arnika (246), Bärtige Glockenblume (200), Bärwurz (192), Berg-Nelkenwurz (067), Betonienblättrige Teufelskralle (209), Borstgras, Blutwurz, Einköpfiges Ferkelkraut (231), Feld-Enzian (148), Gelbe Alpen-Anemone (017), Gelbe Narzisse (lokal), Gold-Fingerkraut (070), Grannen-Klappertopf (165), Großköpfiger Pippau, Grüne Hohlzunge (267), Kleine Alpen-Anemone (016), Knolliges Läusekraut (173), Orangerotes Habichtskraut (237), Ostalpen-Enzian (142), Punktierter Enzian (140), Purpur-Enzian (141), Pyramiden-Günsel (178), Schweizer Löwenzahn (233), Silberdistel (228), Silikat-Glocken-Enzian (137), Weißzüngel (271), Zweihäusiges Katzenpfötchen (221).
B: Alpen-Mutterwurz (191), Gelber Enzian (143), Federige Flockenblume (227), Holunder-Knabenkraut (277), Kleines Habichtskraut, Scheuchzers Glockenblume (203), Verschiedenblättrige Kratzdistel.

Linke Seite:

Oben links:
Arnika (246).

Oben rechts:
Bärtige Glockenblume (200).

Unten links:
Bärwurz (192).

Unten rechts:
Berg-Nelkenwurz (067).

Rechte Seite:

Oben links:
Einköpfiges Ferkelkraut (231).

Oben rechts:
Gelbe Alpen-Anemone (017).

Unten rechts:
Gold-Fingerkraut (070).

Linke Seite:

Oben links:
Grannen-Klappertopf (165).

Oben rechts:
Grüne Hohlzunge (267).

Unten links:
Kleine Alpen-Anemone (016).

Unten rechts:
Knolliges Läusekraut (173).

Rechte Seite:

Oben links:
Orangerotes Habichtskraut (237).

Oben rechts:
Punktierter Enzian (140).

Unten rechts:
Purpur-Enzian (141).

Linke Seite:

Oben links:
Pyramiden-Günsel (178).

Oben rechts:
Silberdistel (228).

Unten links:
Silikat-Glocken-Enzian (137).

Unten rechts:
Schweizer Löwenzahn (233).

Rechte Seite:

Oben links:
Weißzüngel (271).

Oben rechts:
Zweihäusiges Katzenpfötchen (221, männlich).

Unten links:
Gelber Enzian (143).

Unten rechts:
Holunder-Knabenkraut, gelbblühende Form (277).

Linke Seite:

Oben links:
Halbkugelige Teufelskralle (210).

Oben rechts:
Kerners Läusekraut (166).

Unten links:
Klebrige Primel (124).

Unten rechts:
Zwerg-Augentrost (163).

Rechte Seite:

Oben:
Zwerg-Primel (125).

rechts:
Zwerg-Miere (042).

11.1.3 Pflanzengesellschaft auf Kalk und Silikat: Goldschwingel-Rasen

Die Gesellschaft findet sich in den Westalpen und seltener in den Ostalpen, überall dort, wo auch etwas Karbonat im sonst anstehenden Silikatgestein gegeben ist, so in manchen Regionen der Hohen Tauern oder in Südkärnten von der Waldgrenze bis 2 500 m aufwärts. Südhänge werden bevorzugt. Obwohl ziemlich selten, sei vor allem die Variante der Gesellschaft in Südkärnten erwähnt, weil gerade sie den Wanderer durch ihren Blumenreichtum begeistern kann (S. 463). Das gilt besonders für die Weiße Trichterlilie, die schon in den südlichen Ostalpen und mehr noch in den Westalpen C ist. Viele Arten stammen jedoch aus anderen Gesellschaften, auf Silikatböden vor allem aus dem Borstgras-, über Kalk aus dem Blaugras-Rasen. Namengebende C ist der Goldschwingel, der seinerseits nach seinen goldgelben Ährchen benannt ist.

C: für die südlichen Ostalpen: Bart-Nelke, Langblättrige Witwenblume (189), Weiße Trichterlilie (258).

11.1.4 Pflanzengesellschaft auf Kalk und Silikat: Violettschwingel-Rasen

Es handelt sich um die alpine Variante der subalpinen Milchkraut-Weiden, um einen hervorragenden Weiderasen für Wild und Vieh, in dem auch die Murmeltiere gerne ihr Höhlen anlegen. Charakteristisch sind außer dem namengebenden Violettschwingel verschiedene Arten, vor allem Schmetterlingsblütler, die sich auch in den subalpinen Milchkraut-Weiden finden und zur guten Futterqualität beitragen.

Die Feuchtgesellschaft ersetzt den kalkliebenden Blaugras-Rasen auf tiefgründigeren, feuchteren, länger schneebedeckten, weniger exponierten Hängen und Mulden. Andererseits kann sich ein Violettschwingel-Rasen auch zu dem silikatliebenden Krumm-Seggen-Rasen weiter entwickeln. Der Untergrund kann Kalk, aber auch kalkarmes Silikatgestein sein.

C: Violettschwingel, Thals Klee (bevorzugt Kalk).

B: Alpen-Mutterwurz (191). Wie in den subalpinen Milchkraut-Weiden u.a. auch Braun-Klee (075) und Gold-Pippau (232).

11.1.5 Pflanzengesellschaft auf Kalk und Silikat: Nacktried-Rasen

Dieser nimmt ebenfalls eine Mittelstellung ein, was die Bodenansprüche anbelangt, allerdings mit Tendenz zu basischen Böden. Als Untergrund dienen häufig Mischgestein aus Kalk und Silikat, wie es in Kalkschiefern vorliegt, seltener Silikat, das allerdings nicht völlig basenfrei sein darf, und schließlich auch Kalkgestein. Eine leicht saure bis neutrale Bodenreaktion ist für die Ausbildung eines Nacktried-Rasens optimal.

Oben: Kleine Sterndolde (196).

Unten: Weiße Trichterlilie (258).

Linke Seite:

Oben links: Krainer Kreuzkraut (241).

Oben rechts: Zwerg-Seifenkraut (034).

Unten links: Einköpfiges Greiskraut (243).

Unten rechts: Alpen-Augentrost (162).

Links: Alpen-Aster (250).

Mitte: Alpen-Tragant (077).

Rechts: Einköpfiges Berufskraut (251).

Rechte Seite:

Oben links: Faltenlilie (256).

Oben rechts: Feld-Spitzkiel (080).

Unten links: Silberwurz (069).

Unten rechts: Silikat-Polsternelke (036).

Das Nacktried selbst, ein Sauergras wie die Seggen, verträgt mehr Säure und mehr Basen als die Gesellschaft. Doch bei zu starker Ansäuerung wird auch das Nacktried von der Krumm-Segge abgelöst.

Nacktried-Rasen sind besonders im Herbst leicht an einem rötlichen Überflug zu erkennen, den das namengebende Sauergras aufweist. Was die Rasen verlangen, ist lediglich das Vorhandensein von etwas Humus. Sie sind gegen Sonneneinstrahlung, Hitze und Trockenheit ebenso resistent wie gegen Wind und Minus-Temperaturen, ganz gleich, ob es sich dabei um nächtlichen oder winterlichen Frost handelt. Sie halten sich auch auf windgefegten, schneefreien Anhöhen. Doch dann ist die Bezeichnung „Rasen" nicht mehr zutreffend. Man spricht statt dessen ähnlich wie bei der Alpen-Azalee von „Nacktried-Windecken".

Auch wer mit Sauergräsern generell und dem Nacktried speziell wenig im Sinn hat, wird den Nacktried-Rasen an seinen weiteren C erkennen.

C: Alpen-Aster (250), Alpen-Hornkraut, Alpen-Scharte, Alpen-Tragant (077), Einköpfiges Berufskraut (251), Faltenlilie (256), Feld-Spitzkiel (080), Gletscher-Nelke (032: östliche Innenalpen, auf Silikat), Nacktried, Niederliegender Enzian, Schnee-Enzian (146), Silberwurz (069), Silikat-Polsternelke (036), Tauernblümchen (151), Zarter Enzian.

B: Knöllchen-Knöterich (045).

Links: Schnee-Enzian (146).

Rechts: Tauernblümchen (151).

Rechte Seite:

Oben links: Allermannsharnisch (264).

Oben rechts: Alpen-Distel (222).

Unten links: Alpen-Wundklee (084).

Unten rechts: Gelbe Platterbse (081).

11.1.6 Pflanzengesellschaft auf Kalk: Rost-Seggen-Rasen

Mit den Rost-Seggen-Rasen kommen wir zu den Rasen-Gesellschaften auf eindeutig basischem Untergrund, zu denen die schönsten Blumenareale der Alpen gehören. Rost-Seggen-Rasen finden sich schon im unteren Bereich der Alpinen Stufe und greifen von dort in die Subalpine Stufe hinunter. Sie gedeihen auf nährstoffreicher, wasserhaltiger Feinerde am besten, ja geradezu üppig, verlangen viel Niederschlag im Sommer und eine gut schützende Schneedecke im Winter. Es handelt sich um Feuchtrasen. Dementsprechend stellen sie sich besonders in den atlantischen Nördlichen Randalpen (Kalkalpen) und dort oft auf den Nordseiten und in Geländeeinschnitten ein. In den kontinentalen Innenalpen fehlen sie.

Namengebend ist die Rost-Segge. Rostfarben an ihr sind die grundständigen Blattscheiden. Doch man braucht sich nicht weiter mit der Systematik der Seggen zu befassen, um die Gesellschaft zu bestimmen, denn die Rost-Seggen-Rasen lassen sich an weiteren C leicht erkennen.

C: Ähren-Läusekraut (168), Allermannsharnisch (264), Alpen-Akelei (020), Alpen-Distel (222), Alpen-Wundklee (084), Berg-Pippau, Gelbe Platterbse (081), Große Alpen-Anemone (015), Kugel-Orchis (278), Prachtnelke (alpine Unterart, 028), Rost-Segge, Strauß-Glockenblume (207), Vielblättriges Läusekraut (172). **B:** Alpen-Mutterwurz (191), Berg-Flockenblume (226), Gestutztes Läusekraut (170), Gewöhnlicher Hornklee (082), Hängeblütiger Tragant, Trollblume (006), in den Südlichen Randalpen Rosarote Schwarzwurzel (239).

Linke Seite:

Oben links:
Kugel-Orchis (278).

Oben rechts:
Pracht-Nelke (028, alpine Unterart).

Unten links:
Strauß-Glockenblume (207).

Unten rechts:
Vielblättriges Läusekraut (172).

Rechte Seite:

Oben links:
Gestutztes Läusekraut (170).

Oben rechts:
Gewöhnlicher Hornklee (082).

Unten links:
Trollblume (006).

11.1.7 Pflanzengesellschaft auf Kalk: Blaugras-Rasen (Blaugras-Horst-Seggen-Rasen)

Die Blaugras-Rasen reichen bis in die Subalpine Stufe hinab, jedoch ist ihr Schwerpunkt in der Alpinen Stufe zu sehen. Sie steigen höher als der Polster-Seggen-Rasen, was auch damit zu tun hat, dass sie bevorzugt auf den Südhängen vorkommen, an denen die Vegetation generell weiter aufwärts geht. Die Blaugras-Rasen nehmen dort trockenere, warme Standorte auf Kalkböden ein.

Das namengebende Blaugras ist leicht an den violett oder stahlblau überlaufenen Ährchen zu erkennen. An seinem Wurzelhals findet sich eine „Strohtunica“: Abgestorbene Blattscheiden bilden dort eine mehrschichtige Schutzhülle. Ähnlich verhält es sich mit der Horst-Segge. Wogegen der Schutz? Gegen Schäden durch einen zu stark erhitzten Untergrund. Denn die Blaugras-Rasen kommen an Stellen starker lokaler Erwärmung vor. Der Schnee schmilzt dort rasch, so dass es auch zur Austrocknung kommen kann.

In den oberen Regionen besiedelt die Gesellschaft Kalkschutt, und zwar im Anschluss an die Pionierarbeit der Silberwurz (069). Die Spaliersträucher der Silberwurz stauen den Schutt und bringen die Rutschungen zu einem ersten Stillstand. Auch die Horste, vor allem des Blaugrases, aber auch der Horst-Segge, wirken als Schuttstauer. Sie setzen oft an die Silberwurz-Spaliere an. Bei erneutem Abgleiten kann sich ein Treppenrasen bilden: Die Horste stauen den Schutt hinter sich und lassen so eine Treppenstufe entstehen.

Die Blaugras-Rasen sind begeisternd blumenreich. Und sie können auch einen Schatz bergen, der in den Alpen vielerorts selten geworden ist: das Edelweiß. Gerade dieser Einwanderer aus den Hochsteppen und -gebirgen des fernen Asiens lässt an seinem dichten Haarfilz erkennen, wie dringend erforderlich Schutz vor Austrocknung und Kälte im Blaugras-Rasen ist.

C: Alpen-Akelei (020), Alpen-Aster (250), Alpen-Sonnenröschen, Alpen-Vergissmeinnicht (152), Alpen-Wundklee (084), Berg-Spitzkiel (079), Bittere Schafgarbe (252), Blaugras, Brillenschötchen (094), Buntes Läusekraut (171), Drachenmaul, Dunkler Mauerpfeffer (048), Edelweiß (229), Glänzende Skabiose (188), Hahnenfuß-Hasenohr (197), Kalk-Glocken-Enzian (138), Kopfiges Läusekraut (167), Silberwurz (069), Zottiges Habichtskraut (236), Zwerg-Mannsschild (131), Zwerg-Orchis (268).

B: Alpen-Maßliebchen (249), Deutscher Enzian (149), Feuerlilie (255), Gewöhnlicher Hornklee (082), Gift-Eisenhut (024, Südliche Randalpen), Hängeblütiger Tragant (Südliche Randalpen), Hufeisen-Klee (085), Knöllchen-Knöterich (045), Mücken-Händelwurz (272), Scheiden-Kronwicke (086), Silberdistel (228), Wohlriechende Händelwurz (273), Wollköpfige Kratzdistel (224, am Rand von Blaugras-Weiden). In den verwandten Südalpen-Segge-Rasen: Monte Baldo-Segge (280), Südalpen-Schachblume (257), Weißer Affodill.

Rechte Seite:

Oben links: Alpen-Vergissmeinnicht (152).

Oben rechts: Berg-Spitzkiel (079).

Unten links: Bittere Schafgarbe (252).

Unten rechts: Brillenschötchen (094).

Linke Seite:

Links oben:
Dunkler Mauerpfeffer (048).

Rechts oben:
Edelweiß (229).

Links unten:
Glänzende Skabiose (188).

Rechts unten:
Hahnenfuß-Hasenohr (197).

Rechte Seite:

Links oben:
Kalk-Glocken-Enzian (138).

Rechts oben:
Kopfiges Läusekraut (167).

Links unten:
Zottiges Habichtskraut (236).

Rechts unten:
Alpen-Maßliebchen (249).

Südalpen-Schachblume (257).

Zusammen mit dem Dritten im Bund, dem Polster-Seggen-Rasen, gehören die Rost-Seggen- und die Blaugras-Rasen in die gleiche pflanzensoziologische Ordnung, also in eine höhere Rangstufe in der Hierarchie der Pflanzengesellschaften. Rost-Seggen- und Blaugras-Rasen sind besonders nahe verwandt. Sie sind im Gelände oft eng miteinander verzahnt und können sich auch gegenseitig vertreten: der Rost-Seggen-Rasen bevorzugt dann die feuchtere Nordseite, der Blaugras-Rasen die trockenere Südseite. Wegen der engen Verwandtschaft finden sich verschiedene gemeinsame C. Eine Reihe von ihnen wird anschließend genannt. Nur so kann man dem Blumenreichtum der Kalk-Rasen wenigstens einigermaßen gerecht werden.

C gemeinsam für Rost-Seggen- und Blaugras-Rasen: Alpen-Distel (222), Alpen-Lein (104), Alpen-Steinquendel (179), Alpen-Süßklee (076), Frühlings-Enzian (144), Gletscher-Tragant (078), Gemswurz-Greiskraut, Großblütiges Sonnenröschen (097), Große Alpen-Anemone (015), Herzblättrige Kugelblume (175), Kalk-Polsternelke (035), Kugelige Teufelskralle (208), Nacktstängelige Kugelblume (174), Narzissenblütige Anemone (013), Quirlblättriges Läusekraut (169), Schwarzes Kohlröschen (274), Tauern-Eisenhut (s. 022; in den Süd- und Ostalpen).

B: Alpen-Hornklee (084), Gefranster Enzian (147). Vor allem in den Ost- und Südalpen: Dubys Veilchen (102), Langblütige Primel (121), Schmalblättriges Lungenkraut; in den Bergen um den Gardasee Kerners Schmuckblume (007), Monte Baldo-Wundklee.

Linke Seite:

Oben links:
Deutscher Enzian (149).

Oben rechts:
Feuerlilie (255).

Unten links:
Mücken-Händelwurz (272).

Unten rechts:
Monte Baldo-Segge (280; weibliche Phase).

Linke Seite:

Oben links:
Alpen-Lein (104).

Oben rechts:
Alpen-Steinquendel (179).

Unten links:
Alpen-Süßklee (076).

Unten rechts:
Frühlings-Enzian (146).

Rechte Seite:

Oben links:
Gletscher-Tragant (077).

Oben rechts:
Großblütiges Sonnenröschen (097).

Unten rechts:
Herzblättrige Kugelblume (175).

Linke Seite:

Oben links:
Kalk-Polsternelke (035).

Oben rechts:
Narzissenblütige Anemone (013) im Übergang zum Fruchten.

Unten links:
Quirlblättriges Läusekraut (169).

Unten rechts:
Schwarzes Kohlröschen (274).

Rechte Seite:

Oben links:
Gefranster Enzian (147).

Oben rechts:
Dubys Veilchen (102).

Unten rechts:
Langblütige Primel (121).

Bewimperter Mannsschild (131).

11.1.8 Pflanzengesellschaft auf Kalk: Polster-Seggen-Rasen

Mehr noch als beim Blaugras-Rasen handelt es sich um eine Pioniergesellschaft. Besiedelt werden Karbonatgesteine, teils der harte Fels, teils auch Schutt. Die Standorte sind oft windexponiert, weisen keine oder eine nur dürftige Schneebedeckung auf und fallen nach der Schneeschmelze trocken. Die Gesellschaft findet sich auch auf vielen Kalk- und Dolomitgipfeln, dort allerdings nicht als geschlossener Rasen, sondern in Form von auf Lücke stehenden, mehr oder weniger ausgedehnten Polstern. An Hängen können sich Treppenrasen ausbilden. Der Polster-Seggen-Rasen hat seinen Verbreitungsschwerpunkt in den Südalpen. An extremen Standorten bleibt der Polster-Seggen-Rasen erhalten. Nehmen Feinerde und Feuchtigkeit zu, wird er vom Blaugras-Rasen abgelöst, der seinerseits wie schon erwähnt enge Beziehungen zum Rost-Seggen-Rasen aufweist. Bei derart fließenden Übergängen nimmt es nicht Wunder, dass sich viele Charakterarten dieser beiden Rasen-Gesellschaften auch im Polster-Seggen-Rasen finden, von daher eine scharfe Trennung also nicht möglich ist.

Namengebend ist die Polster-Segge mit ihren sternartig ausgebreiteten, derben, dunkelgrünen Blättern. Sie widersteht Kälte, Wind und Trockenheit, kann aber auch auf feuchteren Böden zurechtkommen. Ebenso wie das Blausgras arbeitet sie mit der Silberwurz bei der Erstbesiedlung zusammen, nur jetzt auch an wortwörtlich „härteren“, felsigen Standorten.

Blaugrüner Steinbrech (059).

Dolomiten-Fingerkraut (072).

Pracht-Primel (120).

Monte Baldo-Anemone (012).

C: Alpen-Sonnenröschen, Alpen-Wundklee (084), Bewimperter Mannsschild (131), Blaugrüner Steinbrech (059), Kalk-Glocken-Enzian (138), Kopfiges Läusekraut (167), Moschus-Steinbrech, Polster-Segge, Silberwurz (069), Zwerg-Orchis (268); in den Ost- und Südalpen Bittere Schafgarbe (252), Dolomiten-Fingerkraut (072), Dolomiten-Nelke (029), Gelbes Mänderl (158), Karawanken-Enzian, Pracht-Primel (120).
B: Kalk-Polsternelke (035), Knöllchen-Knöterich (045); in den Südlichen Randalpen: Monte Baldo-Anemone (012, lokal), Spitzels Knabenkraut (276, lokal).

11.2 Schneeboden-Gesellschaften

Diese können sich an Standorten bilden, an denen der Schnee rund neun Monate liegen bleibt. Sie entwickeln sich in Senken und Mulden (daher der weitere Name **Schneetälchen-Gesellschaften**), in Klüften und im Kalkgebiet auch in Dolinen, also Einsturztrichtern. Der in den Schnee eingewehte Staub liefert Nährstoffe, das sich in den Vertiefungen sammelnde Schmelzwasser sorgt für genügend Feuchtigkeit. Im Sommer kann es allerdings besonders auf Kalk auch zu einem völligen Austrocknen des Bodens kommen.

Wird die schneefreie Zeit zu kurz, können sich nur noch Moose entwickeln. Die meisten Blütenpflanzen verlangen mindestens acht Wochen Schneefreiheit. In Anpassung an die kurze Zeitspanne, die für die Entwicklung bleibt, werden die Triebe für das Folgejahr vielfach schon im Vorjahr gebildet. Unter dem Schnee vor Frost einigermaßen geschützt, können sie sogar mit grünen Blättern überwintern. Der oft dunkle Humusgrund speichert Wärme. Sobald die Schneedecke weniger als 11 – 18 cm dick wird, lässt sie auch genügend Licht für die Photosynthese durch. Die Pflanzen sind dann hochgradig aktiv und treiben oft noch durch den Schnee hindurch aus. Damit wird Zeit gespart.

Schneeboden-Gesellschaften finden sich auf Silikat ebenso wie auf Kalk, sind aber auf Kalk schon wegen des für Wasser durchlässigeren Untergrunds schlechter und oft nur kleinräumig ausgebildet.

Drei Zwerg-Weiden (Gletscherweiden)

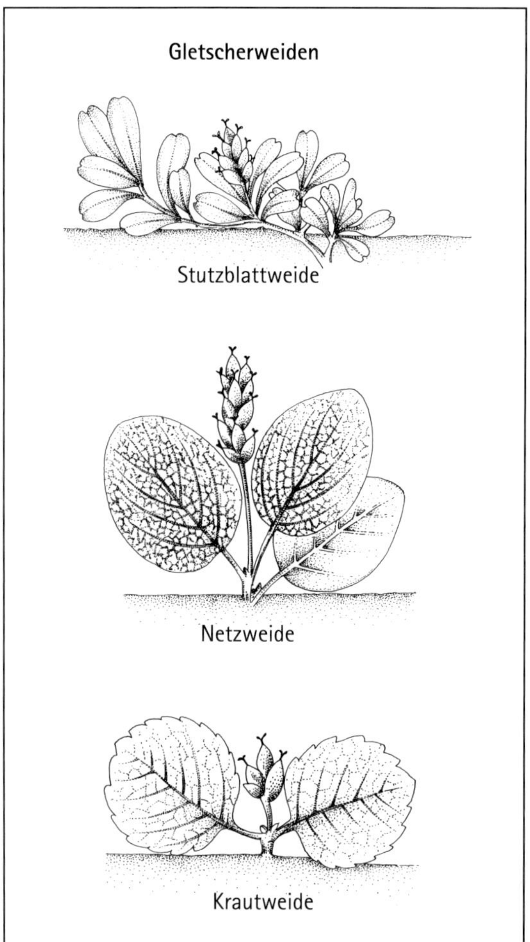

11.2.1 Pflanzengesellschaft auf Silikat: Krautweiden-Schneeboden-Gesellschaft und verwandte Gesellschaften

Bei der Krautweiden-Schneeboden-Gesellschaft handelt es sich um die wichtigste „saure“, d.h. auf Silikatböden ausgebildete Schneeboden-Gesellschaft im subalpinen bis alpinen Bereich. Sie liegt oft inmitten von Krumm-Seggen-Rasen. Die Pioniergesellschaft geht über 2 900 m aufwärts. Namengebende C ist die Kraut-Weide. Oberirdisch sieht man von ihr nur ein Blattpaar und dazwischen den Blütenstand – Linné hat sie deshalb als *minima inter omnes arbores*, als den kleinsten aller Bäume bezeichnet. Das trifft zu, wenn man nur ihre oberirdischen Triebspitzen berücksichtigt. Denn unterirdisch weist sie einen tiefgehenden Stamm auf, von dem Seitenzweige abgehen, die wenig unterhalb der Bodenoberfläche verlaufen und nach oben zu immer wieder ein Blattpaar mit Blütenkätzchen treiben. So sehr klein ist die Kraut-Weide insgesamt also nicht. Im Gegensatz zu anderen Arten der Gesellschaft, die mit grünen Blättern überwintern, wirft sie ihre Blätter ab. Das trägt zur schnelleren Entwicklung einer Humusdecke bei. Der unterirdische „Baum“ enthält genügend Reservestoffe, um die Blätter nach der

Schneeschmelze rasch entwickeln zu können, obwohl sie erst neu gebildet werden müssen. Die Pflanze gerät also durch den Blattfall in ihrer Entwicklung nicht in zeitlichen Rückstand. Das wäre insofern kritisch, als die Kraut-Weide drei Monate Schneefreiheit bis zum Fruchtansatz benötigt.

C: Alpen-Margerite (247), Alpen-Schaumkraut, Gelbling, Kleines Alpenglöckchen (134), Kraut-Weide, Zwerg-Hahnenfuß, Zwerg-Ruhrkraut. In Silikat- **und** Kalk-Schneeböden: Alpen-Mutterwurz (191). **B:** Alpen-Löwenzahn (238), Alpen-Mauerpfeffer (049), Alpen-Rispengras, Gold-Fingerkraut (070), Knöllchen-Knöterich (045).

Rechts:
Alpen-Margerite (247).

Unten links:
Kleines Alpenglöckchen (134).

Unten Mitte:
Alpen-Mutterwurz (191).

Unten rechts:
Alpen-Löwenzahn (238).

Alpen-Hahnenfuß (002).

11.2.2 Pflanzengesellschaften auf Kalk: Blaukressen-Schneeboden-Flur und Spalierweiden-Rasen

Die wichtigste Gesellschaft auf Kalk-Schneeböden ist die Blaukressen-Schneeboden-Flur. Namengebende C ist die Blaukresse. Die Pioniergesellschaft findet sich in feinerer Erde, oft in Dolinen oder am unteren Ende von Kalkschutthalden, aus denen Feuchtigkeit heraussickert, und kann dann fließend in die Kalkschuttfluren übergehen.

Mit der Blaukressen-Flur eng verzahnt sind die **Spalierweiden-Rasen**, die durch die Stumpfblätttrige Weide und die Netz-Weide gekennzeichnet sind. Sie halten 7–8 Monate Schneebedeckung aus. Die Weiden überziehen gerne Felsblöcke und kommen auch besser mit gröber strukturierten Böden zurecht als die Blaukresse-Fluren. Beide Gesellschaften finden sich von rund 1 500 m bis 2 900 m Höhe und stehen in engem Bezug. Wie erwähnt können sie sich überlappen. Außerdem kann sich der Spalierweiden-Rasen zur Blaukressen-Flur weiter entwickeln. Dazu trägt bei, dass sich die Blätter der Stumpfblättrigen Weide, obwohl sie recht widerstandsfähig aussehen, im Herbst gelb verfärben und schließlich abgeworfen werden. Wie bei der Kraut-Weide wird dadurch die Humusbildung gefördert. Infolgedessen kann sich die Blaukressen-Flur an Stelle der Spalierweiden-Rasen einstellen und, wenn die Ansäuerung weitergeht, sogar die säureliebende Krautweiden-Gesellschaft. Hier werden deshalb die C der beiden Kalk-Schneeboden-Gesellschaften gemeinsam aufgeführt. Das Vorkommen der Blaukresse bzw. der beiden Weiden erlaubt gegebenenfalls die Unterscheidung.

C gemeinsam für beide Kalk-Schneeboden-Gesellschaften: Alpen-Hahnenfuß (002), Bayrischer Enzian (145), Blaukresse (095), Mannsschild-Steinbrech, Netz-Weide, Schnee-Ampfer, Stumpfblättrige Weide. Vor allem in den Südlichen Randalpen Kleinstes Alpenglöckchen (135). In Silikat- **und** Kalk-Schneeböden: Alpen-Mutterwurz (191).

B: Alpen-Gemskresse (096), Alpen-Löwenzahn (238), Alpen-Rispengras, Großes Alpenglöckchen (132), Knöllchen-Knöterich (045), Silberwurz (069). In den Ost- und Südostalpen auch die Korianderblättrige Schmuckblume (008).

Rechte Seite:

Oben links:
Bayrischer Enzian (145).

Oben rechts:
Blaukresse (095).

Unten links:
Kleinstes Alpenglöckchen (135).

Unten Mitte:
Großes Alpenglöckchen (132).

Unten rechts:
Korianderblättrige Schmuckblume (008).

12 Vegetationsstufen und Pflanzengesellschaften: Alpine Stufe – II. Schutt- und Felsfluren

In allen Vegetationsstufen beeinflusst die Bodenbeschaffenheit die Besiedlung durch Pflanzen. Ganz besonders gilt das jedoch für Schutt- und Felsfluren, in denen die Pflanzen mit dem Gestein in engem, fast unmittelbarem Kontakt stehen. Es leuchtet ein, dass es gerade hier zur Ausbildung verschiedener Pflanzengesellschaften kommen muss, je nachdem, ob Karbonat- oder Silikatgestein ansteht.
Am und im Schutt lösen sich die geschlossenen Rasenflächen auf. Einzelne Polster und Horste von Gräsern und Seggen, die als Schuttstauer fungieren können, treten an ihre Stelle, dazu spezielle Schuttfluren. Doch auch mit ihnen hört das Pflanzenwachstum noch nicht auf. Denn aufwärts in der Wand findet sich noch eine besonders angepasste Felsspaltenflora, oft in Form von Polstern oder Rosetten. Schließlich endet die Alpine Stufe mit dem Aufhören des *regelmäßigen* Vorkommens von Blütenpflanzen.
Im Folgenden wird zuerst die Vegetation auf Schutt und dann auf „Fels", exakter in Felsspalten, behandelt. Sowohl bei den Schutt- als auch bei den Felsfluren handelt es sich teils um ausgesprochen alpine Gesellschaften, teils um solche, die auf Schutt bzw. Fels aus den Tallagen mehr oder weniger hoch aufsteigen.

12.1 Vegetation auf und in Schutt

12.1.1 Schutt

Zunächst einige Angaben zu dem, was man Schutt nennt. Dabei muss außer dem Kalk- und dem Silikatschutt noch Schutt aus einem Kalk-Silikat-Mischgestein, dem Kalk-Glimmerschiefer oder kurz Kalkschiefer berücksichtigt werden:

- **Kalkschutt** findet sich meistens als Grobschutt am Fuß der Felswände, von denen er abgesprengt wurde. Die von dort ansteigenden Schutthalden können den Felskern allmählich mantelartig umhüllen.
- **Silikatschutt** fällt in Form von Blöcken und von Feinschutt an. Der Feinschutt ist wegen seiner Struktur und seines dadurch bedingten Feuchtigkeitsgehalts von Pflanzen leichter besiedelbar als grober Kalkschutt. Silikatblockschutt fällt bei Bergstürzen in Form von weiten

Rechte Seite:
Alpine Schutt- und Felsfluren: Die Drei Zinnen (Dolomiten) von Westen gesehen. Es handelt sich um typische Karbonatmassive (vgl. S. 66), die bei der Hebung stark senkrecht geklüftet wurden.

Linke Seite:

Oben links:
Schutt-Leimkraut (037).

Oben rechts:
Jura-Braunwurz (155).

Unten links:
Feder-Nelke (030).

Unten rechts:
Rasen-Glockenblume (205).

Weißfilziger Alpendost (215).

Links:
Alpen-Gemskresse (096).

Rechts:
Gelber Alpen-Mohn (026).

Rechte Seite:

Oben links:
Großkopfige Gemswurz (244).

Oben rechts:
Langsporniges Veilchen (103).

Unten links:
Rundblättriges Täschelkraut (093).

Unten rechts:
Schwarzrand-Margerite (248).

12.2.2 Pflanzengesellschaft auf Kalk: Täschelkraut-Schuttfluren

Diese Gesellschaft ist im ganzen Alpenraum in der Alpinen Stufe in verschiedenen Ausprägungen auf Kalk- und Dolomitschutt zu finden. Eine Sonderausbildung auf feuchterem, feinerdigem Grund mit längerer Schneebedeckung ist durch den Berg-Löwenzahn gekennzeichnet. Namengebende C ist das Rundblättrige Täschelkraut.

C: Alpen-Gemskresse (096), Bastard-Hahnenfuß, Berg-Hahnenfuß (005), Berg-Löwenzahn, Blattloser Steinbrech, Breitblättriges Hornkraut (040), Gelber Alpen-Mohn (026; in den Südlichen Randalpen), Großkopfige Gemswurz (244), Herzblättriger Hahnenfuß, Langsporniges Veilchen (103), Rundblättriges Täschelkraut (093), Schwarzrandige Schafgarbe, Schwarzrand-Margerite (248), Sendtners Alpen-Mohn (027; Nördliche Randalpen), Zierliche Glockenblume (204).

B: Feder-Nelke (030; Nördliche Randalpen), Schild-Ampfer, Schnittlauch (263).

Links: Zierliche Glockenblume (204).

Rechts: Schnittlauch (263).

12.2.3 Pflanzengesellschaft auf Kalk-Silikatschutt: Felsenblümchen-Schuttflur

Auf weitgehend ruhendem, frischem und feuchtem Kalk-Silikatschutt der Innenalpen fußt die ziemlich seltene Felsenblümchen-Schuttflur. Sie kann dort Pioniergesellschaft sein. Namengebende C ist Hoppes Felsenblümchen, zu dem sich noch das Fladnizer Felsenblümchen gesellen kann.

C: Fladnizer Felsenblümchen, Hoppes Felsenblümchen, Mont Cenis-Glockenblume (206), Rundblättriger Enzian, Rudolphs Steinbrech (s. 057), Schwarze Edelraute (217), Zweiblütiger Steinbrech (058), Zwerg-Schafgarbe (253).

Oben links:
Mont Cenis-Glockenblume (206).

Oben rechts:
Schwarze Edelraute (217).

Unten:
Zwerg-Schafgarbe (253).

Oben links:
Ausgeschnittene Glockenblume (201).

Oben Mitte:
Säuerling (044).

Oben rechts:
Fleischers Weidenröschen (088).

Unten links:
Kriechende Nelkenwurz (068).

Unten rechts:
Gold-Primel (127).

12.2.4 Pflanzengesellschaft auf Silikat: Säuerlings-Schuttflur

Auf fast ruhendem Silikatschutt, vor allem auf Jungmoränen, findet sich auf feuchterem Grund die Säuerlings-Schuttflur. Die Gesellschaft entwickelt sich in den Hochalpen oft anschließend an Silikat-Schneeboden-Gesellschaften. Bei der Besiedlung der vom Gletscher freigesetzten Moränen handelt es sich um eine Pioniergesellschaft. Vorherrschend ist die namengebende C, der Säuerling.

C: Ausgeschnittene Glockenblume (201; nur im Wallis), Einblütiges Hornkraut (041; C auch in der Alpen-Mannsschild-Schuttflur), Säuerling (044).

Rechte Seite:

Oben links:
Alpen-Leinkraut (159).

Oben rechts:
Alpen-Mannsschild (128).

Unten rechts:
Alpen-Mauerpfeffer (049).

B: Alpen-Gänsekresse, Alpen-Hahnenfuß (002), Fleischers Weidenröschen (088; westlich), Kriechende Nelkenwurz (068). In den Südlichen Randalpen Gold-Primel (127).

12.2.5 Pflanzengesellschaft auf Silikat: Alpen-Mannsschild-Schuttflur

Auf ruhendem Silikatschutt entwickelt sich diese Gesellschaft mit der namengebenden Charakterart Alpen-Mannsschild. Ihre Arten steigen sehr hoch auf, teils über 4 000 m, also in die Nivale Stufe, und bilden oft Polster oder Rosetten-Polster aus. Als Pionierarten stellen sich wie in anderen Silikat-Schuttfluren auch Strauchflechten ein.

C: Alpen-Leinkraut (159; C in allen Schuttfluren, sowohl auf Kalk als auch auf Silikat), Alpen-Mannsschild (128), Alpen-Mauerpfeffer (049), Clusius' Gemswurz (245), Einblütiges Hornkraut (041; C auch in der Säuerlings-Schuttflur), Gletscher-Hahnenfuß (001), Moos-Steinbrech (060), Moschus-Schafgarbe.
B: Alpen-Margerite (247), Bayrischer Enzian (145), Roter Steinbrech (057), Silikat-Polsternelke (036), Zwerg-Miere (042).

Roter Steinbrech (057).

12.3 Vegetation in Felsspalten

Felswände finden sich von Tallagen bis hinauf zu den Gipfeln. Ihre Besiedelung durch Blütenpflanzen erfolgt nicht an der glatten Wand, sondern in Felsspalten. Pflanzen auf Felsbändern und Vorsprüngen gehören oft zu den schon besprochenen Rasen-Gesellschaften.

Vorarbeit am Fels leisten Algen und vor allem Flechten, die durch saure Ausscheidungen das Felsgefüge nach und nach lockern, bis Spalten entstehen. In ihnen sammelt sich Feinerde mit hohem Humusanteil, der auf Kleinlebewesen zurückgeht, und mit einem wechselnden Feuchtigkeitsgehalt. In solchen Felsspalten können Moose und dann auch Blütenpflanzen wurzeln.

Doch sie müssen extreme Bedingungen überstehen. Sicher, an schneefreien Felswänden ist eine lange Sonnenbestrahlung und von daher gesehen die längste Vegetationszeit in den Alpen gegeben. Doch das Fehlen des Schnees bedingt extreme Kälte im Winter und Frost oft auch in Sommernächten. Umgekehrt führt die Sonnenbestrahlung vor allem bei Südexposition zu extremer Erhitzung und Austrocknung. Starke Winde kommen hinzu, die nicht nur zusätzlich austrocknend wirken, sondern auch mechanisch beanspruchen. Außerdem ist zu berücksichtigen, dass die Felsspalten oft ein nur geringes Volumen besitzen und so nur begrenzt Nährstoffe und Feuchtigkeit zur Verfügung stellen können.

Linke Seite:

Oben links:
Clusius' Gemswurz (245).

Oben rechts:
Einblütiges Hornkraut (041).

Unten links:
Gletscher-Hahnenfuß (001).

Unten rechts:
Moos-Steinbrech (060).

12.4.1 Pflanzengesellschaft auf Kalk: Stängel-Fingerkraut-Felsflur

Die Gesellschaft stellt sich auf Kalkfelsen vom Tal bis in die Subalpine Stufe ein. Das namengebende Stängel-Fingerkraut findet sich als C im ganzen Alpenbereich. In unteren Lagen können sich die meisten alpinen Arten nur an schattig-feuchten Felswänden halten. Im vollen Sonnenschein trocknen sie bei den höheren Durchschnittstemperaturen schnell aus.
Besonders in den Südlichen Randalpen kommen in der Gesellschaft zahlreiche weitere charakteristische Arten vor, darunter oft Endemiten, von denen einige hier aufgeführt werden.

Oben links:
Aurikel (122).

Oben rechts:
Dreischnittiger Baldrian (186).

Unten links:
Immergrünes Felsenblümchen (092).

C Alpen generell: Aurikel (122), Dreischnittiger Baldrian (186), Felsen-Baldrian, Immergrünes Felsenblümchen (092), Kugelschötchen, Niedriges Habichtskraut, Stängel-Fingerkraut (071), Trauben-Steinbrech (056), Zwerg-Gänsekresse.
C und B Süd- bis Südöstliche Randalpen: Blaues Mänderle (157), Dolomiten-Fingerkraut (072), Felsen-Seidelbast (100), Gelbes Mänderle (158), Rasen-Glockenblume (205), Schopfige Teufelskralle (211), Zwerg-Alpenrose (110), Zoys' Glockenblume.

Oben links:
Stängel-Fingerkraut (071).

Oben rechts:
Trauben-Steinbrech (056).

Unten rechts:
Blaues Mänderle (157).

12.4.2 Pflanzengesellschaft auf Kalk: Schweizer Mannsschild-Felsflur

Ebenfalls auf Kalk, nur in der hochalpinen Stufe, ist die Felsflur mit Schweizer Mannsschild die Fortsetzung der vorhergehenden Gesellschaft unter den harten Lebensbedingungen der höchsten Lagen. Den namengebenden Schweizer Mannsschild hatten wir schon als Beispiel für eine Kugelpolsterpflanze erwähnt. Dem extremen Standort entsprechend ist die Gesellschaft sehr artenarm.

C: Filziges Felsenblümchen, Schweizer Mannsschild (129).

B: Aurikel (122), Kugelschötchen.

Oben links:
Felsen-Seidelbast (100).

Oben rechts:
Schopfige Teufelskralle (211).

Unten links:
Schweizer Mannsschild (129).

Links: Berg-Hauswurz (052).

Rechts: Spinnweben-Hauswurz (051).

12.4.3 Pflanzengesellschaft auf Silikat: Fetthennen-Hauswurz-Gesellschaft

Die Gesellschaft findet sich zwar in der Alpinen Stufe, ist aber nicht in den Spalten vertikal aufragender Felswände angesiedelt. Denn ihre Arten benötigen zwar ebenfalls nur Spuren von Erde, aber auf flacherem Relief. Die Gesellschaft stellt sich auf stark besonnten Felsbändern und -buckeln, auch auf Felsgrus ein, und zwar auf Silikatfelsen. Sie kann auch kleinräumig auf Felsrundungen inmitten von Silikat-Rasen auftreten. Es handelt sich um eine Pioniergesellschaft, die besonders von den wasserspeichernden Rosetten der Hauswurzarten geprägt ist. Auch eine alpine Form der vom Tiefland her bekannten Dach-Hauswurz, die Alpen-Hauswurz, kann sich einstellen. Hinzu kommen Mauerpfeffer- bzw. Fetthennen-Arten mit Sprossen, die ebenfalls wasserspeichernde und daher dicke, „fette“ Blätter tragen. Die Gesellschaft ist in den Innenalpen am besten ausgebildet – und leicht zu erkennen!

C: Alpen-Hauswurz (053), Berg-Hauswurz (052), Einjähriger Mauerpfeffer, Felsen-Leimkraut (038), Rundblättrige Fetthenne, Spinnweben-Hauswurz (051), Stein-Nelke (031).

B: Felsen-Mauerpfeffer (in unteren Lagen).

Oben links:
Stein-Nelke (031).

Oben rechts:
Behaarte Primel (123).

Rechte Seite:

Oben links:
Echte Edelraute (216).

Oben Mitte:
Rosenwurz (047).

Oben rechts:
Sterndolden-Hasenohr (198).

Unten links:
Weißliches Habichtskraut (235).

Unten rechts:
Felsen-Ehrenpreis (160).

12.4.4 Pflanzengesellschaft auf Silikat: Vandellis Mannsschild-Felsflur

Die Gruppe der Silikat-Felsfluren mit Vandellis Mannsschild lässt sich in einige, teils seltene Varianten gliedern. Vom Tal bis zur Waldgrenze, ungefähr bis 2 500 m und damit bis in die Subalpine Stufe, werden Felsspalten von der **Felsflur mit der Behaarten Primel** besiedelt. Auch der Strauß-Steinbrech gesellt sich dazu. In der Alpinen und Nivalen Stufe findet sich die **Felsflur mit Vandellis Mannsschild** im engeren Sinn, die wichtigste der Gesellschaften. Sie steigt auf Silikatgestein am höchsten, über 4 000 m, und entspricht insofern der Felsflur mit Schweizer Mannsschild auf Kalk. Wieder ist eine Polsterpflanze und wieder ein Mannsschild, Vandellis Mannsschild, die namengebende C.

C: Behaarte Primel (123; auch untere Lagen), Echte Edelraute (216), Himmelsherold (153), Rosenwurz (047), Seealpen-Steinbrech (nur lokal in den SW-Alpen), Sterndolden-Hasenohr (198), Strauß-Steinbrech, Vandellis Mannsschild (130), Weißliches Habichtskraut (235).

B: Felsen-Ehrenpreis (160). In den Ostalpen Wulfens Hauswurz (054, untere Lagen).

13

Vegetationsstufen und Pflanzengesellschaften: Nivale Stufe – Höhenrekorde bei Alpenblumen

Die Alpine Stufe endet mit dem Aufhören des *regelmäßigen* Vorkommens von Blütenpflanzen. Damit ist auch der Beginn der Nivalen Stufe festgelegt. Im Großen und Ganzen entspricht diese Grenzziehung der **klimatischen Schneegrenze.** Dabei handelt es sich um eine Linie, oberhalb derer im langjährigen Durchschnitt mehr Schnee fällt als abschmilzt. Eine horizontale Fläche oberhalb der klimatischen Schneegrenze bliebe dann dauernd schneebedeckt.

Alles das sind Abstraktionen. Unter natürlichen Gegebenheiten bedeutet es, dass der Untergrund in der Regel unter Eis und Schnee begraben bleiben wird. Günstigere Voraussetzungen für ein Pflanzenwachstum bieten Berge mit steiler gestellten Wänden, an denen Eis und Schnee abrutschen und so die Bildung von Gletschern erschwert wird. Es ist kein Zufall, dass sich die höchststeigenden Blütenpflanzen an Bergpyramiden oder Bergen mit Steilwänden finden. Dom, Finsteraarhorn oder auch Wände im Monte Rosa-Gebirgsstock sind dafür bekannt. Lokal finden sich dort immer wieder Flecken, die so lange schneefrei sind, dass sich Blütenpflanzen entwickeln können, mit steigender Höhe allerdings zunehmend seltener. Wichtiger werden dann Bakterien, Algen, Moose und vor allem Flechten.

In der **unteren Nivalen Stufe** finden sich noch Arten aus den höher gehenden Gesellschaften der Alpinen Stufe. Die Rasen-Gesellschaften hatten sich schon an der oberen Grenze der Alpinen Stufe aufgelockert, die Schutt- und insbesondere die Felsfluren bildeten sowieso keine geschlossene Pflanzendecke. Diese Zerstückelung geht jetzt bis ins äußerste Extrem, wobei die Zahl der Arten und die der Individuen stark zurückgeht: nur noch punktuell, an vereinzelten günstigen Standorten, finden sich Blütenpflanzen. Sie bilden in Fortsetzung der Pflanzengesellschaften der Alpinen Stufe stark reduzierte **Dauergesellschaften**, auch wenn die betreffende Gesellschaft in der Alpinen Stufe eine Pioniergesellschaft gewesen sein sollte. Denn unter den extrem ungünstigen Außenbedingungen ist eine Entwicklung zu weiteren Gesellschaften nicht möglich, wie sie bei Pioniergesellschaften erfolgt.

In der unteren Nivalen Zone finden sich zwar keine geschlossenen Rasen

Rechte Seite:
Die Mischabel-Gruppe mit dem Dom (rechts) oberhalb von Saas Fee, Standort der höchstgehenden Blütenpflanze der Alpen.

Temperatur-Optima für verschiedene Stoffwechselprozesse sind bei ihnen besonders niedrig. Einige Flechten weisen noch bei –24 °C eine positive Photosynthesebilanz auf. Besonders wichtig ist, dass sie spezielle Flechtensäuren ausscheiden, mit deren Hilfe sie Mineralien aus dem Gestein herauslösen und für ihr Wachstum nutzen. Das Felsgefüge wird dadurch gelockert. Auf die Flechtensäuren, die in hohen Quantitäten gebildet werden können, gehen die bunten Farben vieler Flechten zurück. Nicht umsonst hat man die obere Nivale Stufe auch schon **Flechtenstufe** genannt.

Damit ist unser Aufstieg durch die Höhenstufen der Vegetation abgeschlossen. Wir haben eine Vielzahl von Pflanzengesellschaften mit einer Überfülle von Arten kennen gelernt. Dabei muss berücksichtigt werden, dass nur die wichtigsten Arten, meist Charakterarten, erwähnt werden konnten. Dass die Alpen sehr artenreich sind, ließ sich vollauf bestätigen. Doch muss noch berücksichtigt werden, wie groß oder wie klein der Raum ist, der diese Artenfülle aufweist. Wie schon erwähnt, entsprechen bei der Zonierung der Vegetation 1 000 Höhenmeter rund 1 000 km nördlicher Breite. Dabei ist der Alpenbogen nur 140 km (in den Ostalpen) bis 240 km (in den Nordwest-Alpen) breit. In der geographischen Breite liegen lediglich 500 km zwischen dem nördlichsten Punkt in der Umgebung von Wien und dem südlichsten bei Nizza. Das entspricht nur fünf Breitengraden.

Die Höhenstufen der Vegetation sind also in den Alpen auf nur engem Raum zusammengedrängt, und das in einer Vielzahl von sehr verschiedenen Pflanzengesellschaften mit zahlreichen Pflanzenarten – eine weitere Ursache für den Artenreichtum der Alpenflora.

Der Moos-Steinbrech (060), eine der höchstgehenden Blütenpflanzen der Alpen, zeigt wie der Traubensteinbrech (056) eine ausgeprägte Vormännlichkeit mit Bewegungen der einzelnen Staubblätter. Er demonstriert damit die Bedeutung der Fremdbestäubung selbst unter widrigsten Umweltverhältnissen. In hohen Lagen kann bei ihm ihm das eine oder andere Staubblatt verkümmert oder die Bewegung der Staubblätter gestört sein, aber das Prinzip wird beibehalten. Blüte im ersten, männlichen Zustand: ein Staubblatt (links) ist bereits nach außen abgespreizt und hat seinen Staubbeutel abgeworfen, ein zweites Staublatt (rechts hinten) ist nach außen abgespreizt, sein Staubbeutel steht unmittelbar vor dem Abwurf; ein drittes Staubblatt (Mitte) hat sich auf die noch geschlossene Narbe gelegt und öffnet gerade seinen Staubbeutel nach oben zu; die Staubbeutel der fünf Staubblätter im inneren Kreis sind noch geschlossen.

14

Artenbeschreibungen: Alpenblumen im Detail

Dem Bergwanderer sollen die Alpenblumen nahe gebracht werden. Dazu genügt die Kenntnis des Namens nicht. Deshalb wurden die Alpenblumen in den vorhergehenden Kapiteln nicht isoliert gesehen, sondern als Teile eines übergeordneten Ganzen. Auch bei den folgenden Artenbeschreibungen wird entsprechend verfahren. Über 280 Alpenblumen werden erfasst. Meistens handelt es sich um häufige Arten, denen man in den Alpenregionen, die im Vorwort genannt wurden, bei jeder Wanderung begegnen kann. Doch fallweise wurden auch seltenere Alpenblumen berücksichtigt, wenn sie besonders interessante Eigenschaften aufweisen.
Hat man die Alpenblumen erst einmal nach Funktion und Schönheit erfasst, kann daraus Verständnis für die vielfach hohe Schutzbedürftigkeit erwachsen:

> Die Alpenblume, von der wir nicht nur den Namen kennen, sondern die uns schließlich so vertraut wurde, dass sie geradezu Persönlichkeitswert erhält, wird dadurch auch schützenswert. Denn nur was man kennt, kann man mit Überzeugung schützen.

Hinweise zu den Artenbeschreibungen

Die Einteilung der Arten erfolgt nach **Pflanzenfamilien.** Zunächst wird eine Diagnose der jeweiligen Familie gegeben. Dabei werden ebenso wie bei den Artbeschreibungen vor allem Merkmale berücksichtigt, die für die Bestimmung brauchbar sind.
Für die betreffende Familie typische oder unter anderen Aspekten interessante Arten werden detailliert beschreiben. Die Schilderung einer Art beginnt mit einer dreistelligen **Code-Nummer.** Wird die betreffende Art in diesem Buch an anderer Stelle erwähnt, etwa bei der Besprechung der Pflanzengesellschaften, wird auch dort die Code-Nummer angegeben, so dass der Zugriff auf die Daten in diesem Kapitel erleichtert wird. Bei den Familiennamen sowie den deutschen und wissenschaftlichen **Artnamen** werden fallweise auch ältere Bezeichnungen erwähnt. Anschließend werden in einer kurzen **Beschreibung** die für die Bestimmung wichtigsten Merkmale gebracht. Falls sie für die Unterscheidung von anderen Arten wichtig sind, sind sie in Fettdruck gehalten. Blattmerkmale und Blütenstände sind auf der Einbandinnenseite hinten abgebildet.
Unter **Blume** werden weitergehende Informationen zur Blütenökologie gegeben. Dabei wird auf Vormännlichkeit nur im Einzelfall verweisen, weil es sich bei ihr um die Regel handelt. Die seltenere Vorweiblichkeit dagegen wird immer ange-

Rechte Seite:
Der Himmelsherold (153), Inbegriff der Alpenblumen.

geben. Detailfotos, oft im Verbund von Essays (s. unten), ergänzen die knappen Angaben. Makroaufnahmen veranschaulichen die Beschreibungen.
Bei den Angaben zum **Standort** werden die besonders wichtigen Ansprüche an die Bodenverhältnisse in Fettdruck hervorgehoben. Fehlen sie, so verhält sich die Art bodenvag.
Unter **Pflanzengesellschaft** wird angegeben, ob und in welcher Gesellschaft die betreffende Art eine Charakterart (C) ist. Seitenzahlen verweisen auf die Behandlung der betreffenden Pflanzengesellschaften.
Die Angaben zur **Verbreitung** berücksichtigen vor allem den Alpenraum. Dabei wird versucht, auch die Häufigkeit anzudeuten.
Verwendung bezieht sich auf die verschiedensten Aspekte, oft auf den Einsatz in Medizin und Volksmedizin. Um einen neuen, vieldiskutierten Aspekt einzubringen, wurde auch angegeben, ob die betreffende Art eine Bachblüte ist. Dabei wird auf ALBRODT (o. J.) Bezug genommen. Dort werden auch detaillierte Angaben zur Verwendung der jeweiligen Bachblüte gemacht. In diesem Buch musste es bei einem Hinweis bleiben.
Ein **Essay** schließt sich an. In ihm werden die Kurzangaben genauer erklärt, aber auch zusätzliche Angaben gemacht. Dabei wurden die unterschiedlichsten Gesichtspunkte berücksichtigt.
Zahlreiche weitere Arten, die dem Typus in etwa entsprechen, werden in **Kurzform ohne Essay** behandelt. Unter Nennung einer Code-Nummer werden jedoch in der eben genannten Reihenfolge die genannten Informationen gebracht.

Hahnenfuß-Gewächse (Ranunculaceae)

Die meisten Hahnenfuß-Gewächse sind Stauden mit wechselständigen, meist geteilten Blättern.
Die Blüten sind radiär bis zygomorph. Ihre Blütenhülle ist nicht verwachsen. Sie kann aus gleichartigen Blattorganen bestehen. Dann werden wir von Blütenhüllblättern oder kürzer von Blütenblättern sprechen. Sie kann aber auch ungleichartige Blattorgane aufweisen, also in Kelch und Krone gegliedert sein. Dementsprechend finden sich in den Beschreibungen die Bezeichnungen Kelch- und Kronblätter. Die Blüten sind zwittrig mit zahlreichen Staubblättern und mehreren bis zahlreichen Fruchtknoten. Die Frucht ist ein Nüsschen, ein Balg oder sehr selten eine Beere.
Verschiedentlich finden sich Übergänge im Blütenbereich, etwa zwischen Staubblättern und Kron- bzw. Blütenhüllblättern sowie zwischen Hoch- und Kelchblättern. Die Kron- oder Blütenhüllblätter können Nektarien tragen. Man bezeichnet sie dann auch als Nektarblätter. Sie als Honigblätter zu bezeichnen ist falsch, denn Honig wird nicht in den Nektarien produziert, sondern bildet sich erst mit Hilfe der Bienen. Nektarblätter können wie Kron- oder Blütenhüllblätter aussehen, aber auch stark umgestaltet sein, z. B. zu tütenartigen Nektarien. Auch die Nektarblätter können durch Übergänge mit Staubblättern oder mit

nektarienlosen Blütenhüllblättern verbunden sein. Solche Übergänge können als Hinweise darauf gewertet werden, wie die betreffenden Organe im Lauf der Evolution auseinander entwickelt worden sein könnten. Fallweise werden wir auf derartige hypothetische Ableitungen eingehen.

Was die Blumengestalt angeht, weisen die Hahnenfuß-Gewächse vielfach einfache Scheiben- und Schalen-Blumen auf, doch einige Gattungen zeigen komplizierter gebaute, höher entwickelte Blüten wie Akelei und Eisenhut. Eine vielversprechende Familie also! Beginnen wir die Besprechung mit Arten, deren Blütengestalt einfach ist.

001 Gletscher-Hahnenfuß *(Ranunculus glacialis)*

Beschreibung: 5–20 cm hoch, Stängel niederliegend bis aufsteigend. Grundständige Blätter dreigeteilt fleischig, tiefgrün, glänzend. **Kelch und Krone bleiben bis zur Fruchtreife erhalten. Kelch außen wollig rotbraun behaart. Krone aus 5 weißen, später rot überlaufenen Kronblättern,** Durchmesser 12–30 mm. Blütezeit VII bis VIII.
Blume: Schalen-Blume. Bestäuber Tagfalter, Fliegen, Käfer.
Standort: Schuttfluren, Moränen, gerne feucht; **Silikatböden**. Alpin-nival, am Finsteraarhorn bis 4 270 m.
Pflanzengesellschaft: C in der Alpen-Mannsschild-Schuttflur (S. 175).
Verbreitung: Von den Pyrenäen über die Alpen bis zu den Karpaten, in der Arktis (arktisch-alpin). Recht häufig.

Einige morphologische und physiologische Anpassungen von Alpenblumen an ihre Umwelt – teils mit, teils ohne den Gletscher-Hahnenfuß

Der Schnee ist auf den Silikatböden des Adamello in 3 700 m Höhe gerade erst geschmolzen. Auf einem vom Schmelzwasser durchfeuchteten Hang über dem Lago Negro blüht der Gletscher-Hahnenfuß mit weißen und roten Blütenschalen. Wir wissen, dass er seinen Rekord als höchststeigende Blütenpflanze der Alpen nicht hatte halten können (S. 189). Doch mit 4 275 m, die er am Finsteraarhorn erreicht, gehört er nach wie vor zu den höchstgehenden Blumen der Alpen. Fragen wir, was ihn dazu befähigt.

Beginnen wir mit den **Blütenknospen**. Bei hochsteigenden Alpenpflanzen kann sich die Knospe wegen ungünstiger Außenbedingungen oft nicht im gleichen Jahr zur Blüte entwickeln. Bei vielen Alpenpflanzen beginnt deshalb die Entwicklung der Knospe schon im Jahr vor dem Aufblühen. Beim Gletscher-Hahnenfuß finden sich sogar zwei Jahre Vorlauf. Und wenn die Pflanzen zwei Sommer von Schnee bedeckt blieben, werden die Knospen zwar angelegt, aber dann wieder eingeschmolzen. Ihre Substanz kommt den unter der Schneedecke darben-

Gletscher-Hahnenfuß (001). Blütenschale.

den, oft in ihrer Existenz bedrohten vegetativen Pflanzen zugute. Das ist eine Ausnahme. Wir sind für's erste zufrieden: wir sind bei der Ausbildung der Blütenknospen auf besondere Anpassungen an die oft extreme Höhenlage gestoßen.

Doch nun zu dem, was sich aus den Knospen entwickelt, wenn alles gut geht, den **Blüten**. Eine erste Enttäuschung kann nicht ausbleiben: Ein dicht rotbraun-wolliger Kelch schützt zwar die Knospen, doch die geöffneten Blüten lassen äußerlich keine besonderen Schutzvorrichtungen erkennen. Während der ganzen Blütezeit bleiben die Kronblätter leicht aufwärts gestellt. An ihrer Basis tragen sie Nektarien in Form von Grübchen. Der Nektar ist in ihnen auch für kurzrüsselige Besucher erreichbar. Dementsprechend wird der Gletscher-Hahnenfuß außer von Tagfaltern auch von Fliegen bestäubt, die zwischen den Staubfäden nach den Nektarien suchen. Blütenstaub kann leicht auf den im Zentrum der Blüte freistehenden Narben deponiert werden. Auch Selbstbestäubung ist möglich. Selbstbestäubung, gegebenenfalls eine Notfall-Selbstbestäubung, wenn die Insekten bei schlechtem Wetter an den extremen Standorten ausgeblieben waren – damit haben wir wenigstens *eine* Anpassung der Blüten an die Höhenlage gefunden.

Mit zunehmendem Alter strecken sich die Blütenstiele. Wenn sie nicht schon zuvor rot gefärbt waren, legen sie sich spätestens jetzt ein tiefes Rot zu. Vor allem aber färben sich die Kronblätter kräftig rot. Man hat schon spekuliert, über den Farbumschlag sollten rotsichtige Tagfalter angelockt werden. Aber warum dann ausgerechnet zu alten Blüten, in denen es nicht mehr viel zu holen gibt? Doch als zusätzliches Bestimmungsmerkmal ist die Rotfärbung allemal nützlich.

Gletscher-Hahnenfuß (001). Alte Blüte.

Im Blütenbereich also kaum sichtbare Anpassungen an die Höhenlage. Gehen wir zu den nichtblühenden, den **vegetativen Pflanzenteilen** über. Die Blätter sind fettig, derb; mit ihnen verglichen sind die Laubblätter des im Tiefland allgegenwärtigen Scharfen Hahnenfußes geradezu zarte Gebilde. Bei etwas Grabarbeit – für Wissenschaftler war das notwendig, wir sollten es unterlassen, um die Pflanzen nicht zu gefährden – entdeckt man auch, dass die stark verzweigte Wurzel erst ziemlich weit unter der Erdoberfläche beginnt. Was darüber sitzt, besteht außen aus abgestorbenen und weiter innen aus lebenden Blattbasen. An ihrem Grund befinden sich die Bildungsgewebe (Meristeme), von denen das Wachstum der Sprosse ausgeht. Die Samen keimen normal an der Erdoberfläche. Später ziehen kontraktile Wurzeln die Sprossbildungsgewebe nach unten. In ihrem Schutzmantel aus Blattbasen sind sie dann unter der Oberfläche gut gegen Frost geschützt – und gleichermaßen gegen allzu starke Erhitzung! Auch bei weiteren Alpenpflanzen finden sie sich mehrere Zentimeter unter der Erde.

Doch trotzdem: wir sind enttäuscht. Denn andere Alpenpflanzen, die weniger hoch steigen als der Gletscher-Hahnenfuß, lassen mehr Schutzvorrichtungen erkennen. Denken wir nur an Gräser oder Seggen mit ihren harten, derben und überaus widerstandsfähigen Blattorganen! Auch bei vielen von ihnen liegen übrigens die Sprossbildungsgewebe unter der Erdoberfläche. Oder denken wir an Rosetten- oder Polsterpflanzen! Wir hätten vom Gletscher-Hahnenfuß in dieser Hinsicht mehr erwartet.

Es muss andere, äußerlich nicht so leicht erkennbare Besonderheiten geben. Gehen wir deshalb zu **physiologischen Leistungen**, zu biochemischen Funktionen über. Sie können auch zu Besonderheiten in der äußeren Gestaltung, der Morphologie führen, müssen es aber nicht unbedingt. Die wichtigste physiologische Leistung, die grüne Pflanzen erbringen, ist zweifellos die **Photosynthese**. Denn in ihr werden mit

Hilfe der Sonnenenergie aus dem Kohlendioxid der Luft und aus Wasser zunächst Kohlenhydrate und dann alle anderen organischen Substanzen der Pflanze gebildet. Alles höher organisierte Leben auf der Erde hängt von der Photosynthese ab. Denn Mensch und Tier sind in ihrer Ernährung auf die Pflanzen angewiesen.
Wenn überhaupt, dann sollten sich physiologische Besonderheiten bei Alpenpflanzen bei diesem zentral wichtigen Prozess finden. Erinnern wir uns daran, dass die Temperatur der Außenfaktor ist, der das Leben der Alpenpflanzen am stärksten beeinflusst. Damit kommen wir zu der Frage, ob es in der **Temperaturabhängigkeit der Photosynthese** bei Alpenpflanzen Besonderheiten gibt. Die Frage gilt primär für niedrige Temperaturwerte. Aber man sollte auch hohe Temperaturen berücksichtigen, wie sie in hohen Lagen bei starker Sonneneinstrahlung auftreten können.
Wenn man an das Sinken der Durchschnittstemperaturen mit steigender Höhe denkt, scheint es selbstverständlich: Bei Alpenpflanzen sollte die Photosynthese bei niedrigeren Temperaturen optimal verlaufen als bei Tieflandpflanzen. Doch entsprechende Experimente brachten keinerlei Bestätigung. Pflanzenmaterial aus Tiefland (Bereich des Gardasees) und Gebirge (verschiedene Höhenlagen um Innsbruck) wurde entsprechenden Temperaturen ausgesetzt. Alle Arten zeigten bei mittleren Temperaturen von 15–20 °C eine ähnlich gute Photosyntheseleistung. Auch die Temperaturminima der Photosynthese (die Temperaturen, bei der die Hälfte der Blattorgane bleibend durch Frost geschädigt werden) lagen bei ähnlichen Werten. Entsprechendes galt auch für die Temperaturmaxima und die Hitzeresistenz. Der Gletscher-Hahnenfuß machte hier keine Ausnahme, obwohl er vom höchstgelegenen Standort stammte.
Auch weitere Untersuchungen führten zu dem Ergebnis, dass sich Alpenpflanzen in der Temperaturabhängigkeit ihrer Photosynthese nicht so weitgehend von Tieflandpflanzen unterscheiden wie erwartet. Der ihre Photosynthese begrenzende Faktor ist weniger die Temperatur als vielmehr das **Licht.** Bei schlechtem Wetter, bei Regen oder gar Schnee fallen ja nicht nur die Temperaturen, auch die Sonneneinstrahlung wird verringert. Einige Angaben dazu.
Die Laubblätter typischer Alpenpflanzen sind so gebaut, dass sie eine starke Lichteinstrahlung, wie sie hoch oben im Gebirge gegeben sein kann, voll ausnutzen könnten. Alpenpflanzen, die in über 3 000 m Höhe wachsen, weisen durchschnittlich mehr photosynthetisch tätige Zellschichten auf. Photosynthetisch aktiv sind in erster Linie die Zellen des so genannten Palisadenparenchyms. Die erwähnten Alpenpflanzen führen nun drei, Tieflandpflanzen nur zwei Schichten Palisadenparenchym. Darauf kann es auch zurückgehen, dass die Blätter der Alpen-

pflanzen im Schnitt dicker sind als diejenigen von Tieflandarten. Auch hier tut sich der Gletscher-Hahnenfuß nicht besonders hervor.

Die Vermehrung des Palisadenparenchyms bedeutet, dass besonders viel Lichtenergie aufgenommen und zur Photosynthese herangezogen werden kann. Doch in einem durchschnittlichen Sommer wird die gesteigerte Photosynthesekapazität der Alpenpflanzen gar nicht ausgenutzt. Nur zu oft hängen schwere Wolken vor der Sonne. Folge ist eine Lichteinstrahlung, die viel zu gering ist, um den besonders leistungsfähigen Photosyntheseapparat auf Höchsttouren laufen zu lassen. Das Licht ist dabei der limitierende Faktor. Niedere Temperaturen spielen mit, sind aber zweitrangig, sofern sie nicht zu tief absinken.

Viel Sonnenlicht ist also für die Ausschöpfung der Photosynthesekapazität erforderlich. Viel Sonnenlicht bringt aber auch Nachteile wie starke Erhitzung und Austrockung mit sich. Und außerdem können lichtbedingte Oxidationsprozesse, so genannte **Photooxidationen**, Schäden verursachen. Das gilt auch für uns Menschen. Hautkrebs kann eine der Folgen solcher Photooxidationen sein. Wir versuchen, uns durch Gegenmittel, durch Antioxidantien zu schützen. Bei Pflanzen ist es ebenso. Die Antioxidantien sind bei ihnen teilweise die gleichen Stoffe, die auch wir verwenden. Mit der Höhenlage kann ihr Gehalt ansteigen, eine Anpassung an die stärkere Besonnung. Doch beim Gletscher-Hahnenfuß ist die Steigerung kaum feststellbar. Sie ist keinesfalls so stark, wie man das bei einer der höchstgehenden Alpenpflanzen erwartet hätte.

Der Gletscher-Hahnenfuß wird also mit den widrigsten Außenbedingungen fertig, ohne dass sich ganz genau sagen ließe, welches im Einzelnen die Gründe sind. Das Interesse der Wissenschaftler wird ihm so noch für lange Zeit erhalten bleiben.

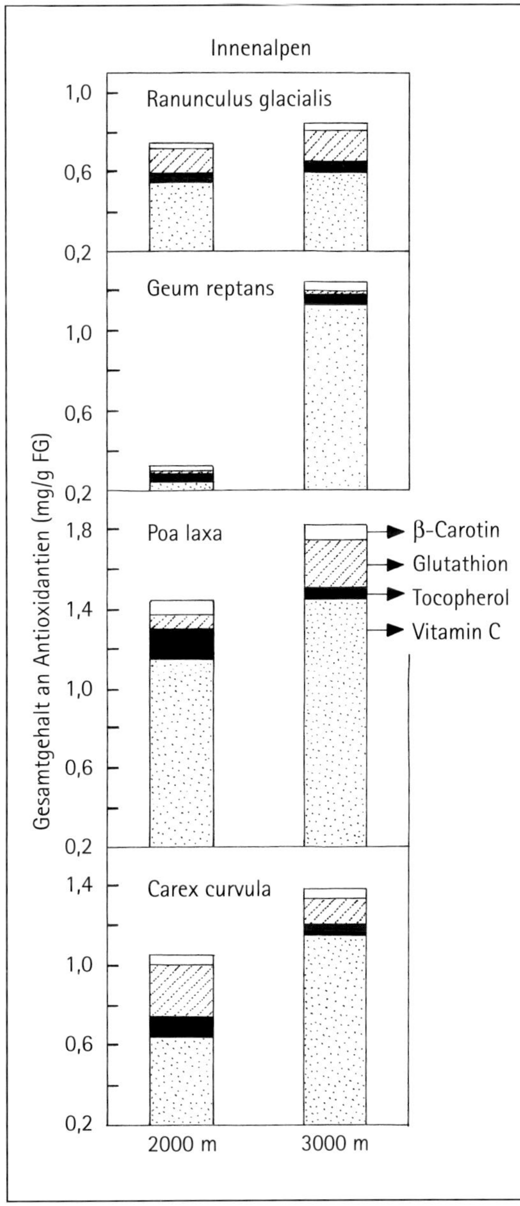

Akkumulation von Antioxidantien in Pflanzen aus unterschiedlichen Höhenlagen der Innenalpen, bei 2 000 m kurz über der Baumgrenze und bei 3 000 m. Der Gletscher-Hahnenfuß zeigt im Gegensatz zu anderen Arten kaum Veränderungen. FG = Frischgewicht. *Ranunculus glacialis* = Gletscher-Hahnenfuß (001), *Geum reptans* = Kriechende Nelkenwurz (068), *Poa laxa* = Schlaffes Rispengras, *Carex curvula* = Krumm-Segge.

002 Alpen-Hahnenfuß (***Ranunculus alpestris***)**:** Bis 15 cm hoch, meist unverzweigt, **grundständige Blätter glänzend, bei rundlichem Umriss drei- bis fünfspaltig.** Einblütig. **Blüte** fünfzählig mit einem Durchmesser von rund 2 cm. 5 Kelchblätter, **5 an der Spitze ausgerandete weiße Kronblätter.** Kelch und Krone bleiben nach dem Abblühen nicht wie bei 001 erhalten. Blütezeit V bis VIII. Scheiben- bis Schalen-Blume. Leicht vorweiblich. Die Staubblätter stehen in bis zu 5 Reihen um die inmitten der Blütenschale befindliche Gruppe der Fruchtknoten. Zuerst werden die Staubbeutel in der äußersten Reihe geöffnet, dann rückt die Öffnungsbewegung weiter nach der Mitte zu vor. Wenn auch die inneren Staubbeutel geöffnet sind, kann es zur Selbstbestäubung kommen. Bestäuber vor allem Fliegen. Feuchte, **bevorzugt kalkreiche Böden**: Rasen, Felsen, Feinschutt, Schneeböden. Montan-alpin, bis 3 000 m. C in Blaukressen-Fluren (S. 162). Gebirge Mittel- und Südeuropas von entsprechender Höhe (selten unter 1 600 m). Gesamte Alpen zerstreut bis häufig, in den Innenalpen seltener (dort oft Silikatböden).

003 Eisenhutblättriger Hahnenfuß *(Ranunculus aconitifolius)*
004 Platanenblättriger Hahnenfuß *(Ranunculus platanifolius)*

Beschreibung: 20 – 150 cm hoch, reich verzweigt. **Blätter tief drei- bis siebenteilig,** am Grund langgestielt, am Stängel sitzend. **Zahlreiche weiße Blüten** mit 1 – 2,5 cm Durchmesser. Blütezeit V bis VII.

003: Blätter bis zum Grund geteilt. Abschnitte der Stängelblätter gesägt, oft mit sehr kurzem Stiel. Blütenstiele 1- bis 3-mal so lang wie ihr Deckblatt.
004: Blattabschnitte am Grund miteinander verbunden. Abschnitte der oberen Stängelblätter meist ganzrandig. Blütenstiele 3- bis 5-mal solang wie ihr Deckblatt.
Blume: Scheiben-Blume. Bestäuber vor allem Fliegen, aber auch Käfer, Hummeln und Tagfalter.
Standort: Immer mehr oder weniger (004) feucht: Bachufer, Feuchtwiesen, lichte Stellen im Bergahorn-Buchenwald, Quellfluren, Hochstauden-Fluren, Grün-Erlen-Gebüsche. Montan-subalpin, bis über 2 000 m. 003 bevorzugt **Silikat-**, 004 **Kalkböden.**

Pflanzengesellschaft:
003: C in gedüngten Feuchtwiesen (hier nicht besprochen), auch in Hochstauden-Fluren (S. 102).
004: C in Hochstauden-Fluren (S. 102).

Verbreitung: Gebirge Mittel- und Südeuropas, im ganzen Alpengebiet. Häufig.
Verwendung: Beide Arten giftig.

Zwei düngerliebende Hahnenfuß-Arten

Früher kannte man nur eine Art, den Eisenhutblättrigen Hahnenfuß, bei dem man aber zwei Unterarten unterschied. Heute gliedert man meistens in zwei nahe verwandte Arten. Die früheren Unterarten wurden zu Arten befördert, zum Eisenhutblättrigen (003) und zum Platanenblättrigen Hahnenfuß (004). Wir sind dieser Einteilung gefolgt, besprechen aber die beiden sehr ähnlichen Arten gemeinsam.

Blütenbiologisch schließen beide an die bereits besprochenen Hahnenfuß-Gewächse an. Fliegen sind die wichtigsten Bestäuber, und zwar auch in tieferen Lagen, nicht nur hoch oben im Gebirge, wo die anderen Bestäubergruppen seltener werden. Das war zu erwarten. Denn die Blumen sind einfache Scheiben ohne Komplikationen für Besucher. Der Nektar ist in Grübchen an der Basis der Kronblätter auch für kurzrüsselige Insekten leicht erreichbar; Weiß ist eine Farbe, auf die Fliegen gut ansprechen.

Etwas anderes sollte noch erwähnt werden. Im Gegensatz zu vielen Bergpflanzen sind beide Arten ausgesprochen düngerfreundlich. Wo andere Pflanzen durch Dünger, auch durch Stalldünger, vernichtet werden, gedeihen sie umso besser. Da das Vieh sie wegen ihrer Giftstoffe verschmäht, breiten sie sich immer mehr aus.

005 Berg-Hahnenfuß *(Ranunculus montanus)*

Beschreibung: 5–40 cm hoch, höhere Pflanzen verzweigt. Stängel rund. Grundblätter gestielt, tief (bis auf 5/6) 3teilig, Stängelblätter sitzend, drei- bis siebenteilig. **Blütenstiele rund; 1–3 tiefgelbe Blüten**, Durchmesser 1–3 cm, die gelblichen **Kelchblätter und der Blütenboden sind behaart.** Verschiedene Unterarten. Blütezeit V bis IX.

Blume: Scheiben- bis Schalen-Blume. Vorweiblich. Wie bei vielen gelbblühenden Hahnenfuß-Gewächsen leuchten die oberen zwei Drittel der Kronblätter stärker gelb als ihre Basis. Eine Zellschicht mit Stärkekörner, die das Licht reflektiert, ist die Ursache. Bestäuber vor allem Fliegen und Tagfalter, aber auch Hummeln.

Standort: Häufig und weit verbreitet: lichte Wälder, Rasen, Matten, Niedermoore, Schutthalden. **Bevorzugt Kalk.** Montan-alpin, bis 2800 m.

Pflanzengesellschaft: C in Täschelkraut-Schuttfluren (S. 170).

Verbreitung: Europäische Gebirge, im gesamten Alpenraum (vor allem in den Nördlichen Randalpen und den Innenalpen). Häufig.

Verwendung: Giftig.

Hahnenfuß-Arten sind Giftproduzenten

Die Hahnenfuß-Gewächse bilden Giftstoffe, die zu sehr unterschiedlichen chemischen Gruppen gehören. Typisch für sie ist das Ranunculin, das nur in ihnen vorkommt, besonders in den Gattungen Hahnenfuß und Anemone. Es handelt sich um eine mit Zucker besetzte Substanz (Glykosid), die leicht unter Zuckerabspaltung in das ebenfalls giftige Protoanemonin übergeht. Beim Trocknen des Heus lagern sich zwei

Moleküle Protoanemonin zu dem ungiftigen Anemonin zusammen. Getrocknetes Heu ist also unbedenklich, was Ranunculin / Protoanemonin anbelangt.
Bei manchen Hahnenfuß-Arten ist der Giftgehalt gering. Aber der **Gift-Hahnenfuß** trägt seinen Namen nicht umsonst: Er ist eine unserer giftigsten Pflanzenarten. Schon die alten Gallier sollen ihre Pfeile mit Giftextrakten aus seinen Wurzeln getränkt haben. In höheren Dosen eingenommen kann er nach schweren Schädigungen verschiedener innerer Organe über letztlich Atemlähmung und Kreislaufkollaps tödlich wirken.

006 Trollblume *(Trollius europaeus)*

Beschreibung: 20–60 cm hoch, Stängel meist unverzweigt. **Grundblätter handförmig geteilt,** Stängelblätter kleiner und nur dreiteilig. **Blüte kugelig, oben kleine Öffnung, goldgelb, außen 10–15 Blütenblätter, dann nach innen zu schmale Nektarblätter.** Blütezeit V bis VII.
Blume: abgeleitete Schalen-Blume (Schale fast geschlossen). Bestäuber kleinere Insekten, Käfer und vor allem Fliegen.
Standort: Feuchte Wiesen, Niedermoore, Bachränder, Hochstauden-Fluren. Collin-alpin, bis über 2 000 m.
Pflanzengesellschaft: C für Feuchtwiesen niederer Lagen (hier nicht besprochen), auch in anderen Pflanzengesellschaften häufig, z. B. in Hochstauden-Fluren und Rost-Seggen-Rasen (S. 102 und S. 144).
Verbreitung: Europa ohne Südeuropa. In Norddeutschland seltener, noch weiter nach Norden häufiger. Im Norden Europas auch im Flachland, im Süden im Gebirge. Dort häufig.
Verwendung: Giftig.

Die Trollblume: Blütenkuppeln als Quartier und Brutstätte für Fliegen

Die gleichartig gestalteten, gelben Blütenblätter bilden eine Kuppel, die nur oben einen kleinen Durchlass aufweist. Die Nektarblätter, die sonst bei Hahnenfuß-Arten als Blütenhüllblätter fungieren können, befinden sich in ihrem Inneren. An ihrer Innenseite tragen sie ein längliches Nektarium. Möglicherweise haben sie sich während der Evolution aus Staubblättern entwickelt. Weiter nach innen zu folgen die Staubblätter. Ihre Staubbeutel öffnen sich nacheinander von außen nach innen, und zwar zur Blütenmitte hin. Im Zentrum der Kuppel stehen die Fruchtknoten mit den aufsitzenden Narben.
Nur kleine Insekten, Fliegen und Käfer, können den Durchlass oben an der Kugel passieren. Sie gelangen zunächst in den mittleren Bereich der Blüte und können dort mitgebrachten Pollen auf den Narben abladen.

Blick in die Kuppel einer Trollblume (006). Zu sehen sind in der Bildmitte ein und rechts mehrere Nektarblätter, sonst Staubblätter, kenntlich an den oben aufsitzenden Staubbeuteln. Die in der Mitte stehenden Fruchtblätter sind verdeckt.

Die Besucher suchen dann im Inneren nach Nektar. Doch nach außen stoßen sie dort zunächst auf die Staubblätter. Praktisch, dass sich deren Staubbeutel nach *innen* öffnen! Die nach außen strebenden Besucher können so gar nicht umhin, Blütenstaub zu übernehmen. Praktisch auch, dass die Nektarblätter, zu denen die Insekten nun gelangen, ihre Nektarien ebenfalls nach *innen* tragen! So wird den Bestäubern der Nektar fast entgegengehalten – eine willkommene Belohnung nach dem Hindernislauf in der Blütenkuppel.

Staubbeutel und Narben sind gleichzeitig reif. Bei dem Hin und Her der Insekten in den Blüten kann Selbstbestäubung kaum ausbleiben. Auch eine spontane Selbstbestäubung ist dadurch möglich, dass Pollen von Staubbeuteln herabfällt, die über den Narben stehen. Doch es kommt nicht zur Befruchtung. Die Trollblume ist selbststeril.

Drei Arten der Fliegen-Gattung *Chiastochaeta* nehmen in den Blüten für einige Zeit Quartier und legen ihre Eier in die Fruchtknoten. Am bekanntesten von diesen kleinen Fliegen ist *Chiastochaeta trollii*. Ein ausgeklügeltes biologisches System gewährleistet, dass sich die Fliegen bei der Eiablage keine Konkurrenz machen und dass noch genügend Samen gebildet werden. Im Schnitt belegt eine gegebene Fliegenart pro Blüte nur einen Fruchtknoten. Besonders in nördlichen Regionen ist *Chiastochaeta* ein wichtiger Bestäuber. Und die Bestäubung ist für die Fliegen unabdingbar! Denn ihre Larven ernähren sich von den heranwachsenden Samen, die man ja nur über eine Bestäubung erhält. Doch von rund vierhundert Samen pro Blüte fallen ihnen nur einige wenige zum Fraß. Die Existenz der Art Trollblume ist also nicht gefährdet. Und damit auch die der Fliegen nicht!

007 Kerners Schmuckblume
(Callianthemum kerneranum)

Beschreibung: Niedrig, nur bis zu 6 cm hoch. **Blätter entwickeln sich langsamer als die Blüte. Grundblätter blaugrün, fein gegliedert:** unpaarig gefiedert, die Fiedern wieder in 2–3 schmale Fiederchen geteilt. Voll entwickelt überragen sie die Blüten. Einblütige Stängel; **Blüten mit** 5 rötlichen Kelchblättern und **10–20 weißen oder rosa Kronblättern.** Durchmesser 2,5 cm. Blütezeit V bis VI.
Blume: Scheiben-Blume. Bestäuber vermutlich Fliegen.
Standort: Magere, steinige Rasen, Feinschutt, **kalkliebend.** Alpin, bis 2 000 m.
Pflanzengesellschaft: Gerne in Blaugras- und Polster-Seggen-Rasen (S. 148 und 153)
Verbreitung: Endemit, nur an wenigen Standorten um den Gardasee, vor allem am Monte Baldo.

Kerners Schmuckblume, einer der Endemiten im „Hortus europae", dem Monte Baldo

Die Berge um den Gardasee herum sind ein Paradies für Botaniker. Sie boten während der Eiszeit eisfreie Refugien, in denen viele Pflanzenarten überleben konnten. Mehrere von ihnen konnten sich dort auch nach den Eiszeiten behaupten, oft auf eng umgrenzten Arealen. Teils sind sie **Endemiten**, d.h. sie kommen nur in einem engen Bereich vor und sonst nirgendwo. Weltberühmt für seine Endemiten ist der Monte Baldo östlich des Sees. Doch für Kenner können die Berge im Westen des Sees wie der Monte Tremalzo durchaus mit ihm konkurrieren.

Der Monte Baldo gilt seit Jahrhunderten wegen seiner reichhaltigen Flora als **Hortus europae**, als Garten Europas. Seit Jahrhunderten haben unzählige Botaniker die Kuppen des langgestreckten Höhenzugs besucht. Wir sind auf die nördlichste von ihnen, den 2 078 m hohen Altissimo di Nago aufgestiegen, queren die Kuppe und halten uns in Richtung Gardasee. Und dort, wenig unterhalb der höchsten Erhebung, im von Fels durchsetzten Rasen, vergessen wir den Blick auf das Blau des tief unten liegenden Gardasees (vgl. S. 489). Nur wenige Zentimeter breite Blütensterne beanspruchen unsere volle Aufmerksamkeit. Wir haben Kerners Schmuckblume gefunden.

Die drei Schmuckblumen-Arten, die in den Alpen vorkommen, kann man leicht an der Zahl ihrer Kronblätter von weißblühenden Hahnenfuß-Arten unterscheiden: es sind bis zu 20, auf jeden Fall mehr als die 5, die man bei den Hahnenfuß-Arten findet.

Kerners Schmuckblume soll im Mai blühen, so kann man lesen. Hier oben auf dem Altissimo fanden wir die Blüten wiederholt erst im Juni. Vielleicht, dass sie in einem besonders warmen Jahr früher blühen. Der weiße Blütenstern wirkt umso rührender, als die übrige Vegetation auf dem kahlen Standort noch weit zurück ist. Das gilt auch für die Blätter

Aufsicht auf Kerners Schmuckblume (007). Am Rand Staubblätter, in der Mitte Fruchtknoten mit ihren Narben.

der Schmuckblume selbst. Während der Blüte sind sie noch wenig entwickelt. Erst danach holen sie auf. Dann sind auch sie in ihrer zarten Gliederung ein besonderer Schmuck. Sie stechen darin die beiden anderen Schmuckblumen-Arten aus, die in den Alpen vorkommen. Deren Blätter sind viel gröber.

Eine dieser weiteren Arten, die Korianderblättrige Schmuckblume (008), ist in den Alpen ziemlich weit verbreitet, allerdings nur zerstreut, disjunkt, wie sich der Botaniker ausdrückt. Eine **disjunkte Verbreitung** lässt sich dadurch erklären, dass die betreffende Art während der Eiszeiten vielerorts vernichtet wurde und die dadurch entstandenen Verbreitungslücken auch nach den Eiszeiten nicht wieder geschlossen werden konnten. Eine dritte Art, die Anemonen-Schmuckblume (009), findet sich nur in den Nordöstlichen Außenalpen. Kerners Schmuckblume weist das kleinste Verbreitungsgebiet auf. Man kennt sie, von umstrittenen weiteren Vorkommen westlich des Gardasees abgesehen, nur vom Monte Baldo.

Pflanzenarten, die auf nur eng umgrenztem Areal vorkommen, nennt man wie eben erwähnt Endemiten. Die Korianderblättrige Schmuckblume mit ihrer weiten Verbreitung ist kein Endemit, die Anemonen-Schmuckblume mit ihrem engeren Verbreitungsgebiet ist bereits ein Endemit – und Kerners Schmuckblume ist sogar ein Paradebeispiel für einen Endemiten. Ihre besonders geringe Verbreitung lässt sich vermutlich damit erklären, dass sie nur an wenigen Zufluchtsorten, darunter dem Monte Baldo, die Eiszeiten überstand. Nach den Eiszeiten vermochte sie den Sprung auf andere, für sie ebenso günstige Standorte wie am Monte Baldo nicht zu machen, konnte sich also nicht weiter verbreiten. Bei der Unterscheidung der Schmuckblumen-Arten ist die Verbreitung ein wesentliches Hilfsmittel.

Die **008 Korianderblättrige Schmuckblume** (*Callianthemum coriandrifolium*) wird mit bis zu 20 cm meist höher als 007. **Die gröber gegliederten Grundblätter sind während der Blüte bereits voll entwickelt. Sie überragen die Blüten nicht.** Sonst 007 sehr ähnlich. Blütezeit VI bis VIII. Leicht feuchter Untergrund bevorzugt. Matten, steinige Rasen, Krummholz, Felschutt. **Auf Kalk- und Silikatböden.** Subalpin-alpin. Bis 2 800 m. Gerne in Schneeboden-Gesellschaften (S. 162), Spalierweiden-Rasen und Blaukresse-Fluren. Gebirge Süd- und Mitteleuropas von den Pyrenäen bis zu den Karpaten; in den Alpen zerstreut vor allem in den Innenalpen, aber auch in den Südöstlichen Randalpen, z. B. den Dolomiten.

Die dritte Schmuckblumen-Art, die **009 Anemonen-Schmuckblume** (*Callianthemum anemonoides*), ist mit bis 50 cm die höchste in den Alpen vorkommende Art der Gattung. **Ihre Grundblätter sind zur Blütezeit nicht voll entwickelt.** Föhrenwälder, **nur auf Karbonatböden.** Montan-subalpin. Zerstreut bis selten als Endemit in den nordöstlichen Randalpen.

010 Schneerose *(Helleborus niger)*

Beschreibung: Bis 30 cm hoch. Grundblätter tiefgrün, derb, bleiben über den Winter erhalten, **„fußförmig" in 7 – 9 Teile gegliedert.** Stängel ein- bis dreiblütig. **Blüte groß**, bis 10 cm Durchmesser, **5 weiße oder rötliche**, beim Abblühen rot oder grünlich überlaufene Blütenblätter, die auch nach dem Abblühen lange erhalten bleiben. Weiter innen **tütenförmige Nektarblätter. Auffällige Balgfrüchte.** Blütezeit IX bis III.
Blume: Schalen-Blume. Vorweiblich. Bestäuber Bienen, Hummeln, Falter.
Standort: Lichte Buchen- und Buchenmischwälder, auch Fichtenwälder, im Süden Flaum-Eichenwälder, Gebüsch. Bis in die Krummholzzone, oft mit der Schneeheide vergesellschaftet. **Bevorzugt Kalkböden.** Collin-subalpin, bis 1 800 m.
Pflanzengesellschaft: C in Buchenwald-Gesellschaften (S. 84).
Verbreitung: Nordöstliche, vor allem aber Südliche Randalpen, dort häufig. Apennin, nördlicher Balkan.
Verwendung: Giftig, früher auch Heilpflanze. Die zerriebene schwarze Wurzel diente als Schnupfpulver, deshalb auch der Name Schwarze Nieswurz. Gartenpflanze, aus Gärten auch verwildert.

Die Schneerose: Kelchblätter wurden zu kronblattartigen Schaublättern, Kronblätter zu Nektarblättern

Schon zur Weihnachtszeit kann sie blühen, deshalb der Name Christrose. Aber in den Winter oder den ausgehenden Winter fällt ihre Blütezeit allemal, deshalb Schneerose. Die ledrigen Blätter machen einen recht widerstandsfähigen Eindruck. Trotzdem sind sie bei stärkerem Frost auf eine schützende Schneedecke angewiesen.
Unzählige Studenten der Biologie wurden und werden zu Beginn ihres

Studiums in „Schnippelkursen“ mit den Blättern der Schneerose konfrontiert, denn die derben Laubblätter eignen sich gut für die Herstellung von Blattquerschnitten, die unter dem Mikroskop betrachtet werden. So mancher Kursteilnehmer mag verzweifeln, weil er in seinen Schnitten kaum etwas von dem erkennt, was der dienstführende Assistent von ihm verlangt, und dann natürlich einige Mühe hat, eine Zeichnung davon anzufertigen. Kann man es ihm verdenken, dass er diese Erinnerung später rasch verdrängt?

Die Blütenschale einer Schneerose (010) von der Seite. In der Mitte die fünf Narben, darum Staubblätter, dann einige tütenförmige Nektarblätter. Ganz außen sind gerade noch Teile der Blütenhüllblätter zu sehen.

Ganz anders, wenn er bei einer Exkursion in den Südalpen auf blühende Christrosen im lichten Buchenmischwald stößt. Zu auffallend sind die großen, weißen Blumenschalen, die sich oft noch am Rand des Schnees entfalten. Dort kommt die Schneerose in einer besonders großblütigen Form vor. Man braucht kein Mikroskop, um Einzelheiten des Blütenbaus zu erkennen: Kelchblätter scheinen zu fehlen, weiße Blätter sind die einzigen Hüllorgane. Doch jetzt wird der Exkursionsleiter erläutern, dass bei der Schneerose die Kelchblätter kronblattartig gestaltet wurden. Die großen weißen Blattorgane sind eigentlich umgestaltete Kelchblätter. Warum nicht? Biologie-Studenten sind nicht so leicht zu erschüttern. Doch wo sind die ursprünglichen Kronblätter abgeblieben? Sie sind nicht abgeblieben, sie wurden zu Nektarblättern umgestaltet (aus didaktischen Gründen verschweigt der Exkursionsleiter, dass sich diese Nektarblätter nach anderer Auffassung von den Staubblättern herleiten). Sie sind viel kleiner als die kronblattartigen Kelchblätter und sehen wie gelbliche, schlauchartig verlängerte Tüten aus. In ihnen glänzt Nektar. Die Nektartüten duften anders als der Rest der Blüte. Sie reflektieren im Gegensatz zu den kronblattartigen Kelchblättern auch kein UV, sondern absorbieren es. Durch Duft und Farbe machen sie Insektenbesucher auf sich aufmerksam, besonders die UV-sichtigen Bienen und Hummeln.
Die kronblattartigen Kelchblätter halten sich lange. Nach der Blüte können sie sich umfärben, nach Rot, Purpurrot oder Grün. Der Schauwert bleibt lange erhalten, außer der frühen Blütezeit ein weiterer Grund, warum Schneerosen beliebte Gartenpflanzen sind. Schon beim Abblühen lassen sich Balgfrüchte erkennen, die sich im Zentrum aus den Fruchtknoten entwickeln.

Die lange haltbaren kronblattartigen Kelchblätter, letztlich also Blütenhüllblätter, sind für diese Fruchtbildung unerläßlich. Schon mit dem Aufblühen sterben nämlich die alten Laubblätter allmählich ab. Bislang hatten sie über ihre Photosynthese die Entwicklung der Christrose ermöglicht. Jetzt müssen sie ersetzt werden. Dabei springen die Blütenhüllblätter ein. Wenn eine Befruchtung erfolgt ist, und nur dann, bilden sie aus Vorstufen grüne Chloroplasten. Bei grünen Blütenhüllblättern sieht man das neue Grün unmittelbar, bei rötlichen Hüllblättern ist es von roten Farbstoffen (Anthocyanen) überdeckt. Die Photosyntheseleistung der Blütenhüllblätter ist beachtlich. Sie kann 1 Drittel derjenigen normaler, ausgewachsener Laubblätter ausmachen. Über die betreffenden Photosynthese-Produkte wird die Entwicklung der Früchte ermöglicht. Laubblätter spielen dabei höchstens eine Nebenrolle. Denn erst nach der Reifung der Früchte wachsen neue Laubblätter heran, die dann bis zum nächsten Winter überdauern. Dass die Blütenhüllblätter so lange erhalten bleiben, geschieht also nicht uns zu Freude, sondern steht im Dienst der Fruchtbildung!
Doch die Schneerose hat auch „innere" Werte. Sie ist eine Pflanze, die wie der Rote Fingerhut je nach der verwendeten Dosis heilen oder töten kann. Verwertet wird der schwarz gefärbte Wurzelstock. In der ganzen Pflanze, vor allem aber in ihm finden sich Herzglykoside von ähnlicher Struktur wie diejenigen des Fingerhuts, insbesondere das Hellebrin. An weiteren Wirkstoffen gesellen sich Saponine und das für Hahnenfuß-Gewächse typische Protoanemonin hinzu. Saponine sind Pflanzenstoffe, die auf Grund ihrer Oberflächenaktivität in Wasser wie Seife (lat. sapo = Seife) schäumen. Die brechreizenden Saponine und das Protoanemonin stehen der Verwendung der Pflanzendroge in der Medizin entgegen, denn man kann ihretwegen die Heilwirkung des Hellebrins auch bei vorsichtiger Dosierung kaum nutzen. Doch isoliertes Hellebrin lässt sich ähnlich wie die Herzglykoside des Fingerhuts verwenden.
Auch eine positive Wirkung pflanzlicher Präparate sei erwähnt: Wurzelpulver ist in bayrischem Schnupfpulver enthalten. Es löst ein befreiendes und reinigendes Niesen aus. Doch insgesamt steht die toxische Wirkung der Pflanzenteile im Vordergrund. Die Symptome sind Durchfall, Herzklopfen, Delirium und schließlich der Tod. Man hat die Giftwirkung seit Urzeiten genutzt. Solon, der Athen 594 v. Chr. vorbildliche Gesetze gegeben hatte, war auch sonst nichts weniger als weltfremd. Er gab Christrosen in die Wasserleitung einer belagerten Stadt, deren Verteidiger sich daraufhin ergeben mussten. Der Erfolg wurde so schneller erzielt, als wenn man die Wasserleitung unterbrochen und auf die Qualen des Verdurstens gesetzt hätte. Derzeit sind Vergiftungen bei Menschen selten: „Heute gehen zuerst die Rinder daran zugrunde" – auch ein Trost!

Die nachfolgend beschriebenen Arten gehören zu den wissenschaftlichen Gattungen *Anemone* und *Pulsatilla*. Dabei gehören alle Arten, deren Griffel zur Zeit der Fruchtreife kurz bleiben, also **keinen Federschweif** bilden, zur Gattung *Anemone*; alle Arten, deren Griffel sich zur Zeit der Fruchtreife stark verlängern und behaart sind, also einen **Federschweif** bilden, zählen zur Gattung *Pulsatilla*.

Das Blütenzentrum der Monte Baldo-Anemone (012) im zweiten, weiblichen Zustand. Die Staubblätter sind nach außen und unten abgebogen, in der Mitte recken sich die Narben empor.

011 Dreiblatt-Windröschen (*Anemone trifolia*): 10–30 cm hoch. Am Stängel unterhalb der einzigen, langgestielten Blüte 3 **quirlig stehende Laubblätter (Hochblätter). Jedes von ihnen ist dreigeteilt. Diese drei Teile sind *nicht* weiter unterteilt. 6 weiße Blütenblätter.** Durchmesser der Blüte 2–4 cm. Blütezeit V und VI. Scheiben-Blume. Pollen-Blume. Das strahlende Weiß der Blüten geht nicht auf weiße Farbstoffe zurück, sondern auf zahlreiche luftgefüllte Zwischenräume (Interzellularen), von denen das gesamte einfallende Licht reflektiert wird: Weiß wird eingestrahlt, Weiß wird zurückgeworfen. Die Weißfärbung der Pollen dagegen beruht auf Farbstoffen (Flavanderivate). Bestäuber kleine Käfer, Fliegen, Bienen. Flaum-Eichen- und Buchenwälder, auch Bergwiesen bis rund 1 800 m. **Kalkliebend.** Collin-montan. C in Buchenwäldern der Südalpen (S. 88), in denen sie das Buschwindröschen vertritt. Von den Pyrenäen bis zu den Karpaten. In den Alpen vor allem im Südosten. Zerstreut, aber gesellig. Schwach giftig.

012 Monte Baldo-Anemone, Tiroler Windröschen (*Anemone baldensis*): 5–12 cm, fruchtend bis 30 cm hoch. Grundblätter dreizählig, die einzelnen Teile erneut dreigeteilt (= doppelt dreigeteilt). Die Abschnitte letzter Ordnung sind wieder tief geteilt. **Am einblütigen Stängel unterhalb seiner Mitte ein Quirl von 3 Blättern, die den Grundblättern ähneln. Blüten** 25–40 mm breit, oft leicht nickend, **aus 8–10 weißen, außen behaarten und oft bläulich überlaufenen Blütenblättern.** Früchte von an ihrer Basis sitzenden weißen Wollhaaren eingeschlossen. Blütezeit VI bis VIII. Scheiben- bis Schalen-Blume. Vormännlich. Pollen-Blume. Steinige Rasen, Schutthalden. Trockene, **kalkhaltige Böden**. Subalpin-alpin, bis 3 000 m. C in einer Gesellschaft der Südwestalpen mit der Berardie (hier nicht besprochen). Sonst Polster-Seggen-Rasen (S. 158), Kalkschuttfluren (S. 167). Pyrenäen, Alpen, Karpaten, Balkan, Gebirge Nordamerikas. In den Alpen vor allem in den Südlichen Randalpen, auch Südtirol, deshalb die weitere Bezeichnung Tiroler Windröschen. Im Süden der Alpen häufig, sonst selten.

013 Narzissenblütiges Windröschen, Narzissenblütige Anemone (*Anemone narcissiflora*): 20–50 cm hoch. Grundständige Rosettenblätter drei- bis fünfteilig, Teile erneut eingeschnitten. **Unmittelbar unter dem Blütenstand ein Wirtel aus**

3 den Grundblättern ähnlichen Hochblättern. Blütenstand eine Dolde aus 3–8 Blüten. Einzelblüten mit 5–6 Blütenblättern, weiß, außen oft rötlich überlaufen, Durchmesser 2–3 cm, **ähneln Apfelblüten.** Blütezeit V bis VII. Scheiben- bis Schalen-Blume. Pollen-Blume. Bestäuber pollenfressende Fliegen. Selbstbestäubung möglich, wenn in älteren Blüten beide Typen Sexualorgane funktionieren. Rasen, Matten, Krummholzgürtel. **Kalkböden.** Montan-alpin, bis 2 400 m. C in Blaugras- und Rost-Seggen-Rasen (S. 153). In Europa von den Pyrenäen über die Alpen und Karpaten bis zum Kaukasus, Asien, Nordamerika. In den Alpen ziemlich häufig. Giftpflanze, kann vor allem dem Vieh gefährlich werden.

014 Frühlings-Anemone, Frühlings-Küchenschelle *(Pulsatilla vernalis)*

Beschreibung: 5–15 cm hoch. Die **Grundblätter** überwintern, sind also **wintergrün** (neue Grundblätter werden erst nach der Blüte gebildet), **ledrig, nur einfach gefiedert**, die 3–5 Fiedern sind verkehrt eiförmig und ihrerseits 2- bis 3-mal eingeschnitten – **keine andere *Pulsatilla*-Art der Alpen hat solche Grundblätter.** Die 3 **Stängelblätter** sind hochblattartig, sitzen wie ein Kelch **knapp unterhalb der Blüte und sind von ihrer Basis ausgehend bis auf 1/3 miteinander verwachsen, in schmale Zipfel zerschlitzt. Blütenstiel und Außenseite der 6 Blütenblätter stark goldfarbig behaart (Goldpelz). Blüten** einzeln, zuerst nickend, später aufrecht, **innen weiß, außen rosa, violett oder blau.** Durchmesser voll ausgebreitet 6 cm. Fruchtend mit Federschweif aus den verlängerten und behaarten Griffeln. Blütezeit III bis VII.
Blume: Glocken- bis Scheiben-Blume (voll entfaltet). Bietet außer Pollen auch Nektar. Vorweiblich. Bestäuber Fliegen, Hummeln und Tagfalter.
Standort: Magerrasen. Zwergstrauchgesellschaften. Auch in Kiefernwäldern niedrigerer Lagen. **Silikatböden.** Meistens alpin, bis 3 600 m.
Pflanzengesellschaft: C in Krumm-Seggen-Rasen (S. 136).
Verbreitung: Alpen und andere Gebirge Mittel- und Südeuropas, aber auch im Tiefland von Skandinavien nach Norddeutschland und nach Asien. In den Alpen vor allem Innenalpen, dort zerstreut. Sonst selten.

Die Frühlings-Anemone – Schönheit im Goldpelz

Kaum ist der Schnee geschmolzen, überzieht die Frühlings-Anemone die Hänge zu Tausenden. Zur gleichen Zeit blühen auch Alpenglöckchen (132, 134, 135) und Frühlings-Krokus (262) ähnlich massenhaft. Doch während der Frühlings-Krokus Stalldünger gut aushält, ist die Frühlings-Anemone ausgesprochen düngerfeindlich, einer der Gründe für ihre Gefährdung in manchen Regionen der Alpen. Erst etwas später kommen die Alpen-Anemonen (015–017) zur Blüte.
Die Blüten der Frühlings-Anemone sind zunächst glockenförmig und nickend. Im Sonnenschein richten sie sich auf und breiten sich weit aus. Dann werden aus den Glocken Sterne von 5–6 cm Durchmesser. Beim

Blüte der Großen Alpen-Anemone (015) im zweiten, männlichen Zustand. Die Staubblätter überragen jetzt die Narben (vgl. 017). Der weibliche Zustand sieht von der Blütenfarbe abgesehen wie bei 017 aus.

ersten Öffnen der Blüten sind die Narben der Griffelbündel in ihrer Mitte bereits belegungsfähig. Sie überragen die rundum stehenden Staubblätter, deren Staubbeutel zunächst noch geschlossen sind. Diese Vorweiblichkeit fördert die Fremdbestäubung.
Insektenbesucher erhalten als Angebot nicht nur Pollen, sondern auch Nektar. Die Nektarien sind umgewandelte Staubblätter, die am Rand zwischen den normal funktionierenden Staubblättern und den Blütenblättern stehen. Dabei lassen sich besonders in der Länge der Staubfäden alle Übergänge zwischen sitzenden und langgestielten „Nektarien“ finden.
In älteren Blüten öffnen sich die Staubbeutel nach und nach. Tags ist die Selbstbestäubung auch dann noch erschwert, weil die Narben über den Staubbeuteln stehen. Doch bei Nacht und schlechtem Wetter senken sich die Blüten und verengen sich wieder zur Glocke. Dann kann Blütenstaub auf die Narben herabfallen – Selbstbestäubung also.
In den kalten, oft frostigen Nächten des Bergfrühlings sind die Blüten durch die Behaarung am Hochblattquirl und an der Außenseite der Blütenblätter geschützt. Mit Ausnahme der Alpen-Anemone finden sich solche „Pelze“ auch bei den anderen Arten der Gattung *Pulsatilla*. Doch sind sie dann meistens weiß. Die Frühlings-Anemone hüllt sich jedoch in einen dichten, für sie charakteristischen „Goldpelz“, deshalb auch die Bezeichnung Pelz-Anemone.

015 **Große Alpen-Anemone, Große Alpen-Küchenschelle (*Pulsatilla alpina*): blühend 20–45 cm hoch, fruchtend 30–70 cm.** Zur Blütezeit grundständige Blätter kaum entwickelt. Sehen später wie der Quirl an Stängelblättern aus: doppelt dreiteilig, einzelne Abschnitte wieder tief eingeschnitten. Die **Stängelblät-**

Blüte der Gelben Alpen-Anemone (017) im ersten, weiblichen Zustand. Im Zentrum ragen die Narben den Bestäubern entgegen. Um sie herum sind die Staubblätter noch kurz und geschlossen. Im folgenden männlichen Stadium werden sie sich strecken. Die Blüte sieht dann von der Blütenfarbe abgesehen ebenso aus wie die von 015 in der männlichen Phase.

ter sind am Grund nicht miteinander verwachsen (einer der Unterschiede zu anderen *Pulsatilla*-Arten). Die Grundblätter sind lang, die Stängelblätter kurz gestielt, beide kurz behaart. Blüten einzeln, mit 6–9 **weißen Blütenblättern, die außen oft bläulich oder rötlich überlaufen sind. Durchmesser der Blüte 4–6 cm.** Blütenstiele und Außenseite der Blütenblätter kurz behaart. Fruchtend mit Federschweif ähnlich wie 014. Blütezeit V bis VII. Scheiben- bis Schalen-Blume. Pollen-Blume. Vorweiblich. Bestäuber Käfer, Fliegen und Hummeln. Steinige Rasen und Matten, **auf Kalkböden**. Subalpin-alpin, bis 2800 m. C in Blaugras-Rasen und Rost-Seggen-Rasen (S. 153). Pyrenäen, Alpen, Karpaten. Einige europäische Mittelgebirge (Schweizer Jura, Vogesen, Harz, Sudeten). In den Alpen vor allem in den Nördlichen Randalpen (Kalkalpen). Dort häufig. Giftpflanze.

016 Kleine Alpen-Anemone, Kleine Alpen-Küchenschelle (*Pulsatilla austriaca, P. alba*): Zur Beschreibung werden nur Unterschiede zu 015 angegeben: **Blühend 10–35 cm hoch, fruchtend 20–40 cm. Blüte mit weißen Blütenblättern, die außen oft bläulich oder rötlich überlaufen sind. Durchmesser der Blüte 2–5 cm.** Blume wie 015. **Kalkarme Böden, Silikatböden.** C in Borstgras-Rasen der Hochlagen (S. 128). In den östlichen Innenalpen. Dort in Österreich häufig, deshalb der wissenschaftliche Artname *austriaca* (= österreichisch) für die Unterart. Der weitere Artname *alba* (= weiß) ist wenig aussagekräftig, weil ja auch die Große Alpen-Anemone weiße Blüten trägt. Verwendung wie 015. Außerdem Bachblüte.

017 Gelbe Alpen-Anemone, Schwefel-Anemone, Gelbe Alpen-Küchenschelle (*Pulsatilla apiifolia*): Zur Beschreibung werden nur Unterschiede zu 015 angegeben. **Gelbe Blüten.** Blume wie 015. **Kalkarme Böden, Silikatböden.** C in Borstgras-Rasen der Hochlagen (S. 128). In den Alpen vor allem in den westlichen und mittleren Innenalpen, aber auf sauren Böden auch in den Südlichen Zwischenalpen und den Randalpen (z. B. Dolomiten, Schweiz südlich der Rhone). Meist häufig. Verwendung wie 015.

Die drei Alpen-Anemonen werden auch als Unterarten der **Alpen-Anemone (*Pulsatilla alpina* agg.)** aufgefasst. Die oft übersehene Kleine Alpen-Anemone eingeschlossen, handelt es sich um **vikariierende Formen** (S. 64). Die Blüten sind manchmal rein männlich, in der Regel jedoch zwittrig, führen also Staub- und Fruchtblätter. Sie sind dann vorweiblich. Nektar wird nicht geboten.

018 Alpen-Waldrebe *(Clematis alpina)*

Blüte der Alpen-Waldrebe (018) von unten. Ganz außen die vier großen blauen Blütenhüllblätter, nach innen zu kleinere weißliche Blütenhüllblätter, die in Staubblätter übergehen. Die betreffenden, an ihrer Spitze umgebogenen Blattorgane tragen von außen nach innen immer größer werdende Staubbeutel. Unten hinten sind sie sehr klein. In der Mitte Griffel.

Beschreibung: 1–2 m lange Schlingpflanze. **Laubblätter gegenständig, doppelt dreiteilig, mit langen Stielen, die als Ranken dienen.** Blüten einzeln, langgestielte, **nickende große Glocken (Durchmesser bis 6 cm)**; außen 4 **hellblaue oder violette**, selten weiße **Blütenhüllblätter**, dann nach innen zu **10–20 nur halb so große, weißliche Blütenhüllblätter**, 40–60 Staubblätter mit gelben Staubbeuteln, schließlich eng zusammengedrängt ungefähr ebenso zahlreiche Fruchtknoten mit Griffeln und Narben. Fruchtgriffel stark verlängert und bärtig lang behaart. Blütezeit V bis VII.

Blume: Glocken-Blume. Pollen- und Nektar-Blume. Bestäuber Bienen und Hummeln.

Standort: Wälder, besonders Waldränder, Gebüsche von Alpenrosen und Latsche, auch Schutthalden und Felsen. **Bevorzugt Kalkböden.** Montan-subalpin, bis 2 200 m.

Pflanzengesellschaft: C in Arven-Lärchenwäldern und Gebirgs-Zwergstrauchheiden mit Rostblättriger Alpenrose und Heidelbeere (S. 94).

Verbreitung: Im Westen Pyrenäen, Alpen, Apennin, im Osten von den Karpaten über Nordasien nach Nordamerika. In den Alpen zwei Schwerpunkte mit Verbindungsgliedern: westalpin von den Seealpen bis Savoyen, ostalpin von Graubünden Richtung Osten. In den beiden Verbreitungszentren zerstreut, dazwischen selten.

Verwendung: Giftig.

Die Alpen-Waldrebe als Evolutionsmodell

Schon die Gemeine Waldrebe (*Clematis vitalba*) lässt sich nicht übersehen, wenn sie Gebüsche und Bäume überzieht, vor allem wenn sie ihre fedrigen Fruchtstände ausbildet. Aber ihre Schwester, die einzige Liane der Alpen, ist nicht nur beeindruckend, sie ist schön. Bewundernswert ist schon der Kontrast, den die blauen Glocken mit grauem Fels bilden können! Doch dann dreht man die nickenden Blüten um, sieht in ihr Inneres, sieht das, was innerhalb der vier großen blauen Blütenhüllblätter liegt. Wenn man eine Lupe benützt, erkennt man, dass es dort zwischen kleineren, weißlichen Blütenhüllblättern und gelben Staubblättern alle Übergänge gibt. Das gilt sowohl für die Nektarproduktion als auch für die Ausbildung von Staubbeuteln. Außen stehende weißliche Blütenhüllblätter sondern keinen Nektar ab, aber innen stehende, die

auch Reste von Staubbeuteln tragen können. Und umgekehrt: die Staubblätter produzieren Nektar. Sie sind nach unten zu blattartig verbreitert und tragen dort auf ihrer Innenseite Nektarien.
In der Diskusssion von Evolutionsvorgängen darf man heutige Formen nicht von ebenfalls heutigen Formen ableiten. Aber die Alpen-Waldrebe kann uns ein anschauliches Bild davon vermitteln, über welche Zwischenstadien im Verlauf der Evolution ein Blütenorgan in ein anderes überführt worden sein *könnte*. Man nimmt entsprechend der Situation in ihren Blüten eine Abfolge an, die von Staubblättern mit Nektarien zu Blütenhüllblättern ohne Nektarien ging. Nun könnte man fragen: Warum von den Staubblättern zu den Blütenhüllblättern und nicht umgekehrt? Der Grund sind Versteinerungen aus früheren Erdzeitaltern. Sie belegen, dass zuerst Pollen und damit Staubblätter vorhanden waren. Blütenhüllblätter kamen erst später hinzu – verständlicherweise, denn sie üben verglichen mit den Sexualorganen ja nur Zusatzfunktionen aus.
Vom Evolutions-Modell zur Realität der Bestäubung: Wenn man die Blüte wie eben betrachtet, muss man schon etwas Kraft aufwenden, um die einzelnen Organe auseinander zu biegen und dadurch sichtbar zu machen. Denn innerhalb der Blüte sind sie dicht an dicht gepackt. Auch die Blumengäste müssen sich anstrengen, wenn sie an den Nektar gelangen wollen. Nur kräftige Insekten sind dazu imstande. Die Bestäuber sind dementsprechend Bienen und vor allem Hummeln.
In den hängenden Blumen sind die Staubblätter viel länger als die Griffel mit ihren Narben. Eine spontane Selbstbestäubung durch herabfallenden Pollen ist deshalb unmöglich; er würde auf den Boden fallen. Aber in die Blumen eindringende Insekten können sehr wohl Pollen auf die eigenen Narben bringen.

019 Dunkle Akelei *(Aquilegia atrata)*

Beschreibung: 30 – 90 cm hoch. Laubblätter meist doppelt dreiteilig, die Teilblättchen letzter Ordnung gelappt. Die 3 – 12 Blüten sind nickend, 5 – 6 cm im Durchmesser, **braunviolett, außen 5 zugespitzte Blütenblätter von bis zu 30 mm Länge, dazwischen 5 innere, gespornte Blütenblätter (Nektarblätter), die am Ende (oben) hakig gebogen sind. Die zahlreichen Staubblätter ragen weit aus der Blüte heraus.** Blütezeit V bis VII.
Blume: Sonderform der Röhren-Blumen: jedes Blütenblatt des inneren Kreises ist eine Kombination von Glocke mit Röhre. Vormännlich. Revolver-Blume (S. 345). Bestäuber Hummeln.
Standort: Bergwiesen, Gebüsche, lichte Wälder. **Leichte Vorliebe für Kalkböden.** Montan-subalpin, bis 2 000 m.
Pflanzengesellschaft: C in Schneeheide-Kiefernwäldern (S. 98).
Verbreitung: Alpen mit Vorland, Mittelgebirge, Südwesteuropa. Häufig.

Seltener als 019 ist die 020 Alpen-Akelei (*Aquilegia alpina*). Sie wird bis zu 60 cm hoch. **Der Zahl nach weniger** (1 – 5) **und größere Blüten von 8 cm Durchmesser als 019, hellblau bis violettblau. Sporn** 20 mm lang, **fast gerade**. Die schönste Akelei! Blütezeit VII bis IX. Blume wie 019. Wiesen und Gebüsche, **bevorzugt Kalkböden.** Selten montan, in der Regel subalpin-alpin. Bis 2 600 m. C in Blaugras- und Horst-Seggen-Rasen (S. 148). In den Westalpen häufiger als in den Ostalpen.

Kleiner ist die 021 Kleinblütige Akelei (*Aquilegia einseleana*): **Nur 15 – 40 cm hoch, Blüten 2,5 – 4 cm breit, blauviolett. Sporn 1 cm lang, fast gerade.** Kann 020 den Schönheitspreis streitig machen! Blütezeit VI bis VII. Blume wie 019. Rasen, Felsschutt, Felsnischen. Nicht zu trocken. **Kalkstet.** Meist subalpin, geht in den östlichen Südalpen aber auch tiefer. Bis 1 800 m. C in Alpen-Pestwurz-Fluren (S. 167). Ostalpen, dort in den Nördlichen Randalpen selten, in den Südlichen Randalpen vom Luganer See bis zu den Karawanken selten bis zerstreut. Auch in den Dolomiten zerstreut, daher der weitere Name Dolomiten-Akelei.

Links: Blütenzentrum der Dunklen Akelei (019) im ersten, männlichen Zustand.

Rechts: Blütenzentrum der Kleinblütigen Akelei (021) nach Entfernung von zwei der fünf gespornten Blütenhüllblätter.

Akelei-Arten: Blütenschönheiten für Hummeln

In den Alpen kommen mehrere Akelei-Arten vor, darunter auch die vom Tiefland her bekannte Gemeine Akelei. Hier wurden drei Arten besprochen, die zwar auch in Tallagen herabsteigen können, aber Bergpflanzen sind.

Die Akelei-Arten tragen vom Grundtypus der Hahnenfuß-Gewächse, der Scheibe bzw. Schale abgeleitete Blüten. Die inneren Blütenhüllblätter sind Nektarblätter. Sie tragen einen Sporn, an dessen Spitze Nektar abgesondert wird. Der Sporn kann gerade sein oder, wie bei der Dunklen Akelei, am Ende einen Haken tragen. Jedes Nektarblatt erinnert in seinem Eingangsbereich an eine Glocke oder einen Trichter.
Blütenbesucher müssen sich von unten her an die Blüten hängen. Das ist Hummeln leicht möglich, Tagfaltern weniger. Die Öffnungen der Nektarblätter sind gerade so weit, dass eine Hummel ihren Kopf hineinstecken kann. Die Sporne sind bei der Dunklen Akelei 10–15 mm lang. Auch deswegen kommen als Bestäuber nur Insekten mit längeren Rüsseln wie Hummeln in Frage.
Der Nektar in den Blüten der Akelei-Arten ist für Hummeln über fünf im Kreis angeordnete Öffnungen, die fünf Sporneingänge zugänglich. Damit liegt eine „Revolver-Blume" vor. Bekannte, typische Revolver-Blumen sind die Blüten der „stängellosen" Enziane. Wir werden bei deren Besprechung auf sie eingehen (S. 345).

Zu der nachfolgend besprochenen Gattung Eisenhut gehören blau- und gelbblühende Arten, die sich meistens nicht nur in den Alpen, sondern auch in den Mittelgebirgen finden. Sie sind in Eurasien, teils auch in Nordamerika verbreitet, oft in verschiedenen Unterarten. Die Gattung hat sich vermutlich während der Eiszeiten von einem nordasiatischen Zentrum aus verbreitet. Die systematische Gliederung der Arten und Unterarten ist noch nicht abgeschlossen. Alle Arten sind Hummel-Blumen; alle sind über das Alkaloid Aconitin oder verwandte Stoffe mehr oder weniger stark giftig.

022 Blauer Eisenhut *(Aconitum napellus)*

Beschreibung: Auf rübenartiger Wurzel 50–150 cm hohe, unverzweigte Sprosse mit **handförmig fünf- bis siebenteiligen Blättern, die in schmale, lange Zipfel gegliedert sind. Zahlreiche Blüten in dichten Trauben, blau.** Das oberste Blütenblatt bildet einen Helm, in den 2 langgezogene Nektarblätter hineinragen. **Der Helm ist meist breiter als hoch.** Zahlreiche Staubblätter; 5 Fruchtknoten. Blütezeit VI bis IX.
Blume: Sonderform der Rachen-Blumen. Vormännlichkeit. Stellungswechsel der Sexualorgane. Bestäuber Hummeln.
Standort: FeuchteWiesen, Waldränder, Bachränder, Hochstauden-Fluren, Lägerfluren, liebt feuchten und nährstoffreichen, auch überdüngten Boden. Montan-alpin, bis 2 500 m.
Pflanzengesellschaft: Eine subalpine bis alpine, niedrige (10–80 cm) Unterart, der Tauern-Eisenhut (*A. n.* ssp. *tauricum*), ist C in Blaugras- und Rost-Seggenrasen (S. 153) der Süd- und Ostalpen.
Verbreitung: In verschiedenen Unterarten in ganz Europa und Asien. Häufig.
Verwendung: Eine der giftigsten Pflanzenarten überhaupt (Aconitin). Als Heilpflanze höchstens noch manchmal in der Volksmedizin und in der Homöopathie.

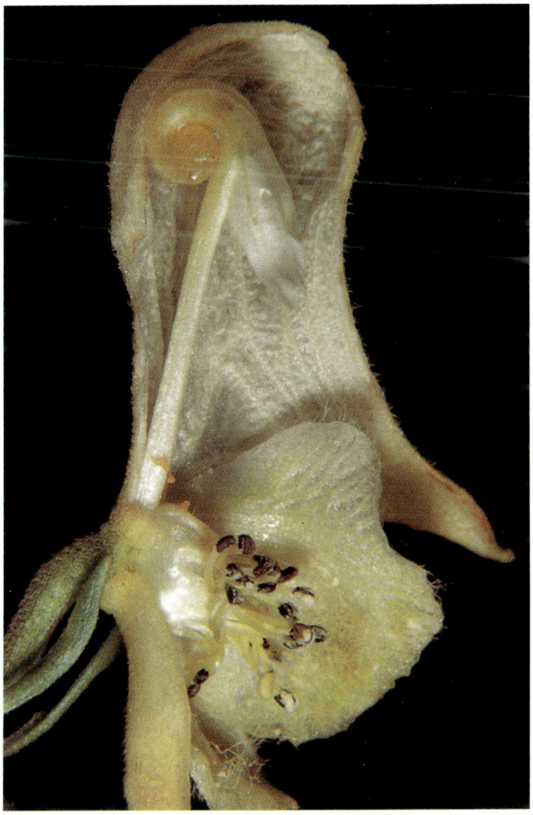 

Der Blaue Eisenhut, Hummel-Blume und Giftpflanze par excellence

Bei der Gattung Eisenhut entfernt sich der Blütenbau am weitesten von den einfachen Scheiben- und Schalenformen anderer Hahnenfuß-Gewächse. Die Blüten sind voll und ganz an Hummeln angepasst. Die Verbreitung der Gattung *Aconitum* und diejenige der Hummeln decken sich in der nördlichen Hemisphäre über den ganzen Erdball hinweg.

Die Blüten sind nicht mehr radiär-symmetrisch, sondern zygomorph gebaut. Sofort ins Auge fällt ein Helm, der von dem obersten der Blütenblätter gebildet wird. Die übrigen Blütenhüllblätter sind viel kleiner, fast schuppenartig. Auf der Unterseite der Blüten bieten zwei von ihnen eine gute Landemöglichkeit für die Hummeln. Der Helm, dabei unterstützt von den übrigen Blütenhüllblättern, schützt einmal die zahlreichen Staubblätter und die fünf Fruchtknoten. Aber er umschließt auch zwei Nektarblätter: lange Stiele mit einer Führungsrinne für die Rüssel der Hummeln münden in einen nach außen umgebogenen Sporn, in dem Nektar abgesondert wird. Eine Lasche am Beginn des Sporns sorgt dafür, dass der Rüssel der Hummel nicht vom Weg abkommt.

Im männlichen Zustand der Blüte decken die Staubblätter die Griffel mit ihren noch unreifen Narben völlig ab. Die Staubblätter sind zunächst

Links: Bei allen Eisenhut-Arten finden sich sehr ähnliche Bestäubungsverhältnisse. Sie werden hier einmal nicht am Blauen Eisenhut (022), sondern am Gift-Eisenhut (024) exemplifiziert. Zunächst die Blüte im ersten männlichen Stadium. Das lange, am Ende schneckenartig gewundene Nektarblatt ist auf langrüsselige Hummeln abgestimmt.

Rechts: Blüteneingang des Gift-Eisenhuts im männlichen Stadium. Die Staubblätter stehen inmitten der Öffnung.

Blüteneingang des Gift-Eisenhuts im weiblichen Stadium. Die Staubblätter sind seitlich abwärts gebogen, ihre Stellung nehmen jetzt die Griffel ein.

noch zurückgekrümmt, dann richten sie sich nacheinander auf und öffnen ihre Staubbeutel. Eine Hummel, die auf den beiden unteren Blütenhüllblättern gelandet ist, wird von unten her gründlich mit Pollen eingestäubt. Wenn sich alle Staubbeutel geöffnet hatten und ihr Pollen weitgehend abgegeben wurde, biegen sich die Staubfäden wieder nach unten. Die Staubbeutel mit dem restlichen Pollen werden so aus dem Weg geräumt. Denn nun strecken sich die Griffel über die zurückgebogenen Staubblätter hinweg den Besuchern entgegen. Jetzt können ihre Narben mit Fremdpollen beladen werden, den die Hummeln mitbringen.

Um an den Nektar zu gelangen, muss der Bestäuber einige Kraft aufwenden, um in den Helm einzudringen. Außerdem muss er über einen langen Rüssel verfügen, den er nicht abwärts, sondern nach oben in eines der Nektarblätter einzuführen hat. Hummeln können diesen Anforderungen entsprechen. Doch oft beißen Raubhummeln den Helm durch, um durch Einbruch an den Nektar zu kommen. Das gilt auch für andere Eisenhut-Arten. In solchen Fällen kann die Bestäubung unterbleiben. Im Extremfall fällt die Samenbildung sogar ganz aus.

Warum es in vielblütigen Blütenständen nicht über die Hummeln zu Nachbarbestäubungen kommt, die den Selbstbestäubungen genetisch gleichwertig sind, wird später erklärt (S. 370).

Eisenhut-Arten zählen zu den gefährlichsten Giftpflanzen. Die entsprechende „Wertschätzung" äußerte sich schon in der griechischen Mythologie: König Ägeus von Athen hatte in zweiter Ehe Medea geheiratet und von ihr auch einen Sohn erhalten. Störenderweise tauchte Theseus auf, Sohn aus erster Ehe des Königs. Der König erkannte ihn nicht, wohl aber Medea. Sie nahm an, er wolle ihrem Sohn das Thronerbe streitig machen und beschloss, ihn zu vergiften. Ein tödliches Gift stand schon zur Verfügung: Aus dem Speichel des Höllenhundes Cerberus war passenderweise ein Eisenhut aufgewachsen, dessen Gift Medea mit Wein vermischte. Doch im letzten Augenblick wurde Theseus gerettet.

Die toxische Wirkung stand bei der Verwendung der Pflanzen im ganzen Altertum bis in die Neuzeit hinein im Vordergrund, ganz gleich ob es sich um Giftpfeile der Kelten oder um die Hinrichtung von Sträflingen handelte. Ausgangsmaterial waren beim Blauen Eisenhut die rübenartigen Wurzelknollen. Neben der Knolle, die den Spross trägt, findet sich eine Tochterknolle, die im nächsten Jahr den Spross ausbilden wird. Um einigermaßen zu standardisieren, verwendet man jeweils die Tochterknolle.

Aconitin wirkt zuerst stimulierend, dann lähmend auf die Nervenendigungen und das Zentralnervensystem. Erste Vergiftungserscheinung beim Menschen ist ein Kribbeln im Mund, das sich über die Finger und Zehen auf den ganzen Körper ausweitet. „Pelzige" Gefühle folgen. Unter starken Schmerzen kommt es nach mehreren Stunden zum Tod durch Herzstillstand oder Atemlähmung. Die tödliche Dosis für einen Erwachsenen liegt bei nur 1–2 g der Droge.

Der Einsatz der Droge zu Heilzwecken stand und steht ihre hohe Giftigkeit entgegen. Gegenwärtig wird sie gelegentlich in der Volksmedizin bei Neuralgien oder rheumatischen Erkrankungen verwendet. Davon wird dringend abgeraten. Auch in der Homöopathie wird sie noch eingesetzt. Aber auch dann ist äußerste Vorsicht geboten. Heute wird die Pflanzendroge meist durch reines Aconitin ersetzt, das sich exakt dosieren lässt.

023 Gelber Eisenhut (***Aconitum vulparia***)**:** Bis 150 cm hoch. Blütenstand abstehend verzweigt. **Blüten hellgelb. Helm viel (3x) länger als breit. Die Nektarblätter sind schneckenförmig aufgerollt.** Sie sind 2 cm lang, weswegen nur langrüsselige Hummeln an den Nektar gelangen können. Blütezeit VI bis VIII. Blume ähnlich wie 022. Lichte Laubwälder, Grün-Erlen-Gebüsch, Hochstauden-Fluren. Collin-subalpin, bis 2 300 m. C in Buchenmischwäldern (S. 84). Mitteleuropa, Balkan, bis Sibirien. Sehr giftig. *Vulpes* (lat. = Fuchs, Wolf), davon abgeleitet *vulparia* und der weitere wissenschaftliche Artname *lycoctonum* (griech. = Wolfstöter) und ebenso der deutsche Name Wolfs-Eisenhut nehmen darauf Bezug, dass früher Wolfsköder damit giftig gemacht wurden.

Mit nur 100 cm Höhe ist der **024 Gift-Eisenhut** (***Aconitum anthora***) niedriger als die bisher genannten Arten. Der Blütenstand ist dichter als bei 023 und oft unverzweigt. **Blüten hellgelb. Helm so breit wie hoch.** Blütezeit VII bis IX. Blume ähnlich wie 022. Trockene Weiden, steinige Rasen. **Kalkböden.** Collin-montan, bis 1 800 m. Gerne in Blaugras-Rasen. Gebirge Mittel- und vor allem Südeuropas. In den Alpen in den Südlichen Randalpen vom Tessin bis in die Julischen Alpen zerstreut, sonst selten. Immer in nur kleinen Beständen. Ist selbst giftig, trotzdem wurde die rübenartige Wurzel als Gegengift gegen den Gift-Hahnenfuß (S. 202) verwendet, daher der wissenschaftliche Artname *anthora* (griech. an = anti = gegen), ebenso bei Vergiftungen mit anderen Eisenhut-Arten. Darauf bezieht sich auch der weitere deutsche Artname Giftheil.

zahlreiche Staubblätter und 2 bis viele miteinander verwachsene Fruchtblätter sind vorhanden. Die Narben laufen oft auf den Verwachsungsnähten der Fruchtblätter am oberständigen Fruchtknoten herab. Die Mohn-Gewächse führen Milchsaft. Bekannt ist das Rohopium, der getrocknete Milchsaft des Schlafmohns.

026 Gelber Alpen-Mohn *(Papaver rhaeticum)*

Beschreibung: 5–20 cm hoch. Stängelgrund mit dichtem Fasermantel. **Blätter nur grundständig, gestielt,** bis 8 cm lang, **einfach gefiedert, mit bis 6 mm breiten, stumpfen Zipfeln, behaart oder kahl.** Stängel blattlos, einblütig. **Blüten** anfangs nickend, später aufrecht. 2 braun behaarte Kelchblätter, die beim Aufblühen abfallen. 4 **Kronblätter,** beim Aufblühen oft orange, später **gelb. 5–8 Narbenstrahlen laufen am Fruchtknoten auf weniger als 1/5 seiner Länge abwärts.** Durchmesser der Krone bis 5 cm. Duftend. Blütezeit VII bis VIII.
Blume: Schalen-Blume. Pollen-Blume. Bestäuber sind pollenfressende Fliegen. Bei trübem Wetter schließen sich die Blüten. Dabei kommen die Staubbeutel mit den Narben in Kontakt und es tritt Selbstbestäubung ein. Aber Selbststerilität scheint die Selbstbefruchtung zu verhindern.
Standort: Felsschutt, Geröll, Moränen. **Bevorzugt Kalk und Dolomit, auch Kalkschiefer.** Alpin, bis 2 900 m.
Pflanzengesellschaft: C in Täschelkraut-Schuttfluren (S. 170).
Verbreitung: Die häufigste gelbblühende Mohnart. In den südlichen Randalpen, teils auch in den südlichen Innenalpen. Zerstreut.

027 Sendtners Alpen-Mohn *(Papaver sendtneri)*

Beschreibung: Nur Unterschiede zu 026 werden angegeben. **Blätter auf beiden Seiten zerstreut oder dicht behaart. Blattzipfel spitz. Blüten weiß. Narbenstrahlen 5.**
Blume: Wie 026.
Standort: Schutt und Geröll. **Nur auf Kalk und Dolomit.** Alpin, bis 2 600 m.
Pflanzengesellschaft: C in Täschelkraut-Schuttfluren (S. 170).
Verbreitung: Die häufigste weißblühende Mohnart. Nördliche Randalpen vom Vierwaldstätter See bis zum Dachstein, auch Niederösterreich. Selten bis zerstreut.

In den Alpen kommen mehrere gelb- oder weißblühende Mohn-Arten vor. Sie sind nahe verwandt und werden deshalb als Kleinarten in der Sammelart **Alpen-Mohn** (***Papaver alpinum*** **agg.**) zusammengefasst. Man kann sie aber auch als Unterarten auffassen. Hier wurden die häufigste gelb- und die häufigste weißblühende Kleinart geschildert.

Der Alpen-Mohn, ein Schuttstauer mit Pollen-Blumen

Der Kalkschutt, in dem der Alpen-Mohn wächst, hält und „zieht" die Feuchtigkeit zwar ziemlich gut, macht aber durch seine Beweglichkeit Schwierigkeiten. Dem wissen die Kleinarten des Alpen-Mohns zu begegnen. Eine lange Pfahlwurzel, von der Seitenwurzeln ausgehen, dient der festen Verankerung. Gegen den Schutt stemmen sich Büschel aus den Basen der grundständigen Blätter, die von einem je nach Kleinart unterschiedlich dicken Faserfilz geschützt werden. Der Alpen-Mohn ist ein Schuttstauer. Oft ist er die einzige Pflanze, die sich in den beweglichen Schutthalden halten kann.

Blütenzentrum des Gelben Alpen-Mohns (026). In der Mitte der grüne, gelblich gemaserte Fruchtknoten. Einer der 5 – 8 Nebenstrahlen, die von seiner Spitze abwärts laufen, ist gut zu erkennen. Er ist bereits mit Pollen belegt.

Dort sind die einzeln stehenden Pflanzenbüschel mit ihrem blaugrünen Blattwerk nicht zu übersehen, denn zu sehr kontrastieren die leuchtend weißen oder gelben, zart wie Seidenpapier strukturierten Blüten mit dem kargen Kalkschutt. Wenn man die Blüten näher betrachtet, fallen die zahlreichen – man hat weit über hundert in einer Blüte gezählt – Staubblätter auf, die den zentral stehenden Fruchtknoten umgeben und auch einmal verdecken können. Doch trotzdem sieht man leicht, dass die Narben streifenartig an ihm herablaufen. Da sie vom Scheitel des Fruchtknotens ausstrahlen, spricht man auch von Narbenstrahlen. Sie sitzen auf den Verwachsungsnähten der Fruchtblätter. Die Narben und die zahlreichen Staubbeutel sind gleichzeitig reif. Selbstbestäubung ist möglich, sogar spontan, wenn sich die Blütenschalen über Nacht verengen. Doch hat man festgestellt, dass dann Selbststerilität eine Selbstbefruchtung unterbinden kann. Die Blüten duften zwar, bieten aber nur Pollen. Die wichtigsten Bestäuber sind pollenfressende Fliegen.

Nelken-Gewächse (Caryophyllaceae)

Hierher gehören Kräuter, Stauden und Halbsträucher mit einfachen, meist gegenständigen Blättern. Die Stängel sind gabelig verzweigt. Die Blüten sind radiär und in Kelch und Krone gegliedert. Der fünfzählige Kelch kann verwachsenblättrig sein, die in der Regel 5 Kronblätter sind frei und oft tief zweiteilig. In Ausnahmefällen können die Kronblätter

fehlen. Die Zahl der Staubblätter ist 2–10, meistens jedoch 5. Der oberständige Fruchtknoten trägt 2–5 Griffel.
Nelken-Gewächse sind wie erwähnt zweigabelig verzweigt. Das gilt auch für die Blütenstände. An ihnen ist die gabelspaltige Wuchsform sogar besonders leicht zu erkennen: die Hauptachse wird von zwei Seitenachsen im Wachstum überholt. Das kann sich wiederholen, so dass mehrfach gabelspaltige Blütenstände, sog. Dichasien zustande kommen.
Die Nelken-Gewächse gliedern sich in drei Unterfamilien, von denen uns hier zwei interessieren, die Eigentlichen Nelken (Silenoideae) und die Mieren (Alsinoideae).

1. Eigentliche Nelken (Silenoideae)

Bei den Eigentlichen Nelken sind die Kelchblätter zu einer Röhre verwachsen. Oft wird die Kelchröhre außen durch Blattorgane eines „Außen-Kelchs“ verstärkt. Die Kronblätter bestehen aus einem unteren, langgezogenen Teil, dem Nagel, und der senkrecht dazu orientierten Platte, dem oberen Kronblatt-Abschnitt. Bei vielen Gattungen kommt eine Nebenkrone hinzu: auf jedem Kronblatt findet sich am Übergang von der Platte zum Nagel eine zweigeteilte Schlundschuppe.
Zu den Eigentlichen Nelken gehören prachtvolle Alpenpflanzen. Wir beginnen die Besprechung bei ihnen, und zwar mit einer Art, bei der das auch im Namen zum Ausdruck kommt, mit der Pracht-Nelke. Sie gehört zur Gattung Nelke (*Dianthus*), die keine Nebenkrone aufweist.

028 Pracht-Nelke *(Dianthus superbus)*

Beschreibung: bis 60 cm hoch; meist nur ein Spross. **Blätter schmal lanzettlich (bis 8 cm lang, bis 0,5 cm breit)**. Blüten leicht duftend, einzeln oder wenige; **flach ausgebreitete Kronblatt-Teile (Platte) bis 3 cm lang, bis weit über die Mitte fransenartig geschlitzt,** rosa bis hellpurpurfarben, bei der alpinen Unterart **am Schlund** grünlich-bräunlich mit kurzen dunklen Strichen, dort **leicht rot bis rotviolett behaart.** Blütezeit VI bis IX.
Blume: Stielteller-Blume. Vormännlich. Bestäuber der alpinen Form Tagfalter und tags fliegende Schwärmer.
Standort: 3 Unterarten: in Tallagen eine Feuchtwiesen-Unterart und eine Unterart lichter Eichenwälder. Die dritte, alpine Unterart findet sich auf Wiesen, Weiden, Magerrasen, gerne auf leicht basischen Böden. Tiefland-Unterarten collin, alpine Unterart subalpin bis alpin, bis 2 300 m.
Pflanzengesellschaft: Die alpine Unterart C in Rost-Seggen-Rasen (S. 144).
Verbreitung: Europa und Asien. Zerstreut, lokal häufig.
Verwendung: Bachblüte.

Die Blüten der Prachtnelke, eine Kombination von spielerischer Leichtigkeit und hoher Zweckmäßigkeit

Bei den Nelken bilden die Nägel der Kronblätter eine enge Kronröhre (bei der Prachtnelke ist sie nur 2 mm breit und 25 bis 35 mm lang), die von den miteinander verwachsenen Kelchblättern und dem eben erwähnten Außenkelch umgeben und geschützt wird. Beim Außenkelch handelt es sich meistens um einige derb gebaute, schuppenartige Hochblätter, die dem Kelch anliegen. Der Nektar wird am Boden der Kronröhre abgeschieden. Kein Insekt kann den Kelch durchbeissen und die tief in ihm geborgene Flüssigkeit rauben.

Je nach der Höhenlage erfreuen uns die Blüten der Pracht-Nelke über lange Monate hinweg. Regenfeucht sind sie nicht besonders ansehnlich, aber bei Sonnenschein entfalten sie ihre ganze Pracht, wortwörtlich genommen. Das gilt besonders für die Bergform, die schönste von drei Unterarten.

Nach dem Aufblühen spielt sich bei vielen Nelken-Gewächsen folgendes in gleicher oder ähnlicher Weise ab: Die Blüten sind vormännlich. Die insgesamt zehn Staubblätter öffnen sich gruppenweise: am ersten Blühtag strecken sich nacheinander die Staubfäden der ersten fünf Staubblätter und heben ihre Staubbeutel über den Schlund der Kronröhre hinaus. Die Staubbeutel öffnen sich. Am zweiten Tag geschieht das Gleiche mit den zweiten fünf Staubblättern. Danach biegen sich die Staubfäden nach außen und die entleerten Staubbeutel werden abgeworfen. Damit wird eine Selbstbestäubung über Pollenreste völlig ausgeschlossen, wenn sich vom dritten Blühtag an die beiden Griffel strecken und ihre Narben über den Kronschlund hinausheben. Die Narben sind zunächst spiralig eingerollt, können dann aber auch Schraubenform annehmen. Dadurch stehen sie derart über dem Eingang zur Kronröhre, dass die Besucher mitgebrachten Pollen an ihnen abstreifen müssen. Doch wer sind die Bestäuber? Langrüsselig müssen sie sein. Mit bis zu 35 mm ist die Kronröhre aber zu lang für die Rüssel der Hummeln, die im Bereich der alpinen Unterart vorkommen. Damit bleiben noch Falter. Der lockende Duft, die rosarote Blütenfarbe, der bequeme Landeplatz auf den Platten, Sperrhaare, zwischen denen ein dünner Rüssel leicht hindurchgleiten kann: Es handelt sich um eine Tagfalter-Blume. Doch werden auch tags fliegende Schwärmer wie das Taubenschwänzchen als Bestäuber der alpinen Unterart angenommen.

Die bis 25 cm hohe **029** **Montpellier-Nelke** (***Dianthus monspessulanus***) ist 028 sehr ähnlich, aber in allen Merkmalen kleiner. So ist die **Platte** nur 10–18 mm lang und **nur bis zur Hälfte geschlitzt, am Schlund ohne dunkle Strichelung. Außen-Kelchblätter mit langer Granne.** Die Art *(D. m. monspessulanus)* mit 2–5, die **Dolomiten-Nelke** (*D. m. sternbergii*), eine subalpine Unterart, mit nur einer Blüte pro Stängel. Blütezeit der Art VI bis VIII, der Dolomiten-Nelke VII bis VIII.

Blüte der Dolomiten-Nelke (029) im zweiten, weiblichen Stadium. Elegant schwingen sich die beiden Griffel empor.

Steinige Rasen, Gebüsch, lichte Wälder, ruhender Schutt, Felsen. **Kalkliebend.** Montan-subalpin, bis 2200 m. Die Dolomiten-Nelke ist C in Polster-Seggen-Rasen (S. 158). Gebirge Mittel- und Südeuropas: die Art von den Pyrenäen bis Kroatien; die Dolomiten-Nelke in den Südalpen vom Gardasee ostwärts, zerstreut, aber gesellig.

Bei der ähnlichen **030 Feder-Nelke** (*Dianthus plumarius*) ist die **Platte nur bis zur Hälfte geschlitzt); Außen-Kelchblätter nur mit Stachelspitze. Rötliche Strichelung am Schlund.** Blütezeit VI bis VIII. Sie kommt auf steinigen Hängen, Felsschutt und Felsen vor. Die wichtigste der ungenügend erforschten Unterarten der Alpen ist **kalkliebend.** Montan-subalpin, bis 2200 m. Sie findet sich häufig in

Alpen-Pestwurz-Fluren (S. 167). Ostalpen: in den Nördlichen Randalpen (Kalkböden), seltener auch in den Innenalpen (Silikatböden). Selten bis zerstreut. Gartenpflanze, die oft verwildert.

031 **Stein-Nelke** (*Dianthus sylvestris*): Bis 30 cm hoch. Die bis 15 cm schmal-lanzettlichen, in Rosetten stehenden Grundblätter **sind nur wenige mm breit und stark gekielt. Die meist 2 Außen-Kelchblätter sind kürzer als die halbe Kronröhre (ca. 1/4). Der Schlund ist weder bärtig noch punktiert.** Krone rosa, Platten bis 15 mm lang, leicht gesägt, ohne Zeichnungen. Blütezeit VI bis IX. Blume im Prinzip wie 028. Trockenrasen, steiniger Untergrund, auch Felsen. **Leichte Vorliebe für Kalk.** Collin-subalpin, bis 2 800 m. C in der Fetthennen-Hauswurz-Gesellschaft (S. 183), häufig u.a. auch in Blaugras-Rasen. Gebirge Mittel- und Südeuropas. Im ganzen Alpengebiet zerstreut bis häufig.

032 **Gletscher-Nelke** (*Dianthus glacialis*): Nur bis 8 cm hoch. Mit **langen Grundblättern, die den Stängel oft überragen.** Dadurch von allen ähnlichen Nelken zu unterscheiden. Platte am Schlund meistens mit dunklen Flecken und Streifen und einzeln stehenden purpurnen Haaren. Blütezeit VII bis VIII. Blume im Prinzip wie 028. Kurze Rasen, kahle, dem Wind ausgesetzte Stellen auch in größerer Höhe **auf schwach sauren oder kalkarmen Böden.** Subalpin-alpin, bis 3 000 m. C in Nacktried-Rasen auf Silikatböden (S. 141). Östliche Innenalpen. Selten bis zerstreut.

Blüte der Gletscher-Nelke (033) im ersten, männlichen Stadium.

033 Rotes Seifenkraut *(Saponaria ocymoides)*

Beschreibung: bis 30 cm hoch, meist jedoch weniger hoch; **niederliegend, rasenbildend.** Stängel 10 cm oder (meistens) länger. **Laubblätter bis 3 cm lang, oval bis länglich (umgekehrt eiförmig).** Locker gebaute **Blütenbüschel**, Kelchröhre bis 1,2 cm lang, dicht drüsenhaarig, meist rot überlaufen. **Krone hellrot bis purpurrot**, bis 1,2 cm im Durchmesser. Kronblätter vorne kaum oder gar nicht ausgerandet. **Platte am Schlund mit zweiteiligem, nur 1 mm hohem Nebenkrönchen. 2 Griffel.** Blütezeit V bis X.
Blume: Stielteller-Blume. Bestäuber vor allem Tagfalter.
Standort: Trockenhänge, Felsschutt, Flußschotter (darin weit absteigend), offene Wegränder oder Straßenböschungen, lichte Wälder (vor allem Wald-Kiefern), Latschen-Gebüsch, auf Kalkböden. Collin bis subalpin, bis rund 2 200 m.
Pflanzengesellschaft: C für Schneeheide-Kiefern-Wälder, auch für den Schneeheide-Bergkiefern-Wald (S. 98).

Verbreitung: Von den Pyrenäen bis zum nördlichen Balkan. In den Alpen vor allem Südliche Randalpen, von dort in wärmere Lagen der Nördlichen Randalpen vorstoßend, nicht jedoch in die Nordöstlichen Randalpen.
Verwendung: Saponin-Pflanze, aber nicht medizinisch genutzt. Besonders tiefrote Formen sind beliebte Zierpflanzen.

034 Zwerg-Seifenkraut *(Saponaria pumilio)*

Beschreibung: Höchstens 10 cm hoch. **Laubblätter lineal, bis 2 mm breit und bis 2,5 cm lang, bilden flache Polster. Stängel einblütig. Kelch bauchförmig erweitert,** zottig behaart, braunrot, bis 2 cm lang. Kronblätter rosarot, mit dunklerem Schlund, vorne ausgerandet, mit einer **Nebenkrone aus zwei auf 4 mm ausgezogenen fadenartigen Bildungen. Die Platten verschmälern sich nach unten zu, dadurch zwischen ihnen auffällige Lücken. Blüten bis 2,5 cm breit. Griffel meist 3, fadenartig.** Blütezeit VII bis VIII, seltener bis IX.
Blume: Abwandlung der Stielteller-Blume: Schale auf Fäßchen. Bestäuber Tagfalter, vermutlich auch Hummeln.
Standort: Steinige Magerrasen, Zwergstrauchheiden und Latschen-Gebüsch. Kalkarme, humose Böden (**Silikatböden**). Subalpin bis alpin, bis 2 700 m.
Pflanzengesellschaft: C in Krumm-Seggen-Rasen der Ostalpen (S. 136), dort auch in Alpen-Azaleen-Windteppichen.
Verbreitung: In den Alpen nur östlich einer Linie von Salzburg nach Südtirol, und dann vor allem in den Innenalpen, aber auch in den Sarntaler Alpen (Silikatböden) und den Dolomiten (auf Vulkanit-Böden). Südliche Karpaten. Häufig und gesellig.
Verwendung: Saponin-Pflanze, aber nicht medizinisch genutzt.

Zwei verschiedene Schwestern: Rotes Seifenkraut und Zwerg-Seifenkraut

Während die bisher besprochenen Nelken (Gattung *Dianthus*) keine Nebenkrone aufweisen, ist sie bei den Seifenkräutern (Gattung *Saponaria*) und weiteren Arten der Eigentlichen Nelken vorhanden. Beim Roten Seifenkraut besteht sie pro Platte aus zwei 1 mm hohen Schlundschuppen, beim Zwerg-Seifenkraut aus zwei 4 mm langen Fäden.
Beim Roten Seifenkraut engen die Kelchzipfel den Schlund unterhalb der Platte so stark ein, dass nur ein dünner Rüssel nach unten vordringen kann. Tagfalter sind die wichtigsten Bestäuber. Außer der oft intensiven Rotfärbung trägt auch ein schwacher Blütenduft dazu bei, sie anzulocken. „In brennendem Sonnenschein sieht man die rothen Blumenteppiche dieser Pflanze fast unabhängig von Faltern umflattert" – so beschrieb es 1881 H. Müller, der im vergangenen Jahrhundert die Blütenbiologie der Alpenpflanzen mit vorbildlicher Genauigkeit erforschte.

Beim Zwerg-Seifenkraut findet sich die Verengung unterhalb der Platte ebenfalls. Nur ist hier der Kelch aufgeblasen, so dass die Platten keinem Stiel, sondern einem Fässchen aufsitzen. Der Schlund ist weiter als beim Zwerg-Seifenkraut. Tagfalter sind die wichtigsten Bestäuber. Aber auch langrüsselige Hummeln können wenigstens ihren Kopf durch den Schlund zwängen, kleinere kurzrüsselige Hummelarten könnten ihn sogar ganz passieren, und so an den Nektar gelangen.
Die Rotfärbung ist beim Zwerg-Seifenkraut schwächer als beim Roten Seifenkraut. Dafür sind die Blüten doppelt so breit. Die einzeln stehenden Polster sind dicht mit ihnen besetzt, ein besonderer Schmuck vor allem der Innenalpen Österreichs.
Beide Arten enthalten Saponine. Dabei handelt es sich um oberflächenaktive Inhaltstoffe, die Wasser wie Seife zum Schäumen bringen. Nach lat. sapo = Seife erhielt die Gattung nicht nur den deutschen Namen Seifenkraut, sondern auch die wissenschaftliche Bezeichnung *Saponaria*. Medizinisch bzw. volksmedizinisch verwendet wird allerdings nur die größere Schwester unserer beiden Arten, das Echte Seifenkraut. Seine Saponine verflüssigen über die erwähnte Oberflächenaktivität Schleime im Nasen-Rachenraum.

Blütenzentrum des Roten Seifenkrauts (033) im zweiten, weiblichen Stadium. Einige Schlundschuppen sind sichtbar.

035 Kalk-Polsternelke *(Silene acaulis)*

Beschreibung: Dichte Flachpolster, bis 3 cm hoch. **Laubblätter** lineal, **8 – 12 mm lang**; Stängel dicht dachziegelig beblättert; **Blütenstiele bis 3 cm lang, nicht geflügelt.** Blüten einzeln aber zahlreich, 8 – 15 mm im Durchmesser. Blütenblätter 3 mm breit, vorne ausgerandet, mit zweiteiliger Nebenkrone, die zwei Schlundschuppen höchstens 1 mm hoch, kräftig dunkelrosa. Blütezeit VI bis IX.
Blume: Stielteller-Blume. Meistens zweihäusig, seltener auch zwittrig, dann vormännlich. Bestäuber Tagfalter.
Standort: Kalkhaltige, steinige Rasen, Grate, Felsfluren. Meist auf **Kalkböden.** Alpin, bis 3 700 m.
Pflanzengesellschaft: C in Blaugras- und Rost-Seggen-Rasen (S. 153).
Verbreitung: Nördliche und Südliche Randalpen. Pyrenäen über Balkan bis zum Ural. Arktis.

036 Silikat-Polsternelke *(Silene exscapa)*

Beschreibung: Nur Unterschiede zu 035 werden angegeben: **Laubblätter bis 8 mm lang, Blütenstiele bis 5 mm lang, leicht geflügelt.** Die Blütenfarbe ist heller rosa. Da die Intensität der Färbung jedoch auch vom Alter der Blüten abhängt, lässt sie sich kaum zur Unterscheidung verwenden.
Blume: Wie 035.
Standort: **Kalkarme oder kalkfreie Böden, Silikatböden.** Sonst wie Kalk-Polsternelke.
Pflanzengesellschaft: C in Nacktried-Windecken (S. 142).
Verbreitung: Innenalpen. Pyrenäen.

Polsternelken: gegen Hitze und Kälte resistente Radialvollflachpolster
Beide Polsternelken werden auch als Leimkräuter bezeichnet. Sie gehören zur Sammelart „Stängelloses Leimkraut" (*Silene acaulis* agg.). Man kann sie aber auch als Unterarten auffassen. Eine entsprechende Situation hatten wir beim Alpen-Mohn (026, 027) angetroffen.
„Leimkraut" wird heute gerne durch „Polsternelke" ersetzt, ein treffender Gattungsname, weil er auf die charakteristische Wuchsform Bezug nimmt, denn beide Arten bilden Radialvollflachpolster (vgl. S. 179). Außerdem ist keine der beiden Arten wirklich „stängellos" auch wenn die Blütenstiele besonders bei der Silikat-Polsternelke nur sehr kurz sind. Die Namen geben außerdem an, welche Bodenverhältnisse, Silikat- oder Kalkuntergrund, die beiden vikariierenden Arten bevorzugen.
Aber wichtiger als die Namensgebung ist, dass das Biosystem „Polster" in einer widrigen Umwelt bestens funktioniert. Dabei ist es mit dem Humus und seinen Reserven an Wasser und Nährstoffen allein nicht getan. Die Polster müssen auch extremen Außenbedingungen standhalten. Gegen die abschleifende Wirkung heulender Stürme bieten besonders Flachpolster wie bei den Polsternelken ausreichend Schutz. Vor allem aber müssen ebenso brütende Hitze an Sommertagen wie eisige Kälte im Winter überstanden werden.
Zunächst zur **Hitze.** Hier sind die Polster rechte Hitzefänger. Bei der Silikat-Polsternelke lagen bei entsprechenden Messungen die Temperaturen auf der höchsten Erhebung des Polsters fast 15 °C über der Temperatur der umgebenden Luft – an einem strahlenden Sonnentag in 2 300 m Höhe. Doch zu hohe Temperaturen schaden den Polstern. Sie sitzen ja dem Untergrund unmittelbar auf und können über ihn stark erhitzt werden. Teile von Polsternelken, in denen man 2 Stunden lang 45 °C gemessen hatte, waren am nächsten Tag abgestorben. Kühlung ist also bei starker Sonneneinstrahlung unabdingbar. Sie ist in den Alpen vor allem in größerer Höhe bei den Temperaturen möglich, die rasch absinken können, z. B. wenn Wolkenschatten auch nur kurzfristig über die Pflanzen fällt. Das ist der Grund dafür, dass sich echte, dicht geschlos-

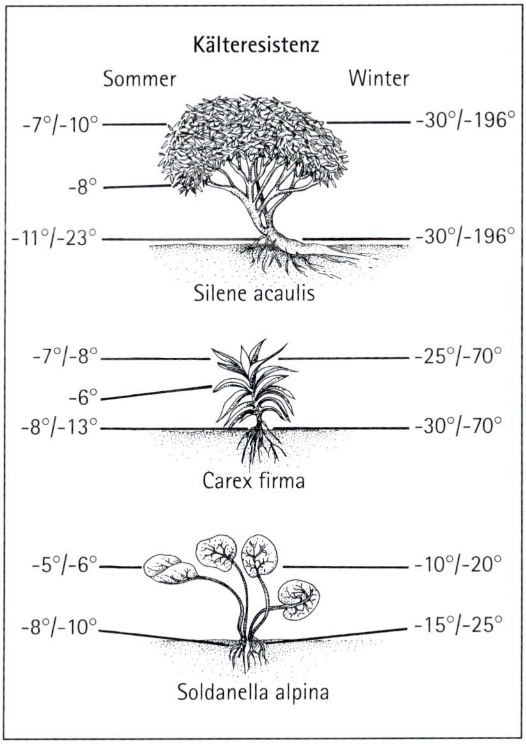

Bereiche der sommerlichen und winterlichen Kälteresistenz bei einigen Hochgebirgspflanzen. Die Pflanzen wurden 3-5 Tage bei Wärme gehalten, um danach die minimale Kälteresistenz zu ermitteln (jeweils linke Zahl); und bei Kälte, um danach die maximale Kälteresistenz zu bestimmen (jeweils rechte Zahl). Die Anpassung an winterliche Verhältnisse wird ebenso deutlich wie die Auswirkung des Standorts, an dem die Arten jeweils vorkommen. Das Große Alpenglöckchen wächst an Standorten mit dicker und langwährender Schneebedeckung und weist dementsprechend eine ziemlich geringe Kälteresistenz auf. Die Silikat-Polsternelke dagegen, die an exponieten, oft schneefreien Stellen gedeiht, zeigt eine sehr hohe Kälteresistenz. Die Polstersegge nimmt eine Zwischenstellung ein.

Silene acaulis = Silikat-Posternelke (036), *Carex firma* = Poster-Segge, *Soldanella alpina* = Großes Alpenglöckchen (132)

sene Polster nur in den oberen und obersten Vegetationsstufen finden. Viel besser wird extreme **Kälte** ausgehalten, vor allem, wenn die Polster nicht unvermittelt den niedrigsten Temperaturen ausgesetzt werden. Vorgeschaltete Perioden mit geringerer Kälte, wie sie in der Natur gegen den Winter zu die Regel sind, wirken Wunder. Denn die Pflanzenzellen können sich in ihnen über die Produktion von Frostschutzmitteln und über die Erhöhung osmotisch wirksamer Substanzen, etwa von Zuckern, in ihrem Zellsaft auf stärkere Fröste vorbereiten. Umbauten in den Plasmamembranen, Veränderungen im Cytoplasma (Zellplasma) und Umstellungen im Wasserhaushalt führen dazu, dass ein Einfrieren des Zellsafts auch bei sehr niederen Temperaturen verhindert wird oder dass im Cytoplasma Schäden durch Eiskristalle verringert werden. Damit wird eine Schutzwirkung auch gegen sehr tiefe Temperaturen erreicht. Das Ergebnis ist gerade bei den Polsternelken frappierend: nach einer experimentellen Kältevorbehandlung zur „Einstimmung" auf niedere Temperaturen konnte die Kalk-Polsternelke in flüssigem Stickstoff, also bei –196 °C, eingefroren werden und erholte sich danach völlig!

037 Gemeines Leimkraut (*Silene vulgaris*): Laubblätter bläulich überlaufen. **Unverkennbar durch den aufgeblasenen Kelch** (deshalb auch Taubenkropf-Leimkraut oder Aufgeblasenes Leimkraut = *Silene inflata*), rund 15 mm lang, **rötlich oder grünlich mit 20 starken dunkleren Adern.** Krone weiß, Platten tief zweiteilig, am Schlund mit einer zweiteiligen Nebenkrone. Eine Unterart der Alpen ist das niederliegende und dann mit den Blütenstielen (nur 1–5 Blüten) aufsteigende **Schutt-Leimkraut** (*Silene v.* ssp. *glareosa*). Die weit verbreitete Tieflandform wächst aufrecht und trägt bis zu 30 Blüten. Blütezeit VI bis IX. Stielteller-Blume. Blüten zweihäusig oder zwittrig. Nachtfalter-Blumen, in die sich tags aber auch Bienen, in den Alpen Hummeln, hineinzwängen können. Schuttleimkraut in Kalkschutthalden (Name). **Kalkliebend.** Subalpin, bis 2 200 m. Das Schutt-Leimkraut ist C in der Alpen-Pestwurz-Flur (S. 167). Gebirge Mittel- und Südeuropas. Recht häufig.

038 Felsen-Leimkraut (***Silene rupestris***)**:** bis 20 cm hoch. Nichtblühende Pflanzenteile blaugrün. Lanzettförmige Blätter von rund 2 cm Länge. **Stängel gabelig-sparrig schon unterhalb der Blütenstände verzweigt, bilden locker gebaute Blütenstände mit auf Abstand stehenden, langgestielten Blüten.** Krone bis rund 15 mm breit, **Kronblätter tief eingebuchtet,** weiß oder rosa. **Schlundschuppen klein, oft kaum sichtbar. Griffel 3.** Blütezeit VII und VIII. Stielteller-Blume. In der Regel sind die Blüten zwittrig und dann vormännlich, aber auch eingeschlechtlich, wobei die weiblichen viel häufiger sind. Die Funktionsfähigkeit von Narben und Staubblättern überschneidet sich, die Narben stehen außerdem auf Höhe der Staubblätter. Selbstbestäubung, sogar spontane, ist deshalb möglich. Die Bestäuber sind Fliegen, Hummeln und Tagfalter. Steinige Rasen, Schutt, Felsen, Pionierpflanze. **Silikat.** Montan bis subalpin, bis 2 800 m. C in der Fetthennen-Hauswurz-Gesellschaft (S. 183). Gebirge Nord- und Mitteleuropas, in den Alpen vor allem auf Silikat der Innenalpen häufig.

039 Kriechendes Gipskraut (***Gypsophila repens***)**:** Bis 25 cm hohe Rasen, **Blätter oft leicht sichelförmig,** aufsteigende **Stängel nur im Bereich der Blütenstände gabelig verzweigt,** nichtblühende Pflanzenteile bläulich. **Blütenstände kompakter als bei 038 und mit mehr Blüten.** Blüten bis zu 1 cm breit, meist weiß, aber auch rosa bis sogar purpurrot. **Die Kronblätter sind vorne leicht ausgerandet, seltener gerade oder abgerundet. Schlundschuppen fehlen völlig.** Staubblätter 10, **Griffel 2.** Blütezeit V bis VIII. Stielteller-Blume. Vormännlich, aber Überlappen der männlichen mit der weiblichen Phase und dann auch Selbstbestäubung möglich. Bestäuber Fliegen, Hummeln und Tagfalter. **Kalkstet** auf Fels, Geröll, steinigen Hängen, Moränenschutt, im Flußschotter weit talwärts. Collin (wenn herabgeschwemmt) bis alpin, bis 3 000 m. C in verschiedenen Steinschutt- und Geröllfluren, vor allem Alpen-Pestwurz-Flur (S. 167). Gebirge Mittel- und Südeuropas bis zu den Karpaten. Zerstreut bis häufig.

2. Mieren (Alsinoideae)

Diese zweite Unterfamilie der Nelkengewächse ist durch das charakterisiert, was ihr im Gegensatz zu den Eigentlichen Nelken fehlt: die Kelchblätter sind frei, also nicht verwachsen und die Kronblätter sind nicht in Platte und Nagel gegliedert. Auch die Nebenkrone vieler Eigentlicher Nelken fehlt.

Die Blüten der meisten Mieren sind viel unscheinbarer als die der Eigentlichen Nelken. Man ist gut beraten, wenn man das Bestimmungsbuch zu Rate zieht. Aber auch dann kann es Schwierigkeiten geben. In dieser Darstellung werden aus zwei Gattungen exemplarisch Arten herausgegriffen, die leichter kenntlich sind.

Einmal handelt es sich um die Gattung Hornkraut (*Cerastium*). Ihre alpinen Arten tragen für Mieren große Blüten. Sie werden noch auffallender, weil die Pflanzen Schuttfluren rasenartig überziehen können, so dass man ringsum ihre weißen Blütentrichter leuchten sieht. Auch der Anfänger wird bei der Bestimmung ohne Mühe zur Gattung kommen. Oft handelt es sich dann auch um die beiden genannten Arten. Sie wurden deshalb ausgewählt, weil sie ein vikariierendes Paar darstellen (S. 64), doch kommen in den Alpen noch weitere, ähnliche Hornkraut-Arten vor.

Die Zwerg-Miere soll die zweite Gattung (*Minuartia*) vertreten. Sie ist nicht nur häufig, sondern auch unverkennbar.

Blüte des Einblütigen Hornkrauts (041).

040 Breitblättriges Hornkraut (*Cerastium latifolium*)**:** Bis 10 cm hoch. Lockere Rasen mit **sterilen Sprossen, die nicht rosettenartig beblättert sind. Blätter bis 3 cm lang,** oval, **unterhalb der Mitte am breitesten.** Blütenstiele aufsteigend, mit 1–3 Blüten. Blüten bis 35 mm breit, trichterförmig, weiß. **Die 5 Kronblätter sind mehr als 2x so lang wie die Kelchblätter und auf 1/4 ihrer Länge eingeschnitten.** 10 Staubblätter, 5 Griffel. Die Früchte sind hornartig gekrümmt (griech. keras = Horn; Name!). Blütezeit VII und VIII. Schalen-Blume. Vormännlich wie bei Nelken-Gewächsen üblich: die äußeren 5, die inneren 5 Staubblätter und dann die 5 Griffel mit den Narben werden nacheinander reif. Wieder überlappen sich die männliche und die weibliche Blühphase, so dass spontane Selbstbestäubung eintreten kann. Die wichtigsten Bestäuber sind Fliegen. Schutt, Geröll. Die sterilen Triebe wandern sowohl durch Schutt hindurch als auch über ihn hinweg. Die Art ist also ein Schuttüberkriecher und Schuttstauer, der wesentlich zur Verfestigung von Schutthalden beiträgt. **Nur auf Kalk.** Subalpin-alpin, bis 3 500 m. C in der Täschelkraut-Schuttflur (S. 170). Alpen (Westalpen, östlich bis zum Inn, vor allem Randalpen), Karpaten, Kaukasus. In den Alpen zerstreut.

041 Einblütiges Hornkraut (***Cerastium uniflorum***)**:** Die Art vertritt das Breitblättrige Hornkraut auf Silikatböden. Beide Arten sind sich sehr ähnlich, auch in der Wuchsform. Nur die wichtigsten Unterscheidungsmerkmale werden hier angegeben: **Sterile Sprosse an der Basis rosettenartig beblättert. Blätter oberhalb der**

Mitte am breitesten, kürzer (höchstens 18 mm lang). **Kronblätter 2 x oder weniger als 2 x so lang wie die Kelchblätter, bis auf 1/2 ihrer Länge eingeschnitten.** Blütezeit VII bis IX. Blume wie 040. **Bevorzugt auf Silikat,** seltener auf Kalk. Auf Schutt (Schuttstauer), in Felsspalten und in Polsterrasen. Alpin, bis 3 300 m. C für Steinschutt- und Geröllfluren, vor allem in Alpen-Mannsschild-Schuttfluren (S. 175). In den Alpen mehr östlich orientiert: von Savoyen nach Osten, vor allem in den Innenalpen, Karpaten, Balkan. Weniger häufig.

042 Zwerg-Miere *(Minuartia sedoides)*

Beschreibung: Wie bei den Polsternelken ein **„Radialvollflachpolster"**: von einer starken Hauptwurzel gehen kurze, reichverzweigte Sprosse aus, die **dicht dachziegelartig mit bis zu 5 mm langen und 1 mm breiten, schmalen Blättern besetzt sind.** Wie bei Vollpolstern üblich, sterben die unteren Blätter ab, nur die jeweils obersten sind am Leben. Die Polster werden 2 bis 8 cm hoch. Die Blüten sitzen auf kurzen (1–3 mm) Stielen. **Ihr Durchmesser beträgt nur wenige mm (3–6 mm). Die Kronblätter fehlen meistens,** wenn vorhanden, sind sie fadenförmig und weißlich. Die Schaufunktion übernehmen die **5 gelblich-grünen Kelchblätter.** Blütezeit VII bis VIII.
Blume: Scheiben-Blumen. Bestäuber Fliegen.
Standort: Steinige Rasen, Grate, Felsbänder, Windecken, Moränenböden. Auf Kalk- sowie leicht sauren Silikatböden. Pionierpflanze. Meist stehen die Polster auf Lücke mit anderen Polsterpflanzen, dazwischen offener Boden. Schließt die Vegetation jedoch zu dicht auf, wird die Zwerg-Miere überwuchert und stirbt ab. Alpin-nival, bis 3 800 m.
Pflanzengesellschaft: C für alpine Sauerboden-Rasen, u. a. Krumm-Seggen-Rasen (S. 136), gerne auch in Silikat-Schuttfluren (S. 175).
Verbreitung: Pyrenäen, Alpen, Schottland, Karpaten.

Die Zwerg-Miere, bescheiden und bewundernswert, hat ihre Kronblätter wegrationalisiert

Die Zwerg-Miere ist ein Muster an Zweckmäßigkeit. Wichtig ist es, an extremen Standorten Wind und Wetter so wenig Angriffsfläche zu bieten, wie das ohne Verlust der Funktion möglich ist. Das geschieht schon über die Flachpolster. Aber auch die Blätter entsprechen dieser Anforderung. Kleiner dürften sie kaum werden; doch sie sind äußerst derb gebaut. Und auf derart zarte Gebilde wie Kronblätter verzichtet man besser ganz. Das war auch möglich, weil die Blüten auf wenig anspruchsvolle Blütengäste, auf Fliegen abgestimmt sind. Der Nektar wird offen in einfach gebauten Scheiben-Blumen geboten, ist also für die kurzrüsseligen Fliegen leicht zu erreichen. Fliegen sprechen auf Gelb wie Weiß gut an. Die Kelchblätter sind gelblich, bieten also eine der genannten Farben. Sie sind im Knospenzustand als Schutz für das Blüteninnere unverzichtbar. Auch bei geöffneten Blüten sind sie viel derber als Kron-

blätter und können so widrigen Umweltverhältnissen besser widerstehen. Die Konsequenz: Hinweg mit den Kronblättern! Nur weiße Fäden sind von ihnen gelegentlich noch übrig geblieben. Protzige, große weiße Kronblätter wären zwar auffälliger gewesen, doch hier erzwingen Wind und Wetter Bescheidenheit!
Etwas anderes ist die Zwerg-Miere trotzdem: ein kleines Wunder auch dem Aussehen nach! Die moosartigen Polster mit ihren gelblich leuchtenden, kleinen Blüten, Pioniere des Lebens auf kahlem Grund, sprechen unwiderstehlich an. Auch wenn der Aufstieg bis zum Grat mühevoll war, sollte man sich neben sie auf den Boden legen und sie näher betrachten. Wenn Sie jetzt behaupteten, Sie hätten die Lupe nicht dabei, wäre das nur eine Ausrede, um sich eine erneute Anstrengung zu ersparen!

Knöterich-Gewächse (Polygonaceae)

Bei den Knöterich-Gewächsen befindet sich an der Basis der wechselständigen Laubblätter eine Hülle (Ochrea), die vom Spross durchbrochen wird und ihn dann sprossaufwärts tütenartig umgibt. Der Stängel ist oft knotig gegliedert. Die Blüten sind klein, ihre aus 3–6 Blättchen bestehende Blütenhülle ist einfach. Bei insektenbestäubten Arten – zur Familie gehören viele windbestäubte Arten, z. B. die Ampfer (*Rumex*) – ist sie kronblattartig gestaltet. Trotz der geringen Größe der Einzelblüte kann durch die Vereinigung vieler Blüten zu Blütenständen eine beachtliche Schauwirkung erzielt werden.

043 Alpen-Ampfer *(Rumex alpinus)*

Beschreibung: Bis 200 cm hoch. Grundblätter ungeteilt, groß: **bis 50 cm lang und bis 35 cm breit, langgestielt, an der Basis herzförmig;** kürzer gestielte Stängelblätter lanzettlich. **Blüten in Knäueln** am Haupttrieb und dessen Seitentrieben. Sie streben dicht am Haupttrieb entlang aufwärts. Dadurch entsteht ein **kompakt gebauter, rispiger Blütenstand.** Die Blüten sind meist zwittrig. Ihre **6 Blütenblätter** sind grünlich, die 3 inneren vergrößern sich besonders zur Fruchtzeit und werden dann viel größer als die 3 äußeren. Blütezeit VI bis VIII.
Blume: Schalen-Blumen. Windbestäubung.
Standort: Lägerfluren, feuchte stickstoffreiche Wiesen, Anzeiger für Überweidung und ehemalige Siedlungen. Wird kaum vom Vieh gefressen. Subalpin, bis 2 500 m.
Pflanzengesellschaft: C in Lägerfluren (S. 108).
Verbreitung: Gebirge Mittel- und Südeuropas. Häufig.

Ausschnitt aus dem Blütenstand des Säuerlings (044). In jeder Blüte finden sich zwei Griffel. Ihre pinselförmigen, dunkelroten Narben sind sichtbar.

Der Alpen-Ampfer – früher vom Menschen genutzt, heute übel beleumdetes Weideunkraut

Der Alpen-Ampfer ist C in der nach ihm benannten Alpen-Ampfer-Gesellschaft. Sie gehört zu den Lägerfluren. Die Pflanze verträgt und verlangt Ammoniumsalze, wie sie im Umfeld von Almhütten reichlich gegeben sind. Einmal vorhanden, lässt sie sich kaum ausrotten und verdrängt die meisten anderen Pflanzenarten. In den Lägerfluren ist die Artenzahl gering, die Individuenzahl hoch. Das gilt besonders für den Alpen-Ampfer. Auch auf aufgelassenen Almen hält er sich noch über Jahrzehnte.
Rinder verschmähen die Blätter des Alpen-Ampfers. Früher gab es wenigstens eine Nutzung der dicken Wurzelstöcke und der Blätter als Schweinefutter. Die Blätter ließen sich außerdem ebenso zur Kühlung von Wunden wie zum Einwickeln von Käse verwenden. Aber solche Reminiszenzen können kaum ausgleichen, wie deprimierend es sein kann, ausgedehnte Alpen-Ampfer-Fluren unterhalb aufgelassener Almhütten passieren zu müssen. Trost mag höchstens das tiefe Blau der Blüten des Blauen Eisenhuts (022) bieten, der sich in der Alpen-Ampfer-Flur behaupten kann. Missgestimmt kann man sich nur daran erinnern, dass die Blätter wegen ihres Gehalts an Anthrachinonen (Phenolderivaten) wie diejenigen des verwandten Rhabarbers in der Volksmedizin als Abführmittel dienen können – und dass man den Alpen-Ampfer in Kärnten auch „Scheißplotschen" nennt! Zu allem Überfluss werden die kleinen Früchte vom Wind weit verbreitet und sorgen für ein Auftauchen des Weideunkrauts an andern Stellen, vorausgesetzt sie sind feucht und ammoniumsalzhaltig. Dabei muss es sich nicht unbedingt um die Umgebung von Viehhütten handeln – zu stark beweidete Almen und überdüngte Wiesen tun es auch!

044 Säuerling (*Oxyria digyna*): 5–20 cm hoch. **Stängel unverzweigt**. Fast alle **Laubblätter grundständig, langgestielt**, breiter als lang (größerer Durchmesser bis 4 cm), **nierenförmig**, säuerlicher Geschmack (Name!). Blütenstand rispig, Blüten darin in wenigblütigen Knäueln. 4 grünliche **Blütenhüllblätter**. Mit 2 Griffeln (griech. digyna = zwei Frauen). **Narben** auffällig, **pinselförmig, rot**. Reife Frucht mit 2 roten Flügeln. Blütezeit VI bis VII. Windbestäubung. **Kalkarme** Steinschuttböden und Schneetälchen, bevorzugt Feinschutt. Pionierpflanze auf vom Eis freigesetzten Moränen. Alpin, bis 3 400 m. C in der Säuerlings-Schuttflur (S. 174). Alpen (zerstreut), Gebirge Eurasiens und Nordamerikas, besonders auch in der Arktis.

045 Knöllchen-Knöterich *(Polygonum viviparum)*

Beschreibung: 5 – 25 cm hoch. Gewundener Wurzelstock wie beim Wiesen-Knöterich. Grundständige Laubblätter lanzettlich, 2 – 10 cm lang, **Blattränder nach unten umgeschlagen.** Stängelblätter kleiner. **Stängel unverzweigt**, mit einer **endständigen Blütenstandsähre**, die nur 5 mm dick wird und an der die Einzelblüten lockerer als beim Wiesen-Knöterich sitzen. Blütchen 2 – 3 mm lang, ein Teil der 8 Staubblätter und alle 3 Griffel herausragend (wenn vorhanden), weiß bis rosa, in der oberen Hälfte der Ähre. Zwittrige, männliche und weibliche Blüten. In der **unteren Hälfte der Ähre an Stelle der Blüten dunkelbraune Brutknöllchen** (Bulbillen), die schon auf der Pflanze auskeimen können. Blütezeit V bis VIII.
Blume: Einzelblütchen Glocken-Blume, Blütenstand Bürsten-Blume. Bestäuber Käfer, Hautflügler (darunter Hummeln), Tagfalter.
Standort: Häufig auf mageren ebenso wie auf nährstoffreichen Wiesen und Weiden, auch in Schneetälchen und Flachmooren. Montan-alpin, bis über 3 000 m.
Pflanzengesellschaft: Begleiter in Rasen-Gesellschaften der genannten Standorte, z. B. in Krumm-Seggen-Rasen (S. 136).
Verbreitung: Gemäßigtes und arktisches Eurasien und Nordamerika: circumpolar, arktisch-alpin. In den Alpen häufig.

Knöllchen-Knöterich: eine Pflanze klont sich selbst über Brutknöllchen und „ungeschlechtliche“ Samen

Klonen – das klingt gefährlich. Denn die Gentechnik wurde nur allzu oft verteufelt. Und ebenso oft wird das Klonen als gentechnisches Verfahren bezeichnet, obwohl es das keineswegs ist. Darauf wurde schon hingewiesen. Aber nun wird die Pflanze selbst tätig? Nicht der Gärtner? Auch diese Möglichkeit wurde schon erwähnt. Zahlreiche Pflanzen bilden oberirdische oder unterirdische Ausläufer, die sich vielfach verzweigen können. An diesen Ausläufern können sich neue Pflanzen bilden. Sie bewurzeln sich. Wenn dann der Kontakt mit der Ausgangspflanze unterbrochen wird, etwa durch Absterben der verbindenden Ausläufer, entstehen selbständige neue Pflanzen. Sie sind mit der Ausgangspflanze genetisch identisch. Das bedeutet, dass sich die Ausgangspflanze über Klonierung vermehrt, sich also selbst geklont hat, wenn man es dem Zeitgeist entsprechend bombastischer formuliert. Auch das ist allbekannt. Wer hat sich nicht schon über ein „Unkraut“ geärgert, das sich im Garten über ober- oder unterirdische Ausläufer überall hin verbreitet hatte? Beim Knöllchen-Knöterich treten an Stelle der Ausläufer die Brutknöllchen im unteren Teil der Blütenstandsachse.

Der Knöllchen-Knöterich praktiziert noch eine andere Art des Klonens. Nicht aus Keimzellen, und auch nicht aus Zygoten, sondern aus anderen (diploiden) Zellen des Embryosacks oder umliegender Gewebe entwickeln sich Embryonen, die dann wie üblich in Samenhüllen eingeschlossen werden. Eine Verschmelzung von Gameten gibt es dabei nicht. Die Samen täuschen also eine sexuelle Fortpflanzung vor, die gar nicht stattgefunden hat. Der Wissenschaftler spricht von **Agamospermie** (Bildung von Samen ohne Verschmelzung von Gameten = „ungeschlechtliche“ Bildung von Samen). Sie findet in den Blüten statt, die der Knöllchen-Knöterich am oberen Abschnitt des Blütenstands ausbildet.

In diesen Blüten kann es aber auch zur normalen, sexuellen Bildung von Embryonen und Samen kommen. Die Blütchen produzieren an der Basis der drei inneren Staubblätter (die fünf anderen, nektarlosen Staubblätter stehen außen) munter Nektar, so dass sich der Blütenbesuch für die Bestäuber lohnt. Bei Zwitterblüten sind Fremd- ebenso wie Selbstbestäubung möglich. Außer zwittrigen finden sich auch Blüten mit verkümmerten Staubblättern oder Griffeln, funktionell also weibliche bzw. männliche Blüten. Die verschiedenen Blütenformen können auf verschiedenen Pflanzen, aber auch auf ein- und derselben Pflanze vorkommen.

Rechte Seite: Ausschnitt aus dem Blütenstand des Knöllchen-Knöterich (045). Die aus den Blüten herausragenden Griffel lassen den Blütenstand wie eine Bürste aussehen.

Der Knöllchen-Knöterich ist ein Beispiel dafür, wie vegetative zusätzlich zur sexuellen Fortpflanzung praktiziert werden kann. Dabei kann man sich des Eindrucks nicht erwehren, dass sich die Pflanze noch im Zustand des Experimentierens befindet, dass sie erprobt, was geeigneter ist, die vegetative Fortpflanzung über Bulbillen oder „ungeschlechtliche“ Samen, oder die sexuelle Fortpflanzung über zwittrige oder eingeschlechtige Blüten. Trotzdem kommt es offensichtlich nicht zu einer Gefährdung der genetischen Vielfalt. Denn Untersuchungen bestimmter Enzym-Muster (für den Wissenschaftler: bestimmte Isoenzym-Muster) zeigten, dass Populationen des Knöllchen-Knöterichs erhebliche genetische Unterschiede aufweisen können, obwohl die erbgleiche vegetative Fortpflanzung mit im Spiel ist. Die verbleibende sexuelle Fortpflanzung reicht demnach aus, genetische Rekombinationen zu ermöglichen.

Pfingstrosen-Gewächse (Paeoniaceae)

Stauden und (Halb-)Sträucher mit meist wechselständigen, dreiteiligen oder unpaarig gefiederten Blättern mit dreiteiligen Teilblättern. Große radiäre Blüte. Am Stängel Hochblätter, die zu den 5 Kelchblättern überleiten. 5–10 freie Kronblätter. Zahlreiche Staubblätter. 2–5 oberständige Fruchtblätter, die mehr oder weniger miteinander verwachsen sind. Balgfrucht. Nur die Gattung *Paeonia*.

Paeonia hatte man früher zu den Hahnenfuß-Gewächsen gestellt, u.a. wegen der Vielzahl und schraubigen Anordnung der Staubblätter und wegen der Balgfrucht. In anderen Merkmalen, u.a. in einem nektarabsondernden, ringförmigen Diskus (Scheibe) an der Basis der Staubblätter, unterscheidet sie sich jedoch von den Hahnenfuß-Gewächsen.

046 **Echte Pfingstrose** (***Paeonia officinalis***): 30–60 cm. **Stängelblätter groß, mehrfach dreiteilig** in an der Basis breitere, spitz auslaufende Abschnitte gegliedert. Aufrechter, unverzweigter Stängel, der in einer großen, bis zu 13 cm breiten Blüte endet. 5 grüne oder auch rötliche Kelchblätter; **5–10 rote, bis 6 cm lange Kronblätter**, zahlreiche gelbe **Staubblätter, an ihrer Basis zum nektarabsondernden Diskus verwachsen;** 2–7 grüne, halbverwachsene oberständige Fruchtknoten mit je einem roten Narbenlappen. Duftend. Blütezeit V und VI. Schalen-Blume. Pollen-Blume: 3,6 Millionen Pollenkörner pro Blüte, bisherige Höchstzahl! Bestäuber sind Pollenfresser und Pollensammler: Käfer, Fliegen, Bienen, Hummeln. Trockene Hänge, Flaum-Eichen-Wälder, Stein-Eichen-Gebüsch, bis in die Buchenstufe. **Kalkliebend.** Collin-subalpin, bis 1 700 m. Im Stein-Eichen- und Flaum-Eichen-Busch, C in Buchenwald-Gesellschaften (S. 84). Südeuropa, Südalpen (selten und zerstreut), Kleinasien.

Dickblatt-Gewächse (Crassulaceae)

In unserer Flora sind die Dickblatt-Gewächse krautig. Namengebend sind die wasserspeichernden und dadurch meist dicken und fleischigen Blätter, die oft grundständige Rosetten bilden. Es handelt sich also um Blattsukkulenten, die mit wenigen Ausnahmen an trockenen Standorten vorkommen. Die Rosenwurz hat ausnahmsweise vierzählige Blüten. In der Regel sind die Blüten aber fünf- bis höherzählig, radiär und in Kelch und Krone gegliedert. Der Kelch kann verwachsenblättrig sein.

047 **Rosenwurz** (***Rhodiola rosea***): Bis rund 35 cm hohe Triebe mit flachen, 4–6 cm langen und bis 15 mm breiten, **flachen**, lanzettlichen, fleischigen, blaugrünen und wechselständigen **Blättern**, Spitze oft rötlich. Doldenartiger Blütenstand mit zahlreichen Blüten. **Blüten vierzählig, meistens eingeschlechtig,** 4–6 mm im Durchmesser. 4 **gelbe, oft rötlich überlaufene Kronblätter** mit kapuzenartig zusammengezogener Spitze, die bei weiblichen Blüten fehlen können. Nektarien Schuppen an der Basis des Fruchtknotens. Blütezeit V bis VIII. Einzelblüte Schalen-Blume, Blütenstand Übergang zu Bürsten-Blume. Die seltenen zwittrigen Blüten sind vormännlich. Bestäuber Fliegen. Bevorzugt feuchtere, auch beschattete Standorte. Quellfluren, humose Wiesen, Felsspalten, Blockschutt. **Silikatböden**, nur ausnahmsweise Kalkböden (Oberösterreich). Subalpin-alpin, bis 3 000 m. C in der Felsflur mit Vandellis Mannsschild (S. 184). Arktisch-alpin. Auch in der amerikanischen Arktis. In den Alpen zerstreut, vor allem Innenalpen und Südliche Randalpen, in den Nördlichen Randalpen nur vom Ennsgebiet ostwärts. Früher in Gärten angebaut, daraus gelegentlich verwildert. Name nach dem rosenartig duftenden Wurzelstock, der früher in der Volksmedizin gegen Kopfschmerzen eingesetzt wurde. Die Blätter wurden als entzündungshemmendes und blutstillendes Mittel verwendet, vermutlich wegen ihres Gerbstoffgehalts.

048 Dunkler Mauerpfeffer *(Sedum atratum)*

Beschreibung: 3–8 cm hoch, **kahl, keine sterilen Triebe, ganze Pflanze braunrot überlaufen.** Blätter kleine Keulen, 3–5 mm lang und 2 mm dick. Blütenstand abgeflacht doldenartig mit 3–6 Blüten. Blüten 5–8 mm im Durchmesser, fünfzählig, manchmal auch höherzählig. **Kronblätter weißlich bis gelbgrün, oft rötlich überlaufen, oft mit roten Längsstreifen.** Alte Fruchtknoten meist rötlich überlaufen. Blütezeit VII und VIII.
Blume: Scheiben-Blume. Vorweiblich. Möglichkeit zu spontaner Selbstbestäubung. Bestäuber selten, ist aber für die verschiedensten Bestäuber leicht zugänglich.
Standort: Offene Rasen und Matten, Schutt, Felsen. **Kalkliebend.** Subalpin-alpin, bis 3 000 m.
Pflanzengesellschaft: C in Blaugras-Rasen (S. 148).
Verbreitung: Von den Pyrenäen über die Alpen bis zu den Karpaten. In den Alpen zerstreut, vor allem in den Nördlichen und Südlichen Randalpen.

Rationell bei aller Eile – die Devise des Dunklen Mauerpfeffers

Beim Dunklen Mauerpfeffer handelt es sich um eine der wenigen einjährigen Alpenpflanzen. Zu ihnen gehören u.a. auch der Zwerg-Augentrost (163), der Schnee-Enzian (146), der Feld-Enzian (148) und das Tauernblümchen (151). Dass die Einjährigen in den Alpen selten sind, hat seinen guten Grund. Denn die gesamte Pflanze muss vom Samen ausgehend in der nur kurzen Vegetationsperiode unter oft ungünstigen Außenbedingungen aufgebaut werden und auch zum Fruchten kommen. All das ist bei ausdauernden Pflanzen viel leichter. Selbst wenn ihre oberirdischen Organe absterben, können sie auf Reservestoffe in Wurzelstock oder Wurzel zurückgreifen, mit ihnen die Entwicklung starten und dann auch weitgehend unterhalten.
Der Dunkle Mauerpfeffer kommt überdies noch an trockenen Standorten vor. Seine wasserspeichernden Blätter, die wie winzige Keulen aussehen, helfen ihm dort zu überleben. Sie sind verglichen mit den anderen eben genannten Einjährigen eine Besonderheit. Sie auszubilden, erfordert einen entsprechenden materiellen Aufwand.
Die erste Konsequenz in dieser Situation ist, die ganze Pflanze möglichst klein zu halten. Die Reduktion in der Größe verringert den eben erwähnten Stoffbedarf. Sie bedeutet auch einen Zeitgewinn: Je kleiner die Pflanze ist, desto schneller kann sie aufgebaut werden. Das ist wichtig, denn die Vegetationszeit ist nur kurz. Deshalb sollte jede Möglichkeit genutzt werden, Zeit für die Entwicklung zu gewinnen. Hier ist dem

Dunklen Mauerpfeffer etwas Außergewöhnliches „eingefallen“: Seine winzigen Samen keimen schon im Herbst und überwintern unter einer schützenden Schneedecke. Damit wird Zeit gewonnen. Doch wenn der Schnee ausbleibt oder wenn es zu trocken wird, erfrieren oder vertrocknen die Keimlinge. DieseVerluste werden durch eine reichliche Samenproduktion kompensiert.

Damit sind wir bei der Blüte, aus der sich die Früchte mit den Samen entwickeln. Die Blüten sind verglichen mit dem vegetativen Pflanzenkörper recht groß. Sie müssen ja auch zahlreiche Samen bilden, denen nicht zu wenig Nährstoffe mitgegeben werden dürfen. Sonst wird es nichts mit der raschen Entwicklung der Embryonen zum Keimling und dann zur fertigen Pflanze, selbst wenn die Pflanzen nur klein sind. An der Blüte darf also nicht allzu sehr gespart werden.

Sogar Nektar wird trotz aller Sparmaßnahmen gebildet, und zwar von fünf Drüsenschuppen an der Basis des aus fünf Fruchtblättern aufgebauten Fruchtknotens. Sollten Besucher kommen, werden sie entlohnt und ziehen nicht frustriert von dannen, ohne weiterhin noch auf die Blüten des Dunklen Mauerpfeffers zu achten. Die Blüten sind vorweiblich. Im weiblichen Zustand sind sie noch nicht ganz geöffnet. Eventuelle Bestäuber setzen sich auf die Blütenmitte und streifen dort von älteren Blüten mitgebrachten Pollen auf den Narben ab. So kann es zur Fremdbestäubung kommen. Doch Bestäuber finden sich nur selten ein. Unser Mauerpfeffer sorgt deswegen eiligst für spontane Selbstbestäubung. Noch während die Narben belegungsfähig sind, öffnen sich die fünf Staubbeutel eines der beiden Staubblattkreise und laden ihren Blütenstaub auf den Narben ab. Später öffnen sich die Blüten zu kleinen Sternen. Die Narben sterben ab. Nun präsentieren auch die fünf Staubblätter des zweiten Staubblattkreises ihren Pollen. Falls je noch Insekten kommen sollten, nehmen sie ihn von beiden Staubblattkreisen auf und können ihn in eine jüngere Blüte übertragen. Der Kreis hat sich geschlossen.

Der Dunkle Mauerpfeffer hat es in seiner Entwicklung eilig. Trotzdem gibt er zuerst der Fremdbestäubung eine Chance, wieder ein Beleg für deren überragende Bedeutung. Doch dann geht er rasch zur sicheren spontanen Selbstbestäubung über. Bei aller Tendenz zum Zeitgewinn und bei aller gebotenen Eile ist Rationalität die Devise.

049 Alpen-Mauerpfeffer (***Sedum alpestre***)**:** Vegetativ von der Färbung abgesehen dem Dunklen Mauerpfeffer ähnlich, aber **ausdauernd. Mit sterilen Trieben,** die einen kleinen Rasen bilden können. **Blätter ohne Sporn.** Blütenstände mit wenigen fünfzähligen Blüten mit **gelben Kronblättern.** Blütezeit VI bis VIII. Scheiben-Blume. Bestäuber Fliegen, aber auch für andere Insekten leicht zugänglich. Moränen, Schneetälchen, Felsschutt, nur **Silikatböden.** Verträgt relativ viel Stickstoffverbindungen im Boden, deshalb auch auf Schafweiden und in der

Umgebung menschlicher Behausungen. Subalpin-alpin, bis über 3 500 m. C in der Alpen-Mannsschild-Flur (S. 175). Mittel- und südeuropäische Gebirge, in den Alpen zerstreut, vor allem Innenalpen.

050 Sumpf-Mauerpfeffer (***Sedum villosum***): 5–20 cm hoch, Blätter 5–15 mm lang, halbstielrund (oberseits flach, unten gewölbt), gelblich-grün bis rotbraun. **Ganze Pflanze dicht drüsig behaart**, auch die Außenseiten der Kelch- und der Kronblätter. Blüte in bis zu 10-blütigem doldenartigem Blütenstand, Durchmesser der fünfzähligen **Blüten** 5–9 mm, **rosa mit dunkler rotem Mittelstreifen.** Die schönsten Blüten aller Mauerpfeffer-Arten! Blütezeit VI bis VII. Scheiben-Blume. Steht allen Insekten offen.
Standort: Verlangt trotz des sukkulenten Baus noch mehr Feuchtigkeit als die Rosenwurz (047): Quellfluren, Sümpfe, Moore, Feuchtwiesen, feuchte Felsfluren, jeweils **kalkarm.** Montan-alpin, bis 2 900 m. C in der Bitterschaumkraut-Quellflur (S. 124), kommt auch in Schlenken und Übergangsmoor-Gesellschaften (S. 123) vor. Alpen, dort selten, durch Trockenlegungen stark gefährdet. Weitere Gebirge Mitteleuropas, Nordeuropa, Island, Grönland.

Einzelblüte aus dem Blütenstand des Sumpf-Mauerpfeffers (050). Erst bei genauem Betrachten offenbart sich die Schönheit der Blüten.

051 Spinnweben-Hauswurz *(Sempervivum arachnoideum)*

Beschreibung: 5–15 m hoch, Halbrosetten-Pflanze. Rosetten mit einem Durchmesser bis zu 2 cm, halbkugelig, oben nicht ganz geöffnet. **Rosettenblätter** fleischig, lanzettförmig, graugrün mit rot überlaufener Spitze, am Rand mit längeren Drüsenhaaren, **an der Spitze mit weißen „Wollhaaren“, die die Blattspitzen spinnwebig miteinander verfilzen.** Blütenstandsstiel durch Auflösung der Rosette beblättert (Halbrosette), rot, drüsig behaart. Blütenstand mit 5–15 sternartigen Blüten, Durchmesser bis 15 mm. **Kronblätter** 6–16, lanzettlich, **karminrot mit dunkler rotem Mittelstreifen, doppelt so lang wie die Kelchblätter.** 16–20 purpurfarbene Staubblätter, annähernd gleichviele miteinander zum Fruchtknoten verwachsene Fruchtblätter. Blütezeit V bis IX.
Blume: Schalen-Blume. Vormännlich. Bestäuber Fliegen, Hummeln, Tagfalter.
Standort: trockene Felsen, Felsschutt, Blockschutt, steinige Rasen, Mauerritzen, **bevorzugt kalkarme Böden.** Selten montan, subalpin-alpin, bis 3 000 m.
Pflanzengesellschaft: C in der Fetthennen-Hauswurz-Gesellschaft (S. 183).
Verbreitung: Pyrenäen, Apennin, Alpen, Karpaten. In den West- und Süd-Alpen häufig, in den Nördlichen Randalpen östlich des Allgäus fehlend.

052 **Berg-Hauswurz** (*Sempervivum montanum*): 5–25 cm hoch, Rosetten öffnen sich weiter als bei der Spinnweben-Hauswurz, sind **voll entwickelt also nicht kugelig.** Rosettenblätter in der Färbung ähnlich dem Spinnweben-Hauswurz, größer und auf beiden Seiten wie die **ganze Pflanze dicht drüsig behaart. Keine „Spinnweben". Blüten größer (bis 3 cm Durchmesser).** Kronblätter 12–16, rotviolett mit dunklerem Mittelstreif, **mehr als 2- bis 4-mal so lang wie die Kelchblätter.** Blütezeit VII bis IX. Scheiben-Blume. Vormännlich. Bestäuber Fliegen, Hummeln und Tagfalter. Standort wie 051, oft mit ihr zusammen. **Kalkarme Böden.** Subalpin-alpin, bis 3 400 m. C in der Fetthennen-Hauswurz-Gesellschaft (S. 183). Verbreitung ähnlich 051, in den Alpen auf Silikat in den Innenalpen und den Südlichen Randalpen. Häufig.

053 **Alpen-Hauswurz,** Dach-Hauswurz (*Sempervivum tectorum*): Die Dach-Hauswurz kommt im Tiefland in einer größeren Unterart vor. Hier sei ihre alpine Unterart beschrieben, die **Alpen-Hauswurz** ***(S. t.*** **ssp.** ***alpinum).*** Während die Unterart des Tieflandes bis 60 cm hoch wird, sind es bei ihr nur bis zu 35 cm. Sie ist damit aber immer noch **größer als die beiden vorstehend genannten Arten.** Der Durchmesser der Rosetten beträgt bis zu 6 cm. **Die Rosettenblätter laufen in eine rote Stachelspitze aus und sind am Rand bewimpert. Die meist 12 Kronblätter sind deutlich matter rot als bei den beiden schon genannten Arten,** mit dunklem Mittelstreif, **mehr als 2- bis 4-mal so lang wie die Kelchblätter.** Blütezeit VII bis IX. Scheiben-Blume. Bestäuber Fliegen, Hummeln und Tagfalter. Standort wie 051. **Kalkarmer bis kalkfreier Untergrund.** Montan-alpin, bis rund 2 800 m. C in der Fetthennen-Hauswurz-Felsflur (S. 183). Von den Pyrenäen über die Alpen bis zum nördlichen Balkan. In den Alpen östlich bis Allgäu, Etschtal, in den Südlichen Außenalpen bis zum Balkan. Weniger häufig. Früher Zauberpflanze, Heilpflanze (siehe unten).

054 **Gelbe Hauswurz** (*Sempervivum wulfenii*): 10–30 cm hoch. **Sternförmig ausgebreitete,** ziemlich lockere **Rosetten,** Durchmesser bis 8 cm. **Rosettenblätter blaugrün, mit deutlich abgesetzter, meist roter Stachelspitze,** am Rand bewimpert. Bis zu 25 Blüten im Blütenstand, Blütendurchmesser bis 35 mm. 12–18 (meist 15) **Kronblätter, gelb** mit rotem Fleck an der Basis. Staubfäden rot. Blütezeit VII und VIII. Scheiben-Blume. Ausgeprägt vormännlich. Bestäuber Fliegen und vor allem Hummeln. Standort wie 051, aber auch Zwergstrauchheiden. **Kalkarmer Untergrund.** Subalpin-alpin, bis 2 600 m. Kommt in einer Silikatfels-Flur vor, die mit der Felsflur mit Vandellis Mannsschild verwandt ist (S. 184). Gerne auch in Buntschwingel-Rasen, die mit den Borstgras-Rasen (S. 128) verwandt sind. Endemit der Ostalpen: Silikatketten der Innenalpen von den Niederen Tauern bis zum Engadin. Zerstreut bis selten.

Hauswurz-Arten – blattsukkulente Halbrosetten-Pflanzen mit vormännlichen Blütensternen: Blitzableiter Karls des Großen

Was ist der Unterschied zwischen einer Rosetten-Pflanze und einer Halbrosetten-Pflanze? In beiden Fällen ist eine Rosette grundständiger Laubblätter vorhanden. Wie eine solche Rosette zustandekommt, wurde bereits besprochen (S. 178). Bei den **Rosetten-Pflanzen,** zu denen u.a. die

Primel-Arten gehören, finden sich keine Laubblätter am Stängel des Blütenstands, der aus der basalen Blattrosette aufsteigt. Bei den **Halbrosetten-Pflanzen** dagegen gibt es solche Blätter. Sie werden in der Regel nach oben zu, in Richtung Blütenstand kleiner. Die Rosette ist also nicht in sich abgeschlossen, sondern läuft nach oben zu aus. Weil sie nicht voll verwirklicht ist, verwendet man in solchen Fällen das Suffix „halb". Steinbrech- und Hauswurz-Arten bilden solche Halbrosetten.
Bei beiden Gattungen, Steinbrech und Hauswurz, finden sich **Rosettenpolster**. Bei der Spinnweben-Hauswurz sind sie besonders ausgeprägt. In den Acheln der Rosette, deren Hauptachse in den Blütenstand übergeht, entstehen Tochterrosetten. Nach der Blüte stirbt die Mutterrosette ab und die Tochterrosetten nehmen dicht an dicht gedrängt ihren Platz ein. Der Vorgang wiederholt sich, so dass schließlich Polster aus Tochterrosetten, Rosettenpolster entstehen. Bei der Spinnweben-Hauswurz sind die Rosetten nicht ganz geöffnet. Mit anderen Worten: sie sind annähernd kugelig. Kleine Kugeln der Tochterrosetten können sich aus dem Rosettenpolster lösen und davon rollen. Besonders über eine Schneedecke werden sie vom Wind weit verbreitet. Solche „Windläufer" dienen der vegetativen Vermehrung. Eine Kombination, die man nur bestaunen kann: die Halbrosetten sind nicht nur eine Anpassung an Trockenheit, sondern gleichzeitig Organe der vegetativen Vermehrung. Bei den anderen Hauswurz-Arten sind die Rosetten oben weiter geöffnet, bei der Gelben Hauswurz sogar sternartig ausgebreitet.
Eine **Anpassung an Trockenheit** sind schon die fleischigen Blätter. Auf ihre Lebenskraft unter ungünstigen Bedingungen bezieht sich auch der wissenschaftliche Gattungsname *Sempervivum* (lat. immer lebend). Über einen gut ausgebauten Verdunstungsschutz wird die Wasserabgabe der an sich schon wasserspeichernden Blätter noch weiter herabgesetzt. Eine derbe Oberhaut (Epidermis) erschwert die Verdunstung so sehr, dass sie praktisch nur durch die Spaltöffnungen erfolgt. Diese sind tief in die Epidermis eingesenkt. Dadurch bildet sich über ihnen, und das heißt nach außen zu, ein Hohlraum, eine äußere „Atemhöhle". In ihr sammelt sich die durch die Spaltöffnungen ausgeschiedene feuchte Luft. Der Wind streicht in solchen Fällen über die Blattoberfläche hinweg und nimmt nur wenig feuchte Luft aus den Atemhöhlen mit sich.
Bei der Spinnweben-Hauswurz kommt als weiterer Verdunstungsschutz noch die namengebende Behaarung hinzu. Die Atemhöhlen mit den Spaltöffnungen befinden sich vor allem auf der Oberseite der Blätter. Die kugeligen Halbrosetten sind nur wenig nach oben zu geöffnet – und diese Öffnung wird noch durch den Haarfilz von Blattspitze zu Blattspitze überzogen. Dadurch entsteht unter dem Spinnengewebe wieder ein Hohlraum, in dem sich feuchte Luft ansammeln kann. Ein doppelter Verdunstungsschutz durch Hohlräume mit feuchter Luft also: über den

Spaltöffnungen zunächst die äußeren Atemhöhlen, dann zwischen der Oberseite der Rosettenblätter und dem darüber liegenden Haarfilz ein zweiter, größerer Hohlraum.
Wir waren bislang nur auf morphologisch-anatomische Anpassungen an Wasserverlust eingegangen. Nun noch eine Ergänzung, was die Physiologie anbelangt. Bei Trockenheit gerät die Pflanze in ein Dilemma: einerseits muss die Verdunstung so weitgehend wie möglich verhindert werden. Wie das geschehen kann, wurde eben geschildert. Auf der anderen Seite benötigt die Pflanze aber Kohlendioxid (CO_2), um die Photosynthese durchführen zu können. Im Regelfall wird es aus der umgebenden Luft über die Spaltöffnungen aufgenommen. Das ist jedoch nicht möglich, wenn die Spaltöffnungen bei Trockenheit geschlossen werden müssen. Die Pflanzen begegnen dieser misslichen Situation dadurch, dass sie Kohlendioxid in Form bestimmter Verbindungen in ihren Zellen speichern. Aus diesen Speicherverbindungen wird das Kohlendioxid dann bei Bedarf freigesetzt und für die Photosynthese genutzt. Die Spaltöffnungen können dabei geschlossen bleiben.
Man kennt mehrere Mechanismen, über die Kohlendioxid vorübergehend gespeichert werden kann. Einer von ihnen ist der **Crassulaceen-Säuremetabolismus** (engl. Crassulaceae Acid Metabolisme = **CAM**). Bei ihm wird Kohlendioxid, das während der Nacht über die biologische Oxidation freigesetzt wurde, nicht nach außen abgegeben, sondern in Form bestimmter organischer Säuren gespeichert. Ein wichtiger derartiger Kohlendioxid-Speicher ist die Äpfelsäure. Tags, wenn in der Mittagshitze die Spaltöffnungen geschlossen werden müssen, um Verdunstungsschäden zu vermeiden, wird Kohlendioxid aus den speichernden Säuren freigesetzt und in die Photosynthese eingeschleust. Also Photosynthese auch bei zeitweise geschlossenen Spaltöffnungen!
Wie die Mauerpfeffer-Arten gehören auch die Hauswurz-Arten zu den eben erwähnten Crassulaceen (= Dickblattgewächsen). Findet sich der CAM auch bei ihnen? Für die Berg-Hauswurz liegen entsprechende Daten vor. Wie alle Hauswurz-Arten muss auch sie starke tägliche Temperaturschwankungen aushalten, extreme Hitze am Tag (in den Rosetten über 50 °C!) und eine starke nächtliche Abkühlung. Solange es zu Tagesbeginn noch kühl und feucht ist, führt die Berg-Hauswurz eine normale Photosynthese durch. Bei stärkster Hitze, die mit Austrocknung einhergehen könnte, stellt sie ihre Photosynthese jedoch auf den CAM um. Die Berg-Hauswurz ist also eine **fakultative CAM-Pflanze**, wieder eine sinnvolle Anpassung an die äußeren Gegebenheiten – und nun sogar an kurzfristig, nämlich im Tagesverlauf wechselnde Außenbedingungen.
Nun vom vegetativen Bau zu den Blüten. Die Hauswurz-Arten sind vormännlich. Der Bestäubungsmechanismus entspricht sich. In der männ-

lichen Phase umgeben z. B. in einer Blüte der Spinnweben-Hauswurz die geöffneten Staubblätter das Blütenzentrum. Dort wird an den Basen der noch nicht entwickelten Griffel Nektar ausgeschieden. Wenn die Bestäuber zu ihm gelangen wollen, müssen sie den Ring der Staubblätter passieren und können dort Pollen aufnehmen. In älteren Blüten im weiblichen Stadium findet sich nur noch wenig Blütenstaub. Aus gelblichem Grund strecken sich nun die rötlichen Griffel mit ihren hellen Narben zur Bestäubung nach oben.

Bei der Gelben Hauswurz ist die Vormännlichkeit am besten ausgeprägt. Die Pollenabgabe ist ähnlich wie bei den anderen Hauswurz-Arten, aber doch besonders gut an die Bestäuber angepasst. Innerhalb der oft 15 Kronblätter stehen zwei Staubblattkreise mit ebenfalls je rund 15 Staubblättern. Ihre Staubbeutel öffnen sich im männlichen Stadium seitlich. Im Zentrum der Blüte findet sich ein Kreis aus zahlreichen, eng aneinander gepressten grünen Fruchtknoten. Dort ist kaum Platz zum Landen. Deshalb fliegen Hummeln, die wichtigsten Bestäuber, die gelben Kronblätter an und arbeiten sich auf ihnen durch die beiden Staubblattkreise hindurch in Richtung Nektar vor. Dabei kann es nicht ausbleiben, dass sie Blütenstaub abstreifen, umso ergiebiger deswegen, weil sich die Staubbeutel seitlich öffnen, also dort, wo sich die Hummeln vorbei zwängen.

Links oben:
Blüte der Spinnweben-Hauswurz (051) im ersten, männlichen Zustand. Die im Zentrum sitzenden Griffel haben sich noch nicht entwickelt.

Rechts oben:
Blüte der Spinnweben-Hauswurz (051) im zweiten, weiblichen Zustand. Die Staubblätter sind seitlich abgebeugt. Im Zentrum ragen jetzt über gelben Fruchtknoten die Griffel mit ihren hellen Narben aufwärts.

Blütenzentrum der Gelben Hauswurz (054) im männlichen Zustand.

Die anderen genannten Hauswurz-Arten sind weniger stark vormännlich. Pollenpräsentation und Reifung der Narben überlappen sich stärker. Selbstbestäubung ist bei ihnen deshalb leichter möglich als bei der Gelben Hauswurz. Bestäuber bei der Gelben Hauswurz sind vor allem Hummeln, aber auch Fliegen. Beide sehen Gelb gut. Die anderen Hauswurzarten zeigen als dominierende Blütenfarbe ein mehr oder weniger (Dach-Hauswurz) ausgeprägtes Rot. Was Wunder, dass bei ihnen als dritte Bestäubergruppe noch Tagfalter hinzukommen. Denn Tagfalter können von Geburt her oder über Erlernen rotsichtig sein.

Die frischen Blätter der Dach-Hauswurz vor der Blüte bzw. entsprechende Extrakte wurden in der **Volksmedizin** schon von Griechen und Römern, später dann u.a. von Hildegard von Bingen und Paracelsus eingesetzt. Die innerlichen Anwendungen reichten von Wurmbefall bis zu Zahnschmerzen, die äußerlichen von Verwundungen über Hämorrhoiden bis zu Warzen. Doch sind diese Indikationen nach dem heutigen Stand nicht gesichert. Dass das Auflegen der frischen Blätter mit ihrem Gehalt an Schleim- und Gerbstoffen auf Wunden zumindest eine kühlende, vielleicht auch adstringierende (zusammenziehende, blutstillende) Wirkung haben könnte, ließe sich jedenfalls verstehen.

Schon die Germanen der vorchristlichen Zeit waren davon überzeugt, dass die Dach-Hauswurz die Häuser vor Blitzschlag schütze. Seinen schriftlichen Niederschlag fand dieser **Volksglaube** in dem 812 von Karl dem Großen erlassenen **Capitulare de villis**, den Verordnungen für die Reichsgüter: „… und der Landmann hat auf seinem Haus die Hauswurz zu haben." Tatsächlich schien das Bepflanzen der Dächer mit der Hauswurz vor Blitzschlag zu schützen. Eine überzeugende Statistik dazu gibt es allerdings nicht – dafür aber eine Erklärungsmöglichkeit: Die vielen Stachelspitzen der Rosettenblätter könnten für einen permanenten Spannungsausgleich sorgen, so dass sich die für einen Blitzschlag erforderlichen hohen elektrischen Potentiale gar nicht erst aufbauen können. Technische Blitzableiter funktionieren ähnlich, nämlich über einen laufenden Spannungsausgleich durch gebüschelte Drahtspitzen. Ob Karl der Große nicht doch recht hatte?

Steinbrech-Gewächse (Saxifragaceae)

Bei den Steinbrech-Gewächsen handelt es sich in den Alpen meistens um Stauden, die besonders an trockenen Standorten grundständige Blattrosetten und Rosettenpolster ausbilden. Die Blätter sind einfach oder handförmig geteilt. Sie können immergrün sein wie u.a. beim Trauben-Steinbrech (056), Blaugrünen Steinbrech (059) und Roten Steinbrech (057), bei denen sich auf den Blättern auch Kalkschuppen finden.
Die Blüten stehen einzeln oder in trauben- und doldenartigen Blütenständen. Sie sind meist radiär, zwittrig, vom Fruchtknotenbereich abgesehen vier-, meistens fünfzählig und in der Regel in Kelch und Krone gegliedert. Staubblätter 8 oder 10. Die zwei Fruchtblätter können mehr oder weniger miteinander verwachsen sein, lassen aber in der Regel eine Zweigliederung erkennen. Es werden auch zwei Griffel ausgebildet.
Aus der Familie werden nur Arten der Gattung Steinbrech (*Saxifraga*) besprochen. Der Name, auch der wissenschaftliche (lat. saxum = Fels, Stein; lat. frangere = brechen), bezieht sich darauf, dass die Wurzeln oft in Felspalten verankert sind, also anscheinend den Stein gebrochen haben. Auf glatt geschlossenem Fels können die Keimlinge jedoch keinen Fuß fassen, sie benötigen zumindest Ritzen, die sie dann allerdings, vor allem in Karbonatgestein, durch Wurzelausscheidungen erweitern können. In den Alpen gibt es zahlreiche Arten, von denen hier nur eine kleine Auswahl berücksichtigt wird. Einige von ihnen steigen im Gebirge weit aufwärts. Der Zweiblütige Steinbrech (058) hält sogar den Höhenrekord für Alpenblumen.
Eine Kuriosität sei noch erwähnt: Steinbreche setzte man früher in der Volksmedizin zum Brechen von Blasensteinen ein. Das gilt besonders für den Knöllchen-Steinbrech tieferer Lagen. Vor allem die Brutknöllchen in den Achseln seiner grundständigen Blätter wurden dazu verwendet. Nach der **Signaturenlehre** des Mittelalters gibt das Aussehen der Pflanze ein Zeichen (lat. signum) für ihre Verwendung in der Medizin. Dabei gilt „similia similibus“, frei übersetzt: Man heile Gleiches (similia) mit Gleichem (similibus). Die Brutknöllchen wurden als Steine gewertet und dementsprechend zum Kurieren von ebenfalls Steinen, den Blasensteinen eingesetzt – ohne nachweisbaren Erfolg!

055 Fetthennen-Steinbrech *(Saxifraga aizoides)*

Beschreibung: 5–30 cm hoch. **Keine Blattrosette. Lockerrasig mit vielen sterilen Trieben.** Triebe aufsteigend, **Blätter fleischig, im Querschnitt halbkreisförmig, linealisch,** in der Stängelmitte am längsten (bis 25 mm lang). Blütenstand locker beblättert, traubenartig, mit 3–12 Blüten, besonders nach oben zu drüsig behaart. Einzelblüten im Durchmesser bis 15 mm, mit 5 Kelch- und 5 Kronblättern.

Kronblätter länglich abgerundet, bis 6 mm lang, ausgebreitet, **entweder gelb mit orangeroten Punkten** (f. *crocea*) **oder dunkelorange** (f. *atropurpurea*). Fruchtknoten mit 2 Griffeln. Blütezeit VI bis X.
Blume: Scheiben-Blume. Vormännlich. Bestäuber vor allem Fliegen.
Standort: Verlangt reichlich Feuchtigkeit: feuchter Ruheschutt, Quellfluren, Bachränder, Flachmoore. **Nur leichte Vorliebe für Kalk.** Collin-alpin, bis über 3 000 m.
Pflanzengesellschaft: C in der Gänsekresse-Tuffmoosflur (S. 124).
Verbreitung: Von den Pyrenäen bis zu den Karpaten, im ganzen Alpenraum häufig. Gesamte Arktis (Eurasien und Nordamerika).

Der Fetthennen-Steinbrech – eine vormännliche Nicht-nur-Fliegen-Blume mit attraktiv bunten Blütensternen

Der Fetthennen-Steinbrech erreicht gelegentlich nur wenige Zentimeter Höhe. Doch in Quellfluren und an Gebirgsbächen wird er weitaus höher, bildet fast ein üppiges Gebüsch! Auch durchfeuchteten Moränenschutt kann er weithin überziehen. Er dient den Raupen des Alpen-Apollos, der höchstgehenden Apollo-Art, als Futterpflanze. Wo der Fetthennen-Steinbrech vorkommt, sollte man deshalb auch nach dem Alpen-Apollo Ausschau halten. Besonders in Massenbeständen des Steinbrechs, wie z. B. im Moränenvorfeld des Rotmoosferners bei Obergurgl, wird man es nicht umsonst tun.
Trotz der vielen grünen, sterilen Triebe bietet er dann über seine zahlreichen, recht großen Blütensterne einen farbenprächtigen Anblick, ganz gleich, um welche seiner Formen es sich handelt, um „*crocea*" mit leuchtend gelben, rot punktierten Kronblättern oder um eine der Formen, bei denen Rot oder dunkel unterlegtes Gelb die Farbe der Kronblätter ist wie bei „*atropurpurea*" mit ihren dunkelorange Kronblättern. Aber nicht nur die Kronblätter tragen zum Farbeindruck bei: der Blütenstaub ist rot, die Staubblätter, das Nektarium und die zwei Narben sind gelblich, der Fruchtknoten ist grün.
Das eben genannte Nektarium ist ein Ringwulst an der Basis des Fruchtknotens. Die Blumen sind offene Scheiben-Blumen, die mit leicht zugänglichem, reichlich ausgeschiedenem Nektar locken. Sie sind für Besucher mit kurzen Rüsseln wie Fliegen gut geeignet. Gelb ist außerdem eine Farbe, auf die Fliegen gut ansprechen. In der Tat sind Fliegen die mit Abstand häufigsten Besucher. H. Müller (1881) zählte 93 Zweiflügler-Arten, die unseren Steinbrech besuchten. Gelb wird aber auch von Hummeln gern angenommen. Dementsprechend sind Hummeln und andere Hautflügler die zweithäufigsten Blumengäste, wieder nach H. Müller mit 20 Arten. Und das Rot, das in den Blüten wechselnd stark vorhanden ist, könnte speziell für Tagfalter gedacht sein. Jedenfalls stellen sie mit 10 Arten eine dritte Besuchergruppe. Der Fetthennen-Steinbrech lässt also keine Möglichkeit aus, seine Bestäubung zu sichern.

Blütenzentrum des Fetthennen-Steinbrechs (055) im zweiten, weiblichen Zustand. In der Mitte der zweigeteilte Fruchtknoten mit seinen ebenfalls zwei Narben. Randlich sind noch Staubblätter zu sehen.

Und dabei wird Wert auf Fremdbestäubung gelegt. Denn die Blüten sind vormännlich. Die 10 Staubblätter sind in zwei jeweils fünfzähligen Kreisen angeordnet. Sie liegen zuerst sternartig ausgebreitet auf Höhe der Kronblätter. Dann richten sie sich nacheinander nach oben zu auf, und zwar meistens nicht einzeln, sondern zu mehreren, zu zweit oder auch zu dritt, und präsentieren ihren Blütenstaub. Danach senken sie sich wieder auf die Höhe der Kronblätter zurück und werfen ihre inzwischen entleerten Staubbeutel ab. Oft spreizen die beiden Narben erst danach auseinander, so dass Fremdbestäubung stattfindet. Doch können sich die Narben auch etwas früher öffnen, wenn sich die letzten Staubbeutel noch in ihrer oberen Position befinden. Dann kann es zur Selbstbestäubung kommen. Ähnliche Bestäubungsverhältnisse finden sich auch bei den nachfolgenden Steinbrech-Arten.
Die Samen unseres Steinbrechs schwimmen 17 Tage an der Wasseroberfläche und können 38 Tage ohne Schaden im Wasser liegen, vorausgesetzt, das Wasser ist kalt. Und kalt ist das Wasser der Gebirgsbäche! Die Samen werden weit ins Vorland hinab getragen und entwickeln sich dort zu normalen Pflanzen. Im Gegensatz dazu hat so mancher Gartenbesitzer mit dem Edelweiß schlechte Erfahrungen gemacht, weil es sich im Tiefland zu sehr streckt und seine dichte wollige Behaarung verliert. Wie andere Alpenpflanzen hat sich das Edelweiß ganz an die Bedingungen im Hochgebirge angepasst. Der Fetthennen-Steinbrech dagegen, so vermutet man, ist der Konkurrenz im Tiefland nach oben zu ausgewichen, ohne sich allzu sehr zu verändern. Das konnte er nur deswegen, weil er sich an Standorte mit reichlich Wasser hielt. So konnte er z. B. auf die Ausbildung einer Rosette verzichten, wie sie sich bei anderen Steinbrech-Arten findet.

056 Trauben-Steinbrech *(Saxifraga paniculata)*

Beschreibung: 5–40 cm hoch. Grundständige Blattrosette aus zungenförmigen, mit ihrer Spitze meist nach oben gebogenen Blättern (bis 5 cm lang und bis 2 cm breit), **am Rand gezähnt und an den Blattzähnen jeweils ein Grübchen mit einer aufsitzenden Kalkschuppe.** An Ausläufern bilden sich Tochterrosetten. Blütenstand eine Rispe mit 10–30 Blüten. Die Blüten nur bis 15 mm im Durchmesser, **5 weiße Kronblätter, oft auf den unteren 2 Dritteln der Oberfläche mit roten, manchmal auch purpurfarbenen Punkten.** Blütezeit V bis VIII.
Blume: Scheiben-Blume. Bestäuber vor allem Fliegen.
Standort: Felsköpfe, Felspalten, trockene, steinige Rasen. **Bevorzugt Kalk,** wächst aber auch auf schwach saurem Untergrund. Collin-alpin, bis 3 000 m.
Pflanzengesellschaft: C in der Felsflur mit Stängel-Fingerkraut (S. 180).
Verbreitung: Europa und arktisches Nordamerika. In den ganzen Alpen, zerstreut bis weniger häufig.

Der Trauben-Steinbrech: Warum Drüsen zum Ausscheiden von Wasser und Kalzium?

Der derzeitige wissenschaftliche Artname *paniculata* (lat.= rispig) des Trauben-Steinbrechs bezieht sich auf die Form des Blütenstands. Die ältere Bezeichnung *aizoon* (griech. = immer ein Lebewesen, im übertragenen Sinn „immergrün") stellte den Bezug zur Ökologie her, denn immergrün und dauernd aktiv sind seine Rosettenblätter. Insbesondere in niederen Lagen mit milderen Wintertemperaturen können die Blattrosetten so jeden Sonnenstrahl zur Photosynthese ausnutzen. Aber auch im Sommer erweisen sich die Blätter als den Umständen angepasst. Die Pflanzen finden sich zwar an südlich orientierten Felsen seltener und meiden so die pralle Mittagssonne. Doch trotzdem kann es im Sommer zu viel Bestrahlung und damit auch Hitze geben. Zunächst finden sich die üblichen Schutzmaßnahmen: derbe, wasserspeichernde Blätter, eine Oberhaut (Epidermis) mit dicken Wänden, Spaltöffnungen versenkt (also mit äußerer Atemhöhle, vgl. S. 245), eine dicke Wachschicht über der Oberhaut. Eine Besonderheit ist, dass sich bei starker Bestrahlung die Organellen der Photosynthese, die Chloroplasten, verlagern. Sie wandern an die Wände der Blattzellen, die senkrecht zur Blattoberfläche stehen. Die Lichtstrahlen streichen dann an ihnen vorbei. Schädigungen des Photosyntheseapparates, etwa eine Zerstörung der grünen Blattfarbstoffe, der Chlorophylle, lassen sich so vermeiden. Ein aufmerksamer Beobachter kann die Verlagerung der Chloroplasten mit dem bloßen Auge daran erkennen, dass die graugrünen Blätter nun bleicher werden. Denn die Chloroplasten nehmen jetzt einen weitaus geringeren Anteil der Fläche ein, auf die man aufsieht.
Eine weitere Schutzmaßnahme gegen starke Sonnenstrahlung ist, dass sich die äußeren, älteren Rosettenblätter aufrichten und nach innen

Rechte Seite: Blattrosetten des Trauben-Steinbrechs (056) mit Kalkschuppen.

schützend über den jüngeren Blättern zusammen neigen. Auch die älteren Blätter profitieren davon: ihre Oberfläche ist gegenüber den Sonnenstrahlen weniger stark exponiert. Außerdem entfernen sie sich vom stark erhitzten Felsen und laufen dadurch weniger Gefahr, überhitzt zu werden.
Auf der Blattoberfläche kann sich Kalkstaub finden, der die Sonnenstrahlen reflektiert, also ebenfalls als Schutz gegen zu starke Bestrahlung fungiert. Woher kommt der Kalkstaub? Von den Kalkfelsen, auf denen die Rosetten sitzen? Direkt nicht, auf Umwegen aber doch! Die Erklärung für diese sibyllinische Antwort: Neben den randlichen Blattzähnen finden sich Wasserspalten, sog. **Hydathoden** (griech. = Wasserwege). Sie haben ihren Namen daher, dass über sie Wasser ausgeschieden wird, gegebenenfalls mit darin gelösten Stoffen. Bei den Steinbrech-Arten handelt es sich dabei ebenso wie bei einer Reihe anderer Pflanzenarten um einen aktiven, d.h. unter Energieaufwand erfolgenden Prozess. Seine Details sind noch in der Diskussion. Jedenfalls liegen echte Ausscheidungsdrüsen vor. Über ihre Tätigkeit wird Wasser mit darin gelösten Kalziumionen nach außen abgegeben. Das Wasser verdunstet, die Kalziumionen fallen als Kalziumkarbonat, also als Kalk aus. Nach und nach bilden sich über den Hydathoden Kalkschuppen, von denen dann auch der eben erwähnte Kalkstaub abbröseln kann.
So weit, so gut. Doch weshalb überhaupt die Hydathoden? Soll im Übermaß aufgenommes Kalzium abgeschieden werden? Zahlreiche andere Pflanzen wachsen jedoch ebenfalls auf Kalkuntergrund, ohne dass sie Kalkschuppen aufweisen. Außerdem bildet der Trauben-Steinbrech die Schuppen auch dann, wenn er nicht auf Kalkfelsen wächst. Trotzdem, vielleicht hat der Trauben-Steinbrech einen Sonderweg versucht, um überreichlich aufgenommenes Kalzium wieder los zu werden? Einen Mechanismus, den er nicht so ohne weiteres abschalten kann und den er deshalb auch auf kalkärmeren Standorten beibehalten muss? Vorstellbar wäre das schon. Aber bewiesen ist es nicht.
Noch weniger Wahrscheinlichkeit haben andere Deutungsversuche für sich. So hat man angenommen, die Kalkschuppen könnten die Verdunstung aus den Hydathoden verringern. Aber bei ihr handelt sich ja gar nicht um eine passive Verdunstung wie von einer Wasseroberfläche aus, sondern um einen aktiven Prozess, der seinen eigenen Regeln unterliegt. Außerdem fragt es sich, warum die Hydathoden überhaupt eingerichtet wurden, wenn sie die Pflanze über Wasserabgabe so sehr gefährden. Genügen die Spaltöffnungen zur Transpiration nicht? Eine dritte Möglichkeit: Die Kalkschuppen könnten Feuchtigkeit aus Nebel und Tau aufsaugen und so zur Wasserversorgung beitragen. Doch wie kommt die Feuchtigkeit aus den Schuppen ins Pflanzeninnere? Durch die Hydatho-

den, auf denen die Schuppen ja liegen? Für einen derartigen Wassertransport in umgekehrter Richtung gibt es keine Belege.
Wenn wir noch kurz auf die Bestäubung eingehen, bewegen wir uns wieder auf sicherem Boden: Die Blüten sind vormännlich. Die Staubblätter ändern ihre Lage im Prinzip so, wie für den Fetthennen-Steinbrech (055) geschildert. Aber nur im Prinzip! Denn das System wurde weiter vervollkommnet. Jedes der 10 Staubblätter reagiert für sich, biegt sich nach oben und innen, und senkt sich dann rückwärts auf die noch geschlossenen Narben herab. Dort öffnet sich der Staubbeutel nach oben zu. Insekten, meistens Fliegen, die sich in der Blütenmitte niederlassen, werden auf ihrer Unterseite eingestäubt. Danach biegt sich das Staubblatt wieder nach außen und wirft den entleerten Staubbeutel ab. Das nächste Staubblatt nimmt seine Stelle ein. Erst wenn alle Staubblätter ihren Dienst getan haben, öffnen sich die zwei Narben. Die Fremdbestäubung ist gesichert.

057 Roter Steinbrech, Gegenblättriger Steinbrech *(Saxifraga oppositifolia)*

Beschreibung: Niederliegende Triebe bilden einen 1–5 cm hohen Polster-Rasen. **Laubblätter blaugrün, gegenständig** (Name!), **an den Trieben kreuzweise gegenständig und dadurch vierzeilig angeordnet**, bis 6 mm lang, zurückgebogen, bewimpert, an der Spitze oberseits mit 1–5 kalkausscheidenden Grübchen, die als weiße Punkte sichtbar sind. **Blütenstiele einblütig. Blüte** mit einem Durchmesser von 0,8–2 cm (!), **5 Kronblätter, verkehrt-eiförmig, rosa bis purpurrot** (Name!), im Alter mit bläulichem Ton. Kelchblätter oft ebenfalls rot. Blütezeit IV bis VIII.
Blume: Schalen- bis Glocken-Blume. Teils vormännliche, teils vorweibliche Formen, teils gleichzeitig männlich und weiblich. Spontane Selbstbestäubung möglich. Bestäuber vor allem Tagfalter, aber auch Fliegen.
Standort: Felsschutt, Felsspalten, steinige, offene Rasen, Moränengrus, jeweils feucht bevorzugt. Keine Ansprüche hinsichtlich Kalk oder Silikat. Geht weit hinunter (400 m), sonst subalpin-alpin, bis 3 500 m.
Pflanzengesellschaft: C in Steinschutt- und Geröllfluren generell (S. 167), z. B. auch in der Alpen-Mannsschild-Flur (S. 175).
Verbreitung: Süd- und Mitteleuropäische Gebirge, in den ganzen Alpen häufig, gesamte Arktis.
Verwendung: Bachblüte.

Der Rote Steinbrech: die schönste Steinbrech-Art, ein Geschenk der Alpen an die Arktis.
Der Rote Steinbrech findet sich auch in unseren Gärten. Doch seine ganze Schönheit zeigt er erst in den Hochlagen der Alpen: Der Aufstieg war mühsam, und, soweit er über besonnte Hänge führte, sogar schweiß-

treibend. Noch eine Geländestufe wurde überwunden, dann öffnet sich eine weite Abflachung. Nach Süden zu steigt hinter ihr der Gipfel auf, ihm vorgelagert sind Gesteinsbänke und Fragmente von Seitenmoränen. Der Schnee war gerade erst geschmolzen, Schmelzwasser, Sickerwasser vom Hang her und Quellaustritte sorgen für ein Mindestmaß an Feuchtigkeit. Diese günstigen Voraussetzungen bleiben nicht ungenutzt. Überall leuchten größere oder kleinere Teppiche aus dicht an dicht gedrängten purpurroten Blüten über kaum entwickeltem Blattwerk: Der Rote Steinbrech steht in voller Blüte. Das frühe Blühen wird dadurch möglich, dass die Blütenknospen schon im Vorjahr ausgebildet werden und den Winter in Wartestellung überdauern.
Wie wieder einmal H. Müller (1981) als erster herausstellte: ein früher – früh auf die Schneeschmelze, nicht auf die Jahreszeit bezogen – Blühzeitpunkt kann es mit sich bringen, dass in Hochlagen noch nicht genügend Insekten als Bestäuber zur Verfügung stehen. Dem begegnet der Rote Steinbrech dadurch, dass er eine spontane Selbstbestäubung ermöglicht. Wie das geschieht, ist bei seinen vielen Formen verschieden. So können in den Blüten Staubblätter und Narben gleichzeitig reif sein. Dann steht einer Selbstbestäubung nichts im Weg. Die Blüten können aber auch vormännlich oder vorweiblich sein. In beiden Fällen kommt es jedoch zu einer zeitlichen Überlappung: In vormännlichen Blüten sind die Narben *schon*, in vorweiblichen *noch* belegungsfähig, wenn die Staubblätter Pollen abgeben.
Nektar wird reichlich an der Basis des Fruchtknotens und der Staubblätter produziert. Er ist etwas tiefer geborgen als bei anderen Steinbrech-Arten. Schon dadurch werden Tagfalter begünstigt, außerdem ist die rote Farbe vornehmlich für sie „gedacht“. Doch auch Fliegen können Bestäuber sein.
Der Rote Steinbrech kommt in einer großen Zahl von Unterarten vor, mit denen er die verschiedensten Standorte besiedeln konnte. Einerseits kann er bis in die Nivalzone aufsteigen, andererseits geht er tief hinab. Im Voralpenland findet er sich am Bodensee als Eiszeitrelikt: Er wuchs dort schon in den letzten Phasen der Eiszeit und konnte sich trotz des wärmer werdenden Klimas behaupten. Die betreffende, besonders lockerrasige Unterart kommt an Standorten vor, die überschwemmt werden (*S. o.* ssp. *amphibia*). Das andere Extrem ist der Rudolph-Steinbrech (*S. o.* ssp. *rudolphiana*). Er bildet dichte, flache und sehr kompakte Polster von bis zu 60 cm Durchmesser mit höchstens 2 mm langen Blättchen, deren Spitzen deutlich rückwärts gebogenen sind. Der Bergwanderer kann ihn auf Kalk-Glimmerschiefer in den Innenalpen Österreichs finden, z. B. in der Gamsgrube (am Panoramaweg oberhalb der Pasterze).
Unser Steinbrech hat sich aber auch außerhalb des Alpenraums durchgesetzt. Er ist das Paradebeispiel für eine aus den Alpen stammende Art,

die sich nach den Eiszeiten weltweit verbreitete. Seine Anspruchslosigkeit und Härte sowie seine Anpassungsfähigkeit, die sich in der Ausbildung der eben erwähnten zahlreichen Unterarten zeigt, waren ausschlaggebend dafür, dass er nach der Eiszeit die gesamte Arktis Eurasiens und Nordamerikas besiedeln konnte. Auf Grönland stößt er bis auf 83° 24' nördlicher Breite vor und wird so zu der Blütenpflanze, die dem Nordpol am nächsten kommt. In der gesamten Arktis ist er nicht nur eine der häufigsten, sondern blühend auch eine der schönsten Pflanzenarten.

058 **Zweiblütiger Steinbrech** (*Saxifraga biflora*): 1–5 cm hoch, mit locker verzweigten, teils durch den Schutt verlaufenden Ausläufern **rasenbildend, keine Rosetten.** Laubblätter eiförmig, 5–9 mm lang und 2–6 mm breit, kreuzweise gegenständig, auf der Oberseite mit einem Grübchen, das keinen Kalk aufweist. Blütenstängel dicht flaumig behaart, **meist zweiblütig** (Name!). Durchmesser der Blüten 10–18 mm. **5 Kronblätter, schmal, in der Mitte mit 2 mm am breitesten, rosa bis purpurrot. Die Kronblätter lassen eine deutliche Lücke zwischen sich.** Blütezeit VII und VIII. Schalen-Blume, besonders bei einer selteneren Unterart mit größeren Kronblättern mehr Glocken-Blume. Bestäuber Tagfalter und Fliegen, auch Selbstbestäubung. Feiner, leicht feuchter Ruheschutt. **Benötigt Kalk**; auch auf Kalkschiefern. Alpin, bis auf 4 450 m. **Höchstgehende Blütenpflanze der Alpen.** C der Felsenblümchen-Schuttflur (S. 172). Von den Westalpen bis einschließlich Kärnten. In den Randalpen, in Österreich fast nur in den Innenalpen, jeweils zerstreut.

059 **Blaugrüner Steinbrech** (*Saxifraga caesia*): 2–15 cm hohe dichte Flachpolster. **Rosettenblätter zurückgebogen, 3–6 mm lang und 1 mm breit, blaugrün (Name!), oben am Rand mit meist 7 kalkausscheidenden Hydathoden, deshalb oft von einer hellgrauen Kalkkruste überzogen.** 2–6 Blüten pro Blütenstiel, der einige wechselständige Blätter trägt. Blüten 5–9 mm im Durchmesser, 5 weiße Kronblätter. Blütezeit VII bis IX. Scheiben-Blume. Ausgeprägt vormännlich. Bestäuber vor allem Fliegen. Felsschutt, Felsen, offene alpine Rasen, **kalkliebend.** Subalpin bis alpin, bis 3 000 m. C Polster-Seggen-Rasen (S. 158). Süd- und Mitteleuropäische Gebirge, in den Alpen Kalkgebiete, dort häufig.

060 **Moos-Steinbrech** (*Saxifraga bryoides*): 2–5 cm hohe dichte Rosettenpolster. **Rosettenblätter 2–6 mm lang, 1 mm breit, am Rand bewimpert, einwärts gebogen. Stängel einblütig.** Blüte 8–12 mm im Durchmesser. **5 Kronblätter, weiß, in ihrer unteren Hälfte mit zahlreichen orangegelben Punkten.** Blütezeit VII und VIII. Scheiben-Blume. Ausgeprägt vormännlich. Bestäuber vor allem Fliegen. Felsspalten, Feinschutt, Moränen, offene Rasen, bevorzugt leicht feuchten Untergrund, **benötigt Silikat.** Alpin, eine der höchststeigenden Blütenpflanzen der Alpen, bis 4 000 m. C in der Alpen-Mannsschild-Schuttflur (S. 175). Süd- und Mitteleuropäische Gebirge, in den Alpen in Silikatgebieten häufig, fehlt in den nordöstlichen Innenalpen.

061 **Stern-Steinbrech** (*Saxifraga stellaris*): bis 30 cm hoch. Rosette etwas dichter als beim Rundblättrigen Steinbrech, **Blätter** 1–5 cm lang, **keilförmig sitzend,**

vorne grob gezähnt. An Ausläufern bilden sich Tochterrosetten. Blütenstand doldenartig mit 3–16 Blüten. Blüten mit einem Durchmesser von höchstens 15 mm. **Kronblätter 5–8, in der Regel 5**, sternförmig ausgebreitet, **weiß mit 2 gelben Punkten an der Basis.** Sehr formenreich, manchmal anstatt Blüten Brutknospen. Blütezeit VI bis IX. Scheiben-Blume. Bestäuber Fliegen. Blüten, die aufrecht nach oben orientiert sind, weisen den normalen radiär-symmetrischen Bau auf, Blüten an Seitenästen der Dolden können zygomorph gebaut sein. In Quellfluren ebenso wie in Schuttfluren, auch an überrieselten Felsen (dann meist nur kleine Exemplare). Voraussetzung ist nur genügend **Feuchtigkeit.** Montan-alpin, bis 3 000 m. C in der Bitterschaumkraut-Quellflur (S. 124). Mittel- und südeuropäische Gebirge von den Pyrenäen bis zum Balkan und den Karpaten, in den ganzen Alpen häufig. In der Arktis.

Der **062 Rundblättriger Steinbrech** (***Saxifraga rotundifolia***) entspricht nicht dem üblichen Bild der Steinbrech-Arten, denn er liebt Feuchtigkeit und Schatten, Schluchtwälder, Grün-Erlen-Gebüsch und Hochstauden-Fluren und ist entsprechend gebaut: bis 70 cm hoch. **Grundständige Blätter in einer lockeren Rosette, langgestielt, am Rand tief gekerbt, nierenförmig, am Grund herzförmig.** Der Blütenstand ist eine lockere Rispe, die **Blüten sind weiß, ihre 5 Kronblätter sind in der unteren Hälfte gelb, in der oberen orangerot punktiert.** 2 Narben. Blütezeit VI bis IX. Scheiben-Blume. Bestäuber Fliegen. Montan-subalpin, bis 2 200 m. C in Hochstauden-Fluren (S. 102). Süd- und Mitteleuropäische Gebirge von den Pyrenäen bis zum Kaukasus. In den ganzen Alpen ziemlich häufig.

Herzblatt-Gewächse (Parnassiaceae)

Zu den Herzblatt-Gewächsen gehört in unserer Flora nur eine Art, das Sumpf-Herzblatt (*Parnassia palustris*). Man hat es früher zu den Steinbrech-Gewächsen gezählt. Einer der Unterschiede ist, dass es nur ein Fruchtblatt und dementsprechend nur einen Fruchtknoten aufweist. Die Steinbrech-Gewächse führen zwei, fallweise sogar mehr Fruchtblätter.

063 Sumpf-Herzblatt *(Parnassia palustris)*

Beschreibung: je nach Standort in der Größe sehr variabel: 5–30 cm. **Grundblätter herzförmig (Name!), ganzrandig, bis zu 4 cm lang, gestielt, „fettiger" Eindruck. Am einblütigen Stängel 1 herzförmig sitzendes Laubblatt.** Blüten mit einem Durchmesser von 1–3 cm. **Kronblätter weiß, mit deutlichen farblosen Längsadern,** eiförmig. 5 Staubblätter, 5 mit ihnen alternierende, nach oben **fransenartig und mit einem Knauf endende gelbliche Nektarblätter.** In den Alpen 3 Narbenlappen auf dem Fruchtknoten. Blütezeit VII bis IX.
Blume: Schalen-Blume. Fliegen-Täuschblume. Bestäuber Fliegen.
Standort: Quellfluren, Sumpfwiesen, Flachmoore, Quellfluren, oft auch an Straßenböschungen, die bei Regen Wasser „ziehen", **bevorzugt Kalk.** Collin-alpin, bis 2 700 m.

Blüte des Sumpf-Herzblatts (063) am zweiten Blühtag. Das erste Staubblatt ist bereits nach links außen abgespreizt und wird seinen Staubbeutel bald abwerfen. Das zweite Staubblatt hat seinen Staubbeutel auf die noch geschlossene Narbe gelegt und nach oben zu geöffnet. Zwischen den Staubblättern erkennt man von Staubblättern abgeleitete Nektarblätter, auf deren Endfransen knaufartige Bildungen Nektar nur vortäuschen. Doch produzieren sie auch Nektar, allerdings viel weiter unten.

Pflanzengesellschaft: C in Kalk-Flachmoor-Gesellschaften (S. 118).
Verbreitung: im gesamten Alpenraum häufig. Mittel- und Nordeuropa, Nordasien und Nordamerika.

Das Sumpf-Herzblatt, eine Fliegen-Täuschblume par excellence

Hoch oben in rund 2000 m Höhe. Im Vorbeifahren sieht man vom Wagen aus kleine weiße Blütensterne an der Straßenböschung. Wahre Botaniker halten an, um die Pflanze zu bestimmen. Zuerst mag dann Enttäuschung aufkommen: Nichts besonderes, „nur“ eine Miniaturausgabe des bekannten Sumpf-Herzblatts, das sich am Straßenrand ganz ohne „Sumpf“ halten kann, weil die Böschung aus dem Straßengraben immer wieder Wasser aufzieht! Doch das Sumpf-Herzblatt als raffinierte Fliegen-Täuschblume lohnt eine wiederholte Betrachtung. Nur sollte man sich dazu normal große Blüten aussuchen.

Zunächst das übliche: offene Schalen-Blumen mit weißen Kronblättern. Sie sind leicht zugänglich; bei Weiß handelt es sich um eine Fliegenfarbe: es könnte sich demnach um eine Fliegen-Blume handeln. Im Zusammenhang mit der weißen Blütenfarbe eine Ergänzung. Was man in der kanadischen Arktis zuerst für einen weißblühenden Mohn und eine Unterart der ebenfalls weißblühenden Silberwurz (069) ermittelte, gilt auch für das Sumpf-Herzblatt: Die weiße Blumenschale wirkt wie ein Parabolspiegel, in dem die Sonnenstrahlen in Richtung Blütenmitte abgestrahlt werden. Damit wird den Besuchern ein Rastplatz geboten, an dem sie sich aufwärmen können – um danach umso aktiver zu werden.

Die Aktivität, die von den Gästen erwartet wird, ist die Bestäubung. Der Weg zur Belohnung für die Bestäubung, dem Nektar, wird ihnen deut-

Das Titelblatt von SPRENGELS Werk „Das entdeckte Geheimnis der Natur..." (1793). Es zeigt eine Reihe von blütenbiologisch interessanten Details wie den Schlagbaum-Mechanismus des Salbeis (XV), die Farbmale auf der Unterlippe eines Veilchens (XVI) oder den gelben Schlundring des Vergißssmeinnichts (XXII).

Nach weiteren jahrelangen Studien veröffentlichte SPRENGEL 1793 das oben schon genannte Buch. In ihm schilderte er die Anpassungen der Blumen von 461 Arten an die bestäubenden Insekten in allen Details. Besonders genau ging er dabei auf die Nektarproduktion, auf den Schutz des Nektars und auf die als Wegweiser zum Nektar dienenden Farbmale ein. Seine Untersuchungen sind heute noch vorbildlich. Trotzdem blieb sein Buch lange unbeachtet, bis ROBERT BROWN, Entdecker der Brownschen Molekularbewegung und Botaniker in England, CHARLES DARWIN darauf aufmerksam machte. DARWIN, der selbst auf Basis eigener Kreuzungsstudien auf die Rolle der Insekten bei der Bestäubung aufmerksam geworden war, zeigte sich hellauf begeistert und trug zur posthumen Anerkennung von SPRENGELS Werk bei. SPRENGEL war nach beruflichen Schwierigkeiten 1816 vereinsamt gestorben.

SPRENGEL hatte überaus gründlich beobachtet und entsprechende Hypothesen aufgestellt, etwa die von der Funktion der „Saftmale". Experimente zur Beweisführung folgten erst viel später, in der ersten Hälfte des 20. Jahrhunderts. Auch heute noch werden auf dem Gebiet der Blütenökologie fortwährend interessante Hypothesen aufgestellt, leider immer wieder ohne jede experimentelle Beweisführung.

Schon die Historie ist für uns Verpflichtung, uns genauer mit den Blüten des Wald-Storchschnabels zu befassen. Außer Pflanzen mit zwittrigen Blüten gibt es auch solche mit kleineren weiblichen Blüten, sehr selten auch solche, in denen die weiblichen Sexualorgane reduziert sind, die also funktionell männlich sind. Wir befassen uns hier nur mit der Norm, den zwittrigen Blüten:

Die fünf rotvioletten Kronblätter zeigen dunklere Längsadern und sind an ihrer Basis weiß, zweifellos beides Saftmale. Außerdem absorbieren die Adern UV. Auch der Schlund ist wie bei vielen anderen Arten UV-absorbierend: zusätzliche Saftmale im UV-Bereich also. An der Basis der Blüte stehen zwischen den Kronblättern und den Staubfäden Nektarien, eines vor jedem Staubfaden. Der von ihnen abgesonderte Nektar wird durch einen Haarkranz an der Basis der Kronblätter nach oben abgedeckt – das sind eben die Haare, auf die SPRENGEL aufmerksam geworden war. Die Blüten sind vormännlich. Zuerst biegen sich die fünf äußeren Staubblätter in Richtung Blütenmitte. Ihre Staubbeutel öffnen sich über der Mittelsäule mit den noch geschlossenen Narben, und zwar nach oben zu. Etwas später tun es ihnen die fünf inneren Staubblätter nach. Im folgenden weiblichen Stadium biegen sich die Staubblätter etwas nach außen. Im dadurch freigegebenen Zentrum breitet sich ein Stern aus fünf Narbenlappen aus. Ihre belegungsfähigen Seiten sind nach oben gerichtet.

Kein Insekt kann sich im Zentrum der Blüte aufhalten, ohne im männlichen Stadium an seiner Unterseite mit Pollen beladen zu werden und ohne im weiblichen Zustand Pollen von seiner Unterseite auf den Narben abzustreifen. Die Fremdbestäubung ist schon durch die Vormännlichkeit weitgehend gesichert. Außerdem sind die Blüten selbststeril.

065 Brauner Storchschnabel (***Geranium phaeum***): 30–60 cm hoch. Stängel bis zum Blütenstand meist unverzweigt, behaart. **Wechselständige Blätter,** tief handförmig siebenteilig. Lockerer trauben- bis doldenartiger Blütenstand, **besonders deutlich aus je 2 Teilblüten aufgebaut. Blüten schwarzviolett oder hellviolett** (s. unten), 2–3 cm im Durchmesser. **Die Kronblätter sind waagerecht ausgebreitet bis zurückgeschlagen.** Blütezeit V bis X. Scheiben-Blume. Bestäuber Hautflügler und Zweiflügler. Auwälder, Fettwiesen, Waldränder, Hochstauden-Fluren, nährstoffreiche, feuchte Böden. Collin-subalpin, bis 2 400 m. C in Giersch-Gesellschaften des Tieflands (hier nicht behandelt), u.a. auch in Hochstauden-Fluren (S. 102). Ursprünglich südeuropäische Art, heute in Mittelgebirgen Süd- und Mitteleuropas und in den Alpen, dort zerstreut bis häufig. Im Tiefland oft verwildert, weil früher als Zierpflanze gezogen.

Links: Blüte des Braunen Storchschnabels (065, braune Form) im ersten, männlichen Zustand. Die Art verhält sich in seinen Blühphasen wie der Wald-Storchschnabel (064). Die zehn Staubblättern entwickeln sich nacheinander in zwei Fünfergruppen. Fünf der Staubblätter stehen noch gestreckt und bieten Pollen an, fünf haben ihren Pollen abgegeben und sind schon zurückgerollt. Der hellgrüne Griffel steht inmitten der Staubblätter, seine Narben sind geschlossen.

Rechts: Blüte des Braunen Storchschnabels (065, braune Form) im zweiten, weiblichen Zustand. Alle Staubblätter sind zurückgerollt, die Narbenlappen des Griffels sind geöffnet und auch schon mit Pollen belegt.

Der „Braune" Storchschnabel kommt in zwei Unterarten vor:
Brauner Storchschnabel im eigentlichen Sinn (*G. ph.* ssp. *phaeum*): **Blüten braun- bis schwarzviolett, deutlich weißgefärbte Blütenmitte;** steigt nur bis in die montane Region, mehr östlich. B in Buchenmischwäldern (S. 84).
Blassvioletter Storchschnabel (*G. ph.* ssp. *lividum*): **Blüten hellviolett,** steigt höher (bis subalpin), mehr westlich. B in Hochstaudenfluren (S. 102).

Rosen-Gewächse (Rosaceae)

Bei den Rosen-Gewächsen handelt es sich um eine im Tiefland wie in den Alpen wichtige Familie, zu der Kräuter, Stauden und Hölzer gehören. Die Blätter sind wechselständig, einfach oder zusammengesetzt, oft mit Nebenblättern. Die Blüten sind radiärsymmetrisch, meist fünfzählig und in Kelch und Krone gegliedert. Oft findet sich ein „Außenkelch" aus Hochblättern; n x 5 Staubblätter (meist höheres n, also zahlreiche Staublätter) sind in Kreisen angeordnet. Die Fruchtknoten sind einblättrig, voneinander getrennt, und in Ein- bis Vielzahl vorhanden. Sie können ober- bis unterständig sein.

066 Alpen-Rose *(Rosa pendulina)*

Beschreibung: Bis 2 m hoher Strauch. **Nur unten und an jungen Trieben borstenartige Stacheln, die blühenden Triebe sind in der Regel frei davon. Blätter sieben- bis elfzählig unpaarig gefiedert,** Teilblättchen am Rand doppelt gezähnt. Schmale, drüsige Nebenblätter. Blüte im Durchmesser bis 4,5 cm. **5 Kronblätter, leuchtend rot bis karminrot,** vorne abgeflacht. **5 Kelchblätter, ganzrandig, länger als die Kronblätter,** bleiben an der roten bis orangefarbenen Frucht (Hagebutte) aufgerichtet erhalten. **Fruchtstiele lang herabhängend** (lat. = pendulina). Formenreich. Blütezeit V bis VIII.
Blume: Schalen-Blume. Pollen-Blume. Diverse Bestäuber, in den Alpen darunter auch Furchenbienen (*Halictus*).
Standort: lichte Bergwälder, Gebüsch, steinige Hänge, Hochstauden-Fluren, Krummholz. Montan-subalpin, bis über 2 600 m.
Pflanzengesellschaft: C in Hochstauden-Fluren (S. 102).
Verbreitung: Gebirge Mittel- und Südeuropas. Arktis Eurasiens und Nordamerikas. Zerstreut.
Verwendung: Rosen und unter ihnen auch die Alpen-Rose sind seit dem Altertum vor allem wegen des hohen Gehalts an Vitamin C in den Hagebutten Heilpflanzen. Organische Säuren, Pektine und Gerbstoffe kommen hinzu. Indikationen in der Medizin u.a. Infektionen der Atemwege, Fieber und Erkältungen, generelle Stärkung. Zahlreiche Anwendungen in der Volksmedizin, teils nicht oder schlecht belegt. Auch viele Vögel schätzen die Hagebutten.

Rose ohne Dornen

So nennt der Volksmund in Kärnten und anderswo die Alpen-Rose. Wenn man in zweifacher Hinsicht großzügig ist, trifft das zu. Schon bei der Bezeichnung „Dorn“ graust es dem Fachbotaniker. Denn **Dornen** entstehen durch Umwandlung anderer Organe, etwa von Blättern wie bei der Berberitze oder von Kurztrieben wie beim Weißdorn. Es gibt dementsprechend Blatt- oder Sprossdornen, in seltenen Fällen sogar Wurzeldornen. Derartige Dornen haben die Rosen nicht, sondern **Stacheln**. Stacheln sind **Emergenzen**, wie sich der Fachmann gepflegt und zungenfertig ausdrückt. Sie entstehen aus Zellen der Oberhaut (Epidermis) und der unter ihr liegenden Schicht (Subepidermis), also an der Oberfläche von Organen und nicht durch die Umbildung ganzer Organe. Demnach müsste es eigentlich „Rose ohne Stacheln“ heißen. Aber auch das stimmt nicht. Denn wie oben beschrieben, sind junge Triebe und die unteren Sprossabschnitte sehr wohl mit borstenartigen Stacheln besetzt. Sie sind jedoch nicht so kräftig ausgebildet wie die „Dornen“, die uns von vielen anderen Rosen bekannt sind.

Zwei Korrekturen also: die „Dornen“ der Rosen sind in Wirklichkeit Stacheln, und solche Stacheln finden sich auch bei der Alpen-Rose, allerdings nur an bestimmten Teilen und in vergleichsweise schwacher Ausbildung. Trotzdem, die Formulierung „Rose ohne Dornen“ ist zu schön, um sie aufzugeben, bloß weil kleinliche Fachbotaniker etwas dagegen einzuwenden haben! Und sie geht auch leicht ein – was von Nutzen ist, weil sie als Bestimmungshilfe dienen kann.

Aber nicht nur die Formulierung ist schön, sondern auch das Objekt, auf die sie sich bezieht. Denn die Blüten der Alpen-Rose zeigen ein faszinierendes Rot, tiefer und leuchtender als bei vielen anderen Wildrosen. Und als Hintergrund für die gelben Staubblätter macht es sich besonders prächtig! Pollen ist alles, was die Alpen-Rose den Bestäubern zu bieten hat: sie ist wie alle Rosen eine **Pollen-Blume**. Nektar findet sich in ihren Blüten nicht. Selbst wenn die Bestäuber munter Blütenstaub fressen oder sammeln, muss noch genug von ihm für die Bestäubung übrig bleiben. Deshalb wird bei allen Pollen-Blumen, auch der Alpen-Rose, Pollen in großen Mengen produziert. Nur solche Insekten kommen als Bestäuber in Frage, die Pollen fressen oder für ihre Brut sammeln: Käfer, Fliegen oder Hautflügler. Trotz der roten Blütenfarbe entfallen so die Tagfalter.

Rechte Seite: Kriechende Nelkenwurz (068) mit ihren gedrehten Fruchtschöpfen, die zu „Petersbärten“ auswachsen werden.

067 Berg-Nelkenwurz, Alpen-Petersbart (*Geum montanum*)**:** 10–40 cm hohe Halbrosetten-Pflanze. **Ohne Ausläufer.** Rosettenblätter unterbrochen „leierförmig“ gefiedert, Fiederabschnitte grob gezähnt, **Endfieder viel größer, Fläche meist größer als die aller weiteren Fiedern zusammengenommen, doppelt so breit wie jeder der beiden nach unten folgenden Fiederabschnitte.** Pro Halbrosette oft mehrere Blütenstängel, die jeweils eine Blüte tragen. **Blüten** 20–30 cm im Durchmesser. 5, manchmal 6 und mehr Kronblätter, **gelb.** Blüten zwittrig oder

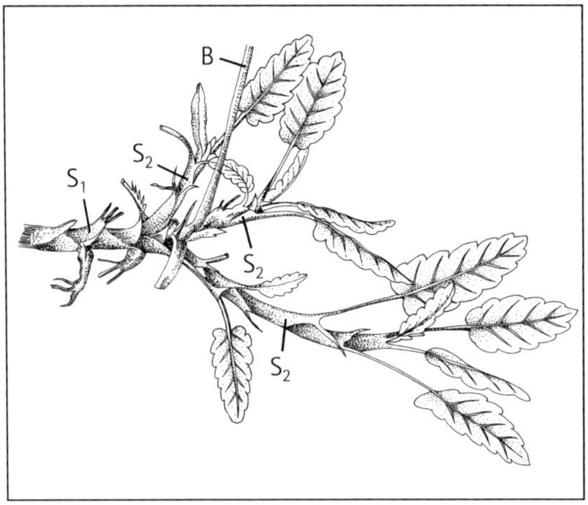

Wuchsform der Silberwurz (069), eines schuttdeckenden Spalierstrauchs. Der Spross S_1 hatte eine Blüte (B) gebildet. Damit war sein Wachstum beendet. Seitensprosse (S_2) setzen das Wachstum fort und können im nächsten Jahr zur Blütenbildung übergehen.

die Sprosse den Untergrund wie ein Teppich. Ausgenommen vom horizontalen Wachstum sind nur die Blütentriebe und die Spitzen der ursprünglichen Hauptachsen, die sich aus den Keimlingen entwickelt hatten. Bei der Silberwurz bleiben diese ursprünglichen, nach oben orientierten Triebspitzen kurz. Seitenäste an ihrer Basis übernehmen das Wachstum, nun auf dem Boden entlang. Deren Spitzen bilden Blüten, die höher, bis zu 15 cm, über den Untergrund emporgehoben werden. Mit der Blüte wird das Wachstum des betreffenden Triebs abgeschlossen. Jetzt sind es dessen Seitenäste, die das Wachstum fortsetzen.
Von den Blütentrieben abgesehen bleibt also der gesamte Spalierstrauch dem Untergrund angeschmiegt und bietet dem Sturm kaum Angriffsfläche. Die Kriechtriebe verholzen und werden dadurch widerstandsfähiger. Sie bilden auch sprossbürtige Wurzeln, die für eine zusätzliche Verankerung sorgen. 100 Jahre alt können die Spaliere der Silberwurz werden und dabei einen Durchmesser von 1 m erreichen
Die Spaliersträucher überwachsen auch Schutt und Geröll. Wenn sie sich wie die Silberwurz teppichartig ausbreiten, werden sie zu Schuttdeckern (S. 166). Gerade die Silberwurz ist eine Pionierpflanze bei der Besiedlung von Schuttflächen. Dabei helfen die Kriechzweige auch durch ihre Wuchsform: in ihren Krümmungen sammelt sich oft Erdreich, in dem dann andere Pflanzen Fuß fassen können.
So wächst die Silberwurz heute – und so wuchs sie auch in den Eiszeiten. Ihre derben Blätter blieben als Fossilien in tonigen Ablagerungen der letzten Eiszeit, des Würm-Glazials, erhalten. Man bezeichnet die betreffenden Schichten deshalb als **Dryas-Tone.** Erklären wir bei dieser Gelegenheit den wissenschaftlichen Gattungsnamen: Die Blätter sollen wegen ihrer randlichen Kerbung Eichenblättern ähneln. *Drys* ist der griechische Name für Eiche.
Zurück zu den **Dryas-Tonen.** In ihnen finden sich auch fossile Überbleibsel weiterer Arten, die heute in den Alpen oder in der Arktis vorkommen, wie etwa Alpen-Azalee (107), Gold-Fingerkraut (070), Im mergrüne Bärentraube (112), Knöllchen-Knöterich (045), Roter Steinbrech (057), Zwerg-Birke und drei Zwerg-Weiden (Kraut-Weide, Netz-Weide, Stumpfblättrige Weide). So kann man sich ein gutes Bild von den Pflanzen machen, die dem Mammut als Nahrung dienten. Auf den breiten Backenzähnen eines Mammuts fand man sogar noch Silberwurz-Blätter.

Die Silberwurz findet sich heute außer in den Alpen in mehreren Mittelgebirgen Europas und in der Arktis. Während der Glazialzeiten war sie aus der Arktis vor dem von Norden anrückenden Eis nach Süden in den oben erwähnten eisfreien Raum ausgewichen. Die fossilen Funde in den Dryas-Tonen belegen, dass sie dort tatsächlich vorkam. In der Nacheiszeit wanderte sie dann wieder zurück nach Norden in die Arktis, aber auch nach Süden in die Alpen und außerdem in andere Gebirge Europas.

070 Gold-Fingerkraut (*Potentilla aurea*): Halbrosettenstaude mit bogig aufsteigendem, 5–20 cm hohen Blütenstängel. Grundständige Blätter handförmig fünfteilig, **Blattteile am Rand silberglänzend behaart** (eindeutiges Kennzeichen!). Blüten einzeln oder zu wenigen am Stängel, Durchmesser 15–25 mm, 5 Kronblätter vorne leicht ausgerandet, **gelb mit tieforangen Fleck an der Basis** (Nektarmal). Blütezeit VI bis VIII. Bestäuber vor allem Fliegen, aber auch Tagfalter und Hautflügler. Wiesen und Weiden, trockene Rasen **auf saurem Boden**, subalpin bis alpin, bis höchstens 3 000 m. C in Borstgras-Rasen (S. 128). Gebirge Mittel- und Südeuropas. Häufig. Enthält wie die Rosen-Gewächse generell Gerbstoffe, deshalb wie viele von ihnen in der Volksmedizin bei leichtem Durchfall (nicht bei schwerem!) eingesetzt.

071 Stängel-Fingerkraut, Vielstängeliges Fingerkraut (*Potentilla caulescens*): Halbrosettenstaude, seidig behaart, Stängel bis 30 cm lang, meist von Felswänden herabhängend. **Grundständige Blätter mit bis 15 cm langem Stiel, fünfzählig** (bei genauem Hinsehen gefiedert, obwohl wie gefingert aussehend!); Teil-Blättchen mit nur wenigen (2–5) randlichen Zähnen. In doldenartigem Blütenstand zahlreiche Blüten, Durchmesser 15–25 mm. **5 weiße Kronblätter.** Blütezeit VI bis IX. Schalen-Blume. Bestäuber Fliegen, Bienen, Hummeln. Felsen, Felsspalten, **auf Kalkgestein.** Collin (geht weit ins Vorland hinab) bis subalpin, seltener auch alpin, bis 2 400 m. C in der Felsflur mit Stängel-Fingerkraut (S. 180). Südeuropäische Gebirge (und Atlas), in den Alpen mehr südlich orientiert (zerstreut), fehlt in den Silikatgebieten der Innenalpen.

072 Dolomiten-Fingerkraut *(Potentilla nitida)*

Beschreibung: Polster bildender Spalierstrauch, am Boden liegende, 2–5 cm hohe, silbrig graugrüne Teppiche bildend. **Stängel, Blätter und Kelchblätter dicht seidig behaart.** Blütentriebe als Halbrosetten, **Grundblätter** gestielt, **dreizählig.** Blütenstängel einblütig. Blüten auf Höhe des Blattwerks, mit einem Durchmesser von 2–3 cm. Kelchblätter innen purpurrot. **5 Kronblätter, rosa bis rot,** selten weiß, heller als die Innenseite der Kelchblätter, doppelt so lang wie sie. 20 purpurrote Staubfäden mit dunkler purpurfarbenen Staubbeuteln, zahlreiche purpurrote Griffel. **Blütenboden dicht weißseidig behaart.** Blütezeit VI bis IX.
Blume: Scheiben- bis Schalen-Blume. Leicht vormännlich. Verschiedene Bestäuber, auch Tagfalter.
Standort: Felsen, Geröll, **nur auf Kalk und Dolomit.** Auch subalpin, meistens aber alpin, bis 3 000 m.

Warum die Slowenen ihre Triglav-Rose lieben, wird so richtig erst unter der Lupe verständlich: im Blütenzentrum purpurrote Griffel, an ihrer Basis weißglänzende Seidenhaare, die den Nektar abdecken; darum herum purpurrote Staubfäden, die in der Blüte im jetzt weiblichen Zustand nach außen abgebogen sind, außen rosa Kronblätter.

Pflanzengesellschaft: Felsflur mit Stängel-Fingerkraut (Südliche Randalpen; S. 180).
Verbreitung: Apennin und Alpen; in den Alpen kleinere Areale in den Südwestlichen Randalpen, ziemlich häufig in den Südlichen Randalpen vom Comer See bis zu den Steiner Alpen.

Das Dolomiten-Fingerkraut, schönstes Fingerkraut und Triglav-Rose
In den Dolomiten: Ein Wanderpfad geht vom Pragser Wildsee aus, der stetig neben der Steilwand des Seekofels aufwärts führt. An einem heißen Augusttag kann der Aufstieg schon zu schaffen machen. Doch dann, nach der Höhlung des „Ofens", ist der Kamm erreicht. Rechts, nach Westen zu, geht es weiter aufwärts zum Gipfel des Seekofels, nach Süden zu liegt wenig unterhalb die Seekofel-Hütte. Der Wanderer ist unentschlossen: Gipfelblick von Seekofel, bevor es zu dunstig wird, oder zuerst ein kühler Trunk in der Hütte? Doch die Entscheidung wird ihm abgenommen. Denn auf der Südseite des Kamms blüht, in Felsspalten mit einer langen Wurzel verankert, die sich dem Lumen der Spalten anpasst und deshalb bald bandartig, bald zylindrisch wächst, das Dolomiten-Fingerkraut. Dicht an dicht stehen seine Blüten in einem Rot, das zwar unübersehbar ist, aber mitnichten protzig wirkt. Einen rührend bescheidenen Charme entwickeln die Blumen unseres schönsten Fingerkrauts. Verständlich, dass es in Slowenien Triglav-Rose genannt wird. Wer erlebt hat, wie sehr die Slowenen den Triglav schätzen, den höchsten Berg ihres Landes mit seiner gewaltigen Ostwand, weiß, dass damit die besondere Wertigkeit unseres Rosen-Gewächses zum Ausdruck gebracht werden soll. Der Wanderer jedenfalls

hat Gipfel und Hütte vergessen. Er setzt sich neben die Polster des Spalierstrauchs, staunt – und fühlt sich innerlich bereichert.
Bei näherem Betrachten wird deutlich, dass die Blüten mehrere Nuancierungen an Rot aufweisen. Rosa bis karminrot die Kronblätter, zwischen denen die dunkler rote Innenseite der Kelchblätter sichtbar wird, ebenfalls dunkler rote, kleine Haarbildungen am etwas helleren Blütengrund, aus ihm aufsteigend tief purpurfarbene Staubfäden mit dunkleren, manchmal auch bräunlichen Staubbeuteln, und im Zentrum ebenfalls in Purpur die Griffel. Damit es nicht zu viel des Roten gibt, stehen am Blütengrund hohe Haare in einem seidigen Weiß, ebenso wie die Laubblätter in ihrem seidigen silbergrauen Kleid ein auffallender Kontrast. Für wen ist die Symphonie in Rot gedacht? Im Prinzip stehen die Blütenschalen vielen Bestäubern offen. Aber da sind die langen Schlundhaare, die den Zugang zum Nektar blockieren, der im Zentrum der Blüte zwischen Staubblättern und Fruchtknoten abgesondert wird. Ein längeres Leck- oder Saugorgan braucht man schon, um dieses Hindernis zu überwinden. Falter verfügen über die erforderlichen langen Rüssel. Auch die dominierende Rotfärbung spricht für Tagfalter als Bestäuber.

073 Sumpf-Blutauge *(Potentilla palustris, Comarum palustre)*

Beschreibung: Von einem meterlangen, oft unter Schlamm kriechenden, verholzten Wurzelstock steigen bogig bis 70 cm hohe Stängel auf. Die **Laubblätter** sind wechselständig, mit 10 cm langem Stiel, **unpaarig fünf- bis siebenfach gefiedert** (sehen aus wie gefingert), randlich gesägt. In den Blüten folgen sich von außen nach innen: Außenkelch aus 5 schmalen Blättchen, Kelch aus 5 größeren, breiten Blättern (während der Blüte mit 1 cm so lang wie die Blätter des Außenkelchs, nach der Blüte Verlängerung auf das Doppelte), Krone aus 5 schmalen, nur 5–8 mm langen Blättchen. **Die ganze Blüte erscheint über die entsprechende Färbung aller ihrer Blattorgane dunkel purpurfarben** (Name!), **wozu die normalen (inneren) Kelchblätter am meisten beitragen.** Blütezeit V bis VII.
Blume: Schalen-Blume. Bestäuber vor allem Fliegen, aber auch Käfer.
Standort: Hoch- und Flachmoore, **saure Böden**. Planar (in der Ebene) bis subalpin, schwerpunktmäßig montan; bis 1 800, höchstens bis 2 000 m.
Pflanzengesellschaft: C in Schlenken- und Übergangsmoor-Gesellschaften (S. 123).
Verbreitung: Nördliche Hemisphäre. Ganze Alpen, dort zerstreut.

Schmetterlingsblütler (Fabaceae, Papilionaceae)

Früher hieß die Familie wissenschaftlich Papilionaceae (lat. papilio = Schmetterling). Die Arten, die zu ihr gehören, waren also auch „wissenschaftlich“ Schmetterlingsblütler. Den hohen Ansprüchen der gestrengen heutigen Nomenklatur genügen solche anschaulichen Familien-Namen nicht mehr. Die Papilionaceae wurden in Fabaceae umbenannt, nach *Vicia faba*, der Saubohne. Denken Sie jetzt bitte nicht: Nomen est omen! Sie täten damit einer wichtigen und interessanten Familie Unrecht.

Kräuter und Stauden mit wechselständigen, in der Regel zusammengesetzten Blättern gehören hierher. Die zygomorphen fünfzähligen Blüten sind in Kelch und Krone gegliedert. Die Krone gab Anlass zur Namensgebung. Denn sie erinnert bei einiger Phantasie wirklich an einen Schmetterling: oben eine große **Fahne**, rechts und links je ein **Flügel** und darunter ein von zwei Kronblättern gebildetes **Schiffchen**. 10 Staubblätter gibt es. Entweder verwachsen die Fäden aller 10 Staubblätter zu einer Röhre oder neun von ihnen, wobei sich der zehnte Faden auf die nach oben offene 9/10-Staubfadenröhre legt. Dieser 9:1-Typ herrscht bei den Alpenblumen vor. Die Staubbeutel sind frei. In der Röhre steht der Fruchtknoten mit Griffel und ungegliederter Narbe. Die Frucht ist eine Hülse.

Der Grundtyp der Schmetterlingsblüte wurde so variiert, dass mehrere Bestäubungseinrichtungen entstanden. Nach ihnen wird im Folgenden gegliedert: **Klapp-Mechanismus** (74–80), **Bürsten-Mechanismus** (082), **Pumpen-Mechanismus** (82–85). Der **Schnell-Mechanismus** hat seinen Namen daher, dass Staubblätter und Griffel bei entsprechendem Druck aus dem Schiffchen heraus schnellen. Er ist bei Alpenpflanzen selten und wird deshalb nicht weiter berücksichtigt. Einen Ersatz bildet die Scheiden-Kronwicke (086), bei der sich für die Staubblätter der Pumpen-Mechanismus, für den Griffel ein Schnell-Mechanismus findet.

Schmetterlingsblütler können eine **Symbiose mit luftstickstoffbindenden Bakterien** aus den Gattungen *Rhizobium* und *Bradyrhizobium* eingehen. Die Bakterien befinden sich in Wurzelknöllchen. Sie fixieren Luftstickstoff und geben einen Großteil der resultierenden organischen Stickstoffverbindungen an die Pflanze weiter. Diese bietet den Bakterien mit den Knöllchen ein bequemes Quartier und liefert ihnen über ihre Photosynthese nicht nur Nahrung, sondern in Form bestimmter Verbindungen vor allem auch die Energie, die zur Luftstickstoff-Bindung benötigt wird. Über verrottendes Pflanzenmaterial erhält dann auch der Boden Stickstoffverbindungen. Die Symbiose der Schmetterlingsblütler mit ihren Bakterienpartnern trägt damit entscheidend zur Bodenverbesserung bei, auch in den Alpen. Allerdings sind die Schmetterlingsblüt-

Längsschnitt durch die Blüte des Alpen-Klees (074). Die Präparation erfolgte so, dass der Klapp-Mechanismus nicht ausgelöst wurde. Eine oben offene Röhre aus neun Staubblättern umgibt den Griffel, der sie überragt. Ein zehntes Staubblatt, im Bild durch seinen leicht nach oben aufgebogenen Staubfaden erkennbar, deckt die Röhre nach oben zu ab.

ler nicht besonders gut an größere Höhen angepasst. Sie werden deshalb nach oben zu rasch seltener. Auch wird die Aktivität der Nitrogenase – so heißt das bakterielle Enzym, das Luftstickstoff bindet – bei niederen Temperaturen reduziert. Mit steigender Höhe wird die Bedeutung der **biologischen Lufstickstoff-Bindung** entsprechend geringer.

074 Alpen-Klee *(Trifolium alpinum)*

Beschreibung: 5–20 cm hoch. Von den Blütentrieben abgesehen keine Stängel. **Alle Blätter und auch die Blütentriebe** gehen vom Wurzelstock (Rhizom, von rauen Fasern umgeben) aus, **sind also grundständig.** Die Laubblätter sind gestielt, „kleeartig" **dreiteilig mit bis zu 10 cm langen linealisch-lanzettlichen Teilblättern.** Auf bis 8 cm langem Stiel kopfiger Blütenstand mit 3–15 Blüten. **Blüten** über 2 cm lang, besonders in der Sonne duftend, **purpurrot**, manchmal auch von blasserem Rot, Blütezeit VI bis VIII.
Blume: Fahnen-Blume mit Klapp-Mechanismus. Bestäuber vor allem Hummeln.
Standort: Vor allem Magerrasen, Weiden, Zwergstrauchheiden, **auf kalkarmen, sauren Böden**. Subalpin-alpin, bis 2 700 m.
Pflanzengesellschaft: C in Borstgras-Rasen (S. 128).
Verbreitung: Mittel- und Südeuropäische Gebirge. Vor allem in den Westalpen (deshalb Namensvorschlag: Westalpen-Klee), und Innenalpen, dort bis zu den westlichen Tauern. Häufig.

Der Alpen-Klee: eine Fahnen-Blume mit Klapp-Mechanismus

Im lichten Lärchenwald oberhalb von Saas Fee geht es aufwärts. Die Sonne strahlt auf die Wegränder. Ein immer stärker werdender Duft umgibt

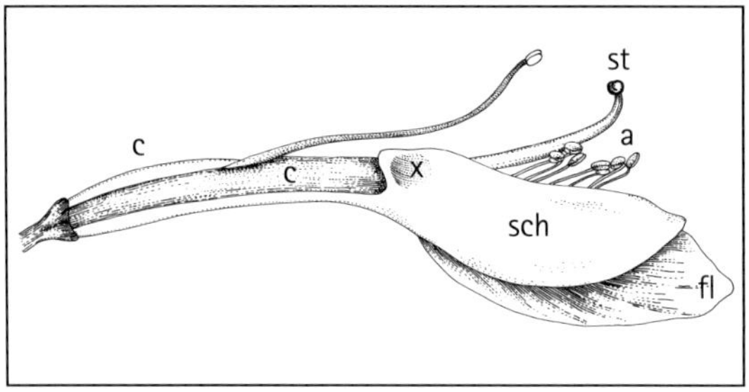

Klapp-Mechanismus beim Alpen-Klee (074). Seitenansicht der Blüte nach Entfernung des Kelchs, der Fahne und des rechten Flügels, der bei x am Schiffchen (sch) ansetzte. Die Blüte wurde nach unten gedrückt, wie es beim Aufsitzen eines Insekts geschieht. c oben offene Röhre aus 9 Staubfäden, der das 10. Staubblatt aufliegt (in der Abb. nach oben abgebogen, ebenfalls c). a Staubbeutel, st Griffel mit Narbe, fl Linker Flügel.

uns. Wir atmen tief durch, und versuchen, die Duftquelle aufzuspüren. Um auffällig lange, prächtig purpurfarbene Klee-Blüten handelt es sich. Wir haben den Alpen-Klee vor uns, bei uns die Klee-Art mit den größten Blüten. Weiter oben in den Borstgras-Rasen, in denen er eigentlich zu Hause ist, duftet er ebenso. Nur werden die Duftstoffe dort leichter verweht als im Schutz des lichten Waldes.

Die Blüten aller Klee-Arten zeigen den **Klapp-Mechanismus** der Bestäubung, wenn auch mit geringen artspezifischen Abweichungen. Es handelt sich um die einfachste der Bestäubungsvorrichtungen, die sich bei Schmetterlingsblütlern finden. Beim Alpen-Klee bilden die unteren Teile der Kronblätter eine Röhre, an deren Basis der Nektar abgeschieden wird. Die weiter innen liegenden Teile der Kronblätter werden dabei auf 10 mm ihrer Länge von dem unteren Teil der Fahne umgeben. Die lange Kronröhre bietet beißenden Insekten ziemlichen Widerstand, der noch von den Kelchblättern verstärkt wird. Einbruch ist so kaum möglich. Im Schiffchen liegt eine Staubfadenröhre, die den Griffel umgibt: Die Filamente von 9 Staubblättern sind teilweise zu einer nach oben offenen Röhre verwachsen. Das 10. Staubblatt steht darüber. Die Staubfadenabschnitte unmittelbar unterhalb der Staubbeutel sind frei, die Staubbeutel selbst ebenfalls.

Die Blüte ist auf langrüsselige Bestäuber abgestimmt. Damit kämen Hummeln und Tagfalter als Bestäuber in Frage. Das Schiffchen weist ein helleres Rot auf als die übrige Blüte. Möglicherweise handelt es sich dabei um ein Farbmal, das die Besucher in Richtung Nektar einweist. Folgt eine Hummel dem Farbmal und setzt sich auf den unteren Blütenteil, so drückt sie die Flügel und über sie das Schiffchen nach unten. Die Staubbeutel treten heraus und laden den Pollen am Haarkleid des Bestäubers ab. Der Griffel mit der Narbe wird ebenfalls freigelegt und kann mitgebrachten Blütenstaub aufnehmen. Falter dagegen können so leicht sein, dass sie im Gegensatz zu den relativ schweren Hummeln Flügel und Schiffchen nicht niederdrücken. Trotzdem können sie ihre langen Rüssel einfädeln und zum Nektar gelangen, ohne dabei den Klapp-Mechanismus zu betätigen. Damit wird die Bestäubung über sie zum Glücksfall. Hummeln sind die wichtigsten Bestäuber.

075 Braun-Klee *(Trifolium badium)*

Beschreibung: 10–25 cm hoch, Stängel niederliegend-aufsteigend oder aufrecht. Blätter kleeartig dreiteilig, Teilbättchen oval bis eiförmig, bis 2 cm lang. Bis zu 60 Blüten in einem **kugeligen bis eiförmigen Köpfchen. Krone** bis 9 mm lang, **goldgelb, im Verblühen dunkelbraun, nie schwarz**. Blütezeit VI bis VIII.
Blume: Fahnen-Blume mit Klapp-Mechanismus, Bestäuber Hummeln und Tagfalter.
Standort: feuchte Wiesen (Fettweiden), auch Lägerfluren, Quellfluren, an offenen, feuchten Stellen, **bevorzugt Kalk**. Subalpin-alpin, bis 2 200 m, selten bis 3 000 m.
Pflanzengesellschaft: C in Alpenfettweide = subalpine Milchkrautweide (S. 116).
Verbreitung: Süd- und mitteleuropäische Gebirge von den Pyrenäen bis zum Balkan. In den Alpen häufig.

Der Braun-Klee nutzt die biologische Stickstoff-Fixierung ebenso wie Kunstdünger

Die biologische Stickstoff-Fixierung (N-Fixierung) kann von Mikroorganismen betrieben werden, die in Symbiose mit Pflanzen leben. Aber auch freilebende Mikroorganismen sind dazu imstande, in den Alpen vor allem die einzelligen Blaualgen. In größeren Höhen werden sie für die N-Fixierung wichtiger als die Symbiose-Bakterien. Einer der Gründe dafür wurde schon erwähnt: Die Schmetterlingsblütler, die wichtigsten Partner für luftstickstoffbindende Bakterien der Gattungen *Rhizobium* und *Bradyrhizobium*, werden nach oben zu seltener.
Nun zu den Dimensionen der N-Fixierung. Klee bindet im Tiefland durchschnittlich 250 kg N pro Hektar und Jahr, bei Braun-Klee in Gebirgs-Borstgras-Rasen waren es nur 8 kg N pro Hektar und Jahr. Solche Daten sagen jedoch wenig, wenn man nicht weiß, wieviel Stickstoff die untersuchte Pflanzenart für ihre Entwicklung benötigt, und wieviel davon über die N-Fixierung gestellt wird. Was die Alpenpflanzen angeht, liegen die betreffenden Werte für den Alpen-Klee (074) vor: bei ihm wird der Stickstoff-Bedarf zu 60 % über die N-Fixierung gedeckt.
Die Milchkrautweiden (S. 116) sind die wichtigsten Weidegebiete für den Sennereibetrieb in der subalpinen Stufe und von dort übergreifend in den unteren Lagen der alpinen Stufe. Sie werden vom Vieh reichlich gedüngt. Dem Braun-Klee macht das nichts aus. Und im Gegensatz zu vielen anderen Alpenpflanzen schadet ihm auch Kunstdünger nicht. Eine stetig intensiver werdende Landwirtschaft führte ganz im Gegenteil dazu, dass sich der Braun-Klee weiter ausdehnen konnte. Dass eine zusätzliche Versorgung mit Stickstoffverbindungen der Grund dafür ist, wäre möglich, erscheint aber aus verschiedenen Gründen fraglich. So kann die N-Fixierung der Symbiose-Bakterien eingestellt werden, wenn zu hohe Mengen an Stickstoff-Verbindungen, vor allem an Ammonium-

Blütenköpfchen des Braun-Klees (075). Alternde Blüten färben sich dunkelbraun.

Verbindungen, vorhanden sind. Das ist nur zweckmäßig: Warum Stickstoff unter hohem Energieaufwand fixieren, wenn schon genug davon vorhanden ist?

Eine Wachstumsförderung durch Kunstdünger auch dann, wenn die Stickstoffversorgung schon optimal ist, kann andere Gründe haben. Denn bei forciertem Wachstum ist es möglich, dass andere Stoffe als Stickstoff nicht mehr in ausreichenden Mengen vorhanden sind. Zu ihnen gehört das Phosphat. Verschiedene landwirtschaftlich wichtige Schmetterlingsblütler, darunter auch Klee-Arten, werden durch Düngung mit Superphosphat in ihrem Wachstum stark gefördert. Man darf annehmen, dass das auch für den Braun-Klee zutrifft. Damit ließe sich erklären, dass Kunstdünger bei ihm auch dann wachstumsfördernd wirken kann, wenn genügend Stickstoff vorhanden ist.

Noch ein Blick auf die Blüten. Die Zusammenstellung von Braun und Gelb in den Blütenköpfchen wirkt ausgesprochen attraktiv. Aber wir dürfen darüber die Funktionen nicht vernachlässigen. Die Verwachsung der Staubfäden erfolgt nach dem 9:1-Modus: 9 Staubfäden bilden eine Röhre, deren Öffnung nach oben hier sehr weit ist. Das über ihr stehende 10. Staubblatt kann die Öffnung nur teilweise abdecken. Zu seinen beiden Seiten bleiben Spalten, die zum Nektar führen. Staubbeutel und Griffel werden in der Mitte des Schiffchens auf gleicher Höhe exponiert. Die Blüte funktioniert nach dem uns schon bekannten Klapp-Mechanismus, der sich hier wiederholt betätigen lässt, weil Staubblätter und Griffel wieder in ihre Ausgangslage zurückkehren. Als Bestäuber kommen hier außer Hummeln vor allem Tagfalter in Frage. Denn in den win-

Blüte des Alpen-Tragants (077). Der Klapp-Mechanismus wurde durch Druck von oben auf das Schiffchen ausgelöst. Aus seiner Spitze ist etwas gelber Pollen und auch der grüne Griffel mit Narbe ausgetreten.

zigen Blüten können auch Leichtgewichte den Klapp-Mechanismus auslösen.

Nach der Blüte biegen sich die Blütenstiele nach unten. Besonders die Fahne vergrößert sich stark. Die Kronblätter bleiben haften und färben sich braun. Die trockenen Kronblätter sind nach der Fruchtreife bei der Windverbreitung der winzigen Hülsen behilflich.

Weitere Schmetterlingsblütler mit Klappmechanismus:

076 **Alpen-Süßklee** (*Hedysarum hedysaroides*): 10–30, seltener bis 50 cm hoch. Aufrechter, unverzweigter Stängel. Unpaarig gefiederte Blätter mit 5–11 Teilblättchen, diese oval, bis 3 cm lang. **Blütenstände einseitswendige Trauben aus bis zu 35 Blüten. Blüten 2 cm lang, purpurfarben, an kurzen Stielen hängend. Die Frucht ist eine Gliederhülse:** Die Hülse ist zwischen den 2–6 Samen verengt (gegliedert) und zerfällt später in entsprechende Teile. Blütezeit VII und VIII. Bestäuber vor allem Hummeln, denn im Gegensatz zur vorgenannten Art sind nur sie schwer genug, in den großen Blüten den Klapp-Mechanismus auszulösen. Steinige Rasen, Felsbänder, **bevorzugt Kalk.** Montan-subalpin, bis über 2800 m. C in Blaugras-Rasen (S. 148). Von den Pyrenäen über die Alpen (zerstreut) bis zu den Karpaten und nach Kleinasien. Wegen des hohen Eiweißgehalts ausgezeichnete Futterpflanze. Auch vom Wild gerne angenommen. Wichtig als Heu von Wildheuplanken.

077 **Alpen-Tragant** (*Astragalus alpinus*): 5–25 cm hoch. Stängel niederliegend bis aufsteigend. **Blätter unpaarig gefiedert, mit 15–23 ovalen Teilblättchen**, die 5–20 mm lang und 3–6 mm breit sind. Der Stiel des Blütenstands ist ungefähr so lang wie die Blätter. Der Blütenstand ist eine Traube mit 5–15 horizontal stehenden oder leicht hängenden Blüten. **Die Blüte ist wegen ihrer weißvioletten Scheckung nicht zu verkennen: Die Krone ist gegen ihre Basis zu weißlich; das**

Schiffchen ist gegen die Spitze zu violett, ebenso die Fahne, wenn auch oft etwas heller, mehr ins Blau gehend; die Flügel sind weiß. Am Schiffchen keine Spitze. Blütezeit VII und VIII. Fahnen-Blume mit lockerem Klapp-Mechanismus, der auch von leichten Tagfaltern ausgelöst werden kann. Bestäuber dementsprechend vor allemTagfalter, seltener Hummeln. Rasen, Matten, gerne steinig, **bevorzugt Kalk.** Subalpin-alpin, bis 3000 m. C in Nacktried-Rasen (S. 141). Von den Pyrenäen über die Alpen (zerstreut) bis zum Himalaya.

078 **Gletscher-Tragant, Gletscher-Linse** (*Astragalus frigidus*): 15–40 cm hoch. **Stängel kahl. Blätter unpaarig gefiedert, mit nur 5–15 elliptisch-länglichen Teilblättchen,** die 15–40 mm lang und 8–15 mm breit sind. Die Blüten stehen zu 5–20 in kurzgestielten Trauben knapp oberhalb der Laubblätter. Die **Einzelblüten** sind rund 15 mm lang und **gelblich-weiß. Am Schiffchen keine Spitze.** Blütezeit VII und VIII. Bestäuber Hummeln. Verlangt etwas mehr Feuchtigkeit als der Alpen-Tragant. Magere Rasen, auch über Lehm- und Tonböden, Moränen. **Bevorzugt Kalk.** Subalpin-alpin, bis 2700 m. C in Blaugras- und Rost-Seggen-Rasen (S. 153). Alpen (zerstreut bis häufig) und Karpaten, gesamte Arktis, Gebirge Asiens und Nordamerikas.

079 **Berg-Spitzkiel** (*Oxytropis jacquinii, O. montana*): 5–25 cm hoch. **Blätter mit rötlichem Stiel, unpaarig gefiedert** mit 27–41 Teilblättchen, die 6–15 mm lang und 2–4 mm breit sind. Traubiger Blütenstand aus 5–20 Blüten **auf ebenfalls rötlichem, dunkel behaartem Stiel, der so lang wie das unmittelbar benachbarte Blatt ist (5–10 cm). Blüten** 10–13 mm lang, **blauviolett, Schiffchen mit deutlich vom abgerundeten Schiffchenende abgesetzter Spitze** (griech. oxys = spitz). Eine derartige Spitze findet sich weder bei der verwandten Gattung Tragant (*Astragalus*) noch bei anderen Schmetterlingsblütlern. Blütezeit VII und VIII. Bestäuber Hummeln und Tagfalter. Steinige, trockene Rasen, Schutt (Schuttfestiger), Moränen, **kalkreiche Böden.** Subalpin-alpin, bis 2800 m. C in Blaugras- und Rost-Seggen-Rasen (S. 148). In verschiedenen Rassen in den Gebirgen Mittel- und Südeuropas von den Pyrenäen bis den Karpaten und zum Balkan. In den Alpen die beschriebene Form, mehr östlich orientiert, dort recht häufig. Westwärts bis Savoyen.

080 **Feld-Spitzkiel** (*Oxytropis campestris*): 5–20 cm hoch. **Blätter in grundständiger Rosette** am Wurzelstock (Rhizom), **unpaarig gefiedert** mit 21–31 Teilblättchen, die ungefähr so groß sind wie beim Berg-Spitzkiel. Vom Rhizom geht auch der **Blütenstängel** ab, der **so lang oder doppelt so lang wie die Blätter** (5–15 cm) ist, die kopfartig gedrängte Blütenstandstraube mit 10–18 Blüten also über das Laub emporhebt. **Blüten** 15–18 mm lang, **weißlich bis blaßgelb, besonders ausgeprägte Spitze** (s. Berg-Spitzkiel) **am Vorderende des Schiffchens,** dort oft zwei violettblaue Flecken. Blütezeit VII und VIII. Bestäuber Hummeln. Steinige Rasen, Schutt, **bevorzugt Kalk,** aber auch auf schwach sauren Böden. Subalpin-alpin, bis 2800 m. C in Nacktried-Rasen (S. 141). Von den Pyrenäen bis zu den Karpaten, nördliches Eurasien und Nordamerika. In den Nördlichen Randalpen zerstreut, in den Bayrischen Alpen fehlend.

081 Gelbe Platterbse *(Lathyrus laevigatus)*

Beschreibung: 20–80 cm hoch. Stängel aufrecht, kantig, aber nicht geflügelt. **Fast sitzende Blätter, paarig gefiedert, mit 3–6 Paaren von Teilblättchen,** jeweils 3–7 cm lang und 7 mm breit, annähernd eiförmig, **mit Granne an der Spitze.** 3–12 Blüten in langgestielten einseitswendigen Trauben. **Einzelblüte hellgelb, abgeblüht orangebraun.** Blütezeit VI bis VIII.
Blume: Fahnen-Blume mit Bürsten-Mechanimus. Bestäuber Hummeln.
Standort: Wiesen, Matten, Hochstauden-Fluren, **Kalkböden.** Montan-subalpin, bis 2 000 m.
Pflanzengesellschaft: C in Rost-Seggen-Rasen (S. 144).
Verbreitung: Gebirge Mittel- und Südwesteuropas. In den Alpen eine westliche Unterart (auch als eigene Art *L. occidentalis* geführt) zerstreut, eine östliche Unterart ist selten.

Die Gelbe Platterbse, eine Fahnen-Blume mit Bürsten-Mechanismus
Die Gelbe Blatterbse ist über die orangebraune Verfärbung der Blüten beim Abblühen unverkennbar. Auch kommen in den Alpen nur wenige Wicken vor, die auch vom Tiefland bekannt sind. Trotzdem sei wie bei jeder Exkursion die Frage gestellt: Wie unterscheidet man Platterbsen und Wicken? Zunächst einmal sind die Stängel der Platterbsen in der Regel geflügelt, die der Wicken nicht. Bedauerlicherweise macht hier gerade unsere Gelbe Platterbse eine Ausnahme, denn ihre Stängel sind zwar kantig, aber nicht geflügelt. Also fragen wir nach anderen Kriterien. Eine bekannte Eselsbrücke ist: Platterbse – *Lathyrus*: gerade; Wicke – *Vicia*: schief. Was soll das bedeuten? Bei beiden Arten findet sich eine Staubfadenröhre nach dem 9:1-Typ, 9 Staubfäden sind also miteinander verwachsen, das 10. Staubblatt liegt frei darüber. Bei Platterbsen (*Lathyrus*) sind alle 9 Staubfäden gleich weit verwachsen. Die Staubfadenröhre endet dann gerade. Bei Wicken (*Vicia*) sind die unteren Staubfäden etwas weiter miteinander verwachsen als die oberen. Von der Seite gesehen endet die Staubfadenröhre dann schief.
Damit sind wir bei den Blüten. Sie zeigen bei Platterbsen den **Bürsten-Mechanismus.** Dabei handelt es sich um eine Weiterentwicklung des Klapp-Mechanismus. Wie bei ihm treten Staubblätter und Griffel aus dem Schiffchen nach oben heraus, wenn sich ein Insekt auf die Flügel niederlässt und mit ihnen auch das Schiffchen nach unten drückt. Nur ist der Griffel bärtig behaart, wodurch besonders viel Pollen aus dem Haarkleid der Besucher ausge*bürstet* werden kann. Bei den Platterbsen finden sich die Bürstenhaare nur an der Oberseite des Griffels und durchkämmen dann das Haarkleid an der Bauchseite des Besuchers. Bei anderen Schmetterlingsblütlern werden sie auch an der Unterseite oder allseitig ausgebildet.

082 Gewöhnlicher Hornklee *(Lotus corniculatus)*

Beschreibung: 5–30 cm hoch. Stängel oft aufsteigend. Laubblätter unpaarig gefiedert mit 5 Teilblättchen, das unterste Fiederpaar von den drei oberen Teilblättchen deutlich abgesetzt. Doldiger **Blütenstand mit 3–8 Blüten.** Blütenknospen oft rot. Blüten 8–13 mm lang, gelb bis goldgelb. Fahne oft rötlich. Schiffchen ungefähr auf seiner Mitte nach oben abgeknickt, **Spitze des Schiffchens oft weißlich, aber auch gelb oder rötlich. Kelchzähne so lang wie die Kronröhre oder nur wenig kürzer.** Blütezeit V bis VIII.
Blume: Fahnen-Blume mit Pumpen-Mechanismus, dabei „Kolben" aus den verdickten Enden von nur 5 der 10 Staubfäden. Bestäuber Bienen (im Tiefland auch Honigbiene), Hummeln, Tagfalter.
Standort: Fettwiesen, magere Rasen, lichte Wälder und Gebüsche. **Bevorzugt Kalk.** Mit zahlreichen Formen collin-alpin, bis 3000 m.
Pflanzengesellschaft: In verschiedenen Gesellschaften.
Verbreitung: Eurasien. In den Alpen häufig.

Der **083 Alpen-Hornklee** (***Lotus alpinus***) wird auch als Kleinart der Sammelart Gewöhnlicher Hornklee (*Lotus corniculatus* agg.) aufgefasst. Die Unterscheidung von alpinen Formen des 082 ist schwierig. 5–10 cm hoch, niederliegend, mit den Blütentrieben aufsteigend. Laubblätter unpaarig gefiedert mit 5 oder seltener 7 Teilblättchen. **Blütenstände** auf Stielen, **mit nur 1–3 Blüten**. Die Blüten sind 14–18 mm lang. **Kelchzähne viel kürzer als die Kronröhre.** Krone gelb bis goldgelb, besonders Fahne oft rot. **Spitze des Schiffchens dunkelpurpurn. Nach dem Abblühen Krone oft orangerot,** was als Signal für die Insekten gewertet wird, dass die Blüten ausgebeutet sind. Blütezeit V bis VIII. Fahnen-Blume mit Pumpen-Mechanismus wie 082. Bestäuber Tagfalter und Hummeln. Trockene, steinige Rasen, auch Schutt, **auf Kalk.** Montan-alpin, bis 3000 m. Gerne in Rost-Seggen- und Blaugras-Rasen (S. 153). Alpen, vor allem Westalpen, dort recht häufig. Vorkommen in den Alpen Österreichs umstritten.

Blüte des Gewöhnlichen Hornklees (082). Der rechte Flügel ist entfernt. Durch Druck von oben auf das Schiffchen wurde der Pumpen-Mechanismus ausgelöst: An der Spitze des Schiffchens wurde Pollen ausgepresst.

Der Hornklee bildet Fahnen-Blumen mit Pumpen-Mechanismus

Die Staubfäden der Hornklee-Blüten sind in ihren unteren Abschnitten so miteinander verwachsen, dass neun von ihnen eine nach oben offene Röhre bilden, auf der das zehnte Staubblatt liegt. Es lässt dabei Raum genug, über den ein Hummelrüssel in Richtung Nektar vordringen kann.

Die Hornklee-Arten sind vormännlich. Der Pollen wird in die Spitze des Schiffchens hinein abgegeben. Fünf der insgesamt zehn Staubfäden schwellen an ihren Enden an. Diese Verdickungen sperren die Schiffchenspitze ab und verhindern, dass Pollen herabfällt. Ausbuchtungen der Flügel greifen in Einbuchtungen des Schiffchens. Setzt sich ein entsprechend schweres Insekt, Bienen im Tiefland oder Hummeln in höheren Lagen der Alpen, auf die Flügel und versucht, von dort aus zum Nektar zu gelangen, werden die Flügel und mit ihnen das Schiffchen herabgedrückt. Die angeschwollenen Enden der Staubfäden wirken jetzt wie ein Kolben, der den Blütenstaub durch einen kleinen Spalt an der Spitze des Schiffchens auspresst. Dabei tritt nur wenig Pollen in einer Form aus, die an selbstproduzierte Nudeln erinnert. Man sprach deshalb zunächst von einem Nudelpumpenmechanismus. Doch die süddeutsche Art der Nudelherstellung ist schon in anderen Regionen Deutschlands weniger, im Ausland überhaupt nicht bekannt. In einem englisch abgefassten Buch zur Blütenbiologie kann man gar lesen „macaroni production“ – ein Affront für die schwäbische Hausfrau! Man bevorzugt deshalb heute die Bezeichnung **Pumpenmechanismus.**

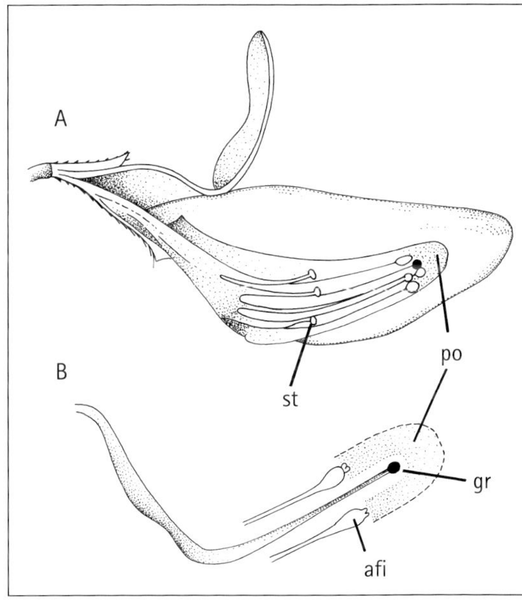

Pumpen-Mechanismus beim Gewöhnlichen Hornklee (082). In der längs geschnittenen Blüte (A) erkennt man die 5 kurzen Staubblätter (st) und in der Spitze des Schiffchens den Pollen (po) vor den 5 längeren Staubblättern. Drückt ein schweres Insekt Flügel und Schiffchen nach unten wird Pollen heraus-„gepumpt“ (B). gr Griffel mit Narbe, afi angeschwollene Enden der Staubfäden.

Bei weiteren Insektenbesuchen derselben Blüte wird jeweils wieder etwas Pollen aus der Spitze des Schiffchens herausgepresst. Erst nach wiederholter Betätigung des Pumpen-Mechanismus tritt schließlich auch der Griffel heraus. Seine Narbe kann dann mit mitgebrachtem Fremdpollen belegt werden. Wird das Schiffchen durch den Abflug des Insekts entlastet, kehrt es in die Ausgangslage zurück und nimmt dabei den Griffel wieder auf. Dieser Vorgang kann sich wiederholen.

Die Fremdbestäubung wird zwar gefördert, doch da in der Spitze des Schiffchens allzu leicht eigener Pollen auf die Narbe gelangt, ist spontane Selbstbestäubung möglich. Doch schon DARWIN hatte in Bestäubungsversuchen festgestellt, dass eigener Pollen bei vielen Schmetterlingsblütlern nicht zur Befruchtung kommt. Heute wissen wir, dass die Gattung Hornklee ebenso wie viele andere Gattungen der Schmetterlingsblütler selbststeril ist. Sie ist sogar das Paradebeispiel für einen besonderen Typ von Selbststerilität, der erst sehr spät wirksam wird. Denn der Pollenschlauch wird nicht schon auf der Narbe oder im Griffel blockiert, sondern er erreicht noch den Embryosack. Sogar das Verschmelzen einer der Spermazellen mit der Eizelle ist fallweise möglich. Doch dann geht die gesamte Samenanlage oder der Embryo zugrunde, der sich aus der befruchteten Eizelle entwickelt hatte.

Weitere Schmetterlingsblütler mit Pumpen-Mechanismus:

084 **Alpen-Wundklee (*Anthyllis vulneraria* ssp. *alpestris*):** Der Echte Wundklee (*A. vulneraria*) gliedert sich in zahlreiche Unterarten, von denen hier der **Alpen-Wundklee** (*A. v.* **ssp.** *alpestris*) besprochen wird: 5–20 cm hoch, mit meist **unpaarig gefiederten Blättern. Blätter am oberen Teil des Stängels mit einem Endteilblatt, das 2-mal so lang und 2- bis 3-mal so breit ist wie die darunter sitzenden Teilblätter**, d. h. größer als bei anderen Unterarten. **Die Grundblätter bestehen oft nur aus dem großen Endteilblatt.** Blüten zu 10–30 in dicht gedrängten Blütenständen, die von **bis zu ihrer Mitte fingerartig gespaltenen Hochblättern** umgeben werden. **Kelch abstehend behaart.** Die Krone ist 1–2 cm lang, **goldgelb,** manchmal weißlich-gelb**, dabei einschließlich der Spitze des Schiffchens einfarbig.** Blütezeit V bis IX. Pumpen-Mechanismus, jedoch dienen die Enden aller 10 Staubfäden als Kolben. Bestäuber vor allem Hummeln, aber auch Tagfalter. Weiden, steinige Rasen und Trockenrasen **über Kalk.** Montan-subalpin, bis 3 000 m. C in Blaugras-Rasen (S. 148). Von Gebirgen Spaniens über die Alpen (häufig) bis zum Balkan und bis zu den Karpaten. In der Volksmedizin Heilpflanze. Das getrocknete Kraut und die Blüten wurden zur Heilung von Wunden und Geschwüren verwendet. Dabei wirksam sind vermutlich Gerbstoffe. Der deutsche und der wissenschaftliche (lat. vulnus = Wunde) Name nehmen darauf Bezug.

085 **Hufeisen-Klee (*Hippocrepis comosa*):** 5–25 cm hoch. Stängel niederliegend-aufsteigend. **Unpaarig gefiederte Blätter** mit 5–15 Teilblättchen, diese verkehrt eiförmig bis eiförmig-lanzettlich, 5–15 mm lang und bis 4 mm breit, **ohne knorpeligen Rand.** 5–12 Blüten in einem lang gestielten doldenartigen Blütenstand. Blüten rund 1 cm lang, gelb, oft mit bräunlichen Adern (Farbmale). **Schiffchen, Flügel und Fahne sind an ihrer Basis stielartig in die Länge gezogen. Der Kelch ist kürzer als diese gestielten Kronenabschnitte. Frucht eine Hülse, die aus hufeisenartigen Gliedern zusammengesetzt scheint** (Name!). Blütezeit V bis IX. Pumpen-Mechanismus, bei dem alle 10 Staubfäden am Ende verdickt sind. Jedoch sind **5 von ihnen so kurz, dass sie nicht als Kolben dienen können.** In trockenen, lichten Wäldern und Gebüsch, in trockenen, mageren Rasen, auf Felsbändern, **kalkliebend.** Collin-montan, bis über 2 000 m. C in Halbtrocken-Rasen des Tieflands (hier nicht besprochen), gerne in Blaugras-Rasen (S. 148). Gebirge Süd- und Mitteleuropas, nicht im Tiefland. In den Alpen häufig, aber nicht in Silikatgebieten.

086 Scheiden-Kronwicke *(Coronilla vaginalis)*

Beschreibung: 10–30 cm hoch, niederliegend-aufsteigende, **am Grunde verholzte Stängel** (Halbstrauch). **Blätter mit sehr kurzem Stiel, unpaarig gefiedert,** mit 5–13 Teilblättchen; **Teilblättchen** 5–10 mm lang, verkehrt eiförmig, fleischig, heller knorpeliger Rand, **blaugrün. Die beiden hier weißlichen Nebenblätter** (Blättchen am Ansatz des Blattstiels, hier zwar schmaler, aber fast so lang wie die Blättchen des untersten Fiederpaares) **sind scheidenartig miteinander verwachsen** (Name!). Blüten zu 5–10 in doldigen Blütenständen mit langem Stiel, gelb, 7–10 mm lang. Flügel und Fahne viel länger als das Schiffchen. Blütezeit V bis VIII.
Blume: Fahnen-Blume mit Pumpen-Mechanismus der Staubblätter und Schnell-Mechanismus des Griffels. Bestäuber selten (keine Nektarproduktion), in niederen Lagen wurden gelegentlich Honigbienen beobachtet.
Standort: Steinige Rasen, Schutt, Felsbänder, auch lichte Kiefernwälder auf steinigem Grund, **nur kalkhaltiger Untergrund.** Collin-alpin, bis 2 500 m.
Pflanzengesellschaft: C für Schneeheide-Kiefern-Wälder, auch für Schneeheide-Berg-Kiefern-Wälder (S. 95), auch in Blaugras-Rasen (S. 148).
Verbreitung: Alpen (nur in Kalkgebieten, dort stellenweise häufig), Mittelgebirge vom Jura und Apennin über Mitteldeutschland bis zum Balkan.

Die Scheiden-Kronwicke, eine Fahnen-Blume mit Pumpen-Mechanismus bei den Staubblättern und Schnell-Mechanismus beim Griffel

Die Scheiden-Kronwicke ist bestens an heiße und trockene, steinige Standorte angepasst. Eine tiefgehende Pfahlwurzel verankert den Halbstrauch und sorgt für die Versorgung mit Wasser, wo immer es in ihrer Reichweite zu finden ist. Die Verholzung der basalen Teile schützt vor Überhitzung auf felsigem Grund. Die blaugrün bereiften, fleischigen Fiederblättchen zeigen eine nur geringe Transpiration. Sie reflektieren auch einen Gutteil des eingestrahlten Sonnenlichts. Mehr noch: Sie können sich über Gelenke an der Basis der Fiederblättchen senkrecht stellen, so dass die Strahlung an den Blattflächen vorbei streicht.
Der Pumpen-Mechanismus bei der Scheiden-Kronwicke unterscheidet sich in einigen Details von demjenigen des Hornklees (082). So sind es hier die angeschwollenen Enden von allen zehn Staubblättern, die den Blütenstaub in die Spitze des Schiffchens pressen.
Vor allem der Griffel verhält sich anders. Er liegt wie eine gespannte Feder im Schiffchen. Ihn in dieser Lage zu halten, wäre das Schiffchen allein nicht imstande. Doch Fahne und Flügel, die weit größer sind als das Schiffchen, helfen mit. Das gilt besonders für die Flügel. Sie sind nicht nur locker, sondern recht fest mit dem Schiffchen verbunden: ein zahnartiger Fortsatz an jedem Flügel greift tief in entsprechende Einbuchtungen des Schiffchens. Damit wird ein Widerlager geschaffen, über das der Griffel in seiner gespannten Position gehalten werden kann. Wenn ein Insekt sich auf der Blüte niederlässt, drückt es über die Flügel

Freigelegte Staubblätter und Griffel der Scheiden-Kronwicke (086). Man erkennt die an ihren Enden angeschwollenen Staubfäden (Pumpen-Mechanismus) mit den aufsitzenden, kleinen gelben Staubbeuteln und den nach Herausschnellen (Schnell-Mechanismus) jetzt bogig verlaufenden grünen Griffel mit der aufsitzenden weißlichen Narbe.

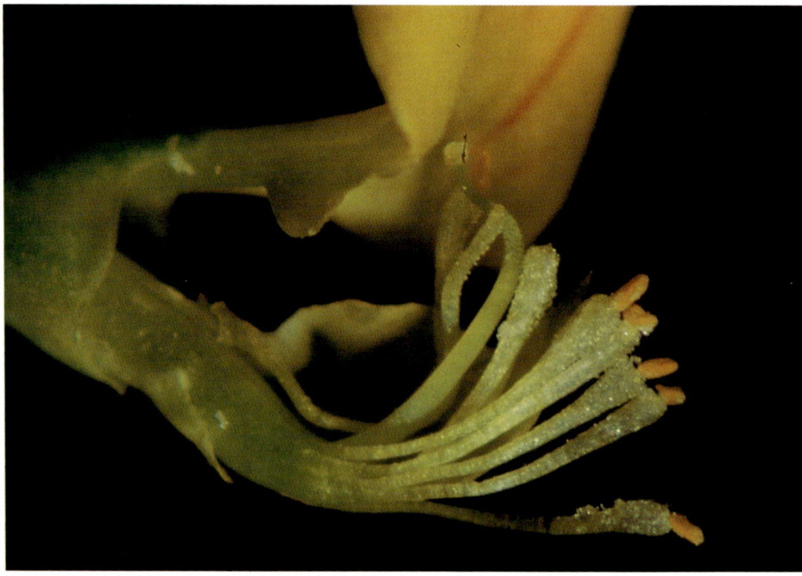

auch die Schiffchen nach unten. Durch eine schmale Spalte an der Spitze des Schiffchens wird etwas Pollen ausgepresst. Das ist uns vom Hornklee her bekannt. Doch bei stärkerem Druck öffnet sich das Schiffchen so weit, dass der Griffel herausschnellt. Wenn das Insekt abfliegt, kehren Flügel und Schiffchen wieder in die ursprüngliche Lage zurück. Der Griffel jedoch bleibt außerhalb, im Gegensatz zum Pumpen-Mechanismus anderer Schmetterlingsblütler, bei dem er nach Abflug des besuchenden Insekts wieder vom Schiffchen aufgenommen wird (vgl. 082).
Wird eine Blüte zum ersten Mal besucht, kommt das Insekt zunächst nur mit Blütenstaub in Berührung. Wurde die Blüte bereits vorher besucht, steht der Griffel mit der Narbe außen. Der Besucher lädt dann zuerst mitgebrachten Pollen auf der Narbe ab, bevor er über den Pumpen-Mechanismus neuen Blütenstaub aufnimmt. Damit wird die Fremdbestäubung gefördert. Selbstbestäubung kann wie für den Gewöhnlichen Hornklee geschildert stattfinden, bleibt jedoch vermutlich auch hier wegen Selbststerilität erfolglos.

Kreuzblumen-Gewächse (Polygalaceae)

Kräuter und Sträucher mit ganzrandigen, wechselständigen Blättern gehören zur Familie. Ihre Blüten sind zygomorph, in Kelch und Krone gegliedert. Zwei seitliche Kelchblätter sind kronblattartig gefärbt, richten sich nach oben und erinnern an die Fahne der Schmetterlingsblütler; ein Blütenblatt bildet ein Schiffchen, vorne mit einem an eine Kelle erinnernden Anhängsel, das an seiner Spitze zerschlitzt oder wulstig gegliedert ist. Die meist acht Staubblätter sind mit ihren Staubfäden streckenweise zu einer nach oben offenen Röhre verwachsen, die den Griffel umgibt.

087 Buchsblättrige Kreuzblume *(Polygala chamaebuxus)*

Beschreibung: 5–30 cm hoher Halbstrauch, reich verzweigt, mit unten verholzten, niederliegenden und aufsteigenden Trieben. **Blätter** wechselständig, 10–15 mm lang, **immergrün, ledrig**, schmal oval, vorne zugespitzt, dunkelgrün, umgerollter Rand. Blüten zu 1–3 in den Blattachseln. **Blüte** 1–3 cm lang, **vorne gelb, an der Basis weiß**, gelbe Teile verfärben sich beim Abblühen orangebraun bis blutrot. Bei einer Form (*P. ch.* f. *grandiflora*), die vor allem in den Südalpen verbreitet ist, sind die größeren Blüten bis auf das gelbe Schiffchen purpurrot. Blütezeit III bis VI.
Blume: Fahnen-Blume mit Pumpen-Mechanismus. Bestäuber vor allem Hummeln.
Standort: Halbtrockenrasen, steinige Rasen, lichte Wälder, Gebüsch, **auf Kalkböden.** Collin-subalpin, bis 2 500 m.
Pflanzengesellschaft: C in Kalk-Kiefernwäldern (S. 95).
Verbreitung: Gebirge Mittel- und Südeuropas. In den Alpen recht häufig.

Die Buchsblättrige Kreuzblume: ein Musterbeispiel für Konvergenz

Die Blüten der Kreuzblumen erinnern stark an die der Schmetterlingsblütler. In beiden Fällen handelt es sich um Fahnen-Blumen. Nur beteiligen sich an der Bildung jeweils andere Blütenorgane. Wenn man vom heutigen Zustand ausgehend überlegt, wie die Evolution abgelaufen sein mag, kommt man zu folgender Auffassung: die Fahnen-Blume der Kreuzblumen-Gewächse und die Fahnen-Blume der Schmetterlingsblütler haben sich aus jeweils verschiedenen Bauteilen entwickelt. Von ihnen ausgehend, entwickelten sich in Anpassung an die Bestäuber äußerlich ähnliche Formen, die beide zum Typ „Fahnen-Blume“ gehören. Wenn wie hier in Anpassung an die Funktion von unterschiedlichen Ausgangsformen ausgehend ähnliche Endformen gebildet werden, spricht man von einer konvergenten Entwicklung oder von einer **Konvergenz** (lat. convergere = zusammenneigen), die zu analogen Endformen führt. Der evolutive Prozess ist also eine Konvergenz, das Produkt eine Analogie. Wenn ähnliche Endformen bei engen Verwandten ausgebildet werden, wenn also die gleiche genetische Basis gegeben ist, spricht man dagegen von Homologie.
Die Fahnen-Blume der Kreuzblumen sollte demnach derjenigen der Schmetterlingsblütler ähnlich sein, sich aber in Details von ihr unterscheiden. Dass das zutrifft, kann jeder selbst überprüfen, wenn er eine Kreuzblume zur Hand nimmt. Dazu eignet sich die große Blüte der

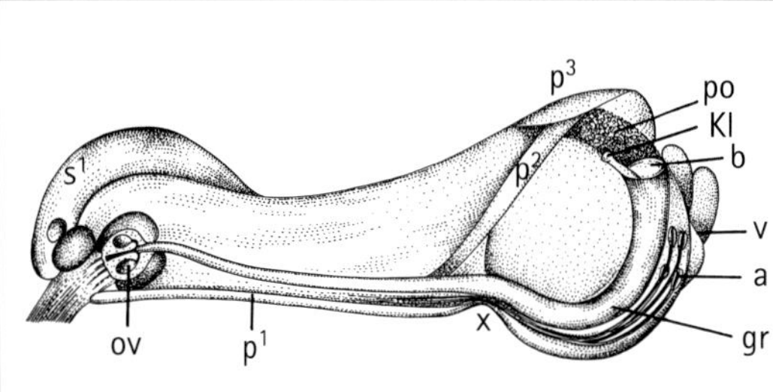

Längsschnitt durch eine Blüte der Buchsblättrigen Kreuzblume (087). s[1] Teil eines der beiden fahnen- bzw. flügelartigen Kelchblätter. p miteinander verwachsene Kronblätter, von den das untere (p[1]) ein Schiffchen mit einem Gelenk bei x bildet. Die Staubbeutel (a) haben ihren Pollen (po) bereits über dem becherförmigen (b), mit Klebstoff (Kl) überzogenen Ende des Griffels (gr) abgegeben und sich nach unten verlagert.

Buchsblättrigen Kreuzblume weit besser als die kleineren Blüten anderer Kreuzblumen, die aber prinzipiell gleich gebaut sind.

Gehen wir an der Blüte von außen nach innen. Die Blütenhülle ist fünfzählig. Wir können leicht drei grüne Kelchblätter erkennen. Doch wo bleiben die zwei anderen Kelchblätter? Sie sehen wie Kronblätter aus: sie sind viel größer und entsprechend gefärbt. In der Blüte orientieren sie sich nach oben und entsprechen von der Signalwirkung her der Fahne, auch wenn sie nicht miteinander verwachsen sind. Oft nennt man sie der Zweizahl wegen auch „Flügel".

Nun zu den Kronblättern. Sie sind weitgehend miteinander verwachsen. Besonders fällt das untere Kronblatt auf, das nach vorne zu wulstig aufgetrieben ist. Die Äquivalente von Fahne oder Flügel haben wir gefunden. Das Schiffchen wird von dem basalen Kronblatt gebildet. Es gliedert sich in einen langgestreckten hinteren Abschnitt, der mit den unteren Teilen der anderen Kronblätter verwachsen ist, und eine nach vorne daran anschließende Kelle. Hier besteht das Schiffchen also aus einem einzigen Kronblatt, nicht aus zwei miteinander verwachsenen Kronblättern wie bei den Schmetterlingsblütlern.

Das Schiffchen weist zwischen dem „Stielabschnitt" und der „Kelle" ein Scharnier auf. Noch ein wenig über dieses Gelenk hinaus sind die acht Staubfäden miteinander zu einer nach oben offenen Röhre verwachsen. Bis zum Scharnier ist der Griffel dünn und seinerseits mit den Staubfäden verwachsen. In der Kelle verdickt er sich stark. Die Narbe an seinem Ende ist schalenförmig. Die Staubbeutel geben ihren Blütenstaub oben in die Kelle hinein ab. Die Staubbeutel und die Narbe sitzen unter dem freigesetzten Pollen und halten ihn in Position.

Die Bestäubung erfolgt in der Regel durch Hummeln. Denn man braucht Schwergewichte, um den Bestäubungsmechanismus zu betätigen. Dabei handelt es sich um eine Art Pumpen-Mechanismus, der sich aber von demjenigen der Schmetterlingsblütler unterscheidet. Denn die Hummel setzt sich nicht etwa auf die Flügel und übt über sie Druck auf das Schiffchen aus, nein, sie fasst auf den Wülsten an der Schiffchenspitze Fuß. Die Kelle klappt dann am Scharnier nach unten. Pollen wird herausgedrückt, wobei der massige Griffel das notwendige Widerlager bildet. Erst nach wiederholtem Besuch tritt auch der Griffel heraus und nimmt mit seiner Narbe Fremdpollen auf. Bei all dem kann es gar nicht ausbleiben, dass auch eigener Pollen auf die Narbe gelangt. Doch das macht nichts – die Buchsbaumblättrige Kreuzblume ist selbststeril. Die Fremdbestäubung ist also gesichert.

Schiffchen der Buchsblättrigen Kreuzblume (087), längs. Man erkennt in der Kelle den hakenförmigen, starken Griffel, der auf der Narbenschale oben links noch Pollen trägt.

Wir haben gefunden, was wir unterstellt hatten: Die Fahnen-Blume unserer Kreuzblume unterscheidet sich in Einzelheiten ihres Baus von der Fahnen-Blume der Schmetterlingsblütler. Dadurch bedingt kommt es auch zu Unterschieden in der Funktion, im Pumpen-Mechanismus. Spätestens nach dieser Anmerkung könnten Ihnen diese Ausführungen viel zu viel und viel zu anstrengend geworden sein. Dann nehmen Sie nur in sich auf, wie schön die Blumen sind. Der Preis gehört dabei der großblütigen, purpurfarbenen Form, die in den Südalpen recht häufig ist.

Nachtkerzen-Gewächse (Onagraceae)

Zur Familie der Nachtkerzen-Gewächse gehören in unserer Flora Kräuter und Stauden meist mit gegen- oder quirlständigen, einfachen Blättern. Die Blütenhülle ist in Kelch und Krone gegliedert und vierzählig. Unter ihr befindet sich ein langgestreckter Fruchtknoten.

088 **Fleischers Weidenröschen, Kies-Weidenröschen** (*Epilobium fleischeri*): 10–50 cm hoch. **Von einer kriechenden, rasenartig verzweigten Grundachse gehen niederliegende Ausläufer aus, die schließlich bogenartig zu den Blütenständen aufsteigen.** Die Blätter sitzen dicht an dicht an den Trieben, sind wechselständig, schmal lanzettlich (10–40 mm lang, bis 6 mm breit). **Ihre Ränder sind nicht nach unten umgeschlagen und auch auf der Unterseite grün.** Blütenstand **armblütig,** nur 5–10 Blüten, auch entfaltet fast völlig **radiär,** flache Schalen von 2–3 cm Breite, purpurrot. Die 4 Kelchblätter sind etwas dunkler rot. Blütezeit VII und VIII. Scheiben-Blume. **Kein auffallender Stellungswechsel (Herabbiegen etc.) der Sexualorgane** wie beim verwandten Schmalblättrigen Weidenröschen.

Die Sexualorgane können gleichzeitig oder nacheinander entwickelt sein. Im letzteren Fall findet sich Vormännlichkeit ebenso wie Vorweiblichkeit. Besonders in älteren Blüten rollen sich die 4 Narbenlappen stark zurück und können die Staubbeutel berühren. Dann kann es zu spontaner Selbstbestäubung kommen Die Blüten sind jedoch selbststeril. Bestäuber vor allem Hummeln, aber auch Tagfalter.
Pionier auf Schwemmland, Kiesbänken, Moränen. Meist kalkarmer Grund. Subalpin-alpin, bis 2 500 m, aber auch weit herabgeschwemmt. C in Flußkies- und Feuchtschutt-Fluren des Hochgebirges (hier nicht behandelt). Auch in Säuerlings-Schuttfluren (S. 174). Nur in den Alpen, zerstreut, vor allem in den Westalpen. In Bayern selten und nur im Allgäu, im Süden weiter nach Osten bis zu den Brenta-Dolomiten.

Kreuzblütler (Brassicaceae, Cruciferae)

In unserer Flora handelt es sich um Kräuter oder Strauden. Die Blätter sind einfach, gefiedert oder fingerförmig geteilt. Oft findet sich eine grundständige Blattrosette. Wenn vorhanden, sind die Stängelblätter wechselständig. Der Blütenstand ist eine Traube. Die Blüten sind disymmetrisch, d. h. es lassen sich zwei (lat. di) Symmetrie-Ebenen durch sie legen, und in Kelch und Krone gegliedert. Von außen nach innen folgen sich vier freie Kelchblätter, vier freie Kronblätter, zwei Staubblätter mit kurzen und vier Staubblätter mit langen Staubfäden (= zwei kurze Staubblätter + vier lange Staubblätter), worauf die Disymmetrie beruht, und schließlich ein oberständiger Fruchtknoten aus zwei Fruchtblättern und dementsprechend mit zwei Narben. Der Fruchtknoten wird durch eine „unechte" Scheidewand in zwei Kammern gegliedert. Unecht ist die Scheidewand deswegen, weil sie nicht von den Fruchtblättern selbst, sondern über deren Auswachsen gebildet wird. Die Frucht ist eine Schote (mehr als dreimal so lang wie breit) oder ein Schötchen (höchstens dreimal so lang wie breit).
Von oben betrachtet, sieht man die beiden kurzen Staubblätter oft nicht. Dann scheinen die Blütenorgane kreuzförmig angeordnet zu sein, woraus sich der deutsche und der alte wissenschaftliche Familienname *Cruciferae* (lat. crux = Kreuz; fero = ich trage) beziehen.

089 **Zwiebel-Zahnwurz** (***Dentaria bulbifera***): 30 – 60 cm hoch. **Untere Stängelblätter** gestielt, **unpaarig gefiedert mit 3 – 5 Teilblättchen** (Vorsicht: die Teilblattpaare sitzen eng zusammen, so dass eine fingerartige Gliederung vorgetäuscht werden kann). **Obere Stängelblätter mit nur einem Fiederpaaar und einem dreiteiligen Endblättchen. Die obersten Stängelblätter sind ungegliedert. In den Achseln der Stängelblätter finden sich violettschwarze Brutknöllchen,** dadurch unverkennbar (Name!). Blüten in lockerer, **auch vor dem Aufblühen aufrechter Traube,** Blüte ausgebreitet 15 – 25 mm im Durchmesser. **Kronblätter weißlich, rosa oder hellviolett.** Frucht, falls vorhanden, eine Schote. Blütezeit IV

bis V. Scheiben-Blume. Bestäuber vor allem Zweiflügler und Hautflügler. Trotz der Möglichkeit einer Insektenbestäubung in der Regel vegetative Fortpflanzung über die Brutknöllchen (S. 44). Laubwälder. Collin-montan, bis höchsten 15 000 m. C in Buchen- und Buchenmischwäldern (S. 84). Europa, bevorzugt montane Lagen der Gebirge. In den Alpen zerstreut bis häufig. Bachblüte.

090 Finger-Zahnwurz (*Dentaria pentaphyllos*): 30 – 50 cm hoch. **Untere Stängelblätter fünf-, obere dreizählig gefingert** (Name!). Teilblätter bis 10 cm lang, gezähnt. **Blüten in einer vor dem Aufblühen nickenden Traube,** ebenso groß wie bei der Zwiebel-Zahnwurz, **aber Kronblätter tiefer gefärbt: rotviolett bis tief purpurn.** Duftend. Frucht eine Schote. Blütezeit IV bis VI. Scheiben-Blume. Bestäuber Zweiflügler, Hautflügler, Nachtfalter (Duft!). Buchenmischwälder, Schluchtwälder, **bevorzugt Kalk.** Collin-montan, bis 1 400 m, in den Südlichen Randalpen bis 1 700 m. C in Buchen- und Buchenmischwäldern (S. 84). Gebirge Mittel- und Südeuropas. In den Alpen vor allem in den Randalpen. Zerstreut bis mäßig häufig.

091 Neunblatt-Zahnwurz (*Dentaria enneaphyllos*): 15 – 40 cm hoch. **Meist 3 gestielte, dreizählige Stängelblätter, die in einem Quirl angeordnet sind.** Damit ergibt sich ein Verbund von 3 x 3 = 9 Teilblättern (Name!). **Der Blütenstand ist vor und nach dem Aufblühen nickend, steht auf Höhe der Blätter oder wird von ihnen knapp verdeckt. Blüten** 10 – 16 mm breit, **gelblich,** seltener weißlich. Frucht eine Schote. Blütezeit IV bis VI. Scheiben-Blume. Bestäuber oft Hummeln. Buchenmischwälder, Fichtenwälder, bis in die Legföhrenzone und Hochstauden-Fluren. **Bevorzugt Kalk.** Montan-subalpin, bis 1 800 m. C in Buchen- und Buchenmischwäldern (S. 84). In den Nördlichen Randalpen seltener, in den Südlichen Randalpen zerstreut bis häufig.

Die Gattung Zahnwurz (*Dentaria*) trägt ihren deutschen und wissenschaftlichen (lat. dens = Zahn) Namen nach schuppenartigen Niederblättern, die dem unterirdisch kriechenden Wurzelstock aufsitzen. Sie dienen der Speicherung von Nährstoffen und erinnern bei einiger Phantasie an Zähne. In ihren Achseln können sprossbürtige Wurzeln entspringen.

092 Immergrünes Felsenblümchen *(Draba aizoides)*

Beschreibung: 5 – 10 cm hoch. Grundständige Rosetten aus **schmalen, bis 2 cm langen, ledrig-steifen, am Rand lang bewimperten Blättern.** Die Rosetten können rasenartig nebeneinander sitzen. Der **unverzweigte, blattlose und unbehaarte Stängel** endet in einer kopfig gedrängten Blütentraube. Blüten bis 8 mm breit, auf 2 – 3 mm langen Stielen. **Kronblätter** verkehrt eiförmig, **gelb bis goldgelb,** beim Verblühen ausbleichend. Griffel bis 3 mm lang. Frucht Schötchen. Blütezeit II bis VIII.
Blume: Scheiben-Blume. Knospenvorweiblich (siehe unten). Bestäuber vor allem Zweiflügler, aber auch Tagfalter.
Standort: Felsen, steinige Rasen, ruhender Felsschutt. **Kalkliebend.** Montan-alpin, bis 3 000 m.

Pflanzengesellschaft: C in Felsfluren mit Stängel-Fingerkraut (S. 180).
Verbreitung: Gebirge Mittel- und Südeuropase, bis zum Balkan und den Karpaten. In den Alpen vor allem in den Karbonat-Massiven der Randalpen, dort häufig.

Das Immergrüne Felsenblümchen, ein Wintersteher mit Knospen-Vorweiblichkeit

Die Frühlingssonne hat den Schnee von der Felskante gerade abgeschmolzen. Hoch oben in der alpinen Region ist es freilich die Sonne des Bergfrühlings – es kann also schon Juli oder August sein. Unmittelbar nach dem Schwinden des Schnees ist auf glattem Fels eine Rosettenpflanze aufgeblüht. Ihre Blüten sitzen dicht gedrängt am Ende des Stängels, im Sonnenlicht leuchten sie intensiv gelb.
Der Schein trügt zwar, denn bei näherer Betrachtung kann man erkennen, dass unser Immergrünes Felsenblümchen wie üblich mit einem weitverzweigten Wurzelstock in Felsspalten verankert ist. Aber karg ist der Untergrund auf jeden Fall, deshalb auch der weitere Gattungsname „Hungerblümchen“. Auf exponierten Felsköpfen muss das Pflänzchen aber nicht nur um seine Ernährung ringen, sondern auch Wind, Hitze, Kälte und Trockenheit trotzen. Die steifen ledrigen Blätter sind dazu bestens geeignet. Doch oberhalb von 35 °C folgen sie dem Motto „Der Klügere gibt nach“ und reduzieren ihre Lebenstätigkeit auf ein Minimum: Sie verfallen in einen „Sommerschlaf“.
Wie bringt es das Felsenblümchen fertig, so rasch nach der Schneeschmelze zu blühen? Man sollte doch meinen, das es etwas mehr Zeit bräuchte, um all die Schwierigkeiten zu überwinden.
Einmal sind die Blätter ja „immergrün“. Es müssen also nicht erst funktionsfähige Blätter ausgebildet werden, sondern die überwinterten Blätter können bei Eintreten günstiger Bedingungen sofort mit der Photosynthese beginnen. Doch das würde nicht ausreichen. Unser Felsenblümchen verhält sich außerdem ebenso wie eine ganze Reihe weiterer Alpenpflanzen in entsprechender Situation: die Blütenknospen werden schon in der vorhergehenden Vegetationsperiode weitgehend fertiggestellt. Beim Felsenblümchen beginnen sich schon während der Blüte die Knospen für den Blütenstand des folgenden Jahrs in den Achseln von Rosettenblättern zu entwickeln. Dann kann das Aufblühen schnell erfolgen.
Auch sonst hat es das Felsenblümchen eilig. Was ist das Wichtigste? Für Nachkommenschaft zu sorgen. Und sie sollte über Fremdbestäubung erhalten werden, davon rückt das Pflänzchen nicht ab. Vorweiblichkeit sichert die Fremdbestäubung. Aber es handelt sich um eine besondere Ausprägung. Schon aus den Knospen ragt der Griffel um einige Millimeter heraus und nimmt mit seiner Narbe Blütenstaub von Insekten ab. Man spricht hier von **Knospen-Vorweiblichkeit.**

In der geöffneten Blüte suchen Fliegen nach dem Nektar, der von Drüsen an der Basis der kurzen Staubblätter abgeschieden wird. Der eigene Pollen hat auch dann zunächst keine Chance, zum Zug zu kommen. Zwar haben sich die vier längeren Staubblätter jetzt so weit verlängert, dass ihre Staubbeutel auf Höhe der Narben stehen. Die Staubfäden sind jedoch zum Blütenrand hin abgespreizt und ihre Staubbeutel öffnen sich nach außen. Die Selbstbestäubung bleibt damit erschwert.
Spontane Selbstbestäubung kann allerdings erfolgen, wenn sich die Blüten bei schlechtem Wetter zu schließen beginnen. Denn dann kommen sich Staubbeutel und Narbe sehr nahe. Doch bis dahin war, beginnend mit der Knospen-Vorweiblichkeit, ausreichend Gelegenheit zur Fremdbestäubung gegeben. Sollte jetzt noch eine Selbstbestäubung erfolgen, kann sie als „Notfall-Selbstbestäubung“ sogar willkommen sein.

Knospen-Vorweiblichkeit beim Immergrünen Felsenblümchen (092). Aus der noch geschlossenen Blütenknospe ragt der Griffel mit der bestäubungsreifen Narbe heraus.

Noch etwas muss erwähnt werden: Das Immergrüne Felsenblümchen gehört zu den **Winterstehern,** denn seine Fruchtstände bleiben den Winter über stehen. Erst in der kalten Jahreszeit werden die kleinen Samen völlig reif. Noch im Winter oder erst im Frühjahr werden sie aus den Schötchen freigesetzt und dann vom Wind – besonders weit im Winter über Schneeflächen – oder vom Schmelzwasser verbreitet.

093 Rundblättriges Täschelkraut *(Thlaspi rotundifolium)*

Beschreibung: 3–15 cm hoch. Halbrosettenpflanze (S. 244). **Grundständige Blätter** als Rosette am Ende unterirdischer Kriechtriebe, 1–2 cm lang, rundlich, Blattfläche in den Stiel verschmälert, meist ganzrandig, seltener gezähnt, **fleischig, bläulich-grün. Stängelblätter** kurz gestielt oder sitzend und ohrenartig stängelumfassend, **ebenfalls fleischig und bläulich-grün. Blütenstand doldig bis halbkugelig,** reichblütig. **Blüten helllila,** 6–9 mm breit, duftend. Frucht Schötchen. Blütezeit VI bis IX.
Blume: Scheiben-Blume. Vorweiblich. Bestäuber Fliegen und Tagfalter.
Standort: Feuchter, beweglicher Schutt (Schuttwanderer). **Bevorzugt Kalkböden,** seltener auch auf Silikat. Subalpin-alpin, bis 3 000 m.
Pflanzengesellschaft: C in Täschelkraut-Schuttfluren (S. 170).

Verbreitung: Nur Alpen, häufig in den Nördlichen und Südöstlichen Randalpen, in den Westalpen teilweise fehlend.

Das Rundblättrige Täschelkraut, ein typischer Schuttwanderer

Das Täschelkraut ist über eine derbe Hauptwurzel fest im Schutt verankert. Vom Wurzelhals, dem Übergangsbereich zwischen Spross und Wurzel, gehen Ausläufer aus, die den Schutt durchwandern. Dabei handelt es sich um unterirdische Sprosse, deren Blätter zu Schuppen reduziert sind. Wo sie an die Oberfläche vorstoßen, bilden sie eine Blattrosette aus. Über ein weitverzweigtes Ausläufersystem kann das Rundblättrige Täschelkraut ganze Rosetten-Rasen bilden. Werden oberirdische Triebe von beweglichem Schutt überdeckt, gehen sie wieder zu einem Wachstum als unterirdische Ausläufer über. Die Ausläufer können sprossbürtige Wurzeln bilden, wenn sie in Nester mit Feinerde geraten.

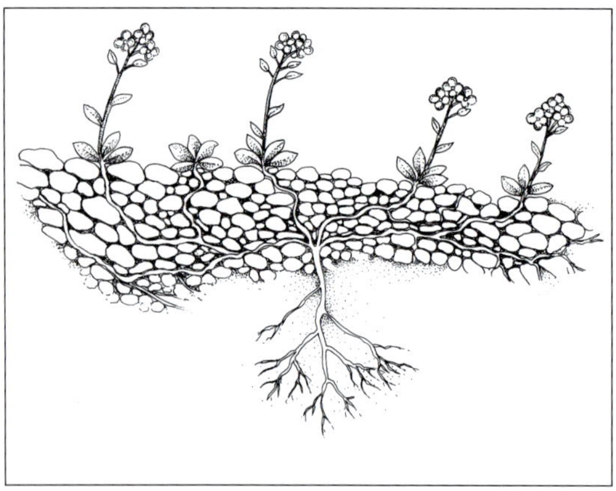

Wuchsform des Rundblättrigen Täschelkrauts (093), eines Schuttwanderers.

Das Rundblättrige Täschelkraut scheint kleiner als es ist, wenn man nur seine oberirdischen Rosetten berücksichtigt. Doch diese Rosetten sind beachtenswert genug. Sie tragen hübsche Blütensträußchen, die mit helllila Blüten und schwerem Duft, der sich besonders bei Windstille bemerkbar macht, auch Tagfalter anlocken. Bei Kreuzblütlern mit weißen und gelben Blüten sind Fliegen die Standard-Bestäuber.

Das Fazit: Es handelt sich um eine Pflanze von immenser Widerstandskraft, die weithin den Schutt zu verfestigen hilft. Sie ist derart auf Schutt spezialisiert, dass sie nur selten außerhalb von feuchten Schutthalden vorkommt. Mit Recht wurde sie für die Täschelkraut-Schuttfluren namengebend.

094 Brillenschötchen (*Biscutella laevigata*): 15–40 cm hoch. Die meisten Blätter in grundständiger Rosette, keilförmig, ganzrandig oder gezähnt oder fiederspaltig, bis 12 cm lang und bis 1 cm breit. **Gelbe Kronblätter,** länglich eiförmig, 4–8 mm lang. Nektarien an der Basis der beiden kurzen Staubblätter. **Frucht brillenartiges Schötchen** (Name!), dadurch unverkennbar. Blütezeit V bis VII. Scheiben-Blume. Vorweiblich. Bestäuber vor allem Fliegen, aber auch Hautflügler (Hummeln) und Tagfalter. Trockene Kiefernwälder, steinige Rasen, Felsbänder und -schutt, aber auch am Rand von Flachmooren. **Bevorzugt Kalk.** Subalpin-alpin, bis 2 800 m. C in Blaugras-Rasen (S. 148). Gebirge Mittel- und Südeuropas, auch in tieferen Lagen, z. B. an der Adriaküste und dem Gardasee. In den Alpen häufig, stellenweise sehr häufig.

095 **Blaukresse, Bläuliche Gänsekresse** (*Arabis caerulea*): Bis 12 cm hoch. Unterirdisch kriechender Stängel mit einigen Ästen, die an der Erdoberfläche Rosetten ausbilden. Rosettenblätter mit kurzen Stielen, eiförmig bis spatelig, vorne flach und unregelmäßig gezähnt (bis 7 Zähne), dicklich, leicht glänzend, **am Rand und auf der Oberseite mit einfachen und außerdem mit gabelspaltigen Borstenhaaren.** Mehrere Stängel, ebenso behaart, mit wenigen Stängelblättern, die schmaler als die grundständigen Blätter sind. 2–8 kurz gestielte Blüten in kopfartiger Traube, Kelchblätter schmal, annähernd aufrecht, an der Spitze oft violett überlaufen, **Kronblätter** 4–5 mm lang, **schräg aufwärts gerichtet**, daher Blüte nur 3–6 mm im Durchmesser, **hell blaulila**, selten weiß. Blütezeit VII bis VIII. Scheiben-Blume in Trichterform. Leicht vorweiblich. Bestäuber Fliegen. Feuchter Kalk-Feinschutt, Schneetälchen. **Kalkliebend.** Alpin, bis 3 500 m. C in Blaukresse-Schneeböden (S. 162). Nur in den Alpen. In den Innenalpen fehlend bis sehr selten, in den Nördlichen Randalpen selten, in den Südlichen Randalpen zerstreut, jeweils gesellig.

096 **Alpen-Gemskresse** (*Pritzelago alpina, Hutchinsia alpina*): 5–15 cm hoch. **Blätter** grundständig, rosettenartig gehäuft (Ganzrosettenpflanze, S. 244), zart, **auf beiden Seiten mit 4–6 tiefgehenden, schmalen Fiederteilen, Endfieder so groß wie die seitlichen.** Stängel meist blattlos. Blütenstand eine Traube, aber doldenartig weit ausgebreitet, mit einem Durchmesser von 15–20 mm und mit 7–12 Blüten. **Blüten weiß,** 3,5–5 mm im Durchmesser. Frucht Schötchen. Wintersteher (s. 092). Blütezeit V bis VIII. Scheiben-Blume. Vorweiblich. Bestäuber Zweiflügler (Fliegen). Feuchter Felsschutt, Moränen, Schneetälchen. **Kalkböden.** Subalpin-alpin, bis 3 400 m, allerdings Samen oft weit ins Tiefland herabgeschwemmt. C in Täschelkraut-Schuttfluren (S. 170). Gebirge Mittel- und Südeuropas von den Pyrenäen bis zu den Karpaten und dem nördlichen Balkan. In den Alpen teilweise häufig.

Cistrosen-Gewächse (Cistaceae)

Halbsträucher und Sträucher mit meist gegenständigen, ungeteilten und ganzrandigen Blättern machen die Cistrosen-Gewächse aus. Oft sind Nebenblätter vorhanden. Die Blüten sind radiär und in einen fünfzähligen Kelch (zwei Kelchblätter kleiner) und eine fünfzählige Krone gegliedert. Die Kelch- und Kronblätter sind frei. Zahlreiche Staubblätter umgeben einen oberständigen Fruchtknoten. Sein Griffel ist oft kurz über seiner Basis hakenartig gekrümmt.

097 **Großblütiges Sonnenröschen** (*Helianthemum grandiflorum*): 1–15, selten 30 cm hoher Halbstrauch (nur an der Basis verholzt). **Blätter oval bis lineal, bis 35-mal so lang wie breit,** kahl oder borstig beharrt, **mit je 2 Nebenblättern.** Blüten 25–35 mm breit, **gelb.** Blütezeit V bis X. Scheiben-Blume. Pollen-Blume ohne Nektar. Bei Reizung der Staubfäden, die durch die besuchenden Insekten erfolgen kann, spreizen sich die Staubblätter wie bei anderen Sonnenröschen, auch vielen Gartenformen, auseinander. Die pollenabgebende Fläche wird dadurch erhöht.

Die Bewegung wird rückgängig gemacht und kann wiederholt werden. Außer den nachfolgend genannten Bestäubern werden immer wieder auch Falter durch das leuchtende Gelb angelockt. Bei der vergeblichen Suche nach Nektar können sie Blütenstaub übertragen. Die Blüten schließen sich nachts und bei Regen. Dann ist auch spontane Selbstbestäubung möglich. Bestäuber vor allem pollenfressende und -sammelnde Käfer, Fliegen und Hautflügler. Trockenrasen, Geröll, Felsbänder. **Bevorzugt Kalk.** Subalpin-alpin, bis 2700 m. C in Blaugras- und Rost-Seggen-Rasen (S. 153). Gebirge Mittel- und Südeuropas. In den Westalpen ziemlich häufig, in den Ostalpen zerstreut.

Seidelbast-Gewächse (Thymelaeaceae)

Hölzer (in unserer Flora) mit in der Regel wechselständigen, ganzrandigen Blättern. Blüten eingeschlechtlich oder zwittrig, vier- bis sechszählig. Blütenboden und Blütenhülle bilden oft einen Blütenbecher. Dabei können die Kronblätter fehlen. Die Kelchblätter übernehmen dann die Schaufunktion.

098 Gestreifter Seidelbast, Steinröschen *(Daphne striata)*

Beschreibung: 5–15 cm hoher **kahler, immergrüner Zwergstrauch.** Blätter bis 25 mm lang, ledrig, schmal verkehrt-eiförmig, **an den Zweigenden gebüschelt = rosettig gehäuft.** Blüten am Ende der Triebe zu 5–15 in dichten Dolden, Durchmesser 10–15 mm, **rosa bis weiß,** dieses besonders in älteren Blüten. Die Kronblätter fehlen. Die Blütenhülle besteht aus den 4 **Kelchblättern. Die 15 mm lange Kelchröhre ist oft leicht längs gestreift** (lat. striata = gestreift) **und kahl** oder nur schwach behaart. Blütezeit V bis VII.
Blume: Stielteller-Blume. Stark duftend. Bestäuber Tagfalter.
Standort: Lichte Kiefernwälder, steinige Rasen, Zwergstrauchheiden. **Bevorzugt Kalk,** aber auch auf sauren Böden. Subalpin-alpin, bis 2500 m.
Pflanzengesellschaft: C in Kalk-Kiefernwäldern, u. a. im Schneeheide-Berg-Kiefern-Wäld (S. 95) und in Legföhren-Gebüschen (S. 100).
Verbreitung: In den Ostalpen zerstreut bis mäßig häufig: vom Vierwaldstätter See und Lago Magiore nach Osten, in den Westalpen zerstreut, aber lokal ziemlich häufig.

099 Rosmarin-Seidelbast, Flaumiger Seidelbast (***Daphne cneorum***)**:** Ähnelt 098. Folgende Unterscheidungsmerkmale: höher (bis 30 cm); gegen das Ende der Sprosse zu zwar mehr Blätter, aber nicht so dicht gebüschelt; **Blüten rot** (Farbvergleich bei alten Blüten nicht verlässlich), **Kelchröhre dicht anliegend behaart.** Blütezeit IV bis VI. Blume wie 098. Standort wie 098, **aber stärker kalkliebend.** Steigt nicht so hoch und geht tiefer hinunter: collin-montan, bis 2000 m. C in Kalk-Kiefernwäldern (S. 98). In den Alpen selten bis zerstreut, aber weit ins nördliche Vorland bis in Kalk-Mittelgebirge (u.a. Schweizer, Schwäbischer, Fränkischer Jura).

100 Felsen-Seidelbast (*Daphne petraea*): bis 15 cm hoher Spalierstrauch, **wächst mit knorrigen Zweigen in dichten, dem Untergrund eng aufliegenden Rasen. Blätter** bis 12 mm lang, **dick** (im Querschnitt fast dreieckig), **ledrig, am Rand mit knorpeligem Wulst,** dunkelgrün. Am Ende der Äste Blätter rosettig gebüschelt. Blüten zu 3–5 an den Zweigspitzen, flaumig behaart, rot. Die Kelchröhre ist 15 mm lang mit nur kurzen Zipfeln. Blütezeit VI bis VII. Blume wie 098. Felsspalten, vor allem in **Dolomit**, Ruheschutt. Montan-alpin, bis 2 000 m. In Kalk-Felspalten-Gesellschaften, u.a. in der Stängel-Fingerkraut-Felsflur (S. 180). Endemit der Berge zwischen Gardasee und Idrosee, z. B. am Monte Tremalzo.

Daphne, Tochter der Gaia und Prinzessin der Baar

Die Nymphen sind alle bezaubernde Wesen, doch Daphne war besonders schön. Nach dem tragischen Tod ihres Geliebten hatte sie geschworen, Jungfrau zu bleiben. Das hinderte jedoch Apollo nicht, ihr nachzustellen. Als er sie vergewaltigen wollte, wurde sie von ihrer Mutter Gaia (Erde) in einen Lorbeerbaum verwandelt. Ob sich Daphne damit auf Dauer einverstanden erklärt hatte, wird nicht berichtet. Apollo jedenfalls musste sich mit Lorbeerzweigen begnügen. Mit einem Lorbeerzweig bekränzte er sich später als Sieger eines Wettstreits selbst. Seitdem ist der Lorbeer die heilige Pflanze des verhinderten Vergewaltigers Apollo und dient zur Siegerkrönung auch von Sterblichen.

Warum trägt aber heute das Steinröschen und seine Verwandtschaft den wissenschaftlichen Gattungsnamen *Daphne*? Schon im 16. Jahrhundert kann man im Kräuterbuch des Leonhart Fuchs lesen, dass der Gemeine Seidelbast damals bereits „*Daphnoides*“, also griech. „wie Daphne aussehend“ genannt wurde. Gleichzeitig erwähnt Fuchs aber auch den weiteren Namen *Laureola* (lat. kleiner Lorbeer). Grund war, dass Blätter und Früchte des Seidelbasts denjenigen des Lorbeers ähneln, den man damals außer *Daphne* auch schon *Laurus* nannte. Später dann, bei der wissenschaftlichen Benennung, setzte sich die römisch-lateinische Bezeichnung *Laurus* vollends durch: Der Lorbeer heißt heute wissenschaftlich *Laurus nobilis*. Damit war sein aus der griechischen Mythologie stammender Name *Daphne* vollends frei zur weiteren Verwendung. Er wurde auf den Seidelbast übertragen.

Mit diesem Namenswechsel kann man nur einverstanden sein. Denn der Lorbeerstrauch mit seinen dürftigen weißen Blüten ist eigentlich so wenig attraktiv, dass er den Namen einer Schönheit nicht verdient. Der Autor kann sich noch daran erinnern, wie sehr er sich in seiner Schulzeit freute, als er auf der Baar, einer Landschaft zwischen Schwäbischer Alb und Schwarzwald, erstmals blühenden Rosmarin-Seidelbast am Waldsaum gefunden hatte. „Prinzessin der Blumen der Baar“ nannte ihn

Konrad Günther (1942). Besser kann man die rührende Schönheit des blühenden Zwergstrauchs kaum zum Ausdruck bringen.

Diese Schönheit wird nicht entwertet, sondern umso interessanter, wenn man ihre Blüten näher betrachtet. Sie haben eine nur einfache Blütenhülle. Denn die Kronblätter sind ausgefallen; die rot gefärbten Kelchblätter bilden eine Röhre, die in ebenfalls rot gefärbte Kelchzipfel ausläuft. Bei den einzelnen *Daphne*-Arten ist das Rot unterschiedlich intensiv. Stark ist es beim Rosmarin-Seidelbast, noch stärker bei dem seltenen Felsen-Seidelbast, den aber doch jeder Wanderer in den Bergen westlich des Gardasees, besonders um den Monte Tremalzo finden kann, wenn er seine Augen offen hält.

Beim Gemeinen Seidelbast, der vom Tiefland bis in die subalpine Region aufsteigen kann, ist die Kelchröhre ziemlich kurz. Bestäuber sind bei ihm deshalb nicht nur Tagfalter, die ja oft auf Rot ansprechen, sondern auch Bienen und langrüsselige Fliegen. Die oben genannten *Daphne*-Arten haben aber eine mit rund 15 mm recht tiefe Kelchröhre. Der an ihrem Grund abgesonderte Nektar kann nur von Faltern mit ihren besonders langen Rüsseln erreicht werden. In der Kelchröhre sind die Staubfäden zunächst mit der Wandung verwachsen und zweigen erst kurz unterhalb der Staubbeutel von ihr ab. Das sieht so aus, als säßen die Staubbeutel auf kurzen Stielen an der Innenseite der Kelchröhre, und zwar in zwei Stockwerken, vier Staubbeutel oben, vier weiter unten. Zuunterst in der Röhre steht der Griffel mit der Narbe. Ein Falter-Rüssel tastet sich von oben an den beiden Staubbeutel-Etagen nach unten vor, ohne Pollen aufzunehmen. Er überträgt deshalb auch keinen blüteneigenen Pollen auf die Narbe. Erst beim Zurückziehen, wenn der Rüssel vom Nektar klebrig ist, bleibt Pollen an ihm haften, der dann in einer anderen Blüte auf der Narbe abgestreift werden kann. Auch unsere Schönheit *Daphne* bleibt also nüchtern auf die Vorteile der Fremdbestäubung bedacht.

Blüte des Rosmarin-Seidelbasts (99), längs. Die Staubfäden sind mit der flaumig behaarten Röhre aus kronblattartigen Kelchblättern verwachsen. Auf zwei Etagen zweigen die Staubbeutel ab. Ganz unten ist die Narbe sichtbar.

Veilchen-Gewächse (Violaceae)

In unserer Flora stellen die Veilchen-Gewächse krautige Pflanzen mit meist ungeteilten, wechsel- oder grundständigen Blättern. Die Nebenblätter sind gut ausgebildet. Die Blüte ist zygomorph, fünfzählig und in Kelch und Krone gegliedert. Die Kelchblätter tragen Anhängsel. Das untere Kronblatt bildet einen Sporn, in den Fortsätze der beiden unteren Staubblätter hineinragen. Sie sondern Nektar in den Sporn ab. Die Frucht ist eine Kapsel. In den Alpen findet sich nur die Gattung *Viola*. Zu ihr gehören Arten, die im Deutschen teils als Veilchen, teils als Stiefmütterchen bezeichnet werden. Die hier besprochenen alpinen Arten nennt man Veilchen.

101 Zweiblütiges Veilchen, Gelbes Veilchen *(Viola biflora)*

Beschreibung: 5–15 cm hoch. **Blätter** gestielt, **nierenförmig, am Rand gekerbt.** Grundblätter bis 4 cm breit, Stengelblätter kleiner. **Blüten zu zweit** (Name!), unter ungünstigen Bedingungen auch einzeln am Ende des vierkantigen Stängels. Höhe der **Blüte** rund 15 mm, intensiv **gelb**, auf dem unteren Kronblatt dunkelbraune Adern als Farbmal. **Weiter und kurzer, nur 1–3 mm langer Sporn.** Blütezeit V bis VII.
Blume: *Viola*-Typ. Streukegel (s. unten). Blüten duftlos. Bestäuber vor allem Fliegen.
Standort: Schatten und Feuchtigkeit sind erforderlich. Bergwälder, Geröll, Felspalten und Höhlen, Grün-Erlen-Gebüsch, Hochstauden-Fluren. Subalpin-alpin, bis 3 000 m.
Pflanzengesellschaft: C in Hochstauden-Fluren (S. 102).
Verbreitung: Europäische Gebirge, nördliches Eurasien und Nordamerika. In den Alpen häufig.

Das Zweiblütige Veilchen, eine Fliegenblume mit Streukegel

Die Art ist in den Alpen häufig. An geeigneten Standorten kann man es überall antreffen, aber ebenso im Himalaya. Es bevorzugt schattige und feuchte Stellen, die es auch unter den riesigen Stauden der Hochstauden-Fluren findet. Dort ist es sogar eine der Charakterarten, obwohl man es nicht gerade als „hoch“ bezeichnen kann. Aber es findet sich auch in dunklen Felsspalten und es ist eine der Alpenpflanzen, die weit in Höhlen hinein vordringen. Bei zu stark verringertem Licht kommt es aber an die Grenze seiner Leistungsfähigkeit: es werden entweder gar keine Blüten oder nur noch eine Blüte ausgebildet. Dann verdient es seinen Namen *biflora* = zweiblütig nicht mehr.
Man könnte im Zweifel sein, ob das Zweiblütige Veilchen auch an schattigen Standorten Bestäuber findet. Doch Fliegen, seine wichtigsten

Bestäuber, suchen es auch dort auf. Sie werden in den Blüten mit einem komplizierten Bestäubungsapparat, einem **Streukegel** konfrontiert. Er findet sich mit geringfügigen Abweichungen bei allen Arten der Gattung *Viola*, ist beim Zweiblütigen Veilchen allerdings besonders klein. Um seinen Bau verstehen zu können, muss zunächst daran erinnert werden, wie sich ein Staubblatt aufbaut (S. 15). Die Verbindungsstücke (Konnektive) der Staubeutel wurden nun in Richtung Blütenöffnung zu bräunlichen Fortsätzen verlängert. Blüteneinwärts schließen sich die Staubbeutel an. Es bildet sich eine kegelartige Struktur, die den herausragenden Griffel umgibt. Die beiden unteren Staubblätter bilden grüne Fortsätze aus, die Nektar in den Sporn hinein ausscheiden. Die Staubbeutel entleeren ihren Pollen in den Kegel.

Eine Fliege hat sich auf dem unteren Kronblatt niedergelassen. Die braune Aderzeichnung, der gelbe, UV-absorbierende Schlundfleck weisen ihr den Weg zum Nektar. Er ist in den Blüten unserer Art nicht so weit entfernt, wie man vielleicht annehmen könnte. Der Rüssel der Fliege muss nur 2–3 mm lang sein, um ihn erreichen zu können. Aber der Kegel liegt im Weg. Wenn die Fliege vorrückt, gerät sie gegen den Narbenkopf und schiebt ihn mitsamt dem Griffel nach oben. Hat sie Pollen mitgebracht, wird er dabei auf der Narbe deponiert. Durch die Lageveränderung des Griffels, die über ein Gelenk ermöglicht wird, lockert sich der Zusammenhalt des Kegels und Pollen rieselt auf die Fliege herab. Der Kegel ist also in der Tat ein **Streukegel.**

Wie viele andere Arten der Gattung kann auch unser Gelbes Veilchen später im Jahr Blüten ausbilden, die sich nicht mehr öffnen. In ihnen sind die Kronblätter rückgebildet. Ihre Schauwirkung wird nicht mehr benötigt, weil in den geschlossenen Blüten spontane Selbstbestäubung erfolgt. Man spricht in solchen Fällen von **Kleistogamie** (griech. kleistos = geschlossen;

Oben:
Blüte des Zweiblütigen Veilchens (101), längs. In der Mitte die grüne Narbe, daran nach hinten oben anschließend die braunen Staubbeutel-Anhängsel und die grünen Staubbeutel selbst. Der Pollen wird nach innen in den Streukegel abgegeben, den beide bilden. Führt ein Insekt, oft eine Fliege, seinen Rüssel unter der Narbe ein und hebt dann die gelenkig angesetzte Narbe nach oben, lockert sich der Zusammenhang des Streukegels und Blütenstaub fällt auf den Rüssel herab. Einer der nektarführenden Fortsätze der beiden unteren Staubblätter ist gerade noch sichtbar.

Linke Seite:
Blüte des Zweiblütigen Veilchens (101), von vorne gesehen. Braune Nektarmale leiten zum Mittelpunkt, in dem die grüne, zweilappige, nach oben bewegliche Narbe steht. Von ihr hängt ein Tröpfchen herab, das den eingeführten Insektenrüssel befeuchtet. Der blüteneigene Pollen bleibt dann besser an ihm hängen. Hinter der Narbe finden sich die braunen Anhängsel der Staubbeutel und, gerade noch erkennbar, die grünen Staubbeutel selbst. Beide bilden einen Streukegel.

Blick auf die Blüte von Dubys Veilchen (102). Bei der gegebenen Vergrößerung lässt sich gut erkennen, dass sich am Blüteneingang Haarbüschel befinden. Sie finden sich auch bei einer Reihe anderer Veilchen-Arten und zwingen die Insekten, so in die Blüte einzudringen, dass sie die Narbe berühren müssen.

gameo = ich heirate). Falls früher im Jahr die Fremdbestäubung normaler Blüten ausgeblieben war, kann so dennoch die Samenbildung gesichert werden.

102 Dubys Veilchen (*Viola dubyana*) wird 10–20 cm hoch. Viele Stängel aus Verzweigungen am Grund. Untere Blätter kreisrund bis eiförmig, ganzrandig oder gekerbt bis gezähnt, obere schmal. **Die Nebenblätter sind fast so lang wie die eigentlichen Blätter und fingerförmig in lange, schmale Teilblättchen gegliedert. Blüte** 20–25 mm hoch, **violett,** das untere Kronblatt mit dunklen Adern und gelbem Fleck als Farbmal. **Der dünne, abwärts gekrümmte Sporn ist mit 5–6 mm nur halb so lang wie das spornbildende untere Kronblatt.** Blütezeit VI bis VII. *Viola*-Typ. Streukegel (s. 101). Bestäuber Hummeln und Tagfalter. Magerwiesen, Schutthalden, Felsspalten. **Kalkböden.** Subalpin-alpin, bis 2 100 m. Gerne in Polster-Seggen- und Blaugras-Rasen (S. 153). Endemit der Südlichen Randalpen vom Comer See bis zum Gardasee, dort besonders am Monte Baldo und in den Berge um den Ledrosee. Lokal häufig.

103 Langsporniges Veilchen (*Viola calcarata*): 3–10 cm hoch. Schuttwanderer. Blätter grundständig, länglich-lanzettlich (2–3 cm lang, 3–8 mm breit), gekerbt. Nebenblätter tief gezähnt oder tief fiederspaltig. Unverzweigte kurze Stängel mit einer endständigen Blüte. **Blüten in der Regel dunkelviolett,** selten gelb, bis 4 cm hoch. Dunkle Adern und am Eingang zum Sporn gelber Fleck als Farbmal. **Schmaler, gerader oder leicht aufwärts gebogener Sporn, mit 13–25 mm so lang wie der Rest des sporntragenden unteren Kronblatts.** Unterlippe = Oberseite des unteren Kronblatts behaart. Blütezeit VI bis VIII. Blume *Viola*-Typ. Streukegel (s. 101 und unten). Bestäuber ausschließlich Falter. Rasen, Weiden, Schuttfluren. **Bevorzugt Kalk.** Subalpin-alpin, bis 3 000 m. C in Täschelkraut-Schuttfluren (S. 170). In verschiedenen Unterarten in den Westalpen recht häufig, geht östlich bis Lech und Etsch.

Veilchen und Stiefmütterchen: Spornlänge und Blütenfarbe bestimmen die Art der Bestäuber

In den Alpen sind Fliegen, Hummeln und Falter die wichtigsten Bestäuber von Veilchen und Stiefmütterchen. Bei den oben besprochenen Arten führt vor allem die Spornlänge, aber auch die Blütenfarbe zu einer zunehmenden Einengung auf bestimmte Gruppen dieser Insekten.

Beim Zweiblütigen Veilchen (101) ist die Spornlänge stark reduziert, und zwar auf nur 1–3 mm. **Fliegen,** die Gelb gut sehen, und den Nektar

auch mit kurzen Rüsseln erreichen können, sind die wichtigsten Bestäuber, insbesondere in Schattenlagen.
Das Blauviolett von Dubys Veilchen (102) lockt **Hummeln,** aber auch **Falter** an. Blauviolett ist keine Fliegenfarbe. Auch kommen viele Fliegenarten mit der Spornlänge von 5–6 mm nicht mehr zurecht. Als Bestäuber treten sie deshalb zurück.
Nun zum Langspornigen Veilchen (103). Bei ihm ist der Bestäubungsmechanismus gegenüber dem Zweiblütigen Veilchen leicht verändert. Auf der Unterlippe stehen Haare, in denen sich Pollen fängt, der aus dem Streukegel spontan oder bei den ersten Insektenbesuchen herabgefallen war. Der Sporn ist schmal: 1 mm in der Höhe und 0,5 mm in der Breite. Außerdem ist er mit 13–25 mm sehr lang. Auch die Hummeln werden jetzt ausgeschlossen. Nur die langen Rüssel von **Faltern** können den Nektar noch erreichen. Als Besucher konnte bezeichnenderweise auch das Taubenschwänzchen mit seinem besonders langen Rüssel beobachtet werden. Die Falter setzen von ihren Rüsseln Fremdpollen auf einem Läppchen des Narbenkopfs ab, das im Bereich der fertilen Narbenfläche steht. Danach nehmen sie mit dem Rüssel blüteneigenen Pollen aus den Haaren auf der Unterlippe auf. Der Sporn ist so eng, dass sogar die dünnen Falterrüssel mit den betreffenden Organen in Kontakt kommen müssen und nicht an ihnen vorbei zum Nektar gelangen können. Wird der Rüssel wieder zurückgezogen, drückt er das Narbenläppchen nach vorne und oben. Auf die fertile Narbenfläche kann so kein blüteneigener Pollen gelangen. Das Langspornige Veilchen ist eine ausgesprochene Falterblume.

Lein-Gewächse (Linaceae)

Die Lein-Gewächse stellen in unserer Flora Kräuter, Stauden und Halbsträucher mit ungegliederten, in der Regel ganzrandigen Blättern. Der Blütenstand ist eine Traube oder Rispe. Die Blüten sind meist fünfzählig, radiär und in Kelch und Krone gegliedert. In der Regel 5 Staubblätter, 1 oberständiger Fruchtknoten mit einer meist fünfzähligen Narbe.

104 Alpen-Lein *(Linum alpinum)*

Beschreibung: 10–30 cm hoch. Aufrechter oder bogig aufsteigender Stängel, mit wechselständigen, lanzettförmigen, bis 25 mm langen und bis 8 mm breiten Blättern dicht besetzt. **Junge Verzweigungen des rispenartigen Blütenstands mit ihren Knospen nickend.** 5 verkehrt eiförmige **Kronblätter,** bis 20 mm lang, **blau mit gelber Basis** (Saftmal). Blütezeit VI bis VIII.
Blume: Scheiben-Blume mit Revolvereinrichtung, verschiedengriffelig. Bestäuber vor allem Hummeln und Schwebfliegen.

Standort: Steinige Rasen, Felshänge, Felsschutt, **kalkliebend**. Montan-alpin, bis 2 200 m.
Pflanzengesellschaft: C in Rost-Seggen und Blaugras-Rasen (S. 153).
Verbreitung: Gebirge Mittel- und Südeuropas. Mit Unterarten vor allem in den Randalpen, im Westen auch in den Innenalpen.

Der Alpen-Lein wird auch als Unterart des Ausdauernden Leins aufgefasst (*L. perenne* ssp. *alpinum*). Ein Gegenstück zum blaublühenden Alpen-Lein bildet der aus Südosteuropa in die unteren Lagen der südöstlichen Randalpen und nördlich der Alpen bis zur Schwäbischen Alb vordringende **Gelbe Lein** (***Linum flavum***). Auch er gliedert sich in eine Reihe von Unterarten wie den prachtvollen **105 Dolomiten-Lein** (***L. f.* ssp. *dolomiticum***).

Oberes Bild: Kurzgriffelige Blüte des Alpen-Leins (104). Die Staubbeutel stehen über den Narben.

Unteres Bild: Langgriffelige Blüte des Alpen-Leins (104). Die Narben stehen über den Staubbeuteln.

Lein-Arten spielen mit Insekten Russisches Roulett

Die Blüten der Leinarten sind verschiedengriffelig. Auf die Verschiedengriffeligkeit wird bei der Besprechung der Primel-Gewächse. eingegangen. Doch die Gattung *Linum* bietet noch andere Besonderheiten im Blütenbau. So wird bei blaublühenden Arten die Leitfunktion des gelben Saftmals an der Basis der Kronblätter noch dadurch unterstützt, dass die betreffende Zone UV absorbiert. Sonst reflektiert die Blüte UV. Auch der Gelbe Lein zeigt am Grund seiner Blüte ein UV-Mal, das hier aus UV-absorbierenden Flecken und Strichen besteht.

Typische Revolver-Blumen, auf die wir schon bei Akelei-Arten (019–021) aufmerksam geworden waren, werden beim Silikat-Glocken-Enzian (137) genauer geschildert. Sie dienen dazu, Insekten in einer gegebenen Blüte mehrfach nach Nektar suchen zu lassen. Damit erhöht sich die Chance, dass sie mit Staubbeuteln oder Narben in Kontakt kommen. Bei der Gattung Lein führen fünf getrennte Wege entlang der fünf Kronblätter zu den Nektarquellen hinab: je eine Nektardrüse befindet sich an der verbreiterten Basis der fünf Staubfäden, und zwar auf deren Außenseite zwischen Kronblatt und verbreitertem Filament. Es liegt also eine Revolver-Blume mit fünf Kammern vor.

Die Blüten machen wie eben erwähnt nicht nur durch leuchtende Farben auf sich aufmerksam, sondern weisen die Besucher außerdem noch durch Saftmale im sichtbaren Bereich des Lichts und im UV darauf hin, wo Nektar zu holen ist. Eine solche Fürsorge findet sich auch bei anderen Blüten. Doch hier kann es sich um Betrug handeln! Denn während bei Enzian und Akelei jede Kammer Nektar bietet, ist das bei vielen Lein-Arten nicht der Fall. So führen beim Gelben Lein nur zwei der fünf Kammern Nektar. An Raffinesse lässt sich das kaum überbieten. Denn fände ein Insektenbesucher in keiner der Revolverkammern Nektar, würde er die Blüte schon nach den ersten vergeblichen Bemühungen frustriert verlassen und, falls er lernfähig sein sollte, die betreffenden Blumen in Zukunft gänzlich meiden. So aber wird er in einer Art „Russischem Roulett" ab und zu belohnt mit dem Erfolg, dass er bei der „Stange", sprich bei der Blüte bleibt. Der Vorteil für die betreffenden Lein-Arten: sie sparen bei der Nektarbildung, ohne ein Risiko bei der Bestäubung eingehen zu müssen.

Besonders prachtvolle Blüten bildet der Dolomiten-Lein (105), eine Unterart des Gelben Leins, der wie auch andere Leinarten mit Insekten „Russisches Roulett" spielt.

Wolfsmilch-Gewächse (Euphorbiaceae)

Zu den Wolfsmilch-Gewächsen gehören Kräuter und Hölzer mit wechselständigen, ganzrandigen Blättern. Sie führen wie der Kautschukbaum oft Milchsaft. Hier interessiert nur die Gattung Wolfsmilch (*Euphorbia*). Sie ist durch blütenähnliche Teilblütenstände (Scheinblüten) charakterisiert, die man **Cyathien** nennt. Sie sehen wie eine einzige Blüte aus, bestehen aber aus einer weiblichen Gipfelblüte und mehreren männlichen Blüten um sie herum.

106 Krainer Wolfsmilch *(Euphorbia carniolica)*

Beschreibung: 20–50 cm hoch. An der Basis verholzte Staude **mit vielen bogig aufsteigenden, unverzweigten,** milchsaftführenden **Stängeln. Blätter** wechselständig, 20–70 mm lang, länglich oval oder verkehrt eiförmig, **ganzrandig,** hellgrün. **Der Blütenstand ist eine Dolde mit meistens 4, seltener 5 Strahlen. Jeder dieser Strahlen verzweigt sich mindestens einmal gabelig** (in 2 Zweige). Die Strahlen letzter Ordnung enden mit einem Cyathium (s. unten). Unter jedem Cyathium sitzen 2 lanzettliche, gelbgrüne bis goldgelbe Tragblätter. **Hüllbecher der Cyathien länglich, mit 4 ovalen gelben Nektardrüsen. Frucht warzig.** Blütezeit V bis VI.
Blume: Jedes Cyathium ist eine Scheiben-Blume. Vorweiblichkeit. Bestäuber Zweiflügler und Hautflügler, darunter in tieferen Lagen auch die Honigbiene.
Standort: Lichte Laubwälder, Bergwiesen, **auf Kalkböden.** Collin-montan, bis 1 900 m.
Pflanzengesellschaft: In Buchen- und Buchenmischwäldern (S. 84).
Verbreitung: Zerstreut in den Südöstlichen Randalpen vom Unterengadin über Südkärnten und Slowenien bis nach Ungarn. In den Bergen um den Gardasee, auch oberhalb des Ledrosees häufiger.

Wolfsmilch-Arten tragen Cyathien, Scheinblüten mit komplizierter Entstehungsgeschichte

An den letzten Auszweigungen des doldigen Blütenstands der Krainer Wolfsmilch (und ähnlich anderer Wolfsmilch-Arten) sitzen Gebilde, die wie Blüten aussehen: in der Mitte ein gestielter Fruchtknoten mit Narben, darum herum fünf Gruppen von Staubblättern, zwischen ihnen vier goldgelbe Kronblätter. Und das alles ragt aus einem Becher heraus, der wohl der Kelch sein dürfte.

Sogar ein erfahrener Beobachter wie LINNÉ glaubte, er hätte ganz normale zwittrige Blüten vor sich. Doch so überzeugend der Anschein auch sein mag, es handelt sich nicht um Einzelblüten, sondern um kleine Blütenstände, die wie Einzelblüten aussehen. Man spricht dann von Scheinblüten, von **Pseudanthien** (griech. pseudo = ich lüge, anthos = Blüte). Im speziellen Fall, bei den Scheinblüten der Wolfsmilch-Arten, verwendet man eine eigene Bezeichnung: **Cyathium,** Mehrzahl Cyathien. Sie bezieht sich auf den eben erwähnten Becher (griech. kyathos = Becher).

Zerlegen wir das Cyathium in seine Komponenten. Der grüne Becher ist aus Hochblättern entstanden. Die vier ovalen, goldgelben „Kronblätter" sind nichts anderes als Nektarien, die an ihrer Oberfläche Nektar ausscheiden. Der gestielte Fruchtknoten im Zentrum ist alles, was von einer ebenfalls gestielten weiblichen Blüte übrig blieb. Die fünf Gruppen von Staubblättern leiten sich von fünf Gruppen von männlichen Blüten her. Jede dieser Blüten wurde auf ein einziges Staubblatt reduziert. Wenn man die Lupe zur Hilfe nimmt, erkennt man eine Einschnürung an dem, was man zunächst für einen Staubfaden halten könnte. In der Tat sitzt unter den Staubbeuteln zunächst wie gewohnt ein Staubfaden. Dann kommt die Einschnürung. Was unter ihr folgt, ist der Stiel der früheren männlichen Blüte.

Vielleicht protestieren sie an dieser Stelle und unterstellen nicht nur den Blütenbiologen (das wäre nichts Neues), sondern den Botanikern generell eine allzu blühende Phantasie. Aber gerade für das, was man für eine ziemlich fragwürdige Behauptung halten könnte, gibt es einen Beweis. Denn bei anderen Gattungen der Wolfsmilch-Gewächse, z.B. bei *Anthostema* (frei übersetzt: Blüte, die nur aus der Blütenhülle und einem Staubblatt besteht) sitzt an der Einschnürung noch eine Blütenhülle. Damit ist belegt, dass es sich bei dem fadenförmigen Sprossgebilde unter der Einschnürung tatsächlich um einen Blütenstiel handelt, der eine bis auf ein Staubblatt reduzierte Blüte trägt.

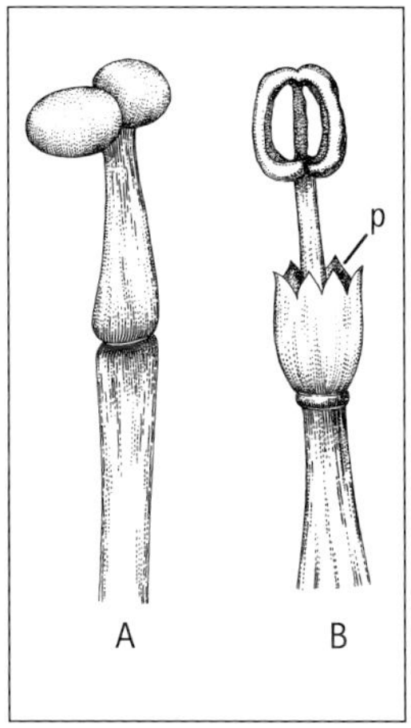

Herleitung der „Staubblätter" in den Cyathien von Wolfsmilch-Arten von männlichen Blüten. A Das „Staubblatt" von Wolfsmilch-Arten zeigt eine Einschnürung. B Bei dem Wolfsmilch-Gewächs *Anthostema* sitzt an der Einschnürung noch eine Blütenhülle (p). Hier liegt also eine männliche Blüte mit nur einem Staubblatt vor. Durch Verlust der Blütenhülle dürfte sich aus solchen Vorstufen A entwickelt haben.

Die Cyathien der Krainer Wolfsmilch sind vorweiblich. Zuerst entwickelt in ihrer Mitte der „Fruchtknoten" Griffel und Narben. In der anschließenden männlichen Phase strecken sich die fünf „Staubblätter" und setzen Pollen frei.

Wie könnte es zur Bildung der Cyathien gekommen sein? Vermutlich so: Am Beginn standen „echte" Blüten, die von Insekten bestäubt wurden. Sie gingen zur Windblütigkeit über. Bei ihr ist es üblich, die Blütenhülle zu reduzieren. Denn sie ist ein Hindernis für den Wind und damit auch die Windbestäubung. Später kehrte die Pflanze zur Insektenbestäubung zurück. Jetzt war es zweckmäßig, wieder über einen Schauapparat zu verfügen, um die Insekten anzulocken. Aber die Blüten waren inzwischen ja weitgehend rückgebildet. Organe, die im Verlauf der Evolution einmal verschwunden sind, lassen sich nicht wieder rückgewinnen. Man sprich hier von einer Irreversibilitätsregel. Damit blieb nichts anderes übrig, als die kleinen, reduzierten Blüten zu größeren, optisch auffallenderen Gebilden zu vereinigen, eben den Cyathien. Eine Zutat, die zu einer erhöhten Schauwirkung der Cyathien führte, war die Vergrößerung der Nektarien. Sie produzierten jetzt nicht nur Nektar, sondern lockten mit Farbe (und Nektarglanz) wie Kronblätter. Schließlich blieb es nicht bei *einem* alleinstehenden Cyathium: viele von ihnen wurden zu den doldigen Blütenständen vereinigt, die ihrerseits auffällige Hochblätter aufwiesen. Ein beeindruckender Schauapparat war entstanden. Und er funktioniert, wie der rege Besuch durch Insekten zeigt. Sollten Sie wider Erwarten doch nicht besonders beeindruckt sein, vergegenwärtigen Sie sich bitte den Blütenstand des Weihnachtssterns. Er ist nach dem gleichen Prinzip wie derjenige der Krainer Wolfsmilch gebaut.

Bitte fragen Sie jetzt nicht, warum die Wolfsmilch-Arten denn von der Insektenblütigkeit zur Windblütigkeit und wieder zurück zur Insekten-

Linke Seite, oben: Cyathium der Krainer Wolfsmilch (106) im ersten, weiblichen Stadium. Die männlichen Blüten (= Staubblätter) haben sich noch nicht entwickelt, die Griffel mit den Narben (= weibliche Blüte) sind voll funktionsfähig.

Linke Seite, unten: Cyathium der Krainer Wolfsmilch (106) im zweiten, männlichen Stadium. Im Zentrum stehen noch die Griffel, darum herum fünf „Staubblätter", Überbleibsel männlicher Blüten. Sie geben Pollen ab. Ganz außen erkennt man die ovalen Honigdrüsen.

blütigkeit wechselten. Die Antwort müsste zu viele Hypothesen berücksichtigen. Halten wir fest: Die Cyathien sind kleine Wunder. Vielleicht sehen Sie jetzt die Scheinblüten der Wolfsmilch-Gewächse mit anderen Augen und verstehen, warum in einem Buch über Alpenblumen nicht nur Almrausch, Enzian und Edelweiß besprochen werden dürfen.

Heidekraut-Gewächse (Ericaceae)

Halbsträucher und Sträucher, in den Alpen oft von zwergigem Wuchs, machen die Heidekraut-Gewächse aus. Die Blätter sind ungeteilt, oft anscheinend xeromorph (S. 122) gebaut: lederartig derb und immergrün, nadel- oder schuppenförmig. Die Blüten sind radiär, vier- oder fünfzählig, und in Kelch und Krone gegliedert. Die Krone ist meist verwachsenblättrig. Die Staublätter stehen in zwei Kreisen, ihre Zahl ist dementsprechend acht oder zehn. Die Staubbeutel öffnen sich mit Längsspalten oder mit Poren an ihrem oberen Ende und tragen vielfach zwei Fortsätze, die hornartig gestaltet sein können. Oft finden sich Streueinrichtungen. Die Pollen werden in der Regel so freigesetzt, wie sie nach den Reifeteilungen anfallen, nämlich in Vierergruppen (Pollentetrade; griech. tetra = vier). Der eingriffelige Fruchtknoten ist meist oberständig und entwickelt sich dann zu einer Kapsel oder Beere, bei der selteneren Unterständigkeit, etwa in der Gattung *Vaccinium*, immer zu einer Beere. Die Heidekraut-Gewächse gehen eine Symbiose mit Wurzelpilzen ein, die ihnen die Besiedlung armer Böden ermöglicht.

107 Alpen-Azalee *(Loiseleuria procumbens)*

Beschreibung: 1–3 cm hoch. **Teppichbildender Spalierstrauch.** Blätter 4–7 mm lang, oval, oben glänzend, immergrün, derb, mit umgerollten Rändern und dickem Mittelnerv zwischen 2 Längsrinnen. Doldige Blütenstände mit 2–5 Blüten. 5 dunkelrote Kelchblätter. **Krone** trichter- bis glockenförmig, fünfzipfelig, bis 6 mm breit, **rosa.** 5 Staubblätter. Blütezeit VI und VII.
Blume: Glocken- bis Trichterblume. Vorweiblich. Bestäuber Fliegen, Hummeln und Tagfalter.
Standort: Exponierte, im Winter oft schneefreie Grate (Windecken). Moränen. **Kalkfreie, saure Böden.** Auch über Kalkgestein, wenn auf ihm eine dickere Humusschicht liegt. Rohhumusbildner. Subalpin-alpin, bis 3 000 m.
Pflanzengesellschaft: C in Alpen-Azaleen-Windteppichen (S. 111).
Verbreitung: Mitteleuropäische Gebirgspflanze, nördliches Eurasien und Nordamerika. In den Innenalpen häufig.

Die Alpen-Azalee: ein Wunder an Anpassung mit anmutigen rosa Blüten

Über den Grat hoch oben heult der Wind so hinweg, dass man sich am liebsten umdrehen möchte, um ihm den Rücken zu kehren. Doch das scheint ein Wunder an Anpassung nicht zu kümmern: Dicht an dicht öffnen sich rosa Blüten auf dem kompakten Teppichen eines niedrigen Spalierstrauchs. In den Blütchen wird von einem orangefarbenen Ring um den Fruchtknoten reichlich Nektar angeboten. Fremdbestäubung wird über Vorweiblichkeit gefördert, doch weitere Anpassungen an die Bestäuber fehlen. Vor allem zeigen die Blüten keine Streueinrichtungen, wie wir sie bei anderen Heidekraut-Gewächsen antreffen werden. Ihre Staubgefäße stehen für sich, die Staubbeutel öffnen sich zum Blüteninneren zu mit vier Längsspalten, zwei auf jeder Staubbeutelhälfte. Eine Hummel wird in jungen Blüten Pollen auf der zentral stehenden, fertilen Narbe abladen und so für Fremdbestäubung sorgen. In älteren Blüten wird sie, wenn sie sich auf der Nektarsuche zwischen Staubbeutel und Griffel zwängt, Blütenstaub aufnehmen, aber auch Fremdpollen auf der Narbe abstreifen. Selbstbestäubung ist dann ebenfalls möglich. Mit der Vorweiblichkeit wird nur wenig mehr geboten, als es den Mindestanforderungen an eine Blüte entspricht. Doch das muss genügen. Denn die Alpen-Azalee hat zu viel andere Sorgen: sie muss Extremen trotzen, was Frost, Hitze, Wind und Trockenheit angeht.

Ihre eng dem Boden anliegenden Spaliere stellen sich auf Silikat an exponierten Stellen mit starkem Wind und geringer Schneebedeckung ein, den „Windecken“. Ihre Teppiche sind kleinräumiger als die Bestände der anderen Zwergsträucher. Dabei fällt auf, dass sie in steil abfallendem Gelände fehlen.

Alpen-Azaleen ertragen Fröste bis −40 °C ebenso wie Erhitzung auf +50 °C durch Sonneneinstrahlung. In beiden Fällen wird Wassermangel zum Problem. Der austrocknende Wind kommt hinzu. Die Alpen-Azalee hilft sich dadurch, dass sie Wasser nicht nur über ihr normales Wurzelwerk, sondern auch über sprossbürtige Wurzeln und sogar mit ihren Blättern aufnimmt. Denn ihre Rollblätter tragen an der Unterseite zwei behaarte, zur Spitze zusammenlaufende Längsrinnen, über die z. B. Schmelzwasser oder auch Tau aufgenommen werden können. Mit der Wasserversorgung hängt auch zusammen, dass die Alpen-Azalee ein flacheres Bodenrelief bevorzugt. Denn dort läuft Wasser nicht allzu rasch ab, sondern sammelt sich in Mulden. Im Winter kann bei Erwärmung unter starker Sonneneinstrahlung auch immer wieder Schmelzwasser anfallen.

108 Rostblättrige Alpenrose, Rostrote A. *(Rhododendron ferrugineum)*

Beschreibung: Bis 1,0 m hoher Strauch. **Blätter** 15–60 mm lang und 10–20 mm breit, ledrig, immergrün, Rand nach unten umgerollt. **Oberseite dunkelgrün, junge Blätter unterseits gelbgrün, ältere rostbraun.** Trichter-Blüten zu 3–12 in doldenartigen Trauben am Ende der Sprosse. **Krone** mit 5 ausgebreiteten Zipfeln, **leuchtend rot**, 15–20 mm lang. Blütezeit VI bis VIII.
Blume: Trichter-Blume. Vormännlich. Bestäuber meist Hummeln, aber auch Tagfalter.
Standort: Saure, humusreiche Böden. Lichte Wälder, Strauchgesellschaften, Weiden. **Über Silikat.** Vorsicht: auf saurem Rohhumus auch über Kalkgestein! Subalpin, bis über 2 800 m. Geht tief nach unten.
Pflanzengesellschaft: C in Arven-Lärchen-Wäldern (S. 94) und Alpenrosen-Gebüsch (S. 110).
Verbreitung: Gebirgspflanze Süd- und Mitteleuropas: Pyrenäen, Apennin, Jura, nördlicher Balkan. In den Alpen vor allem in den Innenalpen. Häufig.
Verwendung: Blätter in größeren Mengen giftig (u.a. Arbutin, Andromedotoxin).

109 Behaarte Alpenrose (***Rhododendron hirsutum***)**:** Bis 1,0 m hoher Strauch. Blätter ähneln der Größe nach denjenigen der Rostblättrigen Alpenrose, sind aber am Rand nicht nach unten umgerollt, **auf beiden Seiten grün und am Rand mit langen Wimperhaaren** (Name!) **besetzt. Krone** mit 5 ausgebreiteten Zipfeln, **hellrot** (nur bedingt zur Unterscheidung nutzbar, da die Intensität der Blütenfärbung vom Alter der Blüten und den Außenbedingungen abhängt). Blütezeit VI bis VIII. Blume wie 108. Lichte Wälder und Gebüsch, Felsschutt. **Immer auf Kalk.** Subalpin, bis 2 500 m. Geht tief nach unten. C in Berg-Kiefern-Wäldern auf Kalk (S. 95). Ostalpine Gebirgspflanze: Geht von Ausnahmen abgesehen nur bis Brenner und Wallis. Nördlicher Balkan.

Alpenrosen einmal anders: Bewusstlos nach dem Genuss eines Honigbrötchens?

Rhodon heißt auf Griechisch Rose, und *Dendron* Baum. Ein *Rhododendron* ist ein Rosenbaum, ein Baum, der Rosen als Blüten trägt. Wieder einmal die üppig wuchernde Phantasie der Botaniker, könnte man denken. Denn die *Rhododendron*-Arten der Alpen sind nur Sträucher. Aber sie nehmen, auch wenn sie die Hänge weithin mit dem geradezu brennenden Rot ihrer Blüten überziehen, nur eine Randstellung ein, was die Verbreitung der Gattung anbelangt. Ein kleineres Verbreitungszentrum ist der Kaukasus, ein weitaus bedeutenderes der Himalaya mit den anschliessenden Gebirgszügen Südwestchinas. Von Südost nach Nordwest nimmt dort die Zahl der *Rhododendron*-Arten stark ab. In Ostnepal finden sich aber immerhin noch 29 Arten, darunter vielfach Bäume wie der deshalb so genannte Baum-Rhododendron, die Nationalblume Nepals.

Die beiden beschriebenen alpinen *Rhododendron*-Arten stimmen in Bau und Funktion der Blüten miteinander überein. Die Blüten sind vormännlich. Die Staubbeutel sitzen auf Staubfäden, die etwas nach oben abgebogen sind, und öffnen sich ebenfalls nach oben mit jeweils zwei Poren. Die Pollentetraden werden durch faserige Ausscheidungen miteinander verklebt. Mit einer Nadel kann man deshalb einen Großteil des Pollens herausziehen. Das geschieht auch beim Besuch einer Hummel, die sich am Griffel und an den Staubgefäßen entlang in Richtung Nektar vorarbeitet, der am Grund des Fruchtknotens abgeschieden wird. Haare an den Staubfäden verhindern das Eindringen kleinerer Insekten.
Die Staubbeutel geben ihren Pollen schon mit der Entfaltung der Blüten ab. Zu diesem Zeitpunkt sind die weiblichen Sexualorgane noch nicht funktionsfähig. Der Fruchtknoten ist bis auf Höhe des Nektars mit tief grünen kleinen Scheiben besetzt. Dabei handelt es sich um Öldrüsen, deren Ausscheidungen ebenfalls kleine Eindringlinge abwehren sollen. Während die Staubbeutel ihren Pollen abgeben, streckt sich der Griffel und bildet schließlich einen belegungsfähigen warzig-klebrigen Narbenkopf aus. Sollte dann noch eigener Blütenstaub vorhanden sein, kann es auch zu Selbstbestäubungen kommen.
Der Nektar wird reichlich produziert und in tieferen Lagen auch von Bienen gesammelt. Schon im Altertum hatte man die unliebsame Erfahrung machen müssen, dass Rhododendron-Nektar und dann auch der entsprechende Honig giftig sein kann. Auf humanistischen Gymnasien las oder liest man in XENOPHONS Anabasis, die den Rückzug griechischer Söldner durch Kleinasien beschreibt: „Die Soldaten, die von den Honigwaben aßen, verloren alle die Besinnung, erbrachen und bekamen Durchfall, keiner von ihnen konnte sich aufrecht halten, sondern wer wenig gegessen hatte, glich einem völlig Betrunkenen, wer aber zu viel zu sich genommen hatte, Wahnsinnigen, einige sogar Sterbenden." Dieser „Tollhonig" war bekannt und wurde wegen seiner in geringeren Mengen berauschenden Wirkung wohl auch in den Mysterien des Dionysos genutzt. Er leitete sich vor allem vom Nektar des Pontischen Rhododendrons (*Rhododendron ponticum*) her, einer Art, die früher auch in der Alpenregion vorgekommen, dort aber in der Eiszeit ausgestorben war. Bienen waren gegen seine Inhaltstoffe unempfindlich. Die Bewohner jener Region verdünnten den *Rhododendron*-Honig mit Honig anderer Herkunft. Eine Vergiftung wurde dadurch verhindert.
Der wichtigste Giftstoff in den Blättern und auch im Nektar vieler *Rhododendron*-Arten ist das Andromedotoxin (Acetylandromedol, Grayanotoxin). In den Blättern handelt es sich um einen Fraßschutz. Aber wozu dient der Giftstoff im Nektar? Entsprechende Untersuchungen wurden am Nektar des eben erwähnten nepalesischen Baum-Rhododendrons durchgeführt. Denn auch Honig, der von ihm stammte,

hatte wiederholt bei Touristen zu Vergiftungen geführt. Das Ergebnis: Andromedotoxin wirkt antibiotisch und verhindert, dass Mikroorganismen den Nektar besiedeln und seinen Zucker abbauen. Er ist schließlich nicht für Bakterien, sondern für die Bestäuber bestimmt! Nun finden sich Unterschiede in der Nektarzusammensetzung der einzelnen Bäume. War der Zuckergehalt im Nektar bestimmter Baum-Rhododendren so hoch, dass schon er allein wie in Großmutters Marmelade das Wachstum von Bakterien verhinderte, war kein oder nur wenig Andromedotoxin vorhanden. Es wurde dann nicht benötigt.
Andromedotoxin kommt in den Blättern und auch im Nektar der Rostblättrigen Alpenrose vor. Was ihre Blätter betrifft, gilt die Art als stark giftig. Dazu tragen außer Andromedotoxin noch weitere Stoffe bei. Es wird aber auch davor gewarnt, die Blüten auszusaugen. Bei Blüten anderer *Rhododendron*-Arten kam es dadurch schon zu Vergiftungen von Kindern. Auch der Verzehr von Honig aus dem Nektar der Rostblättrigen Alpenrose ist nicht ganz unbedenklich. Nicht nur sie, sondern auch die Behaarte Alpenrose gehen tief ins Tal hinab. In der Südschweiz und in der Steiermark findet man ihren Nektar dann im Gemisch mit demjenigen aus anderen Quellen, zu denen dort auch die Edelkastanie gehört. Dadurch wird auch der Gehalt an Giftstoffen herabgesetzt. *Rhododendron*-Bestände hoch oben im Gebirge werden zur Blütezeit von Tal-Imkern bewandert. Der „einseitige" *Rhododendron*-Honig, den man dann erhält, ist sehr aromatisch und deswegen beliebt. Kann man sich bei seinem Genuss vergiften? „Bewusstlos nach dem Verzehr eines Honigbrötchens?" fragte 1992 die Deutsche Apothekerzeitung.
Man sollte nicht übertreiben. Wie immer kommt es auf die Dosis an. Welcher Alpenwanderer steigt schon bergwärts, um Hunderte von *Rhododendron*-Blüten auszusaugen? Und auch Vergiftungen über Honig sind die Ausnahme. Möglicherweise schwankt auch bei der Rostblättrigen Alpenrose der Gehalt an Andromedotoxin wie beim Baum-Rhododendron Nepals, so dass keinesfalls immer Gefahr besteht. Dann sollte man wie oben erwähnt an die oft gemischte Tracht oder an Mischungen von Honig verschiedener Herkunft denken. Auch Konstitution und Gesundheitszustand des Honigfreunds spielen mit. Die griechischen Söldner in Kleinasien und auch Studentengruppen in Nepal, bei denen es in neuerer Zeit zu Vergiftungserscheinungen kam, waren bei starker körperlicher Belastung schlecht ernährt.
Die Rostblättrige Alpenrose wird dadurch besonders interessant, dass es sich um eine im doppelten Sinn psychoaktive Pflanze handelt, einmal über die Freude an ihrer Blütenpracht, zum anderen über die manchmal berauschende Wirkung des aus ihren Blüten gewonnenen Honigs.

110 Zwerg-Alpenrose (*Rhodothamnus chamaecistus*): 10–30 cm hoher Strauch. **Blätter wechselständig,** immergrün, derb, ledrig, schmal eiförmig (bis 15 mm lang), am Rand etwas gezähnt, **mit Borstenhaaren besetzt**, auf beiden Seiten grün. **Blüten zu 2–4 auf drüsenhaarigen Stielen, im Alter nickend;** 5 bis auf den Grund geteilte, drüsenhaarige Kelchblätter; **Krone hellrosa**, bis 3 cm breit, **5 Kronblätter bis fast zum Grund geteilt (Kronröhre nur 2 mm lang), weit ausgebreitet**, 10 Staubblätter, deren Staubbeutel sich mit spitzenständigen Poren öffnen. Ein mit roten Drüsenhaaren besetzter Fruchtknoten. Blütezeit V bis VII. Schalen-Blume. Vorweiblich, schon aus der erst halb geöffneten Blüte ragt der belegungsfähige Griffel heraus. In nickenden älteren Blüten Selbstbestäubung möglich: Pollen kann dann auf die Narbe herabfallen. Bestäuber wechselnd. Felsfluren, Schutthalden, Krummholz-Gebüsch, Almrausch-Gebüsch Zwergstrauchheiden. **Auf Kalk,** gerne Dolomit. Subalpin-alpin, bis 2400 m. C in Schneeheide-Kiefern-Wäldern (S. 98). Ostalpenpflanze, von der Linie Allgäu–Comer See ostwärts bis Kroatien. 110 ist mit den Alpenrosen (108, 109) nicht näher verwandt. Sie gehörte wohl schon im Tertiär vor der Entstehung der Alpen zur Flora des östlichen Alpenraums.

Blütengrund der Zwerg-Alpenrose (110). Der Fruchtknoten ist mit rotköpfigen Drüsenhaaren besetzt.

111 Schneeheide *(Erica herbacea)*

Beschreibung: 10–30 cm hoher Zwergstrauch mit niederliegend-aufsteigenden Verzweigungen. Die **Blätter sitzen zu viert in Quirlen, sind nadelförmig, immergrün,** kahl, 6–10 mm lang und 1 mm breit. Die Blütenstände sind Trauben, die dicht an dicht zahlreiche nach einer Seite hin ausgerichtete, nickende Blüten tragen. Die Blüten sind vierzählig. **Die 4 Kelchblätter sind meist dunkler rot als die 4 Kronzipfel mit ihrem intensiven Karminrosa.** Die Krone ist bis 7 mm lang. 8 braunrote bis schwarzbraune Staubbeutel ragen aus ihr hervor. Sie werden vom rosaroten Griffel noch überragt. Blütezeit. III bis VI, unmittelbar nach der Schneeschmelze.

Blume: Glocken-Blume mit einfach gebautem Streukegel. Bestäuber in Tallagen Bienen und Tagfalter, weiter oben vor allem Tagfalter, nur selten Hummeln.

Standort: Trockene Standorte: Föhrenwälder, Trockenhänge, felsige Rasen. **Bevorzugt Kalk,** aber auch auf Silikat. Montan-subalpin, bis 2700 m, geht vor allem im Schwemmland der Alpenflüsse weit ins Vorland herab.

Pflanzengesellschaft: C in Schneeheide-Kiefern-Wäldern (S. 98).

Blüte der Schneeheide (111), längs, vordere Kronblätter entfernt. Die rosa Staubfäden tragen dunkelbraune Staubbeutel, die sich an ihren Spitzen öffnen. Sie bilden eine enge Röhre um den rosa Griffel. Ein Bestäuber kommt nur dadurch zum Nektar, dass er seinen Rüssel zwischen Griffel und Staubbeuteln einführt und dabei Pollen aufnimmt.

Verbreitung: Gebirgspflanze Süd- und Mitteleuropas. Apennin, Alpen (von Savoyen ostwärts), Alpenvorland. Einige deutsche Mittelgebirge (z. B. Oberpfalz, Fichtelgebirge, Vogtland), Karpaten, nördlicher Balkan. In den Alpen häufig.
Verwendung: In vielen Zierformen als Gartenpflanze, die im Gegensatz zu anderen Heidekrautgewächsen auf Kalkböden gedeiht.

Die Schneeheide: ein Frühblüher der Alpen mit verwandtschaftlichen Beziehungen zum Kapland

Schon im Sommer lassen sich an den Zweigspitzen der Schneeheide die bleichgrünen Blütenknospen für das nächste Frühjahr erkennen. Im Herbst können sie bereits eine schwache Rotfärbung zeigen. Sobald der Schnee die Knospen freigegeben hat, blühen sie auf (Name!). Das kann in den Südlichen Außenalpen schon im Januar sein. Sie sind eine wichtige Bienentracht. Auch in höheren Regionen können die Schneeheidebestände für die Honigbiene genutzt werden. Sie werden dort von Tal-Imkern bewandert. Die Tracht aus frühblühender Schneeheide nutzen die Sammler-Bienen weitgehend für sich selbst, um nach dem Winter wieder zu Kräften zu kommen. Nektar aus später blühenden Beständen wird dann überwiegend für die Brut gesammelt.
Die Blüten locken mit fast allen Teilen, auch den Kelchblättern, mit roten Farben. Nur die braunschwarzen Staubbeutel bilden einen Farbkontrast. Das entspricht ihrer Funktion: sie geben nicht nur über zwei Spalten an ihrer Spitze Pollen ab, sondern sind auch Farbmale zum Nektar. Die Kronröhre verengt sich nach vorne zu. Die acht Staubbeutel und der von ihnen eingeschlossene Griffel werden dadurch eng gebündelt. Unter Beteiligung der Krone bildet sich so eine Streueinrichtung, ohne dass die Staubblätter einen Streukegel bilden. Der Nektar wird oben in der schräg abwärts hängenden Krone abgeschieden. Ein Blumenbesucher lädt zunächst mitgebrachten Blütenstaub auf der vorstehenden Narbe ab. Wenn er dann seinen Rüssel mit einiger Mühe zwischen den Staubfäden einführt, bringt er die Streueinrichtung in Bewegung und wird mit neuem Pollen in Form von Pollentetraden beladen. Staubbeutelfortsätze wie bei anderen Heidekraut-Gewächsen sind hier entbehrlich, weil die Staubbeutel leicht selbst angestoßen werden. Die Frage ist, ob nicht

leicht Pollen auf die eigene Narbe herabfallen kann und es dadurch zur Selbstbestäubung kommt. Doch die Narbe ist nur eine Fläche am Ende des Griffels, so, als habe man den Griffel einfach quergeschnitten. Einen rundlichen Narbenkopf gibt es nicht. Blütenstaub, der von den Staubbeuteln herabfällt, gleitet dann am Griffel entlang nach unten und fällt zu Boden. In unteren Lagen sind die Besucher u.a. auch Honigbienen, weiter oben jedoch nicht Hummeln, wie man annehmen könnte, sondern vornehmlich Tagfalter.

112 Immergrüne Bärentraube *(Arctostaphylos uva-ursi)*

Beschreibung: 30, höchstens 100 cm hoher **teppichartig niederliegender Spalierstrauch.** Blätter oval bis verkehrt-eiförmig, bis 3 cm lang, **ganzrandig, ledrig, immergrün**, oberseits glänzend grün, unterseits mattgrün, **am Rand nicht verdickt.** Blütenstand eine endständige Traube mit 3–10 Blüten. **Krone krugförmig,** 5 mm lang, **weiß mit 5 rosaroten, nach außen gebogenen Zipfeln. Die Frucht ist eine rote Beere.** Blütezeit III bis VII.
Blume: Glocken-Blume mit Streueinrichtung (schlangenartig gekrümmte Fortsätze an den Staubbeuteln). Bestäuber Hummeln, in unteren Lagen auch Bienen, aber auch Selbstbestäubung möglich.
Standort: Steinige Böden, lichte Wälder vor allem von Kiefern, aber auch von Lärchen und Arven. Krummholz-Gebüsch. Zwergwacholder-Bestände. Liebt Wärme und Trockenheit. Montan-alpin, bis fast 2 800 m, aber auch in Tallagen.
Pflanzengesellschaft: C in Zwergwacholder-Bärentraubenheiden (S. 111).
Verbreitung: Nördliches und gemäßigtes Eurasien und Nordamerika. In den Alpen recht häufig.
Verwendung: Heilpflanze. Infektionen der Nieren und der ableitenden Harnwege. Wirkstoffe u.a. Phenolglykoside, vor allem Arbutin und Methylarbutin.

Die Immergrüne Bärentraube ähnelt der Preiselbeere, die in den Alpen bis auf 3 000 m Höhe vorkommt. Ein sicheres Unterscheidungsmerkmal ist, **dass die Blätter der Immergrünen Bärentraube unterseits nicht drüsig punktiert sind. Bei der Preiselbeere dagegen sind die Blätter auf ihrer Unterseite hellgrün drüsig punktiert.** Wenn man in die Blüten hineinschaut, entdeckt man außerdem, **dass sich bei der Preiselbeere keine Staubbeutelfortsätze finden.**

113 Alpen-Bärentraube (***Arctostaphylos alpina***): 30–80 cm hoher teppichartig wachsender Spalierstrauch. Blätter verkehrt eiförmig, bis 4 cm lang, **am flachen Rand gesägt und mit langen Wimpern besetzt, zarter gebaut, sommergrün. Die Blätter verfärben sich im Herbst intensiv rot.** Traubiger Blütenstand mit nur 2–5 Blüten. **Krone** krugförmig, 6 mm lang, **weiß oder grünlich-weiß**, selten rosa, **mit 5 gleichfarbigen** nach außen abgebogenen **Kronzipfeln. Frucht eine blauschwarze Beere.** Blütezeit V bis VI. Glocken-Blume mit Streueinrichtung (Staubbeutel mit kürzeren Fortsätzen als 112). Bestäuber Hummeln, Selbstbestäubung, auch Knospen-Selbstbestäubung möglich. Schutthalden, felsiger Grund, lichte Wälder

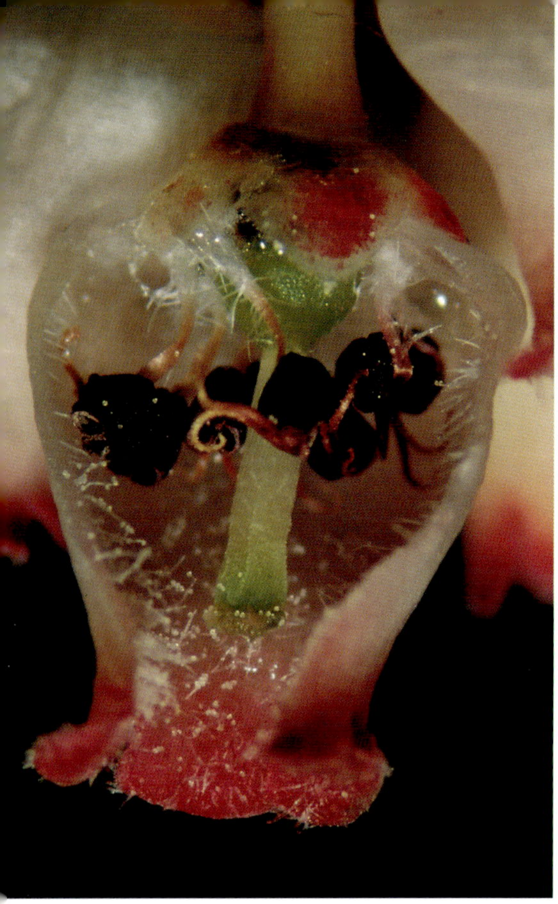

Links: Blütenglöckchen der Immergrünen Bärentraube (112), längs geöffnet. Die Staubbeutel tragen zwei gewundene Fortsätze, an die besuchende Insekten anstoßen. Durch die Erschütterung wird Pollen aus den zwei Poren jedes Staubbeutels ausgestreut.

Rechts: Blütenglöckchen der Alpen-Bärentraube (113), längs geöffnet. Streueinrichtung im Prinzip wie bei 113, aber nur kurze Staubbeutelanhängsel.

von Bergkiefern und Lärchen und Arven, Krummholz-Gebüsch, Zwergstrauchheiden. Erfordert Lagen mit langer Schneebedeckung, deshalb oft an Ost- und Nordhängen. **Bevorzugt Kalk.** Subalpin-alpin, bis rund 2 700 m, nicht in Tallagen. C in Alpen-Azaleen-Windteppichen (S. 111). Pyrenäen, Jura, Apennin, Karpaten, nördlicher Balkan. In den Alpen selten bis zerstreut, in den Innenalpen seltener. Nördliches und arktisches Eurasien und Nordamerika. Nicht als Heilpflanze genutzt.

Bärentrauben und die Immergrüne Bärentraube, eine Heilpflanze des Nordens

Arctostaphylos bedeutet auf Griechisch, *uva-ursi* auf Lateinisch „Bärentraube". Die roten oder schwarzen Beeren der beiden Bärentrauben-Arten werden von Vögeln geschätzt, u. a. von Birkhuhn, Schneehuhn, Tannenhäher und Wacholderdrossel, aber auch von Bären. Darauf soll sich die Namensgebung beziehen. Doch gibt es auch eine andere Deutung: mit „Bär" könnte das Sternbild des Großen Bären am Nordhimmel gemeint sein. Denn beide Arten kommen von einigen südlicher liegenden Gebirgen wie Pyrenäen oder Apennin abgesehen vor allem in den nördlichen Regionen Eurasiens und Nordamerikas vor.

Die beiden Arten unterscheiden sich in ihren Blättern erheblich, und nicht erst dann, wenn sich im Herbst die Blätter der Alpen-Bärentraube glühendrot verfärben. Darüber geben die Beschreibungen Auskunft. Die Blüten-Krüglein der Immergrünen Bärentraube sind weiß mit rosa Zipfeln, die der Alpen-Bärentraube weiß mit gleichfarbig weißen Zipfeln. Auch im Inneren finden sich Unterschiede: Die 10 Staubblätter der Immergrünen Bärentraube tragen an ihrer Spitze jeweils zwei peitschenartige Fortsätze. Pro Blüte sind also 20 solcher Tentakel vorhanden. Ein Blütenbesucher kann es gar nicht vermeiden, mit ihnen in Kontakt zu kommen. Ihre Erschütterung wird an die schwarzbraunen Staubbeutel weitergegeben, die dann aus zwei Öffnungen an ihrer nach unten gerichteten Spitze Pollentetraden auf den Besucher herabrieseln lassen. Soweit die Streueinrichtung unserer Art.
Die Narbenfläche ist bei der Immergrünen Bärentraube wie bei der Schneeheide angeordnet, so dass eine Selbstbestäubung erschwert wird. Bei der Alpen-Bärentraube dagegen wird Pollen schon in den Knospen auf die eigene Narbe abgegeben. Das könnte insofern zweckmäßig sein, als die Alpen-Bärentraube an ihren Standorten an kalten Nordhängen seltener von Insekten besucht wird. Wohl im Zusammenhang damit steht, dass die Staubbeutel-Anhängsel nur sehr kurz sind oder sogar fehlen. Die Streueinrichtung ist sehr stark reduziert. Wenn kaum Insektenbesucher zu erwarten sind, kann man auf sie verzichten.
Nur die Immergrüne Bärentraube wird als „nordische" Heilpflanze genutzt. Die Droge besteht aus ihren frischen oder getrockneten Blättern. Gerbstoffe sind für eine adstringierende (lat. zusammenziehende, gegebenenfalls blutstillende) Wirkung verantwortlich. Doch die wichtigste Indikation ist die Bekämpfung von bakteriellen Infektionen der Niere und der ableitenden Harnwege. Ausgangsstoffe für den eigentlichen Wirkstoff sind vor allem das Phenolglykosid Arbutin (5–16%) und in geringeren Mengen sein Derivat Methylarbutin. Aus Arbutin bildet sich durch Zuckerabspaltung Hydrochinon, das Bakterien abtötet. Die Freisetzung des Hydrochinons erfolgt bei alkalischer Reaktion des Harns. Man sollte also eine Diät einhalten, über die eine Ansäuerung des Harns vermieden wird. Auch die Einnahme von Natriumhydrogenkarbonat zur Alkalisierung des Harns wird empfohlen. Die Anwendung der Immergrünen Bärentraube zur Harndesinfektion wurde erstmals zu Beginn des 17. Jh. beschrieben, also vergleichsweise spät.

114 Alpen-Rauschbeere *(Vaccinium gaultherioides)*

Beschreibung: 5 – 20 cm hoher, niederliegend aufsteigender Zwergstrauch. **Junge Triebe braun und rund.** Blätter verkehrt eiförmig (= größte Breite oberhalb der Mitte), **netzadrig, ganzrandig,** bis 15 mm lang und bis 10 mm breit, **oben schwach bläulichgrün, unten graugrün. Blüten meist einzeln in den Blattachseln,** krugförmig, **weiß oder rosa überlaufen,** mit 4 oder 5 kurzen Zipfeln. Blütenstiele mit 1 – 3 mm kürzer als die Krone. Frucht eine blaue Beere mit hellem Fruchtfleisch. Blütezeit V bis VI.
Blume: Glocken-Blume mit Streueinrichtung. Bestäuber Fliegen, Hummeln, Tagfalter.
Standort: Magerrasen, Zwergstrauchheiden. **Bevorzugt saure Böden.** Subalpin-alpin, bis 3 100 m.
Pflanzengesellschaft: C in Alpen-Azalee-Windteppichen (S. 111).
Verbreitung: Nördliches Eurasien und Nordamerika. In den Alpen vor allem Innenalpen. Zerstreut.

Die giftige Rauschbeere und die bekömmliche Heidelbeere lassen sich leicht unterscheiden
Vorweg noch eine Anmerkung zum Blütenbau der Rauschbeere. Es handelt sich um Glocken-Blumen mit Streueinrichtung: Die meist fünf Staubbeutel haben jeweils zwei nach außen gerichtete Fortsätze; jede Staubbeutelhälfte ist zu einer nach unten gerichteten Röhre ausgezogen und öffnet sich dort mit einer Pore. Die Staubeutel bilden um den mittenständigen Griffel einen Streukegel. Bei Erschütterungen, besonders auch über die Fortsätze, rieseln Pollentetraden auf die Bestäuber herab.
Die Alpen-Rauschbeere ist eine der beiden Kleinarten der Sammelart Rauschbeere (*Vaccinium uliginosum* agg.). Die zweite Kleinart ist die Gewöhnliche Rauschbeere, die in allen Teilen größer ist, zwei bis drei Blüten in den Blattachseln trägt, und vom Tiefland bis ins Gebirge in moorigen, bodensauren Nadelwäldern und am Rand von Hochmooren vorkommt.
Die Rauschbeeren haben ihren Namen nach den Vergiftungserscheinungen, die der Verzehr größerer Mengen ihrer Beeren hervorruft: Rauschzustände, Erbrechen, Schwindel. Die Herkunft des Giftstoffs ist umstritten. Vermutlich wird er von einem schmarotzenden Pilz (*Sclerotinia megalospora*) produziert. Die Unterscheidung ist jedoch einfach: Die Heidelbeere hat grüne, nicht blaugrüne Blätter; ihre jungen Triebe sind grün mit deutlichen Kanten, ihre Blüten sind grünlich, oft rosa überlaufen, ihr Fruchtfleisch ist rötlich. Zumindest auf das letztgenannte Merkmal sollte gerade der achten, der die Beeren verzehren möchte!

115 Rosmarinheide *(Andromeda polifolia)*

Beschreibung: 10–30 cm hoher Zwergstrauch mit kriechend-aufsteigenden Trieben. Blätter wechselständig, **schmal lanzettlich,** bis 4 cm lang, **mit umgerolltem Rand und auf der Oberseite mit deutlichem Längsnerv, derb, immergrün,** oben dunkelgrün, unten weißlich bis blaugrün. Blüten in zwei- bis achtblütigen Dolden. Blüten auf rötlichen Stielen nickend. **Krone rundlich krugförmig,** bis 5 mm lang, fünfzipfelig. **Kelch und Krone weißlich bis hellrosa,** die 5 Kronzipfel tiefer rosa. Blütezeit V bis VII.
Blume: Glocken-Blume mit Streueinrichtung: Streukegel wie bei der Alpen-Rauschbeere, jedoch sind die Staubbeutelhälften nicht röhrenartig ausgezogen. Wenn die Blüten durch Wind und Regen bewegt werden, kann Pollen auf die Haare auf der Innenseite der Kronblätter fallen und dort haften bleiben. In älteren Blüten kann sich der Griffel verlängern und diesen Pollen mit seiner Narbe aufnehmen. Das gilt besonders für Pollen in den Haaren um den Blüteneingang: Selbstbestäubung also. Bestäuber Bienen, in höheren Lagen Hummeln.
Standort: In Hochmooren und moorigen Wäldern, auf Torfmoosen (*Sphagnum*). Collin-subalpin, bis rund 1 600 m.
Pflanzengesellschaft: C in Hochmoorbult-Gesellschaften (S. 123).
Verbreitung: Nördliches Eurasien und Nordamerika. In den Alpen zerstreut (entsprechende Standorte sind selten).
Verwendung: Giftpflanze, u.a. durch Andromedotoxin.

Carl von Linné und Andromeda

Für die wissenschaftliche Benennung der Pflanzen gelten die Regeln der binären Nomenklatur, die Linné erstmals konsequent anwendete und durchsetzte. Der Sumpfrosmarin heißt ihr zufolge *Andromeda polifolia.* Wer sich nicht mit der Welt der Antike befasst hat, steht solchen Bezeichnungen oft völlig hilflos gegenüber. Um so schwerer wird es dann, sie im Gedächtnis zu behalten. Dabei ist es hochinteressant, sich mit den Gründen für eine bestimmte Namensgebung zu befassen. Aber es ist nicht immer einfach, sie herauszufinden. Dass der Schöpfer des Namens darüber Auskunft gibt, und zwar allgemeinverständlich und nicht in geschraubtem Latein, ist ziemlich selten. Ein Beispiel dafür findet sich beim Gattungsnamen *Andromeda.* Einer der Großen der Botanik, Carl von Linné, hat uns die Erklärung gegeben.
Zuerst muss die Frage beantwortet werden, wer Andromeda war: Tochter des Kepheus, König von Äthiopien. Ihre Mutter Kassiopeia hatte Poseidon erzürnt. Der Herrscher der Meere schickte daraufhin ein Seeungeheuer, das über das Land herfiel. Um es zu besänftigen, sollte ihm die wunderschöne Königstochter Andromeda geopfert werden. Doch im letzten Augenblick war Perseus zur Stelle, tötete das Ungeheuer, befreite Andromeda, heiratete sie und blieb ihr offensichtlich auch treu, was in der griechischen Mythologie nicht ohne Weiteres vorausgesetzt werden darf. Heute steht sie als Sternbild am Nordhimmel.

Junge Blüte der Gewöhnlichen Moosbeere (116). Bei älteren Blüten biegen sich die Kronblätter nach oben zurück. Acht Staubblätter bilden jeweils einen zweiteiligen, röhrenartigen, braunen Fortsatz, der sich an der Spitze mit zwei Poren öffnet. Die acht Doppelfortsätze bilden eine enge Röhre um den weit herausragenden Griffel. Diese Streueinrichtung gibt Pollen ab, wenn ein Insektenrüssel zwischen Griffel und Fortsätzen eingeführt und sie dadurch erschüttert wird.

Trockenheit, sondern durch Nährstoffmangel bedingt wird, wurde schon erwähnt (S. 122). Einzeln oder in Gruppen zu zwei bis vier ragen elegant geschwungene Blütenstiele über das Torfmoos empor. Sie tragen rosarote Blüten, die das Hochmoor quadratmeterweit rot einfärben können. Die Blütezeit der Moosbeere liegt etwas später als die des Sumpfrosmarins. Eine Schönheitskonkurrenz kann es deshalb nicht geben. Die Blüten der Moosbeere werden als „Glocken-“ oder „Trichter-Blumen“ gewertet, obwohl sie aufgeblüht nichts mit beiden Formen gemeinsam haben. Wenn man das Aufblühen verfolgt, erkennt man die Berechtigung: zunächst entfaltet sich aus den Knospen wirklich ein Trichter, dessen vier Kronzipfel eine waagerechte Stellung einnehmen und sich dann ganz nach oben umbiegen. Die Blüte erinnert jetzt an einen Miniatur-Türkenbund. Die Streueinrichtung wird völlig freigelegt. Sie besteht aus dem mittenständigem Griffel und den acht Staubbeuteln, denen jeweils zwei zu langen Doppelröhren ausgezogene, braune Fortsätze aufsitzen. Sie umschließen den Griffel.
Der Nektar wird am Grund der Blüten abgeschieden. Die Staubfäden sind an ihrer Basis verdickt und mit Haaren besetzt. Von Winzlingen abgesehen, die sich überall einmogeln können, wird so kleineren Insekten der Zugang zum Nektar versperrt. Die wichtigsten Bestäuber sind Bienen und Hummeln. Sie hängen sich an die Blüten und bringen dabei mitgebrachten Pollen auf die weit vorstehende Narbe. Dann versuchen sie, mit ihrem Rüssel zwischen Griffel und Staubblattanhängseln hindurch zum Nektar zu gelangen. Dabei wird die Streueinrichtung erschüttert, Pollentetraden fallen aus 16 Poren auf den Besucher herab.
Die Streueinrichtung gleicht auf den ersten Blick derjenigen bei der Schneeheide (111). Doch dort waren es keine Staubbeutelanhängsel, sondern die Staubbeutel selbst, die eine Röhre um den Griffel bildeten. Die Poren der Staubbeutel und die Narbe sind so weit voneinander entfernt, dass sie sich auch durch Wachstumsbewegungen wie beim Sumpfrosmarin einander nicht entscheidend näher bringen lassen. Nur selten wird herabfallender Pollen an der Narbe hängen bleiben. Selbstbestäubung ist also selten. Zum Ausgleich wird die Blütezeit verlängert: Die einzelne Blüte welkt erst nach 18 Tagen. Das Welken macht sich zuerst im Bereich des Streukegels bemerkbar. Die Kronblattzipfel bleiben zu-

nächst noch unverändert, locken also so lange wie möglich potentielle Bestäuber an. Schließlich muss noch berücksichtigt werden, dass jede Pflanze zahlreiche Blüten hervorbringt. Drei Wochen lang ist das der Fall. Durch die lange Blütezeit wird die Chance erhöht, dass im oft kalten, insektenfeindlichen Hochmoor eine Bestäubung durch Blütenbesucher erfolgt.

Wintergrün-Gewächse (Pyrolaceae)

Ihren deutschen Namen trägt die kleine Familie, weil viele ihrer Arten immergrün sind. Es handelt sich um Stauden und Halbsträucher. Die Blüten stehen einzeln oder in Dolden und Trauben; sie nicken oft, sind radiär, vier- oder fünfzählig und in Kelch und Krone gegliedert. Die Kronblätter sind frei. Die Wintergrün-Gewächse gehen Pilzwurzelsymbiosen ein.

Einzelblüte des Rundblättrigen Wintergrüns (117).

117 **Rundblättriges Wintergrün** (*Pyrola rotundifolia*): 8–30 cm hoch. **Kreisrunde Blätter** (Name!) **in grundständiger Rosette,** bis 5 cm breit, ledrig, dunkelgrün, immergrün, ganzrandig oder am Rand schwach gewellt. Der **Blütenstand ist eine allseitswendige Traube** mit 8–30 Blüten. **Blüten** nickende Halbkugeln, 6–8 mm lang, **weiß bis rosa, leicht zygomorph, da das untere Kronblatt größer ist. Griffel S-förmig nach abwärts gebogen, deutlich länger als der Fruchtknoten, überragt auch die Kronblätter.** Blütezeit VI bis VIII. Glocken-Blume mit einfacher Streueinrichtung. Das untere, vergrößerte Kronblatt kann ebenso wie der Griffel als Landeplatz dienen. Bei Erschütterung rieselt Pollen aus 2 Poren jedes Staubblatts herab, gegebenenfalls auch auf den klebrigen Narbenkopf, dann Selbstbestäubung. Bestäuber wohl Käfer und Fliegen. Nadelwälder **auf saurem Untergrund.** Montan-subalpin, bis 2400 m. C in bodensauren Nadelwäldern (S. 92). Eurasien und Nordamerika. In den Randalpen teils häufiger, in den Innenalpen selten.

118 **Einseitswendiges Wintergrün, Birngrün** (*Orthilia secunda*): 10–20 cm hoch. **Blätter im unteren Abschnitt des Blütenstandstiels gehäuft, aber nicht rosettenartig, eiförmig bis lanzettlich,** bis 3 cm lang und 2 cm breit, am Rand gezähnt. **Blütenstand einseitswendige Traube** mit bis zu 30 Blüten, diese nickend, bis 4 mm lang, **vorne verengt. Krone grünlich-weiß, Griffel gerade, länger als der Fruchtknoten, ragt aus der Blüte herab.** Blütezeit VI und VII. Glocken-Blume mit einfacher Streueinrichtung. Griffel dient als Landeplatz. Sonst wie 117. Nadelwälder auf **saurem Untergrund.** Montan-subalpin, bis 2300 m. C in bodensauren Nadelwäldern (S. 92). Eurasien und Nordamerika. In den Alpen zerstreut.

Blick in die hängende Blüte des Einblütigen Wintergrüns (119).

119 **Einblütiges Wintergrün, Moosauge** (*Moneses uniflora*): 5–15 cm hoch. **Runde Blätter in grundständiger Rosette,** 2 cm breit, gezähnt. **Stängel mit nur einer nickenden Blüte** (Name!), flach ausgebreitet, bis 25 mm im Durchmesser, **weiß. Staubfäden S-förmig. Staubbeutel orangerot.** Blütezeit VI bis VII. Schalen-Blume mit einfacher Streueinrichtung. Griffel dient als Landeplatz. Sonst wie 117, nur dass der größere Abstand zwischen den Staubbeuteln und dem Narbenkopf die Selbstbestäubung nahezu unmöglich macht. **Bodensaure** Nadelwälder, gerne in Moos (Name!). Montan-subalpin, bis 2000 m. C in bodensauren Nadelwäldern (S. 92). Eurasien und Nordamerika. In den Alpen zerstreut.

Pilzwurzel-Symbiosen, nicht nur bei den Heidekrautartigen von überragender Bedeutung

Die Heidekraut-Gewächse, die Wintergrün-Gewächse, die hier nicht behandelten Fichtenspargel-Gewächse und die Krähenbeeren-Gewächse (sie stellen den montan-subalpinen Zwergstrauch Krähenbeere) gehören zur Ordnung der Heidekrautartigen (Ericales). Früher nannte man die Ordnung auch anschaulich Bicornes (lat. Zweihörnige) wegen der zwei Fortsätze an jedem Staubbeutel, die sich bei vielen Arten finden. Die Heidekrautartigen sind bekannt dafür, dass sie in ihrem Wurzelbereich Symbiosen mit Pilzen eingehen, die man **Mykorrhiza** (griech. Pilzwurzel) nennt.

Die „Pilze", die wir als Speisepilze sammeln und verzehren oder auch als Giftpilze meiden, stellen nur die Fruchtkörper eines unterirdischen Gesamtorganismus dar. Der ganze Boden ist von einem Maschenwerk von Pilzfäden, sog. Hyphen, durchzogen. Zu bestimmten Zeiten und unter ebenso bestimmten Bedingungen bilden sie oberirdische Fruchtkörper aus.

Viele Pilzsammler wissen nichts von dem Hyphennetz, das nach einiger Zeit neue Fruchtkörper bilden wird. Doch die Pilzfäden sind allgegenwärtig. So lässt es sich kaum vermeiden, dass die Wurzeln höherer Pflanzen mit ihnen in Kontakt kommen. Dann können sich Lebensgemeinschaften zum wechselseitigen Nutzen – Symbiosen – entwickeln, in diesem Fall eine Mykorrhiza.

Die Pilzhyphen gelangen dabei in den Außenbereich der Wurzeln. Teils bleiben sie dort in Hohlräumen zwischen den Wurzelzellen, teils dringen sie in die Zellen selbst ein. Je nachdem unterscheidet man verschiedene Formen der Mykorrhiza. Die Pilzfäden sorgen für die Aufnahme von

Wasser und Nährsalzen, die der Pilz nachhaltiger erschließen kann als die Wurzelhaare der Pflanzen. Seine Hyphen reichen weiter, als es die Wurzelhaare täten (bei einer Form der Mykorrhiza fehlen sie sogar), und dringen auch in winzige Bodenpartikel ein. Auch Pflanzenhormone können vom Pilz gebildet und abgegeben werden. Umgekehrt liefert die Pflanze dem Pilz Kohlenhydrate, über die sie aus ihrer Photosynthese reichlich verfügt – zumindest solange sie noch nicht zum Blühen und Fruchten übergegangen ist. Beide haben also ihren Nutzen, wie man es von einer Symbiose erwartet.
Die meisten Waldbäume unserer Erde gehen eine der Mykorrhiza-Formen ein. Besonders auf mageren Böden kommen sie sonst zu keinem optimalen Wachstum. Sogar ihr Überleben kann davon abhängen. In den Alpen gilt das ganz besonders für Baumarten, die bis zur Waldgrenze vorstoßen, für Arven, Lärchen und Latschen.
Das Waldsterben hängt übrigens auch damit zusammen, dass der für die jeweilige Mykorrhiza optimale Säuregrad des Bodens verändert wird. Normalerweise liegt er im schwach sauren Bereich. „Saurer Regen" kann zu einer schädlichen übermäßigen Ansäuerung führen. Doch auch eine zu starke Kalkung als Gegenmaßnahme kann den Säuregrad zum Schaden der Mykorrhiza zu sehr in den alkalischen Bereich verschieben. Die Bedeutung der Pilzwurzelsymbiose lässt sich kaum überschätzen. Eigentlich ist es selbstverständlich, dass die oft auf mageren Böden wachsenden Heidekrautarten ebenfalls auf sie angewiesen sind.
Besonders interessant ist die Situation beim Fichtenspargel, einem Wintergrün-Gewächs, der in Nadelwäldern der Mittelgebirge und der Alpen vorkommt. Er soll deshalb hier erwähnt werden, obwohl er in den Alpen ziemlich selten ist. Doch immerhin kann er dort bis auf 1 500 m aufsteigen. Seine oberirdischen Triebe sind chlorophyllfrei und deshalb hellgelb. Kein Chlorophyll, das bedeutet, dass er keine Photosynthese betreiben kann. Er ist Glied einer Symbiose aus drei Partnern, über die er ernährt wird. Zwei Partner sind der Fichtenspargel und sein Wurzelpilz. Beim dritten Partner handelt es sich um Waldbäume, meistens Fichten, aber auch Kiefern. Derselbe Pilz, der sich mit dem Fichtenspargel vergesellschaftet, geht auch mit den Wurzeln der Bäume eine Mykorrhiza ein. Damit sind Fichtenspargel und Baum über das Pilzgeflecht im Boden miteinander verbunden. Über die Brücke der Pilzfäden können Stoffe zwischen Fichtenspargel und Baum hin- und hergeleitet werden. Versuche mit radioaktiv markierten Substanzen zeigten, dass über die Pilzhyphen Zucker aus dem Baum in den Fichtenspargel und umgekehrt Phosphat aus dem Fichtenspargel in den Baum transportiert werden können.
Ein bewundernswertes System, das vermutlich dem Fichtenspargel am meisten nützt. Denn ob er unter natürlichen Verhältnissen zur Ernährung und Entwicklung des Pilzes und über ihn auch des Baums beiträgt,

ist umstritten. Umgekehrt scheint er voll und ganz auf dem Pilz und – über Vermittlung des Pilzes – auch auf dem Baum zu schmarotzen. Demnach würde es sich bei ihm um einen Vollschmarotzer handeln (S. 379).

Primel-Gewächse (Primulaceae)

Zur Familie zählen krautige Pflanzen mit in der Regel ungeteilten, oft in grundständiger Rosette, seltener anders angeordneten Blättern. Die Blüten sind radiär, fünfzählig, in Kelch und Krone gegliedert. Kelch- und Kronblätter sind miteinander verwachsen. Die fünf Staubblätter stehen vor den Kronblättern (der äußere Staubblattkreis, der mit den Kronblättern alterniert hätte, ist ausgefallen). Der Fruchtknoten ist oberständig und trägt auf dem Griffel eine kopfige Narbe. Oft findet sich Verschiedengriffeligkeit. Unter den Inhaltsstoffen sind Triterpensaponine typisch. In einer Reihe von Primel-Arten, auch vielen Gartenformen, kommt als Drüsensekret das Benzochinonderivat Primin vor, Ursache für allergische Hautreizungen nach Kontakt mit Primelblättern.

120 Pracht-Primel *(Primula spectabilis)*

Beschreibung: 10–20 cm hoch. Blätter 3–9 cm lang, länglich oval, ganzrandig, dick, glänzend, grasgrün **mit hellen Drüsenpunkten, weißknorpeliger, nach oben umgebogener Blattrand.** Blüten zu 2–7 in Dolden auf 5–15 mm langem Schaft, Kronröhre 1–2 cm lang, **Krone 2–3 cm breit, rosarot,** seltener mit violettem Farbton, Schlund weißlich. Blütezeit V bis VI.
Blume: Stielteller-Blume. Verschiedengriffelig. Bestäuber Tagfalter.
Standort: steinige Rasen, Felsen, **auf Kalk.** Montan-alpin, bis 2 500 m.
Pflanzengesellschaft: oft in Polster-Seggen-Rasen (lokal, s. Verbreitung, S. 158).
Verbreitung: Endemit der Südlichen Randalpen von den Brescianer Alpen bis zur Brentagruppe, teilweise Massenvorkommen wie in den Bergen um den Ledrosee, z. B. am Monte Tremalzo.

Die Pracht-Primel, die schönste aller Primeln, ein Beispiel für Verschiedengriffeligkeit
Vom Ledrotal geht es auf einer kleinen Bergstraße aufwärts, vorbei an einigen Skihotels, die jetzt im Juni geschlossen sind. Oben am Paß parken wir beim Rifugio Garda. Zuerst geht es dann hinauf zum Monte Tremalzo (1975 m) und auf dem gleichen Pfad wieder zurück, dann wandern wir auf einem Kriegssträßchen durch einen Tunnel hinab in Richtung Ledrosee.
Die Region ist ein wahres Pflanzenparadies. Aus der Blumenfülle seien nur einige wenige Endemiten genannt, die auch in diesem Buch erwähnt

werden. Beim Aufstieg auf den Monte Tremalzo leuchten neben dem Pfad die violettblauen Blüten von Dubys Veilchen (102), auf Magerrasen drängen sich dicht an dicht die Blütenähren von Spitzels Knabenkraut (276). Von Felsen am Kriegssträßchen lugt bald die Aurikel (122) in ihrer duftlosen Südalpenform herab, bald glühen dort tiefrot die Blüten des Felsen-Seidelbasts (100). Und auf der ganzen Wanderstrecke begleitet uns die schönste aller Primeln, die Prachtprimel. Bald bedeckt ihre rosarote Blütenpracht weithin den steinigen Rasen, bald grüßen ihre Blütendolden von den Felsen herab. Dort oben fußt sie in unmittelbarer Nachbarschaft der Aurikel, rote neben gelben Blüten, ohne dass wir Bastarde entdecken, wie sie von anderen Primel-Arten bekannt sind (S. 332).

Die Prachtprimel trägt ihren Namen zu Recht. Allenfalls die Aurikel kann ihr den Schönheitspreis streitig machen. Doch für einen Naturwissenschaftler darf es nicht immer beim Staunen und Bewundern bleiben. Es lohnt sich, genau hinzusehen. Was man dabei entdeckt, wird auf seine Funktion hin überprüft. Und das Ergebnis dieser Analyse kann so sein, dass man erneut ins Staunen und Bewundern gerät!

Bei der Pracht-Primel sehen wir nicht nur einmal, sondern öfters genauer hin. Nach Durchmusterung einer ganzen Reihe von Pflanzen fällt auf, dass sie zwei verschiedene Blütenformen ausbilden. Bei der einen Pflanze stehen Narben auf langen Griffeln im Blüteneingang, bei der anderen jeweils fünf Staubbeutel auf langen Staubfäden. Wenn wir die Blüten längs schneiden, entdecken wir, dass unten in den langgriffeligen Blüten Staubbeutel auf kurzen Staubfäden sitzen, und unten in den Blüten mit langen Staubblättern kurze Griffel. Im Folgenden verwenden

Langgriffelige Blüte der Pracht-Primel (120). Die Narbe steht auf langem Griffel im Blüteneingang.

Kurzgriffelige Blüte der Prachtprimel (120). Die Staubbeutel stehen im Blüteneingang, die Narbe sitzt auf kurzem Griffel weit unten in der Kronröhre.

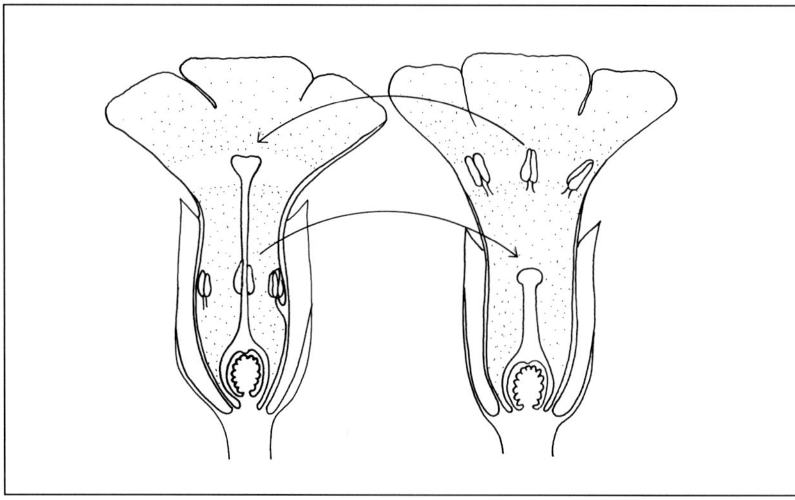

Schema der Verschiedengriffeligkeit (Heterostylie) bei Primeln. Links langgriffelige, rechts kurzgriffelige Blüte. Die Pfeile geben legitime Bestäubungen an.

wir die Kurzform „langgriffelige" bzw. „kurzgriffelige Blüten". Man spricht dementsprechend von Verschiedengriffeligkeit. Sie findet sich bei fast allen Primeln und bei einer Reihe weiterer Arten.

Schon Darwin hat sich mit der Verschiedengriffeligkeit der Frühlings-Schlüsselblume befasst. Seine Experimente führten zu folgendem Ergebnis: „Zu einer vollständigen Befruchtung ist es notwendig, dasz Pollen von der einen Form auf die Narbe der anderen Form gebracht wird, und dies wird im Naturzustand von Insecten bewirkt. Derartige Verbindungen und die aus solchen gezogenen Sämlinge habe ich legitime genannt. Wenn eine Form mit Pollen von der nämlichen Form befruchtet wird, so wird nicht der volle Betrag von Samen producirt, und bei einigen anderen heterostylen Gattungen wird gar kein Samen hervorgebracht. Derartige Verbindungen und die aus solchen gezogenen Sämlinge habe ich illegitime genannt."

Darwin stellt heraus, dass im „Naturzustand" die Pollenübertragung von der einen Blütenform auf die andere „von Insecten bewirkt" wird. Sie übertragen also Blütenstaub von kurzgriffeligen auf langgriffelige Blüten und umgekehrt. Machen wir uns das für die Übertragung von kurzgriffeligen auf langgriffelige Blüten klar: Ein Tagfalter setzt sich auf einen kurzgriffeligen Blütenteller einer Pracht-Primel und führt auf der Suche nach Nektar seinen Rüssel in die Kronröhre ein. Dabei nimmt er mit seinem Kopf Pollen von den Staubbeuteln am Blüteneingang auf. Wenn er danach eine langgriffelige Blüte besucht, lädt er den Pollen auf der dort am Blüteneingang stehenden Narbe ab. Besucht er dagegen eine kurzgriffelige Blüte, kann der mitgebrachte Pollen nicht auf die tief unten in der Kronröhre befindliche Narbe kommen.

Und wie steht es mit der Übertragung von Blütenstaub aus langgriffeligen Blüten? In ihnen geben die weit unten stehenden Staubbeutel ihren

Pollen an den Rüssel unseres Schmetterlings ab. Für den Leser ist es eine derart leichte Denksportaufgabe, sich zu überlegen, was bei einem anschließenden Besuch einer kurzgriffligen oder einer langgriffeligen Blüte mit dem Pollen geschieht oder nicht geschieht, dass wir das Ergebnis vorweg nehmen können: Von unserem Tagfalter wird der Pollen, wenn alles richtig abläuft, nur zwischen gleichhohen Sexualorganen übertragen, von langen Staubblättern auf lange Griffel bzw. deren Narben und von kurzen Staubblättern auf kurze Griffel bzw. deren Narben.

Anders formuliert: Zu einer vollständigen Befruchtung, zu einer legitimen Befruchtung also, kann es nur dann kommen, wenn der Pollen zwischen den beiden verschiedenen Blütenformen übertragen wird. Aber das ist nicht alles. So sind die Größe der Pollenkörner und die Größe der Narbenpapillen bei gleich hohen Sexualorganen exakt aufeinander abgestimmt. Was man mit Verschiedengriffeligkeit umschreibt, ist also ein ganzer Faktorenkomplex. Hinzu kommt in der Regel noch eine Selbststerilität, eine letzte, wichtige Absicherung gegen illegitime Befruchtungen.

Doch wozu das alles? Erinnern wir uns: Eine gegebene Pflanze trägt nur *einen* Blütentyp. Alle ihre Blüten sind entweder langgriffelig oder kurzgriffelig. Pollenübertragungen zwischen gleichen Blütenformen, also Selbst- und Nachbarschaftsbestäubungen, sind illegitim. Das bedeutet, dass Selbstbestäubungen und die genetisch gleichwertigen Nachbarschaftsbestäubungen ins Hintertreffen geraten, was den Befruchtungserfolg anbelangt. Noch mehr: sogar die Bestäubungen von anderen Pflanzen mit der gleichen Blütenform ist illegitim. Das ist sinnvoll. Denn wenn verschiedene Pflanzen schon die gleiche Blütenform aufweisen, ist es gut möglich, dass sie auch noch weitere Gene gemeinsam haben. In solchen Fällen würde bei einer Pollenübertragung zu viel gleichartiges Genmaterial zusammengebracht. Und eben das soll ja verhindert werden!

Fassen wir zusammen: Die Verschiedengriffeligkeit ist ein Mechanismus zur Hemmung der Selbstbestäubung und zur Förderung der Fremdbestäubung. Jedoch wird auch die Fremdbestäubung erschwert, wenn es sich um Pflanzen mit gleicher Blütenform und damit gleichem oder ähnlichem Genbestand handelt. Mehr noch: über eine Koppelung mit der Selbststerilität wird die Selbstbefruchtung unterbunden, falls doch einmal eigener Pollen auf die Narbe gelangt sein sollte. Ein derart ausgefeilter Mechanismus verdient höchste Bewunderung. Unsere Pracht-Primel ist nicht nur schön, sondern auch interessant.

121 **Langblütige Primel, Hallers Primel** (***Primula halleri***)**:** 5–30 cm hoch. **Blätter** in Rosette, bis 7 cm lang und bis 3 cm breit, sonst ähnlich wie bei der Mehl-Primel, **auf der Unterseite mehlig bestäubt.** Vielblütige Dolde auf bis zu 30 cm hohem **Schaft, der in seinem oberen Abschnitt Mehlstaub trägt. Kronröhre 20–30 cm lang, 2- bis 3-mal so lang wie der Kelch,** dafür mit nur 1–2 mm sehr schmal. Kronteller 15–20 mm breit. **Krone rotlila mit gelbem Schlund.** Blütezeit VI und VII. Die Art ähnelt 126, ist aber größer und an der besonders langen Kronröhre und an dem aus der Krone herausragenden Griffel leicht zu unterscheiden. Stielteller-Blume. *Nicht* **verschiedengriffelig: Griffel ragt in** ***allen*** **Blüten mehr oder weniger weit über die Staubbeutel hinaus!** Doch die Stellung der Narbe über den Staubbeuteln verhindert die Selbstbestäubung. Tagfalter- und Tagschwärmer-Blume. Rasen, Felsspalten, bevorzugt etwas Feuchtigkeit im Grund, **kalkliebend.** Subalpin-alpin, bis 3 000 m. In Blaugras-Horst-Seggen-Rasen (S. 148). In den Westalpen zerstreut; in den Ostalpen vom Engadin ostwärts, vor allem in den Südöstlichen Zwischen- und Randalpen lokal ziemlich häufig, z. B. in den Dolomiten und Südkärnten; nördlicher Balkan, Kaukasus.

122 Aurikel (***Primula auricula***)**:** 5–25 cm hoch. Wasserspeichernde, derbe Blätter in Rosette, 5–10 cm lang, länglich, zum Grund hin verschmälert, **mehr oder weniger stark mehlig bestäubt, aber auch mit kahlen Stellen, mit knorpeligem Rand, blaugrün.** 5–10 **Blüten** in einseitswendiger Dolde auf bis zu 20 cm langem, oft mehlig bestäubtem Schaft, Kronröhre 10–15 mm lang. Kronteller bis 25 mm breit, **intensiv hellgelb**, am Schlund UV-reflektierendes Farbmal und leicht mehlig bestäubt. Normalform duftend, eine Südalpenform duftlos. Blütezeit V bis VI. Stielteller-Blume. Verschiedengriffelig. Bestäuber Hautflügler, vor allem Hummeln, und Tagfalter, besonders bei duftenden Blüten möglicherweise auch UV-sichtige Nachtfalter.
Standort: Felsen, steinige Böden, **auf Kalk.** Subalpin-alpin, bis 2 500 m.
Pflanzengesellschaft: C in Felsfluren mit Stängel-Fingerkraut (S. 180).
Verbreitung: Gebirgspflanze Süd- und Mitteleuropas, in den Alpen besonders in den Kalkmassiven der Nördlichen und Südlichen Randalpen. Zerstreut. In den Mittelgebirgen oft als Eiszeitrelikt (S. 74).

123 **Behaarte Primel** (***Primula hirsuta***)**:** 3–10 cm hoch. **Blätter** in Rosette, bis 6–9 cm lang, ovale Spreite verschmälert sich in den kurzen, leicht geflügelten Stiel, **derb gezähnt, durch Drüsenhaare** (Name!) **klebrig.** Dolde mit 1–3 Blüten auf einem **Schaft, der nicht länger als die Blätter ist.** Kronröhre 5–9 mm lang, Kronteller 15–25 mm breit. Kronzipfel vorne ausgerandet. **Krone rosarot bis purpurfarben mit weißem Schlund.** Blütezeit IV bis VII. Stielteller-Blume. Verschiedengriffelig. Bestäuber Tagfalter. Steinige Rasen, Ruheschutt, Felspalten, **auf Silikat.** Subalpin-alpin, bis 3 600 m. C in der Felsflur mit Vandellis Mannsschild (S. 184). Pyrenäen und Alpen, dort in den Innen- und Südlichen Randalpen (von den Grajischen Alpen bis zu den Hohen Tauern), recht häufig.

Der Aurikel-Boom: Falter und Mensch als Blumenzüchter

Die Primel-Arten im Tiefland wie die Hohe Schlüsselblume, die Frühlings-Schlüsselblume oder die Kissen-Primel blühen gelb. Gelb ist eine

Farbe, die verschiedene Bestäubergruppen gut sehen, Fliegen ebenso wie Hautflügler und Tagfalter. Die langen Kronröhren machen es den Fliegen mit Ausnahme der langrüsseligen Wollschweber jedoch unmöglich, an den Nektar zu gelangen. Damit bleiben im Tiefland als Bestäuber außer den Wollschwebern die Hautflügler, vor allem die Bienen und Hummeln, und die Tagfalter.

In den Alpen kommt es zu einer auffälligen Änderung in der vorherrschenden Blütenfarbe. Mit Ausnahme der Aurikel (122) sind die Blüten der alpinen Primeln rot, gelegentlich mit einem Stich ins Blaue. Von den Bestäubern kommen die Hummeln, die kein Rot sehen können, dadurch ins Hintertreffen. Mit steigender Höhe werden sie außerdem als Bestäuber trotz ihrer Körperheizung allmählich seltener. Und die rotblühenden Primeln steigen auf 2900 bis 3000 m aufwärts, die Behaarte Primel (123) am Monte Rosa sogar bis auf 3600 m. Bestäuber sind dann Tagfalter. Die rote Farbe und die langen Kronröhren sind auf sie abgestimmt.

Blüte der Langblütigen Primel (121). Die Art ist als Ausnahme unter unseren Primeln nicht verschiedengriffelig. Griffel mit Narbe stehen immer mehr oder weniger hoch über dem Blüteneingang.

Eine Primel der Alpen hat sich noch weiter spezialisiert, die Langblütige Primel (121). Ihre namengebenden, besonders langen Kronröhren werden von Blütengästen aufgesucht, die für die Alpen ungewöhnlich erscheinen könnten, von tagfliegenden Schwärmern. Dabei handelt es sich vor allem um das Taubenschwänzchen. Mit 25–28 mm Rüssellänge vermag es den Nektar auch in den langen Kronröhren der Langblütigen Primel zu erreichen. Es fliegt in den Sommermonaten aus dem Mittelmeergebiet in unsere Breiten. Jeder, der seine Augen nur etwas offenhält, kann es am späten Nachmittag oder am Abend im Schwirrflug vor Blumen im Garten oder in Blumenkästen „stehen“ sehen. Es handelt sich um unermüdlich tätige Blumengäste, die in den Alpen weit aufwärts fliegen und auch die Langblütige Primel besuchen. Die Staubbeutel am Eingang zur Blüte geben dann Pollen an den Rüssel oder Kopf des Taubenschwänzchens ab, der in einer anderen Blüte auf der Narbe deponiert wird. Die Narben stehen im Blüteneingang auf den dort herausragenden Griffeln. Die Griffel können dabei verschieden hoch sein. Aber nie finden sie sich in der Kronröhre unter den Staubbeuteln wie bei verschiedengriffeligen Primeln. Die Langblütige Primel hat also auf die Verschiedengriffligkeit verzichtet. Aber auch ohne sie ist Selbstbestäubung kaum möglich. Denn eigener Pollen kann in den

VIII. Stielteller-Blume. Verschiedengriffelig. Bestäuber Tagfalter. Magerrasen, felsige Rasen, Schneetälchen, liebt lange Schneebedeckung. **Kalkarme Böden.** Alpin, nicht unter 1 800 m, bis 3 000 m. C in Krumm-Seggen-Rasen (S. 136). Endemit der Ostalpen von Vorarlberg und Unterengadin nach Kärnten und Steiermark. Häufig. Verwendung: Blauer Speik (vgl. S. 405).

125 **Zwerg-Primel** (*Primula minima*): 1 – 4 cm hoch. Rasen aus Blattrosetten. **Blätter** 10 – 15 mm lang, kein oder sehr kurzer Stiel, **keilförmig, vorne abgestutzt mit 3 – 9 großen Knorpelzähnen**, glänzend. Kurze Stängel mit meist nur einer Blüte. **Blüten** mit 8 – 15 mm langer Kronröhre, darauf **Kronscheibe aus 5 keilförmigen Kronlappen, die mindestens bis zu ihrer Mitte eingeschnitten sind, intensiv rosarot, Schlund weiß und drüsig kurzhaarig.** Blütezeit VI bis VI, oft Nachblüte im Herbst. Stielteller-Blume. Verschiedengriffelig. Bestäuber Tagfalter. Magerrasen, Schneeböden. **Kalkmeidend, Silikatböden.** Alpin, bis 3 000 m. C in Krumm-Seggen-Rasen (S. 136). Östlich orientierte Gebirgspflanze Süd- und Mitteleuropas. Typische Ostalpenpflanze: vor allem in den Innenalpen und den Südlichen Randalpen östlich einer Linie Stubai-Ortler-Tonale. Weiter östlich bis zu den Karpaten und dem Balkan. Häufig und gesellig.

126 **Mehl-Primel** (*Primula farinosa*): 5 – 20 cm hoch. **Blätter** in Rosette, bis 8 cm lang und bis 2 cm breit, länglich, in den leicht geflügelten Stiel hinein verschmälert, gezähnt bis ganzrandig, **auf der Unterseite weißmehlig** (Name!). Vielblütige Dolde auf bis zu 20 cm hohem **Schaft, in seinem oberen Teil weißmehlig. Kronröhre mit 4 – 8 mm kaum länger als der Kelch**, Kronteller 8 – 15 mm breit, mit spateligen bis herzförmigen, tief (1/4 der Länge) ausgerandeten Zipfeln. **Krone rosa bis rotlila mit gelbem Schlundring.** Blütezeit V bis VII. Stielteller-Blume. Verschiedengriffelig. Bestäuber vor allem Tagfalter. Bachufer, Flachmoore, feuchte Matten, aber auch trockene Windecken. **Kalkliebend.** Montan-alpin, bis 2 000 m. C in Kalk-Flachmoor-Gesellschaften (S. 118). Ganze nördliche Halbkugel und Südamerika (Anden, Feuerland). In den Alpen häufig und gesellig.

127 **Gold-Primel** (*Androsace vitaliana*): 2 – 5 cm hoch. **Schmal-lanzettliche,** bis etwas über 10 mm lange und nur 1 mm breite **Blätter, randlich (Rand dadurch grauweiß) und unterseits mit Sternhaaren, bilden eine grundständige Rosette.** Rosettenrasen. **Blüten einzeln** auf kurzen Stielen in den Blattachseln, mit 10 mm langer Kronröhre, Krone 10 – 18 mm breit, oft trichterartig, **intensiv gelb bis goldgelb** (Name!). Blütezeit V bis VII. Stielteller-Blume. Verschiedengriffelig. Bestäuber Tagfalter. Steinige Rasen, feiner Steinschutt, Felsen, immer mit Feuchtigkeit (Schmelzwasser). Oft auf Vulkanböden, z. B. in den Dolomiten. Bevorzugt **kalkarme Böden.** Alpin, bis 3 100 m. In Säuerlings-Schuttfluren (S. 174). Süd- und mitteleuropäische Gebirgspflanze mit westlicher Orientierung: Pyrenäen, Abruzzen, in den Alpen Südliche Randalpen von den Seealpen über das Wallis und Tessin bis nach Südtirol und Südkärnten (nur Plenge in den Karnischen Dolomiten). Selten bis zerstreut, aber jeweils gesellig.

Die Gold-Primel steht zwischen den Primeln und den Mannsschildarten und wurde deshalb früher unter verschiedenen Namen (*Vitaliana, Gregoria, Douglasia*) als eigene Gattung betrachtet. Der deutsche Name und einer der früheren wissenschaftlichen Artnamen, *Vitaliana primuliflora* (lat. primuliflora = primelblütig), erinnern an die Ähnlichkeit mit Primeln. Dazu gehört auch die Verschiedengriffeligkeit. Derzeit wird die Gold-Primel meistens zur Gattung Mannsschild (*Androsace*) gestellt. Die Mannsschildarten sind allerdings *nicht* verschiedengriffelig und zeigen eine Einschnürung der Kronröhre unterhalb des Schlunds, die bei der Gold-Primel fehlt (vgl. Bewimperter Mansschild). Nur gut bei all diesem Hin und Her, dass es den deutschen Namen gibt: Gold-Primel wird dem kleinen Blütenwunder voll und ganz gerecht.

Blüten der Gold-Primel (127).

128 **Alpen-Mannsschild, Gletscher-Mannsschild** (***Androsace alpina***): 1–3 cm hoch. **Rosetten aus 3–10 mm langen, lanzettlichen, nicht gekielten, stumpfen Blättern bilden mäßig dichte, flache Polster oder Rasen** von rund 30 cm Durchmesser. **Die ganze Pflanze ist mit winzigen (0,2 mm lang, Lupe!) zwei- bis achtstrahligen Sternhaaren überzogen. Der Kelch ist mindestens bis zur Mitte geteilt,** oft tiefer. Blüten meist einzeln in den Blattachseln, mit kurzem Stiel, der die Blätter wenig oder nicht überragt. Kronröhre nur um 1 mm lang, **Kronteller** 5–9 mm im Durchmesser, **mit runden Zipfeln. Krone rosa,** selten weiß, mit gelbem Schlundring. Blütezeit VII und VI-II. Stielteller-Blume. Bestäuber vor allem Fliegen. Feinschutt, Felsschutt, Moränen, Felsspalten mit Feinerde. Oft leicht feuchter Untergrund. **Silikatböden.** Alpin, bis 4 200 m. C in Alpen-Mannsschild-Schutt-Fluren (S. 175). Endemit der Innenalpen von der Dauphiné bis Kärnten und Steiermark. Häufig.

129 **Schweizer Mannsschild** (***Androsace helvetica***): 1–3 cm hoch. **Halbkugelige dichte, derbe Polster** (Radialvollkugelpolster) von bis zu 15 cm Durchmesser, aus vielen kurzen radial gestellten säulchenartigen Sprossen mit **dachziegelig angeordneten Blättern, die oben 3–4 mm lang** und bis 1,5 mm breit, länglich-spatelig und, lebend, nach dem Inneren der Halbkugel zu abgestorben **sind.** Die Sprosse gehen von einer Pfahlwurzel aus. **Graufilzig durch unverzweigte Haare.** Blüten einzeln auf sehr kurzem (1 mm) Stiel, die Blüte erscheint dadurch sitzend. **Krone weiß mit gelbem Schlundring.** Kronröhre rund 1 mm lang, Krone 5–6 mm breit, Kronzipfel abgerundet. Blütezeit V bis VII. Stielteller-Blume. Bestäuber vor allem Fliegen. Felsspalten, sonnige Lagen. **Nur auf Kalk.** Alpin, bis 3 500 m. C in Schweizer Mannsschild-Felsflur (S. 182). Endemit der Alpen, vor allem in den Nördlichen Randalpen, selten in den Innenalpen, etwas häufiger in Teilen der Südlichen Randalpen (von Südtirol bis zu den Julischen Alpen).

Ähnlich ist 130 **Vandellis Mannsschild** (***Androsace vandellii***)**.** Die Unterschiede: Bei 130 sind die **Blätter** etwas länger und **durch Sternhaare weißfilzig: silbriggrünes Aussehen der Polster. Kronzipfel leicht ausgerandet.** Entscheidend ist auch der andere Standort: **Silikatfelsen und saures Vulkangestein** (Südtirol), bis 3 000 m. C in Silikat-Fellflur mit Vandellis Mannsschild (S. 184). Innenalpen des Westens und Südwestens, Südliche Randalpen bei entsprechendem Untergrund, bis Südtirol. Spanische Gebirge (Pyrenäen und Sierra Nevada).

131 Bewimperter Mannsschild, Zwerg-Mannsschild *(Androsace chamaejasme)*

Beschreibung: 2–10 cm hoch. **Blätter in flachen** (nicht halbkugeligen) **Rosetten**, die lockere Rasen bilden. **Blätter** lanzettlich, 5–15 mm lang, ganzrandig, **am Rand mit bis 2 mm langen Wimperhaaren besetzt.** Seltener Haare auch auf der Blattfläche. **Stängel 1–7 cm hoch, lang (2 mm) und zottig behaaart**, dazwischen kurze Drüsenhaare. Auch Hoch- und Kelchblätter behaart. Blütenstand eine Dolde mit 2–8 Blüten. Blütenstiele 2–7 mm lang, behaart. Kronröhre 4 mm lang, Kronteller 10 mm im Durchmesser. **Krone weiß mit gelbgrünem bis gelbem, später rötlichem Schlund.** Kronzipfel abgerundet. Blütezeit VI bis VIII.
Blume: Stieltellerblume. Bestäuber vor allem Fliegen (Schwebfliegen), aber auch Tagfalter.
Standort: Steinige Rasen, Felsschutt, auch Windecken und damit schneearme Standorte. **Kalkliebend.** Subalpin-alpin, bis 3 000 m.
Pflanzengesellschaft: C in Blaugras- und Horst-Seggen-Rasen (S. 148).
Verbreitung: Pyrenäen, Karpaten, Kaukasus, Sibirien und Nordamerika. In den Alpen zerstreut, am häufigsten in den Nördlichen Randalpen.

Bewimperter Mannsschild: eine Farbänderung des Schlundrings macht die Blüten „als keine Ausbeute mehr darbietend“ kenntlich

Der Bewimperte Mannsschild wächst viel weniger kompakt als die bisher erwähnten Arten seiner Gattung. Aber durch seinen niederen Wuchs passt er sich den harten Außenbedingungen dennoch so gut an, dass er auch an Standorten mit einer nur geringen, vor Winterfrost schützenden Schneedecke durchkommen kann.
Auch die Blüten stehen höher als bei seinen kompakt gebauten Verwandten, bei denen sie den Polstern aufsitzen. Sie werden auf verhältnismäßig langen Blütenstandsstielen weit über die lockeren Rosetten herausgehoben. Schon dadurch werden die Bestäuber leichter auf sie aufmerksam. Hinzu kommt noch, dass im doldigen Blütenstand mehrere nahe beieinander sitzende Blüten gleichzeitig aufblühen und so die Schauwirkung erhöht wird. Der Nektar wird oben auf dem Fruchtknoten abgesondert, bei sonnigem Wetter in erheblichen Mengen. Praktisch, dass ein Ringwulst am Rand der Oberfläche des Fruchtknotens sein Abfließen verhindert. Die Kronröhre ist nur kurz, der Nektar oben auf dem Fruchtknoten ist sogar noch über den Blütenboden emporgehoben: eigentlich sollten alle Bestäuber, auch solche mit kurzen Rüsseln, an den Nektar gelangen. Aber wenn man eine Blüte von der Seite her betrachtet,

erkennt man, dass die Kronröhre unterhalb des Schlunds eingeschnürt ist. Alle Mannsschild-Arten zeigen diese Einschnürung, nur die Gold-Primel nicht, die ja auch sonst eine Sonderstellung einnimmt. Die Einschnürung und der über ihr sitzende Schlundring verdecken den Nektar. Viele Fliegen fallen damit als Bestäuber aus. Der Nektar ist für sie zu gut versteckt. Andererseits ist der gelbe Schlundring ein Saftmal. Aber nicht alle Insekten werten es als solches und erkennen, dass es sich um einen Wegweiser zum Nektar handelt. Vor allem Schwebfliegen, Tagfalter und einige Furchenbienen sind entsprechend „einsichtig" und werden so zu Bestäubern. Sollte die Bestäubung über Insekten einmal ausbleiben, kann es zur Selbstbestäubung kommen. Denn die Staubbeutel stehen über dem Narbenkopf und können ihren Pollen auf ihn ausschütten.

Bei einer Reihe von Pflanzenarten verfärben sich die Blüten beim Abblühen ganz oder teilweise. Beim Bewimperten Mannsschild und anderen Arten seiner Gattung ändert sich die Farbe des Schlundrings von gelb oder gelbgrün über orange nach karminrot, wenn die Bestäubung erfolgt ist. Die Nektarproduktion geht in alternden Blüten zurück und wird schließlich eingestellt. Doch das sieht man diesen Blüten von außen nicht an. Die Schauwirkung des Gesamt-Blütenstands wird zunächst nicht beeinträchtigt. Insekten werden nach wie vor angelockt. Doch über die Umfärbung des Schlundrings werden die Bestäuber, soweit sie darauf ansprechen, darauf hingewiesen, dass sich ein Besuch alternder Blüten nicht mehr lohnt. Sie besuchen im Blütenstand dann nur die jüngeren Blüten mit ihrem gelben Schlundring.

Oben:
Blüten des Alpen-Mannsschilds (128). In älteren Blüten schlägt die Farbe des Schlundrings von Gelb nach Rötlich um.

Links oben:
Blüten aus dem wenigblütigen Blütenstand des Zwerg-Mannsschild (131).

Diese Deutung der Umfärbung gab schon Altmeister H. Müller (1881) am Beispiel des Bewimperten Mannsschilds. Seiner Interpretation nach würden die bestäubten Blüten „den einsichtigeren Insekten (Faltern, Schwebfliegen) als keine Ausbeute mehr darbietend kenntlich gemacht und die Blumen so vor Zeitvergeudung ihrer Kreuzungsvermittler." Fast scheint das zu viel der Rücksichtnahme. Doch es könnte plausibel sein. Die Umfärbung wäre zwar zunächst und unmittelbar nur für die Bestäuber von Vorteil. Sie vergeuden weder Zeit noch Energie bei vergeblichen Anflügen. Aber indirekt wäre sie auch im Interesse der Blumen. Denn durch vergebliche Blumenbesuche frustrierte Insekten könnten die betreffenden Blumen und damit die jeweilige Pflanzenart in Zukunft gänzlich meiden. Also behandelt man sie besser möglichst fürsorglich – und ändert die Farbe des Nektarmals Schlundring.

132 Großes Alpenglöckchen, Alpen-Soldanelle *(Soldanella alpina)*

Beschreibung: 5–15 cm hoch. Alle **Blätter** grundständig, gestielt, **rundlich-nierenförmig**, derb, immergrün, ganzrandig, bis 4 cm breit. **2–3 Blüten** auf bis 15 cm hohem Schaft. Blüten schräg aufrecht oder nickend, **Krone** 10–15 mm lang, **violettblau,** weit trichterförmig, unter Bildung von Fransen **bis über die Mitte eingeschnitten, innen ohne Längsstreifen.** Über dem Blütengrund mit den Staubblättern abwechselnd 5 **häutige Schlundschuppen**, die breiter als lang sind. **Die Staubbeutelspitze ist lang ausgezogen. Griffel länger als die Krone.** Blütezeit IV bis VII.
Blume: Trichter-Blume. Streukegel. Vorweiblichkeit. Bestäuber vor allem Hummeln, aber auch Tagfalter.
Standort: von der Schneeschmelze durchfeuchtete Böden: Schneetälchen, Wiesen, Weiden. **Bevorzugt Kalk**. Subalpin-alpin, bis rund 2 000 m.
Pflanzengesellschaft: in Kalk-Schneeboden-Gesellschaften: Blaukresse- und Spalierweiden-Gesellschaften (S. 162).
Verbreitung: Gebirge Mittel- und vor allem Südeuropas. In den Alpen auf entsprechenden Standorten vor allem in den Kalkmassiven der Randalpen sehr häufig und gesellig. Als seltenes Eiszeitrelikt z. B. im Hochschwarzwald.

Das **133 Berg-Alpenglöckchen** (*Soldanella montana*) findet sich in tieferen Lagen (500–1 500 m) in den Nördlichen Voralpen, den Nordöstlichen Randalpen und in manchen Mittelgebirgen (z. B. Bayrischer Wald), u.a. in feuchtem Fichtenwald, auf feuchten Waldlichtungen. Montan-subalpin. C in Fichten- und Fichten-Tannenwäldern (S. 92). Unterscheidungsmerkmale zum Großen Alpenglöckchen: **Blattränder schwach gekerbt, auf höherem Schaft mehr Blüten (meist 4–6), Schlundschuppen länger als breit. Einschnitte in der Krone sehr verschieden tief.** Bevorzugt **kalkarme bzw. saure Böden.**

134 Kleines Alpenglöckchen (*Soldanella pusilla*): 3–10 cm hoch. Blätter ähnlich wie beim Großen Alpenglöckchen. Stängel oft mit nur einer Blüte. **Blüten** mehr glocken- als trichterförmig, eng, **rotlila. Krone bis auf höchstens 1/4 geschlitzt, innen violett längs gestreift. Keine Schlundschuppen. Staubbeutel an der Spitze meist mit eckigem Anhängsel, an der Basis sind die beiden Staubbeutelhälften über das Mittelstück hinaus zugespitzt verlängert. Griffel kürzer als die Krone.** Blütezeit V bis VIII. Glocken-Blume mit Streukegel. Vorweiblich. Bestäuber Fliegen, Hummeln, Tagfalter. Feuchte, saure Böden mit langer Schneebedeckung: Rasen, Schneetälchen. **Kalkmeidend.** Alpin, bis 3100 m. C in Krautweiden-Gesellschaften (S. 160). Östlich orientierte Gebirgspflanze Süd- und Mitteleuropas. In den Alpen vom Wallis und Berner Oberland ostwärts, vor allem in den Innenalpen, aber auf entsprechenden Böden auch in den Randalpen. In den Alpen häufig und gesellig. Apennin, Karpaten, Balkan.

135 Kleinstes Alpenglöckchen (*Soldanella minima*): 3–10 cm hoch. Vor allem die **Blatt- und Blütenstiele mit kurzen Drüsenhaaren** besetzt. **Blätter** grundständig, nur 1 cm breit, ledrig, dicklich, **rundlich: am Grund nicht nierenförmig.** Stängel meist einblütig. **Blüte** glockenförmig, 10–15 mm lang, **hellviolett bis weiß, innen violett längsgestreift. Griffel kürzer als die Krone. Staubbeutel an der Spitze mit kurzer (0,5 mm), spitz auslaufender Verlängerung, die beiden Staubbeutelhälften sind an ihrer Basis abgerundet,** nicht zugespitzt verlängert. Blütezeit V bis VII. Glocken-Blume mit Streukegel. Bestäuber Fliegen, Hummeln, Tagfalter. Feuchte Böden: Schneetälchen, steinige Rasen, Ruheschutt. **Kalkböden.** Alpin, bis 2500 m. C in Blaukresse-Kalkschneeböden-Gesellschaften der Südlichen Randalpen (S. 162). In den Alpen östlich orientiert. In den Nördlichen Randalpen selten, in den Südlichen Randalpen vom Veltlin bis zu den Steiner Alpen stellenweise häufig.

Alpenglöckchen – Blütenwunder im Schnee

Kärnten, ein wunderschöner Sonnentag im Juni. Wir sind vom Gailtal durch subalpinen Nadelwald zur Straniger Alm in den Karnischen Alpen aufgefahren und parken dort. Zu Fuß geht es weiter durch Bergmischwald und dann Grün-Erlen-Gebüsch, in dem von gelben Blüten überschüttete Büsche des Zweiblütigen Veilchens (101) Fliegen anlocken. Fast übersieht man die wenigen, beinahe unter Blattwerk verborgenen, hellgelben Blüten der Neunblatt-Zahnwurz (091). Oberhalb der Kleinen Kordin-Alm leuchtet auf Borstgras-Matten das tiefe Blau des Silikat-Glocken-Enzians (137). Wir steigen weiter zum Paß auf, über den die Grenze zwischen Österreich und Italien verläuft. Auf dem Karnischen Höhenweg wandern wir auf der italienischen Seite weiter, einen sonnenbeschienen Südhang entlang – ohne größere Steigung, in einem sanften Auf und Ab. Nichts hält davon ab, die Frühlingsflora zu bewundern. Denn Frühling ist es jetzt hier oben in nicht ganz 2000 m Höhe. Die Blumenschalen der Kleinen Alpen-Anemone (016) schwanken im leichten, aus Italien aufsteigenden Wind. Teils ragen ihre Stängel aus den Polstern der Alpen-Azalee (107) hervor. Wir wissen, dass die

Alpen-Azalee silikatliebend ist und sind deshalb auch ohne Bestimmung sicher: es handelt sich wirklich um die Kleine Alpen-Anemone, die auf Silikatböden gedeiht und nicht etwa um ihre größere Schwester, die kalkliebende Große Alpen-Anemone (015). Wir queren den Nordhang einer nur schwachen Geländewelle – aber die Sonnenstrahlen fallen hier doch flacher und damit weniger kräftig ein als auf der Südseite. Deshalb konnte sich hier noch ein Schneefeld halten, von dessen unterem Rand Schmelzwasser abfließt und den Boden weithin tränkt. Dort im steinigen, feuchten Grund strahlt uns aus Polsterrasen, deren Blätter noch kaum entwickelt sind, ein intensives Rot entgegen: die Zwerg-Primel (125) zeigt Blüte an Blüte, eine Farbimpression, der wir uns nicht entziehen können und auch gar nicht wollen. Man kann schon verstehen, dass einer der Volksnamen für die Zwerg-Primel „Hab mich lieb“ lautet. Das gilt noch mehr für die Nachblüte im Herbst. Wie bei einer Reihe weiterer Alpenpflanzen, auch bei der Kleinen Alpen-Anemone, die wir eben gesehen hatten, kommt es im September zur Bildung von kleineren Blüten. Sie erscheinen nur vereinzelt und wirken umso rührender.

Doch die Farbenpracht im Bergfrühling ist primär für Tagfalter gedacht. Ungeachtet aller ästhetischer Überlegungen, die wir Menschen anstellen, geht von den roten Blüten eine zwingende Signalwirkung und lockende Werbung aus, die an sie gerichtet ist und die Bestäubung und Befruchtung sichern soll.

Zunächst hatten wir nicht darauf geachtet, weil die Zwerg-Primel unsere Aufmerksamkeit beansprucht hatte, aber jetzt erkennen wir, dass auch das Schneefeld selbst dem Wanderer etwas zu bieten hat. An seinem Rand ist es wie perforiert von den Trieben des Großen Alpenglöckchens (132), denn die dunklen Blütensprossen mit den schwarzvioletten Knospen haben sich mit der Wärme der Sonnenstrahlen geradezu vollgesogen. Die Eigenwärme des lebenden Gewebes kommt hinzu. Der Schnee um die Triebe herum ist abgeschmolzen. Ihre Knospen sind frei zugänglich – und warten auf Besucher: Die Griffel mit der Narbe ragen schon aus den Knospen hervor, um sich von den ersten Insekten bestäuben zu lassen. Also Sicherung der Fremdbestäubung durch Knospen-Vorweiblichkeit! Ähnlich können auch die Blütentriebe des Kleinen und des Kleinsten Alpenglöckchens (134 und 135) den in der Frühlingssonne schwindenden Schnee durchbrechen.

Die Blätter aller drei alpinen Alpenglöckchen sind auch bei Nierenform insgesamt rundlich wie Münzen, wohl deshalb vom italienischen soldo = Münze der Gattungsname Soldanelle. Die Blätter sind derb gebaut und immergrün. Aber so sehr viel Kälte, wie man deswegen annehmen könnte, brauchen sie nicht auszuhalten. Denn alle Arten bevorzugen Standorte mit einer langen Schneebedeckung. Auch andere Alpenpflanzen überwintern mit grünen Blättern. Doch wenn ihnen eine

langdauernd schützende Schneedecke fehlt, müssen sie ihren Stoffwechsel auf ein Minimum reduzieren. Auch die Photosynthese wird stillgelegt. Das ist z. B. bei der Alpen-Azalee und anderen Heidekraut-Gewächsen der Fall. Wenn der Schnee geschmolzen ist, dauert es einige Zeit, nämlich rund zwei Wochen, bis ihre Photosynthese wieder voll in Gang gekommen ist. Anders beim Großen Alpenglöckchen, für das entsprechende Untersuchungen vorliegen. Unter der schützenden Schneedecke sinken die Temperaturen nicht so tief ab, die Blätter bleiben aktiv. Nach der Schneeschmelze können sie die Photosynthese *sofort* wieder aufnehmen – mit der Folge, dass die Entwicklung besonders rasch vorangetrieben werden kann. Das wiederum ist notwendig, weil wenig Zeit dafür zur Verfügung steht: der Schnee kommt früh und bleibt lange liegen. Und damit sind wir wieder am Beginn des alljährlichen Kreislaufs!

Blätter hin, Blätter her, den Alpenwanderer interessieren die Blüten mehr. Doch so ansprechend die Glöckchen auch sein mögen, das Äußere darf uns nicht genügen. Wir drehen die Blüten um und werfen einen Blick ins Innere. Alle Alpenglöckchen zeigen einen Streukegel, der von den fünf Staubblättern, und zwar vor allem von den Staubbeuteln gebildet wird. Denn sie neigen mit ihren Spitzen zusammen, so dass ein Kegel gebildet wird. Die Spitzen werden von den verlängerten und nach außen abgebogenen Verbindungsstücken zwischen den Staubbeutelhälften gebildet. Sie können sogar noch Fortsätze tragen. In der Mitte des

Oben:
Das Große Alpenglöckchen (132) durchbricht den Schnee. Griffel mit Narbe ragen schon aus der sich gerade öffnenden Knospe heraus.

Links oben:
Blüte des Großen Alpenglöckchens (132). Die Staubbeutelspitzen, genauer die Verbindungsstücke zwischen den Staubbeutelhälften sind langbogig ausgezogen.

Oben:
Blick in die Blüte des Kleinen Alpenglöckchens (134). Staubbeutelspitze mit kleinem kantigen Fortsatz, Staubbeutelbasen über das Mittelstück hinaus verlängert.

Rechts oben:
Blick in die Blüte des Kleinsten Alpenglöckchen (135). Staubbeutelspitze nur wenig ausgezogen, Basen der Staubbeutel abgerundet.

Kegels steht der Griffel. An der Basis des Kegels befinden sich fallweise Schlundschuppen. Kegel und Schlundschuppen decken den Nektar ab, der an der Basis des Fruchtknotens abgeschieden wird. Die Staubbeutel öffnen sich nach innen. Im Kegel wird dann Blütenstaub abgelagert. Die Glöckchen sind vor allem auf Hummeln abgestimmt. Sie hängen sich an die Blüten, die dadurch nach unten gezogen werden, falls sie nicht ohnehin nach abwärts gerichtet waren. Die Hummel kann dann nur von unten eindringen. Sie versucht, mit ihrem Rüssel zum gut geborgenen Nektar zu gelangen. Führt sie Pollen auf Kopf und Rücken (s. unten), wird er dabei auf der Narbe des vorragenden Griffels deponiert. Der Rüssel wird dann zwischen den Staubbeuteln und dem Griffel eingeführt. Die Staubbeutelspitzen leiten und verstärken die Bewegung der Hummel. Denn sie gerät mit ihrem Kopf zuerst zwischen die Spitzen (gegebenenfalls mit Anhängseln) und den Griffel, dann zwischen die Staubbeutel selbst und den Griffel. Staubbeutel und Griffel werden bewegt, der Kegel öffnet sich dadurch, und Pollen fällt auf Kopf und Rücken der Hummel herab. Unser Kegel funktioniert demnach als **Streukegel**. Die Alpenglöckchen verfügen mit ihm über einen ausgefeilten Bestäubungsmechanismus.

136 Alpenveilchen (*Cyclamen purpurascens*): 5 – 15 cm hoch. Aus Knolle unter der Erde Triebe mit grundständigen Blättern und Blüten. **Blätter** gestielt, 6 – 8 cm breit, derb, **herz- bis nierenförmig**, am Rand undeutlich gezähnt, **dunkelgrün mit silbrighellen Flecken und Adern**, **unterseits karminrot**, immergrün. Blüten

Blüteneingang des Alpenveilchens (136) mit Streukegel.

einzeln auf unbeblätterten Stielen, nickend, Krone bis 25 mm lang, mit kurzer Röhre, **5 Kronblattzipfel nach oben zurückgeschlagen, karminrot,** am Grund dunkler rot. Stark Duftend. Blütezeit VI bis X. Durch das Rückschlagen der Kronblattzipfel abgewandelte Glocken-Blume. Streukegel aus den Staubbeuteln ähnlich wie bei den Alpenglöckchen. Bestäuber Hummeln, in unteren Lagen auch Bienen. Schattenliebend: lichte Wälder, vor allem Laubwälder. In den Südlichen Randalpen von der Flaum-Eichenstufe bis in die Buchenstufe, aber auch im Legföhren-Gebüsch. **Kalkböden.** Collin-montan, bis 1 300 m, in den Südlichen Randalpen auch höher. C im Ostalpinen Buchenwald (S. 88). Süd- und mitteleuropäische Gebirge mit östlicher Orientierung: Jura, Alpen, Karpaten, nördlicher Balkan. In den Alpen in den Nördlichen und Südlichen Randalpen zerstreut, in den Südöstlichen Randalpen ziemlich häufig. Heilpflanze: genutzt werden die dick scheibenförmigen (griech. kyklos = Scheibe, Name!) Knollen. Sie sind durch hämolytische (die Blutkörperchen auflösende) Triterpensaponine, Hauptkomponente Cyclamin, stark giftig. Im Altertum und Mittelalter u.a. als Brechmittel, Abortivum, gegen Schlangenbiß, aber auch gegen Gicht und Rheuma sowie als Aphrodisiakum für den Menschen, später nur für Rinder (!) genutzt. Heute nur noch in der Homöopathie eingesetzt (u.a. Kopfschmerzen, Menstruationsstörungen). Bachblüte.

Enzian-Gewächse (Gentianaceae)

Zu den Enzian-Gewächsen gehören Kräuter und Stauden mit gegenständigen, ungeteilten, ganzrandigen und sitzenden Blättern. Die Blüten sind radiär, vier- oder fünfzählig, in Kelch und Krone gegliedert. Die

Kronblätter sind meistens bis auf randliche Zipfel miteinander verwachsen. In der Regel findet sich nur ein Staubblattkreis, die Zahl der Staublätter ist also gleich der Zahl der Kronblätter. Der Fruchtknoten ist oberständig und geht im typischen Fall in einen Griffel mit kopfiger oder zweilappiger Narbe über. Charakteristisch für Enzian-Gewächse ist das Vorkommen von Bitterstoffen, die ihren Wert als Heilpflanzen, aber auch als Ausgangsmaterial für Schnäpse und Liköre ausmachen.
Ohne Edelweiß, Alpenrosen und Enziane kann man sich die Alpen kaum vorstellen. Von den Enzianen sind es besonders die stängellosen Arten mit ihren tiefblauen Glockenblumen, die mit dem Begriff „Alpen" verbunden werden. Wir beginnen die Besprechung der Enzian-Gewächse deshalb mit ihnen. Wenn man von „stängellos" spricht, sollte man sich allerdings darüber im Klaren sein, dass der Stängel in der Regel vorhanden, jedoch nur kurz ist.

137 Silikat-Glocken-Enzian, Breitblättriger Enzian *(Gentiana kochiana)*

Beschreibung: 5–10 cm hoch, grundständige Blätter verkehrt eiförmig, zugespitzt, leicht ledrig, mit bis zu 10 cm Länge viel größer als die wenigen Blätter am sehr kurzen Stängel. Die glockenförmigen, 5–6 cm langen Blüten stehen einzeln und laufen in 5 Kronblattzipfel aus. Die Farbe ist im Oberteil der Glocke tiefblau mit **olivgrünen Flecken, die vom Innenrand der Glocke mehr oder weniger weit abwärts laufen.** Weiter unten wird die blaue Farbe aufgehellt. **Die Kelchzähne sind leicht eingeschnürt. Die Buchten zwischen ihnen sind weit ausgerundet und tragen eine breite weißliche Verbindungshaut.** Blütezeit V bis VIII.
Blume: Glocken- bzw. Trichter-Blume. Revolver-Blume. Vormännlichkeit und die Stellung der Sexualorgane fördern die Fremdbestäubung. Bei schlechtem Wetter und im Alter Notfall-Selbstbestäubung. Bestäuber Hummeln.
Standort: Rasen und Matten, **auf kalkarmen Böden**, auch torfige Feuchtwiesen. Subalpin bis alpin., bis über 3000 m.
Pflanzengesellschaft: C in Borstgras-Rasen (S. 128).
Verbreitung: Europäische Gebirge von den Pyrenäen über die Alpen bis zum Balkan. In den Innenalpen häufig, in den Randalpen selten bis zerstreut.
Verwendung: Heilpflanze, enthält ähnliche appetitanregende und verdauungsfördernde Bitterstoffe wie der Gelbe Enzian (vgl. dort), deshalb gelegentlich Verwendung des Krauts zur Herstellung von Likören und Schnäpsen. Bachblüte.

Der Silikat-Glocken-Enzian öffnet und schließt werbewirksame Revolver-Blumen

Ein Berghang, im Frühsommer bestickt mit den azurblauen Glocken des Silikat-Glocken-Enzians oder eines anderen stängellosen Enzians – eindrucksvoller kann sich die Alpenflora kaum präsentieren! Nur das Rot der Alpen-Rosen kann hier noch konkurrieren. Was Wunder, dass Etiketten mit den tiefblauen Glocken-Blumen auch auf Flaschen mit Enzian-Schnaps prangen – ein Betrug, auf den die Hersteller der Werbewirksamkeit wegen nicht verzichten möchten. Um Betrug handelt es sich deswegen, weil der Schnaps von Ausnahmen abgesehen gar nicht aus den blaublütigen stängellosen Enzianen gebrannt wird, sondern aus den Wurzeln höher wachsender Verwandter, vor allem des Gelben Enzians. Nur sie geben genug Masse für die Brennerei. Wie gut – denn sonst wären die besonders schutzbedürftigen „Stängellosen" außer durch Düngung und wildes Pflücken noch zusätzlich gefährdet. Und der Käufer aus dem Flachland ist zufrieden – falls es sich nicht um einen Botaniker handelt. Was will man mehr?

Doch die Blüten sind unbestritten schön – und nicht nur im Verbund mit Schnaps! Sie verdienen es, dass wir uns mit ihnen genauer befassen, und zwar am Beispiel des Silikat-Glocken-Enzians. Andere „Glocken-Enziane" weisen einen ähnlichen Bautyp auf. Im Zentrum der Blumen-Glocke ragt der Griffel auf, der sich oben mit zwei halbkreisförmigen, am Rand gefransten Narbenlappen öffnet. Etwas unterhalb der Narbe liegen fünf Staubbeutel dem Griffel eng an. Sie öffnen sich nach außen zu. Weiter unten gliedert sich das Blüteninnere in fünf Kammern. Sie entstehen dadurch, dass sich die Staubfäden zu Scheidewänden verbreitern, die den Raum zwischen den Kronblättern einerseits und dem Fruchtknoten andererseits fünffach aufteilen. Besonders wenn man auf den unteren Teil der Blüte aufsieht, fühlte man sich in kriegerischeren Zeiten als heute an die Kammern eines Revolvers erinnert, daher der Name „Revolver-Blume". Solche Revolvereinrichtungen finden sich nicht nur bei Enzianen mit Glocken-Blumen, sondern in abgeänderter Form auch bei anderen Pflanzenarten. Am Grund der fünf Fächer wird von Drüsen an der Basis des Fruchtknotens Nektar abgesondert.

Wie funktioniert das alles bei der Bestäubung? Wie wird die Selbstbestäubung erschwert? Eine Hummel landet auf dem Rand der Glocke, die oben einen Durchmesser von über 3 cm aufweisen kann, und eine auch für größere Besucher ausreichende Landefläche bietet. Die Landung und vor allem das anschließende Eindringen werden der Hummel auch dadurch erleichtert, dass die Glocken leicht schräg aufwärts stehen. Die

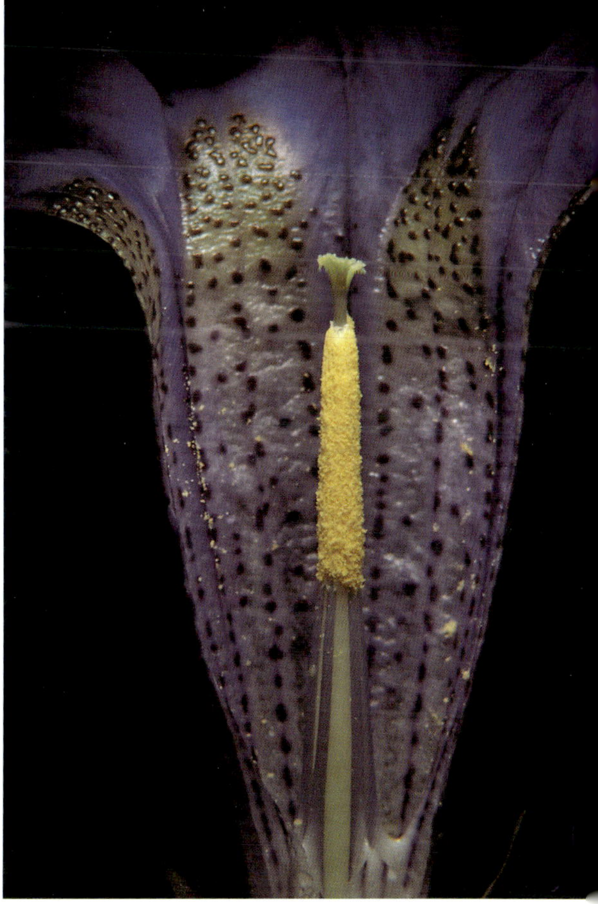

Blüte des Silikat-Glocken-Enzians (137), längs. Der Griffel trägt zwei halbkreisförmige, randlich gefranste Narbenlappen. Unten bilden die Staubfäden Scheidewände zwischen den Revolverkammern.

Blüte des Silikat-Glocken-Enzians (137), Querschnitt durch den unteren Teil. Die Revolverkammern werden deutlich. Auch der Fruchtknoten mit den Samenanlagen wurde quer geschnitten.

Blüten sind vormännlich, die Narben zunächst noch geschlossen. Olivgrüne Flecken und Streifen am Schlund weisen den Weg zum Nektar. Außerdem sind die Wandungen der Kronröhre lichtdurchlässiger als der obere Teil der Glocke und überdies mit abwärts verlaufenden Punktreihen besetzt. Die Hummel folgt der zunehmenden Helligkeit und den Punkten. Doch wenn sie sich an den Staubbeuteln vorbei weiter nach unten zwängt, nimmt sie mit ihrem Rücken unweigerlich Blütenstaub auf. In die Fächer kann die Hummel nur mit ihrem Kopf eindringen. Doch ihre Rüssellänge genügt in der Regel, um an den rund 15 mm tiefer liegenden Nektar zu gelangen. Dabei beutet sie nicht nur eine, sondern fünf Nektarkammern aus. Das Mehr an Bewegung führt zu einer entsprechend vermehrten Beladung mit Blütenstaub. Unser Blumengast hat mit seiner Zunge schließlich genug Nektar aufgenommen – und ist tüchtig mit Pollen eingepudert. Sollte beim Verlassen einer Blume die Narbe schon geöffnet sein, wird der Blütenstaub überwiegend auf der „sterilen" Unterseite der Narbenlappen abgestreift. Wenn die Hummel eine andere, ältere Enzian-Glocke besucht, in der die Narbe bereits geöffnet ist, deponiert sie auf ihr den mitgebrachten Pollen.

Trotz Vormännlichkeit und entsprechender Stellung der Sexualorgane ist aber auch Selbstbestäubung möglich. Und das ist eine Notwendigkeit, wenn es zur Samenbildung auch bei länger anhaltend schlechtem Wetter kommen soll. Denn dann fallen selbst die robusten Hummeln als Bestäuber aus. Die Blumenglocken der stängellosen Enziane schließen sich nun bei Nacht und schlechtem Wetter, bei Regen, Hagel und Schnee. Dabei handelt es sich um eine Wachstumsbewegung: die Zellen auf der Außenseite der Kronblätter wachsen stärker als diejenigen auf der Innenseite. Dadurch kommt es zur Einwärtskrümmung der Kronblätter und zum Schließen der Blüte. Beim Öffnen wachsen umgekehrt die Zellen auf der Innenseite der Kronblätter stärker als diejenigen auf der Außenseite: die Glocken öffnen sich.

Auslösende Außenfaktoren sind nicht das Sonnenlicht, wie man glauben könnte, sondern Erschütterungen (Hagel, Regen) und vor allem die Temperatur. Bei einem Sinken der Temperatur kommt es zum Schließen, bei einem Steigen zum Öffnen. Entsprechendes findet sich vielfach bei Blumen. Man kann sich leicht selbst davon überzeugen. Dazu benötigen Sie keinen Enzian. Nehmen Sie einen Gartenkrokus und stellen Sie ihn in den Kühlschrank: Er wird sich schließen. Bringen Sie ihn dann wieder ins warme Zimmer: Er wird sich öffnen. Sie können das kleine Experiment auch in Dunkelheit durchführen, um sicher zu gehen, dass das Licht keinen Einfluß hat. Noch eines: Das Öffnen und Schließen erfolgt wie erwähnt über Wachstumsbewegungen. Von Tag zu Tag wird die Blütenkrone dementsprechend größer – und oft weniger ansehnlich!

Wie der Gartenkrokus verhält sich auch unser Enzian. Doch was hat das mit Selbstbestäubung zu tun? Bei schlechtem Wetter neigen sich die Glocken nach unten. Auch bei alten Blumen ist das der Fall. Wenn sie an einem Hang stehen – und wo in den Alpen gibt es keine Hänge! – können die Glocken sogar stark abwärts geneigt sein: Blütenstaub rieselt von den Staubbeuteln herab und reichert sich im jetzt nach unten geneigten, geschlossenen Bereich der Glocke an. Dort findet sich aber auch die Narbe: Selbstbestäubung! Eine solche Notfall-Selbstbestäubung bei widrigem Wetter oder in alternden Blumen ist besser als gar keine Bestäubung.

Noch eine Warnung: so schön die Blütenpracht des Silikat-Glocken-Enzians auch ist, so leicht lässt sie sich bei ihm und vielen anderen Alpenpflanzen durch Kunstdünger vernichten, vor allem, wenn die Düngung langfristig wiederholt wird. Erwähnt sei ein klassischer Versuch, der 1936 veröffentlicht wurde. In Borstgras-Rasen der Schweiz in 2 000 m Höhe wurde wiederholt NPK-Dünger (Stickstoff-Phosphat-Kalium-Dünger) ausgebracht. Der Ertrag wurde dadurch zwar um ein Mehrfaches erhöht, aber über eine Wachstumsförderung nur weniger Gräser. Neben anderen Arten war auch der Silikat-Glocken-Enzian ausgemerzt worden. In der Folgezeit wurde die Düngung der gleichen Flächen wiederholt. Noch 42 Jahre nach der letzten Wiederholung waren Spätfolgen nachweisbar.

Gravierende Schädigungen der ursprünglichen Pflanzenwelt durch Düngung kann man heute überall in den Alpen feststellen. So sind auch weite Flächen der größten Alm Europas, der für ihre Blumenpracht berühmten Seiser Alm, davon betroffen. Bei allem Verständnis für eine moderne Landwirtschaft, die unter dem Druck oft schwer verständlicher Vorschriften aus Brüssel steht: der Landwirt sollte schonend vorgehen, wo er nur kann. Das auch aus Eigeninteresse der ansässigen Bevölkerung. Denn die Pflanzenwelt mit ihren Blumenwundern ist ein wesentlicher Faktor des Sommertourismus.

138 **Kalk-Glocken-Enzian, Clusius' Enzian** (*Gentiana clusii*): Höhe wie beim Silikat-Glocken-Enzian, doch grundständige Blätter nur **halb so groß (bis 5 cm lang)**, breit-lanzettlich, **an oder unter der Mitte am breitesten** (also nicht verkehrt

eiförmig), zugespitzt, ledriger als beim Silikat-Glocken-Enzian. Krone ähnlich wie beim Silikat-Glocken-Enzian, tiefblau und in der Regel **ohne olivgrüne Flecken und Streifen.** Kronröhre mit weißlichen Längsstreifen und dunkelblauen Punkten (viel deutlicher als beim Silikat-Glocken-Enzian, dadurch Unterscheidung auch dann möglich, wenn ein Anflug von Oliv gegeben sein sollte). **Kelchzähne spitz, ohne Einschnürung, ohne weißliche Verbindungshaut, Kelchbuchten zugespitzt.** Blütezeit V bis VIII. Blume wie 137. Rasen, Matten, Fels, **kalkliebend.** Montan bis alpin. Geht weiter talwärts als der Silikat-Glocken-Enzian: vom Alpenvorland bis rund 2 800 m. C in Blaugras-Rasen (S. 148). Vom Jura über die Alpen bis zu den Karpaten. In den Nördlichen und Südöstlichen Randalpen häufig; in den Innenalpen und den Südwestlichen Randalpen seltener. Heilpflanze. Bachblüte. Beides wie beim Silikat-Glocken-Enzian.

139 Schwalbenwurz-Enzian *(Gentiana asclepiadea)*

Beschreibung: Bis 100 cm hohe, **unverzweigte, gleichmäßig beblätterte Sprosse,** die aus einer gemeinsamen Achse aufwachsen. Sprosse entweder aufrecht mit allseitig ausgerichteten Blättern und Blüten oder überhängend mit zweizeilig angeordneten Blättern und Blüten. Laubblätter bis zu 10 cm lang, **lang zugespitzt,** mit 3 bis (meistens) **5 deutlichen Längsadern.** In den Achseln der oberen Laubblätter bis zu 3 kurzgestielte, eng glockenförmige Blüten. **Krone** bis zu 5 cm lang, **tiefblau,** innen violett, mit Punktreihen und helleren Längsstreifen, mit 5 dreieckigen Kronzipfeln, **zwischen denen jeweils ein kürzerer, stumpfer Zahn steht.** Narbe mit 2 zungenförmigen Narbenlappen ohne Randfransen. Blütezeit VIII bis X.

Blume: Glocken- bzw. Trichter-Blume mit Revolvereinrichtung, ähnlich wie 137. Bestäuber Hummeln.

Standort: Wälder, feuchte Wiesen, Weiden, Flachmoore, Hochstauden-Fluren. **Kalkliebend.** Montan-subalpin, bis 2 200 m.

Pflanzengesellschaft: C in Pfeifengras-Streuwiesen (nicht besprochen), sonst in u.a. Buchenmischwäldern (S. 88), Hochstaudenfluren (S. 102).

Verbreitung: Mittel- und Südeuropäische Gebirge. In den Alpen vom Vorland aufwärts vor allem in den Randalpen recht häufig, in den Innenalpen zerstreut.

Verwendung: Früher Heilpflanze, Wurzel in der Volksmedizin wegen des für Enzian-Gewächse üblichen Bitterstoffgehalts genutzt. In der Volksmedizin u.a. auch gegen Tollwut und Hundebisse. Zaubermittel gegen Hexen.

Der Schwalbenwurz-Enzian, ein Überlebenskünstler im Waldschatten

Es ist September. Wir steigen aufwärts, wollen dort hinauf, wo die Lärchen gerade beginnen, ihre Nadeln nach Gelb umzufärben. Doch schon jetzt bildet ihr Gelbgrün einen farbenfrohen Kontrast zum Blau des Himmels. Wir befinden uns noch im subalpinen Mischwald aus Fichten und Berg-Ahorn. Doch dann entdecken wir auch hier unten ein Blau, das mit dem des Himmels konkurrieren kann. An einer vom Bach durchfeuchteten Senke, im Schatten von Grau-Erlen, und im anschließenden, noch schattigeren Mischwald ragen rund einen Meter lange Sprosse auf und biegen sich dann nach hinten über. Ihre Blätter sind in zwei Zeilen derart angeordnet, dass die Spreiten waagerecht zum einfallenden Licht stehen, es also optimal ausnutzen können – Voraussetzung zum Überleben am schattigen Standort. In den Achseln der Blätter stehen 1 bis 3 Blütentrichter, die auch zu einem der blaublütigen stängellosen Enziane gehören könnten. Das bezieht sich nicht nur auf das tiefe Blau, das uns auf den Schwalbenwurz-Enzian aufmerksam werden ließ, sondern auch auf den Blütenbau: Revolver-Blumen wie beim Kalk-Glocken-Enzian (138), und wie bei ihm ohne olivgrüne Flecken. Ein wenig anders ist die Kronröhre gefärbt, denn sie zeigt Reihen dunkler oder violetter Punkte und helle oder hellviolette Längsstreifen. Und noch etwas fällt uns auf: die Narbe öffnet sich mit zwei zungenförmigen Lappen, die am Rand nicht gefranst sind – ein weiterer Unterschied zu den Blüten des Kalk-Glocken-Enzians mit ihren zwei halbkreisförmigen, randlich gefransten Narbenlappen.

Blick in die Blüte des Schwalbenwurz-Enzians (139). Die Narbe öffnet sich mit zwei zungenförmigen Lappen.

Dass diese Blumen wie beim Kalk-Glocken-Enzian für Hummeln gedacht sein müssen, daran gibt es für uns keinen Zweifel. Doch ein anderer Zweifel kommt auf, als wir die Blüten näher betrachten. Denn knapp über dem Kelch finden sich Löcher, über die kurzrüsselige Raubhummeln den Nektar ohne die Gegenleistung einer Bestäubung ausgebeutet hatten. Solche Einbruchsstellen waren uns schon bei den stängellosen Enzianen aufgefallen, aber beim Schwalbenwurz-Enzian kann es sein, dass kaum eine Blüte verschont bleibt. Lohnt es sich dann für die „normalen" Hummeln überhaupt noch, die Blüten zu besuchen und dabei zu bestäuben? Wenn nicht, dann fragt es sich, ob wenigstens Selbstbestäubung möglich ist.

Eine Notfall-Selbstbestäubung in der Art, wie wir sie für den Silikat-Glocken-Enzian beschrieben hatten, ist ausgeschlossen. Denn zwar schließen sich auch die Blumen des Schwalbenwurz-Enzians bei sinkender Temperatur, neigen sich aber nicht nach unten. Doch eine Selbstbestäubung scheint dann möglich, wenn sich die Narbenzungen soweit zurückrollen, dass sie mit den unter ihnen stehenden Staubbeuteln in Kontakt kommen – ganz so, wie es von Glockenblumen bekannt ist.

Weiter oben treffen wir den Schwalbenwurz-Enzian an einem besonn-

ten, feuchten Hang. Kaum erkennen wir ihn wieder. Denn die Sprosse stehen jetzt aufrecht, die Blätter und die Blüten in ihren Achseln sind nach allen Seiten hin ausgerichtet. Und wenn die Schattenpflanzen oft nur eine Blüte pro Blattachsel hatten hervorbringen können, sind es im vollen Sonnenlicht fast immer drei.
Erst jetzt fällt auf, wie sehr die Schauwirkung durch die Massierung von Blüten in der oberen Hälfte des Sprosses verbessert wird. Und das tiefe Blau ist geblieben und lässt uns vergessen, dass das Blumenjahr allmählich zu Ende geht.

140 Punktierter Enzian *(Gentiana punctata)*

Beschreibung: Bis 60 cm hoher, unverzweigter Spross auf kräftigem Wurzelwerk. Blätter glänzend, ei-länglich, zugespitzt, kreuzgegenständig, die unteren kurz gestielt, die oberen sitzend, mit 5–7 bogig von der Spitze zum Blattgrund verlaufenden starken Nerven. In den Achseln der oberen Blätter 1–3 Blüten, an der Spitze Blüten kopfig gehäuft. **Der Kelch ist bis zu seiner Mitte fünf- bis achtteilig unregelmäßig geschlitzt.** Auch die **hellgelbe, dunkel getüpfelte Krone** von bis zu 35 mm Länge und mit einem oberen Durchmesser der Kronröhre von bis zu 20 mm läuft in 5–8 aufrecht stehende Kronzipfel aus. Blütezeit VI bis IX.
Blume: Glocken-Blume mit Anklängen an eine Revolvereinrichtung. Vorweiblichkeit und die Stellung der Sexualorgane erschweren die Selbstbestäubung. Bestäuber vor allem Hummeln, aber auch Käfer, Fliegen und Schmetterlinge.
Standort: Rasen und Matten, Zwergstrauchbestände, auch Hochstauden-Fluren. **Auf kalkarmen Böden.** Subalpin-alpin, bis 3 000 m.
Pflanzengesellschaft: C in Borstgras-Rasen (S. 128).
Verbreitung: In den Alpen zerstreut bis häufig; fehlt in den Nördlichen Randalpen östlich des Tennengebirges, Karpaten, Balkan.
Verwendung: Früher diente die kräftige Wurzel wie die des Gelben Enzians (S. 353) wegen ihres Bitterstoffgehalts zur Herstellung von Enzianschnaps.

Der Punktierte Enzian, Blumen mit „Saftlöchern" anstelle echter Revolverkammern

Beim Punktierten Enzian wird die Schauwirkung durch die Häufung der Blüten am Sprossende noch stärker als beim Schwalbenwurz-Enzian (139) erhöht. Dafür sind die trübgelben Glocken für unser Farbempfinden weniger auffällig als die tiefblauen Blüten des eben genannten Enzians. Blau ist eine typische Hummelfarbe. Auf Gelb sprechen sie zwar auch gut an – aber nicht nur sie, sondern auch andere Insekten, z. B. Fliegen. Dementsprechend hat man zwar vor allem Hummeln, aber ebenso andere Insekten, darunter Fliegen, als Bestäuber beobachtet.
Wieder lohnt es sich, den Blüten etwas Aufmerksamkeit zu widmen. Denn die Natur ist unerschöpflich im Erfinden von Varianten, wenn es um die Bestäubung geht. Wer annähme, die Blüten seien ebenso gebaut

Blick in den Blüteneingang des Punktierten Enzians (140).

wie die der stängellosen Enziane, hätte sich getäuscht. Dass sich die Narbe mit zwei zungenförmigen Lappen öffnet, ist zwar nichts Neues. Doch es findet sich eine Abwandlung der uns bekannten Revolvereinrichtung. Die Staubfäden wachsen vom Blütengrund aus zunächst etwas an der Innenseite der Kronröhre aufwärts. Dann biegen sie sich in Richtung Fruchtknoten nach innen, ohne Scheidewände auszubilden. Dennoch entsteht auch hier eine Fünf-Gliederung: zwischen den fünf zum Fruchtknoten hinüberwechselnden Staubfäden finden sich fünf Öffnungen, die man recht prosaisch als „Saftlöcher" bezeichnet hat, weil man durch

Blüte des Purpur-Enzians (141), längs. Der Blütenbau gleicht demjenigen von 140. Die Staubfäden sind zunächst mit den Kronblätter verwachsen. Wo sie von diesen frei werden, wenden sie sich zum Griffel hinüber und bilden dabei zwischen sich „Saftlöcher". Dieser Stellungswechsel ist besonders bei dem Staubfaden links im Bild gut zu erkennen.

sie zum „Saft", dem Nektar gelangen kann. Die Staubfäden wachsen dann am Fruchtknoten bzw. Griffel entlang noch etwas weiter aufwärts und tragen dann unterhalb der Narbe den uns schon bekannten Ring aus Staubbeuteln, die sich nach außen hin öffnen. Der Nektar wird von Drüsen an der Basis des Fruchtknotens, also am Blütenboden ausgeschieden. Unter jedem Saftloch befindet sich auch eine Nektardrüse. Der Abstand zwischen den Saftlöchern und dem Nektar ist nur gering. Deshalb können nicht nur langrüsselige Hummeln, sondern u. a. auch kurzrüsselige Fliegen den Nektar ausbeuten.

Wenn ein Bestäuber, etwa eine Hummel, in der Glocke hinabkriecht, muss er zwangsweise wie für den Silikat-Glocken-Enzian (137) geschildert Pollen abstreifen. Die Vorweiblichkeit bringt es mit sich, dass zu Beginn der Blütezeit kein eigener Pollen für eine Selbstbestäubung zur Verfügung steht. Später sind männliche wie weibliche Sexualorgane für längere Zeit gleichermaßen funktionsfähig. Doch wie für den Silikat-Glocken-Enzian geschildert, erschwert ihre Stellung die Selbstbestäubung. Und wieder muss die Hummel sich fünfmal um Nektar bemühen und wird sich entsprechend mit Blütenstaub beladen. Der wesentliche Unterschied ist, dass der Punktierte Enzian keine eigentlichen Revolverkammern, sondern nur „Saftlöcher" ausbildet, eine einfachere Art der Gliederung.

141 Purpur-Enzian (*Gentiana purpurea*): 20 – 60 cm hohe, unverzweigte Staude mit rübenförmiger Wurzel. Wuchsform und Anordnung der Blüten wie beim Punktierten Enzian. **Der Kelch ist zweiteilig und auf einer Seite bis fast zum Grund geschlitzt.** Die bis 40 mm lange Krone läuft in 5 – 8 breite, aufrecht gestellte Kronzipfel aus. Sie ist außen **purpurrot mit dunkelpurpurroten Tüpfeln,** innen gelblich. Bei einer Variante (*var. flavida*), die teilweise, etwa in der Vanoise, sehr häufig ist, fällt die Bildung der roten Farbstoffe (Anthocyane) aus. Die dann gelblichen Blüten ähneln denjenigen des Punktierten Enzians. Blütezeit VII bis IX. Glocken-Blume. Wiesen, Weiden, Grün-Erlen-Gebüsch und Hochstauden-Fluren, auf **kalkarmen Böden.** Alpin, bis 3 000 m. C in Borstgras-Rasen (S. 128).

Zerstreut, aber gesellig in den Westalpen; die Ostgrenze in den Nördlichen Randalpen sind Allgäu und Ostschweiz. Der Purpur-Enzian ist auch nach Südnorwegen eingewandert. Die Wurzel dient zur Herstellung des besten Enzian-Schnapses.

142 **Ostalpen-Enzian** (*Gentiana pannonica*): Ähnelt dem Purpur-Enzian in Wuchsform und Blüte. Die stärker gepünktelten Blüten sind jedoch **trüb rotviolett und bis zur Mitte in 5–9 Kronzipfel gespalten. Der Kelch ist nicht einseitig tief aufgeschlitzt, sondern weist 5–8 Zipfel auf.** Blütezeit VII bis IX. Glocken-Blume. Standort ähnlich 139, auch Schutthalden, auf **kalkarmen Böden**. Alpin, bis 2 300 m. C in Borstgras-Rasen (S. 128). Zerstreut bis recht häufig in den Ostalpen und den östlich angrenzenden Gebirgen, vor allem in den Östlichen Innenalpen. Die Westgrenze fällt mit der Ostgrenze des Purpur-Enzians zusammen. Wurzel zur Schnapsbrennerei.

143 Gelber Enzian *(Gentiana lutea)*

Beschreibung: 50–140 cm hohe unverzweigte Staude. **Kreuzgegenständige blaugrüne Blätter** mit 5–7 parallel bogenförmig verlaufenden starken Blattadern. Blüten auf 1 cm langen Stielen zu 3–10 (gegen die Spitze zu die höheren Zahlen) in den oberen Blattschalen. **Auf sehr kurzer Kronröhre 5–6 goldgelbe, schmale, 35 mm lange, weit trichter- bis sternförmig ausgebreitete Kronzipfel.** Dünnhäutiger gelblicher Kelch mit 2–6 Zähnen, einseitig tief aufgeschlitzt. Blütezeit VI bis VIII.
Blume: Schalen-Blume. Selbstbestäubung leicht möglich. Bestäuber vor allem Hummeln, aber auch Fliegen, Käfer und Tagfalter.
Standort: Wiesen, Weiden, Hochstauden-Fluren, Grün-Erlen-Gebüsch, Schuttfluren; oft, aber keinesfalls ausschließlich auf Kalkböden. Montan bis subalpin, bis auf 2 500 m.
Pflanzengesellschaft: In sehr verschiedenen Pflanzengesellschaften, z. B. auch in Borstgras-Rasen, ohne dort C zu sein.
Verbreitung: Gebirge Mittel- und Südeuropas. In den ganzen Alpen häufig.
Verwendung: Heilpflanze. Bitterstoffglykoside (Gentiopikrin, wertbestimmend Amarogentin), die noch in extremen Verdünnungen schmeckbar sind, wirken appetitanregend und verdauungsfördernd. Meistbenutztes Ausgangsmaterial zur Herstellung des Enzianschnapses.

Der Gelbe Enzian: Nektar aus Schalen-Blumen für die verschiedensten Blumengäste, Schnaps aus den Wurzeln für den Menschen

Die Wandergruppe quert eine Alm. Fast anderthalb Meter hohe, blaugrüne Gewächse ziehen die Aufmerksamkeit auf sich. Sie wachsen einzeln, aber über die gesamte Weidefläche verstreut. Offensichtlich hat das Vieh sonst munter gefressen, nur diese Pflanzen ausgespart. Die Blätter weisen bogig parallel verlaufende Adern auf, wie sie für einkeimblättrige Pflanzen charakteristisch sind, für Lilien zum Beispiel. Doch unsere Wanderer sind nicht ganz unkundig, was die Alpenflora angeht. Sie wissen: manche Zweikeimblättrige bilden regelwidrig Blätter aus, die eben auch einmal parallelnervig sind, zumindest wenn man nur auf die stärksten Blattnerven achtet. Die Pflanzen blühen noch nicht. Deshalb setzt ein Rätselraten ein: Handelt es sich um den Gelben Enzian (143) oder um den Weißen Germer (259)? Beide ähneln sich auf den ersten Blick, und beide werden vom Vieh verschmäht, der Enzian wegen seiner Bitterstoffe, der Germer wegen seiner Giftstoffe aus der Gruppe der Alkaloide. Verwechslungen könnten tödlich sein, weil die Alkaloide des Germers auch für den Menschen äußerst gefährlich sind.

Ein Blick in ein Bestimmungsbuch bringt die Antwort: Beim Gelben Enzian sind die Blätter kreuzgegenständig, beim Weißen Germer wechselständig. Kreuzgegenständig meint: Die Blätter sitzen jeweils einander gegenüber, nur von Knoten zu Knoten, d. h. von Ansatzstelle zu Ansatzstelle, um 90° versetzt. Von oben gesehen ergibt das ein Kreuz. Doch bis zum nächsten Bergsommer hat man das vergessen. Deshalb eine Merkstütze. Man muss sich nur an den Blütenstand des Gelben Enzians erinnern. Denn in ihm sitzen die Einzelblüten in Blattschalen, die von je zwei einander gegenüberstehenden Blättern gebildet werden. Nur so kommt eine richtige Schale zustande. Und wenn die Blätter im Blütenstand gegenständig sind, lässt sich das in diesem Fall als Hinweis auf Gegenständigkeit auch am nichtblühenden Spross verwerten.

Damit sind wir beim Blütenstand und den Blüten. Die Gestalt der Blüten entspricht gar nicht dem, was wir von Enzianen bisher kennen. In der Aufsicht sind es Sterne. Der Blütenbiologe ergänzt den Stern gedanklich zur Scheibe: eine Scheiben-Blume also. Und wenn ihr Zentrum etwas tiefer liegt als der Rand, wird aus der Scheibe eine Schale. In beiden Fällen handelt es sich um einfache Blumengestalten, die den verschiedensten Bestäubern den Zutritt ermöglichen.

Von den daraufhin untersuchten Enzian-Arten weist der Gelbe Enzian die stärkste UV-Reflexion auf. Hummeln können ebenso wie die mit ihnen nahe verwandte Honigbiene UV wahrnehmen. Wir dürfen also annehmen, dass Hummeln zu den Besuchern zählen. Das ist auch der Fall. Aber die Hummeln bleiben nicht allein. An der Basis des Fruchtknotens wird reichlich Nektar abgeschieden. Er ist nicht nur für Hummeln mit ihren oft längeren Rüsseln, sondern auch für kurzrüsselige Insekten leicht zu erreichen. Kein Wunder, dass sich Besucher aus verschiedenen Insektengruppen in den Blumenschalen oft geradezu drängeln. Handelt es sich um dickleibige Hummeln, kann es kaum ausbleiben, dass sie innerhalb einer Blüte Pollen von den Staubbeuteln auf die zweilappige Narbe übertragen. In jüngeren Blüten wird die Selbstbestäubung noch dadurch erleichtert, dass sich Staubbeutel und Narben auf gleicher Höhe befinden. Später streckt sich der Griffel etwas.

Die Narben stehen dann höher und die Selbstbestäubung wird erschwert. Insgesamt gesehen sind die Blüten viel einfacher gebaut als die Glocken, die wir bisher kennen gelernt hatten.
Die Blüten des Gelben Enzians sind goldgelb. Ein derart intensives Gelb geht meistens, auch beim Gelben Enzian, auf Carotinoide zurück, eine Stoffklasse, zu der auch Provitamine A gehoren. Aus ihnen wird in unserem Körper Vitamin A gebildet. Die gleichen Bausteine, die die Pflanze zur Synthese der Carotinoide benötigt, beteiligen sich auch am Aufbau der Gentianaceen-Bitterstoffe. Diese Bitterstoffe werden durch das Anhängen von Zuckern wasserlöslich gemacht. Man spricht dann von Glykosiden. Die wichtigsten Bitterstoff-Glykoside des Gelben Enzians sind das Gentiopikrosid und das von ihm abgeleitete Amarogentin, das den Wert eines Enzianpräparats bestimmt. Die Bitterstoff-Glykoside werden aus der über einen Meter langen Enzianwurzel gewonnen. Sie sind noch in unglaublichen Verdünnungen schmeckbar.
Zur Wertbestimmung eines Bitterstoffpräparats verwendet man gerne einen biologischen Test. Versuchspersonen stellen fest, bis zu welcher Verdünnung ein Drogenauszug für sie gerade noch bitter schmeckt. Diese Grenzkonzentration nennt man den Bitterwert. Für Amarogentin liegt er bei 58 000 000. Man kann einen Auszug also 1:58 000 000 verdünnen – und der bittere Geschmack ist immer noch spürbar! Dieser höchste bekannte Bitterwert erinnert an die Homöopathie, die teilweise mit ähnlich extremen Verdünnungen arbeitet. Jedenfalls können solche Zahlen davon überzeugen, dass der Gelbe Enzian eine ausgesprochene Bitterstoffpflanze ist. Die anderen hochwüchsigen Arten, Punktierter Enzian, Purpur-Enzian und Ostalpen-Enzian, sind weniger bitter.
Die Bitterstoffe wirken auf die Geschmackspapillen im Mund ein. Über das Nervensystem regen sie dann die Sekretion von Speichel und von Magensaft an. So kommt die appetitanregende und verdauungsfördernde Wirkung zustande.
Eben diese Wirkung weisen nicht nur Drogenauszüge auf, sondern in ähnlicher Weise auch die Enzian-Schnäpse. Man könnte sie nicht herstellen, wenn die Wurzel nicht genügend vergärbare Zucker enthielte. Das ist der Fall. Schon die Bitterstoff-Glykoside führen wie erwähnt Zucker. Hinzu kommen noch freie Zucker, nicht nur der in Pflanzen allgegenwärtige Rohrzucker (= Saccharose, aus zwei Zuckereinheiten aufgebaut), sondern noch spezielle, für Enziane typische Zucker wie die Gentiobiose aus zwei und die Gentianose aus drei Zuckerbausteinen. Die Enzianwurzel ist also vielseitig verwendbar, in Form von Wurzelauszügen als Medikament und in Form von Schnaps oder auch Likör als alkoholhaltiges „Heilmittel". Hinzu kamen früher Anwendungen in der Volksmedizin, etwa gegen Fieber, auch Malaria, oder Gicht. Kein Wunder, dass die Wurzel sehr begehrt war. In den Alpen wurde der

Gelbe Enzian deshalb vielerorts ausgerottet. Er war umso gefährdeter, als er erst nach bis zu 10 Jahren blüht und für seine Verbreitung über Samen sorgen kann. Inzwischen greifen strenge Schutzvorschriften, die allerdings regional ein kontrolliertes Ausgraben der Wurzeln erlauben. Abhilfe kam auch dadurch, dass der Gelbe Enzian relativ leicht kultivierbar ist, allerdings nicht immer mit dem erwünschten Bitterstoffgehalt. Trotzdem: der größte Teil des Jahresbedarfs z. B. in Frankreich (1 000–1 500 t) wird nach wie vor über das Ausgraben von Wildwurzeln vor allem in der Auvergne gedeckt.
Die bisher behandelten Enziane bildeten fast alle Glocken-Blumen aus, ganz gleich, ob sie hoch- oder niederwüchsig waren. Die einzige Ausnahme, der Gelbe Enzian mit seinen Schalen-Blumen, ließ sich auf Grund anderer Merkmale zwanglos anschließen. Mit den folgenden Arten gehen wir zu niederwüchsigen Enzianen über, die Stielteller-Blumen tragen. Einige wenige Beispiele müssen genügen.

144 Frühlings-Enzian *(Gentiana verna)*

Beschreibung: bis 15 cm hoch. Rasenbildend. Mit dicht beblätterten blütenlosen Trieben. **Grundblätter der blütentragenden Sprosse 2–3 cm lang, breit-lanzettförmig, zugespitzt, mit deutlichem Mittelnerv, als Rosette.** Kurze Blütenstiele mit wenigen, **wesentlich kleineren Blättern** tragen meist nur eine Blüte. **Kelch kürzer als die halbe Kronröhre,** an den Kanten schmal (1–2 mm breit) geflügelt, mit 5 spitzen Zipfeln. Blüte tiefblau, Kronröhre rund 25 mm lang, geht in 5 flach ausgebreitete Kronzipfel über, zwischen ihnen jeweils ein zweizipfeliges Anhängsel mit weißer Mittellinie. Durchmesser der Krone 20–30 mm. Blütezeit III bis VIII.
Blume: Stielteller-Blume. Stellung der Sexualorgane erschwert Selbstbestäubung. Bestäuber Tagfalter, auch Schwärmer wie das Taubenschwänzchen.
Standort: Weiden, Matten, Flachmoore, Zwergstrauchheiden; über **Kalk (bevorzugt)** und Urgestein. Montan bis alpin, bis 2 990 m.
Pflanzengesellschaft: C in Rost-Seggen- und Blaugras-Rasen (S. 153).
Verbreitung: Europäische und asiatische Gebirge bis zur Mongolei. In den Alpen zerstreut bis häufig und gesellig.

Der Frühlings-Enzian, eine Tagfalterblume mit dem schönsten, wunderbar tiefen und leuchtenden Blau, das in unserer Pflanzenwelt vorkommt, so hatte sich Karl Bertsch (1947) geäußert. In der Tat, ein derartig beeindruckendes Blau findet sich bei Alpenpflanzen selten. Verständlich, dass gerade dieser kleine Enzian von allen Alpenpflanzen die meisten Volksnamen auf sich vereinigt. „Schusternagel“ ist der wohl bekannteste. Ein besonderes Kompliment! Denn wie wichtig Schuhe und Schusterei im Hochgebirge sind, weiß jeder Bergwanderer.
Betrachten wir die Blütenwunder genauer: In der Kronröhre ragt ein Fruchtknoten auf, dessen Griffel eine kreisförmige Narbe trägt. Die Nar-

benscheibe verschließt die Kronröhre fast völlig. Wenn man von oben auf sie blickt, sieht man nur fünf schmale Öffnungen zwischen den Kronblättern und der Scheibe, über die ein Insektenrüssel eindringen kann. Und lang muss dieser Rüssel sein, denn der Nektar wird von einer Ringdrüse tief unten an der Basis des Fruchtknotens und damit auch der Kronröhre abgesondert. Die Staubbeutel liegen dem Fruchtknoten bzw. Griffel unterhalb der Narbe eng an und öffnen sich nach außen, wie bei Enzianen mit Ausnahme des Gelben Enzians üblich.

Einen ganz anderer Bautyp als bei den Glocken-Blumen haben wir vor uns: eine Stielteller-Blume, die auf den Besuch durch Falter mit ihren langen Rüsseln abgestimmt ist. Auch auf Blau sprechen die Falter gut an. Die Blumen stehen senkrecht, die Kronscheibe, der „Teller" waagerecht. Ein Tagfalter kann bequem auf ihr landen. Ein Hineinkriechen, das durch eine Schrägstellung der Blume erleichtert würde, ist für ihn gar nicht erforderlich. Statt dessen entrollt er seinen Rüssel. Haftet an ihm schon Pollen, wird er an der Narbe abgestreift. Dann kommt der nach unten tastende Rüssel mit den Staubbeuteln in Kontakt und nimmt Blütenstaub auf. Beim Herausziehen kann dieser blüteneigene Pollen wenn überhaupt, dann höchstens auf der sterilen Unterseite der Narbenscheibe abgeschabt werden. Die Selbstbestäubung wird also erschwert. Im Prinzip nichts Neues für uns. Nur ist hier alles auf Falter und nicht auf Hummeln abgestimmt.

Auch hier zeigen die Blüten Schließbewegungen. Sie werden wie üblich durch Erschütterungen (Regen, Hagel, Sturm) und ein Absinken der Temperatur ausgelöst. Dabei reagieren die Blüten sehr sensibel. Sie sprechen schon auf eine Temperaturänderung von nur 0,5 bis 1 °C an. Eine solche Angabe wäre wenig aussagekräftig, wenn man nicht auch die Ausgangstemperatur erwähnte: 10 °C! Das Blüteninnere bleibt also bei schlechtem Wetter bestens geschützt. Erwähnt sei, dass die fragilen Falter ihren Flug bei schlechtem Wetter ebenfalls rasch einstellen. Die Blume läuft also keine Gefahr, bei frühzeitigem Schließen auf einen Blütenbesuch verzichten zu müssen.

Unser Frühlings-Enzian ist nicht nur schön, er ist auch hervorragend an seine Umwelt angepasst. Schön und lebenstüchtig, eine erstrebenswerte Kombination nicht nur bei Pflanzen!

Blüte des Frühlings-Enzians (144), längs. Anstelle der Glocken-Blumen bei den bisher besprochenen Enzianen findet sich hier eine Stielteller-Blume. Die zweiteilige Narbenscheibe verschließt den Eingang bis auf schmale seitliche Spalten, durch die Falter ihren Rüssel einführen können.

145 **Bayerischer Enzian** (*Gentiana bavarica*): Größe wie 144. **Grundständige Blätter rundlich-eiförmig, mit nur 1 cm Länge kürzer als bei 144, dicht übereinander stehend, aber nicht in Rosetten und nicht länger als die oberen Blätter;** 2–4 Blattpaare am Blütenstiel. **Kelch länger als die halbe Kronröhre,** kaum geflügelt. Krone ähnelt derjenigen von 144, auch hier ein zweizipfeliges Anhängsel, das sogar weiße Zeichnungen tragen kann. Blütezeit VII bis IX. Stielteller-Blume, Bestäuber Tagfalter, auch Schwärmer wie das Taubenschwänzchen. An feuchteren Standorten als 144: feuchte Wiesen und Weiden, Quellmoore, Bachränder und Schneetälchen. **Kalk- und Silikatböden.** Subalpin-alpin, bis 3 600 m. C in Blaukresse-Schneeböden (S. 162). Trotz des Namens keine „bayerische" Pflanze, sondern in den ganzen Alpen zerstreut bis häufig, außerdem auch im Apennin und den Abruzzen.

146 **Schnee-Enzian** (*Gentiana nivalis*): 2–15 cm hohe, zierliche einjährige Art. **Verzweigt mit zahlreichen Blüten** (Zwergformen gelegentlich mit nur einer Blüte). Tiefblaue **Blüten klein,** Kronröhre 15 mm lang; 5 spitze, etwa 5 mm lange **Kronzipfel, die propellerartig gedreht sind.** Kelch der Kronröhre anliegend, kantig, aber nicht geflügelt. Blütezeit VI bis VIII. Stielteller-Blume. Bestäuber Tagfalter, doch dürfte auch die Selbstbestäubung an den oft extremen Standorten wichtig sein. Sie ist sogar spontan, d.h. ohne Insektenbesuch möglich, denn die Staubbeutel haben in jungen Blüten Kontakt mit der Narbenscheibe und können so blüteneigenen Pollen auf ihr absetzen. Später streckt sich der Griffel und hebt die Narbenscheibe über die Staubbeutel hinaus. Der Schnee-Enzian reagiert auf Temperaturänderungen besonders empfindlich. Er kann seine Blüten innerhalb einer Stunde mehrmals öffnen und schließen. Die Schließbewegung kann schon durch die Abkühlung ausgelöst werden, die eintritt, wenn eine Wolke vor der Sonne vorbeizieht. Steinige Rasen, Grate. **Kalk- und Silikatböden.** Alpin, bis 3 000 m. C in Nacktried-Rasen (S. 141). Von den Pyrenäen über Alpen, Apennin, Abruzzen und den Balkan bis nach Kleinasien, außerdem in der Arktis aller Kontinente. In den Alpen selten bis zerstreut.

147 Gefranster Enzian *(Gentianella ciliata)*

Beschreibung: 10–30 cm hoch, also wesentlich größer als die zuletzt besprochenen Enziane. Meist unverzweigt. **Blüten** einzeln, **vierzählig,** blau. Krone bis 5 cm lang, zur Hälfte in 5 Kronblattzipfel aufgespalten. Die eiförmigen **Kronblätter** bilden einen Trichter, nur in voll entfaltetem Zustand einen Teller, Durchmesser bis 5 cm, **am Rand** in der Spitzenregion gezähnt, weiter abwärts **mit langen Fransen besetzt.** Blütezeit VIII bis XI.
Blume: Stielteller-Blume, bei der der Teller zum Trichter werden kann. Vormännlichkeit und Stellung der Sexualorgane erschweren die Selbstbestäubung. Bestäuber Hummeln, auch Tagfalter.
Standort: Magerwiesen, Weiden, Gebüsche, Waldränder **auf Kalkböden.** Collin-subalpin, bis 2 500 m.
Pflanzengesellschaft: C einer Pflanzengesellschaft im Tiefland (hier nicht behandelt). In den Alpen auch in Rost-Seggen- und Blaugras-Rasen (S. 153).

Verbreitung: Mittel- und Südeuropa, Kleinasien, Kaukasus. In den Alpen zerstreut bis häufig.

Der Gefranste Enzian, Hummel- und Falter-Blume zugleich

Wieder eine Blütenschönheit, die uns mit ihrem Blau bis in den späten Herbst hinein erfreut. Verglichen mit dem Schwalbenwurz-Enzian ist die Farbe aber strahlender und umso auffälliger, als die grünen Pflanzenteile stärker zurücktreten. Die Blumen sind Trichter auf Röhren, die sich zu Scheiben auf Röhren ausbreiten können. Das bei Enzian-Gewächsen übliche Öffnen und Schließen der Blüten findet sich auch hier. Wie üblich handelt es sich um Wachstumsbewegungen, über die die Blüten allmählich immer größer werden. Beim Gefransten Enzian liegen dafür auch Zahlenwerte vor: junge Blüten im männlichen Zustand weisen einen Durchmesser von 2–3 cm, ältere Blüten im weiblichen Zustand von bis zu 5 cm auf.

Mit den jungen Blüten sind wir schon bei der Vormännlichkeit. Sie ist hier gut ausgeprägt. Die Staubbeutel entlassen ihren rotbraunen Pollen fast vollständig, bevor sich die beiden Narbenlappen öffnen und auf ihrer fertilen Oberseite mit Blütenstaub belegt werden können. Selbstbestäubung ist deshalb selten.

Blüte des Gefransten Enzians (147), längs. Die Staubfäden sind bis zur Hälfte mit den Kronblättern verwachsen. Nach Freiwerden legen sich ihre Staubbeutel dem Griffel nicht an.

Doch wir haben insofern vorgegriffen, als Details des Blütenbaus noch nicht gegeben worden waren – das sei nachgeholt: Im Zentrum der Kronröhre steht wie üblich der Fruchtknoten, der über einen kurzen Griffel in eine zweilappige Narbe übergeht. Die Staubfäden stehen am Rand und sind dort zur Hälfte ihrer Länge mit der Kronröhre verwachsen. Im Verwachsungsbereich tragen sie zwei Zeilen von Haaren, die in die Kronröhre hineinragen. Der Nektar wird von Drüsen am Grund der Kronröhre ausgeschieden, findet sich also wieder einmal ganz unten.

Kleinere Insekten können zwischen den Randfransen der Kronblätter hindurchkriechen. Vielleicht werden sie in der Kronröhre durch die Haare an den Staubfäden aufgehalten. Aber wenn sie nur klein genug sind, werden sie auch an diesen Sperrhaaren vorbeikommen. Sie können sich dann am Nektar verköstigen, ohne eine Bestäubung zu vermitteln. Das ist wenig sinnvoll. Die eigentlichen Bestäuber sind einmal Hummeln. Sie sind dafür voluminös genug: Wie bei den bisher beschriebenen Hummel-Blumen unter den Enzianen müssen sie deshalb beim Eindringen in junge, männliche Blüten Pollen von den Staubbeuteln abstreifen und in älteren, dann weiblichen Blüten zwangsweise die geöffneten Narbenlappen berühren. Doch Hummeln können auch zu dick sein, um weit genug in der Kronröhre vorzudringen. Die Röhre ist aber sehr lang, so dass ihr Rüssel den Nektar nicht immer erreichen kann. Doch beim Gefransten Enzian kommen auch Tagfalter als Bestäuber in Frage. Sie brauchen nicht in die Kronröhre einzudringen, sondern setzen sich auf die Kronblattzipfel und berühren dabei die Staubblätter und später die geöffneten Narbenlappen. Ihr langer Rüssel kann an den Sperrhaaren der Staubfäden vorbei zum Nektar gelangen, auch wenn das für den Rüssel bestimmter Hummeln nicht mehr möglich ist. Beim Gefransten Enzian sind also Hummeln und Tagfalter Bestäuber, ein Vorteil bei der Blüte bis in den späten Herbst hinein, in dem die Insekten seltener werden.

148 Feld-Enzian (*Gentianella campestris*): Formenreich; zu Saisonformen, die auch hier vorkommen, vgl. 149. Bis 20, manchmal bis 30 cm hoch, meist verzweigt, Blätter spatelförmig, Grundblätter in Rosette, sterben jedoch früh ab. **Kelch und Krone vierzählig. Krone lila,** selten weiß, Röhre bis 3 cm lang, Kronzipfel an der Basis gefranst, zu einem Stern von über 2 cm Durchmesser ausgebreitet. Blütezeit VII bis X. Stielteller-Blume. Manchmal leicht vorweiblich. Stellung der Sexualorgane erschwert die Selbstbestäubung in jungen Blüten. Das Fransengitter an der Basis der Kronblattzipfel bedeutet einen Fortschritt gegenüber den Randfransen von 147, denn es verhindert das Eindringen von Insekten wirksamer. Dementsprechend entfallen die Sperrhaare an den Staubfäden. Sie werden nicht mehr benötigt. Nur langrüsselige Insekten, Hummeln und Tagfalter können an den Nektar gelangen. Davon abgesehen entspricht der Blütenbau demjenigen von 147, doch stehen die Staubbeutel näher an den Narbenlappen. Dadurch wird eine spontane, d.h. ohne Beteiligung von Insekten erfolgende Selbstbestäubung erleichtert: In älteren Blüten rollen sich die beiden Narbenlappen so weit zurück, dass sie die Staubbeutel berühren und von ihnen Blütenstaub aufnehmen können. Magerrasen, Weiden. Auf basenreichen, aber kalkarmen Böden. Montan-subalpin, bis 2 800 m. C in Borstgras-Rasen (S. 128). Europa, im gesamten Alpenraum häufig und gesellig.

149 Deutscher Enzian *(Gentianella germanica)*

Beschreibung: Formenreich, 5–40 cm hoch. Meist verzweigt, Äste oft rot überlaufen. Stängelblätter lanzettförmig. **Kelch mit spitzen Buchten** zwischen den meist 5 Kelchzipfeln. **Krone rotviolett,** selten weiß, **fünfzählig,**. Kronröhre schmal, bis 4 cm lang. Kronzipfel bis 14 mm lang, **an der Basis gefranst.** Blütezeit V bis IX.

Blume: Stielteller-Blume, ähnelt 148. Bestäuber in den Alpen Hummeln und Tagfalter.
Standort: Wiesen, Weiden, Magerrasen, **Silikat- und Kalkböden**. Je nach der Unterart collin-subalpin, bis 2400 m.
Pflanzengesellschaft: C in Halbtrockenrasen tieferer Lagen (hier nicht besprochen); in den Alpen u.a. in Blaugras-Rasen (S. 148).
Verbreitung: Mitteleuropa, im gesamten Alpenraum.

Eine Reihe weiterer *Gentianella*-Arten besitzt ebenfalls fünfzählige, rotviolette Blüten. Sie können mit dem Deutschen Enzian verwechselt werden. Ihre Bestimmung ist schwierig. Sie nutzt u. a. die Gestaltung der Kelchzähne und der Buchten zwischen ihnen.

Blüte des Deutschen Enzians (149), längs. Die Blüte des Feld-Enzians (148) mit ihren vier Kronblättern ist entsprechend gebaut.

Der Deutsche Enzian: Saison-Dimorphismus – Samenreife auch bei der Herbstform

Der Deutsche Enzian kommt nicht nur in verschiedenen Unterarten vor, sondern auch noch in zwei jahreszeitlich verschiedenen Formen. Man spricht hier von Saison-Dimorphismus. Er findet sich auch bei den meisten anderen Arten der Gattung wie dem Feld-Enzian (148). Die Frühsommerform ist nur wenig verzweigt. Ihre Internodien, also die Sprossabschnitte zwischen den Blättern, sind lang. Die Herbstform ist bei kurzen Internodien stark verzweigt. Beim Deutschen Enzian kann sie 50 Blüten tragen. Die Ursachen für den Saison-Dimorphismus sind erst ungenügend erforscht, doch er musste hier wenigstens erwähnt werden, weil sich der aufmerksame Bergwanderer irritiert fragen könnte, ob er überhaupt noch dieselbe Art vor sich hat.
Bei den Herbstformen drängt sich eine andere Frage auf: Beim Deutschen Enzians gehört sie zu den spätesten Blühern. Die Art ist zweijährig; sie stirbt nach der Blüte mit Beginn des Winters ab. Reicht die nur kurze Zeitspanne zwischen Blüte und Winter für die Bildung der Samen aus? Entsprechende Versuchsdaten liegen vor. Bei der Entwicklung des Samens muss man zwei Vorgänge unterscheiden: erstens die Bildung des Zellmaterials von Embryo und umgebenden Geweben (darunter die Zellen von Nährgeweben wie des sog. Endosperms) und zweitens die Auffüllung der Nährgewebszellen mit Reservestoffen. Es zeigte sich, dass die Bildung des Embryos und der umgebenden Gewebe Priorität besitzt, beschleunigt abläuft und rechtzeitig abgeschlossen werden kann. Doch mit der Einlagerung der Nährstoffe kann es hapern. Das ist jedoch nicht ausschlaggebend: die Samen sind dann zwar kleiner, aber voll funktionsfähig.

150 Moor-Enzian, Sumpf-Enzian *(Sweertia perennis)*

Beschreibung: 20–60 cm hohe, ausdauernde Art, Stängel bis auf den traubigen Blütenstand unverzweigt. Untere Laubblätter wechselständig, eiförmig, obere Blätter kleiner und gegenständig. Blütenstiele vierkantig, Kelch aus 5 schmalen grünlichen Zipfeln. Krone mit einem Durchmesser von bis zu 3 cm, fast ohne Röhre, **aus 5**, seltener 4, **sternartig ausgebreiteten Kronblättern: hellblau bis trübviolett, mit dunklen Streifen und Punkten, an der Basis jedes Kronblattzipfels 2 kleine, dunkelviolette, am Rand gefranste Nektarnäpfe.** Narbe sitzend. Blütezeit VII bis IX.
Blume: Scheiben-Blume. Vormännlichkeit. Bestäuber Fiegen und Käfer.
Standort: Nieder- und Quellmoore, sumpfige Wiesen, mit und ohne Kalk. Montan bis subalpin, bis 2 700 m.
Pflanzengesellschaft: C in Kalk-Flachmooren (S. 118).
Verbreitung: Von den Pyrenäen bis zum Balkan, auch in Norddeutschland. In den ganzen Alpen selten bis zerstreut.

Der Moor-Enzian, eine düstere Pflanze, bietet den Besuchern Nektar in gefransten Näpfchen

Von Weitem gesehen fallen im Quellmooor dunkle, steif aussehend Pflanzengebilde auf: der Moor-Enzian wächst dort, eine gesellig wachsende Pflanze, die sich wie viele Arten der Moore von Wurzelpilzen in ihrer Ernährung helfen lässt. In der Nähe mildert sich der düster abweisende Eindruck, und zwar dann, wenn man sich mit den Blüten näher befasst. Sie sind wahre Wunderwerke, gerade auch wegen der Zeichnungen auf den Kronblättern, wegen der dunklen Punkte und Streifen, die zunächst einen abweisenden Eindruck vermittelten. Interessanter noch ist die Basis der Kronblattzipfel. Denn Fransen gibt es auch hier, nur decken sie beim Moor-Enzian kleine Nektarnäpfe nach oben zu ab. Die Grübchen sind nicht tief, der Nektar kann deshalb auch von Fliegen und Käfern erreicht werden. Beide wurden als Bestäuber beobachtet. Aber etwas bemühen müssen sich die Besucher doch, um durch die Fransen hindurch an den Nektar zu gelangen. Die Verweilzeit gibt Gelegenheit, Pollen auf den Rücken der Besucher zu deponieren, denn die Staubfäden sind bogig gekrümmt, ihre Staubbeutel öffnen sich nach außen, unter Berücksichtigung der Krümmung heißt das auf die Nektarien und damit die besuchenden Insekten zu. Und da die Besucher an 5 x 2 = 10 Honigtöpfchen naschen können, sich also länger in den Blüten aufhalten, wird die Bestäubung kaum ausbleiben. Die Blüten sind vormännlich. In jungen Blüten ist deshalb Selbstbestäubung unmöglich. In älteren Blüten sind auch die weiblichen Sexualorgane reif. Dann wird mitgebrachter Pollen an der dem Fruchtknoten aufsitzenden, zweilappigen Narbe abgestreift. Doch dann ist auch Selbstbestäubung möglich.
Der Moor-Enzian gehört zu den Arten, die während der Eiszeit aus den Gebirgen Hochasiens in die Alpen einwanderten. Von der Gattung

Blüte des Moor-Enzians (150) im zweiten, weiblichen Stadium. Die beiden Narbenlappen sind gespreizt. Die Staubfäden mit den entleerten Staubbeuteln sind nach unten und außen gesenkt. An der Basis der Kronblätter erkennt man die Fransen der Nektarnäpfchen.

Sweertia findet sich in den Alpen nur unser Moor-Enzian. Man darf daraus nicht schließen, die Gattung sei unwichtig. Denn in Hochasien bis nach Westchina und in den Himalaya hinein finden sich über 70 *Sweertia*-Arten mit blaugetönten und grauen, aber auch gelblichen Blüten.

151 Tauernblümchen, Kärntner Tauernblümchen *(Lomatogonium carinthiacum)*

Beschreibung: Einjährige, 1–12 cm hohe Pflanze. Stängel vierkantig, von Grund an verzweigt. Blätter ei- bis lanzettförmig. Blüten einzeln auf langen Stielen, mit sehr kurzer Röhre, mit in der Regel 5 Kronblattzipfeln, die einen Stern oder eine flache Schale von 1–2 cm Durchmesser bilden, **hellblau bis weiß. An der Basis jedes Kronblattzipfels 2 oben gefranste, weißliche kleine Nektarnäpfe. Kein Griffel: die beiden Narbenlappen laufen auf den Verwachsungsnähten der beiden Fruchtblätter leistenartig am Fruchtknoten herab.** Blütezeit VIII bis X. **Blume:** Scheiben- bis Schalen-Blume. Bestäuber Fliegen und Käfer.**Standort:** Kurze, offene Rasen, offene erdig-sandige Stellen, auch Trittstellen von Weidetieren, bevorzugt auf feuchten Böden. Montan bis subalpin, bis 2 500 m. **Pflanzengesellschaft:** C in Nacktried-Windecken (S. 141).**Verbreitung:** In den Alpen selten bis zerstreut, vor allem in den Hohen Tauern und angrenzenden Gebirgszügen, nach Westen bis ins Wallis; in Asien bis nach Südwestchina und in den Himalaya. Nicht in der Arktis.

Das Tauernblümchen, ein einjähriges Kleinod aus Hochasien

Wir fahren Ende August in Kärnten durch den Nationalpark Nockberge. Nicht mehr allzu viele, für uns aber immer noch zu viele Wagen sind unterwegs. Wir wollen dem Verkehr vorübergehend entfliehen und parken auf der höchsten Stelle der Nockalmstraße.Nach nur wenigen Schritten in Richtung Eisentalhöhe (2 180 m) entdecken wir es, das Tauernblümchen. Wir hatten immer wieder vergeblich nach ihm gesucht. Hatten wir es übersehen? Denn Kümmerformen von ihm weisen Blüten mit nur wenigen mm Durchmesser auf. Oder hatte es gerade den Standort gewechselt? Denn das Tauernblümchen, eine der wenigen einjährigen Alpenpflanzen, geht mit seinen winzigen Samen auf Reise. Es entwickelt sich innerhalb eines Bergsommers, nutzt warme Herbsttage zur Samenreife. Die Samen werden im Winter verbreitet. Im folgenden Sommer muss ihre Keimung und die weitere Entwicklung rasch ablaufen, wenn noch im gleichen Jahr Samen gebildet werden sollen. Das ist am leichtesten an offenen Stellen möglich, an denen es keine Konkurrenz durch andere Pflanzenarten gibt. Dazu gehören auch Viehtritte oder Erdaufrisse durch das Einschlagen von Pfosten für Einzäunungen, auf die wir hier überall stoßen. Da die offenen Stellen wechseln, wird man das Tauernblümchen im folgenden Jahr zwar oft im gleichen Umkreis, aber nicht immer an exakt demselben Standort antreffen.

Auf der Eisentalhöhe ist es uns nun schon im dritten Jahr in Folge begegnet, allerdings in weit zerstreuten, einzelnen Pflanzen. Neben uns blüht gerade eine von ihnen. Anmutige bläulich überhauchte Blütensterne sind es, neben denen das Niederknien leicht fällt. Der Fruchtknoten ragt in den Blüten höher auf als die Staubblätter. Um so leichter können wir erkennen, dass an ihm auf zwei gegenüberliegenden Seiten Narben herablaufen. Sie bilden einen Saum auf den Verwachsungsnähten der zwei Fruchtblätter, daher auch die Namen „Saumnarbe“ oder „Kärntner Saumnarbe“. Doch der Freund der Alpenblumen wird „Tauernblümchen“ bevorzugen.Die sonstige Gestaltung der Blüte ist von der Farbe abgesehen wie beim Moor-Enzian: Stellung und Krümmung der Staubfäden, Öffnen der Staubbeutel in Richtung der ebenfalls vorhandenen beiden Nektarnäpfe pro Blütenkronzipfel – alles wie gehabt. Das Tauernblümchen ist in der Tat mit dem Moor-Enzian eng verwandt. Früher lautete der wissenschaftliche Name deshalb *Sweertia carinthiaca.*

Wie der Moor-Enzian ist auch das Tauernblümchen aus den Gebirgen Hochasiens in die Alpen eingewandert. Die leichten Samen waren dabei von Vorteil. Aber wenn man den Moor-Enzian im Himalaya vermißt – das Tauernblümchen gibt es auch dort. Es steigt im höchsten Gebirge unserer Erde bis auf 4 800 m Höhe. So hoch oben ist die Blütenfarbe tiefer, wird zum Blau. Doch ist das zarte Hellblau der Alpenform nicht ansprechender?

Raublatt-Gewächse (Boraginaceae)

In unserer Flora handelt es sich um krautige Pflanzen mit einfachen, in der Regel ganzrandigen und wechselständigen Blättern, die mit Borstenhaaren besetzt sind. Die Blütenstände sind meistens Doppelwickel. Die fünf-, seltener vierzähligen Blüten sind von Ausnahmen abgesehen radiär, in Kelch und Krone gegliedert und führen nur einen Staubblattkreis. Die Krone ist verwachsenblättrig und bildet eine Röhre, der ein Teller, eine Glocke oder ein Trichter aufsitzt. Die meisten Raublatt-Gewächse zeigen am Eingang zur Röhre Schlundschuppen. Der Fruchtknoten besteht aus nur zwei Fruchtblättern, ist aber durch unechte Scheidewände vierteilig. Aus ihm entwickeln sich vier einsamige Klausenfrüchte. Die Vierteilung in Klausen findet sich auch bei den Lippenblüten-Gewächsen, doch lassen sich die beiden Familien an Hand weiterer Merkmale leicht unterscheiden.

152 **Alpen-Vergissmeinnicht** (***Myosotis alpestris***): 5–20 cm hohe Halbrosettenstaude. Blattrosetten rasenartig. Blätter rauhaarig, eiförmig, Rosettenblätter gestielt oder ungestielt, Stängelblätter sich nach unten verschmälernd und sitzend. Blütenstand gedrungen, ebenfalls rauhaarig, mit nur wenigen Blüten. **Im Blütenstand befinden sich keine Tragblätter unter den Blüten. Kelch dicht mit anliegenden, nur selten hakig gebogenen Haaren besetzt, dadurch leicht silbrig. Krone intensiv blau mit 5 gelben Schlundschuppen,** bis 9 mm im Durchmesser. Blütezeit VI bis VII. Stielteller-Blume. Die Staubbeutel stehen nahe bei der Narbe, Selbstbestäubung ist möglich. Die nur wenige mm lange Kronröhre ermöglicht auch kurzrüsseligen Insekten den Zugang zum Nektar. Bestäuber sind in erster Linie Tagfalter, mit einigem Abstand Fliegen, seltener auch Hummeln. Bei den Vergissmeinnicht-Arten des Tieflands, deren Blüten weniger leuchtend blau sind, handelt es sich in erster Linie um Fliegen, außerdem um Bienen und Hummeln. Feuchtere Böden: Rasen, Schuttfluren, Blockhalden, auf saurem ebenso wie auf basischem Grund. Subalpin-alpin, bis 3 000 m, nicht unter 1 600 m. C in Blaugras- und Rost-Seggen-Rasen (S. 148). Gebirge Eurasiens und Nordamerikas. In den Alpen zerstreut bis häufig.

153 Himmelsherold *(Eritrichum nanum)*

Beschreibung: 2–5 cm hoch. Dichte Flachpolster bildend, darunter auch viele sterile Polster. **Polster und Stängel sind glänzend seidig, meist wollig-zottig behaart.** Die Blätter sind lanzettlich, 5–10 mm lang. Die Blüten stehen zu 3–6 in Wickeln. Sie sind kurz gestielt, unter jeder Blüte befindet sich ein Tragblatt. Die kurze Kronröhre ist weißlich, die 5–8 mm breiten Kronteller intensiv himmelblau mit leuchtend gelben Schlundschuppen. Auch die Krone ist außen behaart. Duftend. Blütezeit VII und VIII.

Blume: Stielteller-Blume. Vorweiblich. Bestäuber vor allem Tagfalter, aber auch Fliegen.

Standort: Feiner Ruheschutt, Felspalten, wenn in Rasen, müssen diese lückig sein. **Bevorzugt Silikatfelsen und Vulkanite** (z. B. in den Dolomiten), aber in den Südostalpen auch auf Kalk und Dolomit. Alpin, bis 3 400 m.

Pflanzengesellschaft: C in Felsflur mit Vandellis Mannsschild (S. 184).

Verbreitung: In den Alpen selten bis zerstreut. Karpaten, Kaukasus.

Der Himmelsherold am Bindelweg, einem leichten Wanderweg, berühmt für Aussicht und Flora

Auf der Dolomitenstraße sollte man seinen Wagen nicht von Aussichtspunkt zu Aussichtspunkt hetzen, sondern sich immer wieder Zeit für eine Wanderung nehmen. Wenn man Interesse an Alpenblumen hat, ist es ein Muss, am Pordoijoch (2 239 m) zu parken und von dort aus auf dem Bindelweg in Richtung Fedajasee zu wandern.

Im Juni ist es am Pordoijoch noch recht ruhig, doch Abfälle aller Art zeugen von der Betriebsamkeit, die hier herrschen kann. Über Skihänge steigen wir zunächst zum Sattel des Belvedere (2 364 m) auf: dichter Nebel, mit der „Schönen Aussicht" ist es nichts. Der bequem begehbare Bindelweg schwenkt danach in Richtung Osten um. Wir wandern auf dem Padonkamm, einem Höhenrücken vulkanischer Herkunft. Weithin ist er von Matten überzogen, doch immer wieder lugen Felsköpfe aus dunklen vulkanischen Tuffen aus dem frischen Grün des Rasens hervor. Der Nebel hebt sich, nur für kurze Zeit. Aber es genügt um zu erkennen, dass wir auf einem der landschaftlich schönsten Wege der Dolomiten wandern. Gegenüber, im Süden steilt der Große Vernon (2 826 m) auf, ein Kalkmassiv, das jetzt von Wolken dunkel überschattet ist. Im Kontrast dazu gleißen nach Osten anschließend Gletscher im Sonnenlicht, das durch eine Wolkenlücke fällt: Die Königin der Dolomiten, die Marmolata (3 334 m) liegt vor uns. Unter dem sich talwärts fächerartig ausweitenden Eispanzer aus dem Kalk von Algenriffen aufgebaut, zeigt sie sich von ihrer schönsten Seite.

Rechte Seite: Am Bindelweg. Über die Hänge im Vordergrund zieht der nicht nur für Pflanzenfreunde lohnende Pfad abwärts. Rechts der Große Vernon (2 826 m), im Hintergrund die Königin der Dolomiten, die Marmolata (3 334 m).

Doch der Freund der Alpenblumen achtet auch auf die Natur im Kleinen. Und das lohnt sich hier besonders: hin und wieder blüht auf den dunklen Köpfen aus Vulkanitgestein der Himmelsherold. Himmelblau sind seine Blüten in der Tat, mit einem gelben Schlundring als Farbkontrast, ein weithin sichtbares Nektarmal, mit dem die in größeren Höhen seltenen Bestäuber angelockt werden sollen. In älteren Blüten verblasst das Gelb des Schlundrings. Seine dann weißliche Farbe weist die Besucher darauf hin, dass in den Blüten nur noch wenig Nektar zu holen ist.

Blüte des Himmelsherolds (153), längs. Das Blau der Blüten kontrastiert mit dem warmen Gelb des Schlundrings. Seine Aufwölbungen gehen auf Schlundschuppen zurück, wie sie für alle Raublatt-Gewächse typisch sind. Darunter drängen sich im gleichen Goldgelb die länglichen Staubbeutel, die sich nach innen öffnen, und der grünliche Griffel mit der Narbe. In dem hier gezeigten Stadium kann es dann leicht zur Selbstbestäubung kommen. In jüngeren Blüten dagegen sind die Staubbeutel noch geschlossen, die Narbe aber schon reif. Dann findet Fremdbestäubung statt.

Die Blüten ähneln denjenigen das Alpen-Vergissmeinnicht (152), sind aber farbintensiver, und die Rosettenpolster sind kompakter. Die dichte, seidig-glänzende, oft sogar zottige Behaarung macht einen weiteren Unterschied aus. Der wissenschaftliche Gattungsname *Eritrichum* = Wollhaar (griech. erion = Wolle, thrix, thrichos = Haar) bezieht sich darauf. Wenn man vorsichtig unter die Polster tastet, spürt man den Ansatz einer starken Pfahlwurzel, die für eine feste Verankerung tief im Gestein sorgt. Der Himmelsherold scheint eigentlich bestens für das Vordringen in größere Höhen geeignet. In der Tat ist er hier auf etwas über 2000 m Höhe fast an der Untergrenze seiner Verbreitung angelangt. Bis rund 4000 m Seehöhe kann man ihn finden, dann verdient er seinen deutschen Namen auch deswegen, weil er weit in Richtung Himmel aufsteigt. Ein Vorzug des Bindelwegs ist es, dass man ihn dort antreffen kann, ohne anstrengende Steigungen bewältigen zu müssen.

Als wir an dem kleinen Rifugio Vial del Pan (2432 m) anlangen, beginnt es zu regnen. Im Nu verschwindet die prachtvolle Aussicht, auch die hinunter zum Fedaja-See, hinter Regenschleiern. Doch ein rustikales Vesper in der Hütte versöhnt mit dem Wetter. Dort treffen wir auf eine andere Wandergruppe, darunter auch Freunde der Alpenflora. Sie hatten die Gold-Primel (127) gefunden und dabei den Himmelsherold übersehen, wir hatten uns umgekehrt so sehr vom Himmelsherold begeistern lassen, dass uns die Gold-Primel entgangen war. Doch auf dem Rückweg zum Pordoijoch entdecken wir auch sie.

Für uns hatte sich der Bindelweg schon allein wegen des Himmelsherolds voll und ganz gelohnt – und für andere auch. Nur eine Stimme: Auch der englische „Pflanzenjäger“ Reginald Farrer war dem Himmelsherold am Bindelweg begegnet. Was er 1913 in einem Buch über die Pflanzen der Dolomiten darüber schrieb, war nichts weniger als britisch-unterkühlt: „...und plötzlich dachte ich, ich würde verrückt. Denn da gab es *Eritrichium nanum*... Man mag es sehen so oft man will, *Eritrichium* bleibt unbestritten die Krönung aller Eindrücke, die man in den Alpen gewinnen kann.“

Jeder sollte die insgesamt rund drei Stunden für den Bindelweg bis zum Rifugio Vial del Pan und wieder zurück erübrigen – nur nicht unbedingt zur Hauptsaison im Juli. Denn dann könnten zu viele Wanderer unterwegs sein.

Rachenblütler (Scrophulariaceae)

Die Rachenblütler werden nach der Gattung Braunwurz (*Scrophularia*) auch Braunwurz-Gewächse genannt. Zur Familie zählen meist krautige Pflanzen mit gegen- oder wechselständigen Blättern. Die Blüten sind vier- oder seltener fünfzählig, in Kelch und Krone gegliedert, beide verwachsenblättrig, und führen nur einen Staubblattkreis, in dem die Zahl der Staubblätter von fünf ausgehend auf meistens vier, seltener zwei reduziert sein kann. Die Regel sind zygomorphe, zweilippige Blüten (Rachenblüten) mit vier Staubblättern, zwei längeren und zwei kürzeren. Der Fruchtknoten ist oberständig und ungeteilt (keine Klausen) und trägt einen kopfigen oder zweilappigen Griffel.
In der Unterfamilie der Klappertopfartigen (*Rhinanthoideae*) finden sich grüne Halbschmarotzer (Hemiparasiten). Sie werden im Anschluss an die Arten mit normaler Ernährungsweise besprochen.

154 Großblütiger Fingerhut *(Digitalis grandiflora)*

Beschreibung: 30–100 cm hohe Staude mit mehreren Stängeln. Blätter am Stängel wechselständig, bis 25 cm lang, eiförmig und zugespitzt, unten gestielt, oben sitzend. Am Stängel eine einseitswendige Traube aus 20–40 Blüten. Die zweilippigen **Blüten** sind leicht hängend, **bis 45 mm lang**; ihr Kelch ist fünfzipfelig; ihre Oberlippe ist ungegliedert, die Unterlippe weist 3 schwach ausgeprägte Lappen auf. **Die Kronen sind hellgelb, innen mit bräunlicher Zeichnung, innen nicht bebärtet.** Außen sind die Kronen drüsig behaart. Vorne in der Oberlippe 2 lange, dahinter 2 kurze Staubblätter. Blütezeit VI bis IX.
Blume: Rachen-Blume. Vormännlich. Bestäuber Hummeln.
Standort: Lichte Wälder, Waldränder, Wiesen, Hochstauden-Fluren, Geröllfelder. Montan-subalpin, bis 1 900 m.
Pflanzengesellschaft: C in Waldlichtungs-Fluren (hier nicht besprochen). Geht auch in Hochstauden-Fluren (S. 102).
Verbreitung: In den höheren Lagen der Mittelgebirge und in den Alpen, zerstreut. Von Mitteleuropa bis nach Sibirien.

Der Großblütige Fingerhut: ein Verhaltenskodex der Hummeln für den Besuch von Blütenständen erschwert die Nachbarbestäubung
Die Blüten des Großblütigen Fingerhuts sind an ihrer Basis mit 5 bis 6 mm Durchmesser verhältnismäßig eng, weiten sich dann aber. Hummeln können in sie hineinkriechen und nehmen dabei mit ihrem Rücken in jungen Blüten Pollen von den Staubbeuteln ab, die unter der Oberlippe sitzen. Zuerst öffnen sich vorne in der Oberlippe zwei Staub-

beutel auf längeren Staubfäden, etwas später weiter hinten in der Oberlippe zwei Staubbeutel auf kürzeren Staubfäden. In älteren Blüten öffnet sich unter dem Dach der Oberlippe die Narbe mit ihren zwei Lappen und streift mitgebrachten Blütenstaub vom Rücken der Hummeln ab. Die männliche und die weibliche Phase überlappen sich dabei, so dass Selbstbestäubung nicht völlig ausgeschlossen ist.
Doch von dieser Überlappung der Phasen einmal ganz abgesehen könnte sich ein anderes Problem ergeben, was die Verhinderung der Selbstbestäubung angeht. Denn wir haben keine einblütige Pflanze vor uns, in der über die Vormännlichkeit die Selbstbestäubung erschwert würde, sondern einen Blütenstand. Wer hindert die Hummeln, in jungen Blüten oben in der Traube Pollen aufzunehmen und ihn weiter unten im Blütenstand in älteren Blüten mit inzwischen belegungsfähigen Narbenlappen wieder abzugeben? Damit wäre eine Nachbarbestäubung erfolgt, die genetisch der Selbstbestäubung entspricht. Die Antwort: Die Hummeln machen nicht mit. Sie haben ihre eigenen Regeln beim Aufsuchen von Blüten in einem Blütenstand. Die meisten von ihnen besuchen zuerst Blüten unten im Blütenstand und fliegen dann zu Blüten weiter oben empor. Folge ist, dass innerhalb eines gegebenen Blütenstands nur selten Pollen übertragen werden. Denn die unten sitzenden, älteren weiblichen Blüten haben ihren Blütenstaub bereits weitgehend oder völlig abgegeben.
Für den Naturwissenschaftler ergibt sich aus der Beantwortung einer ersten Frage regelmäßig ein zweite Fragestellung. So auch hier. Die Anschlussfrage muss sein: Warum verhalten sich die Hummeln so und nicht anders? Für den Roten Fingerhut liegen entsprechende Daten vor. Bei ihm steigen fast 80 % der Hummeln im Blütenstand aufwärts. Die unteren, älteren und weiblichen Blüten, die sie zuerst besuchen, enthalten weitaus mehr Nektar als die jüngeren männlichen weiter oben – vorausgesetzt, dass noch kein Insektenbesuch stattgefunden hatte, über den sich diese Ausgangssituation geändert hätte. Für die Hummeln gilt, dass sie möglichst energiesparend möglichst viel Nektar sammeln müssen. Das gelingt nur dann, wenn sie unten bei den Blüten mit mehr Nektar beginnen und so weit aufwärts sammeln, bis es sich in nektararmen jungen Blüten nicht mehr lohnt. Dann fliegen die Hummeln ab. Wortwörtlich abwegig wäre es, oben mit dem Sammeln zu beginnen, dabei Energie zu vergeuden und erst danach auf die lohnendere Tracht in unteren, weiblichen Blüten zu stoßen.
Übrigens verhalten sich die Hummeln nicht nur beim Fingerhut wie geschildert, sondern auch bei anderen Blütenständen. Man kann das oft bei Eisenhut-Arten (022) beobachten. Bei ihnen arbeiten sich sogar 90 % der Hummeln aufwärts voran.

155 Jura-Braunwurz, Hoppes Braunwurz (*Scrophularia juratensis*): Bis 60 cm hoch. Blätter teils grundständig, teils am Stängel, am Grund länger und dann stängelaufwärts kürzer gestielt bis schließlich sitzend, unten bis 10 cm lang. Alle **Blätter** sind **doppelt fiederteilig, wobei die Fiederteile 2. Ordnung schmal-lanzettlich sind.** Der locker gebaute Blütenstand besteht aus zahlreichen Rispen mit je 3–11 Blüten, die an der Hauptachse ansetzen. Die Blüten sind 4–5 mm lang. Ihr Kelch ist fünfzipfelig. Die Krone ist eine kugelig aufgeblähte Röhre, die in Lippen ausläuft. Die Oberlippe ist über ihre Mitte hinaus zweigespalten und trägt einen Fortsatz, bei dem es sich um das reduzierte 5. Staubblatt handelt; sie ist mindestens doppelt so lang wie die Kronröhre. Die Blüte ist rotbraun bis auf die 2 Seitenlappen der Unterlippe, die weißlich-grünlich sein können. 2 der 4 Staubblätter ragen im männlichen Zustand weit aus der Blüte heraus. Blütezeit VI bis VIII. Rachen-Blume. Vorweiblich mit Wechsel in der Stellung der Sexualorgane: Der Griffel biegt sich nach der weiblichen Phase abwärts und die Staubbeutel erscheinen im Blüteneingang. Bestäuber Fliegen. Felsschutt. **Auf Kalk.** Collin-subalpin, bis 2 000 m. C in Steinschutt- und Geröllfluren (S. 167), etwa in Alpen-Pestwurz-Fluren (S. 167). Gebirge Südeuropas und des südlichen Mitteleuropas. Vor allem Südliche Randalpen. Häufig.

Oben: Blüte der Jura-Braunwurz (155) im ersten, weiblichen Stadium. Der Griffel streckt sich den Besuchern entgegen. Man achte auch auf die hier dunkel erscheinenden, abenteuerlich geformten Lappen auf der Oberlippe.

Unten: Blüte der Jura-Braunwurz (155) im zweiten, männlichen Stadium. Jetzt strecken sich die Staubblätter den Besuchern entgegen, der Griffel ist nach unten abgebogen.

156 Wulfenie (*Wulfenia carinthiaca*)

Beschreibung: Bis 40 cm hoch. Grundständige Blattrosette. **Rosettenblätter schräg aufwärts gerichtet**, bis 15 cm lang, verkehrt eiförmig, in einen kurzen Stiel verschmälert, grob gekerbt, **leuchtend hellgrün. Blütenstandsstiel** 10 cm lang, mit schuppenartigen, wechselständigen Hochblättern, **trägt eine** noch einmal so lange, **dichte, einseitswendige Traube**. Blüten mit fünfzipfeligen Kelch. Krone zweilippig, bis 15 mm lang, mit langer Kronröhre, dreilappige Unterlippe innen bärtig, **tief violettblau**. 2 Staubblätter. Blütezeit VI bis VII.
Blume: Rachen-Blume. Knospenvorweiblich. Bestäuber Hummeln.
Standort: Matten und Weiden, Gebüsch, Hochstauden-Fluren, in Gebieten mit hohem Niederschlag jeweils in der Grenzzone zwischen Wald und Zwergstrauchgürtel. Subalpin, bis 2 000 m.
Pflanzengesellschaft: u.a. in Hochstauden-Fluren und Grün-Erlengebüsch (S. 102).
Verbreitung: Lokalendemit (Tertiärrelikt): in den Alpen nur am Gartnerkofel (Karnische Alpen in Südkärnten).

Wulfenie: die blaue Blume Kärntens

Vor rund 220 Jahren, im Jahr 1779 wurde sie von Franz Xaver Freiherr von Wulfen (1728–1805) am Gartnerkofel entdeckt. Mit Recht trägt sie seinen Namen, denn der Freiherr, Jesuit und Professor für Mathematik, Philosophie und Physik, hatte sich eingehend mit der Natur Kärntens und besonders seiner Flora befasst. Er entdeckte und beschrieb zahlreiche Arten, von denen nur das Tauernblümchen (151) erwähnt sei. Um keinen falschen Eindruck entstehen zu lassen: Die betreffenden Alpenblumen sind teilweise weit über Kärnten hinaus wichtig. Auch wir haben in diesem Buch bereits mit einigen von ihnen Bekanntschaft gemacht, mit der Stein-Nelke (031) und dem Zwerg-Mannsschild (131). Weitere Alpenblumen tragen nach ihm ihren Artnamen, so die Gelbe Hauswurz (054). Doch nur eine Pflanzenart führt den Namen des Freiherrn als Gattungsnamen, eben die Wulfenie.

Die Wulfenie wurde zur Nationalblume Kärntens erhoben – und entsprechend vermarktet. Sogar eine ganze Stadt erhebt Anspruch auf sie: Hermagor bezeichnet sich als Wulfenia-Stadt. Doch wo finden wir die Vielgerühmte? Sie wächst auf der Kärtner Nord- ebenso wie auf der italienischen Südseite des Gartnerkofels (2 195 m) und in seiner unmittelbaren Nachbarschaft. Nebenbei, der Gartnerkofel liegt nicht in den Gailtaler Alpen, wie man immer wieder lesen kann, sondern in den Karnischen Alpen, dem Alpenzug südlich des Gail- und Lesachtals. Die Gailtaler Alpen liegen im Norden des Tals.

Am bequemsten erreicht man die Wulfenie auf der Kärntner Seite. Man kann mit dem Wagen bis fast zum Nassfeldpaß (1 552 m) aufwärts fahren. Vor ihm biegt man zum Parkplatz bei der Watschiger Alm ab. Schon neben dem schmalen Sträßchen dorthin kann man vereinzelt Wulfenien im Gebüsch sehen. Die romantisch vor der Steilkulisse des Gartnerkofels gelegene Alm lädt zum Verweilen ein. Gerne zeigt die freundliche Wirtsfamilie den Gästen ihre blitzblank saubere Käserei – und ebenso den bekanntesten Standort der Wulfenie: unmittelbar hinter dem Haus liegt eine bewaldete Kuppe. Dort, am Waldrand oberhalb der Alm, blüht die blaue Blume Kärntens in größeren Stückzahlen. Doch früher waren ihre Bestände hier viel ausgedehnter. Sie wurden für den Ausbau der Skipisten und die Neuanlage des Sessellifts vernichtet, gnadenlos dem Kommerz geopfert. Die verbliebenen Reste schützt man umso mehr.

Wir freuen uns, die Wulfenie blühend anzutreffen. Der Juni ist die rechte Zeit dafür, je nach der Wetterentwicklung mal früher, mal später im Monat. Im Juli, der immer wieder als Blütezeit angegeben wird, ist es zumindest bei der Watschiger Alm meistens zu spät. Schon die Blätter der Wulfenie sind in ihrem hellen Grün unerwartet eindrucksvoll. Sie überstehen den Tritt des Weideviehs gut, daher heißt unsere Art auch

recht prosaisch „Kärntner Kuhtritt". Eine andere Interpretation der Bezeichnung ist, dass die Kühe die Früchte mit ihren Klauen verbreiten sollen. Aber „Wulfenie" wird der Pflanze, die über den Kontrast der hellgrünen Blätter mit dem tiefen Blau der Blüten besonders attraktiv wirkt, besser gerecht. Wir bemerken auch mit inzwischen sachkundigem Blick, dass der Griffel schon vorwitzig aus den Knospen herauslugt: Knospenvorweiblichkeit zur Förderung der Fremdbestäubung – das mag zur Blütenökologie genügen.

Blüte der Wulfenie (156). Die Haare im Blüteneingang sorgen dafür, dass die Besucher mit den unter der Oberlippe stehenden Sexualorganen in Kontakt kommen. Griffel und Narbe der knospenvorweiblichen Blüte ragen deutlich heraus, weiter hinten kann man zwei Staubbeutel erkennen.

Denn fast interessanter als die Pflanze selbst ist ihre Herkunft. Sie kommt nur am Gartnerkofel vor. Früher glaubte man, es gäbe noch ein weiteres Vorkommen in Montenegro, doch heute vertritt man die Auffassung, dass es sich dort nicht um dieselbe, sondern nur um eine nahe verwandte Art handelt. Die blaue Blume Kärntens ist also ein Endemit, die nur an einem einzigen Berg vorkommt, ein Lokalendemit im wahrsten Sinn des Wortes. Sie liebt Feuchtigkeit. Und die bekommt sie geboten: 3000 mm Niederschlag pro Jahr fallen im Nassfeld, das seinen Namen zu Recht trägt. Doch warum kommt sie nur hier vor? Antworten auf diese Frage sind stark hypothetisch.

Sicher scheint, dass die Wulfenie schon vor der Auffaltung der Alpen im Tertiär in feucht-warmen Lorbeerwäldern wuchs. Sie ist also ein Relikt

Blüte des Blauen Mänderle (157) im ersten, männlichen Zustand. Die Staubblätter mit ihrem blaugrauen Blütenstaub stehen vor dem Eingang, der Griffel ist noch nach unten abgebogen. Im folgenden weiblichen Stadium wird er sich strecken. Die Narbe befindet sich dann auf Höhe der inzwischen vertrockneten Staubbeutel, die ihren Pollen abgegeben haben. Eine Selbstbestäubung wird dadurch erschwert.

der Tertiärflora. Diskutiert wird, dass sie die Eiszeiten auf eisfreien Nunatakkern oder, wahrscheinlicher, in einem größeren Refugium überdauerte, das weit entfernt von ihrem heutigen Verbreitungsgebiet lag. Diskutiert wird aber auch, dass sie an ungefähr den heutigen Standorten die Eiszeit hätte überleben können. Das Gailtal war bis auf 2 000 m Höhe vergletschert, die Wulfenie kommt heute zwischen 1 300 und 2 000 m vor. Die meisten heutigen Standorte lagen also unter Eis begraben. Aber vielleicht hatte sie doch irgendwo oberhalb der Gletscher in der Nähe des heutigen Verbreitungsgebiets ausreichende Existenzbedingungen gefunden, etwa auf Südhängen, die zeitweise eisfrei waren?

157 **Blaues Mänderle** (*Paederota bonarota*): 8–15 cm hoch bzw. lang. **Dicht kraushaarige Stängel**, aufrecht oder – **meistens** – **überhängend.** Blätter gegenständig, bis 45 mm lang, breit eiförmig, grob gesägt, fast sitzend, dunkelgrün. **Blütenstand eine Traube mit 10–40 Blüten, mit spitzen, pupurrot überlaufenen Tragblättern, oft überhängend. Auch die 5 Kelchzipfel sind purpurrot. Blüten tief blauviolett,** Krone trichterförmig, bis 13 mm lang, mit langer Röhre, **Oberlippe ungeteilt und aufrecht,** Unterlippe dreilappig. **Staubblätter 2,** ragen ebenso wie der Griffel weit aus der Blüte heraus. Blütezeit VI bis VIII. Rachen-Blume. Verbesserung der Schauwirkung des Blütenstands durch die Trag- und Kelchblätter. Vormännlich. Felsbänder und Felsspalten, **nur auf Kalk und Dolomit.** Subalpin-alpin, bis 2 500 m, bis in Tallagen absteigend. C in Felsfluren mit Stängel-Fingerkraut in den Südlichen Randalpen (S. 180). In den Nördlichen Randalpen sehr selten, etwas häufiger in den Südlichen Randalpen vom Gardasee bis zu den Julischen Alpen. Relikt aus der Tertiärzeit, das nur an den heutigen Standorten überdauern konnte. Selten.

An ähnlichen Standorten kommt das 158 **Gelbe Mänderle** (*Paederota lutea*) vor, das an der hellgelben Blütenfarbe unterschieden werden kann. Es findet sich ganz vereinzelt in den Nördlichen Randalpen und ist in den Südöstlichen Randalpen häufiger.

Der Gattungsname „Mänderle“ ist keine Verkleinerungsform für „Mann“, sondern bezieht sich auf „Gamander“ (*Teucrium*), eine Gattung, zu der man früher auch unsere heutigen beiden Mänderle gezählt hatte.

159 Alpen-Leinkraut *(Linaria alpina)*

Beschreibung: Bis 15 cm hoch. Verzweigte Ausläufer aus, die im Schutt kriechen, steigen auf und bilden **Quirle mit 3–4 Blättern.** Diese sind lineal-lanzettlich, höchstens 20 mm lang und wenige mm breit, **fleischig,** ganzrandig und **bläulich**

bereift. Die Blütenstände sind wenigblütige, kompakte, endständige Trauben. Der Kelch ist fast bis zur Basis fünfteilig. Die Krone ist bis 25 mm lang und zweilippig. Die Oberlippe ist tief zweigeteilt, die **Unterlippe ist dreilappig mit einer Aufwölbung (Maske) am Schlund, die den Blüteneingang verschließt. Sie läuft in einen Sporn aus, der so lang wie die übrige Krone ist. Krone violettblau, Maske orangegelb,** seltener violettblau wie die Krone sonst oder weißlich. Blütezeit VI bis IX.

Blume: Abgewandelte Röhren-Blume: „Masken-Blume". Bestäuber Hummeln (oft Erdhummel), Falter.

Standort: Bewegter Schutt und Geröll, Moränen, auch Flußschotter bis weit ins Alpenvorland hinab. **Bevorzugt Kalk, aber auch auf schwach saurem Untergrund.** Subalpin–alpin, bis über 4 000 m.

Pflanzengesellschaft: C in Steinschutt- und Geröllfluren generell, auf Silikat z. B. in der Alpen-Mannsschild-Schuttflur (S. 175).

Verbreitung: Gebirge Süd- und Mitteleuropas von den Pyrenäen bis zum Balkan. Häufig.

Das Alpen-Leinkraut: ein Schuttkriecher mit Hummel-Blumen, die auch das Taubenschwänzchen zu nutzen versteht

Von Saas Fee aus, der Perle der Alpen, lassen sich Wanderungen auch im hochalpinen Gebiet ohne große Anstiegsmühe durchführen. Warum nicht auch einmal die „Aufstiegshilfen" nutzen, wenn man dadurch die Zeit gewinnt, sich mit der Blumenwelt an der Grenze des ewigen Schnees näher zu befassen? Mit der Seilbahn ist man schnell am Felskinn (2 991 m). Ein vielbegangener Weg führt von dort fast ohne Steigung zur Britannia-Hütte. Früh morgens ist allerdings Vorsicht beim Queren eines Gletscherfelds geboten, denn der Pfad ist dann noch völlig vereist. Ein Abrutschen über das Eisfeld zur Linken wäre nichts weniger als angenehm. Bei der Hütte bietet sich ein faszinierender Ausblick auf den Allalingletscher. Wer noch nicht hier oben war, sollte ihn sich nicht entgehen lassen. Doch wir kennen ihn. Statt zur Hütte zu gehen, halten wir uns am Egginer Joch links. Der Pfad windet sich vor den roten Felsabstürzen des Egginer (3 366 m) über Moränenschutt abwärts, passiert die riesige Höhlung eines Felsüberhangs und gewinnt dann Anschluss an den vielbegangenen Hauptweg von der Britannia-Hütte her.

Meistens ist man hier allein. Nur auf Alpensteinböcke treffen wir, auf Geißen mit Jungtieren. Die Böcke stehen jetzt im August anderswo, etwa im Blockschutt am Plattjen. Doch bald sind die Steinböcke vergessen. Denn auf den Moränen hat die Natur einen wahren Alpengarten erblühen lassen. Der Feuchtigkeit ziehende Untergrund aus Sand und Schutt sowie die sonnige Südlage bieten beste Wachstumsbedingungen. Rosa mit gelbem Schlundring blühen ringsum die Rosettenpolster des Alpen-Mannsschild (128). Blau mit dezent grauem Pollen öffnen sich

gesehen weniger betroffen. Eine komplette Abfolge im Blütenbau der Braunwurz-Gewächse von fast radiär bis zu extrem zygomorph zu präsentieren, würde den Rahmen eines Buchs über Alpenblumen sprengen. Doch schon die bisher besprochenen Arten liefern einige Beispiele. Wir gehen in den Blüten von außen nach innen, vom Kelch über die Krone zu den Staubblättern:

Die Zahl der **Kelchblätter** ist meistens fünf. Beim Felsen-Ehrenpreis (160) können es manchmal auch vier Kelchblätter sein, beim Nesselblättrigen Ehrenpreis sind es durch Ausfall des oberen Blatts stets nur vier Kelchzipfel.

Die **Krone** ist beim Großblütigen Fingerhut (154) nur schwach zygomorph. Deutlicher zweilippig und damit zygomorph wird sie bei den Gattungen Braunwurz (155), Wulfenie (156), Mänderl (157, 158) und Leinkraut (159). Beim Leinkraut wird die Zygomorphie durch die Ausbildung von Sporn und Maske noch verstärkt. Außerdem können die beiden oberen Kronblätter miteinander verschmelzen, so dass oben ein einziges, besonders großes Kronblatt resultiert. Wie zum Ausgleich kann das untere Kronblatt etwas kleiner ausfallen. Beides ist bei der Gattung Ehrenpreis der Fall. Farbmale auf der Krone können den zygomorphen Charakter betonen: Aderung der Krone beim Ehrenpreis, orange Maske beim Alpen-Leinkraut.

An Stelle des obersten **Staubblatts** kann sich bei der Gattung Braunwurz wenigstens noch ein Lappen oder Faden finden. In der Regel ist jedoch auch er verschwunden. Vier normale Staubblätter bleiben übrig, die jedoch wie bei Fingerhut und Leinkraut paarweise ungleich lang sind. Weiterhin kann es zum Fortfall von zwei der vier Staubblätter kommen: in den Blüten bleiben dann nur noch zwei Staubblätter. Das ist bei Wulfenie, Mänderl und Ehrenpreis geschehen.

Am stärksten zygomorph erscheinen die Blüten des Alpen-Leinkrauts. Was Verwachsungen kombiniert mit Ausfallserscheinungen angeht, ist jedoch die Gattung Ehrenpreis führend. Deren Blüten sind dabei zweckentsprechend gestaltet. Zwar sind Fliegen nicht die einzigen Bestäuber, doch scheinen die Blüten wie für Fliegen geschaffen: Ihre zwei Staubfäden bilden Anflugstangen. Die Fliegen hängen sich an sie und schlagen die Staubblätter unter ihrem Abdomen zusammen. Dabei werden die Fliegen unterseits eingestäubt. In der nächsten Blüte laden sie den Pollen auf der etwas unterhalb der beiden Staubblätter exponierten Narbe ab.

Warum diese Details, könnte man fragen. Sind sie nicht ermüdend? Das mag sein. Doch andererseits zeigen gerade sie, wie sehr Blumen an die zygomorphen Insekten angepasst sein können. Wie schon betont, darf man heutige Formen nicht von ebenfalls heutigen Formen ableiten, wenn es um die Evolution geht. Aber heutige Formen können uns Hinweise darauf geben, wie die Evolution abgelaufen sein könnte. Eben *die* Einzelheiten, die ermüdend scheinen, werden dabei wichtig. Denn wenn man bereits voll entwickelte Formen vor sich sieht, etwa hochgradig an bestimmte Insekten angepasste Blüten, fragt man sich immer wieder ungläubig, wie sie entstanden sein könnten. Die kleinen Schritte sind gefragt; nur sie machen uns das Evolutionsgeschehen verständlich. Deshalb wurden Details gebracht, die anschaulich machen, wie die vielen winzigen Evolutionsschritte zu stark zygomorphen Blüten ausgesehen haben könnten.

Aufsicht auf die Blüte des Felsen-Ehrenpreises (160). Die beiden Staubblätter bilden Anflugstangen für die bestäubenden Fliegen.

Halb- und Vollchmarotzer, Fäulnis-Gewächse

Die folgenden Arten gehören zur Unterfamilie der Klappertopfartigen (*Rhinanthoideae*). Sie sind Halbschmarotzer (Hemiparasiten). Darunter versteht man man Pflanzen, die über Saugwurzeln die Wurzeln von Wirtspflanzen anzapfen, deren Leitbündeln aber fast nur Wasser und Mineralien entnehmen, nur gelegentlich auch organische Stoffe. Sie sind grün und führen die Photosynthese mit allen Anschlußreaktionen durch. Was „Assimilate" angeht, also Zucker und Stärke und davon abgeleitete weitere organische Stoffe, ernähren sie sich selbst. Es handelt sich also nur um „halbe" Schmarotzer. Ein bekanntes Beispiel ist die Mistel. Weniger bekannt als Hemiparasiten sind die vielen Arten der Klappertopfartigen. Ihre Wirtspflanzen gehören zu den verschiedensten Arten. Oft sind es Gräser oder Seggen, beim Alpen-Rachen (161) auch großblättrige Stauden.

Vollschmarotzer (Holoparasiten) führen kein Chlorophyll und sind in ihrer Ernährung deshalb voll und ganz auf ihre Wirtspflanzen angewiesen. Von den Braunwurz-Gewächsen wäre hier die Schuppenwurz zu nennen. Einen Übergang zwischen Voll- und Halbparasit findet sich in der Entwicklung des Alpen-Rachens.

Die Bezeichnungen Schmarotzer und Parasit werden konventionell meistens dann angewendet, wenn die Wirte andere höhere Pflanzen sind, und nur selten dann, wenn es sich bei ihnen um niedere Organismen wie Pilze handelt. Erinnern wir uns an die Pilzwurzelsmybiose (S. 324). Von ihr haben meistens beide Partner ihren Nutzen. Von Schmarotzen kann dann keine Rede sein. Aber denken wir auch an den Fichtenspargel. Er besitzt kein Chlorophyll mehr und bezieht alle Nähr-

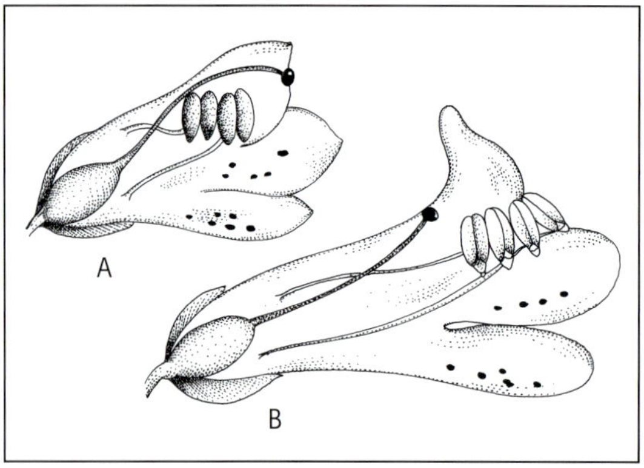

Stellungswechsel der Sexualorgane beim Alpen-Rachen (161) durch das Wachstum der Blüte. A Junge Blüte, der Griffel steht im Eingang. B Ältere Blüte, durch Wachstum der Kronblätter und der Filamente sind jetzt die Staubbeutel in den Eingang gerückt. Blüten jeweils längs.

stoffe von seinem Wurzelpilz, der in diesem Fall seinerseits Waldbäume anzapft. Ob und was er dem Pilz bieten könnte, ist umstritten. Wie erwähnt hat man ihn deshalb auch schon als Vollschmarotzer bezeichnet.

Doch leider nennt man chlorophyllfreie Pflanzen, die sich von Pilzen ernähren lassen, immer wieder **Saprophyten** (griech. Fäulnis-Gewächse). Das gilt nicht nur für den Fichtenspargel, sondern auch für einige Orchideen. Die Bezeichnung ist inkorrekt. Denn das wahre „Fäulnis-Gewächs" ist der Pilz, der im Boden verrottende organische Materie aufschließt und der betreffenden Pflanze zuführt. Die Pflanze schmarotzt auf dem Pilz.

161 Alpen-Rachen (*Tozzia alpina*): 10–50 cm hoch. Aufrechte, verzweigte, vierkantige Stängel, unten kahl, oben zweizeilig behaart. **Blätter gegenständig, eiförmig zugespitzt,** bis 5 cm lang und bis 3 cm breit; **vor allem obere Blätter beidseits mit bis zu 3 gezähnten Randlappen.** Blütenstände sind zusammengesetzte Trauben, in denen die Blüten einzeln in den Achseln von deutlich ausgebildeten grünen Tragblättern stehen. Kelch vierzipfelig. Krone: 5–9 mm lang, auf kurzer Röhre eine Oberlippe mit zwei aufgerichteten Lappen und einer dreilappigen Unterlippe. **Die Blütenkrone erscheint in Aufsicht fast radiär. Die Farbe der Krone ist gelb, die Unterlippe ist purpurn punktiert.** In der Oberlippe stehen vier Staubblätter. Blütezeit VI bis IX. Rachen-Blume. Leichte Vorweiblichkeit mit Stellungswechsel der Sexualorgane durch Wachstum der Krone: In jungen Blüten steht der Griffel mit dem belegungsfähige Narbenkopf vor dem Eingang, die Staubbeutel viel weiter hinten sind noch geschlossen. Später streckt sich die Krone mit den ansitzenden Staubblättern stark, der Griffel nicht, wodurch er in der Blüte weiter nach hinten rückt. Außerdem biegt er sich nach oben ab, so dass die Narbe aus dem Weg genommen wird. Die Staubbeutel stehen nun weiter vorne und sind geöffnet. Bestäuber Fliegen, vor allem Schwebfliegen. Feuchte, schattige, nährstoffreiche Gebüsche, auch an den Rändern von Gewässern, Hochstauden-Fluren. Halbschmarotzer auf Alpendost-Arten. **Kalkliebend.** Subalpin, bis 2400 m. C in Hochstauden-Fluren (S. 102). Süd- und Mitteleuropäische Gebirge von den Pyrenäen bis zum Balkan. In den Alpen mäßig häufig.

161 geht in seiner Entwicklung vom vollen zum „halben" Parasitismus über. Im ersten Jahr bildet er nur einen unterirdischen Wurzelstock, der als Vollschmarotzer mit *allen* Nährstoffen und mit Wasser versorgt wird. Im zweiten Jahr entwickelt sich aus ihm eine grüne oberirdische Pflanze, die sich als Halbschmarotzer ernährt. Die Wirtspflanzen sind großblättrige Stauden, vor allem der Alpen-Ampfer (043).

162 Alpen-Augentrost (*Euphrasia alpina*): 5–15 cm hoch. Von unten an verzweigt. **Blätter** gegenständig, eiförmig, 1,5- bis 2,5-mal so lang wie breit, **auf beiden Seiten mit 2–4 meist spitzen zahnartigen Gliedern, die an den oberen Blättern bis 1,5 mm lange Grannen** tragen. Blüten in endständigen Ähren mit grünen Tragblättern. **Krone bis 15 mm lang,** zweilippig. Unterlippe dreilappig und flach ausgebreitet, zweilappige Oberlippe als „Fahne" senkrecht gestellt. **Farbe hell rosaviolett bis hellblau,** gelber Schlund, mit Aderzeichnungen zum Schlund hin. Griffel und 4 Staubblätter in der Oberlippe. Blütezeit V bis IX. Rachen-Blume. Vorweiblich. Streueinrichtung. Bestäuber vor allem Fliegen. Magere Weiden und Rasen. Kalkarme Böden, **Silikatböden.** Alpin, bis 2 700 m. Halbschmarotzer. In Krumm-Seggen-Rasen (S. 136). Süd- und mitteleuropäische Gebirgspflanze. In den Westalpen bis zum Adamello, jeweils in den Innenalpen. Insgesamt nicht häufig, aber an den jeweiligen Fundstellen in größerer Anzahl.

163 Zwerg-Augentrost *(Euphrasia minima)*

Beschreibung: in der Größe und Zahl der Blüten sehr variabel. 2 – 12, selten bis 25 cm hoch. Meist unverzweigt aufsteigende Stängel, nur bei größeren Pflanzen verzweigt. **Blätter** gegenständig, bis 15 mm lang, **auf beiden Seiten mit 1 – 4 starken, grannenlosen Zähnen.** Blütenstand traubig mit 3 – 25 Blüten, die in den Achseln von grünen Tragblättern stehen. Kelch vierzipfelig. Krone zweilippig, 5 – 7 mm lang, zweiteilige Oberlippe hochgeklappt, Unterlippe mit drei ausgerandeten Lappen, flach ausgebreitet. Blütenfarbe variabel, im typischen Fall Unterlippe gelb mit violetten Adern zum Schlund hin, Oberlippe bräunlich bis violettbraun, mit dunkleren Schlundadern. Griffel und 4 Staubblätter in der Oberlippe. Blütezeit VII bis IX.
Blume: Rachen-Blume. Vorweiblich, Streubüchse aus den Staubbeuteln (s. unten). Bestäuber vor allem Fliegen.
Standort: Magerrasen, Zwergstrauchheiden. **Silikatböden.** Subalpin-alpin, bis 3 300 m. Halbschmarotzer.
Pflanzengesellschaft: C in Krumm-Seggen-Rasen (S. 136).
Verbreitung: Süd- und mitteleuropäische Gebirgspflanze von den Pyrenäen bis zum Balkan. In den Alpen Häufig.

Augentrost – Blumen des Frohsinns: Blütenaderung als Zeichen auch in der Signaturenlehre

Der Wiesen-Augentrost diente seit dem 14. Jahrhundert als Heilmittel bei Augenleiden. Der **Signaturenlehre** des Mittelalters zufolge geben Pflanzen über bestimmte Eigenschaften ein Zeichen (lat. signum), wozu man sie als Heilmittel einsetzen könne. Bei Aufsicht können die Blüten des Augentrosts an ein Auge erinnern. In den Aderzeichnungen zum Schlund hin sah man Wimpern. Der auf Magerwiesen und Weiden süddeutscher Mittelgebirge häufige Wiesen-Augentrost, der aber auch in den Alpen bis über 2 000 m aufsteigen kann, wird in der Volksmedizin und Homöopathie in der Tat als Augenmittel verwendet, vor allem bei Entzündungen, daher auch der deutsche Name. Allerdings wird aus hygienischen Gründen (Infektionsgefahr) vor der Anwendung am Auge gewarnt, zumal die moderne Medizin die traditionelle Verwendung nicht bestätigen konnte. Vielleicht wurden auch die alpinen Arten gele-

Blick in die Oberlippe der Blüte des Alpen-Augentrosts (162). Ganz oben der Narbenkopf, darunter unscharf das vordere und das hintere Staubbeutelpaar, letzteres mit langen Anhängseln. Stößt ein Insekt an sie, wird der Streumechanismus ausgelöst (Beschreibung bei 163).

gentlich entsprechend genutzt. Denn die „Wimpern" finden sich auch bei ihnen. Angaben in der Fachliteratur, in denen der Zwerg-Augentrost mit dem Wiesen-Augentrost gleichgesetzt wird, lassen diese Vermutung zu. In den Alpen kommen mehrere Augentrost-Arten vor. Die beiden hier gebrachten Arten sind leicht zu erkennen. Bau und Funktion der Blüten sind sich bei allen Arten sehr ähnlich: Die dreilappige Unterlippe bietet Fliegen einen bequemen Landeplatz. Die „Wimpern" sind für sie Wegweiser zum Nektar, der an der Basis des Fruchtknotens abgeschieden wird. Die Ränder der Oberlippe sind nach oben umgeschlagen und wirken als „Fahne", tragen also zur Optik bei. Unter dem Schutzdach der Oberlippe steht der Griffel, der in jungen Blüten mit seiner Narbe Pollen von der Oberseite der besuchenden Fliegen abstreift. Hinter der Narbe finden sich zwei Staubbeutelpaare, das eine weiter vorne, das andere dahinter. Die Paare sind eng aneinander gepresst und geben den Blütenstaub in den Raum zwischen sich ab. Von den hinteren Staubbeuteln ragen lange Fortsätze in den Schlund, an die der Rüssel der Fliegen stößt. Dadurch kommt die Streubüchse in Bewegung: Der zwischen den Staubbeuteln deponierte Pollen rieselt auf den Rüssel herab. Haare, die von den Staubbeuteln nach unten weisen, dienen als Gleitschienen, die den Pollen zielgerecht auf dem Rüssel landen lassen.

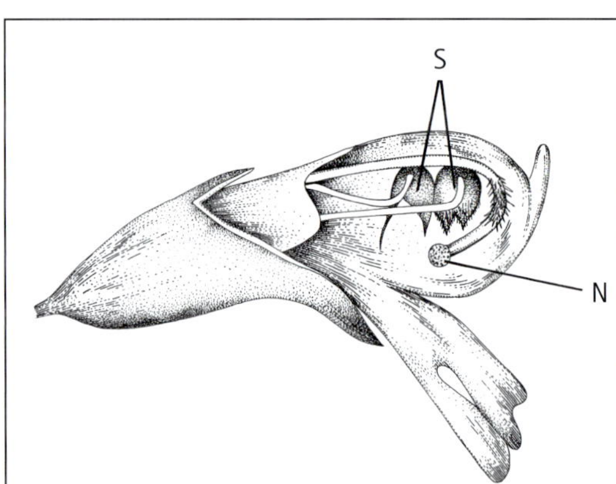

Alte Blüte des Zwerg-Augentrosts (163). Der Griffel hat sich bereits nach unten gebogen und die Narbe unter die Staubbeutel verlagert. Über herabfallenden Pollen ist dann Selbstbestäubung möglich. S Staubblätter, N Narbe.

Blüte des Alpenhelms (164) in Seitenansicht. Oben der Griffel der knospenvorweiblichen Blüte. Die weißen Haarbüschel hängen von den nicht sichtbaren Staubbeuteln herab. Sie sind Teil der Streueinrichtung (vgl. die Artbeschreibung).

In älteren Blüten des Zwerg-Augentrosts streckt sich der Griffel und biegt sich nach unten so um, dass die Narbe unter die Staubbeutel zu stehen kommt. Wenn sich dann der Zusammenhalt der Streubüchse lockert, kann Selbstbestäubung erfolgen.
Die Blüte des Zwerg-Augentrosts kann winzig, nur einige mm breit sein, entpuppt sich aber unter der Lupe wie bei allen Augentrost-Arten als wahres Wunderwerk, das irgendwie rührend und aufmunternd wirkt. Man kann schon verstehen, warum der wissenschaftliche Gattungsname Frohsinn oder Freude bedeutet (griech. euphrasia).

164 **Alpenhelm** (*Bartsia alpina*): 10–30 cm hoch. Behaart. Stängel stumpf vierkantig, oben violett überlaufen. **Blätter** kreuzweise gegenständig, bis 2 cm lang, eiförmig, zugespitz gekerbt, abgerundet oder herzförmig sitzend, die oberen **violett überlaufen.** 1–7 Blüten sitzen am Sprossende dicht gedrängt in den Achseln der Tragblätter. **Der gesamte Blütenstandsbereich ist violett überlaufen, besonders intensiv die Blüten.** Kelch vierzipfelig. Krone bis 25 mm lang, zweilippig; **Oberlippe** ganzrandig, **flach helmförmig** (Name!), **überragt die Unterlippe, vorne nach unten abgestutzt.** Unterlippe dreiteilig. 4 Staubblätter mit **weißhaarigen Staubbeuteln**. Blütezeit VI bis VIII. Rachen-Blume. Knospenvorweiblich. Streubüchse aus den Staubbeuteln ähnlich wie bei Augentrost-Arten, jedoch steigen die Staubfäden von der Unterlippe nach oben und bringen die

Streubüchse in den Weg der Besucher. Von den Staubbeuteln hängen längere weiße Haare herab (keine langen Anhängsel). Werden über sie die Streubüchse bewegt, kann Pollen auf den Rüssel einer Hummel oder eines Falters gelangen. Doch wichtiger ist, dass die Streubüchse vom Kopf eindringender Hummeln auseinandergerissen und ihr Pollen freigesetzt wird. Bestäuber vor allem Hummeln, aber auch Tagfalter. Feuchter Untergrund: Quellfluren, Flachmoore, Feuchtstellen in Weiden. **Bevorzugt Kalk**, aber auch auf schwach saurem Boden. Subalpin-alpin, bis 3 000 m. Halbschmarotzer. C in Kalkflachmoor-Gesellschaften, so in der Braun-Seggen-Sumpf-Gesellschaft (S. 121). Von den Pyrenäen zu den Alpen, auch in einigen Mittelgebirgen (Jura, Schwarzwald, Sudeten, Vogesen); Arktis Eurasiens und Nordamerikas. In den Alpen häufig.

Der Alpenhelm ist über seine düsterviolette Farbe unverkennbar. Linné benannte ihn 1737 nach seinem Jugendfreund Johann Bartsch (1710–1738). Er starb ein Jahr später als Koloniearzt in Holländisch-Guayana. So gut es zum Aussehen der Pflanze passen würde, der Alpenhelm kann nicht wie oft behauptet als Trauerblume zum Gedenken an J. Bartsch gedacht gewesen sein, weil die Benennung schon vor dessen Tod erfolgt war.

165 Grannen-Klappertopf *(Rhinanthus aristatus agg.)*

Beschreibung: 10–50 cm hoch. **Kahl** oder nur stellenweise behaart. Stängelblätter gegenständig, bis 4 cm lang, lanzettförmig, zugespitzt gekerbt. Blüten in Trauben, in den Achseln von **gezähnten Tragblättern; die Zähne an der Basis der Tragblätter laufen in eine bis 5 mm lange Granne aus** (Name!). Die Zähne einschließlich der Granne sind bis 9 mm lang. Kelch vierspitzig. **Krone** zweilippig, bis 20 mm lang, **gelb**, auch violett gesprenkelt. Oberlippe helmförmig aufgewölbt, an der Spitze auf beiden Seiten ein blauvioletter Zahn. Unterlippe dreilappig, kürzer als die Oberlippe. 4 Staubblätter. Blütezeit VI bis IX.
Blume: Lippen-Blume. Vorweiblich. Streubüchse aus den Staubbeuteln. Bestäuber wahrscheinlich primär Falter, sekundär Hummeln.
Standort: Sonnige, trockene Lagen: Weiden, Rasen, Felsschutt. Subalpin-alpin, bis 2 600 m. Halbschmarotzer, die Wirtsgräser werden oft sichtbar geschädigt: reduzierter Wuchs, Vergilben.
Pflanzengesellschaft: C in Borstgras-Rasen (S. 128).
Verbreitung: Mitteleuropäische Art: Alpen und einige Mittelgebirge. In den Alpen häufig.

Blüte des Grannen-Klappertopfs (165), längs. G Griffel mit Narbe, F Öffnung für den Rüssel von Faltern („Faltertür"), BL blaue Führungslappen für den Rüssel, H Öffnung, über die Hummeln eindringen können („Hummeltür"). n Nektarium, ov Samenanlage. -- Bahn eines eingefädelten Falterrüssels.

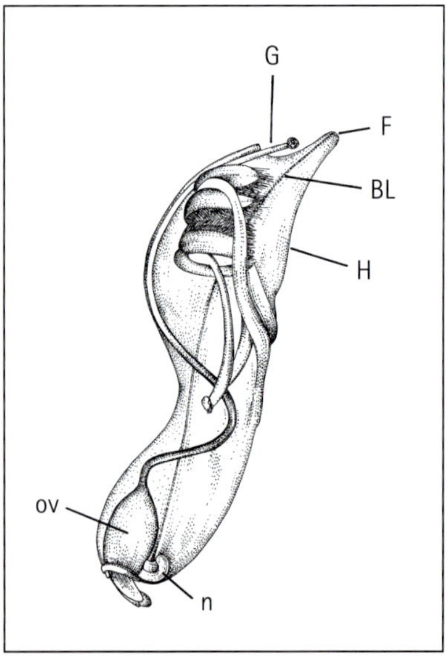

Der Grannen-Klappertopf trägt Blumen, die Falter mit spielerischer Leichtigkeit, Hummeln mit brachialer Gewalt zu nutzen wissen

Vorweg zum Namen der Gattung: Bei der Gattung bleiben die aufgeblasenen Kelchblätter lange erhalten und umschließen die Samenkapseln. Wenn man reife Fruchtstände

schüttelt, ergibt sich ein klapperndes Geräusch dadurch, dass Samen gegen die Kapselwandung prallen.
Wenn man Blüten von der Seite betrachtet, lassen sie sich eindeutig einer Form der Rachen-Blumen zuordnen, die man wegen der Ausbildung einer Ober- und Unterlippe Lippen-Blumen nennt. Solche Lippen-Blumen scheinen Bienen- und Hummel-Blumen zu sein. Die Unterlippe bietet einen bequemen und vor allem tragfähigen Landeplatz auch für gewichtigere Blumengäste; die Oberlippe umschließt die Sexualorgane so fest, dass es einiger Kraftanstrengung bedarf, in sie einzudringen. Größere Hautflügler sind dazu in der Lage. In der Tat sind viele Lippen-Blumen Hummel-Blumen. Das wird sich bei der Besprechung der folgenden Arten zeigen.
Doch bei Klappertöpfen täuscht der Schein, wie die Blüte des Grannen-Klappertopfs zeigt: Die schnabelartig verlängerte Oberlippe ist nach unten zu fast ganz geschlossen. In jungen Blüten ragt die Narbe oben aus ihr heraus. Falter deponieren mitgebrachten Blütenstaub auf ihr und führen ihren Rüssel dann in eine Öffnung der Oberlippe unmittelbar unter der Narbe ein – H. MÜLLER (1981) hat sie treffend als „Faltertür" bezeichnet. Zwei blauviolette Zähne sitzen rechts und links neben dieser Öffnung. Sie dienen als Nektarmal und außerdem als Gleitschienen beim Einführen des Rüssels. Die Staubbeutel bilden eine Streubüchse

Links oben:
Blüte des Grannen-Klappertopfs (165) in Seitenansicht. Oben der Griffel mit Narbe, darunter der blaue Zahn, bestehend aus zwei Führungslappen für Falterrüssel („Faltertür"). Im Grenzbereich zur Unterlippe liegt die „Hummeltür". Die namengebenden Grannen der Deckblätter sind gut zu erkennen.

Rechts oben:
Blüte des Grannen-Klappertopfs (165) in Aufsicht. Oben die Narbe, darunter die bläuliche „Faltertür", unscharf darunter die „Hummeltür".

ähnlich wie bei Augentrost-Arten. In älteren Blüten wird Pollen in die Streubüchse ausgeschüttet. Wird ein Rüssel eingefädelt, lockert sich der Zusammenhang der Streubüchse etwas. Pollen fällt heraus und bleibt in Haaren auf der Unterseite der Staubbeutel hängen. Wenn der von Nektar klebrige Rüssel wieder zurückgezogen wird, bleibt Blütenstaub an ihm haften.
Die Blüte scheint somit ganz auf Falter abgestimmt. Der komplizierte Mechanismus zum Einfädeln des Rüssels spricht dafür. Aber auch Hummeln und in tieferen Lagen Bienen saugen hier Nektar und sammeln Pollen. Nur langrüsselige Hummeln könnten ihren Rüssel wie Falter einführen. Doch Hummeln machen es sich meistens einfacher. Sie zwängen sich durch eine schmale Öffnung etwas oberhalb der Unterlippe einwärts, die „Hummeltür". Die Streubüchse wird bei dem gewaltsamen Eindringen erschüttert oder auseinandergerissen. Pollen kann übertragen werden, wenn auch nicht so gezielt wie durch Falter. Die Bestäuber sind offensichtlich primär Falter, sekundär aber auch Hummeln.

166 Kerners Läusekraut *(Pedicularis kerneri)*

Beschreibung: 5 – 15 cm hoch. Blätter in grundständiger Rosette werden bis 7 cm lang und 1 cm breit, kleinere Stängelblätter wechselständig; bis auf die Mittelrippe fiederschnittig, Endabschnitte gezähnt, oft wie die Stängel violett überlaufen. Aus den Achseln von Rosettenblättern 2 – 4 ährenartige Blütenstände pro Rosette, nur **1 – 3 Blüten** pro Blütenstand. **Kelch mit 5 tief gezähnten Zipfeln.** Krone bis 24 mm lang, sichelförmige **Oberlippe in einen bis 5 mm langen, verschmälerten Schnabel ausgezogen,** ohne seitliche Zähne. Von vorne gesehen ist der Schnabel nach rechts abgebogen. **Die Unterlippe ist kahl,** breit dreilappig und fällt von vorne gesehen von links nach rechts ab. **Die Krone ist purpurn,** die Oberlippe dunkler als die Unterlippe. 4 Staubblätter, die beiden längeren mit behaarten Staubfäden. Blütezeit VII bis VIII.
Blume: Lippen-Blume. Streubüchse. Bestäuber Hummeln.
Standort: Kalkarme steinige Rasen, Felsschutt. **Silikatböden.** Alpin, bis 3260 m. Halbschmarotzer.
Pflanzengesellschaft: C in Krumm-Seggen-Rasen (S. 136).
Verbreitung: Süd- und Mitteleuropäische Gebirgspflanze, westlich orientiert: von den Pyrenäen zu den West- und Zentralalpen, östlich bis Salzburg und Kärnten. Jeweils Innenketten bevorzugt. In den Alpen zerstreut, gegen Osten seltener.

Kerners Läusekraut: Läusekräuter setzen auf Hummeln als robuste Bestäuber

Ihren wenig ansprechenden deutschen und wissenschaftlichen Namen (Pedicularis von lat. pediculus = Kopflaus) verdanken die Läusekräuter einer Verwendung in vergangenen Jahrhunderten: Absude aus einigen

Arten dienten dazu, Läuse bei Vieh und Mensch zu bekämpfen. Doch sollte sich niemand durch die Namensgebung davon abhalten lassen, sich mit der Gattung zu befassen. Innerhalb der Braunwurz-Gewächse weist sie die meisten Arten auf. Allein in den Alpen kommen über 20 von ihnen vor. Viele sind sogar ausgesprochene Hochgebirgsarten. Das gilt besonders für Kerners Läusekraut. Wo dieser Hochalpinisten unter den Läusekräutern vorkomt, finden sich meist keine anderen Läusekräuter mehr

Bei vielen Braunwurz-Gewächsen findet sich eine Streubüchse aus den meist vier Staubbeuteln, wie sie schon wiederholt geschildert wurde. Das gilt auch für die Läusekräuter. Neu ist bei einigen von ihnen die Schrägstellung der Unterlippe und ein darauf abgestimmtes seitliches Abbiegen des Schnabels. Hier kann nicht auf kleinere Varianten in Bau und Funktion der Blüten innerhalb der Gattung eingegangen werden. Doch den Beschreibungen kann man wenigstens entnehmen, ob ein Schnabel vorhanden und die Unterlippe schräg gestellt ist. Um das Prinzip zu veranschaulichen, genügt ein Eingehen auf die Blüte von Kerners Läusekraut.

Besonders auffällig ist an ihr, dass die Unterlippe schräg gestellt ist. Von vorne gesehen, ist sie nach rechts unten abgekippt. Über ihr ragt der Griffel mit dem Narbenkopf aus dem Schnabel der sichelförmigen

Links oben:
Blüte von Kerners Läusekraut (166) in Seitenansicht. Aus dem Schnabel ragt der Griffel heraus. Die Schrägstellung der Unterlippe lässt sich erkennen.

Rechts oben:
Blüte von Kerners Läusekraut (166), längs. Die Streubüchse in der Oberlippe ist freigelegt.

stehen einzeln auf langen Stielen, sind zygomorph und in Kelch und Krone gegliedert. Die Krone ist fünfzählig, verwachsenblättrig und in eine Ober- und Unterlippe getrennt. Die dreiblättrige Unterlippe geht in einen Sporn über. Zwei Staubblätter und ein oberständiger Fruchtknoten mit einem in eine zweilappige Narbe auslaufen Griffel sind vorhanden.
Wie der Wasserschlauch sind auch die Fettkräuter teilweise heterotroph (Carnivorie, s. unten).

176 Alpen-Fettkraut *(Pinguicula alpina)*

Beschreibung: Bis 15 cm hoch. Alle Blätter in grundständiger Rosette, breit eiförmig, ganzrandig mit aufgebogenem Rand, wodurch eine auf der Oberseite schleimige, dem Insektenfang dienende Schüssel entsteht, gelbgrün. Pro Blattrosette bilden sich bis zu 8 blattlose Blütenstiele, die je eine bis zu 16 mm lange gespornte Blüte tragen. Zweilappige Oberlippe, kürzer als die dreilappige Unterlippe. Der Mittellappen der Unterlippe ist größer als die beiden Seitenlappen. Die **Blüte ist weiß, mit meist zwei gelben Schlundflecken,** die blüteneinwärts ineinander übergehen und so ein V-förmiges Nektarmal bilden, und grünlich überflogenem Sporn. Im Schlund finden sich **auf der Unterlippe zwei behaarte Wülste**. Unter der Oberlippe findet sich die zweiteilige Narbe mit einem größeren unteren Teil, unter ihr stehen zwei Staubblätter. Blütezeit IV bis VII.
Blume: Rachen-Blume mit Klemmeinrichtung (s. unten). Vorweiblich. Bestäuber vor allem Fliegen, aber auch Hautflügler (Hummeln, Furchenbienen) und Falter.
Standort: Sickerfeuchte oder überrieselte, steinige Böden. Oft an feuchtigkeitsziehenden Straßenböschungen. Quellfluren, Flachmoore. In Hochlagen aber auch auf trockneren Böden. **Bevorzugt Kalk.** Montan-alpin, bis 2 500 m.
Pflanzengesellschaft: In Kalk-Flachmoor-Gesellschaften (S. 118), in Hochlagen auch in Polster-Seggen-Rasen (S. 158).
Verbreitung: Von Europa bis Sibirien. In den Randalpen zerstreut bis häufig, in den Innenalpen seltener.

Das Alpen-Fettkraut, eine doppelt todbringende Schönheit

An mageren Standorten erschließen sich einige Pflanzenarten zusätzliche Stickstoffquellen durch den Fang von Kleintieren. Man spricht dann **Carnivorie** (lat. Fleichfresserei). Kleine Insekten, winzige Käfer und Spinnen machen die Beute aus. Die carnivoren Pflanzen können auch ohne die Zukost auskommen, werden aber durch sie in ihrer Entwicklung gefördert. Die Fangorgane sind umgestaltete Blätter.
In unserer Flora am bekanntesten für Carnivorie sind die Sonnentau-Arten des Hochmoors. Ihre dicht mit beweglichen, rötlichen Fangtentakeln besetzten Blätter sind Klebfallen. Ebenfalls Klebfallen finden sich bei den Fettkräutern. Sie wachsen an nährstoffreicheren Stellen als der Sonnentau. Die Carnivorie ist für sie deshalb noch mehr Randerschei-

nung. Dementsprechend betreiben sie auch weniger Aufwand, was die Fangorgane angeht. Sie gestalten ihre Blätter weniger stark um. Gelbgrün glänzend locken sie vor allem kleine Fliegen an. Aber auch kleine Käfer und Spinnen können auf die Blätter geraten. Auf der Blattoberseite stehen gestielte Drüsenhaare. Sie scheiden einen klebrigen Fangschleim aus sauren Polysacchariden (aus vielen Zuckern bzw. Zuckerderivaten zusammengesetzte Kohlenhydrate) aus, in dem die Kleintiere hängen bleiben. Die Blattränder sind leicht nach oben gebogen, so dass das Blatt eine Schüssel bildet. Zappelt ein größeres Beutetier auf den Blättern, können sich die Blattränder besonders stark einrollen. Dann kommen weitere Fangdrüsen mit der Beute in Kontakt, deren Entkommen dadurch erschwert oder unmöglich gemacht wird. Auf der Blattoberfläche sitzende, ungestielte Drüsen sondern Verdauungsenzyme, vor allem eiweißspaltende Enzyme, in die Blattschüssel hinein ab. Das Innere der Beute wird von ihnen aufgelöst und über die gleichen Drüsen ins Blatt hinein aufgesaugt, die die Enzyme ausgeschieden hatten. Nur die unverdaulichen Chitinreste (aus Chitin besteht das Außenskelett der Beutetiere) bleiben auf der Blattoberfläche hängen. Als schwarze „Punkte" zeugen sie von der Fangaktivität der Blätter.

Blütenschlund des Alpen-Fettkrauts (176), männliches Stadium. Oben unscharf zwei Staubbeutel, darunter die Sperrhaare. Beim Überklettern kommt eine bestäubende Fliege mit den Staubbeuteln in Kontakt.

Dem Fettkraut nahe zu kommen, ist also für Kleintiere gefährlich. Das gilt aber nicht nur für die Blätter, sondern besonders beim Alpen-Fettkraut auch für die Blüten. Fliegen sind die wichtigsten Bestäuber, allerdings größere, als sie in der Regel von den Blättern gefangen werden. Zunächst scheint alles problemlos. Eine Fliege findet auf dem vergrößerten Mittellappen der Unterlippe einen bequemen Landeplatz. Das gelbe Farbmal, das außerdem im Gegensatz zur schwach UV-reflektierenden sonstigen Krone UV absorbiert, weist den Weg ins Innere, in dem allerdings kein Nektar geboten wird. Er ist durch nährstoffreiche Haare im Sporn ersetzt, die von den Fliegen abgeweidet werden. Doch zuvor ist noch ein Hindernis zu überwinden, eine Bürste aus langen, nach hinten und oben gerichteten Sperrhaaren. Sie geben etwas nach und erlauben das Eindringen. In jungen Blüten im weiblichen Stadium kommt eine Fliege beim Überklettern der Haare mit der Vorderseite des von oben herunterhängenden größeren Narbenlappens in Kontakt und

Blüteneingang des Dünnspornigen Fettkrauts (177). Sperrhaare fehlen hier. Von anderen blaublühenden Fettkräutern der Alpen unterscheidet sich 177 außer durch die Spornlänge durch die fast bis zum Grund dreiteilige Unterlippe.

streift mitgebrachten Blütenstaub an ihm ab. In älteren, männlichen Blüten nimmt sie Pollen von den Staubbeuteln auf, die sich nun dort oben geöffnet haben.
Schwieriger wird es für die Fliege, wieder aus der Blüte herauszukommen. Wenn sie sich rückwärts bewegt, stößt sie auf die Spitzen der Sperrhaare, die jetzt nicht nachgeben. Die Fliege muss sich hochstemmen, um über sie hinweg im Rückwärtsgang nach außen zu kommen. Ist die Fliege zu klein, sind ihre Beine also zu kurz, um sie über die Sperrhaare hinweg heben zu können, sitzt sie in einer Klemmfalle fest und geht zugrunde. Ist die Fliege groß genug, kann sie den Sperrmechanismus übersteigen. Dabei nimmt sie mit ihrer Oberseite Pollen von den beiden oben stehenden Staubbeuteln auf. Eine Selbstbestäubung ist unmöglich, weil die Fliege auf ihrer Rückwärtsbewegung nur mit der sterilen Unterseite des von oben herabhängenden Narbenlappens in Berührung kommt.
Wunderschön sind die Blüten des Alpen-Fettkrauts. Wer sich an ihrem brutal anmutenden Bestäubungsmechanismus stößt, wird sich vielleicht der Schönheit verschließen. Doch auch wenn dann „schön“ entfallen mag, am Wunder kommt man nicht vorbei.

177 **Dünnsporniges Fettkraut** (*Pinguicula leptoceras*): Bis 15 cm hoch. Blätter ähnlich wie bei 176 carnivor, aber Blattrand mit Unterbrechungen nach oben umgerollt. **Blüten dunkelblau bis blauviolett, mit 1–3 weißen Flecken auf der Unterlippe,** die zusammen mit dem schmalen Sporn bis zu 3 cm lang werden kann (Name: griech. leptoceras = Schmalhorn bzw. -sporn). **Unterlippe durch Einschnitte bis fast zum Grund dreiteilig, die beiden seitlichen Zipfel leicht abspreizend.** Blütezeit VI bis VIII. Rachen-Blume. Schwächere weiße Haare im

Schlund, die sich leicht biegen lassen, deshalb kein Klemmfallen-Mechanismus wie bei 176. Aber beim Überklettern der Haare kommen die Besucher mit den wie bei 176 oben befindlichen Sexualorganen in Kontakt. Bestäuber vor allem Bienen. Feuchte, offene Stellen. Feuchte Rasen, Flachmoore, Quellmoore. **Bevorzugt Kalk.** Subalpin-alpin, bis 3 000 m. C in Kalk-Flachmoor-Gesellschaften (S. 118). In den Alpen zerstreut bis mäßig häufig. Nördlicher Apennin.

In den Alpen kommen noch andere **mit weißem Schlund blauviolett blühende** Fettkrautarten vor, vor allem das auch von den Mittelgebirgen bekannte **Gewöhnliche Fettkraut** (*P. vulgaris*) **mit einer nur bis zur Hälfte ihrer Länge geteilten Unterlippe.** Es bevorzugt Kalkböden und kommt an den gleichen Standorten wie 177 vor, steigt aber nur bis 1 800 m aufwärts.

Lippenblütler (Lamiaceae, Labiatae)

Zur Familie gehören Kräuter, Stauden, Halbsträucher und Sträucher, die sich schon über ihren vegetativen Bau erkennen lassen: Die Stängel sind vierkantig, die Blätter kreuzgegenständig, oft duften die Pflanzen wegen reichlicher Produktion an ätherischen Ölen. Die Blüten stehen meist quirlähnlich, sind zygomorph und in Kelch und Krone gegliedert. Der Kelch ist verwachsenblättrig und oft zweilippig. Auch die Krone ist verwachsenblättrig und gliedert sich in eine zweiteilige Ober- und eine dreiteilige Unterlippe. Die häufigste Staubblattzahl ist vier, davon zwei länger und zwei kürzer, auch eine Reduktion auf zwei kommt vor. Der Fruchtknoten und später die Frucht zeigen eine deutliche Vierteilung in sog. Klausen, wodurch die Unterscheidung von manchen sonst ähnlich aussehenden Braunwurz-Gewächsen möglich wird; ein Griffel mit zwei Narbenlappen ist vorhanden.
Die Reihenfolge der Artenbesprechung richtet sich hier nach zunehmendem Ausbau der Oberlippe. Am Anfang steht der Pyramidengünsel mit nur sehr kurzer Oberlippe, am Ende der Klebrige Salbei mit sichelförmiger Oberlippe, ein Sonderfall der Bestäubung.

178 Pyramiden-Günsel *(Ajuga pyramidalis)*

Beschreibung: 10–30 cm hoch. **Keine Ausläufer. Pyramidenartiger Aufbau** (Name!) blühender Pflanzen, weil die Blätter nach oben zu immer kleiner werden. Grundständige Blattrosette, Stängelblätter gegenständig, Rosettenblätter verkehrt eiförmig, bis 10 cm lang. **Blätter im Blütenstand dicht übereinander; sie überragen die Blüten um das Doppelte und sind rotviolett überlaufen.** Jeweils 2–6 Blüten auf einem Stockwerk der vierkantigen Blütenstandsähre, bis 18 mm lang, **Oberlippe flach und** so **kurz**, dass man sie leicht übersehen kann, große, geaderte Unterlippe. **Blütenfarbe hellblau bis violettblau.** Staubblätter und Griffel ragen unter der kurzen Oberlippe nach vorne heraus. Blütezeit VI bis VIII.

Blume: Lippen-Blume. Vormännlichkeit und Veränderung der Stellung des Griffels erschweren die Selbstbestäubung. Bestäuber vor allem Hummeln, aber auch Fliegen.
Standort: Magere, trockene Rasen, Zwergstrauchheiden. Kalkfliehend, **saure Böden.** Subalpin-alpin, bis 2 800 m.
Pflanzengesellschaft: C in Borstgras-Rasen (S. 128).
Verbreitung: Gebirge Europas. In den Alpen vor allem Innenalpen und Südliche Randalpen, dort ziemlich häufig, in den Nordketten selten.

Pyramiden-Günsel: Unter dem Schutzdach der Tragblätter findet sich Vormännlichkeit und ein Stellungswechsel der Sexualorgane

Dass der Pyramiden-Günsel auch für uns Menschen so auffällig wird, geht auf Gestalt und Farbe des Blütenstands zurück, der allerdings mehr einer unten etwas breiteren Pagode ähnelt als z. B. der bekannten Cheops-Pyramide bei Gizeh. Die Schauwirkung zu erhöhen, ist eine erste Funktion der violett überlaufenen Blattorgane im Blütenstand. Ihre zweite Aufgabe ist es, die Oberlippe zu ersetzen. Denn beim Pyramiden-Günsel ist sie viel zu klein, als dass sie das Blüteninnere schützend abdecken könnte. Doch die Tragblätter, die sich über der Blüte wölben, sind dazu bestens geeignet.
Unter dem Dach der Tragblätter spielt sich in den Blüten etwas ab, was sich immer wieder findet: zur Verhinderung einer Selbstbestäubung wird ein ungleichzeitiges Reifen der Sexualorgane über ihre Stellung bzw. einen Stellungswechsel ergänzt. Ein extremes Beispiel dafür hatten wir mit den Blüten des Sumpf-Herzblatts (063) kennen gelernt. Aber auch bei den Lippenblütlern findet sich ähnliches: Vormännlichkeit und eine entsprechende Stellung des Griffels. Da sich bei ihnen die männliche und die weibliche Phase oft überlappen, die Vormännlichkeit also wenig ausgeprägt ist, wird eine Selbstbestäubung erst dadurch wirksam verhindert. Wieso, das sei am Beispiel des Pyramiden-Günsels erklärt. Beim Pyramiden-Günsel bietet die breite Unterlippe einen geeigneten Landeplatz. In Blau eingefasste weiße Streifen auf allen drei Lappen der Unterlippe, besonders deutlich auf ihrem mittleren Teil, bilden Nektarmale. Den Nektar auszubeuten lohnt sich, denn er wird von einer Drüse im Fruchtknotenbereich reichlich abgesondert und sammelt sich dann in einer Höhlung an der Basis der Kronröhre. Doch zuvor müssen besuchende Hummeln in jungen Blüten die Staubblätter passieren, die ihnen ihre Staubbeutel entgegenstrecken: Die Insekten werden eingestäubt. Sie können zunächst keinen Pollen auf die blüteneigene Narbe übertragen, denn der Griffel steht noch über den Staubblättern, ist also ins Abseits gestellt. Außerdem ist er nicht belegungsreif: Seine Narbe ist kaum oder gar nicht geöffnet. Erst in älteren Blüten biegt er sich so weit nach unten, dass die Narbe unter den Staubbeuteln zu stehen kommt. Die Narbenlappen spreizen weit auseinander – genau im Weg der Hum-

mel, die jetzt die Blüten aufsucht. Sie überträgt dann mitgebrachten Pollen auf die beiden Narbenlappen.

179 **Alpen-Steinquendel** (*Acinos alpinus*): Halbstrauch mit 10–30 cm langen, bogig aufsteigenden, schwach behaarten Sprossen. Blätter kreuzgegenständig, eiförmig bis lanzettlich, bis 18 mm lang, an der Spitze gesägt, leicht behaart. Blüten zu 3–8 quirlähnlich in den Achseln der mittleren bis oberen Blätter. **Krone bis 20 mm lang,** Oberlippe flach, zweilappig ausgerandet, **Unterlippe doppelt so lang wie Oberlippe,** in 3 fast gleichgroße Lappen gegliedert, **Farbe rotviolett, Mittellappen mit weißer Zeichnung.** Duftend. Blütezeit V bis IX. Rachen-Blume. Blüten teils groß und zwittrig, dann vormännlich, teils kleiner und weiblich. Bestäuber in erster Linie Hummeln, aber auch Tagfalter, seltener Fliegen. Trockene Standorte, lückige, steinige Rasen, Felsschutt, lichte Wälder. **Kalkliebend.** Subalpin, bis 2 500 m. C in Blaugras- und Rost-Seggen-Rasen (S. 153). Gebirge Mittel- und Südeuropas, südlich orientiert (auch z. B. in Griechenland und Nordafrika). In den Alpen häufig.

Blütenrachen des Nesselkönigs (180). In der Bildmitte steht die Narbe mit ihren beiden ungleich langen Lappen.

180 **Nesselkönig, Großblütige Taubnessel** (*Lamium orvala*): Bis 100 cm hoch. Unverzweigte, aufrechte und vierkantige **Sprosse,** diese **mit großen Blättern:** bis 15 cm lang, gestielt, herz-eiförmig, grob gesägt. Jeweils 6–12 Blüten in 3–6 Etagen quirlartig in den Achseln der oberen Blätter. **Krone** zweilippig, **3–4 cm lang. Farbe rosa bis trübrot.** Oberlippe helmartig, am Saum nicht geteilt, außen zottig weiß behaart, in ihr vier ungleich lange Staubblätter und der Griffel mit zweilappiger Narbe, einer der Lappen länger. **Unterlippe** so lang wie die Oberlippe, dreigeteilt, **die beiden Seitenlappen mit langen Zähnen, in der vorderen Hälfte herabgeschlagen,** mit weißen und purpurfarbenen Nektarmalen. Blütezeit IV bis VII. Lippen-Blume. Stellung der Sexualorgane verhindert Selbstbestäubung: Hummeln laden zuerst mitgebrachten Pollen am längeren Narbenlappen ab und nehmen erst dann Pollen von den dahinter in der Oberlippe stehenden beiden Staubbeutelpaaren ab. Bestäuber Hummeln. Feuchte, nährstoffreiche Böden: lichte Laubmischwälder, Gebüsche, Bachränder, Hochstauden-Fluren. Collin-subalpin, bis höchstens 1 600 m. C in Buchenwald-Gesellschaften der Südlichen Randalpen (S. 88). Südliche Randalpen von der Lombardei ostwärts bis zum nördlichen Balkan und nach West-Ungarn. Mäßig häufig. Gelegentlich Gartenpflanze.

181 Klebriger Salbei *(Salvia glutinosa)*

Beschreibung: Bis 120 cm hoch. Stängel aufrecht, vierkantig, meist erst im Blütenstandsbereich verzweigt, **besonders oben und im Blütenstand drüsig klebrig** (Name!). Blätter unten bis 16 cm lang, lang gestielt, oben kleiner, kürzer gestielt, alle dreieckig zugespitzt, mit herz- oder spießförmigem Grund, gesägt, behaart. Blüten quirlig zu 4–6 in 6–16 Etagen in einem lockeren, ährenartigen Blütenstand. **Krone bis 45 mm lang, hellgelb. Oberlippe sichelförmig,** enthält die Sexualorgane; Unterlippe etwas länger als die Oberlippe, dreigeteilt, gerade ausgestreckt, doch Ende des Mittellappen etwas abgesenkt, rotbraune Zeichnung als Nektarmal. Blütezeit VII bis IX.
Blume: Lippen-Blume. Schlagbaum-Mechanismus (s. unten). Bestäuber vor allem Hummeln, in tieferen Lagen auch Bienen (Honigbiene).
Standort: Frische Böden: Gebüsch, Laubwälder, Hochstauden-Fluren. **Kalkliebend.** Collin-montan, bis 1 800 m.
Pflanzengesellschaft: C in Buchen- und Buchenmischwäldern (S. 88).
Verbreitung: Eurasien, in den Alpen häufiger, oft in großen Beständen.

Rechte Seite:

Oben: Blüte des Klebrigen Salbei (181) in Seitenansicht. Über der Unterlippe ist der Knauf auf dem kürzeren Ast des Verbindungsstücks zu sehen. Aus der Oberlippe ragt der Griffel mit noch geschlossenen Narbenlappen heraus.

Mitte: Blüte des Klebrigen Salbeis (181) in Seitenansicht. Ein Blütenstiel wurde zur Auslösung des Schlagbaum-Mechanismus eingeführt. Der Knauf wurde nach innen geschoben, der längere Ast des Verbindungsstücks mit der aufsitzenden Staubbeutelhäfte ist herausgetreten. Normalerweise schlägt er auf den Rücken einer eindringenden Hummel auf.

Unten: Blüte des Klebrigen Salbeis (181), längs, Gelenk des Schlagbaums. Von unten steigt etwas links der Bildmitte der Staubfaden auf. Am Gelenk zweigt nach rechts der kürzere Ast des Verbindungsstücks mit dem Knauf ab, nach oben der längere Ast. Die ihm aufsitzende Staubbeutelhälfte ist nicht mehr im Bild.

Der Klebrige Salbei: Der Schlagbaum-Mechanismus der Bestäubung – allbekannt, doch immer wieder staunenswert

Auf dem Ausflug wird es den Schulkindern vom Lehrer demonstriert: Man nehme eine junge Blüte des Salbeis, meistens des in niederen Lagen häufigen Wiesen-Salbeis, und führe einen Grashalm in den weit geöffneten Rachen ein. Dann senken sich aus der Oberlippe zwei Gebilde auf den Grashalm herab, die an ihrer Unterseite Blütenstaub freigeben. Bei der natürlichen Bestäubung tritt eine Hummel oder Biene an Stelle des Grashalms. Ihr Rücken wird eingestäubt. Was die Schüler beobachtet hatten, war der Schlagbaum-Mechanismus der Salbei-Arten.
Doch nicht nur bei Schülern, sondern oft auch bei Studenten der Biologie beginnt ein Rätselraten, wenn man nach Details fragt. Warum sich der Schlagbaum bei Einführen des Grashalms senkt und dass dabei die Staubblätter eine zentrale Rolle spielen müssen, lässt sich durch eine genauere Beobachtung herausfinden. Aber welche Teile – vermutlich doch wohl der Staubblätter – wirken dabei zusammen? Zur Beantwortung dieser Frage lassen sich alle Salbei-Arten heranziehen, auch Gartenpflanzen. Die Unterschiede zwischen ihnen sind gering und liegen u.a. in der Gestaltung des Hebelsystems, auf das die Hummeln mit ihrem Kopf stoßen. Die großen Blüten des Klebrigen Salbei eignen sich jedoch besonders gut für ein Detailstudium.
Die Staubblätter sind die Hauptakteure. Deshalb soll zunächst an den Bau eines normalen Staubblatts erinnert werden: Es besteht aus einem Staubfaden, der einen Staubbeutel trägt. Dieser Staubbeutel besteht aus einem mittleren Verbindungsstück, an dem der Staubfaden ansetzt, und zwei Staubbeutelhälften zu beiden Seiten des Verbindungsstücks. Jede

Staubbeutelhälfte besteht aus zwei Pollensäcken, aus denen der Blütenstaub (Pollen) freigesetzt wird (S. 15).
Nun zum Klebrigen Salbei. Bei ihm finden sich nur zwei Staubblätter, die beide stark umgestaltet werden, und zwar in gleicher Weise. Die Staubfäden verlaufen zunächst auf der Unterlippe und biegen sich am Ende, mit dem sie das Verbindungsstück tragen, etwas nach oben. Das sonst eher unscheinbare Verbindungsstück wird nun stark umgestaltet. Es wird in zwei Äste gespalten. Der eine ist relativ kurz und trägt am Ende eine knopfartige Bildung. Sie entspricht der einen Staubbeutelhälfte, die damit völlig steril wurde, also keinen Pollen mehr produziert. Da beide Staubblätter in gleicher Weise verändert werden, sieht man nebeneinander zwei Knäufe, wenn man die Blüte von vorne betrachtet. Wie oben erwähnt, gibt es hier Unterschiede zwischen den Salbei-Arten. Denn bei manchen von ihnen finden sich an Stelle der Knäufe kleine Platten, die mehr oder weniger stark miteinander verwachsen sein können.
Der andere Ast des Verbindungsstücks ist sehr lang ausgezogen und ragt hoch in die sichelförmige Oberlippe hinauf. Dort oben trägt sie die zweite Hälfte des Staubbeutels. Sie ist fertil und öffnet sich zur Pollenabgabe nach unten.
Wo der Staubfaden am zweigeteilten Verbindungsstück ansetzt, befindet sich ein Gelenk. Drückt eine Hummel mit ihrem Kopf – oder ein Grashalm – gegen die beiden Knäufe, wird der aus dem kurzen Ast des Verbindungsstücks gebildete Hebelarm nach hinten gedrückt. Infolgedessen senkt sich der längere Hebelarm, der lang ausgezogene Ast des Verbindungsstücks mit der fertilen Staubbeutelhälfte, aus der Oberlippe nach unten herab und lädt Blütenstaub auf dem Rücken der Hummel ab. Die Blüten sind vormännlich. Der Griffel steht zunächst in der Oberlippe und ragt mit geschlossenen oder nur leicht geöffneten Narbenlappen

etwas aus ihr heraus. Im späteren weiblichen Stadium senkt er sich nach unten. Seine Narbenlappen sind nun weit gespreizt und können mitgebrachten Pollen vom Rücken einer Hummel abnehmen, die jetzt die Blüten besucht.
Bei der Genugtuung und Freude, die Funktion des Schlagbaum-Mechanismus erfasst zu haben, darf es nicht bleiben. Staunen und Wundern darüber, dass es eine derart ausgefeilt auf die besuchenden Insekten abgestimmte Einrichtung überhaupt gibt, sollten nicht ausbleiben.

Geißblatt-Gewächse (Caprifoliaceae)

Sträucher, manchmal auch Kriechstauden, machen die Geißblatt-Gewächse aus. Die Blüten sind zygomorph, in Kelch und Krone gegliedert, beide verwachsenblättrig, meist fünfzählig, oft in Form einer Glocke oder eines langgestreckten Trichters, dieser auch zweilippig. Die Blüten können einzeln stehen, häufiger in Paaren. Dabei sitzen oft zwei Blüten, die an ihrer Basis miteinander verwachsen sind, auf einem gemeinsamen Stiel. Vier bis fünf Staubblätter und ein Griffel auf einem unterständigen Fruchtknoten finden sich in den Blüten. Die Früchte sind meist Beeren, die wie die Fruchtknoten paarweise völlig miteinander verwachsen können.

182 Moosglöckchen *(Linnaea borealis)*

Beschreibung: Über fadendünne, kriechende, verholzende Triebe bis zu 4 m lang. Davon steigen bis zu 15 cm hohe Blütentriebe auf. **Blätter gegenständig, bis 15 mm lang, oval, ledrig, wintergrün,** gekerbt. Auf einem Stängel stehen meist 2 nickende Blüten. Stängel und Blütenstiele sind drüsig behaart. Die Krone ist trichterförmig, nickend, bis auf zwei Drittel in 5 abgerundete Zipfel geteilt, innen mit abwärts gerichteten Barthaaren. Farbe außen weiß bis rosa, innen auf der Unterlippe ein gelbes Mal und fünf purpurfarbene Längsstreifen. 2 kurze und 2 lange Staubblätter, aus der Blüte etwas herausragender Griffel. Duftet nach Vanille. Blütezeit: VII und VIII.
Blume: Trichter-Blume. Stellung der Sexualorgane (Narbe am Eingang unter der Oberseite der Krone, die beiden Staubbeutelpaare weiter hinten) erschwert die Selbstbestäubung. Bestäuber vor allem Fliegen, manchmal auch Falter.
Standort: Moosige Nadelwälder. Auch in Gebüsch von Alpen-Rosen und Heidelbeeren. **Kalkmeidend.** Montan-subalpin, bis 2 200 m.
Pflanzengesellschaft: C in bodensauren Fichten-Wäldern (S. 92).
Verbreitung: Vor allem in den Innenalpen, dort zerstreut, sonst in den Alpen selten. Im Norden und der Arktis von ganz Eurasien und Nordamerika.

Carl von Linné (1707–1778), Botaniker und Mediziner, und seine Lieblingsblume, das Moosglöckchen

Der Vater, ein Pastor hatte sich nach einer alten Linde (schwed. linn) einen neuen Familiennamen gegeben: Linnaeus. Nomen est Omen: nicht nur der Vater, sondern auch der Sohn waren Blumenliebhaber. Doch der Sohn, der später geadelt wurde und danach Carl von Linné hieß, wurde zu einem der bedeutendsten Botaniker aller Zeiten. Darüber sollte nicht vergessen werden, dass er auch ein erfolgreicher Mediziner war. Anlass dazu war, dass er sich in die Tochter eines wohlhabenden Stadtarztes verliebt hatte. Der Vater forderte jedoch vor einer Heirat Linnés Promotion in Medizin. Für den überaus begabten Linné war die Erfüllung des väterlichen Gebots keine übermäßige Schwierigkeit: er promovierte 1735 in den Niederlanden, kehrte nach Stockholm zurück und heiratete wunschgemäß. Erwähnen wir aus seiner medizinischen Laufbahn nur noch, dass er königlich-schwedischer Leibarzt wurde – und offensichtlich nicht nur dem Titel nach.

Sein botanischen Hauptwerke waren **Systema naturae** (1. Aufl. 1735) und **Species plantarum** (1. Aufl. 1753). Er benützte dabei in aller Konsequenz die **binäre Nomenklatur,** die heute nach wie vor Bestand hat. Ansätze in dieser Richtung fanden sich schon bei anderen Botanikern, nur wurden sie nie folgerichtig fortgeführt. Doch seit Linné gilt: ein erster wissenschaftlicher Name für die Gattung, ein zweiter wissenschaftlicher Name für die Art. Die unzähligen Varietäten, die man schon damals kannte, wurden den Arten untergeordnet. Lange lateinische Sätze, mit denen man bis dahin die Arten beschrieben hatte, entfielen nun. Jeder Blumenfreund, der Schwierigkeiten mit den binären Bezeichnungen hat, sollte sich dessen bewusst sein, welche Vereinfachung sie gegenüber lateinischen Satzwürmern bedeuten, die er sonst hätte auswendig lernen müssen – vorausgesetzt natürlich, er hätte Wert auf Wissenschaftlichkeit gelegt!

Doch die über die binäre Nomenklatur eindeutig benannten Arten mussten nun auch noch in ein übergeordnetes System eingeordnet werden. Linné verwendete vor allem Zahl und Stellung von Staub- und Fruchtblättern als Einteilungsprinzip. Sein darauf basierendes **Systema naturae** war ein Sexualsystem und insofern natürlich. Es war beim Bestimmen von Pflanzen sehr einfach anzuwenden und hielt sich deshalb bis weit in das 20. Jahrhundert. Doch schon Linné dachte an seine Verbesserung. Heute ist es durch ein System ersetzt, das nicht nur die Sexualorgane berücksichtigt, sondern möglichst alle Merkmale, die morphologisch-anatomischen ebenso wie die chemisch-biochemischen, und schließlich auch molekulare Daten, die über DNA-Analysen erbracht werden. Dieses allumfassende System wird heute „natürlich" genannt. Es wird fortlaufend verbessert.

Doppelblüten des Moosglöckchens (182), LINNÉS Lieblingsblume.

Schweden steht heute in dem Ruf, in jeder Hinsicht fortschrittlich zu sein. Doch LINNÉS Sexualsystem stieß auf Widerstand. Falls das Sexualleben des Menschen damals schon großzügig gesehen worden sein sollte, eines war zuviel, nämlich „wenn acht, neun, zehn, zwölf oder gar zwanzig oder mehr Männer in demselben Bett mit einer Frau gefunden werden," und ähnliches mehr. Gruppensex in Blüten mit zahlreichen Staubblättern und einem oder vielen Fruchtknoten! Die Empörung der Widersacher war groß. Der Fama nach kam LINNÉ zu Hilfe, dass die Königin an einer Grippe erkrankte, die er erfolgreich behandelte. Ob nun die Königin auch ohne seine Hilfe wieder gesund geworden wäre oder nicht – Anfeindungen konnten LINNÉS Ansehen von nun an nicht mehr ernsthaft in Frage stellen.
Das Moosglöckchen war LINNÉS Lieblingsblume. Dass es sich dabei um eine zurückhaltende Schönheit handelt, die man erst beim zweiten Blick voll zu schätzen weiß, spricht für LINNÉ. Der niederländische Mediziner GRONOVIUS hatte es zu Ehren LINNÉS *Linnaea borealis* benannt. In seinen **Species plantarum** von 1753 griff LINNÉ diesen Vorschlag auf. Man sollte das nicht als Selbstverherrlichung kritisieren, sondern als ein Zeichen von Bescheidenheit und Verbundenheit eines der Großen der Wissenschaft mit seiner nordischen Heimat begrüßen.

183 Blaue Heckenkirsche (*Lonicera coerulea*): Bis 1,5 m hoher Strauch. Blätter gegenständig, oval, bis 6 cm lang, oberseits dunkelgrün, **unterseits blaugrün. 2 Blüten hängen an einem kurzen gemeinsamen Stiel. Die beiden unterständigen Fruchtknoten sind miteinander verwachsen.** Der Kelch ist kaum sichtbar. Die **Krone** ist bis 18 mm lang, trichterförmig, mit 5 abgerundeten, sich etwas ausbreitenden Zipfeln. Farbe **hell gelblich.** 4 fast gleich lange Staubblätter, der Griffel weiter als sie aus der Krone herausragend. Die beiden verwachsenen Fruchtknoten bilden eine ebenso **verwachsene blaue, wachsig bereifte Beere.** Meistens kann man nur noch oben an der Beere, wo die beiden Blüten aufsaßen, eine Zweigliederung erkennen. Blütezeit V bis VII. Trichter-Blume. Stellung der Sexualorgane erschwert wie beim Moosglöckchen die Selbstbestäubung. Bestäuber vor allem Hummeln, seltener Tagfalter. Nadelwälder, Zwergstrauchheiden, Randbezirk von Mooren. **Verlangt sauren Boden**. Subalpin, bis 2 400 m. C in bodensauren Fichten-Wäldern (S. 92). In den Innenalpen ziemlich häufig, auch ins Alpenvorland herabgehend. Nordeuropa.

Nicht ganz so hoch, bis 2 000 m steigt in den Alpen die **184 Alpen-Heckenkirsche** (*Lonicera alpigena)* auf. Ihre **Blütenkronen sind an der Basis gelb, oben rotbraun; die Doppelbeeren sind rot.** Sie kommt auf **basischen Böden** in Bergwäldern und Gebüschen vor und ist weniger häufig als die Blaue Heckenkirsche.

Baldrian-Gewächse (Valerianaceae)

Die in den Alpen vorkommenden Baldrian-Gewächse sind Stauden mit gegenständigen Blättern.
Die Blütenstände sind doldig-rispig und tragen kleine Blüten, die schwach asymmetrisch sind. Der Kelch ist unscheinbar und wächst erst nach der Blüte zu einer Haarkrone (Windverbreitung) aus. Die Krone ist röhren- bis trichterförmig mit fünf Zipfeln. Ein oder mehrere Kronblätter können Aussackungen bilden, die spornartig ausgezogen sein können. Meist finden sich drei Staubblätter und ein unterständiger Fruchtknoten mit langem Griffel.

185 **Berg-Baldrian (*Valeriana montana*):** 20–60 cm hoch. Vom Rhizom steigen mehrere **hohle Stängel** mit 3–8 Blattpaaren auf. **Die grundständigen Blätter sind langgestielt** (2–5 cm), die Spreiten sind bis 6 cm lang, eiförmig zugespitzt, dunkelgrün, derb; **sie verschmälern sich unvermittelt in den Blattstiel oder sind abgestutzt. Die bis 10 cm langen Stängelblätter sind sitzend oder kurz gestielt.** Der Blütenstand ist schirmförmig, neben dem mittleren Blütenstand gibt es oft noch zwei seitliche kleinere. Die **Krone** ist 4–5 mm lang, ihre **Farbe ist rosa, helllila oder weiß.** Das untere Kronblatt bildet nach unten zu eine spornartige Aussackung, in der sich Nektar befindet; die beiden rechts und links benachbarten Kronblätter zeigen kleinere Aussackungen. 3 Staubblätter und 1 Griffel mit 3 Narbenästen, besonders der Griffel ragt weit aus der Krone heraus. Blütezeit IV bis VII. Trichter-Blume. Zwittrige Blüten vormännlich. Bestäuber vor allem Fliegen. Auch das weite Herausragen des Griffels aus der Krone erschwert Selbstbestäubungen. Neben großblütigen zwittrigen Blüten gibt es an anderen Pflanzen auch kleinere, weibliche Blüten. Zur Blütenökologie siehe auch Kugel-Orchis (278). Gebüsche, Wälder, Hochstauden-Fluren, steinige Hänge, Felsschutt. **Kalkliebend.** Montan-subalpin, bis 2600 m. C in Alpen-Pestwurz-Fluren auf feuchtem Kalkschutt (S. 167). Gebirge Mittel- und Südeuropas. In den Alpen häufig.

186 **Dreischnittiger Baldrian (*Valeriana tripteris*):** 10–60 cm hoch. **Stängel markig,** mit 2–6 Blattpaaren. Grundblätter langstielig und herzförmig. **Blätter an Blütensprossen** unten meist eiförmig und kurzgestielt, bis 2 cm lang, **oben dreiteilig mit größerem Mittelteil** (bestes Kennzeichen!), gezähnt. Blütenstand und zwittrige Blüten wie beim Berg-Baldrian, jedoch **Farbe der Krone mehr rosa,** nicht helllila. Blütezeit IV bis VII. Trichter-Blume. Zwittrige Blüten vormännlich. Auch das weite Herausragen des Griffel aus der Krone erschwert Selbstbestäubungen. Bestäuber vor allem Fliegen. Neben großblütigen zwittrigen Blüten gibt es auch ebenfalls großblütige männliche Blüten mit verkümmertem Griffel und kleinere weibliche Blüten, jeweils an verschiedenen Pflanzen. Ähnlich wie Berg-Baldrian, je nach Unterart aber **nicht nur auf Kalk, sondern auch auf sauren Böden.** Montan-subalpin, bis 2500 m. Bis in Tallagen. C in Felsspalten- und Mauergesellschaften mit dem Braunen (besser: Braunstieligen) Streifenfarn (hier nicht besprochen), doch gehört dazu auch die Felsflur mit Stängel-Fingerkraut (S. 180). Gebirge Mittel- und Südeuropas. In den Alpen recht häufig.

187 Echter Speik *(Valeriana celtica* ssp. *norica)*

Beschreibung: 5–15 cm hoch. Stängel nur mit 1–2 Blattpaaren (gegenständige Blätter). **Die meisten Blätter grundständig: schmal lanzettlich, bis 7 cm lang und bis 12 mm breit,** ganzrandig. **Gesamtblütenstand eine längliche Walze mit 2–6 Etagen, in denen sich** in den Achseln von gegenständigen Hochblättern **jeweils 2, teils gestielte, quirlartige Teilblütenstände gegenüberstehen.** Die **Blütenkrone** ist 2–3 mm lang, läuft in 5 Zipfel aus, **gelblich, außen besonders an der Spitze oft purpur- bis braunrot überlaufen. Wurzeln mit starkem Baldriangeruch.** Blütezeit VI bis VIII.
Blume: Trichter-Blume. Zwittrige Blüten leicht vormännlich; außer ihnen auch gleich große männliche und kleinere weibliche Blüten. Bestäuber wohl Fliegen.
Standort: Steinige Rasen. **Kalkarme, saure Böden.** Alpin, bis 3 300 m.
Pflanzengesellschaft: C in ostalpinen Krumm-Seggen-Rasen (S. 137).
Verbreitung: Der Speik (*V. celtica*) findet sich in einer östlichen Unterart, dem Echten Speik (*V. c. norica*) vom Dachstein und den südlichen Hohen Tauern ostwärts, zerstreut, aber oft massiert; in einer westlichen Unterart (**ssp.** *celtica*) von den südlichen Walliser Alpen bis zum Mont Cenis, zerstreut und selten.
Verwendung: Parfüm, vor allem in Speickseife.

Der Echte Speik – Maria Magdalenen-Blume oder nicht?

Nach dem Echten Speik sind im östlichen Nockgebiet sogar zwei Berge benannt, der Kleine und der Große Speikkogel (2 270 m). Unsere Art kommt dort besonders häufig vor. Doch man findet ihn auch anderen Stellen im Gebiet. Bad Kleinkirchheim etwa ist Ausgangspunkt für lohnende Wanderungen in den Nockbergen, deren vom Eis überhobelte Buckellandschaft bei Wanderern immer beliebter wird, auch als Gegengewicht für die alpinen Spitzen, die überall in den Alpen so reichlich geboten werden, dass der eine oder andere übersättigt ist und sich nach anderen Formen sehnt.
Leise gleiten wir im Juli mit dem Sessellift zur Brunnachhöhe (1 902 m) aufwärts, zuerst durch subalpinen Fichtenwald, dann über Weidfelder, in denen die Pracht-Nelke (028) ihre fedrigen Blüten in leichten Luftströmungen wiegt. Von der Bergstation wandern wir auf dem Kamm in Richtung Mallnock. Die Polster des Zwerg-Seifenkrauts (034) stehen in voller Blüte. Neben ihrem Rot leuchtet das Blau der Alpen-Glockenblume (202). An einen Quellstrudel erinnert ihr Blütenstand: Blüten quellen schon am Grund der Triebe heraus und scheinen von dort aus hochgestrudelt zu werden. Und zerstreut wächst hier auch der Echte Speik. Wenn wir weiter aufwärts wandern, wird er uns in den Windteppichen der Alpen-Azalee (107) und in Krumm-Seggen-Rasen begleiten.
Speik oder Speick leitet sich von *spica* (= lat. Ähre) her und bezog sich zunächst auf den ährenförmigen Blütenstand von Lavendel-Arten. Der Breitblättrige Lavendel hieß früher auch Speik-Lavendel (*L. spica*). Aus

ihm wurde das duftende „Spiköl" gewonnen. Eine Reihe von Alpenpflanzen wurde ähnlich genutzt und dann ebenfalls „Speik" genannt. Nur einige Beispiele: die Klebrige Primel (124) heißt auch Blauer Speik oder Frauenspeik, die Steinraute (252) Weißer Speik, die Aurikel (122) und das Krainer Kreuzkraut (241) teilen sich den Namen Gelber Speik. Doch „echt" ist nur unsere Art, genauer gesagt die Ostalpenform (*V. c.* ssp. *norica*). Ihre Wurzeln und Wurzelstöcke führen besonders viel ätherisches Baldrianöl einer besonderen Zusammensetzung. Es unterscheidet sich deutlich von ätherischen Ölen aus Speik in den Westalpen, etwa aus dem Aostatal, der kaum genutzt wird. Im Herbst verraten sich Bestände des Echten Speiks durch ihren darauf zurückgehenden Geruch.

Wurzelstöcke und Wurzeln wurden vielfältig genutzt. Schon in Kärnten selbst wurden und werden sie zusammen mit Weihrauch als Räucherwerk verwendet. Doch noch viel mehr ins Gewicht fiel der Export in den Orient, wo sie ebenfalls zum Räuchern, aber u.a. auch für die Herstellung von Salböl (Nardenöl), von Seifen oder als Weinwürze eingesetzt wur-

Der Echte Speik (187) kommt vor allem in den Nockbergen und angrenzenden Bergen vor. Für Silikatgebiete typische Bergformen lassen sich erkennen: in der Bildmitte die überrundeten Massive der Nockberge (links der Große Rosennock, 2 448 m), im Hintergrund die schneebedeckten Kegel der Niederen Tauern.

Der Echte Speik (187) als Lieferant von Parfümstoffen in Vergangenheit und Gegenwart. Kaum jemand weiß, dass die unscheinbare Pflanze wesentlich zum Parfüm der beliebten Speickseife beiträgt. Doch wer dem Echten Speik bei einer Wanderung in den Nockbergen Österreichs begegnet war, wird sich beim Gebrauch der Seife stets auch an unbeschwerte Urlaubstage erinnern.

den. Schaltstellen des Exports wie Judenburg verdankten dem lizensierten Speikhandel des ausgehenden Mittelalters ihren Wohlstand.

Ist unser Echter Speik die Maria-Magdalenen-Blume? „Da nahm Maria ein Pfund echtes, kostbares Nardenöl, salbte Jesus die Füße und trocknete sie mit ihrem Haar. Das Haus wurde vom Duft des Öls erfüllt." So wird in Joh. 12,3 über eine Szene im Haus des Lazarus berichtet. Lazarus war von Jesus von den Toten erweckt worden. Seine Schwester hieß Maria. In Joh. 11,2 wird das zweifelsfrei herausgestellt: „Maria ist die, die den Herrn mit Öl gesalbt und seine Füße mit ihrem Haar abgetrocknet hat; der Bruder Lazarus war krank." Nichts von Maria Magdalena also. Doch was berichten die anderen Evangelisten? Bei Matth. 26,6/7 und Mark. 14,3 ist gleichermaßen nur von einer „Frau" die Rede, Luk. 7,37 erwähnt eine „Sünderin". Das könnte zu Maria Magdalena passen und dürfte der Anlass dafür sein, dass immer wieder sie mit der Salbung in Verbindung gebracht wird. Unerfindlich bleibt jedoch, warum in einschlägigen Publikationen als Beleg dafür ausgerechnet Joh. 12,3 zitiert wird, eine Stelle, die sich eindeutig auf die andere Maria bezieht!

Es spricht also nur wenig dafür, dass Maria Magdalena Jesu Füße salbte. Doch bei dem „echten" Nardenöl könnte es sich durchaus um Speiköl aus dem Osten Österreichs und nicht um das indische Nardenöl aus Wurzelstock und Wurzeln eines anderen Baldrian-Gewächses (*Nardostachys jatamansi*) gehandelt haben.

So vor rund 2000 Jahren. Doch auch heute und bei uns wird der Echte Speik noch genutzt. Nur wissen die wenigsten, dass die tagtäglich verwendete, beliebte Speick-Seife den Namen und wichtige Parfumstoffe dem unscheinbaren Echten Speik aus den Nockbergen und ihrer Um-

gebung verdankt. Weitab davon hält eine Firma in Stuttgart die Tradition aufrecht und stellt Speick-Seife und weitere speikhaltige Produkte her.
Wer seine „Speick-Seife" schätzt, fragt natürlich, ob die natürlichen Bestände an Echtem Speik die Nachfrage decken können, und fragt als Naturfreund außerdem, ob die Pflanze nicht in ihrem Bestand gefährdet sein könnte. Das ist nicht der Fall. Ein Großteil der Droge kommt aus den Gurktaler Alpen und vor allem aus den Nockbergen. Früher wurde dort Raubbau am Echten Speik getrieben. Ganze Hänge wurden systematisch abgeschält, um an sein Wurzelwerk zu kommen.
Heute ist der Echte Speik geschützt, doch einige Bergbauern sind lizensiert, ihn nach wie vor zu ernten, auf schonende Weise allerdings. Schon in vergangenen Jahrhunderten hatte man mit besonderen Grabhacken, den Speik-Kramperln, nur die Speikpflanzen und nicht ganze Rasenflächen herausgerissen. Mit dieser altüberlieferten Technik arbeitet man im Prinzip auch heute. Die Bergbauern schwören darauf, dass die dabei erfolgende Durchlüftung dem Boden gut bekommt und das Pflanzenwachstum fördert. Außerdem wird der Speik fast nie vollständig aus dem Boden herausgeholt. Bruchstücke bleiben zurück und lassen Speik nachwachsen, im gelockerten Boden umso rascher.
Puristen könnten einwenden, eine derartige Nutzung einer zudem in Kärnten auch außerhalb des Nationalparks Nockberge voll geschützten Pflanze habe zu unterbleiben. Doch solange das Vorgehen nur eingeschränkt erfolgt und unter Kontrolle steht, sollte man solche Einwände zurückstellen. Schutzmaßnahmen müssen nicht nur von Touristen, sondern auch von der ansässigen Bevölkerung akzeptiert werden. Eine vorsichtige Nutzung zu gestatten, bedeutet die Bergbauern einzubeziehen. Und diese wissen nur zu gut, dass jeder Raubbau letztlich ihnen selbst schadet!

Karden-Gewächse (Dipsacaceae)

In den Alpen finden sich rund 15 Arten der Karden-Gewächse. Es handelt sich dabei um krautige Pflanzen mit gegenständigen, einfachen oder stark geteilten Blättern. Die Blüten sind leicht zygomorph, die verwachsenblättrige Krone ist vier- oder fünfzählig. Der Kelch ist meist stark reduziert, doch außerdem findet sich ein häutiger „Außenkelch". Zwei bis vier Staubblätter und ein unterständiger, eingriffeliger Fruchtknoten sind vorhanden. Die Blüten sind zu Körbchen vereinigt, die denjenigen der Korbblütler stark ähneln. Doch sind neben anderen Unterschieden die Staubblätter der Karden-Gewächse nicht zu einer Antherenröhre verwachsen.

Ausschnitt aus einem Döldchen der Meisterwurz (190). Wenn man sich eingesehen hat, erkennt man zunächst die Staubblätter, die gelben Pollen präsentieren. Folgt man den Staubfäden nach unten, kann einem der Diskus kaum entgehen, der als dicke, nektarabsondernde Scheibe das Zentrum der Einzelblüten ausmacht. Ihm sitzt der Griffel auf, der sich mehr oder weniger weit in seine zwei Äste gespalten hat. Schwerer zu erkennen sind die Kronblätter, die an der Spitze so eingeschlagen sind, dass sie wie eingebuchtet erscheinen.

Verwendung: Heilpflanze, heute nur noch in der Volksmedizin. Wurzelextrakte regen u.a. den Appetit an und beruhigen den Magen. Auch als Meisterwurz-Branntwein, z.B. in Kärnten als „Meisterwurzgeist", und als Zusatz in Obstlern. Photosensibilisierung durch Furanocumarine zwar möglich, aber weit weniger gefährlich als bei Bärenklau-Arten. Bachblüte.

Die Meisterwurz: früher „Imperatoria", die Kaiserliche, heute „obsolet"

Um 60 n. Chr. verfasste der aus Kleinasien stammende Arzt Dioskurides sein Hauptwerk „*De materia medica*", eine Beschreibung aller damals bekannten Heilmittel, vor allem auch der pflanzlichen. Sein Werk war maßgebend für die „Kräuterväter" des Mittelalters. In ihren Kräuterbüchern richteten sie sich immer wieder nach seinen Angaben. Eigene Erfahrungen kamen hinzu.

Auch das Wissen um die heilende Wirkung der Meisterwurz schwoll an. Atembeschwerden, Vergiftungen, Liebesmittel, Nierensteine, Tollwut sind nur einige wenige der unzähligen Anwendungsfelder. Den Gattungsnamen „*Imperatoria*", die Kaiserliche, hatte ihr Linné deswegen gegeben, ein Name, der bis in das 20. Jh. hinein verwendet wurde. Der frühere Artname *Imperatoria ostruthium* findet sich heute noch in botanischen Werken, wenn auch nur als Zusatz.

„Wurz aller Wurzen" nannte man sie volkstümlicher. Denn die Wurzel ist das Ausgangsmaterial für die Droge. Auch Theophrastus, Bombastus von Hohenheim, kannte die Heilwirkung der Meisterwurz. In Hohenheim, einem Vorort von Stuttgart, heute mit einer kleinen, aber feinen Universität, war er nie gewesen, aber sein Vater kam von dort, aus dem Geschlecht der Bombaste von Hohenheim. Theophrastus latinisierte später „von Hohenheim" zu „Paracelsus" Er wurde 1493 in der Nähe von Einsiedeln in der Schweiz geboren. Nach dem frühzeitigen Tod seiner Mutter ging er mit dem Vater, der Arzt war, auf ein unruhiges Wanderleben. In Villach in Kärnten entschloss er sich, ebenfalls Arzt zu werden. Zunächst war der Vater sein Lehrmeister. Er führte ihn auch in die Heilpflanzenkunde ein. In Ferrara promovierte Paracelsus. Ohne hier auf weitere Einzelheiten eingehen zu können: Er gilt als der Begründer der pharmazeutischen Chemie.

Dass er auch Pflanzen als Heilmittel kannte, war für einen Arzt seiner Zeit Pflicht. Eine der wichtigsten davon war die Meisterwurz. Er fügte den schon bekannten Anwendungen noch einige weitere hinzu, so die Bekämpfung von Geschwülsten in Milz und Gebärmutter, von Blasen-

steinen – und von Heuschnupfen! Es spricht für die hohe Wertschätzung der Meisterwurz, dass Paracelsus mit ihr in der Hand abgebildet wurde – und sogar so, dass man die *Imperatoria* auch erkennen konnte, was bei früheren Pflanzendarstellungen nicht selbstverständlich war.
Schon im 19. Jh. wurde die Meisterwurz in der Humanmedizin nur noch selten verwendet. Das lässt sich kaum anders erklären, als dass ihre vielseitige Heilwirkung kritischen Überprüfungen nicht standhielt. In der Volksmedizin wird sie heute noch eingesetzt. Doch was sagt die moderne Lehre von den Heilmitteln, die Pharmakologie, zur Wirksamkeit der Meisterwurz? Sie urteilt nüchtern: „Sie ist als Droge im deutschen Sprachraum obsolet." „Obsolet" bedeutet „nicht mehr gebräuchlich, veraltet".

Paracelsus mit einem Blütenstand der Meisterwurz (190) in der Hand. Am Boden unten rechts wächst die *„Imperatoria"*.

191 Alpen-Mutterwurz (*Ligusticum mutellina*): 10–50 cm hoch. **An der Basis Faserschopf aus abgestorbenen Blättern. Grundständige Blätter langgestielt, Blattspreite 10 cm lang, zwei- (bis drei)fach gefiedert, Fiedern schmal, Fiederzipfel 2. Ordnung ungefähr 1 mm breit, grasgrün.** Pro Stängel 1–3 zusammengesetzte Dolden mit je 10–15 Doldenstrahlen, Hüllblätter 0–3. Mehrere schmale Hüllchenblätter unter den 7–12 Döldchen. Blüten im Durchmesser rund 3 mm; **5 Kronblätter, eiförmig, meist rötlich oder rot, vor allem auf ihrer Unterseite.** Blütezeit VI bis VIII. Die Dolde und Einzelblüten sind Scheiben-Blumen. Mittlere Dolde am Stängel zwittrig, die anderen meist männlich. Bei Dolden mit zwittrigen Blüten sind Dolden wie Einzelblüten vormännlich (vgl. 195). Bestäuber Käfer, Zweiflügler, Hautflügler, Tagfalter. Wiesen, Weiden, Magerrasen, Hochstauden-Fluren, Zwergweiden-Rasen, Schneeböden. **Bevorzugt Kalk**, aber auch auf Silikat. Subalpin-alpin, bis 2 800 m. B in Borstgras-Rasen (S. 128), Violettschwingel-Rasen (S. 141), Rost-Seggen-Rasen (S. 144), Krautweiden-Schneeboden-Gesellschaften (S. 160). Von der Auvergne über deutsche Mittelgebirge (u.a. Schwarzwald) und die Alpen bis zum Balkan und den Karpaten. In den Alpen häufig.

192 Bärwurz *(Meum athamanticum)*

Beschreibung: 20–60 cm hoch. **An der Basis Faserschopf aus abgestorbenen Blättern.** Stängel schwach gerillt, kahl, mit 1–2 Blättern. Blätter überwiegend grundständig, dunkelgrün, **mehrfach (meist dreifach) gefiedert mit 2–7 mm langen, haarfeinen, quirlig stehenden Zipfeln. Beim Zerreiben würzig riechend.** Zusammengesetzte Dolden. 6–15 Doldenstrahlen, auf jedem davon 5–15 Döldchen. 1–5 pfriemliche Hüllblätter, 3–8 pfriemliche Hüllchenblätter. Blüten 3 mm breit, weiß, gelegentlich grünlich, manchmal auch rötlich überlaufen. Blütezeit V bis VIII.
Blume: Dolde und Einzelblüten sind Scheiben-Blumen. Vormännlich. Bestäuber Käfer und Fliegen.
Standort: Magere Rasen, Weiden auf sauren, **kalkarmen Böden.** Braucht genügend Luftfeuchtigkeit. Montan-subalpin, bis 2 500 m.

Pflanzengesellschaft: C in Borstgras-Rasen (S. 128).
Verbreitung: Europa, atlantischer Charakter. In Mittelgebirgen Deutschlands wie dem Hochschwarzwald häufig, in den Alpen zerstreut, teils fehlend, aber wenn vorhanden, jeweils in größeren Beständen.
Verwendung: Beim Vieh unbeliebt, deshalb frisch von geringem Futterwert, jedoch würziges Heu. Früher Heilpflanze, Gewürzpflanze. Likör aus Wurzeln und Früchten.

192 ist in den Alpen nicht besonders weit verbreitet. Sie wurde hier dennoch erwähnt, weil sie in deutschen Mittelgebirgen auf Silikatböden sehr häufig sein kann und dort ebenso wie in den Alpen oft mit 191 verwechselt wird. **Doch die Bärwurz ist an ihren haarfeinen Blattzipfeln und am würzigen Geruch nach Zerreiben der Blätter unverkennbar.** Außerdem sind die Blüten der Alpen-Mutterwurz in der Regel rötlich überlaufen, die der Bärwurz nur selten. Außerdem ist sie ein gutes Beispiel für das Massenvorkommen von Dolden-Gewächsen (s. unten).

Die Bärwurz: Auftreten in Massen und gegenseitige Werbung bei weißblühenden Dolden-Gewächsen

Bislang hatten wir immer wieder festgestellt, dass sich bestäubende Insekten und bestäubte Pflanzen in Coevolution hochgradig aufeinander einstellten. Beide spezialisierten sich. Es sei nur an Hummeln und die Gattung Eisenhut erinnert. Doch das ist nur eine Seite der Medaille.
Dass man auch ganz anders, nämlich ohne Spezialisierung, zum Ziel kommen kann, demonstrieren die Dolden-Gewächse. Ihre Blüten sind kaum spezialisiert und deshalb allgemein zugänglich. Die Schauwirkung wird über den Zusammenschluss vieler Einzelblüten zu Dolden und Döldchen erhöht. Darauf wird bei der Beschreibung der einzelnen Arten hingewiesen. Aber es entstehen auch bequeme Landeplätze, von denen aus man leicht über die ganze Scheinblüte hinweg spazieren und die Einzelblüten ausbeuten kann. Dabei wird der Nektar auf dem Diskus frei geboten. Ihn zu entnehmen, ist ohne jede Spezialisierung der Besucher möglich. Auch kurzrüsselige Insekten wie Käfer und viele Fliegen kommen auf ihre Kosten. Besonders Fliegen werden angelockt. Denn Weiß ist eine von Fliegen bevorzugte Farbe. Kurz und gut: die Scheinblüten von Dolden-Gewächsen enttäuschen keinen Besucher. Dementsprechend finden sich unter den Blumengästen Angehörige der verschiedensten Insektenordnungen. Einschränkungen gibt es nur dadurch, dass die Umwelt in größerer Höhe für bestimmte Insekten zu unwirtlich werden kann. Das Fazit: Zahlreiche Besucher kommen. Dafür, dass sie Fremdbestäubungen vornehmen, sorgt in der Regel Vormännlichkeit nicht nur der einzelnen Blüte, sondern der ganzen Dolde (vgl. 195). Alles scheint perfekt.
Doch eine Schwierigkeit ist nicht ausgeräumt. Der Pollen muss ja auf Pflanzen der gleichen Art übertragen werden. Die Dolden der verschie-

densten Arten sehen sich aber sehr ähnlich: überall Dolden in Weiß! Der Duft, der anstelle von Form und Farbe artspezifisch locken könnte, spielt bei Dolden-Gewächsen nur eine untergeordnete Rolle. Nehmen wir folgendes an: Ein Insekt wurde auf Art A bestens bewirtet – und hat dabei Pollen aufgenommen. Wenn es lernfähig ist, sollte es in freudiger Erwartung eine weitere Pflanze der Art A anfliegen und dabei den Pollen übertragen. Doch können die Insekten die geringfügigen Unterschiede zwischen den einzelnen Arten erkennen und erlernen? Zweifel kommen auf. Denn Käfer und viele Fliegen, beides häufige Gäste auf den Dolden, sind in dieser Hinsicht oft recht unbedarft. Dabei soll nicht der Verunglimpfung „dumme Fliege" das Wort geredet werden, denn manche Zweiflügler dürfen hier nicht unterschätzt werden. Ist es also nicht nachteilig, dass sich die weißblühenden Dolden-Gewächse so ähnlich sehen? Sind wir hier nicht auf eine Sackgasse der Evolution gestoßen?

Subalpiner Borstgrasrasen in einer Waldlichtung, der völlig von der Bärwurz (192) übernommen wurde. An den fädigen Blattzipfeln glänzt noch der Morgentau.

Insofern nicht, als viele Arten der Dolden-Gewächse in Massen auftreten. Wem ist nicht schon das Massenvorkommen des Wiesen-Kerbels auf allzu gut gedüngten Wiesen aufgefallen? Sicher, hier hat der Mensch nachgeholfen. Aber Massenbestände finden sich auch, wenn die Einflußnahme von Seiten des Menschen gering ist oder sogar fehlt. Ein gutes Beispiel ist die Bärwurz. Wo sie vorkommt, da in Vielzahl. Subalpine Borstgras-Weiden werden zur Blütezeit weithin von ihr beherrscht. Wenn unser Blütengast die Pflanze der Art A, hier die Bärwurz, mit Pollen verlässt, ist die Chance gegeben, dass er in der Nachbarschaft wieder auf eine Pflanze der Art A stößt und den Pollen mit Erfolg überträgt. Ein Erkennen, Erlernen und Wiedererkennen erübrigt sich.

Und wenn unser Insekt doch an eine andere Art der Dolden-Gewächse gerät? Sicher, der Pollen, den es von Art A übernommen hatte, ist jetzt vergeudet. Aber auch die neue Art B bietet Nektar, unser Insekt wird nicht enttäuscht. Wenn es sich in einem Massenbestand von B befinden sollte, kann es jetzt dort wie zuvor bei Art A als Bestäuber arbeiten. Doch abgesehen von einem Zufall, der unser Insekt zu der neuen Art B brachte, kann die Ursache auch sein, dass sich die weißblühenden Dolden-Gewächse so sehr ähnlich sehen. Die eine Art (A) macht deswegen nicht nur auf sich selbst, sondern auch auf die andere Art (B) aufmerksam. Und da es viele weißblühende Dolden-Gewächse gibt, kann man von einem Ring von Arten sprechen, die sich gegenseitig nützen. Eine Art nützt also der anderen. Wir werden noch Beispiele dafür kennen lernen, dass das auch bei hochspezialisierten Blüten der Fall sein kann. Aber es ist bei ihnen selten. Denn es müssten allzuviele, teils komplizierte Merkmale in ähnlicher Weise ausgebildet werden. Bei den wenig spezialisierten weißblühenden Dolden-Gewächsen ist das leichter machbar: Die Form der Dolde, ein einfacher Bau der Einzelblüte, die Farbe Weiß, eine einheitliche UV-Absorption der Einzelblüten ohne Bildung spezieller UV-Muster sind schon die ausschlaggebenden Merkmale – und natürlich der Nektar als Belohnung! Aber auch das massierte Vorkommen ist wichtig. Denn wenn Pflanzen einer Art nur selten und in großer Entfernung voneinander vorkämen, müssten sie ins Hintertreffen geraten, was ihre eigene Bestäubung anbelangt. Sie würden dann ja fast nur Werbung für andere, häufigere Arten betreiben.

Weißblühende Dolden-Gewächse sind oft schwer zu bestimmen. Wenn Sie einmal bei der Bestimmung scheitern sollten, könnten diese Zeilen Trost bieten: Es liegt in der „Natur der Sache", dass sich die weißblühenden Dolden-Gewächse so sehr ähnlich sehen. Das sollte allerdings keine billige Entschuldigung dafür sein, schon den Versuch einer Bestimmung zu unterlassen!

193 Große Bibernelle (*Pimpinella major*): 20–100 cm hoch. Stängel kantig, kahl, beblättert. Alle **Blätter sind einfach unpaarig gefiedert.** Die meisten von ihnen sind **grundständig: langgestielt, mit 1–4 Fiederpaaren, Teilblättchen eiförmig,** bis 4 cm lang, gezähnt. Das **Endteilblatt ist leicht dreiteilig.** Zusammengesetzte Dolden mit einem Durchmesser von bis zu 50 cm. Dolden mit 10–15 Strahlen; Döldchen mit rund 20 Blüten. **Hülle und Hüllchen fehlen.** Blüten 2,5 mm breit; 5 Kronblätter, weiß oder häufig **rosarot** (**ssp.** ***rubra;*** s. unten). Bei den Blüten am Rand des Döldchens sind die äußeren Kronblätter etwas größer. Die Kronblätter tragen an der Spitze ein hochgebogenes Läppchen. Blütezeit: VI bis IX. Dolde und Einzelblüten Scheiben-Blumen. Bestäuber der rotblühenden Unterart (s. unten) sind Käfer und Zweiflügler, seltener Hautflügler und Tagfalter. Rotblühende Unterart auf nährstoffreichen Rasen, Weiden, Hochstauden-Fluren, Lägerfluren. Montan-subalpin, bis 2000 m. Die rotblühende Unterart ist C in Goldhaferwiesen (S. 113). Europa, vor allem Bergland; häufig. Eine der beiden Unterarten kommt auch im Tiefland vor; sie blüht weiß und ist C in Glatthaferwiesen (hier nicht besprochen). Im Gebirge findet sich fast nur die niedrigere (20–40 cm) **rotblühende Unterart** (***P. m.*** **ssp.** ***rubra***). Heilpflanze. Wurzel und Wurzelstock der Großen Bibernelle werden seit der Renaissance als Heilmittel gebraucht. Die Liste der damaligen Verwendungsmöglichkeiten ist endlos. Erwähnt sei nur der Einsatz gegen Cholera und Pest. Heute vor allem Indikationen bei Schleimhautentzüngen der oberen Atemwege (Bronchitis). Die wichtigsten Wirkstoffe dürften ätherische Öle sein. Bachblüte.

194 Berg-Bärenklau (*Heracleum sphondylium* ssp. *elegans; H. s.* ssp. *montanum*): Die normale Unterart des Bärenklaus (*H. s.* ssp. *sphondyilum*) ist auch vom Tiefland her allbekannt. Hier handelt es sich um eine alpine Unterart. 50–150 cm hoch. **Grundständige Blätter nicht** wie bei der Normalform **gefiedert, sondern bei rundlichem Umriss** (Durchmesser 50 cm) **tief drei- bis siebenlappig. Die Lappen sind zugespitzt.** Die Blattoberseite ist kahl, die Unterseite auf den Nerven behaart. Die Stängelblätter sind sitzend dreilappig mit aufgeblasener Scheide. Die Dolden sind zusammengesetzt, Durchmesser 10–20 cm. 15–45 Doldenstrahlen, 0–3 Hüllblätter. Döldchen mit zahlreichen spitzen Hüllchenblättern, vielstrahlig. Blüten im Durchmesser rund 5 mm; **5 Kronblätter, weiß, tief (bis zur Hälfte oder auf ein Drittel) eingerandet, an der Basis der Einrandung ein kleines, nach oben umgeschlagenes Läppchen. Bei den Blüten am Rand des Döldchens sind die nach außen gerichteten Kronblätter stark (bis auf 1 cm) verlängert:** Erhöhte Schauwirkung, die derjenigen einer Einzelblüte ähnelt. Blütezeit VI bis IX. Dolde und Einzelblüten sind Scheiben-Blumen, die Randblüten sind strahlend. Bestäuber Käfer, Zweiflügler, Hautflügler. Feuchte Wälder und Bergwiesen, Hochstauden-Fluren, auch in Karen. Subalpin-alpin, bis 2 400 m. C in Hochstauden-Fluren (S. 102). Alpen, einige weitere Gebirge Mitteleuropas. Früher Heilpflanze. Bachblüte. Furanocumarine können wie bei allen Bärenklau-Arten die Haut gegenüber Licht sensibilisieren: Es kommt zu Verätzungen, wenn die Haut Kontakt mit Pflanzenteilen hatte, die Furanocumarine abgeben, und dann dem Licht ausgesetzt wird. Das gilt auch für die Einnahme des Krauts der Normalform als Droge. Die frühere Heilpflanze mit einer breiten Palette von Anwendungen, die sich allerdings von der modernen Pharmakologie nicht belegen ließen, kam deshalb schon im 19. Jahrhundert in der offiziellen Humanmedizin außer Gebrauch. Die wegen phototoxischer Schädigungen gefährlichste Bärenklau-Art ist der Riesen-Bärenklau (*Heracleum mantegazzianum*).

195 Große Sterndolde *(Astrantia major)*

Beschreibung: 30–100 cm hoch. Gestielte **Grundblätter**, die **handförmig fünf- bis siebenteilig** sind. Der mittlere Teilabschnitt ist bis zum Grund frei, die anderen sind dreiteilig, die Teile mit gesägten Rändern. Der kahle, aufrechte Stängel teilt sich zunächst doldenartig in 3–5 Teiltriebe. Auf jedem von ihnen sitzt eine Dolde mit zahlreichen (ca. 50) kleinen **Blüten: Durchmesser 5 mm;** 5 Kelchblätter mit Stachelspitzen sind erkennbar; die 5 Kronblätter sind **weiß oder rötlich;** 5 Staubblätter. Der unterständige Fruchtknoten zeigt ringsum wulstige Auswüchse. Die Blüten sind meist zwittrig, manchmal auch männlich. Die 5 Staubblätter und die beiden Griffeläste ragen weit aus den Blüten hervor. **Jede Dolde wird von einer Hülle aus 15–25 mm langen, kronblattartigen Hochblättern umgeben, die weiß oder rötlich sind, und sieht so wie eine einzige, sternförmige Blüte aus.** Darauf beziehen sich auch die Namen: lat. aster = Stern. Blütezeit VI bis VIII.
Blume: Die Dolde ist eine Scheiben-Blume. Zwittrige Blüten sind vormännlich (vgl. unten). Die offene Blume ist für viele Bestäubergruppen zugänglich: Käfer, Zweiflügler, Hautflügler (darunter Hummeln), Tagfalter.

Die einfache Dolde der Großen Sterndolde (195). Am Rand stehen männliche, in der Mitte zwittrige Blüten. Die Fruchtknoten sind langgestreckte grüne Gebilde unterhalb der Blüten, an denen sich die Samenanlagen erkennen lassen.

Standort: Lichte Bergwälder, Bergwiesen, Hochstauden-Fluren, braucht etwas Feuchtigkeit im Boden. Bevorzugt **Kalkböden**. Montan-subalpin, meist bis 1 800 m, seltener bis 2 700 m.
Pflanzengesellschaft: C in Edel-Laubwäldern (Buchenmischwäldern, S. 84).
Verbreitung: Gebirge von Spanien bis zum Kaukasus. In den Alpen recht häufig.

Die Große Sterndolde: Fremdbestäubung durch koordinierte Vormännlichkeit in den Dolden

Bei einer einzelnen Blüte lässt sich leicht verstehen, dass über Vormännlichkeit oder Vorweiblichkeit die Selbstbestäubung erschwert oder verhindert werden kann. Aber wie steht es bei einem Blütenstand mit seinen oft zahlreichen Einzelblüten? Hier sollte die Entwicklung der einzelnen Blüten koordiniert werden. Denn wenn sich jede Blüte nach Belieben entwickelte, wenn sich also die eine Blüte im männlichen, die andere im weiblichen Zustand befände, müsste ein Insektenbesuch unweigerlich zur Bestäubung benachbarter Blüten führen. Unter genetischen Aspekten wäre das mit einer Selbstbestäubung gleichzusetzen. Das gilt auch für Dolden und Döldchen. Gehen wir nur auf einfache Dolden ein, wie sie die Große Sterndolde ausbildet. Bei Einbezug von Döldchen gilt im Prinzip das Gleiche. Nur ist die Situation bei Ausbildung einer Doppeldolde weniger leicht überschaubar.
Ein auf der Scheibe einer Dolde herumkrabbelndes Insekt, sei es ein Käfer oder eine Fliege, müsste wie erwähnt Pollen von Einzelblüte zu Einzelblüte verschleppen, wenn das nicht über eine entsprechende Koordinierung verhindert würde. Und außerdem müsste auch das Aufblühen der verschiedenen Dolden an einer Pflanze geregelt werden. Denn auf ein-

und derselben Pflanze sollte nicht nur innerhalb einer gegebenen Dolde, sondern auch von Dolde zu Dolde kein Pollen übertragen werden.
Die meisten Dolden-Gewächse zeigen in der Tat derartige Abstimmungen. In der Regel sind ihre Blüten zwittrig. Doch können sich in den Dolden immer wieder außer zwittrigen auch männliche Blüten finden. Männliche Blüten sitzen meist in der Mitte der Dolde. Bei der Großen Sterndolde sind die männlichen Blüten langgestielt und weisen manchmal noch einen verkümmerten Fruchtknoten auf. Die zwittrigen Blüten sind kurzgestielt. Außerdem gibt es Dolden, die nur männliche oder nur zwittrige Blüten enthalten. Auch bei der Großen Sterndolde kann das der Fall sein.
Soweit einige Grundkenntnisse vorab. Zwittrige Einzelblüten sind vormännlich. Bei der Großen Sterndolde sind die fünf Staubfäden zunächst nach unten abgebogen. Beim Aufblühen streckt sich zunächst ein erster Staubfaden und exponiert seinen Staubbeutel oberhalb der Krone. Nach der Pollenabgabe wird das betreffende Staubblatt abgeworfen. Die anderen vier Staubblätter folgen und verhalten sich ebenso, wobei sie nicht wie beim Sumpf-Herzblatt (063) eines nach dem anderen reagieren, sondern sich in ihrer Entwicklung überschneiden. Erst nach Abwurf des letzten Staubblatts strecken sich die beiden Griffeläste mit ihren Narben aus der Krone heraus. Entsprechend verhalten sich die meisten anderen Dolden-Gewächse, nur dass die Entwicklung der Staubblätter und der Griffel nicht immer so deutlich voneinander abgesetzt ist.
Innerhalb einer einzelnen Zwitterblüte ist die Fremdbestäubung also gesichert, über die eingangs geforderte Koordinierung aber auch innerhalb einer gegebenen Dolde. Denn alle Blüten einer Dolde, ob zwittrig oder männlich (bei ihnen gibt es ja keine andere Möglichkeit), gehen zuerst in die männliche Phase über. Dabei beginnt das Aufblühen in der Regel am Rand der Dolde und schreitet nach ihrer Mitte zu fort. Schließlich sind alle Blüten der Dolde im männlichen Zustand. Erst danach gehen sie, soweit sie zwittrig sind, in die weibliche Phase über. Die ganze Dolde wird nun „weiblich“. Insekten treffen also innerhalb einer gegebenen Dolde entweder nur funktionell männliche oder nur funktionell weibliche Blüten an. Eine Nachbarbestäubung wird so verhindert. Allerdings finden sich auch Arten, bei denen sich die männliche und die weibliche Phasen der Blüten in einer gegebenen Dolde zeitlich überlappen, so dass Nachbarbestäubungen erfolgen können.
In Blütenständen aus mehreren Dolden blühen die Dolden nacheinander auf. Dabei lassen sich Nachbarbestäubungen, jetzt von Dolde zu Dolde, nicht immer ausschließen. Insgesamt lässt sich jedoch festhalten: Auch bei komplizierter gebauten Blütenständen wird zumindest versucht, die Fremdbestäubung zu fördern. Deren Bedeutung wird damit erneut demonstriert.

196 **Kleine Sterndolde** (*Astrantia minor*): Nur bis rund 30 cm hoch. Grundblätter tief handförmig fünf- bis neunteilig. Stängel locker verzweigt. Sie tragen einige wenige halbkugelige Dolden von 10 – 15 mm Durchmesser **Hüllblätter nur bis 10 mm lang, oben weiß, auf der Unterseite oft rötlich. Pro Dolde 25 – 50 Blüten, nur 2 – 3 mm im Durchmesser, immer weiß.** Die Blüten sind zwittrig oder männlich. Sonst Blütenbau im Prinzip wie bei 195. Blütezeit VII bis VIII. Blume ähnlich wie bei 195. Bestäuber Fliegen. Lichte Wälder und Waldränder, trockene Rasen, steinige Hänge, Gebüsch der Rostroten Alpenrose und der Grün-Erle, **bevorzugt kalkarmen Untergrund.** Montan-subalpin, bis 2 700 m. U.a. in Krumm-Seggen-Rasen (S. 136) und in Gesellschaften der Rostblättrigen Alpenrose (S. 110). Mittel- und Südeuropäische Gebirge. Pyrenäen, Apennin. In den Alpen westlich orientiert: in den Innenalpen bis Innsbruck und in den Südlichen Randalpen bis Südtirol. Nicht häufig.

Aufsicht auf die Schale eines Döldchen des Sterndoldigen Hasenohrs (198). Die Staubblätter der vormännlichen Blüten sind bereits abgeworfen. Die Blüten sind im späten weiblichen Stadium und gehen teilweise schon in Früchte über. Die zweigeteilte Nektarscheibe (Diskus) auf dem Fruchtknoten verfärbt sich dabei von Gelb über Schwarzrot nach Schwarz. Auf jedem Diskus sind zwei Griffel zu sehen.

197 **Hahnenfuß-Hasenohr** (*Bupleurum ranunculoides* **ssp.** *ranunculoides*): Hier wird nur die typische Unterart (ssp. *ranunculoides*) besprochen. Denn eine zweite Unterart ist collin. 10 – 40 cm hoch. Blätter von wenigen Stängelblättern abgesehen in einer grundständigen Rosette: schmal-lanzettlich, **bis 10 cm lang und 5 – 9 mm breit, mit 9 – 20 Längsnerven. Die Blätter erinnern an solche von Einkeimblättrigen Gewächsen.** Dolde mit 4 – 8 Strahlen, Hüllblätter bis zu 5, ähneln den Stängelblättern, sind aber viel kleiner. **Döldchen mit meist 5 Hüllchenblättern, rundlich-oval, gelblich,** oft rötlich überlaufen, **nicht oder höchstens an der Basis miteinander verwachsen.** Im Döldchen gelbliche Blüten mit einem Durchmesser von 2,5 mm. Blütezeit VII und VIII. Die Döldchen sind Scheiben-Blumen. Bestäuber Zweiflügler und Hautflügler. Steinige Rasen, Felshänge. **Bevorzugt Kalk.** Montan-subalpin, geht selten unter 1 400 m, bis 2 000 m. C in Blaugras-Rasen (S. 148). Gebirge von den Pyrenäen bis nach Sibirien und hinüber nach Alaska. In den Nördlichen Randalpen selten, in den Südlichen etwas häufiger.

198 **Sterndoldiges Hasenohr** (*Bupleurum stellatum*): 10 – 30 cm hoch. **Blaugrün.** Blätter in grundständige Rosette, schmal-lanzettlich, **bis 30 cm lang und bis 15 mm breit, mit einem deutlichem Hauptnerv.** 2 – 4 Hüllblätter, ähneln den 1 – 2 Stängelblättern, sind aber kleiner. 3 – 6 Doldenstrahlen. **Hüllchenblätter 8 – 12, gelblich, bis über ihre Mitte miteinander verwachsen, bilden eine breite Schale für die zahlreichen Blüten. Rand der Schale viel weniger gegliedert als beim Hahnenfuß-Hasenohr.** Blüten mit 3 mm Durchmesser, gelb. Blütezeit VII und VIII. Die Döldchen sind Schalen-Blumen. Bestäuber Zweiflügler und Hautflügler. Felshänge, steinige Rasen, auf **Silikatgestein.** Subalpin-alpin, bis 2 500 m. C in Felsflur mit Vandellis Mannsschild (S. 184). West- und Südalpen, bis Vorarlberg und bis zum Ortler. Wenig häufig.

199 Alpen-Mannstreu *(Eryngium alpinum)*

Beschreibung: 30–80 cm hoch. Grundständige Blätter, mit langen Stielen 20 cm lang, eiförmig oder abgrundet drei„eckig", am Rand Zähne, die in Grannen auslaufen. Stängelblätter wechselständig, radiär geteilt, Rand ähnlich. **Die Blüten sitzen dicht aneinander auf einem zunächst rundlichen Köpfchen, das sich dann zu einer Walze von bis zu 6 cm Länge streckt. Blüten 2–3,5 mm breit; 5 weißliche oder blauviolette Kronblätter. Die ganze Walze ist blauviolett überlaufen und wird von vielspaltigen, stechend-langborstigen, ebenfalls blauviolett überlaufenen Hüllblättern überragt.** Blütezeit VII und VIII.

Blume: Der Blütenstand ist eine Köpfchen-Blume. Vorweiblich, im weiblichen Zustand ragen zwei lange, schmale, blauviolette Narben aus den Blüten hervor. Bestäuber sind vor allem Hummeln.

Standort: Bergwiesen, Hochstauden-Fluren, **auf Kalkböden**. Subalpin, bis 2 500 m.

Pflanzengesellschaft: C in einer seltenen Sonderform der Hochstauden-Fluren (S. 102).

Verbreitung: Jura, Alpen, nördlicher Balkan. Insgesamt selten, in den Westalpen häufiger, fehlt aber auch in den Ostalpen nicht (u.a. Karnische Dolomiten: außer angepflanzt auch wildwachsend, z. B. bei der oberen Valentinsalm). Häufig kultiviert, früher auch als Heilpflanze, dann immer wieder verwildert. Sehr gefährdet!

Alpen-Mannstreu: Ein Doldenblütler im Distelgewand

Scheinblüten, bei denen die Schauwirkung weitgehend auf den Hüllblättern beruht, bilden auch die Gattungen Sterndolde (195, 196) und Hasenohr (197, 198) aus. Doch der Alpen-Mannstreu sticht sie alle aus: seine blauvioletten Hüllblätter, die einen etwas tiefer blauviolett gefärbten walzenförmigen Blütenstand umgeben, lassen sich im optischen Eindruck kaum überbieten. Man versteht, warum selbst nüchterne Systematiker sich fast lyrisch ausdrücken, wenn sie die Farbwirkung anschaulich machen möchten: Sie sprechen von „amethystfarben". Doch dienen die Hüllblätter nicht nur dem Anlocken von Bestäubern, sondern auch dem Schutz des Köpfchens gegen Tierfraß und schlechtes Wetter. Bei Nacht und kühler Witterung legen sie sich über dem Köpfchen zusammen.

Die Hüllblätter der genannten Arten sind **extraflorale** (außerhalb der Blüten stehende) Schauapparate. Bei Sterndolden umgeben sie einfache und bei den Hasenohren zusammengesetzte Dolden. Das Bauprinzip der Dolden-Gewächse ist in beiden Gattungen klar zu erkennen. Nicht so beim Alpen-Mannstreu: der Blütenboden der Dolde ist zu einer Achse ausgezogen, der die Einzelblüten aufsitzen. Die Walzen, die so entstehen, sind Köpfchen-Blumen. Solche Köpfchen-Blumen sind für die Korbblütler typisch. Auch bei ihnen können Hochblätter, die den Hüllblättern der Dolden-Gewächse entsprechen, die Schaufunktion übernehmen. Dabei kann es sich sogar um Hochblätter handeln, die ebenfalls

sichert. Kaum ein Insektenkörper kann diese Nektardecke passieren. Doch der lange Rüssel von Faltern und Hummeln kann sich lässig zwischen den Haaren einfädeln und den Nektar ausbeuten.

Hummeln, im Tiefland auch Bienen, sind die gewünschten Besucher. Das lässt sich daran erkennen, dass die Blüten auf eine Bestäubung durch sie abgestimmt sind. In den Knospen bilden die fünf Staubbeutel eine Röhre um den Griffel. Der seitliche Zusammenhalt ist im Gegensatz zur Staubbeutelröhre der Korbblütler nur lose. Die Staubfäden bleiben frei. Die Staubbeutel öffnen sich nach innen und geben den Pollen auf Sammelhaare am Griffel ab. Dann schrumpfen die Staubfäden, die entleerten Staubbeutel werden dadurch ganz auf den Grund der Blüten hinunter gezogen. Inzwischen hat sich die Blüte geöffnet. Beim Eindringen in die Blüten stoßen Hummeln auf die Griffelbürste mit ihrer Pollenbeschichtung, in der sich die Konturen der Staubbeutel zunächst noch gut erkennen lassen. Sie beladen sich mit Pollen. In älteren Blüten ist der Pollen meist bis auf Reste abgenommen. Jetzt öffnet sich die Narbe mit drei Lappen, auf denen Hummeln mitgebrachten Pollen abladen können. Auch eine Notfallselbstbestäubung ist möglich: die Narbenlappen rollen sich so weit zurück, dass sie in Kontakt mit dem Pollen kommen, der noch am Griffel verblieben war.

Das Funktionieren der Bestäubungseinrichtung setzt Insekten voraus, die so voluminös sind, dass sie beim Eindringen an die Griffelbürste bzw. die Narbenlappen geraten. Das sind am ehesten Bienen und Hummeln. Sie sind die häufigsten Bestäuber. Zwar finden sich auch Falter an den Blüten. Doch wenn sie mit langen Rüsseln an den Nektar gelangen können, wenn sie sich nur auf den Blütenrand setzen, also gar nicht weiter eindringen, ist der Bestäubungserfolg nicht sicher. Denn der schmale Falterrüssel kann auch an Griffelbürste und Narbenlappen vorbei eingeführt werden. Selbst wenn er beide berührt, kommt es nur zu einem geringfügigen Kontakt. Dann wird nur wenig Blütenstaub aufgenommen bzw. übertragen.

Bei manchen Blüten, wie etwa bei der des Klebrigen Salbeis (181) mit ihrem Schlagbaum-Mechanismus, besteht kein Zweifel, dass eine Abstimmung Blüte/Insekt stattgefunden haben muss, die über eine entsprechende Coevolution erklärt werden kann. Bei den Glockenblumen ist zwar auch eine Abstimmung gegeben, aber sie ist nicht derart weitgehend wie beim eben erwähnten Schlagbaum-Mechanismus. Ein Skeptiker könnte deshalb fragen: Ist die Bestäubungseinrichtung der Glockenblumen wirklich ein Ergebnis einer Coevolution Blüte/Insekt oder handelt es sich nur um ein „Spiel der Natur"? Steht die Griffelbürste nicht *zufällig* im Zentrum der Blüte, ohne Abstimmung auf Eindringlinge – und die Blütenbiologen mit ihrer lebhaften Phantasie deuten alles so, wie es ihnen passend erscheint?

Rechte Seite: Blütenstand der Bärtigen Glockenblume (200). In ihm finden sich die in den folgenden Bildern gezeigten Entwicklungszustände. Teils lassen sie sich erkennen.

Links: Knospe der Bärtigen Glockenblume (200), Kronblätter im Vordergrund entfernt. Die Staubbeutel sind röhrenartig um den Griffel angeordnet und geben ihren Blütenstaub nach innen auf Fegehaare des Griffels ab.

Mitte: Junge Blüte der Bärtigen Glockenblume (200). Die Staubblätter haben sich zum Blütengrund hin zusammengezogen. Die mit Pollen überzogene Griffelsäule ist dadurch freigelegt. Die Narbenlappen sind in diesem männlichen Stadium noch geschlossen.

Rechts: Ältere Blüte der Bärtigen Glockenblume (200) im weiblichen Stadium. Die Narbenlappen haben sich geöffnet. Sie sind jetzt so weit zurückgerollt, dass sie noch Restpollen von der Griffelsäule aufnehmen können. Selbstbestäubung ist also im Spätstadium möglich.

Die Glockenblumen selbst sind so freundlich, den Blütenbiologen zu Hilfe zu kommen. Denn ein Endemit des Wallis, die Ausgeschnittene Glockenblume (201) hat sich etwas Besonderes einfallen lassen, was die Gestaltung der Glocke angeht: sie weist nicht nur die üblichen fünf Kronzipfel auf, sondern zwischen den Zipfeln finden sich Einschnitte, die schließlich in rund ausgeschnittenen Buchten enden. Diese Ausschnitte können bis auf die Hälfte der Krone herab reichen. Wenn nun ein Insekt nicht über den oberen Glockenrand, sondern über eine solche tiefliegende Bucht eindränge, könnte es einen normal stehenden Griffel mit Griffelbürste oder Narbenlappen ohne weiteres unterlaufen. Nichts wäre es dann mit dem eben geschilderten Bestäubungsmechanismus! Doch der Griffel- und Staubblattbereich sind bei der Ausgeschnittenen Glockenblume eben nicht wie bei Glockenblumen sonst gebaut, sie sind nicht „normal“: Beide sind stark verkürzt. Staubbeutelröhre, Griffelbürste und Narbenlappen stehen dann so tief in der Glocke, dass ein seitwärts über eine der Buchten eindringendes Insekt auf sie stoßen *muss*! Selbst unser

Oben: Knospe der Ausgeschnittenen Glockenblume (201), längs. Die Staubbeutel geben gerade ihren Pollen auf die Griffelsäule ab. Beide Organe sind stark gekürzt und so auf Insekten abgestimmt, die über die seitlichen Ausschnitte in die Blüte gelangen.

Unten:
Blüte der Ausgeschnittenen Glockenblume (201) im Übergang vom männlichen zum weiblichen Zustand, längs. Die Staubblätter haben ihren Pollen abgegeben und sind aufgerollt am Blütengrund zu sehen. Der Pollen wurde großenteils schon von der Griffelsäule entnommen; die Narbenlappen beginnen auseinander zu spreizen. In beiden Abbildungen lassen sich trotz der Präparation noch Teile der tief herabreichenden Ausschnitte in der Kronblattglocke (s. Abb. auf S. 174) erkennen. Entsprechende Ausrundungen sind in der Knospe rechts oberhalb der gelben Staubbeutel, in der Blüte rechts unterhalb der geöffneten Narben zu sehen.

Skeptiker muss zugeben: Die jeweilige Bestäubungseinrichtung ist in der Tat auf die in die Glocke eindringenden Insekten abgestimmt. Bloßer Zufall kann das nicht sein. Eine plausible Erklärung liefert wiederum eine Coevolution Blüte/Insekt.

202 **Alpen-Glockenblume** (*Campanula alpina*): 5–20 cm hoch. Leicht wollig behaart. Die meisten Blätter in grundständiger Rosette, doch **längere Blätter als bei der Bärtigen Glockenblume auch am Stängel, dort nach oben zu pyramidenartig**

kleiner. Blätter lanzettlich, spitz, ganzrandig. 6–20 Blüten in einer **Traube, die oft schon an der Basis des Stängels beginnt. Kelchzipfel fast so lang wie die Krone mit ihren 15–25 mm. Die Kronzipfel sind innen zottig behaart.** Farbe der Krone hell oder etwas tiefer blau. Blütezeit VI bis VIII. Blume wie 200. Steinige Rasen, Zwergstrauchheiden, Felsspalten. **Bevorzugt saure Böden.** Subalpin-alpin, bis 2400 m. C in Borstgras-Rasen (S. 128) und Zwergstrauchheiden (S. 109). Ostalpen, vor allem auf Silikatböden der Innenalpen, dort stellenweise häufig. In den Randalpen selten.

203 Scheuchzers Glockenblume (*Campanula scheuchzeri*)**:** 10–30 cm hoch. Aufrechte Blütensprosse. Grundständige Blätter sind zur Blütezeit in der Regel bereits abgestorben, Stängelblätter wechselständig, sitzend, schmal-lanzettlich, **mindestens die oberen ganzrandig. Ein bis wenige Blüten in lockeren Trauben. Blütenknospen nickend. Blütenkrone glockig, 15–25 mm,** manchmal sogar bis 35 mm lang, mit 5 eiförmig zugespitzten Zipfeln, **zu Beginn und Ende der Blütezeit nickend,** dazwischen vorübergehend aufrecht, **tief blau bis blauviolett.** Blütezeit VII bis VIII. Blume wie 200. Bestäuber vor allem Bienen und Hummeln, aber auch Tagfalter. Wiesen, steinige Rasen, Schuttflächen. **Leicht saure Böden bevorzugt.** Subalpin-alpin, bis 3100 m. U.a. in Borstgras-Rasen (S. 128). Gebirge Mittel- und Südeuropas. In den Alpen ziemlich häufig. Bachblüte.

204 Zierliche Glockenblume (*Campanula cochleariifolia*)**:** 5–15 cm hoch. Rasenbildend, mit rosettentragenden Ausläufern. **Grundständige Blätter lang gestielt, eiförmig bis rundlich;** Stängelblätter länglich, unten gestielt, lanzettlich, bis 2 cm lang, oben sitzend, schmaler und kürzer. **2–8 Blüten,** selten nur eine Blüte, in lockerer, einseitswendiger Traube. Knospen und **Blüten** nickend, **1–2 cm lang, hellblau bis helllila.** Blütezeit VI bis IX. Blume wie 200. Auch Fliegen als Bestäuber. Steinige Rasen, Schutthalden, Geröll, Felsbänder, Kiesbänke. **Bevorzugt auf Kalk.** Montan-alpin, bis 3000 m. C in Steinschutt- und Geröllfluren generell, u.a. in der Täschelkraut-Schuttflur (S. 170). Gebirge Mittel- und Südeuropas. In den Alpen häufig.

205 Rasen-Glockenblume (*Campanula cespitosa*)**:** 10–20, selten 30 cm hoch. Rasenbildend. Grundblätter gestielt, rundlich, gekerbt, zur Blütezeit oft vertrocknet. **Stängelblätter** sitzend, **linealisch, wie weiche Nadeln,** unten gedrängt, **waagerecht oder leicht aufwärts gerichtet abstehend. 2–8 Blüten** in lockerer Traube. **Blüten 1–2 cm lang, unter den 5 Kronzipfeln leicht eingeschnürt, deshalb wie kleine Tönnchen aussehend. Hellblau mit dunkleren Längsadern.** Blütezeit VII bis IX. Blume wie 200. Felsschutt, Felsbänder, Kiesbänke, in felsigen Kiefernwäldern. **Nur auf Kalk oder Dolomit.** Montan, manchmal subalpin, bis 1800 m, in der Regel unterhalb der Waldgrenze. C in Steinschutt- und Geröllfluren generell, u.a. in der Alpen-Pestwurz-Schuttflur (S. 167). Auch in Stängel-Fingerkraut-Felsfluren (S. 180). Östliche Kalkalpen: Nördliche Randalpen vom Dachstein ostwärts, Südliche Randalpen von den Bergamasker Alpen bis zu den Karawanken. Ziemlich häufig. Westliche Karpaten.

206 Mont Cenis-Glockenblume (*Campanula cenisia*)**:** 1–5 cm hoch. Stängel niederliegend aufsteigend, oben behaart, bis unter die Blüten beblättert. Blätter leicht fleischig, ganzrandig, Rosettenblätter eiförmig, Stängelblätter breit lanzettlich, bis 18 mm lang und bis 10 mm breit. **Blüten einzeln, endständig, aufrecht. Die Krone ist bis über die Hälfte in 5 Zipfel aufgeteilt, bildet weite (bis 22 mm) Trichter, an deren Grund die dreieckigen, weißlichen Basen der Staubfäden gut sichtbar sind. Farbe der Krone hellblau.** Blütezeit VII bis IX. Blume wie 200. Fels- und Moränenschutt. **Kalkliebend, meist auf Kalkschiefer.** Alpin, bis 3 600 m. C in Felsenblümchen-Schuttflur (Kalkschieferhalden; S. 172). Westalpen, vor allem in den Innenalpen bis Westtirol. Selten, doch oft in großer Individuenzahl.

Die Blüten der Mont Cenis-Glockenblume (206), des Hochalpinisten unter den Glockenblumen, sind durch ihre Farbgebung besonders attraktiv. Die gezeigte Blüte befindet sich im Übergang vom männlichen zum weiblichen Zustand. Die drei gelblich weißen Narbenlappen spreizen auseinander. An der Basis sind entleerte Staubbeutel gerade noch sichtbar. Ihre Innenseite ist gelb, der Blütenstaub dagegen dezent weinrot.

207 Strauß-Glockenblume *(Campanula thyrsoidea)*

Beschreibung: bis 50 cm hoch. **Stängel aufrecht,** unverzweigt, **unten besonders dicht, oben etwas lockerer beblättert.** Stängel und Blätter rauhaarig. Blätter lanzettlich, nach oben zu schmaler. **Blüten** zu 1–3 in den Achseln von Tragblättern, **bilden einen endständigen, dichten ährenartigen Blütenstand** (unverkennbar!). **Krone** trichter- bis glockenförmig, bis 25 mm lang, außen und innen auf den Längsnerven behaart, **hellgelb bis trübgelb.** Blütezeit VI bis VIII.

Blume: Einzelblüten ähnlich 200 sind zu Ähren zusammengestellt. Bestäuber Käfer, Fliegen, Hummeln, Tagfalter.

Standort: Auf jedes zweite Jahr gemähten Wiesen (s. unten), steinige Rasen, mit Rasen überwachsene Schutthalden. **Kalkliebend.** Subalpin-alpin, bis 2 700 m.

Pflanzengesellschaft: C in Rost-Seggen-Rasen (S. 144).

Verbreitung: Gebirge **Süd- und Mitteleuropas.** Vor allem in den Nördlichen und Südlichen Randalpen, jedoch selten bis zerstreut.

Die Strauß-Glockenblume und ein Kapitel Blütenfarben: Vom Luxurieren in der Natur

Zuvor einige Ergänzungen. Die Strauß-Glockenblume ist zweijährig. Im ersten Jahr bildet sie nur eine Blattrosette, im zweiten kommt sie dann zur Blüte. Auf Mähwiesen kann sie sich nur behaupten, wenn diese nur jedes zweite Jahr gemäht werden, die zweijährige Entwicklung also nicht unterbrochen wird.

Die Bestäubungseinrichtungen funktionieren im Prinzip wie bei den anderen Glockenblumen, jedoch rollen sich die Narbenlappen nicht so weit zurück, dass sie mit dem eigenen Blütenstaub am Griffel in Berührung kommen. Eine Notfallselbstbestäubung wird dadurch ausgeschlossen.

Besonders fällt auf, dass die Blüten im Gegensatz zu den meisten Glockenblumen nicht blau, sondern gelb sind. An dieser Stelle werden Angaben zu den wichtigsten Blütenfarbstoffen notwendig:

- **Anthocyane** bedingen rote und blaue Farben. Sie sind im Zellsaft der Oberhautzellen (Epidermis) lokalisiert. Immer wieder kann man auch heute noch lesen, Anthocyane ergäben durch entsprechende Veränderungen ihrer Struktur in saurem Zellsaft (also bei niederem pH-Wert) rote Farben und in basischem Zellsaft (also bei hohem pH-Wert) blaue Farben. Diese aus dem Labor der Chemiker stammende Vorstellung musste längst korrigiert werden, hält sich aber zäh sogar in Referenzwerken. Im Reagenzglas ist die Farbe der Anthocyane in der Tat wie angegeben vom Säuregrad der Lösung abhängig. In den Blütenblättern kann, aber muss das nicht so sein. Denn eine blaue Farbe kann im Zellsaft durch Komplexbildungen mit Eisen- und Alumium-Ionen sowie mit Kohlenhydraten auch bei niederem pH-Wert stabilisiert werden. Die bekannt blaue Kornblume ist ein Beispiel dafür. Ihr Zellsaft ist leicht sauer (pH-Wert 4,9) und enthält Anthocyane. Wären die Reagenzglasbefunde für die Natur verbindlich, müssten ihre Blüten eigentlich rot sein. Doch in den erwähnten Komplexen wird das Blau stabilisiert.
- Die mit den Anthocyanen chemisch nahe verwandten **Flavonole** liefern gelbe (und dabei meist heller gelbe) Farben; sie sind ebenfalls im Zellsaft der Epidermis zu finden.
- Auf die chemisch ganz anders als die Anthocyane und Flavonole gebauten **Carotinoide** gehen gelbe (und dabei meist tiefer gelbe) sowie orange bis rote Farben zurück Sie finden sich nicht im Zellsaft, sondern in bestimmten Zellstrukturen, den Plastiden.

In vielen Pflanzengattungen finden sich nun wie bei den Glockenblumen Arten mit blauen und andere Arten mit gelben Blüten. Die „blauen“ Anthocyane und die „gelben“ Flavonole sind sich wie erwähnt in ihrer chemischen Struktur sehr ähnlich. Da man gerne dahin tendiert, der Natur größtmögliche Zweckmäßigkeit zu unterstellen, hatte man früher angenommen, die gelben Farben müssten in solchen Fällen immer auf Flavonole zurückgehen. Denn dann könnten die Pflanzen in den Zellen der Epidermis, also am gleichen Ort, über eine nur geringfügige Änderung in der Biosynthese bald blaue Anthocyane, bald gelbe Flavonole herstellen. Und so etwas wäre doch wohl rationell!
Doch wenn die Bedingungen günstig sind, hält sich die Natur keineswegs immer an das, was wir für rationell halten. So auch bei der Bildung der Blütenfarbstoffe. In Gattungen mit blau- und gelbblühenden Arten geht das Blau immer auf Anthocyane zurück. Bei den Glockenblumen folgt die Natur dem, was der „Zweckmäßige Meyer“, bekannt aus einer gleichnamigen Novelle von Hermann Löns, fordern

würde: das Gelb in den Blüten der Strauß-Glockenblume geht auf Flavonole zurück. Aber bei vielen anderen Gattungen ist das nicht so. Nur ein Beispiel: auch bei der Gattung Enzian, die sich aus den Alpen nicht fortdenken lässt, blühen die meisten Arten blau. Das Blau geht wie üblich auf Anthocyane zurück. Gelb findet sich seltener, so z. B. beim deshalb so genannten Gelben Enzian (143). Das intensive Gelb seiner Blüten beruht jedoch auf Carotinoiden, nicht auf Flavonolen. Nach dem bisher Gesagten würde man das nicht als besonders zweckmäßig bezeichnen. Offensichtlich kennt die Natur unter optimalen Voraussetzungen auch ein Luxurieren, ein Schwelgen und Schöpfen aus dem Vollen.

208 Kugelige Teufelskralle *(Phyteuma orbiculare)*

Beschreibung: Bis 40 cm hoch. **Grundblätter gestielt, oval bis breit-lanzettlich, an der Basis abgerundet oder herzförmig.** Stängelblätter ähnlich, doch schmaler und oben sitzend. 15–30 **Blüten in einer kugelförmigen Ähre** (Name!). **Hüllblätter an der Basis der Blütenstandskugel sitzen mit breiter, leicht herzförmiger, abgerundeter oder gestutzter Basis und enden meist spitz. Sie sind ungefähr so lang wie das Köpfchen breit ist.** Ältere Blütenknospen gegen die Mitte der Ähre gekrümmt, Aufblühen und Blütenbau siehe unten. **Blütenkrone** bis 15 mm lang, **dunkelviolett.** Blütezeit V bis VII.
Blume: Köpfchen-Blume. Einzelblüten stark umgewandelte Glocken. Staubbeutelröhre. Keine ausgesprochenen Hummel-Blumen wie die Glockenblumen, sondern die verschiedensten Bestäuber: vor allem Falter, Hautflügler (Hummeln), Fliegen, seltener Käfer.
Standort: Magerwiesen, steinige Rasen, Flachmoore. **Kalkliebend.** Montan-subalpin, auch niedere Lagen, bis 2 500 m.
Pflanzengesellschaft: C in Blaugras- und Rost-Seggen-Rasen (S. 153).
Verbreitung: Mittel- und Südeuropa bis zu den Karpaten. Im gesamten Verbreitungsgebiet die häufigste Art der Gattung.

Glocken als Krallen des Teufels

Wenn man eine Glockenblume und den Blütenstand einer Teufelskralle nebeneinander sieht, mag man zunächst kaum glauben, dass beide eng miteinander verwandt sein sollen. Die Verwandtschaft zeigt sich erst bei genauerer Betrachtung, zu der Einzelblüten der Teufelskrallen herangezogen werden müssen. Denn anders kann man nicht mit den Glocken der Glockenblumen vergleichen, die ja Einzelblüten sind. Dass die Einzelblüten bei den Teufelskrallen in einem Blütenstand stehen, ist zunächst unwichtig.
Der Blütenbau ist bei den Teufelskrallen (Gattungen *Phyteuma* und *Physoplexis*) ebenso weitgehend genormt wie bei den Glockenblumen (Gattung *Campanula*). Wir besprechen den Typus am Beispiel der

Kugeligen Teufelskralle. Denn sie kommt auch in tieferen Lagen der Alpen und in den Mittelgebirgen häufig vor, ist also leicht zugänglich.

Beginnen wir mit Blütenknospen kurz vor dem Aufblühen. Die fünf Kronblätter sind noch miteinander verwachsen. Sie bilden oben geschlossene Röhren, die meistens nach der Mitte des Blütenstands zu gekrümmt sind. Diese Röhren waren Anlass für den deutschen Gattungsnamen: in ihnen sah man, wohl zuerst bei der Schopfigen Teufelskralle, die „Krallen des Teufels". In der „Kralle" bilden die Staubblätter wie bei den Glockenblumen eine Staubbeutelröhre um den mittenständigen Griffel, nur bleiben die Staubbeutel ohne jede Verbindung untereinander. Doch sie werden in der engen „Kralle" in Position gehalten. Wie bei den Glockenblumen geben die Staubbeutel den Pollen nach innen zu auf Sammelhaare des Griffels ab. Dessen Narben sind noch fest geschlossen. Wenn die Staubbeutel den Griffel etwas überragen, kann Pollen auch oben auf ihm deponiert werden.

Einzelblüte der Halbkugeligen Teufelskralle (210) im Übergang vom männlichen zum weiblichen Zustand. Aus der „Kralle", der zunächst noch geschlossenen, leicht gebogenen jungen Blüte schiebt sich der mit rotem Blütenstaub belegte Griffel heraus. Seine Narben beginnen schon, auseinander zu spreizen. Bei anderen Teufelskrallen streckt sich die pollenbedeckte Griffelsäule viel weiter aus der Kralle hervor, bevor sich die Narbenlappen voneinander lösen. Die Blütenentwicklung entspricht derjenigen bei den nahe verwandten Glockenblumen.

In der nachfolgenden männlichen Phase lösen sich die Kronblätter unten in der „Kralle" = Blüte voneinander. Sie buchten sich nach außen aus. Dadurch wird die gesamte Kralle nach unten gezogen. Gleichzeitig streckt sich der Griffel und durchstößt die Spitze der „Kralle". Er schiebt gegebenenfalls Pollen vor sich her und präsentiert ihn vor allem auf den Sammelhaaren. Die drei Narbenlappen beginnen sich voneinander zu lösen. Durch die Fenster an der Basis der Blüte können Insekten an den Nektar gelangen, der von einer gelben Scheibe am Blütengrund abgesondert wird. Besonders lange Rüssel sind dazu nicht notwendig. Die Staubbeutel sind entleert und welken. Dabei verkürzen sie sich aber nicht wie bei den Glockenblumen, sondern bilden lange Fäden, in denen die Staubbeutel ebenso schmal sind wie die Staubfäden. Die weißlich-gelben, vertrockneten Staubblatt-Fäden können aus den Fenstern herausgleiten.

In der anschließenden weiblichen Phase spreizen die Narbenlappen weit auseinander. Sie können jetzt Pollen von den Besuchern abstreifen. Die Spalten im unteren Teil der Blüte weiten sich in Richtung Spitze aus, die Kronblätter lösen sich völlig voneinander und fallen nach außen. Wenn nicht schon vorher, werden die Fäden der verwelkten Staubblätter jetzt

freigesetzt. Der Blütenstand macht dadurch einen etwas „unordentlichen“ Eindruck.
Wenn man diesen Entwicklungsgang mit demjenigen bei den Glockenblumen vergleicht, erkennt man, dass die Gemeinsamkeiten überwiegen. Mit Recht werden Glockenblumen und Teufelskrallen in die gleiche Familie gestellt.
Doch auch auf einen Unterschied muss hingewiesen werden. Pollen und Narben einer gegebenen Blüte sind frei zugänglich. Deshalb können sich die verschiedensten Insekten als Bestäuber betätigen. Im Gegensatz zu den Glockenblumen sind die Teufelskrallen nicht auf Hummeln spezialisiert.
Unter den Glockenblumen-Gewächsen waren uns schon bei der Strauß-Glockenblume (207) Blütenstände begegnet. Bei den Teufelskrallen wurde das zum Prinzip: sie alle weisen köpfchen- oder ährenartige Blütenstände auf. Dadurch wird die Schauwirkung erhöht. Doch perfekte Scheinblüten werden uns erst bei den Korbblütlern begegnen.

209 Betonienblättrige Teufelskralle (*Phyteuma betonicifolium*): Bis 70 cm hoch. Unverzweigter, aufrechter Spross. **Grundständige Blätter gestielt, länglich zugespitzt (bis fünfmal länger als breit), gekerbt-gesägt, an der Basis leicht herzförmig oder abgerundet.** Obere Stängelblätter sitzend, klein, linealisch bis borstenartig. Hüllblätter unter dem Blütenstand ähnlich gestaltet, höchstens 1 mm breit. Blütenstand anfangs eine länglich-ovale **Ähre, die sich dann zu einer bis 10 cm langen Walze streckt. Knospen vor dem Aufblühen fast gerade, Blütenkrone bis 1 cm lang, blauviolett.** Blütezeit VI bis IX. Blume wie 208. Bergwiesen, Gebüsche, lichte Wälder. **Kalkfreie Böden.** Subalpin-alpin, bis 2 500 m. C in Borstgras-Rasen (S. 128). Alpen, fehlt jedoch im Osten (geht bis Allgäu, Steiermark). Ziemlich häufig.

210 Halbkugelige Teufelskralle, Grasblättrige Teufelskralle (*Phyteuma hemisphaericum*): Bis 30 cm hoch, meist jedoch wesentlich kleiner. **Stängel hin- und hergebogen,** meist blattlos. **Grundständige Blätter grasartig** (Name!), 1–2 mm breit, in der Regel ganzrandig. **Hüllblätter unterhalb des Blütenstands an der Basis 3–6 mm breit, verschmälern sich dann in eine langgezogene Spitze, sind ungefähr so lang wie das Blütenköpfchen.** Blüten in einem kugeligen Köpfchen. Knospen vor dem Aufblühen nach innen gekrümmt. Blütenkrone 10–15 mm lang, blauviolett. Blütezeit VII bis VIII. Blume wie 208. Steinige Rasen, Felsspalten, Schutthalden. **Silikatböden.** Alpin, bis über 3 500 m. C in Krumm-Seggen-Rasen (S. 136). Gebirge Mittel- und Südeuropas, westlich orientiert: Spanische und französische Gebirge. Alpen: vor allem in den Innenalpen auf Silikat, dort die häufigste Art der Gattung.

211 Schopfige Teufelskralle *(Physoplexis comosa)*

Beschreibung: Bis 15 cm hoch. Sprosse oft gebogen, auch am Fels herabhängend. **Grundständige Blätter gestielt, nierenförmig, ungleich gekerbt, glänzend, graugrün bis blaugrün.** Stängelblätter verkehrt eiförmig bis lanzettlich, gesägt. 8–20 Blüten in einem endständigen, halbkugeligen Blütenstand, der an der Basis von großen Hüllblättern umgeben wird, die den Stängelblättern ähneln. **Krone** bis 20 mm lang, **an der Basis krugförmig** mit Spalten, **weißlich-rosa; darüber ein langgezogener, schwärzlich-rotvioletter „Schnabel". Der ebenso gefärbte Griffel endet in zwei Narbenlappen.** Blütezeit VI bis VII.
Blume: Ähnlich wie 208.
Standort: Felspalten in **Kalk und Dolomit.** Bevorzugt Schatten und Feuchtigkeit. Montan-subalpin, von Tallagen bis höchstens 2 000 m.
Pflanzengesellschaft: C in den Südostalpen in Felsfluren mit Stängel-Fingerkraut (S. 180).
Verbreitung: Endemit der Südostalpen: Südliche Randalpen vom Comer See ostwärts bis zu den Julischen Alpen und Karawanken. Selten, in Österreich nur am Gartnerkofel (S. 373).

Die Schopfige Teufelskralle, ein prachtvolles Tertiärrelikt

In den Alpen kommen 19 Arten „Teufelskralle" (*Phyteuma*) vor, neun davon ausschließlich in den Alpen. Eine wunderschöne Rarität, die Schopfige Teufelkralle der Südostalpen, ist mit ihnen nahe verwandt. Früher hatte man auch sie zur Gattung *Phyteuma* gestellt. Einige Unterschiede, von denen hier die nur zweilappige Narbe genannt wurde, waren Anlass, sie in eine eigene Gattung *Physoplexis* zu stellen. Die Art ist sehr auffällig, deshalb ist es verständlich, dass der Name Teufelskralle zuerst auf sie gemünzt wurde: *grife del diavolo* hieß sie seit dem 19. Jahrhundert im italienischen Sprachgebiet der Südostalpen. Der Name wurde dann für die anderen, weniger spektakulären Teufelskrallen übernommen.

Jeder Freund der Alpenblumen schätzt sich glücklich, wenn er die Schopfige Teufelskralle einmal gesehen hat. Deshalb ein Hinweis zu ihrem Vorkommen: Sie geht weit hinunter und wächst wie schon erwähnt gerne an schattigen, feuchten Kalkfelsen. An sonnenexponierten Felsgipfeln wird man sie vergebens suchen, auch wenn manche Fotos diesen Eindruck vermitteln sollten, dafür in feuchten Schluchten. Manchmal kann man sie sogar bequem vom Auto aus an Felsanschnitten neben der Straße sehen, die bieten, was sie braucht: keine allzu niedrigen Wintertemperaturen, und im Sommer nicht trockenes und heißes, sondern feuchtes und kühles Kleinklima. Achten Sie einmal bei einer Fahrt auf schmalen Nebenstraßen in den Bergtälern westlich des Gardasees darauf!

Die Schopfige Teufelskralle war schon vor Beginn der Eizeit in der Flora des Tertiärs vertreten, ist also ein **Tertiärrelikt.** Ihre heutige Verbreitung in den Südalpen ist disjunkt. Die Gründe für eine solche gestückelte Verbreitung wurden schon genannt (S. 205).

Bitterklee-Gewächse (Menyanthaceae)

Die systematische Stellung der Familie wechselte. Früher wurden ihre zwei einheimischen Arten, darunter der Fieberklee, zu den Enzian-Gewächsen gezählt. Sie weisen Bitterstoffe vom gleichen Bautyp auf. Doch andererseits unterscheiden sie sich von den Enzian-Gewächsen durch gegliederte und wechselständige Blätter. Sie wurden deshalb zunächst als eigene Familie neben die Enzian-Gewächse gestellt, doch DNA-Analysen und das Vorkommen des Reservekohlenhydrats Inulin sprechen dafür, die Familie dem Verwandtschaftskreis der Korbblütler zuzuordnen.

212 Fieberklee *(Menyanthes trifoliata)*

Beschreibung: Bis 30 cm hoch; im Schlamm kriechende oder schwimmende Wurzelstöcke, von denen **wechselständige, langgestielte Laubblätter mit drei 10 cm langen, an Klee erinnernden Teilblättern** aufsteigen. Die traubigen Blütenstände stehen auf etwas längeren Stielen. Die Blüten sind fünfzählig, **weiß** oder seltener rot überlaufen. Ihre Kronblätter bilden einen Trichter von rund 15 mm Durchmesser, sind an der Spitze nach hinten übergebogen und **dicht mit Fransen besetzt**. Staubbeutel violett. Narbe mit zwei kurzen Lappen. Blütezeit IV bis VI.
Blume: Trichter-Blume. Verschiedengriffelig. Bestäuber Bienen, in größeren Höhen Hummeln.
Standort: Verlandungszonen, oft Schwingrasen; Niedermoore, Schlenken in Hochmooren; **kalkarm**. Collin-montan, in den Alpen bis 2 300 m.
Pflanzengesellschaft: C in Schlenken- und Übergangsmoor-Gesellschaften (S. 123).
Verbreitung: In den nördlichen Regionen von Eurasien und Nordamerika. Zerstreut im gesamten Alpengebiet.
Verwendung: Heilpflanze u.a. wegen des Bitterstoffgehalts (auch Bitterwurz genannt). Ähnlich wie Enziane appetitanregend und verdauungsfördernd, nur weniger wirksam. Die Wirkung als Fiebermittel (Fieberklee) ist insofern umstritten, als sie möglicherweise auf die Besserung des Allgemeinbefindens über die eben genannten Wirkungen zurückgeht, also indirekt ist.

Der Fieberklee, ein Verlandungspionier mit verschiedengriffeligen Blütenwundern

Ein Bergsee in der montanen Stufe verlandet. Um die freie Wasserfläche hat sich ein Schwingrasen ausgebildet. Wir zögern, ihn zu begehen. Zu groß ist die Gefahr einzubrechen. Trotzdem können wir am Rand der freien Wasserfläche auffällige weiße Blüten ausmachen. Welches Gewächs macht dort draußen den Verlandungspionier?

Blüte des Fieberklees (212). Die Fransen im Blütentrichter werden als Sperre gegen Insekten interpretiert, die sonst an den Sexualorganen vorbei ins Innere gelangen könnten.

Wenig später finden wir die gleiche Pflanzenart am Rand einer Schlenke im Hochmoor. Wir können sie nun identifizieren: Wir haben den Fieberklee vor uns. Seine Grundachsen schwimmen auf der Wasseroberfläche. Es handelt sich um Wurzelstöcke (Rhizome), also Sprosse mit den Funktionen einer Wurzel. Sie sind hohl. Das fördert den Auftrieb, ermöglicht das Schwimmen.

Von den Rhizomen steigen auf langen Stielen dreizählige Blätter auf, die an Klee erinnern und den Namen Fieber*klee* verstehen lassen. Aber gar nicht kleeähnlich sind die Blüten: strahlend weiße Trichter, die tiefviolette Staubbeutel umso mehr zur Wirkung kommen lassen. Die Schauwirkung wird durch die dicht weißbärtigen Kronblätter erhöht. Die ganze Schönheit schlägt allerdings ins Gegenteil um, wenn die Blüten altern: sie sehen dann fast hässlich aus. Doch jeder, der einen Standort des Fieberklees kennt, sollte ihn besuchen, wenn die Blüte beginnt. Dann sind nur die unteren Blüten geöffnet. Ihr Weiß kontrastiert mit dem Rosa der Blütenknospen darüber – ein Anblick, der unvergessen bleibt.

Fast fällt es schwer, sich innerlich umzustellen und kritisch nach den Funktionen dessen zu fragen, was wir gerade bewundert hatten. Die Schauwirkung, die wir herausgestellt hatten, spricht auch die Bestäuber an. Die Fransen verhindern es, dass kleinere Besucher eindringen. Sie sind deswegen nicht gern gesehen, weil sie den Nektar ausbeuten könnten, ohne die Sexualorgane zu berühren, d.h. ohne Pollen zu übertragen oder aufzunehmen Für die Bestäubung erwünschte Besucher sind Bienen und in höheren Lagen ihre Verwandten, die Hummeln. Die Fransen geben ihnen nur einen Weg zum Nektar frei, der am Boden des Trichters abgeschieden wird: zwischen dem Griffel mit den beiden nur kurzen Narbenlappen und den Staubblättern nach unten. Dementsprechend öffnen sich die Staubbeutel nach innen zu, geben ihren Blütenstaub also auf den Besucher ab.

In jeder Blüte sind Griffel und Staubfäden ungleich lang, stehen Narben und Staubbeutel also auf verschiedener Höhe. Aber erst bei der Durchmusterung einer größeren Anzahl von Pflanzen kann man feststellen, dass es zwei Blütentypen gibt, solche mit langen Griffeln und kurzen Staubfäden, und andere mit umgekehrt kurzen Griffeln und langen Staubfäden. Worauf wir hier wieder gestoßen sind, ist die Verschiedengriffeligkeit. Wie sie zur Verhinderung der Selbstbestäubung beitragen kann, wurde bei den Primel-Gewächsen geschildert.

Korbblütler (Asteraceae, Compositae)

In unserer Flora handelt es sich um Kräuter und Stauden mit sehr verschieden gestalteten Blättern. Charakteristisch ist die Blütenstandsform, das Körbchen. Die Blütenstandsachse bildet einen verbreiterten oder länglichen Blütenboden, der von in der Regel grünen Hüllblättern umgeben wird. Auf dem Blütenboden können sich kleinere, meist schuppenförmige Tragblätter finden, die man auch Spreublätter nennt. Sie tragen Blüten in ihren Achseln. Die auf dem Blütenboden stehenden, in der Regel zwittrigen Blüten sind entweder nur radiäre Röhrenblüten, nur zygomorphe, einlippige Zungenblüten oder Röhren- und Zungenblüten gemeinsam. Die beiden Blütenformen entstehen durch das Verwachsen von Kronblättern. Die Röhrenblüten sind fünfzipfelig, die Zungenblüten enden mit drei oder fünf Zipfeln. Bei den Zipfeln handelt es sich um die Spitzen der miteinander verwachsenen Kronblätter. Der Kelch kann fehlen oder ist zu Schuppen, Borsten oder Haaren umgestaltet, die als Pappus der Verbreitung der Früchte dienen können. Der Pappus ist schon während der Blüte gut ausgebildet.

Die Biologie der Bestäubung ist bei allen Korbblütlern sehr ähnlich: Die Blüten sind vormännlich. Die Filamente der fünf Staubblätter sind frei, ihre Staubbeutel jedoch verkleben seitlich miteinander und bilden eine stabile Staubbeutelröhre. In sie hinein wird Blütenstaub auf den noch geschlossenen Narbenkopf abgegeben. Später streckt sich der Griffel. Der Pollen wird vom Narbenkopf aus der Staubbeutelröhre hinausge-

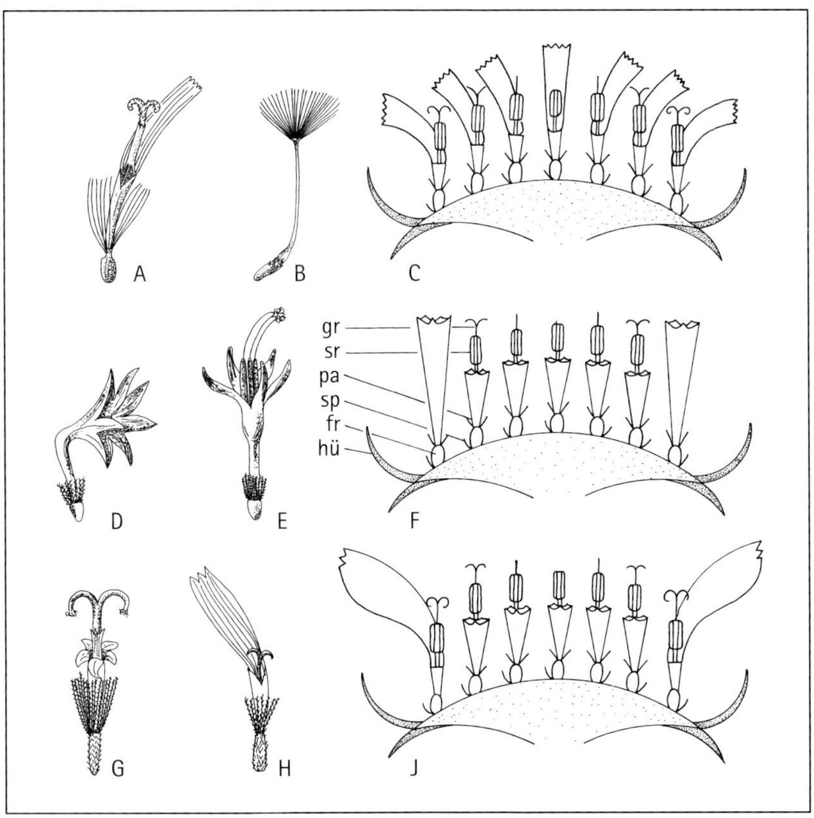

Schema des Körbchens bei Zungenblütlern (C), Röhrenblütlern (F) und Röhren-Zungen-Blütlern (J). Der Vorgang des Aufblühens in den vormännlichen Blüten wurde angedeutet. Die Einzelblüten offerieren zunächst Pollen. Die Blüten am Rand des Körbchens haben ihren Pollen bereits abgegeben und spreizen nun ihre Narbenlappen auseinander. Eine „Männlichkeitswelle" rückt in Richtung Körbchenmitte vor, gefolgt von einer „Weiblichkeitswelle". Daneben Details: A Zungenblüte (fünf Zipfel), B Frucht mit Pappus, D Randständige Röhrenblüte, die hier zygomorph ist, E scheibenständige, radiäre Röhrenblüte, G scheibenständige Röhrenblüte, H randständige zygomorphe Zungenblüte (= Strahlenblüte, drei Zipfel). Gr Griffel, sr Staubbeutelröhre, pa Pappus, sp Spreublätter, fr Fruchtknoten, hü Hüllblätter.

216 Echte Edelraute *(Artemisia mutellina)*

Beschreibung: Bis 30 cm hoch. Stark aromatisch duftend. Silbrig seidenhaarig. **Grundblätter** rosettenartig, bis 5 cm lang, **handförmig drei- bis fünfteilig, die Teile erneut geteilt oder tief gezähnt.** Die Endabschnitte sind linealisch, nur rund 1 mm breit. Einige wechselständige, ähnlich gebaute oder nur einfach unterteilte kleinere Stängelblätter. Bis zu 20 Körbchen, die unteren gestielt, die oberen sitzend und dicht gehäuft, **sind in einer von der Spitze abgesehen lockeren Traube oder Ähre angeordnet.** Die Körbchen sind rundlich oder eiförmig mit einem Durchmesser bis zu 5 mm. **Der Rand der inneren Hüllblätter ist braunhäutig.** Die 12–15 Röhrenblüten pro Körbchen sind gelb. Blütezeit VII bis IX.
Blume: Die randständigen Blüten der Körbchen sind weiblich, die inneren zwittrig. Im Gegensatz zu anderen Arten der Gattung Insektenbestäubung.
Standort: Steinige Rasen, Felsspalten, seltener auf Schutt. **Kalkarmer oder -freier Untergrund,** neutrale oder leicht saure Bodenreaktion, jedoch keine strenge Bindung an die Bodenart. Alpin, bis 3 700 m.
Pflanzengesellschaft: C in Felsfluren mit Vandellis Mannsschild (S. 184).
Verbreitung: Gebirge Mittel- und Südeuropas, westlich orientiert. Pyrenäen, Alpen, Apennin. In den Innenalpen zerstreut bis ziemlich häufig, in den Randalpen selten.
Verwendung: Heilpflanze (s. unten).

Manchmal sogar auf dem gleichen Felsen wie 216 wächst die **217 Ährige Edelraute** (*A. genipi*). Sie lässt sich am **ährigen Blütenstand und an den einfach fiederteiligen Blättern** unterscheiden. Man nennt sie auch **Schwarze Edelraute, weil ihre inneren Hüllblätter einen schwarzen Hautrand tragen.** Wie oft tragen ihre 5 mm breiten, wenigblütigen Köpfchen am Rand weibliche, in der Mitte zwittrige Blüten. 217 ist C in der Felsenblümchen-Schuttflur (S. 172). Die Art findet bei der Herstellung der „Chartreuse" Verwendung (s. unten).

Edelrauten, kleine Schwestern des berühmt-berüchtigten Wermuts

Kals in Osttirol: An einem Regentag waren wir vom „Taurerwirt", der am Rand einer Wiesenfläche zur Einkehr lädt, durch die Daberklamm gemütlich zum Dorfersee aufwärts geschlendert. Beim Aufstieg durch die Klamm folgten unsere Augen wie gebannt dem Toben des Wildwassers unten in der Schlucht. Erst beim Abstieg, bei erneuter Passage durch die Klamm, konnten wir einen Seitenblick auch auf die regenfeuchten Felsen erübrigen, die zur Linken aufstiegen. Erste Sonnenstrahlen brachen durch schwere Wolken und fielen auf dunkel glänzendes Gestein. Um so auffallender war ein silbriges Glitzern auf dem Felsabsatz: die Echte Edelraute wuchs dort, Regentropfen im weißlichen Haarkleid, in denen sich die Sonnenstrahlen brachen. Auch bei feuchtem Wetter verriet die Behaarung, dass die Echte Edelraute bestens an Trockenheit angepasst ist. Man konnte sich gut vorstellen, wie unbarmherzig die Mittagssonne auf den Fels herab brennen kann, wenn nicht gerade trübregnerisches Wetter herrscht.

Die Echte Edelraute trägt keine protzigen Blütenstände. Zurückhaltend fügt sich das Gelb der Blütenköpfchen zur silberweißen Behaarung der fein fingerförmig gegliederten Blätter. Es spricht für das Empfinden der Bergbevölkerung vor allem in Österreich, dass eine fast rührend bescheidene Pflanze in der Wertschätzung an das Edelweiß heranreichte, es in früheren Jahrhunderten sogar übertraf. Sicher liegt das auch daran, dass die Echte Edelraute als Heilpflanze viel wichtiger war als das Edelweiß (229). Sie gehört zur Gattung *Artemisia*, die ihren Namen nach der griechischen Göttin Artemis erhalten haben soll, die in einer ihrer Erscheinungsformen Göttin der Frauen war. Dementsprechend diente vor allem der Wermut (*Artemisia absinthium*) auch als Heilmittel bei Frauenleiden wie Menstruationsstörungen. Wichtiger jedoch waren die ätherischen Öle und Bitterstoffe des Wermuts zur Anregung des Appetits, zur Förderung des Gallenflusses sowie der Verdauung und äußerlich zur Wundheilung. Eine Fülle weiterer Indikationen kommt hinzu. Doch enthält der Wermut auch Giftstoffe, vor allem das Thujon. Der Absinth, ein Wermutschnaps, ist deswegen in vielen Ländern verboten. Denn sein Genuss kann Vergiftungen durch Thujon zur Folge haben, die mit Erbrechen einhergehen, vor allem aber zu bleibenden Schädigungen des Zentralnervensystems führen. Schon 1915 wurde deshalb Wermut-Branntwein in Frankreich verboten. Ein Ersatz war rasch in Anis-Schnäpsen gefunden, die auf Anis-Arten (*Pimpinella*-Arten) und Sternanis (*Illicium verum*) basieren.

Harmloser in dieser Hinsicht ist die Echte Edelraute, eine kleine Verwandte des Wermuts. In der Volksmedizin wurden ihre Wurzeln, vor allem aber ihre oberirdischen Teile ähnlich verwendet. Als Tee oder – vielfach beliebter – als Likör wirken sie appetitanregend, magenstärkend, schweißtreibend und fiebersenkend. Doch wegen des Vorkommens von Thujon ist auch hier Vorsicht geboten – sofern es überhaupt noch zur Anwendung kommt. Denn im deutschsprachigen Raum ist die Echte Edelraute voll geschützt.

Eine Schwester der Echten Edelraute, die Schwarze Edelraute, kommt in den Westalpen häufiger vor. Als Bestandteil von Likören ist sie viel bekannter. Bei Grenoble stellen Kartäuser in ihrem Kloster Grande Chartreuse den gleichnamigen Kräuterlikör her, grün mit 55 % und gelb mit 43 % Alkohol. Trotz Geheimhaltung des Rezepts weiß man, dass in die weltbekannte „Chartreuse" aromatische Pflanzen der Provence und der Alpen eingehen, darunter die Schwarze Edelraute.

Doch noch einmal zurück zur Echten Edelraute. Zusätzlich zur Verwendung in Volksmedizin und Likörherstellung war sie vor allem in Österreich von den Sennern als Hutschmuck begehrt. Sie wurde auch dadurch an den Rand der Ausrottung gebracht. Der gesetzliche Schutz kam gerade noch rechtzeitig. Der Erfolg ist sichtbar, denn sonst hätte

sich die Echte Edelraute neben einem stark begangenen Weg wie in der Daberklamm nicht in Handreichweite halten können. Oder liegt es daran, dass alte Traditionen verloren gegangen sind? So sehr die Wertschätzung der Echten Edelraute für ein feinfühliges Volksempfinden spricht, in diesem Fall müsste man den Verlust traditioneller Werte ausnahmsweise begrüßen.

218 Gewöhnlicher Alpenlattich (*Homogyne alpina*): Bis 30 cm hoch. **Lang gestielte Grundblätter als Rosette, nierenförmig, buchtig gezähnt, 2–3 cm breit, derb, oberseits glänzend tiefgrün. 2–3 schuppenartige Stängelblätter.** Der unverzweigte Stängel trägt ein Körbchen mit einem Durchmesser bis zu 25 mm. Hüllblätter einreihig, rot überlaufen. In den Körbchen befinden sich 30–40 **rosarote Röhrenblüten mit tiefer gefärbten Zipfeln.** Blütezeit V bis VIII. Die äußeren Röhrenblüten in den Körbchen sind weiblich mit weit herausragenden Narbenlappen. Da die Bestäuber meist zuerst auf sie stoßen, ist die Fremdbestäubung weitgehend gesichert. Ansonsten sind die Randblüten stark reduziert; sie bilden auch keinen Nektar mehr. Die inneren Blüten sind wie üblich zwittrig und vormännlich. Bestäuber überwiegend Falter, einige Fliegen, selten Hummeln. Weiden, lichte Nadelwälder, Zwergstrauchheiden, immer auf feuchten, humösen Böden. Subalpin-alpin, bis 3 250 m. C in Fichten- und Fichten-Tannenwäldern (S. 92). Gebirge Mittel- und Südeuropas von den Pyrenäen und dem Apennin bis zum nördlichen Balkan. In den Alpen häufig.

In den Ostalpen findet sich auch der 219 **Zweifarbige Alpenlattich** (*H. discolor*). Er unterscheidet sich von 218 durch **unterseits dicht weißwollig-filzige Blätter** und durch seine ausgesprochene **Vorliebe für Kalkböden.** Dementsprechend ist er in Österreich in den Kalkmassiven der Randalpen häufig, in den Innenalpen selten.

220 Alpen-Pestwurz (*Petasites paradoxus*): Zur Blütezeit 30 cm, zur Fruchtzeit 60 cm hoch. **Die grundständigen Blätter** erscheinen erst gegen Ende der Blütezeit. Sie **sind lang gestielt, dreieckig bis herzförmig** mit einer Breite von bis zu 20 cm, buchtig gezähnt, **unterseits dicht weißwollig** (ein Filz auch auf ihrer Oberseite verschwindet mit zunehmendem Alter). **Der unverzweigte, weißfilzige Stängel ist mit rötlich bis rotviolett überlaufenen Blattschuppen besetzt.** Die bis 1 cm breiten Köpfchen stehen in einer dichten Traube. Die Hüllschuppen sind

rötlich. In jedem Köpfchen finden sich bis zu 30 weißrötliche Röhrenblüten. Die Art ist zweihäusig. Blütezeit III bis VI. Die Zweihäusigkeit sichert die Fremdbestäubung, wobei sich in den Blüten funktionslose Rudimente des jeweils anderen Geschlechts finden können. Teilweise sind alle Sexualorgane in den Blüten verkümmert, die dann nur noch Nektar produzieren. Das gilt z. B. für diejenigen Blüten, die bei weiblichen Pflanzen in der Körbchenmitte stehen. Bestäuber sind vor allem Fliegen und Falter. Steinige Halden, Schutthalden, Bachgeröll. **Nur auf Kalk.** Subalpin, bis 2 000 m. C in Alpen-Pestwurz-Fluren (S. 167). Gebirge Mittel- und Südeuropas. In den Alpen häufig.

221 **Zweihäusiges Katzenpfötchen** (*Antennaria dioica*): Bis 25 cm hoch. **Mit oberirdischen, rosettenbildenden Ausläufern.** Grundständige Rosettenblätter bis 3 cm lang, spatelig, in den Stiel verschmälert, mit Haarfilz; Stängelblätter wechselständig, kürzer, nach oben schmaler, unterseits filzig. Blätter mit einem deutlichen Nerv. Auch der Stängel ist dicht seidig behaart. 3 – 12 Blütenköpfchen mit einer Länge von bis zu 8 mm sind am Ende des Stängels kopfig gehäuft. **Die Art ist zweihäusig. Die teils trockenhäutigen Hüllblätter der weiblichen Körbchen sind meist rötlich, die der männlichen meist weiß.** Die Behaarung der Köpfchen war namengebend. Blütezeit V bis VII. Zweihäusigkeit verhindert Selbstbestäubung. Männliche Blüten können wie zwittrige Blüten aussehen, denn es ist noch ein Griffelstumpf vorhanden, an dem entlang die Staubeutel wie bei den Flockenblumen durch Verkürzung der Staubfäden nach unten gezogen werden. Dadurch wird der Blütenstaub ausgefegt. Bestäuber vor allem Falter. Magere, trockene Rasen. **Benötigt kalkarmen Boden.** Collin-alpin, bis 3 000 m. C in Borstgras-Rasen (S. 128). Von Europa über Sibirien nach Nordamerika, dabei im Süden nur im Gebirge. Kommt auch in der Ebene vor, wird dort jedoch zunehmend seltener. In den Alpen ziemlich häufig. Bachblüte.

222 **Alpen-Distel** (*Carduus defloratus*): Bis 90 cm hohe, distelartige Pflanze. Blätter wechselständig, **ungeteilt oder fiederteilig,** stachelig gezähnt, **flach, dünn,** auf beiden Seiten grün oder auf der Oberseite blaugrün. **Stängel** oft bogig aufsteigend, unterer Stängelabschnitt dicht beblättert und durch herablaufende Blattränder stachelig geflügelt. **Der obere Stängelabschnitt ist filzig behaart, blattlos und dann auch nicht stachelig geflügelt. Er ist 5- bis 20-mal länger als das Köpfchen. Die bis zu 2 cm hohen und breiten Köpfchen nicken zur Blütezeit meistens; davor und danach stehen sie aufrecht.** Sie enthalten bis zu 200 **purpurrote Röhrenblüten.** Blütezeit VI bis X. Bestäuber in erster Linie Falter, aber auch Hautflügler (Hummeln) und weniger häufig Fliegen und Käfer. Lichte Wälder, steinige Hänge, Gesteinsschutt, Gebüsch von Legföhren und Alpen-Rosen. **Bevorzugt Kalkböden.** Montan-alpin, bis 3 000 m. C in Blaugras- und Rost-Seggen-Rasen (S. 153). Gebirge Mittel- und Südeuropas von den Pyrenäen und dem Apennin bis zum nördlichen Balkan und den Karpaten. In den Alpen vor allem in den Nördlichen Randalpen recht häufig.

223 **Klebrige Kratzdistel** (*Cirsium erisithales*): Bis 150 cm hohe Kratzdistel, die zunächst gar nicht wie eine Distel aussieht, denn **die dunkelgrünen,** bis 30 cm langen **Blätter sind tief fiederteilig** mit zahlreichen, nur kurzstachelig gezähnten Abschnitten und weich. **Der Stängel** ist einfach oder wenig verzweigt, **trägt keine Stacheln, ist statt dessen klebrig und hat im oberen Drittel keine Hochblätter.**

Linke Seite:

Oben: Köpfchen der Gewöhnlichen Alpenlattichs (218). Die Mitte eines 15–25 mm breiten Köpfchens wurde erfasst: Zwittrige Zungenblüten, die sich gerade öffnen oder Pollen im ersten, männlichen Blühstadium präsentieren. Davor erkennt man die Narben von weiter außen sitzenden zwittrigen Blüten, die sich schon im weiblichen Zustand befinden.

Unten: Köpfchen des Gewöhnlichen Alpenlattichs (218). Es handelt sich um dasselbe Köpfchen wie in der vorhergehenden Abbildung, nur wurde jetzt die Randzone erfasst: Randständige zwittrige Zungenblüten befinden sich bereits im zweiten, weiblichen Zustand, ihre Narbenlappen sind weit auseinander gespreizt. Ganz unten zeigen sich verkümmerte weibliche Randblüten.

Die Auszweigungen des Blütenstands enden mit 1 oder 2–3 nahe beieinander stehenden, stark nickenden Köpfchen (unverkennbar!). Die Hülle ist bräunlich, **die Röhrenblüten sind hellgelb.** Blütezeit VI bis IX. Bestäuber u.a. Hummeln und Falter. Leicht feuchte Böden; lichte Wälder und Waldränder, Hochstauden-Fluren. **Bevorzugt Kalkböden.** Montan-subalpin, bis 2000 m. U.a. am Rand von Fichtenwäldern (S. 92). Osteuropa; vom Jura über die Alpen bis nach Rußland. Ost- und Südalpen, dort in den Südlichen Randalpen häufig, in den Innenalpen selten.

224 **Wollköpfige Kratzdistel** (*Cirsium eriophorum*): Bis 150 cm hohe distelartige Pflanze. **Blätter tief fiederteilig, die Fiederabschnitte ihrerseits in meist zwei lanzettförmige Abschnitte gegliedert, die jeweils in einen kräftigen gelben Stachel auslaufen, unterseits weißfilzig,** auf der Oberseite mit einzelnen Stachelborsten, Ränder zurückgerollt. Stängel verzweigt, dicht wollig behaart. **Blütenköpfchen große Kugeln mit einem Durchmesser von bis zu 7 cm,** dicht darunter Hochblätter, **in lockeren Trauben. Der Bereich der Hülle ist dicht weißwollig behaart (unverkennbar!); den Namen der Art versteht man am besten, wenn man die Wollbälle der noch nicht geöffneten Blütenstände betrachtet. Aus ihnen stechen die langen Stachelspitzen der weinroten Hüllblätter hervor.** Hunderte **rotviolette Röhrenblüten** in jedem Körbchen. Blütezeit VII bis IX. Bestäuber Hummeln und Falter. Sonnige und trockene, nährstoffreiche Böden. Wiesen, Weiden, Läger, Gehölzränder, Kahlschläge. **Bevorzugt Kalkböden, aber auch auf schwach saurem Grund.** Montan-subalpin, bis 2100 m. C in einer wärmebedürftigen Distel-Gesellschaft (hier nicht besprochen). In den Alpen u.a. in der Montanen oder Subalpinen Stufe an Wald und Wegrändern (S. 88), auch am Rand von Blaugras-Rasen. Europa von England bis zum Apennin und von den Pyrenäen bis zum nördlichen Balkan. In den Alpen selten bis mäßig häufig.

225 **Alpen-Kratzdistel** (*Cirsium spinosissimum*): Bis 70 cm hohe, **oben gelblichgrüne,** abstehend behaarte distelartige Pflanze. **Blätter** bis 30 cm lang, steif und stechend: tief buchtig fiederteilig, Fiederabschnitte dreieckig mit bis 1 cm langen kräftigen Stacheln, grün. Am Ende des einfachen oder wenig verzeigten Stängels **dicht gedrängt 2–10 bis 35 mm lange und bis 2 cm breite Köpfchen. Sie sind von gelblich-weißen, fiederteiligen, stechenden Hochblättern mit lang ausgezogenen, nach oben gerichteten weißlichen Spitzen umgeben (unverkennbar!).** Pro Körbchen finden sich um die **100 hellgelbe Röhrenblüten.** Blütezeit VII bis IX. Bestäuber vor allem Hautflügler (Bienen und Hummeln), dann in jeweils abnehmender Häufigkeit Falter, Fliegen und Käfer. Zur analogen Entwicklung des Blütenstands vgl. Alpen-Mannstreu (199). Feuchtere, oft stickstoffhaltige Böden; Bachufer, Weiden, Viehläger, Grobschutt. Subalpin-alpin, bis 3000 m. C in Lägerfluren (S. 108). Jura, Alpen, Karpaten. In den Alpen mäßig häufig bis häufig. Lästiges Weideunkraut.

226 **Berg-Flockenblume** (*Centaurea montana*): Bis 60 cm hoch. **Stängel und Blätter graufilzig.** Blätter wechselständig, länglich oval bis lanzettlich, ungeteilt, die unteren manchmal gezähnt oder fiederteilig; unten kurz gestielt, oben sitzend **mit am Stängel herablaufenden Rändern.** Die Köpfe einzeln, mit den ausladenden Randblüten bis 6 cm breit. **Hüllblätter grün, mit einem aufsitzenden**

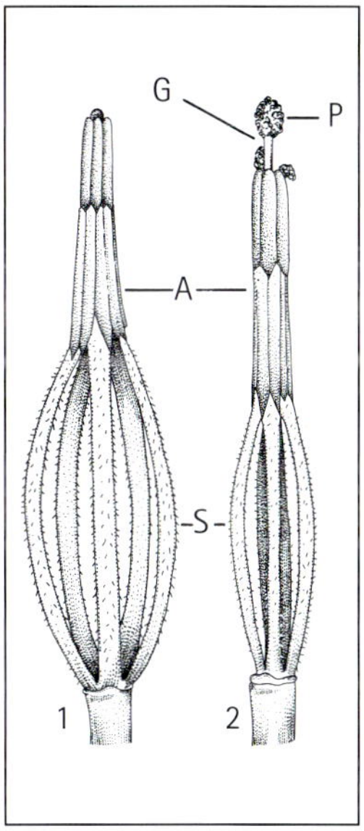

Links: Zentrum eines Körbchens der Berg-Flockenblume (226). Die Zungenblüten in der Mitte präsentieren Pollen, die am Rand (z.B. links) befinden sich bereits im weiblichen Zustand (gespreizte Narbenlappen).

Oben: Pollenpräsentation nach Verkürzung der Staubfäden bei Flockenblumen. Nur die aus den Staubbeuteln gebildete Röhre (A) mit den darunter befindlichen reizbaren Staubfäden (S) wurde angegeben. 1 vor, 2 nach der Reizung. Bei Reizung verkürzen sich die Staubfäden. Auch ihre Wölbung nach außen wird dadurch geringer. Der mittenständige Griffel (G) dient als Widerlager und schiebt wie ein Kolben Pollen (P) aus der Staubbeutel-Röhre heraus.

schwarzen Anhängsel, von dem schwarze Fransenränder auf beiden Seiten des Hüllblatts bis zu dessen Grund herablaufen. Die äußeren Röhrenblüten sind vergrößert, mit strahlig auslaufenden Zipfeln, blau, steril. **Die inneren Röhrenblüten sind kleiner, rötlich,** zwittrig. Blütezeit V bis VIII. Durch randständige, anders gefärbte sterile Schaublüten Annäherung an die Scheinblüte der Röhren-Zungen-Blütler. Die Staubfäden sind bei der Gattung *Centaurea* reizbar. Werden sie von einem Insekt (oder der Nadel eines Experimentators) berührt, verkürzen sie sich. Dadurch tritt der Griffel mit den pollenbelegten Fegehaaren aus der Staubbeutelröhre heraus, so dass der Pollen leichter abgenommen werden kann. Bestäuber vor allem Falter und Hautflügler. Etwas feuchtere Böden: lichte Bergwälder, Wiesen, Hochstauden-Fluren. **Bevorzugt Kalkböden.** Montan-subalpin, bis 2 000 m. Gerne in Rost-Seggen-Rasen (S. 144). Gebirge Mittel- und Südeuropas. In den Alpen mäßig häufig, vor allem in den Nördlichen Randalpen. Bachblüte.

227 Federige Flockenblume (*Centaurea nervosa*): Bis 40 cm hoch. **Stängel und Blätter kurz rauhaarig,** aber nicht filzig. **Blätter lanzettförmig,** gezähnt, manchmal fiederteilig, grün, unten gestielt, oben mit breiter Basis sitzend, bis achtmal so lang wie breit. Köpfchen meist einzeln am Ende der Stängel, bis 7 cm im Durchmesser. **Die äußeren Hüllblätter** bestimmen das Aussehen der Hülle: sie **sind dunkel und in eine bis 2 cm lange gelblich-braune Spitze mit langen Fransen (Name!) ausgezogen, die über die Hüllblätter herabfällt** und sie völlig überdeckt. **Die rund 100 Röhrenblüten im Mittelfeld des Körbchens sind purpurrot,** zwittrig. **Etwa 20 randständige Röhrenblüten sind strahlig vergrößert,** 20–25 mm lang, steril. Blütezeit VII bis VIII. Durch randständige sterile Schaublüten Annäherung an die Scheinblüte der Röhren-Zungen-Blütler. Reizbare Staubfäden (s. 226). Bestäuber in erster Linie Falter, aber auch Hummeln. Lichte Wälder und Gebüsche, Wiesen, Weiden. **Bevorzugt kalkfreie Böden.** Subalpin, bis

Röhrenblüten sind männlich. Sie können zwittrig erscheinen, weil die Griffel als Pollenkolben noch vorhanden sind, allerdings ohne funktionsfähige Narben. Blütezeit VII bis VIII.

Blume: Mehrere Körbchen werden von Hochblättern derart umgeben, dass eine einzige Blüte vorgetäuscht wird. Die häufigsten Bestäuber sind Fliegen, doch beteiligen sich auch Hautflügler, Falter und Käfer.

Standort: Steinige Rasen und Matten, Felsbänder. **Bevorzugt Kalk.** Alpin, bis 3 400 m.

Pflanzengesellschaft: C in Blaugras-Rasen (S. 148).

Verbreitung: Gebirge Mittel- und Südeuropas von den Pyrenäen bis zu den Karpaten und dem Balkan. In den Alpen in den Südlichen Randalpen stellenweise häufig, sonst zerstreut bis selten.

Verwendung: in der Volksmedizin früher Heilpflanze (s. unten). Bachblüte.

Wozu trägt das Edelweiß den namengebenden Haarfilz?

Die Verwandten unseres Edelweiß finden sich nicht nur in den Trockentälern des nördlichen Himalaya mit ihrer steppenartigen Vegetation, sondern vor allem auch in den anschließenden Hochsteppen Asiens. Von dort stammt unser Edelweiß. In der frühen Nacheiszeit öffneten sich im Tiefland immer mehr und immer breitere eisfreie Korridore. Über sie wanderte damals das Edelweiß aus Hochasien in Europa ein und besiedelte die Alpen. Gleiches gilt für andere Arten, so etwa für die Alpen-Aster (250), die noch heute häufig mit dem Edelweiß vergesellschaftet ist.

Auch in der Folgezeit blieb das Edelweiß eine Pflanze der Hochsteppen, nicht der zum Himmel aufragenden Felsmassive, von denen es junge Burschen unter Lebensgefahr herunterholten, um weiblichen Wesen zu imponieren. Heute noch gibt es vor allem in den Südlichen Randalpen Vorkommen auf nur wenig geneigten, auch für hochgradig unsportliche Blumenfreunde leicht zugänglichen Blaugras-Matten, die Ausschnitten aus den unendlichen Weiten Hochasiens entsprechen. Edelweiß steht dort neben Edelweiß. Doch auch diese Areale sind schon bedroht. Nach ähnlich reichen Vorkommen in den Nördlichen Randalpen und in den Innenalpen muss man lange suchen. Wenn das Edelweiß heute oft nur noch im unzugänglichen Fels gefunden wird, dann deshalb, weil der Mensch es dort noch nicht ausrotten konnte, es dorthin aus den Matten verdrängte. Bezeichnenderweise ist das Edelweiß auch für den Pflanzensoziologen eine Charakterart der Blaugras-Rasen und nicht der Kalk-Felsfluren.

Unsere Art machte in der Vergangenheit zunächst wenig von sich reden. In der Volksmedizin wurden Abkochungen bei Magen- und Darmbeschwerden verwendet, deshalb in verschiedenen Gegenden Österreichs die prosaische Bezeichung „Bauchwehblume“. Schon LEONHART FUCHS (1501 – 1566), Autor eines bekannten Kräuterbuchs, hatte für unsere Art die Bezeichnung *Leontopodium* (griech. leon = Löwe; podion = Füßchen) eingeführt, „Löwenfüßchen" also, die sich auf die Behaarung der Blütensterne bezieht. Doch in der Bergbevölkerung nahm niemand davon Notiz. Die Art war viel zu wenig bekannt. Das änderte sich auch nicht, als zu Beginn des 19. Jahrhunderts die wissenschaftliche Bezeichnung *Leontopodium alpinum* eingeführt wurde. Der Name Edelweiß stammt ebenfalls aus dem 19. Jahrhundert, doch erst mit der Erschließung der Alpen für den Tourismus seit der Wende vom 19. zum 20. Jahrhundert wurde das Edelweiß weithin bekannt. Denn jetzt wurde es als Symbol der Alpen gewinnbringend vermarktet. Über entsprechende Reklame wurde bei den Flachländern ein Bedarf geweckt, der dann auch befriedigt werden musste. Folge war, dass das Edelweiß vielerorts an den Rand der Ausrottung gebracht wurde.

Inzwischen ist das Edelweiß unter Schutz gestellt. Doch immer wieder wird versucht, trotzdem zu dem begehrten und auch gut verkäuflichen Symbol der Alpenwelt zu kommen. Aus dem vorbildlich beaufsichtigten Schweizer Nationalpark wurde berichtet: „Eines Tages bemerkte ein Parkwächter von Weitem ein Mädchen, das strauchelte und der Länge nach ins Gras fiel. Das Missgeschick wiederholte sich ein paar Meter weiter oben. Als das ungeschickte Ding zum vierten Mal im Gras gelandet war, ahnte der Parkwächter etwas – und siehe da! Bei jedem absichtlich herbeigeführten Sturz hatte das findige Kind ein Edelweiß abgerissen und blitzschnell in der Tasche versteckt."

Zweifellos ist es die in der Sonne weiß leuchtende, wollige Behaarung, die aus der Scheinblüte einen auch für unser Mädchen attraktiven Blütenstern machte. Gehen wir deshalb auf die Funktion der Behaarung ein. Sie könnte ein Schutz gegen zu starke Bestrahlung sein, vor allem auch gegen UV. Auf eine entsprechende Reflexion geht ja das strahlende Weiß des Blumensterns im Sonnenschein zurück.

Vielfach nimmt man auch an, die Haare wären ebenso wie für die Spinnweben-Hauswurz (051) geschildert ein Transpirations-Schutz. Sie sind auch beim Edelweiß im voll ausgewachsenen Zustand abgestorben, können also nicht etwa selbst Wasserdampf abgeben. Zwischen den Haaren und den von ihnen überdeckten Spaltöffnungen bilden sich feuchtigkeitsgesättigte Lufträume, die vom Wind nicht so leicht ausgeräumt werden können. Die Transpiration über die Spaltöffnungen soll dadurch reduziert werden.

Heute wird auch die Auffassung vertreten, dass über die mit feuchter Luft gefüllten Hohlräume über den Spaltöffnungen nur kurzfristigen Schwankungen in der Luftfeuchtigkeit begegnet werden kann. Davon abgesehen wurde eine andere, geradezu entgegengesetzte Deutung gegeben. Dazu nur eine Angabe: Bei Untersuchungen in den Bergen Neuseelands, den Anden und den Alpen wurde festgestellt, dass der Prozentsatz

dicht behaarter Arten in feuchtem Klima anstieg. Gerade dann aber hätte man erwartet, ein zusätzlicher Transpirationsschutz durch die Behaarung sei *nicht* erforderlich!
Wozu also die Behaarung? Sie könnte ein Schutz gegen eine Befeuchtung der Oberfläche und damit auch der Spaltöffnungen sein, über die der Gasaustausch erfolgt. Die Abgabe von Wasserdampf und Sauerstoff und die Aufnahme von Kohlendioxid durch die Spaltöffnungen ist für die Pflanzen lebensnotwendig. Wasser auf den Spaltöffnungen würde sie erschweren oder blockieren. Für kürzere Zeit ließe sich das tolerieren, aber nicht für längere Zeiträume, wie sie in einem feuchteren Klima gegeben sein könnten. Deshalb eine gegen Feuchtigkeit schützende Haardecke über den Spaltöffnungen. Doch diese Deutung des Haarkleids ist für das Edelweiß wenig überzeugend, wenn man an seine Standorte denkt, die sich nicht gerade durch ständig hohe Luftfeuchtigkeit auszeichnen. Man sollte auch die Herkunft der Gattung aus den Steppen Hochasiens bis zum Norden des Himalaya berücksichtigen. Alle dort heimischen Edelweiß-Arten sind wollig behaart, obwohl die durchschnittliche Luftfeuchtigkeit nur niedrig ist.
In den letzten Jahren wurde auch die Bestäubungsbiologie des Edelweiß genauer untersucht. Mehrere Scheinblüten erster Ordnung werden durch weißfilzige Hochblätter (nicht durch Hüllblätter wie bei der Silberdistel; 228) zu einer übergeordneten Scheinblüte, dem Edelweiß-Stern zusammengefasst. Die Scheinblüten erster Ordnung bestehen aus den üblichen Köpfchen: innerhalb von Hüllblättern finden sich 60–80 Röhrenblüten, die allerdings nach Gestalt und Funktion sehr verschieden sind. Am Rand der Scheibe stehen weibliche Fadenblüten, die nektarlos sind, weiter innen normale männliche Röhrenblüten, die Nektar führen. Auf den ersten Blick scheinen sie zwittrig zu sein. Denn sie enthalten einen Griffel, der wie üblich Pollen vor sich her aus der Staubbeutelröhre hinausschiebt. Doch erinnern wir uns daran, dass dem Griffel bei den Korbblütlern zwei Funktionen zukommen: Erstens schiebt er den Pollen aus der Staubbeutelröhre hinaus, wobei auch unter dem Narbenkopf sitzende Fegehaare Blütenstaub führen können. Zweitens spreizen die Narbenlappen auseinander und nehmen von den Insekten mitgebrachten Pollen auf, der dann zur Befruchtung kommen kann. Von diesen beiden Funktionen ist nur die erste, die „Kolbenfunktion“ erhalten geblieben. Das ist zwingend notwendig, weil die Staubbeutelröhre ja nach wie vor vorhanden ist und der Blütenstaub exponiert werden muss. Doch die zweite Funktion, die weibliche Sexualfunktion, ist entfallen. Der Narbenkopf bleibt kolbenartig geschlossen, die Narbenlappen spreizen nicht auseinander.
Früher hatte man angenommen, das Edelweiß fände kaum Bestäuber. Das erwies sich als Irrtum. Insekten aus 29 Familien wurden als Besucher

festgestellt. Dabei sind Fliegen die wichtigsten Gäste. Sie stellen 53 % der Besucher. Sie werden durch ein Gemisch angelockt, das aus wohlriechenden ätherischen Substanzen, aber auch aus ausgesprochenen Gestanksstoffen zusammengesetzt ist, wie sie teilweise im menschlichen Schweiß vorkommen. Das in der Mitte des Edelweiß-Sterns stehende Körbchen blüht zuerst auf. Auf ihm landen die Fliegen und wechseln dann zu den anderen Teilblütenständen über. Die mittenständigen Röhrenblüten in ihnen sind nur 3 mm tief. Auch die kurzrüsseligen Fliegen haben so keine Schwierigkeiten, an den Nektar zu gelangen. Im Nektar werden ihnen nicht nur Zucker (Glucose und Fructose) geboten, sondern auch 16 verschiedene Aminosäuren. Fliegen lieben Aminosäuren im Nektar. Beim Krabbeln über den Blumenstern bleibt Pollen an den Fliegen haften, insbesondere an ihren Beinen, der dann auf andere Pflanzen übertragen werden kann. Das Edelweiß ist also eine ausgesprochene Fliegen-Blume.

Ein Edelweiß (229) in Seitenansicht. In den einzelnen Körbchen haben sich hier und da Blüten geöffnet. Von einer Ausnahme abgesehen, die ins weibliche Stadium übergeht, bieten sie gelben Pollen an.

2. Zungenblütler

Die Körbchen führen nur fünfzipfelige, einlippige Zungenblüten. Sie sind in der Regel zwittrig. An der Basis bilden auch sie kurze Röhren oder Trichter, die dann in die langen Zungen übergehen. Die Zungenblüten sind radiär gestellt. Sie können in nur einer oder in mehreren Reihen vorhanden sein. Sind sie wie meistens mehrreihig vorhanden, werden sie nach außen zu größer, so dass der Eindruck verstärkt wird, eine einzige Blüte vor sich zu haben. In der Regel reflektieren die randständigen Zungenblüten UV, die mittelständigen absorbieren es. Was das UV anbelangt, erscheint die Blütenmitte UV-sichtigen Insekten also „dunkel". Auch dadurch wird die Scheinblüte perfekter. Zur Verteidigung gegen Fressfeinde und zum Abdichten von Verwundungen enthalten die Pflanzen Milchsaft mit Abwehrstoffen.

230 Alpen-Milchlattich (*Cicerbita alpina*): 50 – 250 cm hohe, kräftige Staude mit meist unverzweigtem Stängel, im oberen Drittel braunrot drüsig beharrt und meist rot überlaufent. **Die Grundblätter und die unteren Stängelblätter sind gestielt, bis 25 cm lang und tief fiederteilig mit großem, dreieckigem Endabschnitt und nur wenigen Seitenabschnitten.** Die oberen Stängelblätter sind kleiner, weniger stark gegliedert und sitzen stängelumfassend. **Der Blütenstand ist rispigtraubig, braunrot drüsig behaart und blüht von oben nach unten auf.** Seine Körbchen messen 20 bis 30 mm im Durchmesser und enthalten rund 20 zwittrige, 10 – 15 mm lange, **blauviolette, an ihrer Basis aufgehellte Zungenblüten.** Die Pflanze führt reichlich Milchsaft (Name!). Blütezeit VII bis VIII. Bestäuber: vor allem Käfer und Hummeln, aber auch Tagfalter. Gebüsche, Bergwälder, Grün-Erlen-Bestände, Hochstauden-Fluren, auf frischen, tiefgründigen, nährstoffreichen Böden. Auf Kalk und Silikat. Subalpin, bis 2 200 m. C in Hochstauden-Fluren (S. 102). Von den Pyrenäen über die Alpen bis zu den Karpaten und dem Balkan. Apennin, als Eiszeitrelikt in Mittelgebirgen Deutschlands (z. B. Schwarzwald) und Frankreichs, in Nordeuropa bis an den Rand der Arktis (Subarktis). Recht häufig und gesellig. Soll angeblich die Milchproduktion der Kühe steigern, deshalb entsprechende Volksnamen, in Kärnten z. B. Milchkraut.

231 Einköpfiges Ferkelkraut (*Hypochoeris uniflora*): Bis 50 cm hoch. Grundblätter rosettenartig angeordnet, lanzettlich bis schmal eiförmig, ungestielt, grün (ohne weiße Flecken), rau behaart, am Rand gezähnte Buchten; **wenige nach oben zu verkleinerte, aber sonst ähnliche Stängelblätter**. Kräftiger, rauhaariger **Stängel mit nur einem Körbchen** mit einem Durchmesser von bis zu 70 mm. **Der Stängel ist unter dem Köpfchen allmählich stark verdickt** (mehr als 5 mm breit, gutes Unterscheidungsmerkmal). **Die Hüllblätter des bis zu 6 cm breiten Köpfchens sind ebenso wie der Stiel des Köpfchens dicht schwarz behaart.** Die bis zu 200 Zungenblüten pro Körbchen sind gelb. Blütezeit VII bis IX. Viele Bestäubergruppen: vor allem Falter, aber auch Käfer, Fliegen und Hautflügler, darunter Hummeln. Wiesen, Weiden, Magerrasen, Zwergstrauchheiden. Braucht **Silikatböden.** Subalpin-alpin, bis 2 600 m. C in Borstgras-Rasen (S. 148). Gebirge Mittel- und Südeuropas, östlich orientiert: geht bis in die Karpaten. In den Alpen vor allem in den Innenalpen recht häufig.

232 Gold-Pippau (*Crepis aurea*): Bis 30 cm hoch. Grundständige Blätter rosettenartig angeordnet, langgezogen verkehrt eiförmig, buchtig gezähnt, selten fiederteilig, in einen geflügelten Stiel verschmälert. **Stängel blattlos** oder mit 1 – 2 kleinen Blättchen, **in der Regel mit nur einem Köpfchen.** Stängel oben wie die

Hüllblätter dicht schwarz behaart. Köpfchen bis 45 mm im Durchmesser, kann über 100 **orange- bis feuerrote Zungenblüten** führen. Blütezeit V bis IX. Viele Bestäuber: vor allem Falter, aber auch Käfer, Fliegen und Hautflügler, darunter Hummeln. Frische Wiesen und Weiden, steinige, aber nicht zu trockene Rasen. Nährstoffreiche Böden, **leichte Tendenz zu kalkarmen Böden.** Subalpin-alpin, bis 2 900 m. C in Subalpinen Milchkrautweiden (S. 116). Gebirge Mittel- und Südeuropas mit östlicher Orientierung: vom Jura bis nach Kleinasien. In den Alpen recht häufig.

233 **Schweizer Löwenzahn (*Leontodon helveticus*):** Bis 30 cm hoch. Vollausgebildete **Blätter** in einer grundständigen Rosette, länglich, ganzrandig buchtig gezähnt oder fiederlappig, **allmählich in einen ungeflügelten Stiel übergehend. Stängel mit einigen Blattschuppen, unter dem einzigen Köpfchen kaum verdickt. Die Köpfchen stehen vor dem Aufblühen aufrecht. Hüllblätter schwarzgrünlich behaart.** Zungenblüten gelb, mittenständige, noch geschlossene Zungenblüten oft dunkelrot. Blütezeit VII bis IX. Viele Bestäubergruppen: überwiegend Falter, aber auch Käfer, Fliegen und Hautflügler, darunter Hummeln. Wiesen, Weiden, Zwergstrauchheiden. **Kalkarme Böden, Silikatböden.** Subalpin-alpin, bis 3 000 m. C in Borstgras-Rasen (S. 128). Gebirge Mittel- und Südeuropas, in den entsprechenden Lagen von Mittelgebirgen wie dem Hochschwarzwald häufig. In den Alpen vor allem in den Innenalpen häufig.

Bei dem in zahlreichen Varianten weit verbreiteten, von der namengebenden Behaarung abgesehen recht ähnlichen 234 **Steifhaarigen Löwenzahn (*Leontodon hispidus*) nicken die Köpfchen von dem Aufblühen.**

235 **Weißliches Habichtskraut (*Hieracium intybaceum*):** Bis 30 cm hoch. **Die ganze Pflanze ist durch Drüsenhaare klebrig gelbgrün.** Über die Drüsenhaare werden auch Flavonoide, mit den Anthocyanen chemisch verwandte, aber gelbe Farbstoffe ausgeschieden. An der Basis der in engen Gabeln verzweigten Stängel sitzen in einer **Scheinrosette dicht übereinander wechselständige, lanzettliche, bis 10 cm lange, unregelmäßig gezähnte bis fiederspaltige Blätter.** Die Blütenköpfchen sind bis 4 cm breit, ihre **Zungenblüten sind hellgelb.** Blütezeit VII bis IX. Bestäuber Fliegen. Steinige Matten, Felsfluren, Felsspalten. **Nur Silikatböden.** Alpin, bis 3 000 m. C in der Silikat-Felsflur mit Vandellis Mannsschild (S. 184). Vogesen, Alpen. In den Randalpen zerstreut, in den Innenalpen nicht häufig.

236 **Zottiges Habichtskraut (*Hieracium villosum*):** Bis 30 cm hoch. **Stängel und Blätter (diese vor allem am Rand und unterseits) mit langen (bis 10 mm) weißen Haaren besetzt, besonders die Hüllblätter weißzottig.** Grundblätter rosettenartig gestellt, zungenförmig (bis 8 cm lang, bis 2 cm breit), fast ganzrandig, oft leicht gewellt, ohne deutlich abgesetzten Stiel; 3 – 8 stängelumfassende kleinere, stärker gewellte Stängelblätter. Alle Blätter bläulich-grün. Stängel mit 2 – 4 Köpfchen mit einem Durchmesser von bis zu 35 mm. **Zungenblüten hellgelb.** Blütezeit VII bis VIII. Bestäuber Fliegen, Hummeln, Falter. Wiesen, offene, steinige Rasen. **Kalkböden.** Alpin, bis 2 700 m. C in Blaugras-Rasen (S. 148). Gebirge Mittel- und Südeuropas, östlich orientiert. Vom Jura und Apennin bis zum Balkan. In den Alpen von den Innenalpen abgesehen zerstreut bis ziemlich häufig.

Blütenkörbchen der Rosaroten Schwarzwurzel (239). Die noch geschlossenen Zungenblüten im Zentrum ähneln Röhrenblüten.

237 **Orangerotes Habichtskraut** (*Hieracium aurantiacum*): Bis 40 cm hoch. Ober- und unterirdische Ausläufer, **Stängel, Blätter und Hüllblätter mit langen (bis 8 mm) dunklen Haaren.** Hüllblätter auch mit Sternhaaren. Wenige rosettenartig angeordnete Grundblätter, länglich, vorne abgestumpft, blaugrün, weich, besonders am Rand behaart; einige kleinere Stängelblätter. Der Stängel trägt 2–12 doldenartig dicht aneinander sitzende, bis 3 cm breite Köpfchen. **Die Zungenblüten sind gelborange, orangerot bis braunrot.** Blütezeit VI bis VIII. Bestäuber Tagfalter. Wiesen, Weiden, Magerrasen, Zwergstrauchheiden. Bevorzugt Silikatböden. Montan-subalpin, bis 2600 m. C in Borstgras-Rasen (S. 128). Nordeuropa (auch Arktis) und Alpen. In den Alpen zerstreut bis mäßig häufig.

Die Art wird wegen der Blütenfarbe immer wieder mit dem Gold-Pippau (232) verwechselt. **Bei diesem trägt der Stängel jedoch nur ein Körbchen.**

238 **Alpen-Löwenzahn** (*Taraxacum alpinum, T. apenninum*): Bis 20 cm hoch. **Alle Blätter in grundständiger Rosette,** flach ausgebreitet, **ganzrandig oder schrotsägeförmig bis fiederteilig,** grün. Mehrere blattlose hohle **Stängel,** aufrecht oder aufsteigend, **mit je einem bis 25 mm breiten Köpfchen. Hüllblätter in zwei Reihen angeordnet, in der äußeren Reihe lanzettlich bis oval, 1–1,3 mal breiter als in der inneren Reihe. Zungenblüten gelb mit einem braunen oder purpurfarbenen Streifen auf der Unterseite.** Blütezeit VI bis IX. Bestäuber Fliegen, Hummeln, Falter. Weiden, Rasen, Viehläger, Schneetälchen, Moränen, Feinschutt, nährstoff- und basenreiche, feuchte Böden. **Bei nur leichter Vorliebe für Kalkböden auch auf Silikat.** Subalpin-alpin, bis 3000 m. C für alle Schneeboden-Gesellschaften (S. 159), kommt gerne in Blaukressen-Fluren vor (S. 162). Gebirge Mittel- und Südeuropas von den Pyrenäen bis zu den Karpaten. In den Alpen ziemlich häufig und gesellig.

Die 239 **Rosarote Schwarzwurzel** (*Scorzonera rosea*) soll der Schönheit ihrer unverkennbaren, ansprechend gefärbten Zungenblüten wegen erwähnt werden: auf ihrer Unterseite sind die **Zungen** intensiver, auf der Oberseite schwächer **rosa.** Die Art kommt in lichten Wäldern, auf Fettwiesen, aber auch im Legföhren-Gebüsch und auf trockenen, steinigen Rasen, gerne auch in Rost-Seggenrasen vor (S. 144). Sie findet sich in den Südöstlichen Randalpen von Brescia über Südtirol bis zu den Venetianer Alpen, weiter nördlich in den Karnischen und Julischen Alpen sowie den Karawanken, auch im Apennin, Nördlicher Balkan, Karpaten. In den Alpen ist die Art nicht besonders häufig.

3. Röhren-Zungenblütler

Die Körbchen führen am Rand Zungenblüten. Alle anderen Blüten auf der Scheibe der Körbchen sind Röhrenblüten. Die zygomorphen, einlippigen Zungenblüten laufen in drei Zipfel aus. Sie sind oft stark strahlig vergrößert, wodurch die Scheinblüte das Aussehen einer Einzelblüte erhält. Man nennt sie auch Strahlenblüten, um sie von den fünfzipfeligen Zungenblüten der Gruppe „Zungenblütler" zu unterscheiden. Sie sind oft eingeschlechtlich oder führen gar keine Sexualorgane mehr. Die Schauwirkung steht bei ihnen im Vordergrund. Die Röhrenblüten sind meistens zwittrig. In der Regel reflektieren die randständigen Zungenblüten UV, die scheibenständigen Röhrenblüten absorbieren es. Auch die für uns sichtbare Farbe der beiden Blütentypen unterscheidet sich in der Regel. Dabei kann es sich um ein Variieren einer Grundfarbe, oft Gelb, handeln. Aber bei einer Reihe von Arten finden sich auch verschiedene Farbqualitäten, etwa Weiß oder Violettblau in den Zungenblüten und Gelb in den Röhrenblüten. Um so mehr ähnelt dann der Blütenstand einer Einzelblüte.

240 Alpen-Goldrute (*Solidago alpestris*)**: Bis 40 cm hoch. Blätter** wechselständig, lanzettlich, **mit Stiel 4- bis 6-mal so lang wie breit**, gezähnt bis ganzrandig. Bis zu 30 **Köpfchen mit 15–20 mm Durchmesser** in einer dichten endständigen Rispe. **Blüten gelb.** Pro Körbchen bis zu 12 randständige weibliche Zungenblüten mit bis 5 mm langer Zunge, Scheibenblüten zwittrig. Blütezeit VII bis IX. Bestäuber in abnehmender Häufigkeit Falter, Fliegen, Hautflügler. Steinige Weiden, Magerrasen, Zwergstrauchheiden. **Silikatböden.** Subalpin-alpin, von rund 800 bis 2 700 m. C in Borstgras-Rasen (S. 128). Gebirge Eurasiens und Nordamerikas. In den Alpen mäßig häufig bis häufig.

241 Krainer Greiskraut (***Senecio incanus*** **ssp.** ***carniolicus***)**:** Bis 15 cm hoch. Grundblätter rosettenartig, Stängelblätter wechselständig. **Blätter graufilzig, später oft verkahlend, ganzrandig oder bis zur Mittelrippe fiederlappig.** Stängel aufrecht oder aufsteigend, mit 3–15 Körbchen mit einem Durchmesser bis zu 30 mm, die dicht kopfig gedrängt zusammenstehen. **Innere Hüllschuppen mit roter Spitze.** 3–5 weibliche Zungenblüten (Zunge bis 10 mm lang) und 5–10 zwittrigen Röhrenblüten, **beide goldgelb bis orangegelb.** Die Gestalt besonders der randständigen Zungenblüten variiert stark. Blütezeit VII bis IX. Bestäuber Fliegen, Falter, auch Käfer. Trockene, steinige Rasen, Felschutt. **Kalkmeidend.** Alpin, bis über 3 200 m. C in Krumm-Seggen-Rasen (S. 136). Ostalpen: vom Rhein ostwärts. In den Nördlichen Randalpen selten, z. B. im Allgäu, in den Innenalpen zerstreut bis häufig. Karpaten.

Eine westliche Unterart ist das **242 Graue Greiskraut** (***S. i.*** **ssp.** ***incanus***). Es unterscheidet sich durch **permanent dicht graufilzig behaarte Blätter, die immer bis zur Mittelrippe tief fiederteilig sind.**

243 **Einköpfiges Greiskraut** (*Senecio uniflorus, S. halleri*): Bis 15 cm hoch. **Dicht weißfilzig behaart.** Untere Blätter rosettenartig, **stumpf** gezähnt bis fiederteilig, **obere fast ganzrandig.** Die Stängel sind unverzweigt und einköpfig. Die Köpfchen sind bis 30 mm breit, die 20–30 Zungenblüten sind ebenso wie die Röhrenblüten goldgelb. Blütezeit VII bis IX. Bestäuber wie 241. Standort wie 241. **Nur auf Silikatböden.** Alpin, bis 3 600 m. C in Krumm-Seggen-Rasen der Südwest-Alpen (S. 137). Südwest-Alpen: ziemlich häufig im Gran Paradiso und im Wallis um Zermatt und Saas Fee. Das Simplon-Gebiet ist die Ostgrenze.

244 **Großkopfige Gemswurz** (*Doronicum grandiflorum*): Bis 50 cm hoch. **Grundständige Blätter mit langen, schmal geflügelten Stielen, breit eiförmig bis oval,** bis 9 cm lang, **1- bis 1,5-mal so lang wie breit,** gezähnte Randbuchten, **herzförmig oder gestutzt am Stiel ansetzend.** Stängelblätter wechselständig, untere wie Grundblätter, obere schmaler, stängelumfassend sitzend. **Blätter und Stängel mit längeren zottigen Haaren und kurzen Drüsenhaaren.** Köpfchen meist einzeln, bis 8 cm breit, zahlreiche **Zungen- und Röhrenblüten, gelb bis goldgelb. Zungenblüten 20 mm lang.** Blütezeit VII und VIII. Bestäuber Fliegen und Falter. Felsschutt, steinige Matten, Standorte mit langer Schneebedeckung. **Nur Kalkgestein.** Alpin, bis 3 100 m. C in Täschelkraut-Fluren (S. 170). Pyrenäen, Korsika, Alpen: in den Kalkgebieten nicht häufig, aber gesellig.

Die ganze Pflanze, vor allem aber der Wurzelstock, schmecken süßlich und werden deshalb vom Wild gerne angenommen, daher der Name. Die Art ist ein Beispiel für einen Schuttstrecker: die Stängel strecken sich durch den Schutt aufwärts, ohne ihm nennenswerten Widerstand entgegenzusetzen. Bei Bewegungen gleitet der Schutt seitlich vorbei.

245 **Clusius' Gemswurz** (*Doronicum clusii*): Nur die Unterschiede zu 244 werden angegeben. Bis 25 cm hoch. **Untere Blätter lanzettförmig, 1,5- bis 4-mal so lang wie breit, Spreite zum Stiel hin verschmälert. Stängelblätter ebenso, aber ungestielt. Die Pflanze trägt keine Drüsenhaare. Silikatgestein, vikariiert mit 244, aber in den Südlichen Randalpen auch auf Kalk.** Alpin, bis über 3 000 m. C in der Alpen-Mannsschild-Schuttflur (S. 175). Gebirge Mittel- und Südeuropas. In den Innenalpen und in Teilen der Südlichen Randalpen nicht häufig, aber gesellig. Bachblüte.

246 Arnika *(Arnica montana)*

Beschreibung: Bis 60 cm hoch. **Grundständige Blätter in Rosette, eiförmig, ganzrandig,** sitzend, **mit 5–7 deutlich hervortretenden Längsnerven. Stängel mit 1–3 sitzenden, gegenständigen, kleinen Blattpaaren; mit meistens 1,** seltener 2 oder 3 bis 8 cm breiten **Körbchen.** Rund 20 bis 3 cm lange weibliche Zungenblüten, deren Strahlen nicht immer „ordentlich" ausgebreitet sind, sondern gedreht oder gebogen sein können, wodurch das **Körbchen ein etwas zerzaustes Aussehen** erhält. Bis zu rund 100 zwittrige Röhrenblüten. **Alle Blüten sind goldgelb.** Aromatisch duftend. Blütezeit V bis VIII. **Blume:** Bestäuber vor allem Falter, aber auch Hautflügler, Fliegen und Käfer. **Standort:** Magere Rasen und Weiden, aus-

trocknende Moorflächen. **Silikatböden.** Subalpin-alpin, bis 2800 m. **Pflanzengesellschaft:** C in Borstgras-Rasen (S. 128).
Verbreitung: Europa bis nach Südskandinavien, in den Alpen häufig und gesellig.
Verwendung: Heilpflanze (s. unten). Bachblüte.

Blick in das Blütenkörbchen einer Arnika (246). Die „Männlichkeitswelle": die Röhrenblüten am Rand sind schon im weiblichen Zustand (gespreizte Narbenlappen), nach der Mitte zu folgen Röhrenblüten im männlichen Zustand (obenauf herausgeschobener Pollen), die Röhrenblüten in der Mitte sind noch geschlossen.

Arnika, letzte Medizin für den sterbenden Goethe

Wenn es an das Bestimmen geht, ist die Arnika eine Wohltat unter den in dieser Hinsicht übel beleumundeten „gelben Compositen". Schon ihre großen, durch Carotinoide (S. 428) goldgelben, leicht unordentlich aussehenden Köpfchen lassen sich kaum verkennen. Ein eindeutiges Kennzeichen sind aber die Paare kleiner, gegenständiger Blättchen am Stängel unterhalb des Blütenstands.
Die Herkunft des Namens Arnika oder *Arnica* ist umstritten; *montana* bedeutet „zum Berg gehörig" und nimmt auf das Vorkommen bezug, ebenso die erste Silbe des weiteren deutschen Namens Bergwohlverleih. Doch „Wohlverleih" hat nichts mit dem Wohlergehen zu tun, zu dem eine Behandlung mit Arnika führen kann, sondern kommt von „Wolferlei". Was unsere Art mit Wölfen zu tun haben soll, bleibt jedoch im Dunkeln.
Auch die Heilwirkung der Arnika blieb lange im Dunkeln. Erst zur Zeit der Kräuterväter erwähnte TABERNAEMONTANUS (1520–1590) ihre Verwendung bei Verletzungen. Damit war aber auch schon ein Wirkungsbereich erfasst, der heute noch Geltung hat.
Wie man erst in den letzten Jahrzehnten herausfand, sind die wichtigsten Wirkstoffe so genannte Sesquiterpen-Lactone wie das Helenalin. Ausgangsmaterial für Medikamente sind meistens die Körbchen, die fälschlicherweise als „Arnika-Blüten" bezeichnet werden, aber auch die Blätter und der Wurzelstock. Aus den „Blüten" stellt man Tinkturen oder Salben her. Äußerlich angewandt, wirken sie schmerzstillend, entzündungshemmend und keimtötend. Sie finden deshalb bei Quetschungen, Prellungen, rheumatischen Gelenk- und Muskelbeschwerden, Furunkulose oder Insektenstichen Verwendung. Bei längerer und häufiger Anwendung kann es allerdings zu allergischen Hautausschlägen kommen. Innerlich sollte man die Droge besser nicht verabreichen. Denn

zwar wurden positive Wirkungen auf Herz und Kreislauf, Blutdruck und Atmung festgestellt, es kann aber bei höheren Dosen über das Helenalin auch zu Vergiftungen kommen. Doch vorschriftsmäßig angewendet bleibt unsere Arnika ein wertvolles Heilmittel aus den Bergen. Dem sterbenden GOETHE hatte man Arnika als letzte Medizin verabreicht.

247 **Alpen-Margerite, Alpen-Wucherblume** (*Leucanthemopsis alpina*): Bis 15 cm hoch. Stängel und Blätter teilweise dicht und kurz anliegend behaart. Blätter am Stängel selten. Grundständige Blätter gestielt, **im Umriss lanzettlich, kammförmig einfach fiederteilig oder tief gezähnt,** beidseits mit 2–5 Fiederteilen oder Zähnen. **Stängel mit einem bis 4 cm breiten Köpfchen.** Grüne **Hüllblätter mit breitem dunkelbraunen Rand.** 20–25 **weiße,** bis 17 mm lange, weibliche **Zungenblüten.** Über 100 **goldgelbe,** zwittrige **Röhrenblüten.** Blütezeit VII bis VIII. Beim Aufblühen, das wie üblich von außen nach innen erfolgt, ist immer nur ein einzähliger Ring von Blüten männlich, die nachfolgenden Ringe sind weiblich. Der männliche Ring rückt in Richtung Zentrum der Scheibe vor. Bestäuber vor allem Fliegen, dann Falter und seltener Käfer. Leicht feuchte, steinige Böden, Rasen, Geröll, Moränen, Schneeböden. **Silikatböden.** Subalpin-alpin, bis 3 800 m. C in Krautweiden-Rasen (S. 160). Von den Pyrenäen und dem Apennin über die Alpen bis zu den Karpaten und dem nördlichen Balkan. In den Innenalpen häufig, in den Kalkketten der Randalpen selten oder fehlend. Wird in den Ostalpen etwas weniger häufig.

248 **Schwarzrand-Margerite** (*Chrysanthemum atratum*): Nur die Unterschiede zu 247 werden angegeben. **Die grundständigen Blätter sind im Umriss keilförmig, jederseits mit 3–7 langen schmalen Zähnen, aber nicht fiederspaltig, fleischig. Bei den** sitzenden **oberen Blättern sind die Sägezähne nach auswärts gebogen.** Die grünen **Hüllblätter sind schwarzrandig, wobei die schwarze Umrandung gegen die Spitze zu breiter wird. Körbchen bis 6 cm breit.** Blütezeit VII bis IX. Als Bestäuber wurden Fliegen beobachtet, doch dürften die Bestäuber wie bei 247 sein. Steinige Rasen, Schuttfelder. **Nur auf Kalkböden, vikariiert mit 247.** Subalpin-alpin, bis 2 800 m. C in Täschelkraut-Schuttfluren (S. 170). Ostalpenpflanze, zerstreut vom Berner Oberland ostwärts. Vor allem in den Nordöstlichen Randalpen. In den Innenalpen nur auf Kalkauflage.

249 **Alpen-Maßliebchen** (*Aster bellidiastrum*): Bis 25 cm hoch. Alle Blätter in grundständiger Rosette (Ganzrosetten-Pflanze), in einen Stiel verschmälert, der die halbe Länge der Blattspreite erreicht, oval bis umgekehrt eiförmig, ganzrandig oder entfernt gezähnt. **Stängel blattlos,** flaumig behaart, **mit einem** bis 4 cm breiten **Köpfchen.** 40–50 **Zungenblüten, weiß, beim Altern rötlich überlaufen,** weiblich, **Röhrenblüten hellgelb** und zwittrig. Blütezeit IV bis IX. Bestäuber Fliegen, Falter. Feuchte Böden: in unteren Lagen an überrieselten Felsen, steinige Rasen, lichte Bergwälder, Quellfluren. **Bevorzugt Kalk** oder neutrale Bodenreaktion. Montan-alpin, bis 2 800 m. In verschiedenen Gesellschaften, z. B. in Blaugras-Rasen (S. 148). Gebirge Mittel- und Südeuropas, östlich orientiert: vom Jura über die Alpen bis zum Balkan und den Karpaten. Ganze Alpen, in den Nördlichen Randalpen häufig.

Blütenkörbchen der Bitteren Schafgarbe (252). Auch in den kleinen Körbchen mit nur bis zu 18 mm Durchmesser das übliche Bild: am Rand Röhrenblüten im weiblichen Zustand (Narbenlappen gespreizt), in der Mitte Röhrenblüten im männlichen Stadium (obenauf herausgeschobener Pollen).

250 Alpen-Aster (*Aster alpinus*): Bis 25 cm hoch. Blätter spatel- bis zungenförmig, ganzrandig, behaart, die unteren in den Stiel verschmälert, die oberen viel kleiner, lanzettlich, sitzend. **Stängel einköpfig,** Körbchen bis 4,5 cm im Durchmesser. Rund 50 meist **blauviolette,** weibliche **Zungenblüten,** Zunge bis 2 cm lang und 2 mm breit, und über 100 **goldgelbe,** zwittrige **Röhrenblüten.** Blütezeit VI bis VIII. Bestäuber vor allem Falter, weniger Fliegen, seltener Käfer. Steinige Rasen, Felsbänder. **Kalkliebend,** aber auch auf schwach sauren Böden. Subalpin-alpin, bis 3 100 m. C in Nacktried-Rasen (S. 141). Eurasien bis Nordamerika in verschiedenen Rassen, in den Alpen zerstreut bis ziemlich häufig.

251 Einköpfiges Berufskraut (*Erigeron uniflorus*): Bis 20 cm hoch. Grundständige Blätter länglich; spatelförmig, ganzrandig, vorne stumpf, seltener leicht ausgerandet, in einen langen Stiel verschmälert, obere Blätter, falls vorhanden, wechselständig, lanzettlich, sitzend. **Stengel mit einem** bis 2,5 cm breiten **Köpfchen. Hüllblätter weißwollig behaart.** Rund 100 **rosa, lila** oder seltener weißliche, weibliche **schmale Zungenblüten** (5 mm lang und 1 mm breit). Mehr als 60 **gelbe Röhrenblüten.** Zwischen den Zungen- und den Röhrenblüten finden sich im Unterschiede zu anderen Arten der Gattung **keine Fadenblüten.** Blütezeit VII bis IX. Bestäuber vor allem Falter, weniger Fliegen und Käfer. Steinige Böden, offene Rasen, windexponierte Grate. **Bevorzugt kalkarme Böden.** Alpin, bis 3 200 m. C in Nacktried-Rasen (S. 141). Von den Pyrenäen über den Apennin und die Alpen bis nach Asien und Nordamerika, in der gesamten Arktis. In den Innenalpen zerstreut bis mäßig häufig, in den Randalpen selten.

252 Bittere Schafgarbe, Steinraute (*Achillea clavenae*): Bis 25 cm hoch. **Ganze Pflanze seidig-filzig behaart.** Untere Stängelblätter bis 7 cm lang, bis zum nur einige mm breiten Mittelabschnitt **fiederspaltig oder grob gezähnt,** auf beiden Seiten mit 2–8 Abschnitten, die ganzrandig oder seltener gezähnt oder fiederlappig sein können. Der unten unverzweigte Stängel trägt eine lockere Rispe mit

5–30 Körbchen mit bis zu 18 mm Durchmesser. In jedem Körbchen finden sich 5–8 weibliche, **weiße Zungenblüten** (Zungen 5 mm lang) und bis zu 20 zwittrige, **weiße Röhrenblüten.** Blütezeit VI bis VIII. Bestäuber vor allem Fliegen. Steinige Rasen, Schutthalden, Felsbänder. **Kalkböden.** Alpin, bis 2 500 m. C in Polster-Seggen-Rasen (S. 158). Nördlicher Balkan. Ostalpen: in den Kalkketten häufig, in den Innenalpen selten bis zerstreut.

253 **Zwerg-Schafgarbe** (*Achillea nana*): Bis 15 cm hoch. **Die ganze Pflanze ist dicht und fein weißwollig behaart. Je nach Empfinden riecht sie aromatisch oder bocksartig.** Die unteren Blätter sind bis 5 cm lang und fiederteilig, auf jeder Seite mit 6–12 Fiederteilen. Die Fiederteile sind ganzrandig oder tragen 2–5 Zähne. Der Stängel endet mit einer **Halbkugel aus 5–12 dicht gedrängten,** 9 mm breiten **Körbchen.** Die bis zu 2 cm breite Halbkugel ähnelt einer Blüte. Jedes Körbchen umfasst 6–8 weibliche, **weiße Zungenblüten** und 8–20 zwittrige, ebenfalls **weiße Röhrenblüten.** Die Staubbeutel mit ihrem gelben Pollen **lassen die Röhrenblüten** jedoch **gelb erscheinen.** Blütezeit VII bis VIII. Bestäuber Fliegen. Schuttfluren, Moränen, Schneetälchen. **Bevorzugt kalkarme oder -freie Böden.** Alpin, bis 3 800 m. C in Felsenblümchen-Schuttfluren (S. 172). Westalpenpflanze, nach Osten bis zum Ortler. In den Innenalpen zerstreut.

Lilien-Gewächse (Liliaceae)

Die Lilien-Gewächse sind Zwiebelpflanzen. Der Stängel ist in der Regel unverzweigt. Die Blätter sind grundständig, wechselständig oder in Scheinquirlen angeordnet. Ihre Gestalt ist lineal bis oval. Die zwittrigen Blüten bestehen aus zwei Kreisen zu je drei meist freien Hüllblättern, zwei Kreisen mit je drei Staublättern und einem oberständigen Fruchtknoten mit oft fehlendem oder reduziertem Griffel, so dass die Narben unmittelbar dem Fruchtknoten aufsitzen oder aufzusitzen scheinen. Zahlreiche Gattungen, die früher zu den Lilien-Gewächsen zählten, wurden neuerdings in den Rang eigener Familien erhoben. Darauf wird jeweils hingewiesen.

254 Türkenbund *(Lilium martagon)*

Beschreibung: Bis 150 cm hoch. Stängel einfach, aufrecht, besonders unten dichter mit Blättern besetzt. **Blätter** bis 15 cm lang, **lanzettförmig, in der Mitte zu 4–8 in Scheinquirlen**, darunter und darüber meist wechselständig. Blüten zu 1–10 in einer endständigen lockeren Traube. Die bis zu 8 cm breiten Blüten weisen nach außen und unten, ihre 6 **Blütenhüllblätter sind nach oben und außen zurückgekrümmt, trübrosa, trübviolett oder braunrot mit dunkleren Flecken. Die 6 Staubblätter tragen rote Staubbeutel.** Abends duftend. Blütezeit VI bis VIII.

Blume: Abgewandelte Glocken-Blume. Bestäuber Schwärmer (Taubenschwänzchen), manchmal auch Eulenfalter und Tagfalter.
Standort: Wälder, Gebüsch, Bergwiesen. **Kalkliebend.** Collin-subalpin, bis 2400 m.
Pflanzengesellschaft: C in Buchen- und Buchenmischwäldern (S. 84).
Verbreitung: Eurasien. In den Alpen selten bis mäßig häufig. Oft gesellig.
Verwendung: Früher Zauberpflanze, etwa in der Alchemie (s. unten).

Einzelblüte des Türkenbunds (254). Auf die Narbe des abgebogenen Griffels kann wie ersichtlich leicht eigener Pollen gelangen. Jedoch verhindert Selbststerilität die Selbstbefruchtung. An der Basis der Blütenhüllblätter ist der Beginn der Nektarrinnen zu sehen, die den Rüssel von Schwärmern zum Nektar leiten.

Der Türkenbund, Schwärmer-Blume mit Goldzwiebel
Mit seinen kräftigen, grünen Blätter kann er auch im Schatten des Buchenwalds überdauern, trägt dann allerdings oft keine oder nur wenige Blüten. Zudem sind die Blütenknospen für Rehe ein Hochgenuss, so dass es mit der Blütenpracht oft schlecht bestellt ist. Ganz anders, wenn man aus dem montanen Wald auf Bergwiesen kommt: Über einen Meter hoch ragt der Türkenbund auf, mit bis zu zwanzig prachtvollen Blüten. Verfolgen wir die Entwicklung einer Blüte. An der hängenden geschlossenen Knospe strecken sich zunächst die sechs Blütenhüllblätter und rollen sich dabei nach oben zurück. Die ebenfalls sechs Staubblätter liegen zunächst dem mittenständigen Griffel so an, dass die Staubbeutel nach innen, zum Griffel zu orientiert sind. Dann spreizen die Staubfäden

seitlich ab; die Staubbeutel kippen in ihrer Befestigung an den Staubfäden gelenkig so um, dass ihre Längsachse ungefähr senkrecht zu den Staubfäden steht. Sie öffnen sich mit einem Längsspalt und präsentieren ihren gelben, durch ein rötlich-gelbes öliges Sekret verklebten Blütenstaub. Zur gleichen Zeit ist auch der Griffel belegungsfähig. Er ist nach unten abgebogen, und zwar immer weg von der Blütenstandsachse. Jedes Blütenhüllblatt weist in seinem unteren Abschnitt eine Nektarrinne auf, die von zwei Leisten gebildet wird. Zellen an ihrem Rand scheiden Nektar ab, der sich in den Nektarrinnen ansammelt. Die Rinnen werden durch Haare abgedeckt. Um an den Nektar zu gelangen, müssen lange Rüssel in die bis 13 mm lange Rinne eingeführt werden. Ein Festhaken an den Blütenhüllblättern wird durch einen öligen Überzug erschwert. Nun sollte man sich daran erinnern, dass die meisten Blüten auch noch nach abwärts hängen. Dann können nur Schwärmer, die frei vor den Blüten schweben, ihren langen Rüssel einführen. Besonders dem Taubenschwänzchen fällt es so leicht, Nektar zu entnehmen. Auch Eulenfalter, die sich mit den Vorderfüßen festkrallen und unterstützend mit den Flügeln schwirren, kann es gelingen, sich zu verköstigen. Bei Blüten, die nicht hängen, sondern seitlich abstehen, haben es auch andere Falter leichter. Doch dem ganzen Bauprinzip nach handelt es sich um eine Schwärmer-Blume.
Beim Anflug an einer Blüte wird zunächst Pollen auf dem frei herausragenden Narbenkopf abgesetzt. Beim Bemühen, über die erwähnten Rinnen an den Nektar zu gelangen, kommt es zur Berührung der Staubbeutel. Pollen wird auf Kopf und Körper der Besucher abgegeben. Selbstbestäubungen sind möglich, doch blockiert Selbststerilität die Selbstbefruchtungen.
Der deutsche Name leitet sich davon her, dass die Blüte an einen Turban, einen Türken-Bund erinnert. Die Herkunft des wissenschaftlichen Artnamens *martagon* ist umstritten. Eine Deutung ist, er ginge auf „Martagan" zurück, eine bestimmte Turbanform. Eine andere Ableitung bringt *martagon* mit dem Kriegsgott Mars (lat., Genitiv martis) zusammen, von dem Alchemisten des 16. Jahrhunderts glaubten, er habe etwas mit der Umwandlung von Metallen zu tun. Die Zwiebel des Türkenbunds ist goldfarben. Was Wunder, dass diese Goldzwiebel bei Versuchen Verwendung fand, Gold herzustellen. Die Zwiebel wird zwar auch in Kräuterbüchern der Renaissance als Heilmittel erwähnt, etwa äußerlich bei Geschwüren, doch ließen sich diese Angaben nicht sichern. Im Vordergrund stand die Zauberwirkung: Liebeszauber, Zauber gegen Dämonen – zu all dem ließ sich die Goldzwiebel einsetzen.

255 Feuerlilie (*Lilium bulbiferum*): Bis über 1 m hoch. Stängel oben wollig behaart, dicht beblättert. **Blätter** wechselständig, sitzend, **lanzettförmig** (bis 10 cm lang und 15 mm breit). **Blüten** aufrecht oder schräg aufrecht, **trichterförmig**, bis

14 cm im Durchmesser. Oft nur eine endständige Blüte, sonst bis zu 5 in doldenartiger Anordnung. 6 **feuerrote, bis 7 cm lange Blütenhüllblätter,** etwas nach außen gebogen, auf der Oberseite mit dunkelbraunen behaarten Flecken. Rote Staubbeutel. Kein Duft. Eine der beiden Varietäten (s. unten) mit Brutknöllchen in den Achseln der oberen Blätter. Blütezeit V bis VII. Trichter-Blume mit Nektarrinnen ähnlich wie bei 254. Staubbeutel und Narben sind gleichzeitig in Funktion. Die Bestäuber sind Tagfalter: sie setzen sich auf eines der Blütenhüllblätter, bei schräg aufrecht stehenden Blüten auf das untere, und führen von dort aus ihren Rüssel in die Nektarrinne ein. Bergwiesen, Waldränder, Gesteinsschutt, Felsbänder. **Bevorzugt Kalkböden**, aber auch auf schwach sauren Böden. Geht in die Ebene. Collin-subalpin, bis 2 400 m. C in einer Blut-Storchschnabel-Gesellschaft tieferer Lagen (hier nicht besprochen). In den Alpen gerne in besonnte Bergwiesen aufsteigend, auch in Blaugras-Rasen (S. 148) unterer Lagen. Gebirge Süd- und seltener Mitteleuropas von den Pyrenäen über Korsika und den Apennin zum nördlichen Balkan. In den Alpen in den Nördlichen Randalpen selten, in den Südlichen Randalpen zerstreut. Gartenpflanze, aus Gärten oft verwildert.

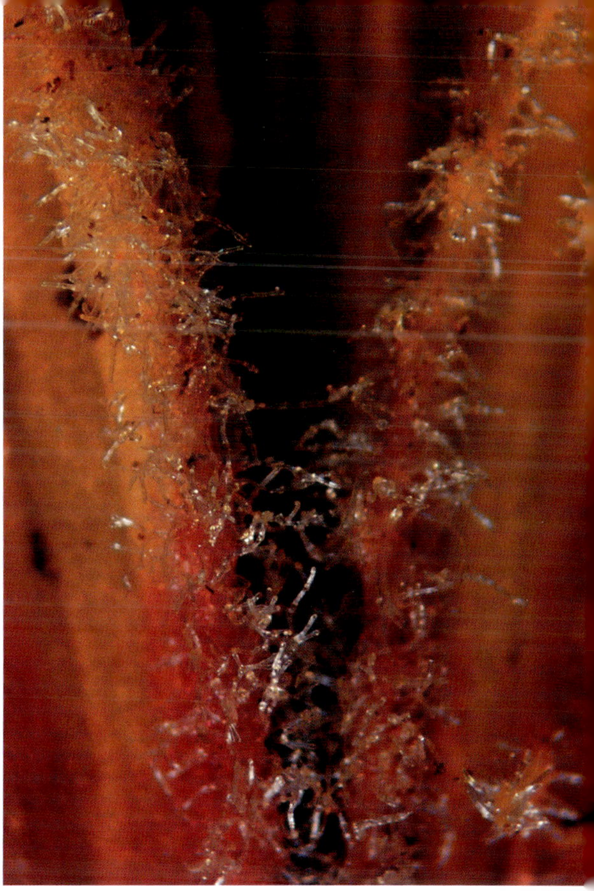

Feuerlilie (255), an der Basis eines Blütenhüllblatts die Nektarrinne, die zum Nektar führt.

Zwei Unterarten: Die **Orangerote Feuerlilie** (*L. b.* **ssp.** *croceum*) trägt keine Brutknöllchen. Sie ist collin-subalpin. Auf die tiefere Färbung sollten man sich im Übrigen nicht verlassen. Die **Brutknöllchentragende Feuerlilie** (*L. b.* **ssp.** *bulbiferum*) entspricht dem wissenschaftlichen Artnamen (lat. bulbiferum = knöllchentragend). Denn sie trägt Brutknöllchen. Sie ist montan-subalpin, d.h. der Schwerpunkt ihres Vorkommens liegt etwas höher.

256 Faltenlilie (*Lloydia serotina*): Bis 15 cm hoch. Wenige, meist 2 **grundständige, fleischige, fadenartige** (höchstens bis 2 mm breite) **Blätter**, die länger sind als der Stängel; einige ebenso schmale, bis 25 mm lange Stängelblätter. Der Stängel trägt eine endständige Blüte, selten neben ihr noch eine zweite Blüte. Die Büten sind weite Trichter mit einer Breite von 15 mm, die aufrecht oder leicht geneigt stehen. Die **Blütenhüllblätter sind weiß, außen an der Basis gelblich, innen mit drei braunrötlichen Streifen.** Wie üblich 6 Staubblätter in zwei Kreisen. Blütezeit VI bis VIII. Trichter-Blume. Leicht vormännlich: zuerst öffnen sich die Staubbeutel des äußeren Kreises, dann die des inneren. Gleichzeitig mit diesen wird die Narbe funktionsfähig. Entlang der Mittellinie jedes Blütenhüllblatts steigt eine Leiste auf, die aber schon knapp über dem Blütengrund endet und dort einen Nektartropfen absondert. Die drei rötlichen Streifen laufen als Nektarmale auf diese Stelle zu. Der Nektar ist leicht zugänglich. Dementsprechend sind die Bestäuber vor allem Fliegen. Bevorzugt in Schattenlagen. Felsritzen, alpine Rasen, auf denen

keine Gefahr der Überwucherung gegeben ist, auch windexponierte Kuppen. **Bevorzugt Silikatböden.** Alpin, bis 3100 m. C in Nacktried-Rasen (S. 141). Eurasien, Nordamerika: in der Arktis und in den Gebirgen. In den Alpen vor allem in den Innenalpen, dort selten bis mäßig häufig.

Lloydia wurde die Art nach dem im 17. Jh. lebenden englischen Botaniker LLOYD benannt. Der Artname *serotina* (lat. spät, d.h. spätblühend) ist irreführend.

257 Südalpen-Schachblume, Burnats Schachblume (*Fritillaria tubaeformis, F. meleagris* ssp. *burnatii*): Bis 30 cm hoch. Der Stängel trägt meist nur eine Blüte. Unterhalb der Blüte finden sich im oberen Stängelabschnitt 4–6 bis 8 mm breite, graugrüne Blätter. Das unterste kann 10 cm Länge erreichen, die oberen sind kleiner. Die Blüte ist eine breite Glocke mit 6 rund 4 cm langen Blütenhüllblättern, die auf bräunlich-purpurfarbenem Grund schachbrettartig (Name!) hell gefleckt sind. Blütezeit: VI bis VII. Glocken-Blume. Der Nektar wird in einer Rinne auf der Innenseite der Blütenhüllblätter abgesondert. Die Bestäuber sind Hummeln, die sich wegen eines Wachsüberzugs der Blütenhüllblätter an diese anklammern müssen, um den an sich frei präsentierten Nektar zu erreichen. Bergwiesen und Rasen, Felsbänder. **Kalkliebend.** Subalpin-alpin, bis 2100 m. C in Kalk-Rasengesellschaften der Südalpen (hier nicht besprochen). Von den Südwestalpen über die Berge um den Gardasee und Südtirol bis Istrien. Selten, aber auffallend.

Südalpen-Schachblume (257), Blick auf die Innenseite eines der schachbrettartig gemusterten Blütenhüllblätter. Dort wird in einem feucht glänzenden, annähernd senkrecht verlaufenden Gewebestreifen Nektar abgesondert.

Affodill-Gewächse (Asphodelaceae)

Früher bei den Lilien-Gewächsen. Zur Familie gehören Stauden mit Wurzelstöcken oder Knollen, von denen lange, grasartige Blätter ausgehen. Der Blütenstand ist eine Traube. Die Blüten ähneln denjenigen der Lilien-Gewächse, doch können die Blütenhüllblätter an der Basis häufiger miteinander verwachsen sein. Im Gegensatz zu den beiden anschließend genannten Familien trägt der oberständige Fruchtknoten nur einen Griffel.

258 Weiße Trichterlilie (*Paradisea liliastrum*): Bis 50 cm hoch. Alle Blätter grundständig, grasartig, linealisch, bis 25 cm lang. Auf unverzweigtem Stengel **1–10 Blüten in einer lockeren Traube. Blüten** waagerecht oder leicht nickend, **trichterförmig, mit bis 5 cm langen, dreinervigen, weißen Blütenhüllblättern.** 6 Staubblätter, ein Griffel mit kopfartig verdickter Narbe, alle leicht nach oben gebogen. Blütezeit V bis VII. Trichter-Blume. Bestäuber Nachtfalter. Sonnige Bergwiesen, Grün-Erlen-Gebüsch, Hochstauden-Fluren. Ziemlich nährstoffreicher Boden. Montan-subalpin, bis 2400 m. C in Goldschwingel-Rasen (S. 141). Gebirgspflanze Südeuropas, westlich orientiert. Von Portugal über Jura, Alpen, Apennin bis zum nördlichen Balkan. In den Alpen in den Nördlichen Randalpen sehr selten, in den Südlichen Innenalpen und vor allem in den Südlichen Randalpen ostwärts bis zu den Karawanken zerstreut, dabei oft gesellig.

Die Trichterlilie: Ausflug auf die Mussen hoch über Europas naturbelassenstem Tal

Über hundert Kilometer von Ost nach West ersteckt sich die Periadriatische Naht in Südkärnten. Das Gailtal und seine westliche Fortsetzung, das Lesachtal, markieren ihren Verlauf. In Kötschach-Mauthen verlassen wir das breite Gailtal und fahren in „Europas naturbelassenstem Tal" aufwärts, wie Transparente anlässlich der Verleihung eines europäischen Preises verkündeten. Eine tiefe Schlucht, gesäumt von Felsen oder bewaldeten Steilhängen, hat sich die Lesach eingeschnitten. „Gräben", wie man die Nebenschluchten hier nennt, münden von beiden Seiten ein. Immer wieder wird die Straße von Wildwassern der Lesach in die Tiefe gerissen und immer wieder wird sie erneut hergestellt und dabei jeweils ausgebaut. Aus einem schmalen Sträßchen, in dem Windung auf Windung folgte, wird so nach und nach ein moderner Verkehrsweg. Ein Paradies der Ruhe ist das Lesachtal trotzdem geblieben, mit zahlreichen Möglichkeiten, in einer weitgehend unberührten Natur ausgedehnte Wanderungen aller Schwierigkeitsgrade zu unternehmen.
Ein besonders lohnenswertes Ziel ist das Naturschutzgebiet Mussen. Ein empfehlenswerter Ausgangspunkt für eine Wanderung dorthin ist der hoch oben am Waldrand gelegene Alpenhof Strenge, zu dem von Podlanig eine Stichstrasse aufwärts führt, über die man bequem Höhenmeter unter sich bringen kann. Verlockend ist es, dort nach einer Vesper auf der Terrasse einfach sitzen zu bleiben und weiterhin die Aussicht zu genießen. Doch der Ruck, den man sich geben muss, lohnt sich. Der Weg führt zunächst durch Buchenmischwald und dann durch Lärchenbestände, die sich wegen intensiver Holznutzung durch die Talbewohner gelichtet haben, ins Naturschutzgebiet. Immer mächtiger baut sich im Süden die Plenge (2372 m) auf, nördlicher Exponent der Karnischen Alpen, einziger Standort der Gold-Primel (127) in Österreich. Der Wald, in dem sich hier im Gebiet an lichten Stellen immer wieder Gruppen des Frauenschuhs (279) finden, lockert auf, wir gelangen auf das weite Almgelände, das den wie ein urweltliches Riesentier breit dahingelagerten Rücken der Mussen (1950 m) überzieht. Er besteht teils aus Kalk-, teils aus Silikatgestein. Entsprechend reichhaltig ist seine Flora. Hier haben sich noch Goldschwingel-Rasen gehalten, sonst sind sie selten geworden.

Junge, zwittrige Blüte des Weißen Germers (259) im männlichen Stadium. Die Staubbeutel beginnen gerade, sich nach unten zu öffnen. Anschließend werden sich die Staubblätter noch weiter über die drei grünen Griffel hinaus nach oben strecken.

259 Weißer Germer
(Veratrum album)

Beschreibung: Bis 150 cm hoch. An einem aufrechten, unverzweigten Stängel **wechselständige Blätter,** die unteren oval und bis zu 20 cm lang, die oberen schmaler, alle mit tiefen Längsfurchen. Der Blütenstand ist eine verzweigte, dicht mit Blüten besetzte Rispe. Die Blüten sind bis 25 mm breit. Die Blütenhüllblätter sind außen weißgrünlich und innen (oberseits) entweder gelblich-grün mit dunkler grünen Nerven (***V. a.* ssp. *lobelianum***) oder weiß mit grünlichen Nerven (***V. a.* ssp. *album***) Die Blüten sind meistens zwittrig, aber auch männlich. In der Sonne oft unangenehmer Geruch. Blütezeit VI bis IX.

Blume: Scheiben-Blume. Zwittrige Blüten sind vormännlich: zuerst neigen sich die äußeren 3, dann die inneren 3 Staubblätter zum Blütenrand und präsentieren ihren Pollen nach außen und unten. Im weiblichen Zustand gehen alle 6 Staubblätter in die Ausgangslage zurück und strecken sich. Ihre Staubbeutel stehen nun hoch oben. Weiter unten, zwischen den Staubfäden, biegen sich jetzt die 3 Griffel nach außen. Ihre Narben stehen dann ungefähr da, wo sich im männlichen Zustand die Staubbeutel befunden hatten. Im männlichen Zustand kommen die Besucher mit Pollen in Kontakt, den sie in älteren, funktionell weiblichen Blüten auf den in nahezu gleicher Position wie die Staubbeutel befindlichen Narben abstreifen. Die Bestäuber sind überwiegend Fliegen. Wieder begünstigt eine Kombination von Vormännlichkeit mit Stellungswechsel der Sexualorgane die Fremdbestäubung.

Standort: Feuchte Wiesen und Weiden, Hochstauden-Fluren, Lägerfluren. **Kalkliebend.** Montan-alpin, bis 2 700 m.

Pflanzengesellschaft: Gerne in Lägerfluren (S. 108).

Verbreitung: Die grünlich blühende Unterart (***V. a.* ssp. *lobelianum***) ist in den höheren Gebirgen ganz Eurasiens, auch in den Alpen häufig. Die weißlich blühende Unterart (***V. a.* ssp. *album***) findet sich in den Alpen seltener. Sie kommt auch im Apennin und in den Gebirgen des nördlichen Balkans vor.

Verwendung: Durch Alkaloide hochgiftige Pflanze, deshalb vom Vieh verschmäht. Die Giftstoffe sind Steroid-Alkaloide (Alkaloide, die mit den Nebennierenrinden-Hormonen chemisch verwandt sind), die ähnlich wie Aconitin wirken. Verwechslungen mit dem Gelben Enzian (143) können tödlich ausgehen. Deshalb die Eselsbrücken bei 143 beachten! Früher auch Heilpflanze, aus der Salben und Tinkturen gegen Hautkrankheiten und Außenparasiten hergestellt wurden.

260 Kelch-Simsenlilie (*Tofieldia calyculata*): Bis 30 cm hoch. **Blätter am Grund gehäuft, zweizeilig angeordnet, schmal linealisch,** bis 15 cm lang und 4 mm breit, allmählich zugespitzt. Der **Blütenstand ist eine bis 6 cm lange, ovale bis zylindrische Traube** mit 10–30 **dicht gestellten, gelblichen Blüten.** Die Blüten sitzen in den Achseln von **ungeteilten Tragblättern.** Die Blütenhüllblätter sind bis 3,6 mm lang. Blütezeit VI bis IX. Scheiben-Blume. Vorweiblich. Die Bestäuber sind vor allem Fliegen, aber auch Käfer, Hummeln und Falter. Feuchter oder wechselfeuchter Untergrund: feuchte Wiesen, Quellsümpfe, Flachmoore. **Kalkliebend.** Montan-alpin, bis 2 500 m. C in Kalk-Flachmoor-Gesellschaften (S. 118). Europa. In den Alpen weniger häufig.

Seltener als 260 ist die **261 Kleine Simsenlilie** ***(Tofieldia pusilla)*** mit einem **dreilappigen Tragblatt. Die Blütenköpfchen sind nur rund 1 cm lang.** Die Art findet sich ausschließlich auf feuchten Böden wie Quellmoore, aber auch in Schneetälchen. Sie bevorzugt Kalk und ist dementsprechend C in Kalk-Flachmoor-Gesellschaften (S. 118). Subalpin-alpin, bis 2 500 m.

Schwertlilien-Gewächse (Iridaceae)

Zur Familie gehören Stauden mit Wurzelstöcken, Knollen oder Zwiebeln. Die Blätter sind grund- oder wechselständig, grasartig schmal oder schwertförmig, im letzteren Fall „reitend“ am Stängel. Die Blüten sind grundständig und dann einzeln, oder in Trauben und Rispen angeordnet. Zwei Kreise mit je drei Blütenhüllblättern; nur ein dreizähliger Staubblattkreis, ein unterständiger Fruchtknoten mit drei Griffeln.

262 Frühlings-Krokus *(Crocus albiflorus)*

Beschreibung: Bis 15 cm hoch. Aus einer kugeligen, von einer Faserhülle umgebenen Knolle entwickeln sich während oder kurz nach der Blüte grundständige, **grasartig schmale** (bis zu 15 cm lang und 3 mm breit) **Blätter mit nach unten umgerolltem Rand und weißem Mittelnerv.** Die **Blüten stehen aufrecht**, meist einzeln, seltener zu zweit. Im Boden sind ihre 6 Blütenhüllblätter zu einer langen Röhre verwachsen. Über dem Boden sind sie auf 2–5 cm frei und bilden einen **Trichter; Farbe hellviolett, weiß oder weiß mit violetten Längsstreifen.** 3 Staubblätter mit gelbem Blütenstaub, 3 kürzere gelbrote Narben. Blütezeit II bis VI (unmittelbar nach der Schneeschmelze).
Blume: Trichter-Blume. Bestäuber vor allem Falter, aber auch Hummeln.
Standort: Fettwiesen und Weiden, gerne auf angefeuchtetem und nährstoffreichem Grund. Montan-alpin, bis 2 700 m.
Pflanzengesellschaft: C in Goldhafer-Bergwiesen (S. 113).
Verbreitung: Gebirge Mittel- und Südeuropas von den Pyrenäen bis zum Balkan. In den Alpen häufig und sehr gesellig.

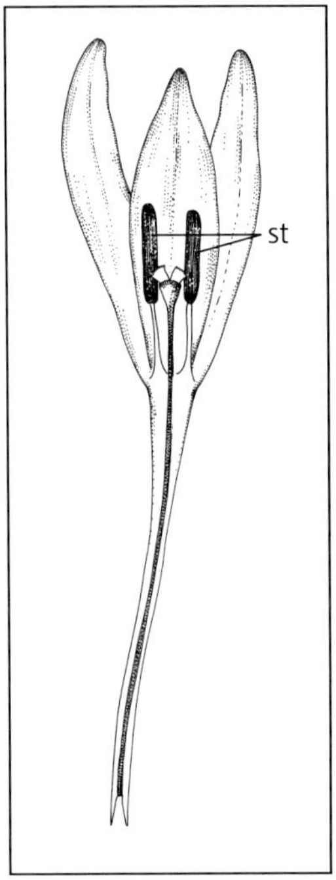

Längsschnitt durch eine Blüte des Frühlings-Krokus (262). st Staubblätter.

Frühlings-Krokus: strahlender Frühlingsblüher im Stallmist

Der Schnee ist gerade abgeschmolzen. Dann bedeckt sich der Rasenhang weithin mit hunderten von weißen, violetten oder längsgestreift weißvioletten Blütentrichtern: der Frühlings-Krokus ist aufgeblüht – auf den Fettwiesen der Alpen, etwa in den Goldhafer-Wiesen, der erste Blüher, oft unmittelbar am Rand restlicher Schneefelder. Er liebt die Feuchtigkeit, die vom Schnee herrührt, und es macht ihm im Gegensatz zu anderen Alpenpflanzen nichts aus, wenn der Landwirt noch auf die Schneefläche Stalldung ausgebracht hatte, der sich jetzt langsam im Gerinsel des schmelzenden Schnees verflüssigt und in die Erde eindringt. Beim Betreten solcher Rasenflächen können die Schuhe ziemlich schmutzig werden. Umso strahlend sauberer sind die Blütentrichter unseres Krokus, Grund genug, sich mit ihnen näher zu befassen.

Die Blütenhüllblätter bilden eine lange, fast völlig unterirdische Röhre. Die mit ihr verwachsenen Staubfäden zweigen von ihr da ab, wo sich die Röhre zum Trichter öffnet. Auf gleicher Höhe finden sich an der Innenwand der Röhre Haare, die eine „Saftdecke" bilden. Die Nektarproduktion erfolgt ganz am Grund der Röhre vom Fruchtknoten aus. Der Nektar steigt in der vom Griffel fast ausgefüllten Röhre kapillar bis unter die Saftdecke auf und kann durch sie hindurch von langrüsseligen Faltern leicht erreicht werden. Aber auch langrüsselige Hummeln können sich gerade noch verköstigen. Wenn die Staubbeutel den Pollen weitgehend abgegeben haben, schieben sich zwischen ihnen drei Narbenteile empor und seitlich heraus. Sie sehen so aus, als habe man einen Trichter längs in drei Teiltrichter aufgeschlitzt, die am Rand kurz gefranst sind. In diesem weiblichen Stadium ist Selbstbestäubung möglich. Sie wird dadurch gefördert, dass sich die Blüten schon bei einem geringfügigen Temperaturabfall schließen und dadurch die Sexualorgane miteinander in Kontakt bringen. Wie bei manchen Enzianen wird die Schließbewegung schon ausgelöst, wenn sich die Sonne kurzfristig hinter Wolken versteckt.

Wie bei allen Krokus-Arten bildet sich die neue Knolle über der alten. Ginge das über einige Jahre hinweg so weiter, müsste die Knolle allmählich in gefährliche Nähe der Bodenoberfläche kommen – gefährlich deswegen, weil auch ihre dichte Faserhülle dann kaum Schutz gegen den grimmigen Bodenfrost bieten könnte. Doch die Krokus-Arten wissen sich zu helfen: Kräftige Wurzeln wachsen aus und verankern sich fest im Boden. Wenn die alte Knolle verrottet ist, also kein Hindernis mehr sein kann, ziehen sie sich zusammen und bringen die neue Knolle dadurch ungefähr auf die Tiefe der alten Knolle. Bitte fragen Sie nicht, warum die neue Knolle ausgerechnet *über* der alten gebildet werden muss und so der ganze Aufwand erforderlich wird!

Lauch-Gewächse (Alliaceae)

Früher bei den Lilien-Gewächsen. Es handelt sich in unserer Flora um Zwiebelpflanzen mit grundständigen, schmal linealischen oder röhrenartigen Blättern. Die Pflanzen strömen oft einen intensiven Knoblauchgeruch aus. Die Blüten ähneln denjenigen der Lilien-Gewächse. Sie bilden doldenartige Blütenstände.

263 Schnittlauch (*Allium schoenoprasum*): Bis 40 cm hoch. 1–2 **Blätter grundständig, röhrenförmig, hohl, rund und glatt,** bis 35 cm lang. Stängel ebenfalls rund und hohl. **Der Blütenstand ist kugelig,** 5 cm breit und führt bis zu 30 **dicht gepackte Blüten.** Er enthält im Gegensatz zu anderen Laucharten **keine Brutzwiebeln.** Die **Blütenhüllblätter** sind bis zu 18 mm lang, **heller oder dunkler violett**, zugespitzt. Sie öffnen sich nie sternartig, sondern bleiben an der Spitze zusammengeneigt und schließen die kürzeren Staubblätter ein. Blütezeit V bis VIII. Abgewandelte Scheiben-Blume. Bestäuber Tagfalter. Feuchte Wiesen und steinige Hänge, Flachmoore, Quellfluren, Schneeböden. **Kalkliebend.** Subalpin-alpin, bis 2 600 m. In den Alpen u.a. gerne in Täschelkraut-Schuttfluren (S. 170). Eurasien und Nordamerika, vor allem Gebirge. Wild bei uns nur in den Alpen, dort selten bis mäßig häufig. Im Flachland angebaut und verwildert. Küchengemüse und -gewürz. In der Volksmedizin Wurmmittel. Die wichtigsten Wirkstoffe der Lauch-Arten leiten sich von Alliin ab, das aus der schwefelhaltigen Aminosäure Cystein gebildet wird. Bei Zerstörung der Zellen, so auch beim Verreiben, wird das Alliin enzymatisch zu den verschiedensten schwefelhaltigen Wirkstoffen umgesetzt.

Blüten des Allermannsharnisch (264), männliche Phase. Die pro Blüte sechs Staubblätter geben gerade ihren Pollen ab. Im Blütengrund erkennt man die dunkelgrüne nektarproduzierende Narbe. Zwischen ihren drei Teilen steht der hier noch kurze Griffel aufwärts. Im weiblichen Stadium wird er sich so sehr strecken, dass seine Narbe über den inzwischen vertrockneten Staubbeuteln zu stehen kommt.

264 Allermannsharnisch (*Allium victorialis*): Bis 60 cm hoch. Keine Grundblätter. **1–3 Stängelblätter: lanzettlich bis gestreckt oval** (bis 20 cm lang und 5 cm breit). Starker, runder Stängel. Doldenartiger, 5 cm breiter, anfangs nickender, dicht kugeliger Blütenstand mit bis zu 40 Blüten, ohne Brutzwiebeln. Blütenhüllblätter weiß bis gelblich, stumpf, öffnen sich zu einem Stern mit bis zu 1 cm Durchmesser. Die Staubblätter überragen die Blütenhüllblätter. Blütezeit VI bis VIII. Scheiben-Blume. Ausgeprägt vormännlich. Im späteren weiblichen Zustand streckt sich der Griffel, der zuvor weit unter den Staubbeuteln gestanden war, über sie hinaus. Die Staubblätter mit den entleerten Staubbeuteln neigen sich nach außen. An der Basis des dreiteiligen Fruchtknotens wird reichlich Nektar produziert. Die Bestäuber sind in erster Linie Fliegen, dann Falter und seltener auch Hummeln. Bergwiesen, Hochstauden-Fluren. Steinige, gern etwas feuchte Böden. Subalpin-alpin, bis über 3 000 m. C in Rost-Seggen-Rasen (S. 144). Eurasien und Nordamerika. In den Alpen ziemlich selten bis recht häufig. Enthält wie die Gattung Lauch generell Alliin (s. 263), wurde aber nicht als Heilpflanze, sondern als Zaubermittel eingesetzt. Anlass war, dass die Zwiebel von mehreren netzartigen Faserscheiden umgeben wird. Nach der Signaturenlehre (S. 381) symbolisierten sie Kettenhemden, einen Harnisch für jedermann (Name!). Dementsprechend trug man die Zwiebel im Krieg als Amulett gegen Verwundungen.

Blick auf die Blütenmitte einer Stern-Narzisse (265). Die orange Nebenkrone bildet Duftstoffe zum Anlocken von Bestäubern. Sie lässt sich wie die Narben der Monte Baldo-Segge (280) mit Neutralrot anfärben.

Narzissen-Gewächse (Amaryllidaceae)

Zur Familie gehören meist Zwiebelgewächse mit grundständigen, mehr oder weniger grasartigen, oft auch leicht fleischigen Blättern. Sie führen zwei Kreise mit je drei Blütenhüllblättern, die eine Nebenkrone bilden können. In der Regel sind zwei dreizählige Staubblattkreise vorhanden. Der dreigliedrige Fruchtknoten ist unterständig. Die Blüten stehen entweder einzeln oder in doldenartigen Blütenständen. Als Abwehrstoffe benützt die Familie einen speziellen, bisher nur bei ihr gefundenen Typ von Alkaloiden, die Amaryllidaceen-Alkaloide.

265 **Stern-Narzisse** (*Narcissus radiiflorus*): Bis 40 cm hoch. Meist 4 grundständige, lineale, rinnenförmige, leicht fleischige Blätter, die bei bis zu 1 cm Breite so lang wie der Stängel werden. Stängel meist einblütig. Blüte waagerecht oder leicht nach oben stehend. 6 weiße **Blütenhüllblätter, die zunächst zu einer Röhre verwachsen sind und deren 2–3 cm lange Zipfel sich dann sternförmig** (Name!) **ausbreiten.** Im Gegensatz zur Sammelart (s. unten) **berühren sie sich seitlich nicht.** Am Eingang zum Schlund bilden die Blütenhüllblätter eine 5–10 mm hohe **gelbe, am Rand orangerote Nebenkrone** aus. Die 6 Staubfäden sind zunächst mit der Röhre aus Blütenhüllblätter verwachsen, zweigen von ihr wiederum im Gegensatz zur Sammelart **alle in gleicher Höhe ab** und werden alle innerhalb der Nebenkrone sichtbar. Duftend. Blütezeit IV bis V. Stielteller-Blume. Die Nebenkrone dient als Farb- und gleichzeitig Duftmal. Sie lässt sich mit Neutralrot leicht anfärben (vgl. S. 487). Bestäuber Tagfalter und Hummeln. Feuchte, nährstoffreiche Bergwiesen. Montan-subalpin, bis 2 000 m. C in Goldhafer-Bergwiesen (S. 113). Gebirge Mittel- und Südeuropas von den Alpen bis zum Balkan. In den Alpen im Westen, in den Nordöstlichen Randalpen (nicht in Bayern) und in den Südlichen Randalpen. In den Innenalpen selten, in den Westalpen und den Südlichen Randalpen häufig und oft sehr gesellig.

Die Art wird zur Sammelart Weiße Narzisse (*Narcissus poeticus* agg.) gezählt.

Orchideen-Gewächse (Orchidaceae)

Bei den Orchideen-Gewächsen handelt es sich um Stauden mit einfachen, ganzrandigen, oft länglichen Blättern. Die Blüten stehen meist in vielblütigen Ähren oder Trauben, seltener auch einzeln. Sie sind zygomorph mit zwei dreizähligen Kreisen von Blütenhüllblättern. Von Ausnahmen abgesehen wird die Blüte während ihrer Entwicklung um 180° gedreht (**Resupination**). Das nach der Resupination untere Blütenhüllblatt des inneren Kreises ist meist größer, lippenartig und oft gespornt. Es wird als **Labellum** (Lippe) bezeichnet. Die meisten Arten besitzen nur noch ein funktionsfähiges Staubblatt, das zweigeteilt wird. In der einheimische Flora führt nur der Frauenschuh (279) zwei funktionsfähige Staubblätter. Die Pollen werden selten einzeln oder in Vierergruppen frei. In der Regel sind sie zu Pollenpaketen vereinigt. Bei den Arten mit einem Staubblatt bildet jede Staubbeutelhälfte eine Pollenmasse, ein **Pollinium,** beim Frauenschuh jeder der beiden Staubbeutel. Sind die Pollinien gestielt mit einer unten am Stiel sitzenden Klebscheibe, spricht man von **Pollinarien.** Die beiden Staubblatthälften bzw. die beiden Staubblätter sind mit dem unterständigen, dreiteiligen Fruchtknoten zu einer Säule verwachsen, die man **Gynostemium** (griech. gyne = Frau; lat. stamen = Staubblatt) nennt. In ihrem Verbund befindet sich auch die Narbe: zwei der drei Narbenlappen bilden eine zusammenhängende klebrige, oft zweigeteilte Narbenfläche, der dritte ist zum **Rostellum** (lat. Schnäbelchen) umgewandelt. Die beiden Pollinien bzw. Pollinarien sind mit ihm verwachsen oder sitzen wenigstens dicht bei ihm. Das Rostellum kann als Behälter für Klebstoff dienen, mit dem Pollinien oder Pollinarien an den Kopf der Bestäuber geheftet werden.

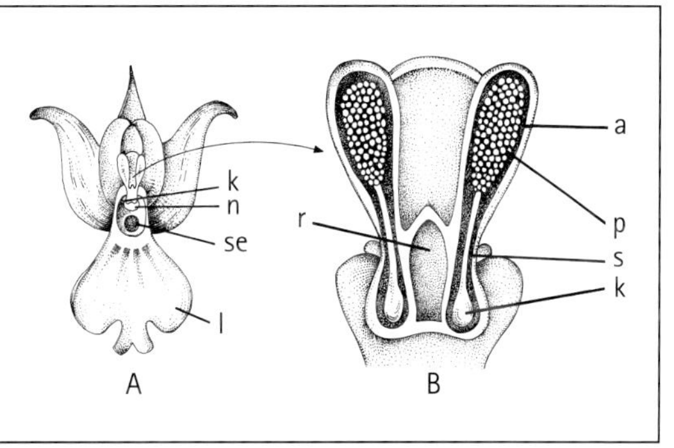

Schema einer Orchideen-Blüte. A Blüte, B Gynostemium, hier nur die Region oberhalb der Narbe. Vom Frauenschuh abgesehen besitzen die einheimischen Orchideen nur ein Staubblatt. a Staubbeutelfach, k Klebscheibe, l Lippe, n Narbe, p Pollinium, r Schnäbelchen (Rostellum), s Stielchen (Caudiculum), se Eingang zum Sporn. Ein Pollinarium besteht aus p, s und k.

Für die Keimung der winzigen Samen und zumindest den Beginn ihrer weiteren Entwicklung sind die Orchideen-Gewächse auf die Mithilfe von Pilzen angewiesen. Wenn die Orchideen ihren Photosyntheseapparat ausgebildet haben, sind sie nicht mehr von den Pilzen abhängig, zumindest was ihre Versorgung mit Kohlenhydraten angeht. Doch einige Arten ergrünen nicht. Sie bleiben zeitlebens voll und ganz auf die Pilze angewiesen, schmarotzen also auf den Pilzen.

266 Braunrote Stendelwurz (***Epipactis atrorubens***): Bis 50 cm hoch. **Blätter** lanzettlich, bis 8 cm lang und 4 cm breit, **am Stängel zweizeilig angeordnet.** Stängel oben rötlich. Bis zu 50, meist nur bis zu 20 Blüten in einem traubenartigen Blütenstand. Die Blüte ist bis 18 mm breit, **die Blütenhüllblätter sind dunkel pupurfarben,** manchmal auch mit Braunton. Die herzförmige Lippe ist etwas kürzer als die 5 anderen Blütenhüllblätter und quer eingeschnürt. **Der Lippenteil vor der Einschnürung weist wie bei allen Stendelwurz-Arten zwei ineinander übergehende, warzige Höcker auf.** Kein Sporn. Nach Vanille duftend. Blütezeit VI bis VIII. *Orchis*-Typ. Kommt der Kopf eines Besuchers mit dem Rostellum in Berührung, werden ihm die beiden ungestielten Pollinien aufgeklebt. In einer anderen Blüte gibt er die ganzen Pollinien an die sehr stark klebrige Narbenfläche unter der Säule ab. Bestäuber sind Wespen (Braunrot ist eine Wespenfarbe), Bienen und Hummeln (angelockt durch das Gelb der Pollinien und den Vanilleduft). Die Art ist selbststeril. Auf trockenem Grund in lichten Wäldern,

Magerrasen. **Kalkliebend.** Collin-subalpin, bis 2300 m. C in Kalk-Kiefernwäldern (S. 98). Eurasien. In den Alpen zerstreut.

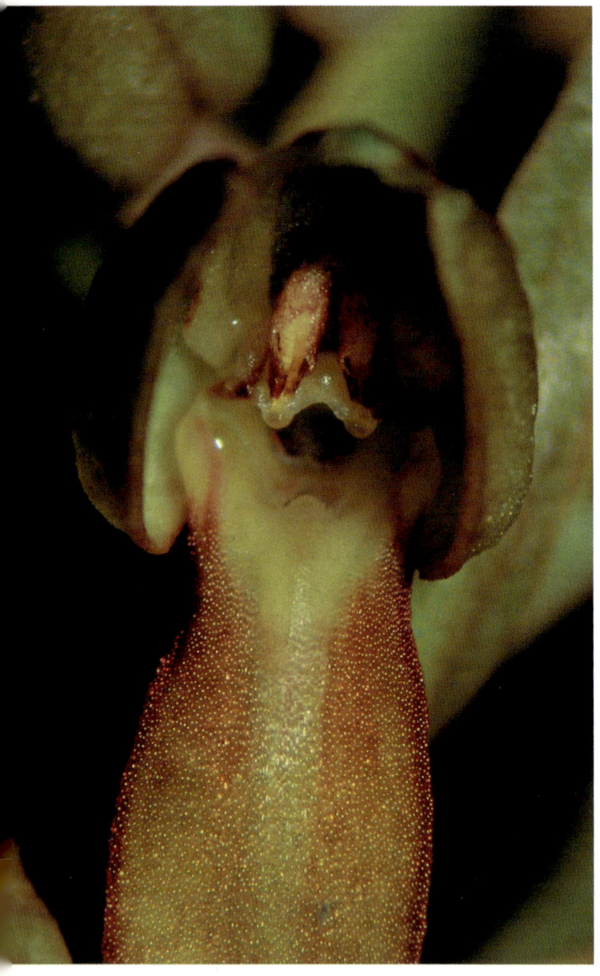

Blüte der Grünen Hohlzunge (267). Rechts und links über dem Blüteneingang finden sich zwei Klebscheiben. An jeder von ihnen setzt ein kurzes rötlichbraunes Stielchen an, das ein Pollinium trägt. Hier liegen also Pollinarien vor, die aus Klebscheibe, Stielchen und Pollinium bestehen. Beim Pollinium links lässt sich erkennen, dass es aus Pollenpaketen, sog. Massulae aufgebaut ist.

267 Grüne Hohlzunge (*Coeloglossum viride*): Bis 25 cm hoch. Stängel stumpfkantig. **Blätter am Stängel unten bis zu 5 cm lang und eiförmig,** oben schmaler. Bis zu 30 Blüten in einer mäßig dichten Ähre. Die **Blütenhüllblätter sind grün, oft rot überlaufen,** mit Ausnahme der Lippe oben helmförmig zusammen neigend. Die bis 10 mm lange **Lippe hängt abwärts,** ist gelblich oder rotbraun überlaufen, **läuft in zwei lange und einen mittleren, sehr kurzen Lappen aus.** Sie bildet einen sackartigen, nur **3 mm langen Sporn.** Kaum duftend. Blütezeit V bis VII. *Orchis*-Typ. Im Sporn wird Nektar abgesondert, der dann über die Lippe abwärts fließt. Ein Rostellum als Klebdrüse fehlt, das Festkleben erfolgt über die Klebscheiben der beiden Pollinarien Die Bestäuber sind Wespen, Bienen, Fliegen und Käfer. Weiden, Wiesen, Zwergstrauchheiden. **Silikatböden,** kalkarme Böden. Montan-alpin, bis 3000 m. C in Borstgras-Rasen (S. 128). Eurasien und Nordamerika, Gebirge und nördliche Regionen. In den Alpen zerstreut bis mäßig häufig.

Mit 267 wird immer wieder die seltenere **268 Zwerg-Orchis** (*Chamorchis alpina*) verwechselt. Doch deren Blätter sind **grasartig,** mit Längsrinne, schräg aufwärts stehend, oft bis auf Höhe des Blütenstands, einer lockeren Ähre aus bis zu 10 Blüten. Von der Lippe abgesehen sind die Blütenhüllblätter bis 4 mm lang, gelbgrün bis rotbraun, helmförmig nach oben zusammenneigend. Die 3–4 mm lange **Lippe** hängt nach unten und **ist gelb, ungeteilt** oder höchstens nur schwach dreilappig. Kein Sporn. Die Art kommt in den Alpen selten bis zerstreut auf Kalkböden vor und ist C in Blaugras-Rasen (S. 148).

269 Netzblatt, Moos-Orchis (*Goodyera repens*): Bis 25 cm hoch. Ein knapp unter der Erdoberfläche oder in Moos kriechender (lat. repens = kriechend) Wurzelstock bildet zahlreiche Ausläufer, die sich bestocken. **Blätter rosettenartig an der Basis des dicht drüsigen Stängels, eiförmig** mit 25–30 mm Durchmesser, **deutlich netzadrig** (Name!). Bis zu 15 **Blüten, einseitswendig** in einer schmalen Ähre, **Blütenhüllblätter** bis 6 mm lang, **weiß bis grünlich, die drei äußeren auf der Außenseite dicht drüsig behaart. Lippe weiß,** ungeteilt, spitz zungenförmig, abwärts gebogen, an der Basis Aussackung, aber kein Sporn. Duftend. Blütezeit VII bis VIII. Blume *Orchis*-Typ. Nektar wird an der Basis der Lippe abgeschieden. Darüber befindet sich ein Klebdrüsen-Rostellum, das bei Berührung platzt und die beiden Pollinien auf den Rüssel des auch durch den Duft angelockten

Besuchers klebt. Bestäuber sind Hummeln. Außerdem fällt die vegetative Vermehrung ins Gewicht. Sie kann dadurch erfolgen, dass sich die langen Ausläufer von der Ausgangspflanze lösen. Moosreiche Kiefern- und Fichtenwälder. Collin-Grenze subalpin, bis 2 000 m. C in Schneeheide-Kiefern-Wäldern (S. 98). Eurasien und Nordamerika. In den Alpen selten bis zerstreut.

Blüte des Netzblatts (269).

270 Zwerg-Zweiblatt, Herz-Zweiblatt
(Listera cordata)

Beschreibung: Bis 20 cm hoch. Über dem Grund nur 2 **gegenständige, dreieckige Blätter, die an der Basis herzförmig abgerundet sind.** Oft nur eine einzige, in anderen Fällen bis zu 12 Blüten stehen in einer lockeren Ähre. **Die Blüten sind nur 5 mm breit. 5 Blütenhüllblätter sind grünlich, gelblich oder rötlich, die 3–4 mm lange Lippe ist braunrot,** oft violett überlaufen. Sie ist bis über ihre halbe Länge in 2 schmale, leicht gewundene Zipfel gespalten. Kein Sporn. Blütezeit V bis VII.
Blume: *Orchis*-Typ. Genaues „Timing" bei Bewegungen des Rostellums (s. unten).
Standort: Fichtenwälder mit einer Moosdecke im Untergrund, auch im Randbereich von Hochmooren. Silikatböden oder sonstwie saurer Untergrund. Montan-subalpin, bis 2 000 m.
Pflanzengesellschaft: C in bodensauren Nadelwäldern (S. 92).
Verbreitung: Eurasien und Nordamerika, Gebirge, Subarktis und Arktis. In den Alpen selten.

Das Herz-Zweiblatt, ein Zwerg im Torfmoospolster als Beleg für programmierte Entwicklung

Hier im subalpinen Fichtenwald am Rand des Hochmoors muss es blühen, das Herz-Zweiblatt. Im Jahr zuvor hatten wir es am gleichen Standort gefunden. Anfang Juni ist es, bei der Wetterentwicklung in diesem Jahr gerade die richtige Zeit. Wir gehen langsam hin und her, lassen den Blick ebenso langsam über jeden Torfmooshügel gleiten – nichts! Wasser wird unter unseren Tritten aus den Torfmoospolstern ausgequetscht und hat nichts Besseres zu tun, als die Quellfähigkeit der Innenschichten unserer Wanderschuhe zu testen. Jeder Schritt quatscht jetzt doppelt, im Torfmoos und in den Schuhen. Schon wollen wir die Suche aufgeben – da stehen über dem Moospolster zwei Blättchen, die auf den ersten Blick an zart geratene Buchenkeimlinge erinnern. Doch Buchen und Buchenkeimlinge können hier gar nicht gedeihen. Wir haben die erste Pflanze entdeckt. Und wenn man erst einmal ein Zwerg-Herzblatt gefunden hat und der Blick geschärft wurde, entdeckt man plötzlich überall in der Nachbarschaft weitere Exemplare. Sie stehen allerdings nie dicht an dicht, sondern in lockeren Abständen, jeweils eine winzige Schönheit für sich.

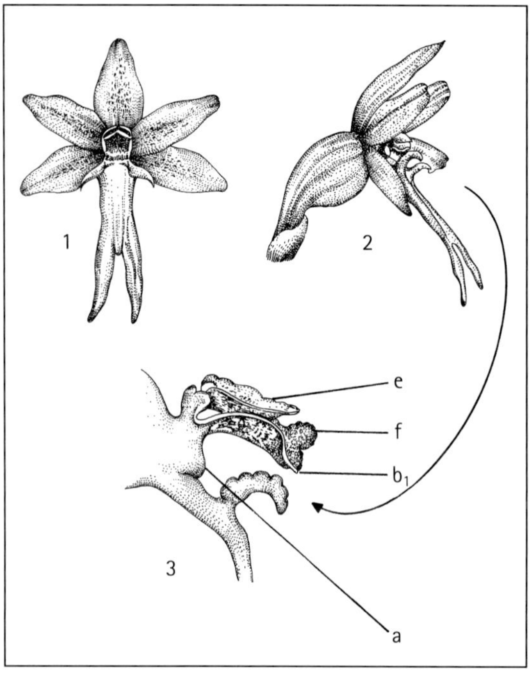

Blüte des Zwerg-Zweiblatts (270). 1 Blüte in Aufsicht, 2 Blüte von der Seite, 3 „Geschlechtssäule" (Gynostemium) von der Seite: e leeres Staubblattfach, f sein Pollinium, b1 Schnäbelchen, das die Narbe a bei Entnahme der Polliniums durch eine Abwärtsbewegung abdeckt und später durch eine Aufwärtsbewegung wieder freigibt. Unterhalb des Schnäbelchens (Rostellum) stehen zwei hornartig gekrümmte, nach oben zu wulstige Lappen, von denen in 3 nur einer zu sehen ist. Hinter ihm dringen die Bestäuber lippenaufwärts vor.

Im Torfmoos-Polster verborgen findet sich ein Wurzelstock, von dem mehrere Wurzeln ausgehen. Meist sitzt er mitten im Moos, hat also um und unter sich abgestorbene Moose. Nach oben steigt ein Spross auf, der über die Moose hinaus stößt. Ungefähr auf der Hälfte seines oberirdischen Verlaufs stehen gegenständig zwei Blätter. Nur selten wird über ihnen noch ein drittes, kleineres Blatt ausgebildet. In den schattigen Lagen, in denen das Herz-Zweiblatt vorkommt, wird von den Blättern viel verlangt, was ihre Leistung in der Photosynthese anbelangt. Noch negativer wirkt sich aber die Nährstoffarmut des Untergrunds aus. Man kann schon verstehen, dass im Blütenstand oft nur wenige Blüten ausgebildet werden können, die überdies noch winzig sind.

Aber wieder einmal entpuppen sich Zwergblüten als feine Schönheiten, die noch überdies volles Interesse verdienen, was ihren Bestäubungsmechanismus angeht. Die Pollinien werden schon in der Knospe aus den Staubbeuteln freigesetzt. Sie liegen dann oberhalb des Rostellums in Wartestellung. Nektar wird von einer Schwiele entlang der Mittellinie der Lippe abgeschieden. Wenn kleine Insekten der Nektarspur aufwärts folgen, gelangen sie unmittelbar unter das Rostellum. Zwei oder drei steife Haare auf der Lippe scheinen den Explosionsmechanismus auszulösen, wenn sie berührt werden. Jedenfalls werden die Pollinien über den vom Rostellum ausgeschleuderten Klebstoff in Sekundenschnelle auf den Kopf des Bestäubers geheftet. Gleichzeitig biegt sich das Rostellum nach unten und verdeckt die Narbe, die sich unter ihm befindet. Diese Bewegung ist unbedingt notwendig, denn sonst könnte der aus dem Rostellum herausquellende Schleim die Pollinien auch mit der Narbe verkleben, Selbstbestäubung wäre die Folge. Selbst unser Orchideenzwerg, der unter schwierigen Umweltbedingungen überleben muss, möchte sie vermeiden – und das mit einigem Aufwand. Aber vom Rostellum wird noch mehr Bewegung verlangt. Denn ein oder zwei Tage nach der Abgabe der Pollinien hebt es sich so weit nach oben, dass die unter ihm liegende Narbe wieder freigelegt wird. Folgt jetzt ein Besucher dem Nektarstreifen aufwärts, kann er mitgebrachte Pollinien in die Narbengrube einbringen. Selbstbestäubung wird über diesen Bestäubungsmechanismus ausgeschlossen. Bestäuber sind kleine Insekten, vor allem Pilzmücken, aber auch Schlupfwespen und Käfer.

Ausschnitt aus dem Blütenstand des Zwerg-Zweiblatts (270). Die 5 mm hohe und 1–2 mm breite Blüte in der Mitte bietet eine Seitenansicht ungefähr wie in der beigefügten Zeichnung. Man erkennt die gelben Pollinien, die von den Staubbeuteln schon freigegeben wurden. Die leeren Staubbeutelwandungen liegen auf den Pollinien. Das Schnäbelchen sitzt unter den Pollinien und wird durch sie verdeckt. Links unten an den Pollinien, zwischen ihnen und einem kleinen Lappen der Unterlippe, findet sich ein Tröpfchen Klebflüssigkeit, das nach Reizung der empfindlichen Haare auf der Unterlippe ausgetreten war. Was noch fehlt, ist der Kopf eines Insektenbesuchers, der normalerweise den Klebstoff auf die Spitze der Pollinien ausquetschen würde. Verlässt das Insekt die Blüte, sind seinem Kopf die Pollinien aufgeklebt.

Es macht Freude, wenn man die Miniatur-Orchidee nach einigem Suchen gefunden hat. Aber die Freude weicht dem Staunen, wenn man sich den Bestäubungsvorgang vergegenwärtigt. Das Explodieren des Rostellums nach einem Berührungsreiz kann man noch verstehen. Aber die doppelte Bewegung des Rostellums, zuerst schnell nach unten und nach Tagen dann langsam nach oben, gibt Rätsel auf. Wie wird sie programmiert, wie wird sie so gesteuert, dass sie zur rechten Zeit mit der jeweils erforderlichen Geschwindigkeit abläuft? Die Frage nach Programmen und ihrer Einsteuerung ist eine Grundfrage in der Entwicklung aller Lebewesen. Auch bei der Bestäubung, einem zentral wichtigen Prozess, lässt sich das belegen – sogar bei einer kaum aufspürbaren Zwerg-Orchidee.

271 **Weißzüngel** (***Pseudorchis albida, Gymnadenia albida***): Bis 30 cm hoch. **Blätter** wechselständig, **lanzettlich**, die unteren bis 8 cm lang, die oberen kürzer. Bis zu 40 Blüten in einem walzenartig dichten, bis 6 cm langen Blütenstand. **Die leicht nickenden Blüten sind weißlich bis gelblich. Die** bis 3 mm langen **Blütenhüllblätter mit Ausnahme der Lippe neigen glockenartig zusammen. Die bis 4 mm lange, nach unten hängende Lippe ist in 3 gleiche, spitze Lappen geteilt.** Ein 3 mm langer Sporn ist vorhanden. Blütezeit V bis VIII. Die Blume ist ein glockenähnlich abgewandelter *Orchis*-Typ. Der Weg zum im Sporn geborgenen Nektar ist zwar nur kurz, der Eingang zum Sporn aber sehr eng. Die Bestäuber sind deshalb vermutlich Tag- und/oder Nachtfalter mit ihren feinen Rüsseln. Wiesen und Weiden, Trockenrasen, Zwergstrauch-Gebüsch. **Silikatböden.** Sub-

Blüte des Weißzüngels (271). Blütenbau ähnlich wie bei 267, also Pollinarien einschließlich der Klebscheiben. Hier lässt sich bei beiden Pollinarien der Aufbau aus Pollenpaketen erkennen.

alpin, bis 2 500 m. C in Borstgras-Rasen (S. 128). Europa von den Pyrenäen bis zu den Karpaten, von Frankreich über England und Island bis Grönland; bis Westsibirien. Im Süden des Verbreitungsgebiets bevorzugt im Gebirge. In den Alpen häufig.

272 **Mücken-Händelwurz (*Gymnadenia conopsea*):** Bis 60 cm hoch. **Blätter** wechselständig, **lanzettlich, unten am Stängel bis 20 cm lang** und 2 cm breit, oben kleiner, schwach rinnig, ungefleckt. Bis zu 80 Blüten stehen in einem bis 15 cm langen, dichten, walzlichen Blütenstand. Die bis 15 mm breiten **Blüten sind rotviolett bis rosa,** seltener weiß. Die beiden seitlichen Blütenhüllblätter stehen ab, die anderen neigen zusammen. Die Lippe ist ungefähr so groß wie die übrigen Hüllblätter, in 3 gleiche Lappen geteilt. Der dünne, abwärts gerichtete **Sporn** ist leicht gebogen und **immer deutlich länger als der Fruchtknoten** (bis 2-mal so lang; 10–20 mm). Leichter, unangenehmer Geruch. Blütezeit V bis VIII. Blume *Orchis*-Typ. Die zwei Pollinarien stehen parallel und sind an ihrer Basis durch das Rostellum getrennt. Ihre Klebscheiben sind nicht von einem Häutchen überzogen, also „nackt", worauf sich der wissenschaftliche Gattungsname bezieht (s. unten). Der Nektar im engen und langen Sporn kann am besten von Tag- und Nachtfaltern ausgebeutet werden. Sie sind dementsprechend die wichtigsten Bestäuber. Lichte Wälder, feuchte Wiesen, aber auch Trockenrasen. **Kalkböden.** Collin-subalpin, bis 2 700 m. C in Feuchtwiesen und Bachufer-Fluren (hier nicht besprochen); in den Alpen gerne in Blaugras-Rasen (S. 148). Gebirge Europas, im Flachland selten. Geht bis nach Sibirien. In den Alpen häufig, dort vermutlich die häufigste Orchidee.

Händelwurz bezieht sich auf die handförmig geteilten Knollen, „Mücke" ebenso wie *conopsea* (griech. konops = Mücke) auf die mückenähnliche Gestalt der Blüte, die durch die beiden seitlich abstehenden Blütenhüllblätter zustande kommt. *Gymnadenia* (griech. Nacktdrüsige) meint die beiden „nackten" Klebscheiben.

273 **Wohlriechende Händelwurz (*Gymnadenia odoratissima*): Bis 30 cm hoch. Blätter nur bis 10 cm lang. Lippe kaum gelappt oder ganzrandig. Sporn höchstens so lang wie der Fruchtknoten (4–6 mm). Starker Vanilleduft.** Blütezeit VI bis VIII. Blume vom *Orchis*-Typ. Wegen des stärkeren Dufts werden nachts mehr Falter angelockt als bei 272. Da der Sporn kurz ist, kommen auch kleinere Nachtfalter mit kürzeren Rüsseln als Bestäuber in Frage. Feuchte und nasse Wiesen, Flachmoore, Quellmoore, aber auch Trockenrasen. **Immer Kalkböden.** Montan-subalpin, bis 2 400 m. Pflanzengesellschaften wie 272, auch mit 272 zusammen. Große Teile Mitteleuropas. In den Alpen zerstreut.

274 Schwarzes Kohlröschen *(Nigritella nigra)*

Beschreibung: Bis 30 cm hoch. Am Stängel grasartige, aufwärts gerichtete Blätter. Bis zu 50 Blüten in einem kugeligen bis oval-runden, dichten Blütenstand. **Die Blüten sind dunkel purpurn, ihre dreieckige, lang zugespitzte Lippe ist aufwärts, die bis 7 mm langen weiteren Blütenhüllblätter sind abwärts gerichtet** (keine Resupination, s. unten). **Die beiden seitlichen unteren Hüllblätter sind nur halb so breit wie die beiden seitlich oberen. Starker Vanilleduft.** Blütezeit V bis VIII.

Blume: *Orchis*-Typ, ausnahmsweise ohne Resupination (s. unten). Bestäuber überwiegend Falter.

Standort: Trockenrasen. **Kalkliebend**, seltener auch auf sauren Böden. Subalpin-alpin, bis 2 700 m.

Pflanzengesellschaft: Gemeinsame C für Blaugras- und Rost-Seggen-Rasen (S. 153).

Verbreitung: Gebirge Mittel- und Südeuropas von den Pyrenäen bis zu den Karpaten und zum Balkan, Skandinavien. In den Alpen häufig.

In den Ostalpen findet sich das seltenere 275 **Rote Kohlröschen** (*N. miniata*). Es unterscheidet sich durch längliche Blütenstände mit hellroten Blüten, **in denen die beiden seitlich unteren Blütenhüllblätter ebenso breit sind wie die beiden seitlich oberen.** Nicht nur auf die Blütenfarbe zu achten ist deshalb wichtig, weil es auch rosa Varianten von 274 gibt.

Schwarzes Kohlröschen – Schokolade-Blüemli

Wenn man es nicht bemerkt, weil es die Sonnenstrahlen im Trockenrasen dunkelpurpurn aufglühen lassen, wird man am Vanilleduft auf das Schwarze Kohlröschen aufmerksam. Treffend, weil in den Namen beide eingingen, Farbe und Duft, nennt man es im Land bester Schokoladetradition, der Schweiz, auch Schokolade-Blüemli. Wie sehr die Bergbewohner das Kohlröschen schätzen, geht kaum besser als aus dieser liebevoll vertraulichen Benennung durch den Volkmund hervor. Aber auch dem Bergwanderer aus dem Flachland ist es ans Herz gewachsen. Achten Sie einmal darauf, wie viele von ihnen vor dem kleinen Blütenwunder in die Knie gehen und an ihm riechen – ohne es abzupflücken!

Der kompakte, tief dunkelrote Blütenstand ist wie kaum sonst bei den Orchideen eine Scheinblüte, wirkt also beim Anlocken der Bestäuber als Ganzes. Trotzdem lohnt es sich, auch die einzelne Blüte genauer zu betrachten. Denn das größte Blütenhüllblatt steht in ihr nach oben. In unserer Flora findet sich das größte Blütenblatt bei Orchideen normalerweise unten in der Blüte: es ist die uns allmählich vertraute Lippe. Die Erklärung: Beim Kohlröschen ist die sonst übliche Drehung des Fruchtknotens oder seltener des Blütenstiels um 180° (Resupination) ausgeblieben. Die Lippe wird also nicht auf die Unterseite gebracht, sie bleibt statt dessen oben in der Blüte nach aufwärts gerichtet stehen. Der kurze, enge, von Nektar überquellende Sporn sitzt an ihrer

Blüteneingang von Spitzels Knabenkraut (276). Mit Pollinarien. Die zwei dunkelrötlichen Papillenbüschel auf der Unterlippe beidseits des Blütenschlunds sind erkennbar.

Basis unmittelbar über der Narbe. Die beiden Pollinien weisen wie die Händelwurz-Arten (272, 273) nackte Klebscheiben auf. Sie befinden sich unmittelbar unter der Narbe. Das hat seine Konsequenzen bei der Bestäubung, wie schon DARWIN in seinen Studien an Orchideen bemerkt hatte. Denn den Faltern, den wichtigsten Besuchern, werden die Pollinien auf die Unterseite des Rüssels aufgeklebt und nicht wie sonst auf die Oberseite. Sie biegen sich dort etwas aufwärts. Dass die Narbe sich über den Klebscheiben befindet, wird durch diese leichte Aufwärtskrümmung ausgeglichen. In der nächsten Blüte kann der Schmetterling die Pollinien dann zielgerecht in die Narbe einbringen.

276 Spitzels Knabenkraut (***Orchis spitzelii***): Bis 40 cm hoch. Die **Blätter** stehen am unteren Teil des oben rot überlaufenen Stängels schräg nach oben; sie sind **verkehrt eiförmig,** spitz auslaufend, **grün glänzend, ungefleckt;** das oberste umschließt den Stängel tütenartig. Im Blütenstand sind bis zu 20 Blüten in einer bis zu 10 cm langen, ziemlich lockeren Ähre angeordnet. **Die Blütenhüllblätter sind von der Lippe abgesehen innen grünlich, außen trüb purpurn;** die beiden seitlichen sind **etwas** nach rechts und links oben abgespreizt. **Die** dreilappige **Lippe ist rosa mit purpurfarbenen Flecken. Sie zeigt an ihrer Basis beidseitig je ein Büschel aus tiefroten Papillen. Der Sporn ist** halb bis fast so lang wie der Fruchtknoten, **kegelförmig und gerade nach unten gerichtet.** Das Deckblatt ist häutig, fast so lang wie der Fruchtknoten und purpurrot überlaufen. Blütezeit V bis VII. Blume vom *Orchis*-Typ. Mit Pollinarien. Wie fast alle Orchis-Arten ohne Nektarangebot. Über das Versuchs- und Irrtumsverhalten unerfahrener Besucher (vor allem Bienen und Hummeln, s. S. 480) wird Fremdbestäubung erreicht. Bei Selbstbestäubung ist der Samenansatz reduziert. Lichte Buchenwälder, steinige Bergwiesen, Gebüsch. **Auf Kalk.** Montan-subalpin, bis 2 000 m. U.a. in Polster-Seggen-Rasen (S. 158). Stark disjunkte (zerstückelte) Verbreitung: Gebirge von Marokko über Spanien und die Alpen bis zum Libanon und nach Gotland. In den Alpen vor allem in den Südalpen, dort selten bis zerstreut, an den Fundstellen im Gardasee-Gebiet teils gesellig.

277 Holunder-Knabenkraut (***Dactylorhiza sambucina***)**:** Bis 30 cm hoch. **Blätter am unteren Abschnitt des Stängels gehäuft, länglich,** unterste bis 10 cm lang, darüber kleiner, **ungefleckt.** Bis zu 30 Blüten in einer mäßig dichten, bis 15 cm langen Ähre. **Die Tragblätter sind blattähnlich und grün,** die unteren sind länger als der Fruchtknoten. 3 der Blütenhüllblätter neigen helmförmig zusammen, die

2 seitlich äußeren stehen nach links und rechts oben ab. Die Lippe ist rund 10 mm lang und nur wenig breiter, schwach dreiteilig oder nur mit 3 Zähnen. **Die Blüten sind gelb oder rot,** wobei Exemplare mit verschiedenen Blütenfarben meist zusammen vorkommen. **Bei den gelben und meist auch bei den roten Blüten ist die Lippe rot getüpfelt, bei roten ist der Lippengrund gelb.** Der Sporn ist abwärts gebogen. Schwacher Holunderduft (Name!). Blütezeit IV bis VI. Blume vom *Orchis*-Typ. Mit Pollinarien. Ohne Nektarangebot. Wie bei 276 wird die Unerfahrenheit der Insekten (Bienen und Hummeln) zur Bestäubung ausgenutzt, doch kommt bestäubungsfördernd hinzu, dass die Besucher die gelben und roten Formen für verschieden halten (s. S. 480). Wiesen, lichte Wälder, Magerrasen. **Bevorzugt Silikatböden,** aber auch auf Kalk. Montan-subalpin, bis 2 100 m. C in einer hier nicht besprochenen Trockenrasen-Gesellschaft, in den Alpen u. a. in Borstgras-Rasen (S. 128). Europa bis nach Russland und Skandinavien, ostwärts bis zum Iran. In den Alpen vor allem in den Innen- und Südlichen Randalpen, besonders im Süden häufiger und vielfach sehr gesellig.

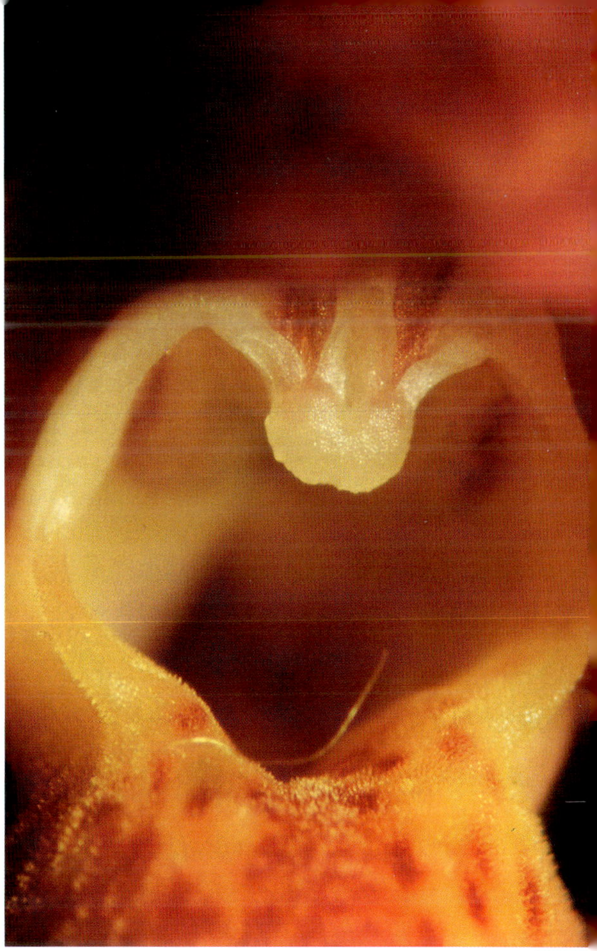

Der Blütenschlund des Holunder-Knabenkrauts (277). Bei der Schilderung der Pflanzengesellschaften wurde die gelbblühende, hier die rotblühende Form abgebildet.

278 Kugel-Orchis (*Traunsteinera globosa*): Bis 60 cm hoch. Blätter am Stängel aufwärts, lanzettlich, bis 10 cm lang und 2 cm breit, obere kürzer, ungefleckt, besonders auf der Unterseite bläulich-grün. **Blütenstand anfangs kurz pyramidenförmig, dann annähernd kugelig** (Name!) bis oval-rundlich, mit bis zu 80 dicht gepackten, meist **rosafarbenen,** selten weißen **Blüten. Alle Blütenhüllblätter,** die Lippe ausgenommen, **neigen helmförmig zusammen. Sie** sind bis 5 mm lang, **verschmälern sich vorne abrupt und enden mit einer keulig verbreiterten Spitze** (nur hier so, eindeutiges Unterscheidungsmerkmal von *Orchis*- und *Dactylorhiza*-Arten). **Die Lippe ist** ungefähr gleich lang, dreilappig, abwärts gerichtet und **stark gepünktelt.** Der kurze, zylindrische Sporn ist abwärts gebogen. Leichter Baldrianduft. Blütezeit V bis XIII. Blume *Orchis*-Typ. Die Resupination kann unvollkommen sein. Dann finden sich im Blütenstand immer wieder Blüten mit seitlich gerichteten Lippen. Die Bestäubung der ebenfalls nektarfreien Orchidee ist dadurch gesichert, dass ihr Blütenstand denjenigen anderer, nektarführender Arten ähnelt (Mimikry, s. unten). Bestäuber vor allem Falter. Bergwiesen, Magerrasen. **Kalkliebend.** Subalpin, bis 2 600 m. C in Rost-Seggen-Rasen (S. 144). Gebirge Mittel- und Südeuropas, im Osten bis zum Balkan, Moldavien, Kaukasus. In den Alpen selten bis nicht häufig, häufiger in den Randalpen.

Orchideen: Nektar-Täuschblumen und Blumen-Mimikry

Wenn Lebewesen andere Lebewesen oder bestimmte ihrer Merkmale unbewusst nachahmen, spricht man von **Mimikry.** Man kennt eine Reihe verschiedener Mimikryformen, auf deren Definition und Benennung wir hier verzichten wollen. Bleiben wir einfach beim Grundbegriff Mimikry. Von Tieren ist sie bestens bekannt. Aber auch bei Pflanzen findet sie sich. So weiß man von Ragwurz-Arten (*Ophrys* spec.), dass ihre Blüten die Weibchen bestimmter Insekten in Duft-Lockstoffen, Farbe und Details der Gestalt nachahmen. Die Männchen der betreffenden Insektenarten schlüpfen früher als die Weibchen. Mangels besserer Gelegenheiten versuchen sie dann mit den Ragwurzblüten zu kopulieren. Bei ihren vergeblichen Bemühungen werden ihnen Pollinien aufgeklebt, die sie in andere Blüten übertragen.

Kaum bekannt ist, dass Pflanzen auch andere Pflanzenarten nachahmen können: Blüten die Blüten anderer Arten und Blütenstände die Blütenstände anderer Arten. Man spricht hier von Blumen-Mimikry. Hier muss wiederholt werden: Es handelt sich um eine unbewusste Nachahmung, keineswegs um ein bewusstes, zielgerechtes Vorgehen.

Beispiele für Blumen-Mimikry finden sich besonders bei den Orchideen, und zwar bei den Nektar-Täuschblumen unter ihnen. Gehen wir schrittweise vor, bis wir zu einer solchen Mimikry gelangen. Viele Orchideen führen keinen Nektar. Trotz der fehlenden Belohnung können sie bestäubt werden. Noch unerfahrene Bestäuber, bei Spitzels Knabenkraut (276) vor allem Bienen und Hummeln, versuchen es einfach einmal, ob in einer Blüte Nektar zu holen ist. In der Regel lernen sie erst nach einigen vergeblichen Anflügen, dass in den Blüten der betreffenden Art nichts geboten wird, dass es sich also um einen Irrtum handelt, auf Nektar zu hoffen. Diese wenigen Anflüge genügen aber schon zur Bestäubung mehrerer Blüten. Die Fruchtknoten der Orchideen enthalten viele tausend Samenanlagen. Mit den Pollinien werden schon bei einer einzigen Bestäubung genügend Pollen übertragen, um sie alle oder zu einem Großteil zu befruchten. Pro Blüte werden dann Tausende von Samen gebildet. Das ist schon einigermaßen zufriedenstellend. Außerdem gibt es immer wieder „Dummerchen" unter den Bestäubern, die nur schwer lernen. An der Anzahl der auf die Köpfe aufgeklebten Pollinien bzw. Pollinarien lässt sich die Zahl der Blütenbesuche abschätzen. Man fand eine Biene, die nicht weniger als 37 Pollinarien von Spitzels Orchis mit sich schleppte. Da jede Blüte zwei Pollinarien abgeben kann, bedeutet das mindestens 19 Blütenbesuche!

Aber das System lässt sich noch verbessern. Man bleibe bei der gleichen Art, gebe ihren Angehörigen aber verschiedene Blütenfarben! Beim Holunder-Knabenkraut (277) handelt es sich dabei um Pflanzen mit gelben und roten Blüten, die meistens zusammen vorkommen. Die

Bestäubung erfolgt überwiegend durch Hummelweibchen. Nach der Überwinterung gehen sie auf Nektarsuche. Sie verfügen über keinerlei Erfahrung, was die Frühjahrsblüher angeht, und probieren es einmal mit dem in prächtigen Farben lockenden Holunder-Knabenkraut. Lassen wir eine Hummelkönigin zunächst rote Blüten besuchen (für erste Besuche gelber Blüten lässt sich Entsprechendes herleiten). Erst nach einigen Anflügen haben sie gelernt, dass es sich um Nektar-Täuschblumen handelt. Doch Bestäubungen sind dann schon erfolgt. Das ist der Stand der Dinge, der auch bei Spitzels Knabenkraut erreicht worden war. Doch hier beim Holunder-Knabenkraut gibt es eine Fortsetzung. Die Hummel gibt es zwar frustriert auf, sich weiter mit rotblühendem Holunder-Knabenkraut zu befassen, wendet sich aber den farblich so ganz verschiedenen, benachbarten gelbblühenden Pflanzen zu. Dass sie zur gleichen Art gehören und es zu Befruchtungen kommt, wenn sie Pollinarien von roten auf gelbe Blüten überträgt, entzieht sich ihrer Kenntnis. Sie versucht wiederholt, ob nicht in den für sie neuartigen gelben Blüten Nektar zu holen ist. Wenn sie ihre Bemühungen aufgibt, hat sie erneut Bestäubungen durchgeführt. Der Farbwechsel der Blüten führt also dazu, dass ein- und dieselbe Art öfter bestäubt wird, als das bei nur einer Blütenfarbe der Fall gewesen wäre. Werden die Hummeln älter und haben sie Futterrouten mit erfahrungsgemäß guten Nektarlieferanten etabliert, versagt das System der Täuschung. Spätere Blüten, also solche oben im Blütenstand des Holunder-Knabenkrauts, bleiben dann ohne Bestäubung und ohne Fruchtansatz.

Bislang handelte es sich um eine grobe Täuschung, um einen Betrug an unerfahrenen Blütengästen. Bislang waren wir auch innerhalb der Artgrenze der betreffenden Orchideen geblieben. Doch nun beziehen wir andere Arten ein und kommen damit zur **Blumen-Mimikry.** Der Blütenstand der Kugel-Orchis ähnelt demjenigen bestimmter Witwenblumen (*Knautia*) nach Stellung, Farbe und Form verblüffend. Auch die Blütenstände des Berg-Baldrians (185) und der Tauben-Skabiose sehen ähnlich aus. Man spricht hier von einer Nachahmung, einer Mimikry von Seiten der Kugel-Orchis. Doch weshalb soll gerade die Kugel-Orchis Mimikry betreiben, warum nicht die eben genannten anderen Arten? Weil es die Kugel-Orchis nötig hat. Denn sie bietet keinen Nektar, während ihn die anderen Arten produzieren. Wenn ein Falter gelernt hat, dass z. B. die Langblättrige Witwenblume (189), die oft am gleichen Standort vorkommt, eine gute Nektarquelle ist, kann es ihm passieren, dass er es einige Male an dem Nachahmer Kugel-Orchis versucht, den er für eine Witwenblume hält. So kommt es zur Bestäubung der Kugel-Orchis. Bevor der Falter enttäuscht in ein anderes Gebiet abfliegt, gerät er wieder an eine Witwenblume und wird belohnt. Das Spiel beginnt von Neuem.

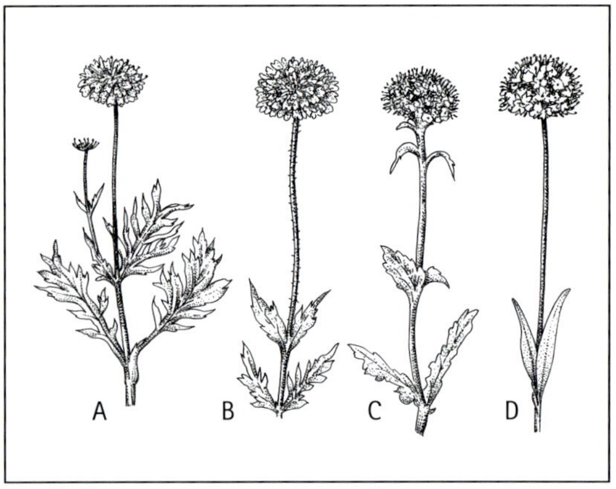

Blumen-Mimikry. Ein Ring von Blumen sieht sich sehr ähnlich: A Tauben-Skabiose, B Witwenblume, z.B. Langblättrige Witwenblume (189), C Berg-Baldrian (185), D Kugel-Orchis (278). Nektarlose Blüten wie die der Kugel-Orchis profitieren davon, denn sie werden von den Bestäubern nicht abgelehnt, sondern immer wieder aufgesucht, weil sie mit den nektarführenden Blumen im Mimikry-Ring verwechselt werden (vgl. vor allem die Farbbilder der Langblättrigen Witwenblume und der Kugel-Orchis; weniger ähnlich ist der Berg-Baldrian).

Die Frage liegt nahe, wie sich eine solche Blumen-Mimikry im Verlauf der Stammesgeschichte entwickelt haben mag. Um eine vergleichsweise einfache Coevolution Blume/Insekt handelt es sich jedenfalls nicht. Denn nun kommt noch die Beziehung Vorbild/Nachahmer hinzu, die sich ja auch entwickelt haben muss, und das im Verbund mit der Coevolution Blume/Insekt. Hypothesen zur Evolution der Blumen-Mimikry sind deshalb kompliziert und wenig überzeugend. Hier können sie nicht diskutiert werden.

279 Frauenschuh *(Cypripedium calceolus)*

Beschreibung: Bis 80 cm hoch. Am Stängel 2–4 breit ovale, spitz zulaufende, bis 12 cm lange, deutlich parallelnervige Blätter. Bis höchstens 4 Blüten pro Stängel. **Die 3 äußeren Blütenhüllblätter sind bis 5 cm lang, breit lanzettlich, oft schraubig gedreht, braunrot. Die 2 inneren und unteren ähnlich, aber bis auf die Spitzen miteinander verwachsen und nach abwärts gerichtet. Die** bis 4 cm lange **Lippe** (das 3. innere Blütenhüllblatt) **bildet einen schuhförmig „aufgeblasenen" Kessel** (Name!). **Über der dreiteiligen Narbe steht schuhlöffelartig ein rot gepunktetes, gelbliches Staminodium** (umgewandeltes Staubblatt). Rechts und links hinten finden sich **2 Staubbeutel mit einer breiartigen Pollenmasse.** Ein Sporn fehlt. Blütezeit V bis VI.

Blume: Kesselfalle, zur Funktion s. unten. Bestäuber mittelgroße Bienen vor allem der Gattung *Andrena.*

Standort: Laubwälder, Waldränder, Gebüsch, Legföhren-Gebüsch. **Kalkliebend.** Collin-subalpin, bis 2 000 m.

Pflanzengesellschaft: Oft in Buchen- und Buchenmischwäldern (S. 84).

Verbreitung: Eurasien. In den Alpen selten; in der Regel über vom Wurzelstock ausgehende vegetative Vermehrung gruppenweise.

Schuh der Liebesgöttin Aphrodite und der Mutter Gottes – eine Kesselfalle

Die Blüten unserer einheimischen Orchideen erscheinen im Vergleich mit ihren Verwandten im tropischen Regenwald auf den ersten Blick ziemlich unscheinbar. Erst beim näheren Hinsehen gewinnen sie. Ihre Farben und Strukturen sind fein aufeinander und auf die jeweiligen Funktionen abgestimmt. Was ihnen an Größe fehlt, können sie durch die Zusammenstellung vieler Einzelblüten zu kompakten Blütenständen kompensieren. Doch eine unserer einheimischen Orchideen kann es mit den exotischen Blütenwundern auch aufnehmen, wenn man nur die einzelne Blüte zum Vergleich heranzieht: der Frauenschuh. Leider hat die

auffällige Schönheit schon einer einzigen Blüte ihren Preis: der Frauenschuh ist weithin ausgerottet worden. In tieferen Lagen konnte er sich vielfach nur in streng überwachten Naturschutzgebieten halten. In den Alpen verhält es sich in überlaufenen Gebieten ähnlich. Nur gibt es in den Alpen mehr unzugängliche Areale als weiter unten. Vor allem in den Südlichen Randalpen kann man immer wieder auf prächtige Bestände des Frauenschuhs stoßen.
Schönheit kann auch langweilen. Für den Frauenschuh trifft das nicht zu. Denn seine Blüte ist interessant, weil sie eine Kesselfalle darstellt. Bestäuber werden in ihr vorübergehend gefangen gesetzt und dann so aus der Falle entlassen, dass sie die Narbe bestäuben und Pollen aus der betreffenden Blüte mitnehmen müssen – wenn alles „wunschgemäß" verläuft.
Bestäuber sind vor allem Weibchen der Sandbienen (*Andrena* spec.). Sie werden durch Farbe und Blütenduft angelockt. Die schuhförmige Unterlippe, die als Kesselfalle ausgebildet ist, lockt mit ihrer gelben Farbe die Sandbienen schon aus größerer Entfernung. Sie sprechen auf Gelb gut an. In größerer Nähe wirkt der Duft richtungsweisend. Näher an den Blüten müssen die Sandbienen dazu schon deshalb sein, weil jeder leichte Luftwirbel die Duftstoffe so zerstreut, dass die Bienen sich nicht mehr auf sie verlassen können, was die Richtungsweisung angeht. Interessant ist die Art der Duftstoffe. *Andrena*-Männchen setzen in ihrem Revier Duftmarken, u.a. um Weibchen anzulocken. Einige der Substanzen, die in diesen Duftmarken vorkommen, finden sich auch im Duftbukett der Frauenschuhblüten. Für den chemisch Interessierten: Es handelt sich dabei nicht nur wie vielfach in Blütendüften um Mono- und Sesquiterpene, sondern um besonders viele Octyl- und Decylacetate. Offensichtlich locken die Blüten die Sandbienen-Weibchen dadurch an, dass sie ihnen über männliche Duftstoffe die Präsenz von Männchen vorgaukeln – ein erster Betrug.
Auch Hummeln werden durch die gelbe Farbe angelockt und setzen sich auf den Rand des gelben Kessels, zu dem die Lippe umgeformt wurde. Doch sie fliegen dann von dort wieder ab, ohne in das Kesselinnere zu kommen. Anders bei den Sandbienen und anderen kleineren Insekten. Sie gleiten an den glatten, öligen Rändern leicht ab und fallen hinab. Andere fliegen gegen das schuhlöffelähnliche Staminodium, können dort aber keinen Halt finden und fallen ebenfalls nach unten. Im Kessel kann es gefährlich sein: oft lauern dort über ihre gelbe Färbung gut getarnte Krabbenspinnen auf die herunter purzelnden Insekten. Doch wenn alles gut geht und die Sandbienen auch den Schock nach dem Absturz überstanden haben, krabbeln sie im Kessel zielstrebig nach hinten und oben, dorthin, wo sich zuerst die Narbe und rechts und links hinter ihr die beiden Staubblätter finden. Sie orientieren sich an Hand

Blüte des Frauenschuhs (279), längs. Ganz links oben eines der beiden hakenförmigen Staubblätter, das auf seiner Unterseite gelben Pollenbrei trägt; rechts davor der grünliche Narbenlappen. Die Sandbiene folgt den rötlichen Steighaaren und der zunehmenden Helligkeit durch größer werdende Fenster (im Auflicht dunkle Bereiche, in der Natur durchscheinend hell) in den Hintergrund des Blütenkessels und zwängt sich dort unter der Narbe und danach unter einem der beiden Staubblätter hindurch. Auf die Narbe gibt sie mitgebrachten Pollen ab, vom Staubblatt nimmt sie etwas Pollenbrei auf.

heller Fenster im Kessel, die in der gleichen Richtung zahlreicher und größer werden, und an Reihen roter Flecken. Haare dienen als Steighilfen. Sie können eine ölige Flüssigkeit absondern, doch ist umstritten, ob die Sandbienen sich damit verköstigen.

Diskutiert wird auch, ob über die Fenster nicht ein Instinkt oder eine Gewohnheit der Sandbienenweibchen angesprochen werden könnte. Denn sie legen ihre Eier am Grund von Brutröhren ab. Wenn sie diese wieder verlassen wollen, müssen sie sich nach dem Licht orientieren – genauso, wie sie im Kessel der Lichtmarkierung der Fenster folgen könnten. Doch diese Fenstertheorie wird heute mehr und mehr abgelehnt. Denn da sind ja noch die roten Flecken. Sie ähneln den auch uns schon bekannten Farbmalen so sehr, dass man eine entsprechende Funktion annimmt: Sie sind auch im Kessel des Frauenschuhs schlicht und einfach Wegweiser zum Nektar. Die Fenster wirken gleichsinnig. Nur wird kein Nektar geboten. Auch das ist uns von Orchideen her schon bekannt: Nektarmale ohne Nektarangebot. Beim Frauenschuh handelt es sich dabei aber schon um den zweiten Betrug. Den *Andrena*-Weibchen wird übel mitgespielt: zuerst hofften sie auf männliche Gesellschaft, dann mussten sie sich ersatzweise auf Süßigkeiten umstellen – und letztendlich bekamen sie überhaupt nichts geboten.

Hinten oben im Kessel müssen die Insekten unter der Narbe hindurch. Haare, die überklettert werden, sorgen dafür, dass sie mitgebrachten Pollen auch wirklich auf der Narbe abstreifen. Anschließend drängen sie sich an den Staubblättern vorbei. Wenn dort den relativ kleinen Sandbienen ein riesiges Pollinium aufgeklebt würde, wäre das eine Überlast, die sie nicht bewältigen könnten. Sie könnten zugrunde gehen. Aber wieder hat die Natur vorgesorgt: im Gegensatz zu den meisten anderen einheimischen Orchideen führt der Frauenschuh keine Pollinien. Die Pollen in den Staubbeuteln bilden vielmehr eine breiartige Masse. Etwas von dem Brei nehmen die Sandbienen ab, wenn sie sich an den Staubbeuteln vorbei quetschen. Übermäßig belastet werden sie dadurch nicht. Und es bleibt noch genügend Pollenbrei, der nachfolgenden Sandbienen aufgebürdet werden kann. Manchmal brauchen die Insekten viele Stunden, bis sie wieder aus der Blüte heraus finden. Im Schnitt beträgt die Verweilzeit aber nur 10 Minuten.

Der Frauenschuh trägt seinen Namen zu Ehren der Mutter Gottes. Volksnamen wie Marienschuh oder Muttergottesschühle machen diese Bezugnahme noch deutlicher. Schön ist die Blüte zweifellos. Aber wären unsere Vorfahren bei diesen Namen geblieben, wenn sie gewusst hätten, dass das „Muttergottesschühle“ über mehrfachen Betrug, kombiniert mit Fallenstellerei, nichts anderes anstrebt, als sich befruchten zu lassen? Auch der lateinische Name war zunächst *Calceolus marianus*, d.h. Marienschuh. Denn lat. Calceolus bedeutet „kleiner Schuh“. Linné verlieh unserer Orchidee den Namen Cypripedium = Schuh der Aphrodite. Cypern war die Insel der Aphrodite, die dort auch Cypris hieß; pedilon (griech) bedeutet Sandale: Cypripedium ist also der Schuh der griechischen Liebesgöttin Aphrodite. Ob Linné in der Namensgebung nicht richtiger lag als der Volksmund?

Name hin, Name her, wenn man im lichten Mischwald an einer Stelle steht, an der sich über vegetative Vermehrung aus dem weitläufigen Wurzelstock ein Bestand des Frauenschuhs entwickelt hat, wenn man Stöcke mit drei oder gar vier der prachtvollen Blüten sieht, wenn man bei Windstille den feinen Vanilleduft riecht, versucht man gar nicht mehr, von uns Menschen entwickelte oder in uns bereits fixierte

Moralvorstellungen und entsprechende Wertungen abwegigerweise auf Pflanzen zu übertragen. Was einzig bleibt, ist das Empfinden: Unsere Orchidee ist wunderschön. Sie verdient Schutz, wo immer sie sich noch findet.

Riedgras-Gewächse (Cyperaceae)

Viele Arten der Familie sind auch im vegetativen Zustand an den oft dreikantigen, knotenlosen Stängeln leicht zu erkennen. Die radiären Blüten sind dem Typ nach wie bei Einkeimblättrigen üblich dreizählig, wurden aber stark rückgebildet. Sie bilden Ährchen, die sich ihrerseits zu Ähren gruppieren können Hier interessieren nur die Seggen. Sie tragen in ihren gleichartig ausgebildeten Ährchen eingeschlechtige Blüten ohne Blütenhüllblätter, die entweder drei Staubblätter oder einen Fruchtknoten mit zwei oder häufiger drei Narbenlappen aufweisen. Der Fruchtknoten ist völlig von einer Hülle (Utriculus) umgeben, die sich vom Tragblatt der jeweiligen weiblichen Blüte herleitet.
Die überwiegende Mehrzahl der Riedgras-Gewächse ist sekundär windblütig (s. unten). Nur ausnahmesweise findet sich Insektenblütigkeit, die eine Besprechung in einem Buch über *Blumen* rechtfertigt. Ein prominentes Beispiel ist die Monte Baldo-Segge.

280 Monte Baldo-Segge *(Carex baldensis)*

Beschreibung: Bis 30 cm hoch. Schwach dreikantiger, glatter Stängel. **Grundständige,** flache, 2–3 mm breite, starre, **graugrüne Blätter**, die ungefähr so lang werden wie der Stängel. Bei der Beschreibung des Blütenstands wird hier vereinfacht, was für unsere Zwecke völlig ausreichend ist: **Der Blütenstand ist endständig, kopfartig,** bis zu 25 mm breit. **An der Blütenstandsachse sitzen dicht übereinander eingeschlechtige weiße Blüten. Unten** im Blütenstand **sind sie weiblich:** sie führen je einen Fruchtknoten, der von dem schlauchartigen Tragblatt völlig umhüllt wird. Von der Spitze der Tragblatthülle ragen die 3 Narbenlappen empor. **Oben** im Blütenstand **sitzen männliche Blüten** mit jeweils 3 Staubblättern. Unmittelbar **unter dem Blütenstand befinden sich 2–5 bis zu 10 cm lange, meistens waagerecht abstehende oder leicht abwärts gerichtete Hochblätter.** Blütezeit VI bis VII.
Blume: Der Blütenstand ist vorweiblich: zuerst blühen die unteren weiblichen Blüten auf. Zumindest teilweise durch Insekten bestäubt.
Standort: Flaum-Eichen-Busch, Föhren-Wälder, Latschen-Gehölz, steinige Rasen. Kalkböden. Montan-subalpin, bis 2 400 m.
Pflanzengesellschaft: C in Südalpen-Seggen-Rasen (hier nicht besprochen), die mit den Blaugras-Rasen (S. 148) verwandt sind, auch in diesen und in Polster-Seggen-Rasen (S. 158).

Verbreitung: Vor allem in den mittleren Südlichen Randalpen vom Comer See bis zur Valsugana, dort stellenweise häufig. Isolierte Vorkommen am Ofenpaß (Innenalpen) und in den Ammergauer Alpen (Nördliche Randalpen).

Die Monte Baldo-Segge, ein Endemit der Südalpen auf dem Weg zur sekundären Windblütigkeit

Wenn man ab Juni in den Bergen um den Gardasee wandert, wird einem die Monte Baldo-Segge nicht entgehen, denn ihre leuchtend weißen Blütenköpfe lassen sich kaum übersehen. Wenn man hört, dass sie nicht wie die anderen Seggen vom Wind, sondern von Insekten bestäubt wird, glaubt man, dafür in der auffälligen Farbe eine Bestätigung zu sehen. Denn für den Wind müsste sie nicht derart auf Schau bedacht sein. Er arbeitet prompt, aber ungerichtet durch Farben und Duftstoffe, mit denen Insekten angelockt werden. Doch die Farbe allein genügt nicht, um eine Insektenbestäubung zu belegen.

Die Monte Baldo-Segge zeigt eine ausgeprägte Vorweiblichkeit, die Fremdbestäubung begünstigt. Im Blütenstand öffnen sich zuerst die unteren weiblichen Blüten, erst später dann die oben sitzenden männlichen. Doch das allein wäre noch kein überzeugendes Argument zu Gunsten der Insektenbestäubung. Denn bei Vorweiblichkeit reifen bekanntlich die Narben zuerst, die Staubbeutel später – oft erst dann, wenn die Narben der eigenen Blüte nicht mehr belegungsfähig sind. Damit wird es erschwert oder sogar unmöglich gemacht, dass blüteneigener Pollen zum Zuge kommt. Und ob dann der Wind oder ein Insekt Pollen aus anderen Blüten überträgt – um Fremdbestäubung handelt es sich in beiden Fällen.

Doch es gibt bessere Hinweise auf eine Tierblütigkeit der Monte Baldo-Segge. Ein wichtiger Punkt ist, dass Käfer und vor allem Fliegen als Bestäuber beobachtet werden konnten. Das könnte man als puren Zufall abtun. Doch bei Windblütigkeit wäre es abwegig, Lockmittel wie Farben und Duftstoffe zu produzieren. Was die Blütenfärbung anbelangt, wird nun das leuchtende Weiß verständlich. Denn Weiß ist eine der Farben, auf die Fliegen gut ansprechen.

Zum zweiten Lockmittel, der Duftproduktion. Dazu ein Nachweis von duftabsondernden Geweben über Anfärbung mit Neutralrot: Die Blüte wird für einige Stunden in eine Neutralrot-Lösung (100 mg Neutralrot in 100 ml Wasser) eingelegt. Grund für die Rotfärbung ist, dass bei duftabsondernden Geweben die fettartige Schicht (Cuticula) über der Oberhaut (Epidermis) „löcherig“ wird, um die Duftstoffe nach außen abgeben zu können. Durch eben diese Löcher dringt dann das Neutralrot ein, was bei normalen Zellen unmöglich ist.

Die Narben unserer Segge zeigen nach Einlegen in Neutralrot die typische Rotfärbung von Geweben, die Duftstoffe absondern. Der Wind

Blütenstand der Monte Baldo-Segge (280), wie auf S. 152 im weiblichen Zustand. Die Narben geben Duftstoffe zum Anlocken der Insekten ab. Sie lassen sich wie duftproduzierende Gewebe generell mit Neutralrot anfärben.

Rechte Seite:
Blick vom Altissimo di Nago (2078 m), dem nördlichsten Gipfel des Monte Baldo, auf den Gardasee. In der Bildmitte erkennt man Riva. Hier oben blüht Kerners Schmuckblume (007), etwas weiter unten außer anderen Endemiten auch die Monte-Baldo-Segge (280).

kann nicht riechen, Insekten sehr wohl – also doch kein zufälliger, sondern ein institutionalisierter Bezug zu bestäubenden Insekten.

Wie ist die Stellung der Monte Baldo-Segge unter Gesichtspunkten der Evolution zu bewerten? Erinnern wir uns: Die Nacktsamer waren windblütig, die Bedecktsamer gingen zur Tierblütigkeit über. Doch im weiteren Verlauf der Evolution wurden einige von ihnen erneut windblütig. Eine solche **sekundäre Windblütigkeit** findet sich nicht nur bei einzelnen Arten, sondern auch bei ganzen Familien. Beispiele sind die Gräser und verwandte Familien wie die Binsen- und die Riedgras-Gewächse, zu denen auch die Monte Baldo-Segge zählt. Eine sekundäre Windblütigkeit lässt sich auch an Überbleibseln erkennen, die noch an die frühere Insektenblütigkeit erinnern, für die Windblütigkeit aber belanglos oder sogar störend sind. Die Bildung von Nektar gehört hierher oder das Vorhandensein von Spuren an Pollenkitt bei den Gräsern. Pollenkitt kann sich bei Windblütigkeit nur störend auswirken. Bei der Monte Baldo-Segge könnten Farbe und Duft solche Relikte sein, denn man nimmt an, sie sei beim Übergang von der Insektenblütigkeit zur sekundären Windblütigkeit, den die anderen Seggen beeits hinter sich haben, auf halbem Wege stehen geblieben: Die Blütenhüllblätter sind zwar bereits verschwunden, aber Farbe und Duft blieben noch erhalten und machen eine Insektenbestäubung nach wie vor möglich. Eine Parallele, die wir schon kennen, wäre die Akeleiblättrige Wiesenraute (025), die ebenfalls beim Übergang zur Windblütigkeit ihre Blütenblätter bereits verloren hat, aber noch von Insekten bestäubt wird.

Die Monte Baldo-Segge ist ein Endemit der Südalpen. Sie kommt dort stellenweise häufig vor. Das gilt auch für den namengebenden Höhenzug. Sie war schon im Erdzeitalter des Tertiärs im Gebiet vorhanden und überstand die nachfolgenden Eiszeiten in Refugien des südlichen Alpenraums, von denen aus in der Nacheiszeit die Wiederbesiedlung erfolgte.

15 Blumen: Evolution von Funktion und Schönheit

Zu Beginn unseres Streifzugs durch die Welt der Alpenblumen hatten wir auf die Schönheit hingewiesen, die uns in ihnen und mit ihnen begegnet. Wir sahen uns jedoch außerstande, auf Fragen hinsichtlich der Schönheit einzugehen, bevor wir uns intensiv mit den Alpenblumen befasst hatten. Das ist jetzt geschehen. Insbesondere die Artenbeschreibungen lieferten uns eine Überfülle an Fakten. Ob sie sich auch auswerten lassen, wenn wir Fragen nach der Schönheit aufgreifen? Versuchen wir es. Dabei müssen wir zunächst auf Fragen zur Evolution der Eigenschaften eingehen, die bei der Bestäubung funktionell wichtig sind. Erst danach können wir uns dem zuwenden, was wir als „schön" empfinden, vor allem auch fragen, ob es eine Schönheit von Blumen gibt, die nichts mit der ureigentlichen Funktion von Blüten zu tun hat, eine Schönheit also, die man als *unrentabel* bezeichnen könnte.

15.1 Zur Evolution der funktionsbedingten Eigenschaften von Blumen

15.1.1 Darwins Thesen

Charles Darwins grundlegendes Werk erschien 1859 unter dem Titel „On the origin of species by means of natural selection, or the preservation of favoured races in the struggle for life". Der lange Titel wird im Deutschen meistens zu „Über die Entstehung der Arten" abgekürzt. Eigentlich sollten die Grunddaten dieses epochalen Werks in jedem Schulunterricht, ganz gleich welcher Schulgattung, behandelt werden. Doch angesichts der Unterbewertung der Biologie scheint hier Skepsis angebracht. Deshalb sollen hier wenigstens die wichtigsten Aussagen erwähnt werden, die Darwin mit einer Fülle von Beispielen aus der Natur belegte. Das kann allerdings nur in Kurzform geschehen:
In der Natur findet sich eine permanenter Kampf ums Dasein (struggle for life), gerade auch zwischen den Angehörigen ein- und derselben Art. Der Stärkste oder der am besten Angepasste überlebt diesen Kampf ums Dasein (survival of the fittest). Es findet also eine natürliche Auslese (natural selection) statt. Lebewesen, die sie auf Grund bestimmter erblicher Eigenschaften überstanden haben, kommen bevorzugt zur Fortpflanzung. Über ihre Nachkommen setzen sie sich auch in Folgegenerationen durch, verdrängen schwächere oder weniger gut angepasste Konkurrenten. Damit ändern sich die Arten langsam aber

Rechte Seite:
Köpfchen der Wollköpfigen Kratzdistel (224) im Knospenzustand, ein Beispiel für unrentable Schönheit.

Der Weizen z. B. ist durch eine entsprechende Hybridisierung aus drei Gräsern entstanden. Auch eine **Isolation** kann wichtig werden. Sie verhindert, dass neu entstandene Formen durch Einkreuzen des alten, unveränderten Erbguts wieder auf den Ausgangszustand rückgeführt werden. Über sie werden die neuen Formen also stabilisiert. Bekannt ist, dass sich auf Inseln, die durch das Meer isoliert werden, besonders viele Arten finden können, die anderswo nicht vorkommen.

15.1.4 Am Bau der Blumen lässt sich die Bedeutung der Rekombination und damit auch der Mutation erkennen

Die Diskussion um Darwins Postulate wird weitergehen, schon deswegen, weil biologische Grundkenntnisse keinesfalls zur Allgemeinbildung des Bundesbürgers gehören. Das gilt insbesondere für die Erkenntnisse der modernen Biologie, die, wenn auch mit veränderter Terminologie, die Auffassungen Darwins im Prinzip bestätigt – trotz zahlreicher noch offener Fragen. Doch was kann die Blütenbiologie zu dieser Diskussion beitragen? Sehr viel. Denn besonders bei den Artenbeschreibungen wurde überdeutlich, dass sich überall die vier schon früher genannten Mechanismen zur Vermeidung der Selbstbestäubung und damit zur Förderung der Fremdbestäubung finden: die Zweihäusigkeit, das ungleichzeitige Reifen der Sexualorgane, eine entsprechende Stellung der Sexualorgane in zwittrigen Blüten und die Verschiedengriffeligkeit. Darüber hinaus verhindert vielfach die Selbststerilität eine Selbstbefruchtung. Was in diesem Buch an Alpenblumen exemplifiziert wurde, gilt im Übrigen für die gesamte Pflanzenwelt.

Förderung der Fremdbestäubung und damit der Fremdbefruchtung bedeutet nichts anderes als **Förderung der Rekombination.**

Wenn nur irgend möglich, sollen **genetisch verschiedene Keimzellen** zusammengeführt werden, miteinander verschmelzen und so Rekombinanten, also Pflanzen mit neuen Genkombinationen entstehen lassen. Die Rekombinanten werden dann dem Umwelttest, der **Selektion** durch die jeweils gegebenen Umweltbedingungen zugeführt. Die erwähnten Mechanismen sind oft geradezu abenteuerlich ausgebaut und werden zur besseren Absicherung der Fremdbestäubung miteinander und oft auch mit der Selbststerilität kombiniert. Sie finden sich bei fast allen Pflanzen. Eindrucksvoller und mit umfangreicherem Belegmaterial lässt sich kaum demonstrieren, wie wichtig Mutation, Rekombination und Selektion für die Pflanzen sind. Und wenn man fragt, auf welchem Gebiet denn die ausschlaggebende Bedeutung von Mutation, Rekombination und Selektion zu suchen sei, bleiben wie schon ausgeführt nur die Ökologie und mit ihr die Evolution (vgl. S. 18). Damit werden Darwins Vorstellungen im Prinzip bestätigt.

15.1.5 Blüten und Insekten: Kooperation statt Krieg, Symbiose statt Konkurrenz

Greifen wir eine Anti-Darwin-Publikation aus neuerer Zeit heraus, die auch insofern als exemplarisch gelten darf, als sie alle Erkenntnisse der modernen Biologie ignoriert (Eichelbeck 1999). In ihr werden Kooperation statt Krieg, Symbiose statt Konkurrenz herausgestellt. Krieg wurde hier wie so oft wortwörtlich genommen, was an den Intentionen Darwins vorbeigeht. Der übliche Fehler also, der schon aufgezeigt worden war. Zahlreiche Beispiele für Kooperationen im Bereich des Belebten werden gebracht. Sie wurden als wichtiger für die Evolution gewertet als Kampf und Konkurrenz.

Nichts gegen Kooperationen, auch wenn sie einseitig herausgestellt wurden. Nur wurde nicht rationell erklärt, wie sie zustande kommen könnten. Der Leser dieses Buchs wird um eine Antwort nicht verlegen sein. Denn zwischen Blumen und bestäubenden Insekten findet sich eine derart enge Kooperation, dass man sie sogar schon als Symbiose, als Lebensgemeinschaft zum wechselseitigen Nutzen bezeichnet hat. Wie sie sich entwickelt haben könnte, wurde in diesem Buch wiederholt aufgezeigt: über eine Coevolution Blume/Insekt. Und diese Coevolution verlief im Wesentlichen über Mutation, Rekombination und Selektion. Als Extrembeispiel war das Paar *Angraecum*/*Xanthopan* genannt worden (S. 24). Niemand wird behaupten wollen, dass alle in diesem Zusammenhang auftauchenden Probleme gelöst seien. Doch steht fest, dass sich die Erscheinungen der Kooperation einschließlich der Symbiose nicht als generelles Argument gegen Darwin verwenden lassen. Ganz im Gegenteil, Kooperationen lassen sich voll und ganz mit seinen Postulaten vereinbaren.

15.1.6 Das ABC-Modell: Mutation, Rekombination und die Ausbildung von Blütenorganen

In der beispielhaft erwähnten Publikation (Eichelbeck 1999) kann man auch lesen: „Es gibt bis heute keinen Beweis dafür, ja nicht einmal eine vernünftige theoretische Ableitung, dass – und wenn ja, wie – die Gene die Entwicklung und Formbildung von Individuen steuern.“ Eine Aussage, die wieder einmal elementare Daten der Biologie ignoriert. Denn dass Gene auf Entwicklungsprozesse Einfluss nehmen, ist längst bewiesen. Heute arbeitet der Molekularbiologe an der Frage nach dem Wie. Auch dazu liegen schon erste Erkenntnisse vor.

Gerade bei der Entwicklung von Blütenorganen konnte klar belegt werden, dass ihre Bildung von definierten Genen gesteuert wird. Der Terminus *steuern* wird übrigens von Biologen verwendet, ohne dass sie damit unterstellen möchten, es handele sich um eine bewusste, intellektuelle Einflussnahme. Man sollte Biologen nicht für allzu einfältig

Das ABC-Modell der Bildung und Stellung von Blütenorganen. Die beteiligten Gene lassen sich in drei Gruppen einteilen, die sich in ihren Aktivitäten überlappen. Gruppe A ist für die Wirtel 1 und 2 (normalerweise mit Kelch- und Kronblättern), Gruppe B für die Wirtel 2 und 3 (normalerweise mit Kron- und Staubblättern), Gruppe C für die Wirtel 3 und 4 (normalerweise mit Staub- und Fruchtblättern) zuständig.
Oben die Situation in einer normalen Blüte, darunter in einer Mutante, in der Gen-Gruppe B ausgefallen ist. Rechts finden sich die entsprechenden Blütendiagramme. Bei der Mutante bilden sich im Wirtel 2 an Stelle von Kronblättern zusätzliche Kelchblätter und im Wirtel 3 an Stelle von Staubblättern zusätzliche Fruchtblätter. Damit ist belegt, dass sich die normalen, nicht mutierten Gene der Gruppe B an der Bildung von Kron- und Staubblättern und die Gene der Gruppen A und C an der Bildung von Kelch- bzw. Fruchtblättern beteiligen.

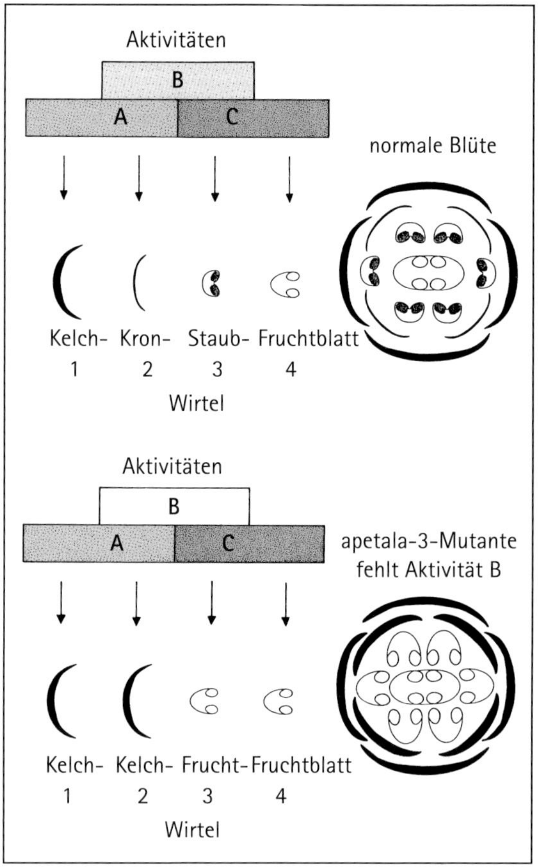

halten – diese Anmerkung nur, weil auch hier entsprechende Kritik geäußert wurde. Bei der genetischen Steuerung der Bildung von Blütenorganen lässt sich nun ein direkter Bezug zu Phänomenen herstellen, auf die in diesem Buch wiederholt hingewiesen wurde. Deshalb wollen wir hier nicht im Allgemeinverbindlichen bleiben, sondern konkret werden.
Denn wiederholt wurde erwähnt, dass sich im Verlauf der Evolution die Art der Blattorgane geändert haben könnte, die eine Blüte ausbildet. Bleiben wir nur bei der ersten Familie, die in den Artenbeschreibungen behandelt wurde, bei den Hahnenfuß-Gewächsen: Bei der Trollblume (006) sollen sich Staubblätter zu Nektarblättern, bei der Schneerose (010) Kelchblätter zu Kronblättern und Kronblätter zu Nektarblättern, bei der Alpen-Waldrebe (018) Staubblätter zu Blütenhüllblättern umgewandelt haben. Und die Akeleiblättrige Wiesenraute (025) soll ihre Blütenhülle sogar ganz verloren haben! Das könnte ziemlich unglaubwürdig klingen.
Trotzdem, solche Umwandlungen der Blütenorgane entspringen nicht der blühenden Phantasie der Blütenbiologen oder Pflanzensystematiker.

Bei verschiedenen Pflanzenarten ließ sich über den Einsatz von Mutanten belegen, dass sie auf unterschiedliche Genkombinationen zurückgehen. Man spricht von einem ABC-Modell, weil sich drei Gengruppen, A, B und C beteiligen.
Gehen wir auf das ABC-Modell am Beispiel eines kleinen Kreuzblütlers, der Acker-Schmalwand ein. Eine Erinnerung an den Blütenbau der Kreuzblütler: vier Kelchblätter, vier Kronblätter, sechs Staubblätter (zwei kleine und vier lange, die man hier als Einheit sieht und auf einen Wirtel zurückführt) und ein Fruchtknoten aus zwei Fruchtblättern machen die Blüte aus. Es sind also vier Kreise oder Wirtel mit Blütenorganen vorhanden.
Nun die beteiligten Gene: am Zustandekommen der eben geschilderten normalen Zahl und Anordnung der Blütenorgane beteiligen sich drei Gengruppen. Gruppe A ist für die Ausbildung von Kelch- und Kronblättern, Gruppe B für die Ausbildung von Kron- und Staubblättern und Gruppe C für die Ausbildung von Staub- und Fruchtblättern zuständig, und zwar jeweils in den richtigen Wirteln. Die Genaktivitäten der Gruppen überlappen sich also. An der Ausbildung von Kronblättern beteiligen sich z. B. Gene der Gruppe A und der Gruppe B usw.
So weit, so gut. Doch nun lassen wir die Gengruppe B über Mutation ausfallen. Damit erlischt die Aktivität B. Übrig bleiben die Aktivitäten A und C. Die Folge: die Blüte verändert sich in Art und Stellung ihrer Blattorgane. Sie führt nur noch Kelch- und Fruchtblätter. Im zweiten Wirtel finden sich an Stelle der Kronblätter nun Kelchblätter und im dritten Wirtel an Stelle der Staubblätter Fruchtblätter. Daraus ließ sich schließen, dass das normale Gen B in den Wirteln zwei und drei aktiv wird und sich an der Bildung von Kron- und Staubblättern in eben diesen Wirteln beteiligt.
Wir mussten uns in unserem Beispiel der Kürze wegen auf eine der beteiligten Genaktivitätsgruppen, auf B, beschränken. Doch entsprechendes gilt auch für Gene der Gruppen A und C. Über entsprechende Kreuzungen ließen sich mutierte und normale Gene in den verschiedensten Kombinationen zusammenstellen. Die Auswirkung auf Art und Stellung der Blütenorgane entsprach dann jeweils der Erwartung.
Viele der betreffenden Gene wurden isoliert, in ihrer molekularen Struktur aufgeklärt und geklont. Damit steht zweifelsfrei fest, dass Gene die Ausbildung von Blütenorganen steuern. Vor allem ließ sich im Experiment bestätigen, dass eine **Kombination** normaler mit mutierten Genen zur Umwandlung von Blütenorganen führen kann. Die Bedeutung von Mutation und Rekombination für die Formbildung ließe sich schon auf Grund dieser Befunde nicht mehr leugnen. Das ABC-Modell ist jedoch nur eine von zahlreichen entsprechend aussagekräftigen Beweisführungen.

15.2 Zur Schönheit von Blumen und ihrem Entstehen

Blumen können schön sein. Und viele von ihnen, eigentlich fast alle, sind es auch. Damit ist nicht nur die augenfällige Schönheit der Rose, nicht nur die fast protzige Schönheit tropischer Orchideen gemeint, sondern noch viel mehr die bescheidene, anrührende Schönheit, wie man sie bei einer kleinen Augentrostblüte finden kann. Bei vielen Blüten muss man sogar die Lupe benutzen, um ihre Schönheit voll erfassen zu können.

Es ist eine Frage des Gefühls, was man als schön empfindet und was nicht. Damit sind wir in Bereichen, die für den experimentell arbeitenden Naturwissenschaftler nur schwer, wenn überhaupt zugänglich sind. Seine analytisch-messende Arbeitsweise muss hier versagen. Kann man sich unter solchen Voraussetzungen überhaupt darüber einigen, was denn eigentlich als schön bezeichnet werden kann? Oder gar bezeichnet werden muss?

Ganz selbstverständlich gibt es Literatur zur Theorie des Schönen. Teils ist sie aber nur für Philosophen ohne weiteres verständlich. Eine empfehlenswerte, klar gehaltene Einführung für den „normalen“ Menschen gibt ein Büchlein des Regensburger Philosophen Ulrich Hommes. Es sei auch deshalb hier genannt, weil schon sein Titel das Wesentliche herausstellt: „Der Glanz des Schönen“ lautet er. Damit ist schon das Wesentliche gesagt: oft wird als schön empfunden, was glänzt, leuchtet, strahlt. Das gilt besonders für Blumen. Alpenblumen glänzen, leuchten, strahlen, sogar viel mehr als die meisten Blumen des Tieflands. Sie sprechen damit eine Verhaltensnorm an, die tief in unserem Inneren begründet ist. Was Wunder, dass wir gar nicht umhin können, sie als schön zu empfinden!

Ein Gebrauchsgegenstand kann schön sein. Das gilt für alte Backmodeln ebenso wie für ein elegantes Kabriolett. Auch Blumen sind eigentlich Gebrauchsgegenstände, auf Seiten der Pflanze gebraucht für die sexuelle Fortpflanzung, auf Seiten der Bestäuber gebraucht vor allem zur Ernährung. Eben waren wir abschließend auf die Coevolution Blume/Insekt eingegangen. In ihr hat sich nicht nur entwickelt, was für sexuelle Fortpflanzung einerseits und Ernährung andererseits erforderlich ist, was also funktionell wichtig ist – auch die Schönheit der Blumen ist über sie entstanden. Verzeihen Sie dem Naturwissenschaftler, wenn er das für ein Wunder hält? Unter utilaristischen Aspekten, unter den Aspekten von Nützlichkeit und Zweckmäßigkeit also, könnte man sich auch eine viel nüchterner, sachlicher verlaufende Evolution vorstellen, eine Evolution zu Sex- und Rekombinationswesen, die wir Menschen keineswegs als schön bezeichnet hätten.

Hinzu kommt noch, dass sich keineswegs alle Eigenschaften von Blumen unter dem Aspekt der Zweckmäßigkeit erklären lassen. Jeder, der sich

näher mit Blumen befasst, gewinnt den Eindruck eines fast barocken Überschwangs, was Form, Farbe und Duft anbelangt. In vielen Fällen wird man fast erstaunt fragen: Was soll denn das? Das kann doch wohl nicht zweckmäßig sein? Dazu nur einige wenige Beispiele. Beginnen wir mit Bildungen, deren Form uns überzeugt, ohne dass ein Nutzeffekt gegeben wäre. Die Geometrie in den Köpfen der Wollköpfigen Kratzdistel (224), die sich noch im Knospenzustand befinden, ist geradezu begeisternd. Und auch die verhaltenen Farben der braunen Hochblätter und des grauweißen Wollfilzes sind wie aufeinander abgestimmt. Für Bestäuber kann all das nicht gedacht sein. Die Blüten sind ja noch geschlossen, sind noch im Knospenzustand. Eine *unrentable Schönheit* also!

Entsprechendes gilt für die alternden Blüten des Braun-Klees (075). Beim Verblühen färben sich die Kronblätter dunkelbraun und helfen nach ihrem völligen Vertrocknen bei der Windverbreitung der Samen. Nur *wie* sie sich verfärben, ist erstaunlich. Im Übergangsbereich zwischen jüngeren gelben und alten, schon völlig braunen Blüten finden sich Zwischenzustände, die in Aufsicht wie steil gestellte gelbe, braun umrandete Dreiecke aussehen. Warum färben sich in einer gegebenen Blüte nicht alle Kronblätter gleichzeitig einheitlich braun? Warum statt dessen diese attraktive Farbkomposition? Ein Ansprechen von Insekten

Ausschnitt aus dem alternden Blütenköpfchen des Braun-Klees (075).

Blüte des Zwerg-Augentrosts (163), Form ohne Farbmale auf dem Mittellappen der Unterlippe.

kommt auch hier nicht in Frage. Denn die alternden Blüten werden von ihnen nicht mehr besucht. Wiederum eine unrentable Schönheit. Gehen wir zu Blüten über, die noch voll funktionsfähig sind. Findet sich auch bei ihnen eine unrentable Schönheit? Schon das Luxurieren bei der Synthese der Blütenfarbstoffe (S. 428) wäre hier zu nennen. Denn es ist nicht ökonomisch. Doch greifen wir die Blütenzeichnungen heraus, weil sie für den Nicht-Fachmann begrifflicher sind. Sie werden vielfach als

Wegweiser zum Nektar hin gewertet. Kein Zweifel daran, dass sie es sein können, dafür gibt es experimentelle Belege. Doch manchmal kann man seine Zweifel haben, was die Leitfunktion der Nektarmale angeht. Denken Sie an die oft nur wenige mm breiten Blüten des Zwerg-Augentrosts (163). Auf Ober- wie Unterlippe zeigen sie dunklere Adern, die als Nektarmale gewertet werden können. Das wäre dann zweckmäßig, wenn es sich bei den Bestäubern um winzige Insekten handelte. Auf der für sie fast unendlich weiten Fläche der Unterlippe müssten sie sich wie verloren vorkommen. Doch da sind ja die Schlundadern, denen sie zum Nektar hin folgen könnten!

Die Realität ist eine andere, denn als Bestäuber kann man Fliegen beobachten, die im Verhältnis zur Blütengröße geradezu als riesig bezeichnet werden müssen. Setzt sich eine von ihnen auf die Unterlippe, füllt sie den ganzen Blütenrachen aus. Adern als Wegweiser zum Nektar sind dann überflüssig. Die Fliege kann nicht anders, als auf den Nektar zu stoßen! Die Adern werden also gar nicht als Wegweiser benötigt. In der Tat können beim Zwerg-Augentrost die Adern auf dem Mittellappen der Unterlippe entfallen, vor allem, wenn die Oberlippe dunkler gefärbt ist. Das scheint zweckmäßig. Doch warum gibt es sie bei anderen Pflanzen der gleichen Art, auch wenn sie gleich klein sind? Und warum entfallen sie nur auf dem Mittellappen, nicht auch auf den beiden Seitenlappen? Mit der Zweckmäßigkeit ist es wohl doch nicht so weit her!

Von Farben zu Formen: Was sie anbelangt, lassen sich auch bei voll funktionsfähigen Blüten immer wieder Beispiele für Gestaltungen finden, die ebenfalls nicht rationell verständlich sind. Warum sind die Blüten der Pracht-Nelke (028) so extrem zerschlissen? Ein Nutzeffekt lässt sich nicht erkennen. Man kann verstehen, dass sie für Anhänger der Bachblüten-Therapie für das Motto „Flirt, Spiel, Tanz" stehen. Ebenfalls stark gegliedert sind u.a. die Randblüten in den Körbchen der Flockenblumen, vor allem der deshalb so genannten Federigen Flockenblume (227). Für eine starre Zweckmäßigkeit findet sich hier ebensowenig wie bei der Prachtnelke auch nur das geringste Anzeichen.

Die Blüte entwickelt Frucht und Samen. Wen wundert es, dass es auch dabei Beispiele für unrentable Schönheit gibt, so bei den wunderbar schopfig gedrehten Fruchtschöpfen der Kriechenden Nelkenwurz (068). Die Art wird deshalb auch Gletscher-Petersbart genannt. Die Bärte bauen sich aus den behaarten und stark verlängerten Griffeln auf. Einen solchen „Petersbart" gibt es auch bei der Schwesterart, der Berg-Nelkenwurz (067). Aber eine derart starke schraubige Drehung findet sich bei ihr nicht. Und bei den Alpen-Anemonen (014–017) z.B. gibt es zwar ebenfalls lange Haarschöpfe aus Griffeln, aber diese „Federschweife" sind locker gebaut. Funktionell unerlässlich kann der stark gedrehte, zunächst kompakte Haarschopf des Gletscher-Peterbarts demnach wohl

Blick in das Körbchen der Federigen Flockenblume (227).

kaum sein. Aber er spricht unser Empfinden für Harmonie an – ist also wieder einmal „schön".

Die Beispiele ließen sich vermehren. Doch auch so dürfte deutlich geworden sein, dass keineswegs alle Erscheinungen bei Blumen und darüber hinaus in der gesamten belebten Natur reine Zweckmäßigkeit widerspiegeln. Die moderne Biologie kann plausible Evolutionsmodelle aufstellen, soweit es sich um Eigenschaften handelt, die Vorteile mit sich bringen, die funktionell bedingt sind. Doch wie steht es mit der „Evolution der unrentablen Schönheit"?

Man hat dafür Umschreibungen gefunden. Der Philosoph und der Naturwissenschaftler verwenden hier sogar die gleiche Terminologie. Der schon früher zitierte Philosoph Ulrich Hommes (1992) bezeichnet Schönheit als „Selbstdarstellung der Natur im Licht"; der Biologe Adolf Portmann (1970) spricht von einer „Selbstdarstellung des Lebendigen". Philosoph und Naturwissenschaftler können sich beide kaum eines Anflugs von Genugtuung erwehren, wenn sie einmal die gleiche Sprache verwenden. Doch könnte zumindest der Naturwissenschaftler monieren, dass „Selbstdarstellung" keine rationelle Erklärung einer Evolution beinhaltet. Doch gibt es überhaupt eine solche rationelle Erklärung? Ihr Autor möchte Adolf Portmann zustimmen. Was er schon vor 30 Jahren formuliert hatte, gilt nach wie vor. Er hatte herausgestellt, dass wir uns in einem Bereich befinden,

> „wo wir gestaltende Ursachen annehmen müssen, von denen wir wissenschaftlich und verstandesmäßig zur Zeit noch nichts aussagen können. Ob dieses „zur Zeit" berechtigt ist und wie weit es berechtigt ist, das ist eine andere Frage."

Pflanzennamen Deutsch/Wissenschaftlich

Für alle Pflanzen mit Code-Nr. werden in den Artenbeschreibungen außer den deutschen auch die wissenschaftlichen Namen angegeben. Sonst werden, von Ausnahmen abgesehen, nur die deutschen Namen genannt. Für die betreffenden Arten werden hier die wissenschaftlichen Bezeichnungen angegeben.

Acker-Schmalwand *Arabidopsis thaliana*
Ährige Teufelskralle *Phyteuma spicatum*
Alpen-Frauenmantel *Alchemilla alpina*
Alpen-Gänsekresse *Arabis alpina*
Alpen-Grasnelke *Armeria alpina*
Alpen-Hornkraut *Cerastium alpinum*
Alpen-Lieschgras *Phleum alpinum*
Alpen-Rauschbeere *Vaccinium gaultherioides*
Alpen-Rispengras *Poa alpina*
Alpen-Scharte *Saussurea alpina*
Alpen-Schaumkraut *Cardamine alpina*
Alpen-Wachsblume *Cerinthe glabra*
Alpen-Wegerich *Plantago alpina*
Aronstab *Arum maculatum*
Arve *Pinus cembra*
Ausdauerndes Bingelkraut *Mercurialis perennis*

Bärlauch *Allium ursinum*
Bart-Nelke *Dianthus barbatus*
Bastard-Hahnenfuß *Ranunculus hybridus*
Baum-Rhododendron *Rhododendron arboreum*
Berg-Ahorn *Acer pseudoplatanus*
Berg-Hahnenfuß *Ranunculus montanus*
Berg-Kiefer *Pinus mugo* ssp. *uncinata, P. uncinata*
Berg-Löwenzahn *Leontodon montanus*
Berg-Pippau *Crepis pontana*
Betonienblättrige Teufelskralle *Phyteuma betonicifolium*
Bitteres Schaumkraut *Cardamine amara*
Blattloser Steinbrech *Saxifraga aphylla*
Blaugras *Sesleria coerulea*
Blumenbinse *Scheuchzeria palustris*
Blutwurz *Potentilla erecta*
Borstgras *Nardus stricta*
Braun-Segge *Carex nigra, C. fusca*
Breitblättrige Stendelwurz *Epipactis helleborine*
Breitblättriger Lavendel *Lavandula latifolia*
Breitblättriges Knabenkraut *Dactylorhiza majalis*
Breitblättriges Wollgras *Eriophorum latifolium*
Buche *Fagus silvatica*
Buntschwingel *Festuca varia*

Davall-Segge *Carex davalliana*
Drachenmaul *Horminum pyrenaicum*

Echte Sumpfwurz *Epipactis palustris*
Echtes Seifenkraut *Saponaria officinalis*
Efeu *Hedera helix*
Einbeere *Paris quadrifolia*
Einjähriger Mauerpfeffer *Sedum annuum*
Ess-Kastanie *Castanea sativa*

Faden-Flechte *Alectoria ochroleuca*
Felsen-Baldrian *Valeriana saxatilis*
Felsen-Mauerpfeffer *Sedum rupestre*
Fichte *Picea abies*
Fichtenspargel *Monotropa hypopitys*
Filziges Felsenblümchen *Draba tomentosa*
Flaumeiche *Quercus pubescens*
Fladnitzer Felsenblümchen *Draba fladnizensis*
Fleischroter Mannsschild *Androsace carnea*
Frauenmantel *Alchemilla spec.*
Frühlings-Platterbse *Lathyrus vernalis*
Frühlings-Schlüsselblume *Primula veris*

Gamander-Ehrenpreis *Veronica chamaedrys*
Gegenblättriges Milzkraut *Chrysosplenium oppositifolium*
Gelbe Narzisse *Narcissus pseudonarcissus*
Gelbling *Sibbaldia procumbens*
Gemeines Lungenkraut *Pulmonaria officinalis*
Gemeine Wucherblume *Leucanthemum vulgare*
Gemswurz-Geiskraut *Senecio doronicum*
Gewöhnliche Akelei *Aquilegia vulgaris*
Gewöhnliche Grasnelke *Armeria maritima*
Gewöhnliche Rauschbeere *Vaccinium uliginosum*
Gewürznelke *Syzygium aromaticum*
Gift-Hahnenfuß *Ranunculus thora*
Glänzende Gänsekresse *Arabis soyeri*
Goldhafer *Trisetum flavescens*
Goldnessel *Lamium galeobdolon*
Goldschwingel *Festuca paniculata*
Großblättrige Schafgarbe *Achillea macrophylla*
Großblütiges Fingerkraut *Potentilla grandiflora*
Großer Wiesenknopf *Sanguisorba officinalis*
Großköpfiger Pippau *Crepis conycifolia*
Grün-Erle *Alnus viridis*

Hainbuche *Carpinus betulus*
Hain-Greiskraut *Senecio nemorensis*
Haselwurz *Asarum europeaeum*

Hasenlattich *Prenanthes purpurea*
Heidekraut *Calluna vulgaris*
Heidelbeere *Vaccinium myrtillus*
Herzblättriger Hahnenfuß *Ranunculus parnassii-folius*
Hohe Schlüsselblume *Primula elatior*
Hohler Lerchensporn *Corydalis cava*
Hopfenbuche *Ostrya carpinifolia*
Horst-Segge *Carex sempervirens*

Island-Flechte *Cetraria islandica*

Karawanken-Enzian *Gentiana froelichii*
Kissen-Primel *Primula acaulis*
Kleines Habichtskraut *Hieracium pilosella*
Knotenfuß *Streptopus amplexicaule*
Knotige Braunwurz *Scrophularia nodosa*
Korallenwurz *Corallorhiza trifida*
Krähenbeere *Empetrum hermaphroditum*
Kraut-Weide *Salix herbacea*
Krumm-Segge *Carex curvula*
Kugel-Primel *Primula denticulata*
Kugelschötchen *Kernera saxatilis*

Lärche *Larix decidua*
Langblättriger Sonnentau *Drosera anglica, D. longifolia*
Latsche *Pinus mugo* ssp. *mugo, P. mugo*
Legföhre *Pinus mugo* ssp. *mugo, P. mugo*
Linden *Tilia spec.*
Lungen-Flechte *Lobaria pulmonaria*

Märzenbecher *Leucojum vernum*
Mandel-Wolfsmilch *Euphorbia amygdaloides*
Mannsschild-Steinbrech *Saxifraga androsacea*
Maßliebchen-Ehrenpreis *Veronica bellidoides*
Mierenblättriges Weidenröschen *Epilobium alsinifolium*
Moor-Rauschbeere *Vaccinium uliginosum*
Moschus-Schafgarbe *Achillea moschata*
Moschus-Steinbrech *Saxifraga moschata*

Nacktried *Elyna myosuroides*
Nesselblättriger Ehrenpreis *Veronica urticifolia*
Nestwurz *Neottia nidus-avis*
Netz-Weide *Salix reticulata*
Nickendes Weidenröschen *Epilobium nutans*
Niederliegender Enzian *Gentiana prostata*
Niedriges Habichtskraut *Hieracium humile*
Nussbaum *Juglans regia*

Polar-Weide *Salix polaris*
Polster-Segge *Carex firma*

Rispen-Eisenhut *Aconitum paniculatum*
Rost-Segge *Carex ferruginea*
Rundblättrige Fetthenne *Sedum anacampseros*
Rundblättriger Sonnentau *Drosera rotundifolia*
Rundblättriger Steinbrech *Saxifraga rotundifolia*

Sanikel *Sanicula europaea*
Scharbockskraut *Ranunculus ficaria*
Scheidiges Wollgras *Eriophorum uniflorum*
Scheuchzers Wollgras *Eriophorum scheuchzeri*
Schild-Ampfer *Rumex scutatus*
Schmalblättriges Weideröschen *Epilobium angustifolium*
Schmalblättriges Wollgras *Eriophorum angustifolium*
Schnee-Ampfer *Rumex nivalis*
Schnee-Flechte *Cetraria nivalis*
Schwarze Teufelskralle *Phyteuma nigrum*
Schwarzrandige Schafgarbe *Achillea atrata*
Seealpen-Steinbrech *Saxifraga florulenta*
Siebenstern *Trientalis europaea*
Sonnentau *Drosera spec.*
Spirke *Pinus mugo* ssp. *uncinata, P. uncinata*
Strauß-Steinbrech *Saxifraga cotyledon*
Stumpfblättriger Mannsschild *Androsace obtusifolia*
Stumpfblättrige Weide *Salix retusa*
Südalpen-Segge *Carex austroalpina*
Süße Wolfsmilch *Euphorbia dulcis*
Sumpf-Dotterblume *Caltha palustris*
Sumpf-Veilchen *Viola palustris*

Tanne *Abies alba*
Tauben-Skabiose *Scabiosa columbaria*
Torfmoss *Sphagnum spec.*
Totengebein-Flechte *Thamnolia vermicularis*

Verschiedenblättrige Kratzdistel *Cirsium heterophyllum*
Vielblütige Weißwurz *Polygonatum multiflorum*
Violettschwingel *Festuca violacea*

Waldmeister *Galium odoratum*
Wald-Kiefer *Pinus sylvestris*
Wald-Sauerklee *Oxalis acetosella*
Wald-Veilchen *Viola reichenbachiana*
Wald-Wachtelweizen *Melampyrum sylvaticum*
Weißer Mauerpfeffer *Sedum album*
Weißes Schnabel-Ried *Rhynchospora alba*
Wiesen-Knöterich *Polygonum bistorta*
Wolfs-Flechte *Letharia vulpina*

Zarter Enzian *Gentiana tenella*
Zirbel-Kiefer *Pinus cembra*
Zwerg-Birke *Betula nana*
Zwerg-Gänsekresse *Arabis pumila*
Zwerg-Hahnenfuß *Ranunculus pygmaeus*
Zwerg-Ruhrkraut *Gnaphalium supinum*
Zwerg-Wacholder *Juniperus nana, J. communis* ssp. *nana*

Zitatquellen

Die genaue Bibliographie der Zitatquellen findet sich in den Literaturhinweisen.

Seite 10: ... *eigens dafür geschaffen* ... Whittle (1971), Seite 15.
Seite 12: ... *Die Blüte ist* ... nach Oehlkers 1956 aus Heß (1990), Seite 13.
Seite 37: *Die Ökologie ist* ... Larcher (1980), Seite 5.
Seite 51: ... *in Gewahrsam – immer mit* ... Müller, H. (1881), Seite 548.
Seite 81: ... *Die Summe der* ... Czihak et al. (1981), Seite 748.
Seite 228: ... *In brennendem Sonnenschein* ... Müller 1881, Seite 201.
Seite 248: ... *und der Landmann* ... Abraham und Thinnes 1995, Seite 89.
Seite 312: ... *Bewußtlos nach* ... Deutsche Apothekerzeitung 132 (1992), Seite 1440.
Seite 311: ... *Die Soldaten, die* ... Xenophon 1983, Seite 140.
Seite 320: ... *stand nun in ihrer* ... Linné 1964, Seite 88.
Seite 327: ... *Zu einer vollständigen* ... Darwin 1899, Seite 209.
Seite 332: ... *Schon in der Natur* ... Köhlein 1984, Seite 17.
Seite 356: ... *das schönste, wunderbar* ... Bertsch (1947a), Seite 65.
Seite 368: ... *und pötzlich dachte ich* ... Farrer 1985, Seite 79.
Seite 402: ... *acht, neun, zehn* ... Mägdefrau 1973, Seite 58.
Seite 411: ... *Sie ist als Droge* ... Brendling 1999 (CD-ROM).
Seite 419: ... *Doldenblütler im Distelgewand* ... Rauh 1951–1953, Bd. 2, Seite 7.
Seite 447: ... *Eines Tages bemerkte* ... Schloeth 1976, Seite 197.
Seite 495: ... *Kooperation statt Krieg, Symbiose statt Konkurrenz* ... Eichelbeck 1999, Seiten 147 und 157.
Seite 495: ... *Es gibt bis heute* ... Eichelbeck 1999, Seite 117.
Seiten 499 ff: ... *unrentable Schönheit* ... Hommes 1992, Seite 41.
Seite 501: ... *Flirt, Tanz, Spiel* ... Albrodt o. J., Seite 263.
Seite 503: ... *Selbstdarstellung der Natur im Licht* ... Hommes 1992, Seite 41.
Seite 503: ... *Selbstdarstellung des Lebendigen* ... Portmann 1970, Seite 186.
Seite 503: ... *wo wir gestaltende Ursachen* ... Portmann 1970, Seite 136.

Bildquellen

Farbfotos:
Mit folgenden Ausnahmen stammen alle Farbfotos vom Autor:
Angerer, O., München: S. 182 (unten links)
Lauber, K., CH-Liebefeld: S. 137 (oben rechts), S. 161 (unten Mitte), S. 189
Muer, T., Telgte: S. 87 (oben rechts), S. 163 (oben rechts)
Walter Rau Speickwerk: S. 406

Folgende Farbabbildungen wurden aus den unten genannten Werken entnommen:
S. 333: Sitwell and Blunt 1990: Great Flower Books. Witherby/Atlantic Monthly Press. S. 52.
S. 13: Krätz, O. 1998: Goethe als Naturwissenschaftler. Callwey, München, S. 97, mit freundlicher Genehmigung der Stiftung Weimarer Klassik/Goethe Nationalmuseum.
S. 25: Wasserthal 1997: The Pollination of the Malagasy Star Orchids *Angraecum sesquipedale, A. sororium* and *A.compactum* and the Evolution of the Extremly Long Spurs by Pollinator Shift. Bot. Acta 110: 343-359.
S. 411: Winkelmann 1951, Die Wirkstoffe unserer Heilpflanzen. Darstellung und Anwendung. Walter, Olten. S. 233.

SW-Zeichnungen:
Die Zeichnungen wurden teils unverändert, teils nach Umzeichnung und/oder Veränderung aus den folgenden, in den Literaturhinweisen angegebenen Werken übernommen:
Aichele und Schwegler, Bd. 1 und 2, 1994: S. 35
Baumgartner et al. 1977: S. 78/79
Bertsch 1947 b und 1950: S. 128
Bertsch 1950: S. 20 (Enzian), 160, 376, 380
Cingel 1995: S. 474, 482
Dolder und Dolder 1985: S. 62
Frey und Lösch 1998: S. 71 oben
Gregory 1991: S. 61
Hegi et al. 1977: S. 56
Heß 1990: S. 12, 15, 28, 33, 283, 328, 435, 471
Heß 1999: S. 17, 496
Kahlke 1994: S. 72
Körner 1999: S. 199
Larcher 1980a: S. 231
Linné 1964: S. 320
Lüttge et al. 1994: S. 122
Müller 1881: S. 276, 288, 382, 384, 468
Ozenda 1998: S. 73
Press und Siever 1995: S. 58, 60
Rauh 1951 (Bd. 1): S. 179, 270, 294
Raven et al. 2000: S. 78 oben
Reisigl 1983: S. 71 unten
Reisigl und Keller 1987: S. 178
Riess und Schauer 1982: S. 84, 91, 126
Strasburger (23.Aufl.1951): S. 443
Walter 1952: S. 307
Wasserthal 1997: S. 26

Literaturhinweise

Pflanzenwelt: Alpen generell

AICHELE, D. & R., SCHWEGLER, H.-W. & A. (1977): Blumen der Alpen und der nordischen Länder. Franckh, Stuttgart.

AICHELE, D. & R., SCHWEGLER, H.-W. & A. (1987): Blumen der Alpen. Franckh, Stuttgart. Neubearbeitung des vorstehenden Titels.

ANCHISI, E., CARTASEGNA, N., BERNINI, A., POLANI, F. (1997): 200 Randonnées Botaniques dans les Alpes: Une Minutieuse Découverte de la Flore. Delachaux et Niestlé, Lausanne. Ein mit Landschafts- und Pflanzenphotos hervorragend ausgestattetes Werk, das für Exkursionsziele im ganzen Alpenraum dort vorkommende Pflanzenarten nennt. Auch auf italienisch.

BERTSCH, K. (1950): Lebensgemeinschaften in den Alpen. Otto Maier, Ravensburg.

BINGHAM, R. (1998): Efficient pollination of alpine plants. Nature 391: 238–239.

DANESCH, E. & O. (1981): Faszinierende Welt der Alpenblumen. Ringier, Zürich.

DANESCH, E. & O. (1984): Enzian und Edelweiß. AT, Aargau.

DANESCH, E. & O. (1985): Blumenwunder im Gestein. AT, Aargau.

ELLENBERG, H. (1996): Vegetation Mitteleuropas mit den Alpen in ökologischer, dynamischer und historischer Sicht. 5. Aufl. Ulmer, Stuttgart.

ENGEL, F.-M. (1977): Die Pflanzenwelt der Alpen. Süddeutscher Verlag, München.

ERHARDT, A. (1993): Pollination of the Edelweiss, *Leontopodium alpinum*. Bot. J. Linn. Soc. 111: 229–240.

FAVARGER, CL., OBERT. P. A (1995): Flore et Végétation des Alpes. Tomes I et II. 3. Aufl. Delachaux et Niestlé, Lausanne.

FINKENZELLER, X., GRAU, J. (1985): Alpenblumen (Steinbachs Naturführer). Mosaik, München.

FÜLLER, F. (1980): Montan-alpine und nordisch-alpine Orchideen (Die Neue Brehm-Bücherei). 2. Aufl. Ziemsen, Wittenberg-Lutherstadt.

GUGERLI, F. (1998): Effect of elevation on sexual reproduction in alpine populations of *Saxifraga oppositifolia* (Saxifragaceae). Oecologia 114: 60–66.

HEGI, G., MERXMÜLLER, H., REISIGL. H. (1977): Alpenflora. Die wichtigeren Alpenpflanzen Bayerns, Österreichs und der Schweiz. 25. Aufl. Parey, Berlin.

HOLZMANN, H.-P., HASELWANDTER, K. (1988): Contribution of nitrogen fixation to nitrogen nutrition in an alpine sedge community (*Caricetum cuvulae*). Oecologia 76: 298–302.

KÖRNER, C. (1999): Alpine Plant Life. Functional Plant Ecology of High Mountains Ecosystems. Springer, Berlin.

KOHLHAUPT, P. (1963/64): Alpenblumen. Farbige Wunder. Bd. 1 und 2. Belser, Stuttgart.

LANDOLT, E. (1992): Unsere Alpenflora. 6. Aufl. G. Fischer, Stuttgart. Die 6. Auflage des ausgezeichneten Buchs wird als „vollständig neu bearbeitet" ausgewiesen. Der Autor konnte jedoch keinerlei inhaltliche Änderungen gegenüber der 5. Auflage von 1984 feststellen.

LARCHER, W. (1980a): Klimastress im Gebirge – Adaptionstraining und Selektionsfilter für Pflanzen. Rheinisch Westfäl. Akad. Wiss. Naturwiss. Vortr. 291: 49–88, Düsseldorf.

LIPPERT, W. (1991): Fotoatlas der Alpenblumen. Gräfe und Unzer, München.

LIPPERT, W. (1993): Alpenblumen. Die schönsten Blütenpflanzen der Ost- und Westalpen bestimmen, kennenlernen, schützen. Gräfe und Unzer, München.

LIPPERT, W. (1998): Alpenblumen. GU Naturführer. Die wichtigen Blütenpflanzen der Ost- und Westalpen erkennen und bestimmen. 10. Aufl. Gräfe und Unzer, München.

LOHMANN, M. (1993): Alpenblumen. Bestimmen auf einen Blick. Mit Faltplan. BLV, München.

MEUSEL, W., HEMMERLING, J. (1980): Pflanzen zwischen Schnee und Stein. Harri Deutsch/ Edition Leipzig, Leipzig. Behandelt auch die Arktische Pflanzenwelt.

MÜLLER, H. (1881): Alpenblumen und ihre Befruchtung durch Insekten und ihre Anpassung an dieselben. Engelmann, Leipzig.

Ozenda, P. (1988): Die Vegetation der Alpen im europäischen Gebirgsraum. G. Fischer, Stuttgart.

Pohler, A. (o. J.): Alpenblumen. Wunder zwischen Tal und Gipfel. Otto Müller, Salzburg.

Pohler, A. (o. J.) : Alpenblumen. Schmuck der Berge. Holdenried, Füssen.

Pohler, A. (1985): Heilpflanzen in den Alpen. Otto Müller, Salzburg.

Pohler, A. (1989): Blumenwiesen der Alpen. Steiger, Berwang.

Rauh, W. (1951–1953): Alpenpflanzen Bd. 1–4. Winters Naturwiss. Taschenbücher. 2. Aufl. C. Winter, Heidelberg.

Reisgl, H. (1978): Blumenwelt der Alpen. Pinguin, Innsbruck.

Reisigl, H. (1983): Vom Werden und Wandel der Alpen und ihrer Flora. Pharmazeut. Ztg. 42: 2307–2314.

Reisigl, H., Keller, R. (1987): Alpenpflanzen im Lebensraum. Alpine Rasen, Schutt- und Felsvegetation. G. Fischer, Stuttgart.

Reisigl, H., Keller, R. (1989): Lebensraum Bergwald. Alpenpflanzen in Bergwald, Baumgrenze und Zwergstrauchheide. G. Fischer, Stuttgart.

Riess, W., Schauer, Th. (1982): Pflanzen- und Tierwelt, Lebensräume, Naturschutz. Alpin-Lehrplan 12. BLV, München.

Salopek-Sondi, B., Kovac, M., Ljubesic, N., and Magnus, V. (2000): Fruit initiation in *Helleborus niger* L. triggers chloroplast formation and photosynthesis in the perianth. J. Plant Physiol. 157: 357–364.

Schaer, J.-P, Veyret, P., Favarger, C., Du Chatenet, G., Hainard, R., Paccaud, O. (1989): Guide du Naturaliste dans les Alpes. 2. Aufl. Delachaux et Niestlé, Lausanne.

Schauer, Th., Caspari, C. (1975): Pflanzen- und Tierwelt der Alpen (BLV Bestimmungsbuch). BLV, München. Enthält auch farbige Abbildungen der Mineralien und ein Kapitel zur Geologie der Alpen.

Vareschi, V., Krause, E. (1955): Der Berg blüht. 6. Aufl. Bruckmann, München. Ein Klassiker!

Wendelberger, E. (1968): Zauberwelt der Alpenblumen. Pinguin, Innsbruck.

Wendelberger, E. (1984): Alpenpflanzen. Blumen, Gräser, Zwergsträucher (BLV-Intensivführer). BLV, München.

Wendelberger, E. (1998): Alpenblumen. Die häufigsten Arten erkennen und bestimmen. 7. Aufl. BLV, München.

Pflanzenwelt: Alpen regional und lokal

Adler, W., Oswald, K., Fischer, R. (1994): Exkursionsflora von Österreich. Ulmer, Stuttgart.

Alpenblumen-Promenade Saas Grund (1998). Kommentierter und illustrierter Wanderbegleiter zur Alpenblumen-Promenade oberhalb Saas Grund. Kein Impressum. Bei der Talstation der Bergbahnen und in den Verkehrsbüros des Saaser Tals erhältlich.

Bauer, J. (1983/86): Geologisch-botanische Wanderungen im Allgäu. 2 Bände. Verlag für Heimatpflege, Kempten.

Danesch, E. & O. (1978): Naturwunder Österreich. Ringier, Zürich.

Farrer, R. (1985): The Dolomites. King Laurins Garden. Cadogan Books, London. Die erste Auflage erschien 1913.

Fischer, R. (1995): Blütenpracht am Ostsaum der Alpen. Edition Tau, Bad Sauerbrunn.

Föger, M., Pegoraro, K. (1998): Naturwanderführer Gardasee. Bruckmann, München.

Geitner, C., Göth, A., Rieger, R. (1999): Das Horlachtal. Ein Wegbegleiter durch seine Natur- und Kulturlandschaft. Edition Löwenzahn, Innsbruck. Beispiel für eine Einführung in ein ruhiges Wanderparadies am Rande einer vom Massentourismus überfluteten Region, hier des Ötztals.

Gilliéron, J. (1996): Le Parc National Suisse. Le premier éspace naturel au coeur des Alpes. Delachaux et Niestlé, Lausanne.

Hartl, H., Peer, Th. (1989): Die Pflanzenwelt der Hohen Tauern. 2. Aufl. Carinthia, Klagenfurt.

Hess, H., Landolt, E., Hirzel, R. (1976–1980): Flora der Schweiz und angrenzender Gebiete. 3 Bände. 2. Aufl. Birkhäuser, Basel.

Hess, H., Landolt, E., Hirzel, R. (1984): Bestimmungsschlüssel zur Flora der Schweiz und angrenzender Gebiete. Birkhäuser, Basel.

Kock, L. de (1993): Die Orchideen des Monte Baldo.

Selbstverlag Lil de Kock, Brenzone/Boccino (Verona). Auslieferung für Deutschland Boch & Seip, Postfach 41, D-0681 Saarbrücken.

KOHLHAUPT, P. (1981): Kleine Dolomiten Flora. Athesia, Bozen.

KOHLHAUPT, P., REISIGL, H. (1981): Blumenwelt der Dolomiten. 5. Aufl. Athesia, Bozen.

Kommission für die wissenschaftliche Erforschung des Nationalparks (Hrsg.) (1976): Durch den Schweizerischen Nationalpark. 2. Aufl. Verlag des Schweiz. Bunds für Naturschutz, Basel.

LAUBER, K., WAGNER, G. (1993): Flora des Kantons Bern. Farbbildband mit getrenntem Bestimmungsschlüssel. 3. Aufl. Haupt, Bern.

LAUBER, K., WAGNER, G. (1996): Flora Helvetica. Haupt, Bern. Farbbildband mit getrenntem Bestimmungsschlüssel. Weitgehend auch außerhalb der Schweiz einsetzbar. CD-ROM dazu erhältlich.

MASELLI, D. (1990): Die Lötschberg Südrampe. Pillet, Martigny.

MERTZ, P. (1999): Naturwanderführer Südtirol. Bruckmann, München.

Naturwissenschaftlicher Verein Kärnten (Hrsg.) (1992): Nationalpark Nockberge. Geologie, Botanik, Zoologie. 2. Aufl. Verlag des Naturwiss. Vereins für Kärnten, Klagenfurt.

ORTNER, P., MAYR, C. (1977): Südtiroler Naturführer. 2. Aufl. Athesia, Bozen.

ORTNER, P., und MAYR, C. (1981): Naturführer Südalpen. Athesia, Bozen.

Österreichischer Alpenverein (Hrsg.) (1983 ff): Naturkundliche Führer, Innsbruck.

PEER, TH. (Text; Hrsg. Autonome Provinz Bozen/ Südtirol) (1983): Lebensräume in Südtirol. Die Pflanzenwelt. Athesia, Bozen.

PITSCHMANN, H., REISIGL, H. (1965): Flora der Südalpen vom Gardasee zum Comersee. G. Fischer, Stuttgart.

REISIGL, H. (1964): Von der Pflanzenwelt des Monte Baldo. Sonderdruck aus dem Jahrbuch des Vereins zum Schutze der Alpenpflanzen und -tiere. 29. Band. München.

ROHDE, J. (1978): Naturwunder Bayern. Ringier, Zürich.

WERNER, PH. (1994): Die Flora (Erkenne die Natur im Wallis). Pillet, Martigny.

ZELLER, W. (o. J.): Naturwunder Schweiz. Ringier, Zofingen.

Blütenbiologie

(von in Englisch abgefassten Büchern wird außer Bildquellen nur das Standardwerk von PROCTOR et al. erwähnt)

BERTSCH, A. (1985): Blüten-lockende Signale. Maier, Ravensburg.

BIEDINGER, N., BARTHLOTT, W. (1993): Untersuchungen zur Ultraviolettreflexion von Angiospermenblüten I. Monocotyledoneae. Steiner, Stuttgart.

BURR, B., BARTHLOTT, W. (1993): Untersuchungen zur Ultraviolettreflexion von Angiospermenblüten II. Magnoliidae, Ranunculidae, Hamamelididae, Caryophyllidae, Rosidae. Steiner, Stuttgart.

BURR, B., ROSEN, D., BARTHLOTT, W. (1995): Untersuchungen zur Ultraviolettreflexion von Angiospermenblüten III. Dilleniidae und Asteridae. Steiner, Stuttgart.

CINGEL, N. VAN DER (1995): An Atlas of Orchid Pollination. European Orchids. Balkema, Rotterdam.

HEß, D. (1990): Die Blüte. Eine Einführung in Struktur und Funktion, Ökologie und Evolution der Blüten. 2. Aufl. Ulmer, Stuttgart.

HEß, D. (1990): Gift im Rhododendron-Nektar. Gartenpraxis 8/90: 32–35.

KNOLL, F. (1956): Die Biologie der Blüte. Springer, Berlin.

KUGLER, H. (1970): Blütenökologie. 2. Aufl. G. Fischer, München 1970. Nach wie vor *das* Standardwerk.

LEINS, P. (2000): Blüte und Frucht. Morphologie, Entwicklungsgeschichte, Phylogenie, Funktion, Ökologie. Schweizerbart, Stuttgart.

MARTINI, M., SCHMID, A., HEß, D. (1990): Antibiotics, Sugars, and Amino Acids in Nectar of *Rhododendron* and *Piptanthus* Species from Nepal. Bot. Acta 103: 343–348.

MEEUSE, B., MORRIS, S. (1984): Blumenliebe. Sexualität und Entwicklung der Pflanzen. DuMont Buchverlag, Köln. Anmerkung: Mit „Entwicklung" ist die stammesgeschichtliche Entwicklung, die Evolution gemeint.

OLBERG, G. (1951): Blüte und Insekt. Geest und Portig, Leipzig.

PROCTOR, M., YEO, P., LACK, A. (1996): The Natural History of Pollination. 2. Aufl. Harper Collins. London.

SEYBOLD, A. (1954): Untersuchungen über den Farbwechsel von Blumenbättern, Früchten und Samenschalen. Springer, Heidelberg.

VOGEL, S. (1975): Mutualismus und Parasitismus in der Nutzung von Pollenträgern. Verh. Dtsch. Zool. Ges.: 102–110.

VOGEL, S. (1954): Blütenbiologische Typen als Elemente der Sippengliederung. Fischer, Jena.

VOGEL, S. (1993): Betrug bei Pflanzen: Die Täuschblumen. Abh. Akad. Wiss. Lit. (Mainz), Jahrgang 1993, Nr. 1: 1–48. Steiner, Stuttgart.

WASSERTHAL, L. (1997): The Pollination of the Malagasy Star Orchids *Angraecum sesquipedale, A. sororium* and *A. compactum* and the Evolution of the Extremely Long Spurs by Pollinator Shift. Bot. Acta 110: 343–359.

WEBERLING, F. (1981): Morphologie der Blüten und der Blütenstände. Ulmer, Stuttgart.

ZELLER, O. (1983): Blütenknospen. Urachhaus, Stuttgart.

Varia

ABRAHAM, H., THINNES, I. (1995): Hexenkraut und Zaubertrank. Unsere Heilpflanzen in Sagen, Aberglauben und Legenden. Urs Freund, Greifenberg.

AICHELE, D., SCHWEGLER, H.-W. (1994–1996): Die Blütenpflanzen Mitteleuropas, Band 1–5. Franckh-Kosmos, Stuttgart.

ALBRODT, D. (Hrsg.) (o. J.): Enzyklopädie der einheimischen Blütenessenzen (Edition Tirta). Reise Know-How Verlag Peter Rumpf, Bielefeld.

ARGE ALP (o. J.): Du bist nicht allein. Geschäftsstelle ARGE ALP, Innsbruck.

AURADA, F. (1951): Steinernes Wunderland. Die Formenwelt der Alpen. Franckh, Stuttgart.

BAUMGARTNER, A., BIEBELRIETHER, H., DYHRENFURTH., GRÖTZBACH, E., HEIERLI, H., HIEBELER, T., SCHWEIZER, G. (1977): Die Welt der Gebirge. Bucher, Luzern.

BERTSCH, K. (1947): Der See als Lebensgemeinschaft. Maier, Ravensburg.

BERTSCH, K. (1947): Der Wald als Lebensgemeinschaft. Maier, Ravensburg.

BERTSCH, K. (1947a): Die Wiese als Lebensgemeinschaft. Maier, Ravensburg.

BERTSCH, K. (1947b): Gesteinsfluren und Trockenrasen als Lebensgemeinschaft. Maier, Ravensburg.

BERTSCH, K. (1947): Sumpf und Moor als Lebensgemeinschaft. Maier, Ravensburg.

BRENDLER, TH., GRÜNWALD, J., JAENICKE, CH. (Hrsg.) (1999): Heilpflanzen. 2. Aufl. CD-ROM. Vertrieb über medpharm Scientific Publishers, Stuttgart.

BRUNETON, J. (1995): Pharmacognosy, Phytochemistry, Medicinal Plants. Lavoisier, Paris.

CZIHAK, G., LANGER, H., ZIEGLER, H. (Hrsg.) (1981): Biologie. Ein Lehrbuch. 3. Aufl. Springer, Heidelberg.

DARWIN, CH. (1899): Die Wirkungen der Kreuz- und Selbst-Befruchtung im Pflanzenreich. 2. Aufl. Schweizerbart, Stuttgart.

DOLDER, W., DOLDER, U. (1985): Lebensraum Alpen. Silva, Zürich.

DÜLL, R., KUTZELNIGG, H. (1994): Botanisch-ökologisches Exkursionstaschenbuch. 5. Aufl. Quelle und Meyer, Heidelberg.

EICHELBECK, R. (1999): Das Darwin-Komplott. Aufstieg und Fall eines pseudowissenschaftlichen Weltbilds. Riemann/Bertelsmann, ohne Ortsangabe.

FANTUR, W. (1994): Kärnten im Mosaik der Erde. 5. Aufl. Carinthia, Klagenfurt. Eine beispielhafte Gesamtdarstellung Kärntens, in der auch die Flora zu ihrem Recht kommt.

FAYARD, A. (ed.) (1999): Les Alpes. La géologie, les milieux, la faune et la flore, les hommes. Delachaux et Niestlé, Lausanne.

FRANZ, H. (1979): Ökologie der Hochgebirge. Ulmer, Stuttgart.

FRENZEL, B. (1973): Climatic Fluctuations of the Ice Age. Case Western Reserve University, Cleveland.

FREY, W., LÖSCH, R. (1998): Lehrbuch der Geobotanik. Pflanze und Vegetation in Raum und Zeit. G. Fischer, Stuttgart.

FRISCH, K. von (1993): Aus dem Leben der Bienen. Bearbeitet von M. Lindauer. 10. Aufl. Springer, Berlin.

FROHNE, D., JENSEN, U. (1998): Systematik des Pflanzenreichs. Unter besonderer Berücksichtigung chemischer Merkmale und pflanzlicher Drogen. 5. Aufl. Wiss. Verlagsges., Stuttgart.

GEIER, F. (1988): Wildbienen. Wehrhafte Blumenkinder. Landbuch, Hannover.
GERLACH, R. (1967): Die Geheimnisse der Insekten, Claassen, Hamburg.
GREGORY, K. (Chefredak.) (1991): Lebensraum Erde. Geographische Grundlagen. Time Life, Amsterdam.
GÜNTHER, K. (1942): Das Naturbuch vom Schwarzwald. Herder, Freiburg i. Br.
GWINNER, M. (1978): Geologie der Alpen. Stratigraphie, Paläogeographie, Tektonik. 2. Aufl. Schweizerbart, Stuttgart.
HABERMEHL, G., ZIEMER, P. (1999): Mitteleuropäische Giftpflanzen und ihre Wirkstoffe. Springer, Berlin.
HARZ, K., ZEPF, W. (1973): Schmetterlinge. Vom Leben der Tag- und Nachtfalter. BLV, München.
HEIERLI, H. (1982): Der Kosmos-Wanderführer Die Alpen. Franckh, Stuttgart.
HEINRICH, B. (1979): Bumble Bee Economics (1979). Harvard Univ. Press, Cambridge/Mass. und London.
HEß, D. (1999): Pflanzenphysiologie. 10. Aufl. Ulmer, Stuttgart.
HILLER, K., MELZIG, M. (1999–2000): Lexikon der Arzneipflanzen und Drogen. 2 Bände. Spektrum, Heidelberg.
HOFMANN, H., MARKTANNER, TH. (1995): GU Naturführer Schmetterlinge. Tagfalter und Nachtfalter. Gräfe und Unzer, München.
HOMMES, U. (1992): Der Glanz des Schönen. Mittelbayerische Druck- und Verlagsgesellschaft, Regensburg.
HÜSING, J., NITSCHMANN, J. (Hrsg.) (1995): Lexikon der Bienenkunde. Weltbild, Augsburg.
ILLIES, J., KLAUSEWITZ, W. (Hrsg.) (1973): Unsere Umwelt als Lebensraum. Grzimeks Buch der Ökologie. Kindler, Zürich.
JACOBS, W., RENNER, M., HONOMICHEL, K. (Überarbeiter der 3. Aufl.) (1998): Biologie und Ökologie der Insekten. Ein Taschenlexikon. 3. Aufl. G. Fischer, Stuttgart.
KAHLKE, H. (1994): Die Eiszeit. 3. Aufl. Urania, Leipzig.
KERNER VON MARILAUN, A. (1921): Pflanzenleben. 2. Band: Die Pflanzengestalt und ihre Wandlungen. 3. Aufl. Bibliographisches Institut (neu bearbeitet von A. HANSEN), Leipzig.
KLOTZ, G. (Hrsg.) (1990): Hochgebirge der Erde und ihre Pflanzen- und Tierwelt. 2. Aufl. Urania, Leipzig.
KÖHLEIN, F. (1980): Saxifragen und andere Steinbrechgewächse. Ulmer, Stuttgart.
KÖHLEIN, F. (1984): Primeln und die verwandten Gattungen Mannsschild, Heilglöckchen, Götterblume, Troddelblume, Goldprimel. Ulmer, Stuttgart.
KÖHLEIN, F. (1986): Enziane und Glockenblumen. Ulmer, Stuttgart.
LADURNER, J., PURTSCHELLER, F., RESIGL, H., TRATZ, E. U. A. (1970): Die Welt der Alpen farbig. Mineralien, Pflanzen, Tiere von der Urzeit bis Heute. Pinguin, Innsbruck.
LAMERER, B. (1991): Wege durch Jahrmillionen. Geologische Wanderungen zwischen Brenner und Gardasee. Berg, München.
LARCHER, W. (1980): Ökologie der Pflanzen. 3. Aufl. Ulmer, Stuttgart.
LARCHER, W. (1994): Ökophysiologie der Pflanzen. 5. Aufl. Ulmer, Stuttgart.
LEHANE, B. (1978): Die Welt der Pflanzen. Krüger, Frankfurt a. M. Ein interessantes, hervorragend bebildertes Werk, das auf die Beziehungen zwischen Mensch und Pflanze eingeht. Der Titel des englischen Originals, *The Power of Plants*, trifft den Inhalt viel besser als die wohl aus Vermarktungsgründen gewählte deutsche Formulierung. Doch niemand sollte sich dadurch davon abhalten lassen, das Buch antiquarisch zu beschaffen.
LINNÉ, C. VON (1964): Lappländische Reise. Insel, Frankfurt a. M.
LÜTTGE, U., KLUGE, M., BAUER, G. (1994): Botanik. 2. Aufl. VCH, Weinheim.
LUKAN, K., KLAMMERT, G. (1988): Faszinierende Alpenwelt. Bergabenteuer und Blumenwunder. Fink, Kümmerly und Frey, Ostfildern.
MÄGDEFRAU, K. (1973): Geschichte der Botanik. Leben und Leistung großer Forscher. G. Fischer, Stuttgart.
MAIER, D. (1985): Schatzkammer Alpen. Drei Jahrtausende Kunst und Kultur. Droemer/Knaur, München.
MERZ, P. (2000): Pflanzengesellschaften Mitteleuropas und der Alpen. Erkennen. Bestimmen. Bewerten. Ein Handbuch für die vegetationskundliche Praxis. Ecomed, Landsberg. Ein auch

graphisch gut gegliedertes Buch mit zahlreichen Farbaufnahmen. Leider wurden mehrere Alpenpflanzen falsch benannt.

MILLER, K., MELZIG, M. (1999–2000): Lexikon der Arzneipflanzen und Drogen. Band 1 und 2. Spektrum, Heidelberg.

MÖBUS, G. (1997): Geologie der Alpen. Eine Einführung in die regional-geologischen Einheiten zwischen Genf und Wien. Sven von Loga, Köln.

OBERDORFER, E. (2001): Pflanzensoziologische Exkursionsflora. 8. Aufl. Ulmer, Stuttgart.

OEHLKERS, F. (1956): Das Leben der Gewächse. Ein Lehrbuch der Botanik. Band 1. Springer, Berlin.

OGGIER, P.-A. (1995): Die Fauna (Erkenne die Natur im Wallis). Pillet, Martigny.

PAHLOW, M. (o. J.): Das Große Buch der Heilpflanzen. Gräfe und Unzer, München.

PILZ, I. (1992): Naturparadies Julische Alpen. Styria, Graz.

PILZ, I. (1996): Naturparadies Karnische Alpen und Berge Friauls. Styria, Graz. Mehrere allgemein gehaltene Wanderführer gehen am Rande auch auf die Pflanzenwelt der Alpen ein. Beispielhaft sind die beiden hervorragend ausgestatteten Bände von I. PILZ. Die Autorin gibt in unaufdringlicher Weise wertvolle Hinweise auf die Pflanzen, die man auf den Wanderungen in den genannten Gebieten antreffen kann.

PORTMANN, A. (1970): Entlässt die Natur den Menschen? Gesammelte Aufsätze zur Biologie und Anthropologie. Piper, München.

POTT, R. (1995): Die Pflanzengesellschaften Deutschlands. 2. Aufl. Ulmer, Stuttgart.

POTT, R. (1996): Biotoptypen. Schützenswerte Lebensräume Deutschlands und angrenzender Regionen. Ulmer, Stuttgart.

PRESS, F., SIEVER, R. (1995): Allgemeine Geologie. Eine Einführung. Spektrum, Heidelberg.

RAVEN, P., EVERT, R., und EICHHORN, S. (2000): Biologie der Pflanzen. 3. Aufl. Walter de Gruyter, Berlin.

REICHHOLF, J. (1991): Gebirge und Tundra. Zur Ökologie europäischer Gebirge, Tundren und Trockenbiotope. Steinbachs Biotopführer. Mosaik, München.

REINHARD, E., KREIS, W., RIMPLER, H. (1995): Pharmazeutische Biologie 1. 5. Aufl. Wiss. Verlagsges., Stuttgart.

ROTH, L., DAUNDERER, M., KORMANN, K. (1984): Giftpflanzen – Pflanzengifte. Vorkommen, Wirkung, Therapie. Ecomed, Landsberg.

RUNGE, F. (1980): Die Pflanzengesellschaften Mitteleuropas. 6./7. Aufl. Aschendorff, Münster. Mit einem Schlüssel zur Bestimmung der Pflanzengesellschaften.

SCHAER, J.-P, VEYRET, P., FAVARGER, C., DU CHATENET, G., HAINARD, R., PACCAUD, O. (1989): Guide du Naturaliste dans les Alpes. 2. Aufl. Delachaux et Niestlé, Lausanne.

SCHAUER, TH., CASPARI, C. (1975): Pflanzen- und Tierwelt der Alpen (BLV Bestimmungsbuch). BLV, München. Enthält auch farbige Abbildungen der Mineralien und ein Kapitel zur Geologie der Alpen.

SCHLÖTH, R. (1976): Der Schweizerische Nationalpark. Ringier, Zürich.

SCHNEIDER, G., HILLER, K. (1999): Arzneidrogen. 4. Aufl. Spektrum, Heidelberg.

SCHNEIDER, W., MANGOLD, G. (1984): Die Alpen. Wildnis, Almrausch, Rummelplatz. Geo Buch. Gruner und Jahr, Hamburg.

SCHÖNLAUB, H. (1991): Vom Urknall zum Gailtal. 500 Millionen Jahre Erdgeschichte in der Karnischen Region. 3. Aufl. Geologische Bundesanstalt Wien, Hermagor.

STAHR, A. und HARTMANN, TH. (1999): Landschaftsformen und Landschaftselemente im Hochgebirge. Springer, Berlin.

STEINBACH, G. (Hrsg.) (1983): Naturraum Bergwelt. Meyster, München.

WALTER, H. (1952): Grundlagen des Pflanzensystems. 2. Aufl. Ulmer, Stuttgart.

WEBERLING, F., SCHWANTES, O. (2000): Pflanzensystematik. 7. Aufl. Ulmer, Stuttgart.

WHITTLE, T. (1971): Pflanzenjäger. Die abenteuerliche Suche nach dem grünen Gold. Prestel, München.

XENOPHON (1983): Des Kyros Anabasis. Der Zug der Zehntausend. Reclam, Stuttgart.

Register

Die Zahlenangaben beziehen sich auf Buchseiten. Sternchen: Farbabbildung oder Zeichnung.

Mehr Literaturempfehlungen.

Das Buch gibt eine vollständige Übersicht über die Pflanzengesellschaften Deutschlands und angrenzender Gebiete. In Anlehnung an das pflanzensoziologische System von Braun-Blanquet werden 46 Vegetationsklassen mit etwa 1050 Syntaxa beschrieben. Daneben werden auch die anthropogen beeinflußten Pflanzengesellschaften der Natur- und Kulturlandschaften vorgestellt.
Die Pflanzengesellschaften Deutschlands. *R. Pott. 2. Auflage 1995. 622 Seiten, 449 sw-Abbildungen. ISBN 3-8001-2693-1.*

Dieses Buch macht mit den verschiedenen Fragestellungen der Pflanzensoziologie vertraut. Die wichtigsten Arbeitsmethoden der Geländearbeit und Datenauswertung werden in Einzelschritten erläutert. Möglichkeiten der praktischen Anwendung pflanzensoziologischer Kenntnisse werden erörtert und mit Beispielen belegt.
Pflanzensoziologie. *Grundlagen und Methoden. H. Dierschke.1994. 683 Seiten, 343 Abbildungen, 55 Tabellen. ISBN 3-8001-2662-1.*

Ein umfassendes und didaktisch aufbereitetes Buch, das Appetit macht, sich selbst mit der Biologie der Blüte auseinanderzusetzen.
Die Blüte. *Eine Einführung in Struktur und Funktion, Ökologie und Evolution der Blüten. Mit Anleitungen zu einfachen Versuchen. D. Heß. 2. Aufl. 1991. 458 S., 157 Farbf., 155 Zeichn., 28 Tab. ISBN 3-8001-6434-5.*

Ein unvergleichliches Werk, das die Ergebnisse vegetationsökologischer Forschung in Mitteleuropa überzeugend zu bündeln weiß.
Vegetation Mitteleuropas mit den Alpen – *in ökologischer, dynamischer und historischer Sicht. H. Ellenberg. 5. Aufl. 1996. 1096 S., 623 Abb., 170 Tab. ISBN 3-8001-2696-6.*

Dieses Buch vermittelt einen vertiefenden Einblick in die Gesetzmäßigkeiten des Kohlenstoff-, Stickstoff- und Wasserhaushalts und der Lebensleistung der Pflanzen.
Ökophysiologie der Pflanzen. *W. Larcher. 5. Aufl. 1994. 394 S., 347 Abb., 78 Tabellen. ISBN 3-8001-2655-9.*